W0255265

ALLE·ZEIT·WACH
1842

G. Franz · E. Hampe · K. Schäfer

Konstruktionslehre des Stahlbetons

Band II: Tragwerke

Zweite, völlig neubearbeitete Auflage

Teil B: Entstehen und Bestehen der Bauwerke

Mit 273 Abbildungen

Springer-Verlag Berlin Heidelberg New York
London Paris Tokyo Hong Kong Barcelona
Budapest 1991

Dr.-Ing., Dr.-Ing. E. h. Gotthard Franz
em. o. Professor an der Universität Karlsruhe (TH)

Dr.-Ing., Dr.-Ing. E. h. Erhard Hampe
Professor, Hochschule für Architektur und Bauwesen, Weimar

Dr.-Ing. Kurt Schäfer
Professor, Institut für Tragwerksentwurf und -konstruktion der Universität Stuttgart

In der ersten Auflage erschien Bd. II „Tragwerke" dieses Werkes ungeteilt.

ISBN-13:978-3-642-84122-4

CIP-Kurztitelaufnahme der Deutschen Bibliothek
Franz, Gotthard:
Konstruktionslehre des Stahlbetons/Gotthard Franz; Erhard Hampe; Kurt Schäfer.
Berlin; Heidelberg; New York; London; Paris; Tokyo: Springer
Teilw. verf. von Gotthard Franz. —
Teilw. mit d. Erscheinungsorten Berlin, Heidelberg, New York. —
Teilw. mit d. Erscheinungsorten Berlin, Heidelberg, New York, Tokyo
NE: Hampe, Erhard; Schäfer, Kurt:
Bd. 2. Tragwerke. Teil B. Entstehen u. Bestehen der Bauwerke
2., völlig neubearb. Aufl. — 1991
ISBN-13:978-3-642-84122-4 e-ISBN-13:978-3-642-84121-7
DOI: 10.1007/978-3-642-84121-7

Satz: Macmillan India Ltd., Bangalore

2362/3020-543210

Vorwort

Der letzte Band meiner „Konstruktionslehre des Stahlbetons" führt wie die vorangehenden Bände in die Überlegungen ein, die sich der Ingenieur machen muß, ehe er eine Konstruktion für die Ausführung „durchrechnet". Zusätzlich zu den technischen Grundlagen wird deswegen im vorliegenden Band das Blickfeld erweitert auf die Methodik der Ingenieurarbeit und die damit verbundene Verantwortung.

Durch alle quantitativen Aussagen und Festlegungen des Konstrukteurs zieht sich dabei als „roter Faden" immer das Bewußtsein, daß sie sich nur auf *Modelle* der Wirklichkeit beziehen und daher Streuungen unterworfen sind. Es ist somit Aufgabe der Forschung, diese Modelle ständig zu verbessern.

Die Autoren beschränken sich als Ingenieure auf den rationalen Teil des konstruktiven Gestaltens von Bauwerken. Dessen Ziel ist es, ihre Brauchbarkeit und Sicherheit, ihre Dauerhaftigkeit und Wirtschaftlichkeit zu gewährleisten. Die vorausgehenden ästhetischen und ökologischen Gesichtspunkte, die zivilisatorischen, soziologischen, auch politischen Erwägungen werden von denjenigen Stellen entschieden, welche die Großplanung vornehmen. Hierfür werden Ingenieure leider nur selten zugezogen. Diesen Zielen entsprechend gliedert sich das Gesamtwerk, das in erster Auflage in zwei Bände aufgeteilt worden war, nunmehr in:

Band IA: Baustoffe (4. Auflage 1980),
Band IB: Die Bauelemente und ihre Bemessung (4. Auflage 1983),
Band IIA: Typische Tragwerke (2. Auflage 1988)

und den jetzt vorliegenden

Band IIB: Entstehen und Bestehen der Bauwerke

Dieser Band ist gegliedert in die Abschnitte:

1. Sicherheit und Zuverlässigkeit von Bauwerken,
2. Tragverhalten von Bauten unter speziellen Einwirkungen,
3. Bauwerke auf dem Baugrund,
4. Stabilität der Tragwerke. (Theorie II. Ordnung)

Die erste Auflage dieses Werkes hatte der Unterzeichnete allein verfaßt; in dem vorliegenden Band IIB wurde von ihm nur Kapitel 3 überarbeitet. Das Kapitel 4 zu modernisieren übernahm Herr Prof. Dr.-Ing. Kurt Schäfer, Universität Stuttgart. Er hatte auch schon bei Band IIA als bewährter Co-Autor mitgewirkt.

Für die neuen Kapitel 1 und 2 habe ich als Verfasser Herrn Prof. Dr.-Ing. Dr.-Ing. E.h. Erhard Hampe von der Hochschule für Architektur und Bauwesen in Weimar gewonnen, der durch seine Bücher über Spannbeton und Behälter sowie seinen Beitrag im „Beton-Kalender" 1985 bekannt ist. Er hat im ersten Kapitel die in den bisherigen Bänden noch nicht berührten Gedanken beigesteuert, welche die vorhandenen und zukünftigen Hilfsmittel für den Konstrukteur systematisch wiedergeben, vor allem die moderne Analyse der Sicherheit und Dauerhaftigkeit von Bauwerken. Er weist, wie erwähnt, eindringlich auf die Verantwortlichkeit und Haftung des Ingenieurs hin. In Kapitel zwei folgt eine Übersicht, wie periodische, stoßende, seismische und aerodynamische Lasten auf dafür empfindliche Bauten wirken. Hampes Darlegungen sollen die „Konstruktionslehre" abrunden, indem die Berechnungsgrundlagen nach den neuen Erkenntnissen analysiert und vertieft dargestellt werden. Dazu mußte er die Hilfe von Theorie und elektronischen Rechenverfahren in verstärktem Maße heranziehen.

In die Gebiete der Kapitel 1, 2 und 4 ist die „Verwissenschaftlichung" besonders stark vorgedrungen. Ich hielt es daher für geraten, diesen Stoff kompetenten Vertretern der jüngeren Ingenieur-Generation als Co-Autoren anzuvertrauen. Ich danke ihnen auch an dieser Stelle für ihre Beiträge und für ihre mühevolle, gelungene Arbeit.

Die durch viele komplizierte und detailreiche Abbildungen sowie umfangreiche Tabellen besonders aufwendigen Herstellungsarbeiten sind durch großzügige spenden unterstützt worden. Neben dem Verlag danke ich, auch im Namen meiner Co-Autoren, den Baufirmen

Bilfinger & Berger AG, Mannheim,
Dyckerhoff & Widmann AG, Karlsruhe und München,
E. Heitkamp GmbH, Herne,
Hochtief AG, Essen,
Philipp Holzmann AG, Frankfurt/Main,

sowie den Ingenieurbüros

Ingenieurgruppe Bauen, Karlsruhe,
Prof. Dr.-Ing. Bechert, Stuttgart,
Dr.-Ing. Ebner, Offenburg,
Dr.-Ing. Niedenhoff, Karlsruhe,
Dr.-Ing. Windels, Timm, Morgen, Hamburg,

sehr herzlich dafür, daß sie einen ganz wesentlichen Beitrag für den Abschluß meiner „Konstruktionslehre" geleistet haben. Schließlich habe ich das Bedürfnis, dem Springer-Verlag Dank zu sagen, legt er doch hiermit den Schlußstein meines literarischen Schaffens der Fachwelt vor.

Karlsruhe, im Sommer 1991 Gotthard Franz

Inhaltsverzeichnis

Inhaltsübersicht der weiteren Bände

1 Sicherheit und Zuverlässigkeit von Bauwerken

1.1 Charakteristika der gegenwärtigen Situation und Entwicklung im Bauwesen

1.1.1 Problemübersicht

Zur Ableitung der Gesichtspunkte, unter denen auch in Zukunft die Sicherheit und Zuverlässigkeit der Bauwerke gewährleistet werden kann, ist es zweckmäßig, sich den *augenblicklichen Entwicklungsstand* zu verdeutlichen:

- Die *Bautechnik* ist so weit entwickelt, daß sie praktisch jede gegenwärtig erforderliche Bauaufgabe bewältigen kann.
- *Theorien und Methoden* der Berechnung und experimentelle Untersuchungsmethoden gestatten die Untersuchung des Tragverhaltens der Bauwerke unter statischen und dynamischen Einwirkungen. Dabei sind Besonderheiten zu berücksichtigen, die sich aus Nichtlinearitäten von Geometrie und Baustoff, aus Zeitabhängigkeit von Einwirkung und Baustoffeigenschaften und aus anderen Besonderheiten ergeben.
- Die *materiellen Hilfsmittel* zur Vorbereitung und Durchführung der Bauprozesse haben einen Entwicklungsstand erreicht, der die Durchführung von gegenwärtigen und zukünftigen Bauaufgaben in vertretbaren ökonomischen Grenzen und mit Gewährleistung des erforderlichen Sicherheitsniveaus garantiert.

Dieses Niveau der Möglichkeiten und Hilfsmittel trifft auf Modifikationen, Erweiterungen und qualitative Veränderungen der *Aufgabeninhalte*.

Dazu läßt sich feststellen:

- Extreme Anforderungen und Lösungen und sowie extreme Abmessungen haben zu einer Konfrontation zwischen klassischen Kriterien und aktuellen Maßstäben geführt, die traditionelle Auffassungen zur Sicherheit und Zuverlässigkeit der Bauwerke in Frage stellen.
- Für viele Bauaufgaben ist die Trennung zwischen Bauwerk, Ausrüstung und Ausstattung weitgehend aufgehoben. Die schlüsselfertige Übergabe des funktionsfähigen Bauwerks wird zum Standard auch für Bauwerke und bauliche Anlagen, die einen hohen Integrationsgrad mit speziellen nutzertechnologischen Gegebenheiten aufweisen.
- Für ausgewählte Bauwerke ist die Verflechtung von Fertigung und Transport, von Rohbau und Ausbau, von Bauwerk und Ausrüstung so intensiv geworden,

daß die serielle Abarbeitung von Bauprozessen durch parallele und dialogorientierte Anpassung an Forderungen des Bau- und Ausrüstungsprozesses verdrängt wird.

Zur Ableitung von Konsequenzen aus diesen Feststellungen für die weitere Entwicklung des Bauwesens wird versucht folgende Fragen zu beantworten: Welche Entwicklungstrends lassen sich hinsichtlich der künftigen Anforderungen an die *Bauwerke*, der Entwicklungen der Tragwerke und der Hilfsmittel des Ingenieurs zur Lösung seiner Aufgaben erkennen? Wie werden sich die Kriterien zur Bewertung der Bauwerke, also der Arbeit des Bauingenieurs, in Zukunft verändern?

Die Antworten auf diese Fragen bilden die Grundlage für die materiell-technische und geistig-moralische Ausprägung von Inhalt, Form, Zuständigkeit und Verantwortlichkeit hinsichtlich der künftigen Gestaltung unserer gebauten und der Erhaltung und Pflege unserer natürlichen Umwelt.

Zwei große Aufgabenbereiche sind in diesem Zusammenhang zu betrachten: die Schaffung neuer und die Erhaltung vorhandener Bausubstanz.

Die in der Vergangenheit vorherrschende *Orientierung auf das Neue* wird mehr und mehr zu ergänzen sein durch die *Respektierung und Erhaltung des Vorhandenen.* Die Proportionen zwischen diesen beiden Aufgabenbereichen werden sich zugunsten der Erhaltung der vorhandenen Bausubstanz verschieben.

Für beide Aufgabenbereiche lassen sich aus den Antworten auf die aufgeworfenen Fragen Schlußfolgerungen ableiten: Aus veränderten *Anforderungen an die Bauwerke* ergeben sich veränderte Einwirkungen auf die Bauwerke und Tragwerke. Aus der *Weiterentwicklung der Tragwerke* ergeben sich bei veränderten Einwirkungen und veränderter Tragqualität veränderte Erscheinungsformen des Tragverhaltens. Aus veränderten *Anforderungen an die Baustoffe* der Tragwerke ergeben sich veränderte Einsatzfelder der Baustoffe und Erweiterungen der Baustoffkombinationen. Aus der *Weiterentwicklung der Hilfsmittel* zur Bauvorbereitung und -durchführung ergeben sich veränderte Möglichkeiten des Variantenvergleichs, der Entwicklung und Bewertung technischer Lösungen sowie eine leistungsfähigere technologische Basis zur qualitätsgerechten Realisierung von Standard- und Sonderbauaufgaben. Aus der *Weiterentwicklung der Bewertungskriterien* ergibt sich der Übergang von technischer Bewertung zur globalen Beurteilung von Bauwerken und Tragwerken unter verstärkter Einbeziehung ästhetisch-ergonomischer und ökologischer Gesichtspunkte.

Für die weiteren Betrachtungen sind vor allem die Aspekte von Bedeutung, die sich für *Bauwerke und Tragwerke aus Beton* ergeben.

Dazu gehören:

- die Nutzung der spezifischen Möglichkeiten, die der Beton durch seine Anpassungsfähigkeit an nutzertechnologisch und ästhetisch wirksame Formen erschließt,
- die Lösung der technischen Probleme, die sich aus veränderten Umweltbedingungen oder nutzertechnologischen Forderungen sowie aus Reparatur-, Rekonstruktions- oder Abbruchnotwendigkeiten und Wiederverwendungsmöglichkeiten ergeben,
- die Beachtung der spezifischen Eigenschaften des Betons und ihrer zeitlichen Veränderlichkeit unter Standard- und extremen Einwirkungen und

- die Beachtung und Nutzung der technologischen Möglichkeiten und Probleme, die sich bei der Herstellung der Betontragwerke mit industriell orientierten Fertigungs- und Montageverfahren ergeben.

Besonderheiten, die sich aus diesen Gesichtspunkten für die weitere Entwicklung ergeben, werden in den folgenden Abschnitten bauwerks- und tragwerksspezifisch dargelegt. Dabei wird der Zusammenhang dieser Entwicklung mit dem zunehmenden Einsatz hochwertiger Computer beachtet, der nicht nur zu einer quantitativen Veränderung, sondern zu qualitativ neuen Formen der Planung, des Entwurfs und der Berechnung von Bauwerken führt.

1.1.2 Tendenzen der Bauwerksentwicklung

Die künftige Bauwerksentwicklung ist aus den Forderungen abzuleiten, die an zukünftige Bauwerke gestellt werden.

Dies sind:

- erhöhte Forderungen an die *Harmonisierung* der Bauwerke mit der Umwelt,
- erhöhte nutzungs-, standort- und havariebedingte Anforderungen an Bauwerke hohen *Risikopotentials*,
- erhöhte Anforderungen aus verstärkter Konfrontation turmartiger Bauwerke mit der *Höhe*,
- erhöhte Anforderung aus verstärkter Konfrontation von unterirdischen Bauwerken mit der *Tiefe* und der Wechselwirkung zwischen Bauwerk und Baugrund,
- erhöhte Anforderungen aus verstärkter Konfrontation von Bauwerken mit *großen Spannweiten*,
- erhöhte Anforderung aus der Konfrontation von Meeresbauwerken mit der Wechselwirkung zwischen Bauwerk und *Meer* und
- erhöhte Anforderungen an Bauwerke und bauliche Anlagen zur Speicherung flüssiger und fester Medien aus steigenden Anforderungen des *Umweltschutzes.*

Diese Entwicklung nimmt bereits in der Gegenwart ihren Anfang.

Meeresbauwerke vereinigen Trag- und Lagerfunktionen unter extremen Umweltbedingungen, wie dies noch vor wenigen Jahrzehnten undenkbar war. Hohe Bauwerke haben unter extremen Einwirkungen Toleranzen ihrer Horizontalbewegung einzuhalten, die aus technischen und ergonomischen Nutzungsforderungen resultieren. Schutzbauwerke haben den Bauwerksinhalt gegen extreme äußere Einwirkungen und die Umwelt gegen Auswirkungen von Havarien im Bauwerksinnern zu schützen. Behälterbauwerke haben Dimensionen und Risikopotentiale erreicht, die sie an die vordere Front der Ingenieurleistungen rücken.

Abbildung 1.1/1 gibt einen Überblick über die wichtigsten Tendenzen der Bauwerksentwicklung, [1–7].

Die Konsequenzen aus dieser Entwicklung für die Errichtung neuer Bauwerke wirken sich in unterschiedlichen Feldern aus:

- Respektierung der aus extremen nutzertechnologischen oder havariebedingten Einwirkungen verstärkt auftretenden physikalischen und chemischen Einwirkungen,

humane Bedürfnisse	hohe Bauwerke	unterirdische Bauwerke	Bauwerke großer Spannweite	Bauwerke großer räumlicher Ausdehnung
Wohnen	Hochhaus			
Nahrung	Silo			Goßsilo
Wasser/Abwasser	Wasserturm	Rohrleitung		Wasserbehälter, Kläranlagen
Energie/Rohstoffe	Schornstein, Kühlturm	Bohrinsel, Meeresspeicher	Übertragungs-systeme	Gas- und Ölspeicher
Verkehr	Raumfahrt-station	Tunnel	Brücken, Hochstraße	Flugzeughalle
Kommunikation/ Kultur	Fernsehturm, Raumstation	Leitungs-systeme	Großhalle	Großhalle
Produktion/ Forschung		unterirdische Anlagen	Großhalle	Rohstoff-speicher
Risikoreduzierung		unterirdische Anlagen		Schutzbauwerk
Umweltschutz	spezielle Bauwerke und Anlagen zur Aufbereitung und Lagerung von gefährlichen Stoffen			

Abb. 1.1/1. Entwicklung der Bauwerke in Abhängigkeit von der Entwicklung der Bedürfnisse der Menschen

- verstärkte Berücksichtigung der Wechselwirkung solcher Einwirkungen mit den Baustoffen und dem Tragwerk unter Erfassung des räumlich-zeitlichen Verlaufs der Einwirkungen und der zugeordneten Bauwerksreaktionen,
- wirklichkeitsnahe Beschreibung des Bauwerksverhaltens mit Berücksichtigung des stochastischen Charakters der Einwirkungen,
- sorgsame Abwägung unterschiedlicher, teilweise gegenläufiger Forderungen aus technischen, ökonomischen, ökologischen und ergonomischen Gegebenheiten und Ansprüchen.

Für die Anpassung vorhandener Bausubstanz an steigende oder qualitativ veränderte nutzertechnologische Forderungen ergeben sich folgende Konsequenzen:
- sorgsame und wirklichkeitsnahe Erfassung von Degradationserscheinungen durch langzeitig ablaufende Vorgänge oder durch kurzzeitig auftretende Einwirkungen,
- Berücksichtigung von anspruchsvolleren Kriterien zur Bewertung der Bauwerke und ihrer Sicherheit und Zuverlässigkeit.

Vor allem bei Bauwerken hohen Risikopotentials steht der Ingenieur vor der Aufgabe, mit Wahrnehmung eines erheblichen Ermessensspielraums Entscheidungen zu treffen, die eine verantwortungsbewußte Bauwerksbewertung unter Risikoaspekten sicherstellt.

Zur Bewältigung dieser quantitativ und qualitativ erweiterten Aufgaben stehen dem Ingenieur leistungsfähige materielle, methodische und theoretische Hilfsmittel zur Verfügung, auf die in Abschn. 1.1.4 eingegangen wird.

1.1.3 Tendenzen der Tragwerksentwicklung

Sind die Einflüsse auf die *Bauwerksentwicklung* vorwiegend aus steigenden und *qualitativ* veränderten Nutzungsbedingungen und Umweltforderungen abzuleiten, so wirken auf die *Tragwerksentwicklung* vorwiegend technische und *quantitative* Einflüsse.

Die Abbildungen 1.1/2 und 1.1/3 geben einen Überblick über Besonderheiten der Einwirkungen und des Tragverhaltens ausgewählter Tragwerksgruppen.

turmartige Tragwerke	Einwirkung	Tragverhalten	Forderung
Hochhaus	Wind mit Windgassen- und Wirbelbildung	tragwerksabhängige dynamische Empfindlichkeit	Begrenzung der Schwingung
	Erdbeben mit tragwerksabhängiger Intensität	seismische Empfindlichkeit bei unregelmäßigen Grund- und Aufriß	Begrenzung der Schwankungsbreite
Schornstein/ Fernsehturm	Wind mit Wirbelbildung	Längs- und Querschwingung	Schwingungsbegrenzung
	Erdbeben mit höhenabhängigen Trägheitskräften	Impulsbeanspruchung	Duktilität, Dämpfung
	Temperatur	vertikale Bewegung, verstärtes Betonkriechen, Rißbildung	Kriechreduzierung, Rißkontrolle
Kühlturm	Wind mit Windgassen- und Wirbelbildung	dynamische und Stabilitätsempfindlichkeit und Rißbildung	Resonanzvermeidung, Rißkontrolle
	Erdbebenintensität, Baugrund- und Stützungsabhängigkeit	starker Einfluß von Stützung und Baugrund sowie Rißbildung	Duktilität, Dämpfung, Rißkontrolle
Wasserturm	Wind mit formabhängiger Intensität	starke Schaftbeanspruchung an Einspannstelle	
	Erdbeben mit füllungsabhängiger Intensität	konzentrierte Schaftbeanspruchung, dynamische Einwirkung aus Wasserbewegung	Resonanzvermeidung, Dämpfung

Abb. 1.1/2. Besonderheiten der Einwirkungen und des Tragverhaltens turmartiger Tragwerke

Tragwerke großer Spannweite	Einwirkung	Tragverhalten	Forderung
Brücke	Verkehrslast Wind Erdbeben zeitlich veränderliche Einwirkung bei speziellen Bauverfahren Betonkriechen	nichtlineares Tragverhalten bei abgespannten Brücken dynamische Empfindlichkeit bei Wirbelbildung und Galloping zeitabhängige Verformung	Ausschaltung extremer statischer und dynamischer Verformungen Ausschaltung von selbst- oder fremderregten Schwingungen Reduzierung zeitabhängiger Verformung
Großhalle	Wind Temperatur Erdbeben Betonkriechen Bauzustände	nichtlineares Verhalten bei Zutragwerken Stabilität bei Drucktragwerken Flattern bei Leichttragwerk	Dominanz von Nutzungsforderungen z. B. Akustik Vermeiden von nutzungsstörungen Bauwerksbewegungen

Abb. 1.1/3. Besonderheiten der Einwirkungen und des Tragverhaltens von Tragwerken großer Spannweite

Für turmartige Tragwerke sind vor allem die Wechselwirkungen mit Wind und Erdbeben zu beachten.

Bei Meeresbauwerken sind die Wechselwirkungen mit dem umgebenden ruhenden und bewegten Wasser und die lokalen Meeresbodenbedingungen für die Tragwerksausbildung und das Tragwerksverhalten von Bedeutung.

Bauwerke großer Spannweite haben zur Entwicklung spezifischer Bautechnologien geführt, die eine sorgsame Erfassung der Wechselwirkung zwischen den bauzustandsabhängigen Einwirkungen und dem daraus entstehenden veränderlichen Trag- und Verformungsverhalten erforderlich machen.

Unterirdische Bauwerke verlangen eine wirklichkeitsnahe Erfassung der Wechselwirkung zwischen Bauwerk und Baugrund sowie die Entwicklung von Bauverfahren in Anpassung an Besonderheiten des Bau- und Nutzungszustands.

Der Übergang zu Tragwerken, die in enger Verbindung mit der Herstellungstechnologie entstehen, ist im Brückenbau durch Vorschubtechnologien oder Freivorbau ebenso charakterisiert wie durch Meeresbauwerke, die in Herstellungsstufen völlig unterschiedlicher Standort- bzw. Transportbedingungen hergestellt werden.

Kombinationen von Tragprinzipien, die vorwiegend einem Baustoff zuzuordnen sind, führen zu Kombinationen von Bauweisen und Tragwerken, deren Elemente den zu erwartenden Einwirkungen und anspruchsvolleren ästhetischen und ergonomischen Forderungen optimal gerecht werden.

Die Entwicklung der Tragwerke ist eng an die Entwicklung der theoretischen, experimentellen und methodischen Grundlagen gekoppelt. Zeitabhängigkeit der Einwirkungen ist für exponierte Bauwerke ebenso wenig zu vernachlässigen wie der stochastische Charakter solcher Einwirkungen. Berechnungstheorien und -methoden und ihre Umsetzung in computergestützte Hilfsmittel geben die Basis für entsprechende Untersuchungen.

Veränderungen der Trag- und Versagensqualität aus der Vergrößerung der absoluten Hauptabmessungen und der relativen Querschnittsabmessungen verlangen die Berücksichtigung von Nichtlinearitäten, von geometrischen Imperfektionen, von Versagensmodi ohne Vorankündigung ebenso wie zeit- und beanspruchungsabhängige Veränderungen von Baustoffeigenschaften.

Berücksichtigung der Wechselwirkungen zwischen Tragwerk und Baugrund sowie von Tragwerk und Ausrüstung oder auch zwischen Bauwerk und flüssigen bzw. festen Medien sind weitere künftige Anforderungen an die wirklichkeitsnahe Erfassung des Verhaltens von Tragwerken – vor allem unter extremen dynamischen Einwirkungen.

1.1.4 Tendenzen der Hilfsmittelentwicklung

Eines der klassischen Hilfsmittel des Ingenieurs ist das *Normenwerk*.

Die Bedeutung dieses Hilfsmittels nimmt für Standardbauwerke und Standardeinwirkungen nicht ab, verlangt aber eine stetige Anpassung an Veränderungen, die aus neuen Baustoffen, neuen Baustoffkombinationen und Tragprinzipien sowie aus zusätzlichen Forderungen an die Tragsicherheit und Zuverlässigkeit der Tragwerke entstehen können.

In diesem Zusammenhang ist der Übergang von der deterministischen zur stochastischen Betrachtung der Einwirkungen und des Tragverhaltens zu nennen, wie er z.B. mit der im Jahr 1992 vorgesehenen Einführung der Sicherheitskonzeption des Eurocodes wirksam wird. Damit findet eine internationale Vorarbeit und Zusammenarbeit, die u.a. mit der CEB/FIP-Mustervorschrift geleistet wurde, ihren umfassenden Umschlag in die internationale Praxis. Die damit verbundenen Besonderheiten werden in Abschn. 1.4 ausführlich behandelt.

Im letzten Jahrzehnt hat sich für den Ingenieur der *Computer* zum Standardhilfsmittel für die Verarbeitung von Daten und die Bearbeitung von Problemen entwickelt. Seine Einsatzfähigkeit ist in Wechselwirkung mit der Entwicklung leistungsfähiger Programme und computerorientierter Berechnungsmethoden extrem angestiegen. Die Notwendigkeit, die quantitativen Ergebnisse der Computerberechnungen durch qualitative Kontrolle und Bewertung auf ihre Wirklichkeitsnähe zu überprüfen, ist ebenso unbestritten.

Die parallel zur Computerentwicklung einsetzende *Methodenentwicklung* hat wesentlich zur Analogerfassung und Analogbehandlung von Problemen geführt, die sich auf eine gemeinsame mathematische Basis zurückführen lassen. Die Matrizenmethode und die Methode der Finiten Elemente sind dafür herausragende Beispiele.

Der Übergang von der reinen Verarbeitung von Daten zum Computereinsatz bei Entwurfs- und Konstruktionsaufgaben ist mit der Entwicklung von *CAD*-

Systemen im vollen Gange. Erste Erfahrungen im computergestützten Umgang mit qualitativen Informationen liegen im Rahmen von *Expertensystemen* vor und erschließen möglicherweise ein leistungsfähiges Hilfsmittel für Aufgaben, die einen großen Ermessensspielraum für Ingenieurentscheidungen enthalten.

Wie jede qualitative Weiterentwicklung stößt derzeit die Orientierung auf Expertensysteme teilweise noch auf Widerstände, die auch aus ungenügender Kenntnis der Zielsetzung und Möglichkeiten solcher Systeme oder auch aus überzogenen Erwartungen resultieren [8, 9].

Zur qualitätsgerechten Nutzung von EDV-Hilfsmitteln für die Tragwerksberechnung ist eine auf das Wesen des Tragverhaltens der Bauwerke orientierte Ausbildung von Ingenieuren ebenso unverzichtbar wie eine laufende Qualifizierung der in der Praxis tätigen Ingenieure.

Die bisher genannten Hilfsmittel sind im wesentlichen auf die Unterstützung der *Produktionsvorbereitung* orientiert. Die Hilfsmittel zur Unterstützung bzw. zur

Aufgabe	Hilfsmittel
Planung (Regional-, Standort-, Verkehrsplanung) Risikoabschätzung	Computer als Datenspeicher und Organisationshilfsmittel sowie zur Erarbeitung und Bewertung von Planungsvarianten und zur grafischen Herstellung von Planungsunterlagen Expertensysteme zur Vorbereitung von optimierten Planungsentscheidungen und Risikobewertungen
Projektierung (Entwurf, Berechnung, Konstruktion)	Computer mit Programmen zur Tragwerksberechnung und Ausstattung zur grafischen Ausgabe von Projektierungsunterlagen CAD – Systeme zur computergestützten Entwurfs- und Konstruktionsbearbeitung und zur Harmonisierung von Rohbau, Ausbau und Ausrüstung Expertensysteme zur Vorbereitung von optimalen Entwurfsentscheidungen und Risikoermittlungen Methoden zur quantitativen und qualitativen Bestimmung und Bewertung von Wechselwirkungen zwischen Entwurfsentscheidungen und Bauwerksqualität sowie dem Risikopotential des Bauwerks
Ausführung	methodische Hilfsmittel (CAM – System bzw. bauwerksorientierte Organisationshilfsmittel, Kontrollsysteme zur Ausschaltung grober Fehler und Einhaltung geringer geometrisch-stofflicher Toleranzen) materielle Hilfsmittel (Computerausstattung zur operativen Kontrolle und Steuerung der Bauprozesse, Geräte und Maschinen zur Baugrundbearbeitung, Betonherstellung, optimalen Gestaltung von Transport- und Montageprozessen u. a.)

Abb. 1.1/4. Aktuelle und zukünftige Hilfsmittel zur Planung, Projektierung und Ausführung von Bauwerken

Abwicklung der *Bauproduktion* selbst – also der Herstellung der Bauwerke – werden ebenfalls ständig weiterentwickelt. Die Standardhilfsmittel der Transport- und Montageprozesse, der Prozesse der Betonherstellung und -verarbeitung, der industriellen Bewehrungs-, Rüst- und Schalungsprozesse sind überproportional leistungsfähiger geworden. Es wurden verfahrensspezifische technische und Organisationshilfsmittel entwickelt, mit denen für jede zukünftige technologische Entwicklung im Bauwesen leistungsfähige, Maschinen, Geräte und Computer bereitgestellt werden können. Dazu trägt auch die Verflechtung der Bauindustrie mit anderen Industriezweigen wie Maschinenbau, Elektronik und Elektrotechnik bei.

Bei aller Wertschätzung und Leistungsfähigkeit der Hilfsmittel ist zu beachten, daß deren Qualität auch höhere Anforderungen an die Einhaltung vorgegebener Qualitätsmerkmale der Bauwerke und Tragwerke stellen.

Der Überwachung und Kontrolle der Prozesse der Planung, Projektierung, Berechnung, Konstruktion und Ausführung der Bauwerke kommt nach wie vor eine besondere Bedeutung zu. Hilfsmittel zur Unterstützung dieser Aufgaben sind mit Kontrollbausteinen in CAD/CAM-Systemen ebenso bereitgestellt wie mit dem Einsatz schnellauswertender Meßverfahren, sensibel reagierender Steuereinrichtungen zur Bewältigung, Kontrolle und Steuerung der Bauprozesse.

Einen Überblick über den Hilfsmittelfonds gibt Abb. 1.1/4 sowie [10].

Zusammenfassend werden zur Entwicklung des Bauwesens folgende Thesen formuliert:

These 1: Quantitative Entwicklungen der Bauwerke führen zu qualitativen Umschlägen ihres Tragverhaltens.

These 2: Es sind Widersprüche zwischen technischem Fortschritt und konservativem Denken sowie zwischen stochastischer Wirklichkeit und ihrer deterministischen Beschreibung zu überwinden.

These 3: Es gibt einen Übergang vom quantitativen Nachweis der Tragsicherheit zur qualitativen Erfassung der Zuverlässigkeit.

These 4: Hohes Risikopotential von Bauwerken verlangt Konfrontation mit quantitativen und qualitativen Kriterien.

These 5: Entscheidungskriterien verlagern sich von faktenorientierten Parametern zu urteilsorientierten Meinungen.

These 6: Es gibt eine Rückkehr zur erfahrungsgestützten Ingenieurtätigkeit mit einem höheren Aufbereitungsnieveau von Erfahrung und Wissen.

1.2 Verantwortung des Bauingenieurs

1.2.1 Problemübersicht

Die historisch gewachsene und fest verankerte Haltung der Menschen zur Verantwortung und Verantwortlichkeit derer, die Bauwerke errichten, ist auch heute noch wirksam. Sie bezieht sich auf die mit der Tragsicherheit der Bauwerke verbundenen Inhalte. Diese Haltung steht heute einigen Phänomenen gegenüber, die eine Personifizierung des Verantwortungsträgers erschweren, wenn nicht gar unmöglich machen.

Dies ist einerseits mit der immer größer werdenden Arbeitsteilung und damit auch mit der Teilung der Verantwortung zwischen vielen Institutionen, Firmen und Menschen verbunden, andererseits mit der Erweiterung der Beurteilungskriterien

- vom Bauwerk zur Wechselwirkung des Bauwerks mit der Umwelt und
- von der Tragsicherheit zur Zuverlässigkeit.

Der Verantwortungsradius des Bauingenieurs hat sich im Zuge dieser Entwicklung wesentlich erweitert.

Zwar ist er immer noch zuständig für die Gewährleistung der Tragsicherheit seiner Bauwerke, aber schon für die Nutzungsfähigkeit der Bauwerke verschiebt sich seine Verantwortung in den Status einer Mitverantwortung. Er teilt seine Verantwortlichkeit mit Planern, Architekten, Spezialisten und Nutzertechnologen für die Erfüllung ästhetisch-ergonomischer und nutzertechnologischer Forderungen sowie die Berücksichtigung ökologischer Wechselwirkungen mit der Umwelt.

Die Wahrnehmung der Verantwortung für die Tragsicherheit war vor Jahrhunderten ein Problem von Erfahrung, Mut, Können und Wissen – also der persönlichen Qualität – der Baumeister. Sie entwickelte sich bis in die Gegenwart mit der zunehmenden Berechenbarkeit der Beanspruchungen der Tragwerke zu einem Problem des Könnens und des quantitativen Nachweises. Sie steht heute an der Schwelle einer Entwicklung, die der qualitativen Beurteilung und der Wahrnehmung von Ermessenspielräumen größeren Raum gibt.

War es vor einem halben Jahrhundert dem Bauingenieur noch möglich, die Frage nach der Sicherheit seines Bauwerks mit einem klaren „JA" zu beantworten, steht er heute einem erweiterten Kriterienspiegel und einer komplexeren Beurteilungsnotwendigkeit seines Bauwerks gegenüber.

Nach wie vor gilt die Forderung nach *Gewährleistung der Tragsicherheit*, daneben aber – und immer deutlicher formuliert – stehen Forderungen nach *Gewährleistung der Funktionssicherheit* bei harmonisierter Wechselwirkung des Bauwerks mit der Umwelt und dem Menschen.

Mit der Erweiterung der Kriterien, die die Menschen an die Bauwerke anlegen, haben sich die Forderungen an die Bauwerksqualität erweitert. Diese Erweiterungen sind häufig nicht nur durch quantitative Nachweise zu erfüllen, sondern machen die Einbeziehung qualitativer Beurteilungsmaßstäbe erforderlich.

Die Verantwortung des Ingenieurs hat sich damit von der technischen – quantitativ prüfbaren – Verantwortung zur gesellschaftlichen – qualitativ und damit subjektiv beeinflußbaren – Verantwortung verschoben.

Die Qualität des Ingenieurs zur Wahrnehmung dieser Verantwortung erfordert neben seinem technischen Wissen und Können auch gesellschaftliche, soziologische und ergonomische Komponenten. Dies gilt auch, obzwar durch die Verteilung der Verantwortung die personenorientierte Zuweisung von Verantwortlichkeit schwer, wenn nicht unmöglich geworden ist – grobe Fehler, Nachlässigkeiten und Fehlhandlungen ausgeschlossen.

So sind gegenwärtig zwei Verantwortungssituationen für den Bauingenieur zu unterscheiden:

- die klassische Situation, die dem Ingenieur die verantwortungsbewußte Lösung von Standardaufgaben der Bauvorbereitung und Baudurchführung abverlangt und
- die durch komplexe Anforderungen geprägte Situation, die von ihm die Lösung seiner Aufgaben unter Einhaltung gesellschaftlicher und technischer sowie qualitativer und quantitativer Kriterien verlangt.

Die *klassische Situation* ist bei Einsatz moderner und leistungsfähiger Hilfsmittel der Planung, Projektierung Berechnung, Konstruktion und Ausführung der Bauwerke durch sorgsame und gewissenhafte Einhaltung der anerkannten Regeln der Baukunst bzw. der in Vorschriften und Richtlinien getroffenen Festlegungen über Einwirkungen, Festigkeiten und Sicherheitsmaße zu bewältigen.

Die *komplexe Situation* tritt überall dort auf, wo Bauwerke hohen Risikopotentials zu planen und zu bauen sind. Das Versagen dieser Bauwerke kann zu Auswirkungen führen, die weit über den unmittelbaren Bauwerksverlust liegen und Leben und Gesundheit der Menschen gefährden. Die Bewältigung dieser Situation kann nicht allein durch Einhaltung bestehender Regeln und Festlegungen erfolgen. Sie erfordert eine umfassende Kenntnis der Faktoren, die das Risikopotential des Bauwerks beeinflussen.

Die Bestimmung, Festlegung oder Einhaltung einer vorgegebenen Risikoschwelle ist nicht nur durch quantitative Beschreibung und Erfassung zu sichern. Sie verlangt Entscheidungen auf der Grundlage qualitativer Einschätzungen und oft auch unter Beachtung subjektiver Positionen der Beteiligten. Die Wahrnehmung der damit verbundenen Ermessensspielräume setzt hohe Maßstäbe und ist eine besondere Anforderung an das Verantwortungsbewußtsein, die Verantwortungsfähigkeit und die Verantwortungsbereitschaft der Ingenieure, die sie allein aus technischer Sicht nicht erfüllen können.

Darüber hinaus kann man es immer weniger vertreten, die stochastische Wirklichkeit der Bauwerke und ihrer Wechselwirkung mit der Umwelt durch die vereinfachende Unterstellung deterministischer Beschreibbarkeit zu ersetzen. Das Bekenntnis, daß die behauptete oder unterstellte absolute Sicherheit der Bauwerke ein relativer Begriff ist, bleibt dem Bauingenieur der Zukunft nicht erspart.

Um seine Verantwortung für die Tragsicherheit wahrnehmen zu können, muß er überall dort, wo Einwirkungen als Zufallsgrößen oder-funktionen wirken und wo das Versagen des Bauwerks zu großen Schäden und zur Gefährdung von Leben und Gesundheit der Menschen führen kann, in seine Gedankenwelt auch die Auseinandersetzung mit der Unsicherheit einbauen.

Die rechtliche Würdigung der Verantwortlichkeit des Ingenieurs und die daraus abzuleitende rechtliche Bewertung seines Handelns ist für die Planung, Projektierung und Ausführung von Bauwerken hohen Risikopotentials gegenüber den Standardsituationen besonders schwierig.

Die Pflicht des Staates, durch seine Rechtsnormen das Leben und die Gesundheit der Menschen zu schützen und die Grenzen einer zumutbaren Risikoschwelle zu fixieren, gibt den Rahmen, in dem der Ingenieur seine konkreten Entscheidungen zu fällen hat. Dieser Rahmen ist mit fließenden, oft nur allgemein formulierten

Grenzen versehen. Er unterliegt einer situations-, objekt- und meinungsgebundenen Interpretation, wie zahlreiche gutachterliche Meinungsäußerungen und richterliche Entscheidungen zeigen.

Im folgenden wird versucht, aus dieser Situation die für den Ingenieur relevanten Sachverhalte zu skizzieren.

Die überproportionale Zunahme von Rechtsstreitigkeiten im Zusammehang mit Ingenieurleistungen belegt die Notwendigkeit der direkteren und bewußteren Konfrontation des Ingenieurs mit seiner Rechtssituation [11, 12].

1.2.2 Übersicht über relevante Rechtsbegriffe

Der Ingenieur steht im konkreten Fall seiner Verantwortlichkeit und der Bewertung von Verletzungen seiner Pflichten einem System von Rechtsnormen, Begriffen und Interpretationen gegenüber, deren Tragweite er sich oft nicht voll bewußt ist.

Ein Minimum von Begriffen und Inhalten von Rechtsnormen sollte ihm zur Einschätzung seiner Verantwortlichkeit und der Folgen von Verletzung dieser Verantwortlichkeit vertraut sein.

Einige ausgewählte Begriffe und Definitionen sind in Abb. 1.2/1 zusammengestellt. Sie werden als Information, nicht als juristisch ausgefeilte Formulierung aufgeführt.

Erfaßt werden Begriffe und Definitionen zur Charakterisierung von Verantwortlichkeiten und Pflichten sowie zu Folgen von Verstößen gegen ihre Wahrnehmung.

1.2.3 Rechtliche Probleme im Zusammenhang mit Bauwerken hohen Risikopotentials

Eine Übersicht über Bauwerke hohen Risikopotentials und die Kriterien ihrer Risikobestimmung gibt Abschn. 1.4. Planung, Ausführung und Betrieb solcher Bauwerke setzen die gesellschaftliche Akzeptanz von Risiken voraus.

Im Gegensatz zu der Risikoakzeptanz des Alltags stößt jedoch die Errichtung von Bauwerken und baulichen Anlagen hohen Risikopotentials auf zunehmende Reserviertheit und Ablehnung durch die Menschen. Damit wird die objektive Auseinandersetzung mit dem technischen Risiko eines Bauwerks um eine subjektive Bewertungskomponente erweitert, s. Abschn. 1.2.1.

Eine rechtlich eindeutige Unterscheidung zwischen einem erlaubten und einem nicht akzeptierbaren Risiko und damit zwischen einem rechtlich nicht zu ahndenden und einem zivil- oder strafrechtlich zu verfolgenden Risiko gibt es im Rechtswesen der Bundesrepublik Deutschland wie auch in anderen Staaten noch nicht.

Die rasche Entwicklung der Technik führt mehr und mehr zu ambivalenten Ergebnissen. Die positiven Seiten ihres Fortschritts sind objektiv mit der Schaffung neuer Risikopotentiale verbunden und treffen darüber hinaus auch auf eine stärker sensibilisierte Öffentlichkeit und eine durch subjektive Kriterien angereicherte Bewertung.

Abb. 1.2/1. Rechtsbegriffe mit Bedeutung für den Ingenieur

Aufsichtspflicht. Die aus der Verantwortlichkeit abgeleitete Pflicht zur Kontrolle und Überwachung von materiellen oder imateriellen Leistungen und Verhaltensweisen der im Verantwortungsbereich Tätigen.

Befangenheit. Voreingenommenheit aus subjektiven oder objektiven Gegebenheiten, die eine sachbezogene objektive Meinungsbildung zu einem rechtlich zu bewertenden Sachverhalt nicht erwarten läßt.

Betrug. Handlung, die durch Täuschung materielle oder ideelle Vorteile erbringt.

Beweis. Nachweis der Wahrheit oder Unwahrheit von Behauptungen, Vermutungen oder Erkenntnissen über rechtlich relevante Sachverhalte.

Beweismittel. Informationen zu Tatsachen, die die Wahrheit eines rechtlich relevanten Sachverhalts belegen.

Entschädigung. Ausgleich für materielle Nachteile, die durch staatliche Maßnahmen oder zivilrechtliche Beeinträchtigungen entstehen.

Fahrlässigkeit. Bewußtes Ignorieren von oder gleichgültiges Verhalten gegenüber Rechtspflichten, differenziert nach bewußter Leichtfertigkeit, bewußter Pflichtverletzung und unbewußter Pflichtverletzung.

Formerfordernisse. Gesetzlich vorgeschriebene oder vertraglich vereinbarte Form für den Vollzug von Rechtsgeschäften, differenziert nach Schriftform, Beglaubigung, Beurkundung.

Frist. Durch Rechtsvorschrift festgelegter Zeitraum zur Wahrnehmung von Rechten und Erfüllung von Pflichten.

Garantie. Gewährleistungspflicht zur Einhaltung vereinbarter oder zugesagter Eigenschaften oder Funktionen von Produkten der materiellen Produktion speziell zur qualitätsgerechten Ausführung der im Bauleistungsvertrag vereinbarten Leistungen.

Gerechtigkeit. Juristische Kategorie zur Bewertung von Handlungen und Unterlassungen auf der Grundlage bestehender Rechtsnormen

Gerichtsbeschluß. Gerichtliche Entscheidung im Ergebnis oder im Verlauf von gerichtlichen Verfahren über Ansprüche, Rechtsverletzungen, Einsprüche, Verfahrensfragen, Auslegungsfragen.

Gerichtsverfahren. Form der Ausübung der Rechtsprechung durch die Gerichte, differenziert nach Strafverfahren und Zivilverfahren auf der Grundlage von Anträgen der Staatsanwaltschaft oder zivilrechtlicher Klagen.

Gesetz. Rechtsvorschrift oberster Verbindlichkeit zur Setzung von Rechtsnormen, erlassen im Gesetzgebungsverfahren auf der Grundlage der Verfassung und einer durch die zuständigen staatlichen bzw. gesellschaftlichen Institutionen eingebrachten Gesetzesvorlage.

Gutachten. Stellungnahme zur sachgerechten Unterstützung gerichtlicher Meinungsbildung und Entscheidungen bzw. zur Bewertung von Sachverhalten und Handlungen, ausgefertigt von Personen mit speziellen Kenntnissen und Erfahrungen, in Gerichtsverfahren als Beweismittel wirksam.

Haftung. Erweiterte Verantwortlichkeit für die Schadenszufügung, Verpflichtung für verursachte Schäden materiell einzustehen.

Höhere Gewalt. Ereignis, das weder schuldhaft entstanden ist noch bei Anwendung der erforderlichen Sorgfalt abgewendet werden konnte.

Informationspflicht. Pflicht, den Vertragspartner über materielle oder nichtmaterielle Leistungen vor Vertragsabschluß umfassend zu informieren. Bei ungenügender Information kann Anspruch auf Schadenersatz entstehen.

Irrtum. Fehlende Kenntnis über die vorhandenen Umstände und Rechtsbestände oder unbewußter Unterschied zwischen Willen und Erklärung, differenziert nach Inhalt und Bedeutung der Erklärung.

Kausalität. Objektiver Zusammenhang zwischen Ursache und Wirkung, bedeutsam für den Eintritt der juristischen Verantwortlichkeit.

Klage. Bei Gericht eingebrachte Willenserklärung, mit der ein gerichtliches Verfahren angestrebt wird, differenziert in Abhängigkeit von der Art der beantragten Entscheidung in Leistungsklage, Gestaltungsklage und Feststellungsklage.

Ordnungswidrigkeit. Schuldhaft begangene Rechtsverletzung ohne wesentliche Schadensfolgen.

Ortsbesichtigung. Besichtigung von örtlichen Situationen zum Zweck der Beweisaufnahme.

Pflicht. Gesetzlich geregelte Handlungserwartung bzw. Realisierungserwartung vertraglich vereinbarter Leistungen.

Abb. 1.2/1. (Fortsetzung)

Recht. System der staatlich gesetzten Normen, deren Einhaltung staatlich erzwingbar ist.

Rechtsetzung. Vorgang zur Schaffung von Rechtsvorschriften.

Rechtsmittel. Möglichkeit, nicht rechtskräftige Gerichtsentscheidungen anzufechten und deren Aufhebung zu beantragen, wenn Zweifel an ihrer Rechtmäßigkeit bestehen, differenziert nach Beschwerde, Einspruch und Berufung.

Schaden. Materieller Nachteil als Folge von Ereignissen, Handlungen, Unterlassungen und Pflichtverletzungen.

Schadenabwendungspflicht. Allgemeine Rechtspflicht zur Verhütung von Schäden und Abwehr von Gefahren, sowie zur Hilfeleistung bei Gefahren und zur Information über eingetretene oder zu erwartende Gefahren.

Schadenersatz. Rechtspflicht zur Wiedergutmachung der aus Verstoß gegen die Verantwortlichkeit entstandenen Schäden und materiellen Nachteile, differenziert nach dem Grad des schuldhaften Handelns oder Unterlassens aus Fahrlässigkeit oder Vorsatz.

Schuld. Entscheidung eines Menschen zu rechtswirdrigem Verhalten, aus dem eine Rechtspflichtverletzung oder ein Schaden entsteht, differenziert nach den gesetzlichen Tatbeständen der Straftat, Verfehlung oder Ordnungswidrigkeit.

Standards. Vorschriften und Kennwerte über die Beschaffenheit und erforderlichen Eigenschaften von Erzeugnissen und Verfahren, als Bezug in Rechtsnormen mit relativer Verbindlichkeit wirksam.

Straftat. Schuldhaft begangene Rechtsverletzung durch rechtswidriges Handeln oder Unterlassen von Handlungen, differenziert nach Ursachen, Motivation und Auswirkung in Vergehen und Verbrechen.

Vergehen. Vorsätzlich oder fahrlässig begangene gesellschaftswidrige Straftat.

Verbrechen. Vorsätzliche gesellschaftsgefährdende oder gegen das Leben von Menschen gerichtete Straftat.

Tatbestand. Bestandteil von Rechtsnormen mit Charakterisierung der Wechselwirkungen zwischen Vorgängen und Handlungen einerseits und Rechtsverhältnissen andererseits, wirksam als Grundlage für Verantwortlichkeit, Schadens- und Schuldzumessung.

Urkunde. Schriftstück mit rechtlich relevantem Inhalt zur Begründung von Ansprüchen, Rechten, Pflichten, Befugnissen und anderer rechtserheblicher Sachverhalte.

Urteil. Form einer gerichtlichen Entscheidung zum Abschluß eines Gerichtsverfahrens unter Bezug auf die in der mündlichen Verhandlung dargelegten Sachverhalte und Tatsachen.

Verantwortlichkeit. Rechtsverhältnis, das zum Zeitpunkt des Entstehens einer Rechtsverletzung entsteht mit der Verpflichtung zum Ersatz entstandener Schäden und der Pflicht, sich gegenüber dem Gesetzgeber oder einem Betroffenen zu verantworten, differenziert in Abhängigkeit von der Pflicht in disziplinarische, arbeitsrechtliche, strafrechtliche, zivilrechtliche, materielle Verantwortlichkeit.

Verfehlung. Verletzung von Rechtsnormen, abgegrenzt gegen Straftaten infolge geringer Bedeutung der Auswirkungen, liegt im Vorfeld der Kriminalität.

Vertrag. Schriftliche oder mündliche Willenserklärung der Vertragspartner zur Bekundung eines gemeinsamen Willens, die vereinbarte Leistung oder Handlung zu erbringer.

Verzug. Verletzung der Pflicht zur termingerechten Erfüllung einer vereinbarten Leistung.

Vollmacht. Rechtskräftig begründete Befugnis der Vertretung einer Person oder Institution.

Vorsatz. Bewußte Entscheidung zu einer Rechtsverletzung, zur Herbeiführung eines Schadens oder zu einer Straftat, höchste Kategorie der Schuld.

Weisung. Willensäußerung einer Person zur rechtlich verbindlichen Beauftragung unterstellter Personen.

Zustimmung. Einverständnis mit einer von anderen geschlossenen vertraglichen oder sonstigen Vereinbarung, differenziert nach Einwilligung als vorheriges und Genehmigung als nachträgliches Einverständnis.

Von dieser Entwicklung ist auch das Bauwesen nicht unbeeinflußt. Einerseits schafft es durch Bauwerke hohen Risikopotentials Quellen von Gefahren, andererseits sind Bauwerke aber auch Mittel zur Senkung des Risikos – wie dies bei Schutzbauwerken der Kernkraftwerke der Fall ist.

Die rechtliche Würdigung und Vorsorge durch Rechtsetzung konzentriert sich im Zusammenhang mit dem technischen Risiko

- auf Normensetzung für die Risikoreduzierung von technischen Anlagen und Bauwerken und
- auf Verhaltensregeln und Handlungsnormen für die Errichtung und den Betrieb solcher Anlagen.

Den Niederschlag finden diese Rechtsetzungen in Zulassungs- und Genehmigungsverfahren sowie in der Wahrnehmung der Aufsichtspflicht und der Anpassung von risikobeschränkenden Forderungen an neue Erkenntnisse oder Bewertungen. Der Konkretisierungsgrad staatlicher Gesetzgebung zur Beschränkung des Risikoniveaus auf ein akzeptables Maß war zunächst gering, um den notwendigen technischen Fortschritt nicht unzulässig durch zu starre Rechtsnormen zu behindern. Im Zuge der Entwicklung der Kernkraftwerke hat sich dies geändert.

Die Hauptform dieser Änderung ist die Beauftragung der Exekutive durch den Gesetzgeber, die allgemeinen Rechtsnormen durch Rechtsverordnungen zu konkretisieren. Die derzeitige Situation zeigt mit zahlreichen Einsprüchen gegen bereits genehmigte Projekte und Verzögerung rechtskräftiger Entscheidungen die Schwierigkeit, diesen Komplex zu bewältigen.

Unbestritten ist die Notwendigkeit der Abwägung zwischen zulässigem Risiko und rechtswidriger Gefahr im konkreten Fall. Der Rahmen dieser Abwägung ist durch die Forderung nach Schutz des Lebens und der körperlichen Unversehrtheit im Grundgesetz gegeben. Staatliche Verpflichtung ist es, mit Festlegung des zulässigen Risikos diesen Rahmen zu konkretisieren. Als Kriterien für diese Konkretisierung gelten:

- das Prinzip der Verhältnismäßigkeit der Mittel und
- die Bewertung des Risikos auf der Grundlage von relativ ungenauen Maßstäben, wie die „allgemein anerkannten Regeln der Technik“ bzw. „der Stand der Wissenschaft und Technik“.

Mit dieser allgemeinen Bewertungsmöglichkeit von Risiken und deren rechtlicher Behandlung wird die konkrete Auseinandersetzung im Einzelfall auf die Ebenen der Gerichte und Behörden verlagert, die sich der fachlichen Beratung und Unterstützung durch Sachverständige und Gutachter bedienen. Beispiele von widersprüchlichen und unterschiedlich wertenden Gutachten der Sachverständigen häufen sich. Die Möglichkeit der Einschätzung technisch-wissenschaftlicher Sachverhalte und ihrer rechtlichen Umsetzung durch den Richter selbst ist durch Komplexität und Vielfältigkeit der Probleme begrenzt.

An die Stelle des tatsächlichen Vertrautseins mit den Problemen und ihren gegenseitigen Abhängigkeiten tritt oft nur die Prüfung gutachterlicher Aussagen nach Kategorien der Logik.

Die rechtliche Würdigung des von Sachverständigen dargelegten technischen Risikos verlangt vom Richter die Überführung der konkreten Situation in die allgemeine Beurteilungsebene des objektiven Rechts.

Wesentliche Unsicherheitsfaktoren bei richterlicher Bewertung sind mit den Unsicherheitsfaktoren identisch, die sich für den technischen Sachverständigen bei der Bestimmung des Risikos ergeben. Dazu gehören die Ermittlung, Abschätzung oder Festsetzung der Eintrittswahrscheinlichkeit des risikobestimmenden Ereignisses und die Ermittlung, Abschätzung oder Festsetzung des Schadens infolge eines risikobestimmenden Ereignisses.

Zunehmend werden Versuche der *quantitativen Bewertung von Risiken* wirksam. Sie stützen sich auf technisch-wissenschaftliche Analysen, die sich jedoch mangels hinreichender Verallgemeinerung noch nicht zur Basis für eine verbindliche Rechtsetzung eignen.

Weitere Hilfsmittel zur Einschätzung und Bewertung von Risiken sind technische Normen, Regeln und Empfehlungen.

International hat sich eine Rechtspraxis herausgebildet, die einerseits dem Schutzanspruch des Bürgers gerecht wird, andererseits den technisch-wissenschaftlichen Forschritt durch Zubilligung von Risikokomponenten in der Planung, Errichtung und dem Betrieb von Bauwerken und baulichen Anlagen sicherstellt. Diese Situation ist durch Flexibilität und Anpassungsfähigkeit gekennzeichnet. Die Anpassungsfähigkeit betrifft einerseits die Erfassung und Bewertung neuer Risikopotentiale, andererseits auch die Berücksichtigung neuer oder stärker akzentuierter Kriterien, die oft auch durch subjektive Meinungsbildung bzw. Besorgnis entstehen.

Eine wesentliche Rolle kommt den Gerichten bei der Prüfung der Verfahrensqualität behördlicher Entscheidungen mit Unterstellung sachlicher Richtigkeit zu. Diese in den USA vorherrschende Praxis ist auch in der Bundesrepublik Deutschland in der Diskussion.

Zur Feststellung sachlicher Richtigkeit dienen auch technische Normen und Regeln, die als Repräsentanten der anerkannten Regeln der Technik wirksam sind. Sie haben keine rechtlich normative Wirksamkeit. Bemühungen, diese Normen und Regeln auch als Rechtsnormen wirksam zu machen, sind in der Diskussion.

Zu Fragen des technischen Risikos aus rechtlicher Sicht unter Analyse der Situation in der Bundesrepublik Deutschland nimmt P. Marburger [12] Stellung. In Anerkennung der Tatsache, daß es keine realistische Alternative zur Nutzung und Weiterentwicklung der Technik gibt, diese jedoch ohne Risiko nicht gesichert werden kann, ist technisches Risiko in gewissem Maße auch rechtlich zulässig. Marburger prüft die Verträglichkeit dieser Haltung mit dem in der Verfassung verankerten Grundrechtsschutz und leitet daraus die Grenze zwischen dem erlaubten Risiko und der rechtswidrigen Gefahr ab.

Dem Staat obliegt die Pflicht zur normativen und administrativen Risikosteuerung, also zur Festsetzung eines akzeptablen Risikoniveaus und auch die Pflicht zur Förderung risikoreduzierender Technologien.

Da dem deutschen Recht der Begriff „Risiko“ fremd ist, wird die „Gefahr“ als die Sachlage eingeführt, die bei ungehindertem Ablauf mit hinreichender Wahrscheinlichkeit zu einem Schaden führen würde. Eine gewisse Abgrenzung dieser beiden Begriffe erfolgt durch Zuordnung einer vertretbaren und daher rechtlich erlaubten Gefährdung zum Risikobegriff und einer übermäßigen und deshalb rechtswidrigen Gefährdung zum Begriff Gefahr. Die Grenze zwischen erlaubtem und rechtswidrigem Risiko ist nicht nur aus sicherheitstechnischen Maximalforderungen, sondern auch unter Berücksichtigung des Verhältnisses von Aufwand und Risikobeeinflussung zu bestimmen. Die Bestimmung dieser Grenze verlangt eine normativ-wertende Entscheidung. Es gilt das *Prinzip der Verhältnismäßigkeit.*

Normative Regelungsprobleme sieht Marburger in der erforderlichen Flexibilität von Rechtsnormen, um den technisch-wissenschaftlichen Fortschritt nicht zu behindern. Starre und zu detailliert formulierte Vorschriften würden eine laufende Anpassung rechtlicher Regelungen erforderlich machen.

In der Rechtsprechung werden deshalb vorwiegend Generalklauseln und unbestimmte Begriffe zur Bewertung von Risiken und ihrer rechtlichen Relevanz verwendet. Der Verweis auf den „Stand der Technik" und ähnliche Maßstäbe ersetzt hier konkretere Festlegungen und ermöglicht die erforderliche Anpassung an den sich entwickelnden Stand der Technik. Die konkrete Füllung dieses globalen Rahmens obliegt Gerichten und Behörden.

Da die gegenwärtige Situation oft zu unzumutbaren zeitlichen und rechtlichen Unsicherheiten führt, wird an der Verkürzung des gerichtlichen Instanzenweges und der Erhöhung der Autorität administrativer Beurteilungen und Wertungen gearbeitet. Unabhängige Sachverständigengremien sind in diese Prozesse eingeschlossen. Sie können und dürfen jedoch nicht die politische Verantwortungszuständigkeit des Staates ersetzen.

Weitere Verbesserungen dieser Situation werden im Zusammenhang mit der Erhöhung der Autorität technischer Normen- und Regelwerke erreicht, wie der DIN und internationaler Vorschriften. Durch Verweis auf diese Quellen lassen sich Entlastungen des Gesetzgebers erwarten. Es wird eine Verknüpfung technischer Regeln mit staatlich gesetztem Recht erreicht, wie sie in anderen Bereichen des deutschen Rechts bereits praktiziert wird.

In der *Deutschen Demokratischen Republik* hat die rechtliche Behandlung von Risikoproblemen mit der Einführung des *gerechtfertigten Risikos* eine Grundlage erhalten. Dies betrifft auch die strafrechtliche Behandlung von negativen Ausgängen risikobehafteter Vorhaben.

Im einzelnen werden von der Strafverfolgung ausgenommen:

- Risikobehaftete Handlungen mit erwartetem bedeutenden wirtschaftlichen Nutzen oder zur Abwendung von bedeutendem volkswirtschaftlichen Schaden. Voraussetzung ist, daß die Risikohandlung nach Prüfung und Bewertung aller die Handlung betreffenden Umstände eingeleitet wurde und das Eintreten von wirtschaftlichen Fehlschlägen mit geringer Wahrscheinlichkeit zu erwarten war (*Wirtschaftsrisiko*).
- Fehlschläge innerhalb von Forschungs- und Entwicklungsprojekten, die trotz sorgsamer Prüfung und Bewertung aller die Risikohandlung betreffenden Umstände und trotz Beachtung der anerkannten Regeln der Technik auftreten (*Forschungs- und Entwicklungsrisiko*).

Voraussetzung für die Straffreiheit ist die Einhaltung der gesetzlich vorgeschriebenen wissenschaftlich-technischen Sorgfaltspflicht.

1.2.4 „Stand der Technik" und Normen als Maßstäbe zur rechtlichen Bewertung von technischen Sachverhalten und Handlungen

Zur Charakterisierung des Stands der Technik haben sich Begriffe herausgebildet, deren gesetzliche und rechtlich wirksame einheitliche Definition noch aussteht. Nachfolgende Begriffsbestimmungen und Definitionen sind demnach nur als Erfassung der derzeitigen uneinheitlichen Situation zu werten und als Versuch, eine Grundlage zur Meinungsbildung zu schaffen (s. Abb. 1.2/1).

Im allgemeinen werden die hier verwendeten Begriffe durch Zusätze differenziert. Dies geschieht durch den Grad der Anerkennung, die die jeweiligen Begriffsinhalte erfahren. So werden „*Regeln der Technik*" durch den Zusatz „anerkannt" mit höherer Autorität und den Zusatz „allgemein anerkannt" mit höchster Autorität versehen. Allerdings sind die Grenzen zwischen diesen Begriffen oft der subjektiven Wertung unterworfen.

Eine für Teilbereiche der Technik bzw. des Bauwesens gültige Fixierung der Regeln der Technik bzw. der Baukunst findet in den Normen statt.

Die in der Bundesrepublik Deutschland erarbeiteten und verabschiedeten *Normen des Deutschen Normenausschusses* (*DIN*) haben national und international einen guten Ruf und dienen auch in anderen Ländern oft als Grundlage zur Einschätzung des Stands der Technik. Dabei ist zu beachten, daß Normen nicht identisch mit den Regeln der Technik sind. Sie sind den Regeln der Technik untergeordnet und unterzuordnen.

Eine Annäherung der Normen an das Niveau der Regeln der Technik findet erst nach weitgehender Akzeptanz durch die Fachwelt und Bewährung in der Praxis statt.

Es besteht ein natürliches Spannungsfeld zwischen den für einen längeren Zeitraum formulierten Normen und den sich mit dem technischen Fortschritt rasch verändernden Regeln der Baukunst bzw. Regeln der Technik.

Regeln der Technik werden sowohl im Zivilrecht als auch im Strafrecht als Maßstab zur Bewertung von Handlungen, Unterlassungen, Zuständen, Arbeitsmitteln und Arbeitsgegenständen herangezogen.

Die Bewertung „entspricht den anerkannten Regeln der Technik" bzw. „entspricht den allgemein anerkannten Regeln der Technik" ist i.allg. Grundlage für eine Befreiung von zivilrechtlichen oder strafrechtlichen Konsequenzen aufgetretener Schäden.

Die allgemein anerkannten Regeln der Technik müssen nicht in jedem Falle identisch sein mit dem tatsächlichen Stand der Technik. Der Unterschied ergibt sich z.B. aus der Zeitdifferenz, die zwischen der Entwicklung technisch neuer Lösungen und der Anerkennung durch die Fachwelt vergeht.

Insofern ist die Bewertung durch Vergleich mit dem „*Stand der Technik*" schärfer als die nach den allgemein anerkannten Regeln der Technik. Ein noch schärferer Maßstab ist der „*Stand von Wissenschaft und Technik*".

Die *Bewertung des Risikos auf* der Grundlage des Stands von Wissenschaft und Technik kann zu Entscheidungen führen, die die Nutzung wissenschaftlicher Erkenntnisse erst erlauben, wenn der zur praktischen Realisierung dieser Erkenntnisse erforderliche Stand der Technik erreicht ist.

Das Verhältnis der Normen zu den anerkannten Regeln der Technik und zum Stand der Technik ist durch die bereits erwähnte Unterordnung von Normen unter die anerkannten Regeln der Technik charakterisiert. In der DIN 820 wird dazu festgestellt: „... die Normen müssen dem jeweilligen Stande der Wissenschaft und Technik entsprechen.“ Ihre rechtliche Stellung ist durch die Notwendigkeit gekennzeichnet, Normen unter Auswertung praktischer Erfahrungen und mit Bezug auf die praktische und ökonomische Realisierbarkeit zu formulieren.

Dem Ingenieur steht es frei, begründete Abweichungen von Normenfestlegungen seinen Handlungen und Entscheidungen zugrunde zulegen, um den gegenüber den Normen fortgeschrittenen Stand von Wissenschaft und Technik zu nutzen bzw. zum technisch-wissenschaftlichen Fortschritt beizutragen. Solche Überschreitungen können Ausgangspunkt für die Anpassung von Normenfestlegungen an den Stand der Technik bzw. an die Regeln der Technik sein.

Normen verlieren ihre Autorität und auch ihre Verbindlichkeit, wenn ihnen infolge offensichtlicher Diskrepanz zwischen Normenfestlegungen und dem Stand von Wissenschaft und Technik die allgemeine Anerkennung der Fachwelt versagt bzw. entzogen wird. Die dann erforderliche Neuformulierung der Norm setzt die gründliche Analyse des vorhandenen technisch-wissenschaftlichen Stands voraus. Die Annäherung an diesen Stand kann stufenweise durch Normenentwürfe und deren Konfrontation mit der Fachwelt erfolgen.

Das Vorhandensein von Normen ersetzt nicht die *Informationspflicht* des Ingenieurs, die ihm die Verantwortung zuweist, wenn eine von ihm eingehaltene Norm nicht mehr dem Stand der Technik entspricht und dadurch ein Schaden entsteht. Dies ergibt sich aus der Differenzierung der Begriffsinhalte von „Norm“ und „Regel der Technik“.

Beispiele zu konkreten Rechtsfällen mit unterschiedlicher Bewertung der Verantwortlichkeit bei Einhalten der Norm und Nichtbeachtung der Regeln der Technik sind u.a. in „Die Haftung der Ingenieure“ [11] enthalten. Dieses Werk setzt sich ausführlich und durch zahlreiche, der Gerichtspraxis entnommener Beispiele mit wesentlichen Aspekten der Ingenieurverantwortung und ihrer rechtlichen Würdigung auseinander.

1.2.5 Die Verantwortung des Ingenieurs bei der Erstellung von Gutachten

Die Erstellung von Gutachten kann zur Unterstützung der richterlichen Meinungsbildung, zur Analyse und Bewertung eines vorhandenen oder geplanten technischen Sachverhalts oder auch zur Unterstützung bzw. Qualifizierung eines fachlichen Meinungsstreits notwendig werden.

Als Gutachter werden Sachverständige herangezogen, denen unterstellt wird, daß sie über einen Wissens- und Erkenntnisstand verfügen, der über Normenregelungen hinausgeht und dem Stand von Wissenschaft und Technik entspricht. Die Berufung eines Gutachters auf Unkenntnis technischer oder wissenschaftlicher Sachverhalte wird nicht anerkannt, wenn diese Sachverhalte zum allgemein anerkannten Erkenntnisstand gehören und in der einschlägigen Fachliteratur behandelt sind.

Es ist die Verantwortung des Gutachters zu prüfen, ob er diesen Anforderungen genügt oder ob ihm im speziellen Fall der Stand von Wissenschaft und Technik nicht vertraut ist. In diesem Fall hat er die Übernahme der Begutachtung abzulehnen. Übernimmt er sie dennoch, kann er bei Erstattung eines unrichtigen Gutachtens schadensersatzpflichtig werden. Schadensersatzpflicht kann auch entstehen, wenn ein Gutachterauftrag nicht angenommen wird und dies dem Auftraggeber nicht unverzüglich mitgeteilt wird. Die Erstattung des Gutachtens hat nach „bestem Wissen und Gewissen" zu erfolgen. Regeln für dieses Kriterium sind in Sachverständigenordnungen fixiert. Verstoß gegen diese Regeln kann ebenfalls Schadensersatzpflichten für den Gutachter auslösen.

Die Autorität und Wirksamkeit eines Gutachtens hängen von der Prüfbarkeit und Nachvollziehbarkeit der gutachterlichen Meinungsbildung und den gutachterlichen Feststellungen ab. Die gutachterliche Meinungsbildung muß objektiv sein. Subjektiv für eine der beteiligten Seiten unbegründet positiv oder negativ formulierte gutachterliche Meinung kann ebenfalls Haftungsansprüche gegenüber dem Gutachter auslösen.

Für öffentlich bestellte und vereidigte Sachverständige besteht eine Pflicht zur gutachterlichen Mitwirkung als Gerichtssachverständige. Verweigerung gutachterlicher Mitwirkung kann nur bei Verwandschaft oder anderer engerer Bindung mit einer der Parteien akzeptiert werden. Dagegen besteht die Pflicht zur Ablehnung der Gutachtenerstattung bei Gefahr des Verstoßes gegen die Verschwiegenheitspflicht und bei Befangenheit, die z.B. durch Konfrontation mit dem zu begutachtenden Sachverhalt aus früheren beruflichen oder privaten Bindungen gegeben sein kann. Der Gutachter hat in diesem Falle auf seine mögliche Befangenheit hinzuweisen.

Die Übernahme *gerichtlicher* Gutachten bzw. die Bestellung zum *gerichtlichen Sachverständigen* bedeutet die Übernahme bzw. Übertragung einer öffentlichrechtlichen Pflicht. Es bestehen keine vertraglichen Beziehungen, die dem Gutachter Haftungsverpflichtungen gegenüber einer der beteiligten Parteien auferlegen. Dies gilt nicht mehr, wenn der Gutachter auf Wunsch der Parteien z.B. Empfehlungen zur Rekonstruktion eines beschädigten Bauwerks gibt. Solche Empfehlungen liegen außerhalb der Haftungsprivilegien für gerichtlich bestellte Sachverständige.

Haftungsansprüche gegenüber gerichtlich bestellten Gutachtern entstehen auch aus unerlaubten Handlungen bei der Vorbereitung des gerichtlichen Gutachtens oder bei Schadenszufügung durch ein unrichtiges Gutachten. Dieser Fall liegt bei Verletzung eines absoluten Rechts durch ein grob fahrlässig erstelltes Gutachten oder aber bei Erstattung eines vorsätzlich falschen Gutachtens vor.

Probleme können entstehen, wenn der Gutachter zur Erstattung gerichtlicher Gutachten andere Personen als Hilfskräfte heranzieht. Die Delegierung von Gutachtenerstattungen an Hilfskräfte ist nicht zulässig. Ungenügende Überprüfung der von Hilfskräften geleisteten Zuarbeit kann zum Verstoß gegen die Forderung führen, das Gutachten „nach bestem Wissen und Gewissen" erstattet zu haben.

Von besonderer Bedeutung ist die Erstattung von Gutachten im Rahmen eines *Beweissicherungsverfahrens*. Ein solches Verfahren ist erforderlich, wenn abzusehen oder zu vermuten ist, daß durch die Realisierung eines Bauvorhabens andere bauliche oder sonstige Anlagen geschädigt oder beeinträchtigt werden.

Ein Beweissicherungsverfahren dient der Sicherung von Beweisen, die zu einem späteren Zeitpunkt wegen der dann eingetretenen Veränderungen nicht mehr beigebracht werden können. Es ist eine Vorsorgemaßnahme für den Fall, daß in späteren Prozessen Ansprüche von geschädigten Parteien geltend gemacht werden. Es kann eingeleitet werden, ohne daß bereits ein Prozeß angestrebt wurde. Ein Beweissicherungsverfahren wird auf Antrag vom zuständigen Gericht eingeleitet. Die Auswahl des Gutachters erfolgt mit Bestätigung durch das Gericht. Die zur Feststellung des baulichen Zustands erforderlichen Ortsbesichtigungen durch den Sachverständigen sind dem möglichen späteren Prozeßgegner anzuzeigen.

1.2.6 Die Verantwortung des Ingenieurs bei der Planung und Ausführung von Bauwerken

Die Verantwortung des Ingenieurs für die Qualitätssicherung eines Bauwerks beginnt bei der Planung und reicht bis zur Übergabe des funktionsfähigen Bauwerks an den Auftraggeber bzw. Nutzer des Bauwerks. Inhalt und Abgrenzung der Verantwortlichkeiten sind länderspezifisch unterschiedlich geregelt, doch lassen sich Grundsätze erkennen, die als allgemeine Orientierung für die Zuordnung von Verantwortlichkeiten gelten können.

Von der Internationalen Vereinigung für Brücken und Hochbau (IVBH) wurden in Kooperation mit CEB, FIP, IASS, RILEM und anderen internationalen Organisationen allgemeine Prinzipien zur Qualitätssicherung herausgegeben [13]. Die nachfolgenden Ausführungen folgen den Gedanken dieses Berichts.

Das Konzept der Qualitätssicherung ist auf Gebrauchsfähigkeit und Sicherheit der Bauwerke orientiert, wobei auch der Vermeidung von groben Fehlern, der Berücksichtigung ungewöhnlicher Ereignisse und dem Verletzen der Sorgfaltspflicht Rechnung getragen wird.

Grundlagen für die Ableitung von Maßnahmen und Verantwortlichkeiten bieten zwei Szenarien, die die geplanten und möglichen Bedingungen und Ereignisse im Gebrauchszustand einerseits und im Havariezustand andererseits berücksichtigen. Die Erkenntisse aus diesen Szenarien sind schon bei der Wahl des Tragsystems und anderen Entwurfsentscheidungen zu berücksichtigen.

Besonderer Wert wird auf Maßnahmen gegen grobe Fehler gelegt (s. Abschn. 1.2.7). Solche Maßnahmen umfassen auch indirekte Vorkehrungen wie die sachgerechte Ausbildung, die Wahl geeigneten Personals und Kontrollen zur Ausschaltung bzw. Reduzierung von groben Fehlern.

Als zentrale Forderung wird die *konkrete Zuordnung der Verantwortlichkeiten* in den Prozeßetappen Planung, Entwurf, Herstellung und Nutzung des Bauwerks verlangt. Daraus ergibt sich folgende differenzierte Verantwortlichkeit der einzelnen an der Vorbereitung, Herstellung und Nutzung eines Bauwerkes beteiligten Personen oder Institutionen:

Der vom Auftraggeber beauftragte *Projektmanager* trägt die Gesamtverantwortung für das funktionsfähige Bauwerk bzw. die bauliche Anlage. Darunter fällt:

- die Auswahl geeigneter Personen oder Institutionen für die Erledigung der in den einzelnen Vorbereitungs- und Durchführungsphasen anfallenden Aufgaben, also der Projektanten, Bauausführenden, Materiallieferanten sowie der eventuell erforderlichen Spezialisten,
- die Überführung der Aufgabenstellung für das Bauwerk in die den Nachauftragnehmern zu übertragenden Teilaufgaben mit Beachtung und Bewertung des dabei entstehenden Risikos,
- die Organisation und Koordination der einzelnen Leistungen der Nachauftragnehmer und die klare Abgrenzung ihrer Verantwortung,
- die Entwicklung und Durchsetzung eines Systems der Qualitätssicherung und Kontrolle,
- die Aktualisierung und Vervollständigung der Projektdokumentation und
- die Ausarbeitung von Anweisungen zur Nutzung und Erhaltung des Bauwerks.

Der *Projektant* hat die Aufgabenstellung in die bautechnische Lösung zu überführen und dabei folgenden Verantwortungen gerecht zu werden:
- Sicherung der Funktionsfähigkeit des Bauwerks während der vorgesehenen Lebensdauer,
- Konzipierung einer technischen Lösung, die Planung und Errichtung des Bauwerks mit einem ökonomischen Optimum sicherstellt,
- Berücksichtigung der direkten und indirekten Aufwendungen aus Neubau und Bauwerksunterhaltung mit Berücksichtigung der Sicherheitsforderungen,
- Beachtung der ökologischen und ergonomischen Forderungen aus der Wechselwirkung zwischen Bauwerk und Umwelt sowie Bauwerk und Mensch,
- Ermittlung bzw. gewissenhafte Abschätzung des Risikos und Weiterleitung entsprechender Informationen an den Projektmanager bzw. den Auftraggeber (bei Bauwerken oder baulichen Lösungen mit einem hohen Risikopotential),
- Beratung des Projektmanagers bzw. des Auftraggebers, wenn von deren Seite Richtlinien oder Orientierungen gegeben werden, die den allgemein anerkannten Regeln der Technik widersprechen.

Die Verantwortung des *Managements auf der Baustelle* erstreckt sich auf
- die Organisation des Bauprozesses unter Einhaltung der technischen und arbeitsschutztechnischen Forderungen,
- die Durchführung ausreichender Qualitätskontrollen entsprechend der Qualitätssicherungskonzeption mit angemessener Kontrolle der Baustoffe und Elemente, Halbfertigprodukte und Ausrüstungen und
- die Planung von Maßnahmen gegen Störungen des Bauprozesses durch objekt- oder standortabhängige havarieauslösende technische oder Naturereignisse.

Der *Auftraggeber* bzw. *Nutzer* des Bauwerks hat folgende Verantwortungen wahrzunehmen:
- die angemessene Unterhaltung des Bauwerks und die laufende Bauwerksüberwachung zur aktuellen Feststellung des Bauwerkszustands bzw. der Notwendigkeit von Reparatur- oder Rekonstruktionsarbeiten,
- die Beachtung der vom Projektmanager bzw. der von seinem Beauftragten ausgefertigten Anweisung zur Bauwerksnutzung und den dort fixierten Bedingungen und Forderungen,

- die Einholung eines Nachweises der Funktions- und Tragsicherheit unter veränderten Bedingungen vor Veränderung der Bauwerksnutzung.

1.2.7 Die Verantwortung des Ingenieurs für „grobe" Fehler

Zahlreiche spektakuläre Bauwerkseinstürze sind auf „menschliches Versagen" zurückzuführen. Mit diesem Begriff werden Handlungen oder Handlungsunterlassungen bezeichnet, die aus einem eklatanten Verstoß gegen das allgemein Bekannte und die allgemein vorliegende Erfahrung resultieren.

Unzutreffende Annahmen über Einwirkungen, Nichtberücksichtigung von Zwischenzuständen während der Bauwerksherstellung, Verwendung nicht geeigneter Baustoffe, Nichtbeachtung von chemischen oder physikalischen Einwirkungen, Unterschätzung von Temperaturauswirkungen sind Beispiele für solche Sachverhalte. Wichtige unmittelbare oder mittelbare Ursachen von groben Fehlern sind:

- Unwissenheit,
- Leichtfertigkeit,
- Verantwortungslosigkeit,
- ungenügende Aufsicht und Kontrolle,
- Kommunikationslücken oder -fehler,
- ungenügende Vorsorge gegen klimatische Veränderungen,
- ungenügende Vorsorge gegen nicht beeinflußbare und nicht auszuschließende Naturereignisse und
- unklar abgegrenzte Verantwortlichkeiten.

Solche Ursachen können auch durch probabilistische oder semiprobabilistische Sicherheitsbetrachtungen nicht erfaßt werden.

Das Hauptfeld der Verantwortung für die Vermeidung grober Fehler liegt in der Vorsorge gegen das Auftreten solcher Fehler. Ein wesentlicher Beitrag kann dazu durch ein sorgsam aufgestelltes und gewissenhaft beachtetes Qualitätssicherungssystem geleistet werden.

Eine wirkungsvolle Gegenmaßnahme allgemeiner Art ist die Sicherung eines hohen Qualifikationsniveaus aller an der Vorbereitung und der Durchführung von Baumaßnahmen Beteiligten. Dieses Niveau umfaßt nicht nur die fachlichen Komponenten, sondern Kategorien der Persönlichkeitsqualität wie Verantwortungsgefühl, Zuverlässigkeit, Gewissenhaftigkeit.

Die Entwicklung von Bewertungskriterien zur Einschätzung der Qualifikation des vorgesehenen Verantwortlichen hat eine hohe Bedeutung. Ihre Durchsetzung bei der Verantwortungsübertragung ist Pflicht der jeweils übergeordneten Entscheidungsträger. Die Wichtigkeit dieses Problems und der unbefriedigende Stand auf diesem Gebiet hat zur Einleitung international koordinierter Aktivitäten geführt.

Eine von Knoll [14] im IASBE-Journal vorgeschlagene Studie zielt auf die Erfassung der Parameter, die mit menschlichem Fehlverhalten in den einzelnen Stadien des Bauvorgangs zusammenhängen. Diese Parameter erfassen:

- die physikalischen und geometrischen Eigenschaften des Bauwerks und seiner Umwelt,

- Redundanz, Duktilität, Komplexität, Neuheitsgrad und Herstellungsablauf des Bauwerks,
- Lebensdauer, Art und Intensität der Einwirkungen und ihre möglichen Veränderungen,
- Havarieeinwirkungen,
- die Hierarchie der Verantwortlichkeiten und Entscheidungsabläufe, Kommunikationslinien,
- Profit- und Verlustbedingungen,
- die Einflüsse aus dem politischen System und den sozialen Bedingungen,
- Versicherungsbedingungen, Rechtssituation und ökonomische Randbedingungen,
- Ausbildungsstand, Erfahrung und fachlich-moralische Eignung, Gesundheitszustand und mögliche Streßsituationen sowie Kooperationsfähigkeit und soziales Verhalten der Verantwortungsträger,
- ein System der Prüfung und Kontrolle, Festlegung von Toleranzgrenzen, Verantwortung und Autorität der Kontrolleure und
- Fehlertypen, Fehlerhäufigkeit, Fehlerkonsequenzen, Schwierigkeitsgrad der Fehlerentdeckung, rechtliche Auswirkungen.

Die Vielfalt der genannten Parameter zeigt die Vielfalt des Problems und auch die Schwierigkeit, Verantwortung im konkreten Fall des Auftretens grober Fehler zuzuordnen.

1.3 Erfassung des Bauwerksverhaltens

1.3.1 Problemübersicht

Grundlagen für eine wirklichkeitsnahe Erfassung des Tragwerksverhaltens sind:
- wirklichkeitsnahe Erfassung der Einwirkungen,
- wirklichkeitsnahe Modellierung des Tragwerks und
- eine mit der Beschreibungsqualität der Einwirkungen und des Tragwerks konsistente Berechnungsmethode.

Dabei ist zu beachten, daß das Tragverhalten unterschiedliche Ausprägungen erfahren und unterschiedliche Grenzzustände aufweisen kann.

Für Standardbauwerke und Standardeinwirkungen sind die Annahmen über die Berechnungsdaten – Einwirkungen und geometrisch-stoffliche Daten des Tragwerks – durch Normen und andere Festlegungen oder Empfehlungen weitgehend geregelt. Der Entscheidungsspielraum des Ingenieurs bei der Festlegung der Einwirkungen wird in solchen Fällen auf die Berücksichtigung lokal- oder nutzungsbedingter Besonderheiten eingeschränkt.

Die Verarbeitung der Einwirkungen erfolgt weitgehend durch ebenfalls in den Normen oder Vorschriften getroffene Festlegungen und folgt dem durch diese Festlegungen realisierten, meist einfachen und deterministischen Sicherheitskonzept.

Im Zuge der Entwicklung der Bauwerke und der an sie zu stellenden Anforderungen hat sich das Sicherheitskonzept in den letzten Jahren gewandelt.

Einer der wichtigsten Aspekte dieses Wandels ist der Übergang von deterministischer zu stochastischer Betrachtungsweise der Einwirkungen und der geometrisch-stofflichen Eigenschaften des Tragwerks.

Dieser Vorgang ist nicht abgeschlossen. Er wird nach Ländern, Ländergruppen, Bauwerken und Bauwerksgruppen unterschiedlich intensiv vollzogen und hat derzeit den Stand einer semiprobabilistischen Betrachtungsweise erreicht.

Betrachtet man die beiden wichtigsten Komponenten, die das Tragverhalten beeinflussen – die Einwirkung und das Tragwerk – so läßt sich unter Ausschaltung der schon erwähnten Standardfälle folgendes feststellen:

- Mit zunehmender Höhe, abnehmender Masse und voller Ausschöpfung vorhandener Tragreserven werden die Bauwerke empfindlicher gegen Unregelmäßigkeiten und extreme zeitlich-räumliche Verläufe der Einwirkungen.
- Maßgebend für das Tragverhalten und die Erreichung von Grenzzuständen sind Einwirkungen stark stochastischen Charakters, wie Wind und Erdbeben, deren deterministische Beschreibung zu erheblichen Fehleinschätzungen des Tragverhaltens führen kann.
- Ausschlaggebend für die Tragsicherheit der Tragwerke werden unter extremen Einwirkungen vor allem das dynamische und das Stabilitätsverhalten. Die Wirklichkeitsnähe der Erfassung dieser Verhaltenskomponenten ist von der realistischen Beschreibung der extremen Einwirkungen abhängig, verlangt also die sorgsame Berücksichtigung stochastischer Eigenschaften von Einwirkung und Tragwerk.

Für *Betontragwerke* ergeben sich hinsichtlich der Erfassung des Tragverhaltens gegenüber anderen Tragwerken noch einige besondere Aspekte. Sie leiten sich aus den Spezifika des Betons bzw. Stahlbetons ab. Diese sind ausführlich in den vorangegangenen Bänden erläutert und auf ihre Ursachen und Beeinflussungsmöglichkeiten zurückgeführt.

Für Betonbauwerke hohen Risikopotentials und andere Tragwerke, die entweder durch ihre Tragqualität oder durch die Art und Intensität ihrer Einwirkung speziellen Bedingungen unterliegen, sind die Besonderheiten der Betonbauweise zu prüfen und zu berücksichtigen. Dazu gehören der Einfluß der *Rißbildung* auf das Langzeitverhalten der Tragwerke sowie auf das dynamische Verhalten und das Stabilitätsverhalten. Dazu gehört die Notwendigkeit, auch im Gebrauchszustand sorgfältig abzuwägen, ob die Annahme linearer Zuordnungen von Einwirkung, Beanspruchung und Formänderung noch zutreffen.

Zu dem bereits genannten ersten Komplex des Übergangs von der deterministischen zur stochastischen Erfassung der Einwirkungen kommt demnach auf der Tragwerksseite der *Übergang von der linearen zur nichtlinearen Erfassung* des Bauwerksverhaltens.

Bei der Berechnung der Schnittkräfte im Gebrauchszustand ist dies i.allg. nicht erforderlich. Jedoch kann dieser Einfluß bei der Ermittlung von Formänderungen, von Rißbreiten oder von dynamischen Erscheinungen bedeutend werden.

Die durch Rißbildung reduzierten Steifigkeiten von Querschnitten, Tragwerkselementen und Tragwerken wirken sich vor allem auf die Knick – bzw. Beulsicherheit der Tragwerke, das Temperaturverhalten, das Eigenschwingverhalten und auf die erzwungenen Schwingungen der Stahlbetontragwerke aus. Auch die für das Tragwerksverhalten unter dynamischen Einwirkungen wesentliche *Dämpfung* und damit z.B. die aus seismischen Wirkungen entstehenden Einwirkungen auf das Tragwerk können durch Rißbildung stark verändert werden.

In den letzten Jahren hat sich die gründliche Konfrontation mit *Temperatureinwirkungen* auf Betontragwerke und die dadurch entstehenden Zwangsrißbildungen verstärkt. Die Wechselwirkungen zwischen Temperatureinwirkung und Rißbildung, zwischen Rißbildung und Steifigkeitsreduzierung und zwischen Steifigkeitsreduzierung und Temperaturschnittkräften sind Gegenstand intensiver Auseinandersetzung bei gleichzeitiger Erörterung der gemeinsamen Einwirkung von Last und Zwang auf die Stahlbetontragwerke. Die rißbedingte Reduzierung der Zwangsschnittkräfte erweist sich als ein wichtiges Mittel wirklichkeitsnaher Beschreibung des Tragverhaltens und der Beschränkung des Stahlbedarfs.

Schließlich ist im Zusammenhang mit extremen Temperatureinwirkungen auch die Notwendigkeit entstanden, das Kurzzeit- und Langzeitverhalten von hoch- oder tieftemperaturbeanspruchten Betontragwerken zu untersuchen und durch geeignete Entwurfs- und Konstruktionsentscheidungen günstig zu beeinflussen.

Zusammenfassend kann festgestellt werden, daß eine wirklichkeitsnahe Erfassung und Beschreibung des Tragverhaltens von Betontragwerken unter extremen Einwirkungen oder mit extremen Abmessungen, Schlankheiten und Tragwerksformen die Auseinandersetzung mit dem stochastischen Charakter der Einwirkungen und oft auch der geometrisch-stofflichen und strukturellen Eigenschaften des Tragwerks erforderlich macht. Dabei sind die Spezifika der Betonbauweise – vor allem die durch Rißbildung und das Betonkriechen erzeugten Nichtlinearitäten – zu verfolgen.

Zur Bewältigung dieser Aufgaben haben sich Sicherheits- und Zuverlässigkeitsauffassungen herausgebildet, deren Umschlag in die Vorschriften und damit in die Praxis in Angriff genommen wurde.

1.3.2 Beschreibung des Bauwerksverhaltens

Eine adäquate Erfassung und Bewertung des Bauwerksverhaltens erfordert dessen wirklichkeitsnahe Erfassung und Beschreibung. Die Beschreibungsmöglichkeiten sind in der Fachliteratur so aufbereitet, daß dieser Forderung weitgehend entsprochen werden kann.

Grenzen sind einerseits durch die erforderliche Genauigkeit, andererseits durch den mit dieser Genauigkeit konsistenten Aufwand gesetzt. Im einzelnen sind zu beschreiben:

- das Bauwerksverhalten im Nutzungszustand unter Berücksichtigung von zeitlich konstanten oder veränderlichen Einwirkungen mit oder ohne Erfassung des stochastischen Charakters der Einwirkungen und der geometrisch-stofflichen Eigenschaften des Tragwerks,
- das Bauwerksverhalten im Grenzzustand der Nutzungsfähigkeit unter Berücksichtigung oder Vernachlässigung der durch die Nutzung eingetretenen Änderungen geometrisch-stofflicher oder struktureller Eigenschaften des Bauwerks und

- das Bauwerksverhalten im Grenzzustand der Tragfähigkeit unter Berücksichtigung oder Vernachlässigung des stochastischen Charakters der Einwirkungen und der geometrisch-stofflichen Eigenschaften des Bauwerks.

Diese generellen Beschreibungsnotwendigkeiten sind differenziert in Abhängigkeit vom jeweiligen Verhaltenstyp und Versagenstyp zu erfüllen. Als allgemeine Grundlagen für die Beschreibung des Bauwerksverhaltens werden im folgenden bereitgestellt:
- die Möglichkeiten zur stochastischen Beschreibung von Einwirkung, Tragwerk und statischem Tragwerksverhalten als Zufallsgrößen, Zufallsfelder und Zufallsprozesse,
- die Möglichkeiten zur deterministischen und stochastischen Beschreibung des Bauwerksverhaltens unter dynamischen Einwirkungen und
- die Möglichkeiten zur Beschreibung von Grenzzuständen, Überlebenswahrscheinlichkeiten und Ausfallwahrscheinlichkeiten von Bauwerken.

Die Darstellung der genannten Beschreibungsmöglichkeiten schafft eine Ausgangsbasis für die Behandlung der in den folgenden Abschnitten zu diskutierenden Probleme der Sicherheit und Zuverlässigkeit der Bauwerke sowie der speziellen Einwirkungen und des Bauwerksverhaltens unter diesen Einwirkungen.

1.3.3 Erfassung und Beschreibung von Zufallsgrößen und Zufallsfunktionen

Definitionen:
- Eine *Zufallsgröße* ist eine Variable, die zufällig unterschiedliche Werte annehmen kann. Sie kann in Abhängigkeit von der Anzahl der zufälligen Parameter ein- oder mehrdimensional (*Zufallsvariable* oder *Zufallsvektor*), stetig oder diskret sein.
- Eine *Zufallsfunktion* ist eine Funktion eines deterministischen Parameters, die jedem Wert dieses Parameters eine oder mehrere Zufallsgrößen zuordnet. In Abhängigkeit von der Qualität des Parameters sind *Zufallsfelder* (Parameter ist eine geometrische Größe) und *Zufallsprozesse* (Parameter ist die Zeit) zu unterscheiden.

Wichtige Beschreibungsmittel von Zufallsgrößen und Zufallsfunktionen sind
- Verteilungsdichte und Momente,
- bei mehrdimensionalen Zufallsgrößen zusätzlich Kovarianzen bzw. Korrelationen,
- bei Zufallsprozessen zusätzlich Momentenfunktionen und Korrelationsfunktionen sowie
- Merkmale der Stationärität bzw. Instationärität und Ergodizität.

Zur Erfassung maximaler Einwirkungen oder minimaler Tragwerkswiderstände ist es sinnvoll, auch Extremwertverteilungen zu betrachten. Außer der Verteilungsfunktion und Verteilungsdichte ist dann die Wiederholungsfunktion und die Wahrscheinlichkeitsintensität einzuführen.

Die Verteilungs- und Dichtefunktionen von Extremwertverteilungen lassen sich aus der Verteilungs- und Dichtefunktion der jeweiligen Zufallsgröße ableiten.

Verteilungs- und Dichtefunktion

Die Verteilungsfunktion $F_X(x)$ gibt die Wahrscheinlichkeit an, mit der die Zufallsgröße X kleiner oder gleich dem Werte x ist. Der Grenzwert der Verteilungsfunktion beim Übergang nach $+\infty$ ist 1, beim Übergang nach $-\infty$ gleich 0

$$\lim_{x \to +\infty} F_X(x) = 1 \, , \quad \lim_{x \to -\infty} F_X(x) = 0 \, .$$

Die Wahrscheinlichkeit $P(x_1 < x < x_2)$, daß der Wert einer Zufallsgröße innerhalb eines Intervalls zwischen x_1 und x_2 liegt, kann aus der Differenz der zugeordneten Werte der Verteilungsfunktion ermittelt werden

$$P(x_1 < X < x_2) = P(X < x_2) = F_X(x_2) - F_X(x_1) \, .$$

Die *Dichtefunktion* bzw. die *Verteilungsdichte* ist die Ableitung der Verteilungsfunktion. Die von ihr und der Variablenachse eingeschlossene Fläche hat den Wert 1. Die Verteilungsdichte erreicht beim Modalwert x ihren Maximalwert. Einzelheiten sind Abb. 1.3/1 zu entnehmen.

In der Berechnungspraxis werden vor allem nachstehende Verteilungsfunktionen verwendet (Abb 1.3/2 und [15]):

- Die *Normalverteilung* wegen ihrer Übereinstimmung mit zahlreichen stochastischen Verteilungen natürlicher und technischer Sachverhalte und ihrer rechnerisch einfachen Handhabbarkeit. Ihre Verteilungsdichte wird durch die symmetrische „Glockenkurve" beschrieben.

  Lineare Kombinationen von normalverteilten Basisvariablen lassen sich wieder durch Normalverteilungen beschreiben. Nachteilig kann die Unbegrenztheit der Normalverteilung sein, die auch negative Werte ausweist, was z.B. bei den Baustoffestigkeiten nicht der Wirklichkeit entspricht.
- Die *Log-Normalverteilung* wegen ihrer einseitigen Begrenztheit, was sie zur Beschreibung von Festigkeiten geeigneter erscheinen läßt als die Normalverteilung. Die Log-Normalverteilung ist nicht symmetrisch. Ihre konkrete Form läßt sich durch Verfügung über drei Parameter an die jeweils vorhandenen Gegebenheiten relativ gut anpassen.

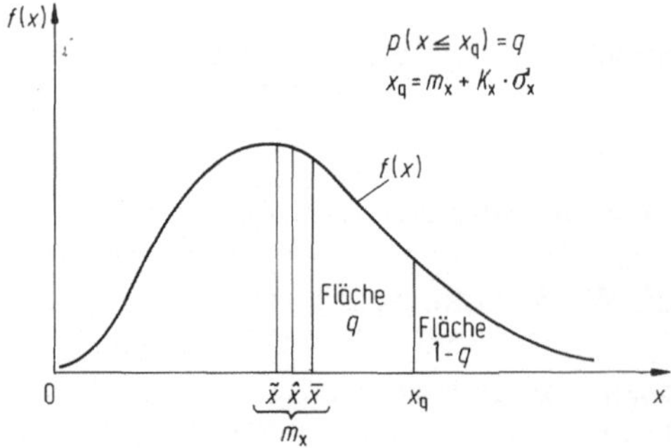

Abb. 1.3/1. Verteilungsdichte und deren charakteristische Werte. $f(x)$ Dichtefunktion, x_q Fraktilwert: der Wert, der mit der Wahrscheinlichkeit q unterschritten wird, $\bar{x}$ Mittelwert: beschreibt das statistische Mittel der Stichprobe, $\hat{x}$ Modalwert: der Wert, dem der maximale Wert der Dichtefunktion zugeordnet ist, $\tilde{x}$ Medianwert: der Wert, der mit einer Wahrscheinlichkeit von 0,5 unter- bzw. überschritten wird, K_x Grenzfaktor, σ_x Standardabweichung

Typ	Wertebereich	Parameter	Verteilungsdichte $f_x(x)$	graphische Darstellung der Verteilungsdichte	Erwartungswert $E(x)$	Standardabweichung σ_x
Gleichverteilung (GV)	(x_a, x_e)	x_a x_e $x_a < x_e$	$\frac{1}{x_e - x_a}$	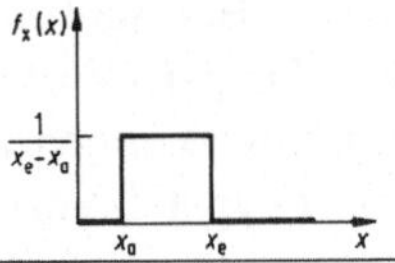	$\frac{x_e + x_a}{2}$	$\frac{x_e - x_a}{\sqrt{12}}$
Dreieckverteilung (DV)	(x_a, x_e)	x_a x_e $x_a < x_e$	$\frac{2}{x_e - x_a}\left(1 - \frac{2}{x_e - x_a}\left\lvert x - \frac{x_a + x_e}{2}\right\rvert\right)$	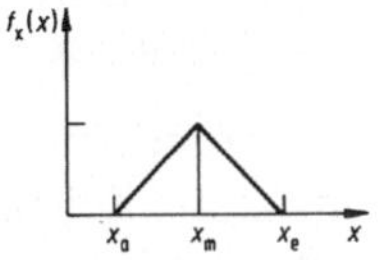	$\frac{x_a + x_e}{2}$	$\frac{x_e\ x_a}{\sqrt{24}}$
Normalverteilung (NV)	$(-\infty, +\infty)$	m $\sigma > 0$	$\frac{1}{\sigma\sqrt{2\pi}}\exp\left[-\frac{1}{2}\left(\frac{x-m}{\sigma}\right)^2\right]$ $= \frac{1}{\sigma}\,\varphi\left(\frac{x-m}{\sigma}\right)$	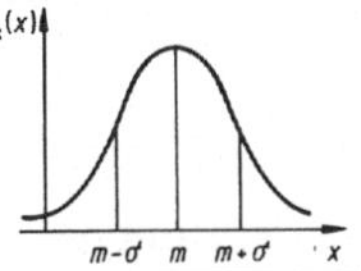	m	σ
stand. Normalverteilung (SNV)	$(-\infty, +\infty)$	$m = 0$ $\sigma = 1$	$\frac{1}{\sqrt{2\pi}}\exp\left(-\frac{x^2}{2}\right)$	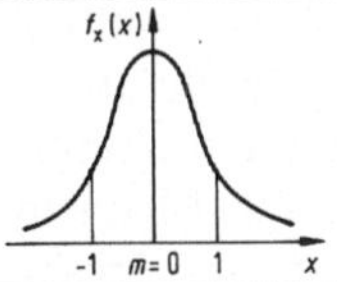	0	1
log. Normalverteilung (LNV)	$(x_a, +\infty)$	x_a $m > 0$ $\sigma > 0$	$\frac{1}{\sigma(x - x_a)}\,\varphi\left(\frac{\ln(x - x_a) - m}{\sigma}\right)$	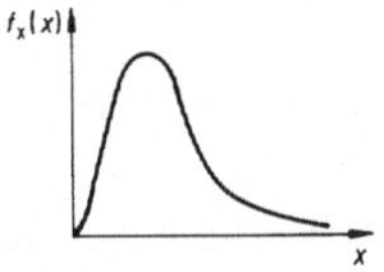	$x_a + \exp\left(m + \frac{\sigma^2}{2}\right)$	$\exp\left(m + \frac{\sigma^2}{2}\right)\cdot\sqrt{\exp(\sigma^2) - 1}$
Exponentialverteilung (EV)	$(0, +\infty)$	$\lambda > 0$	$\lambda\exp(-\lambda x)$	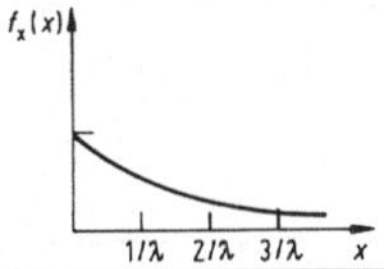	$\frac{1}{\lambda}$	$\frac{1}{\lambda}$
Gammaverteilung (Γ)	$(x_a, +\infty)$	x_a $b > 0$ $p > 0$	$\frac{b^p}{\Gamma(p)}(x - x_a)^{p=1}\exp\left[-b(x\ x_a)\right]$	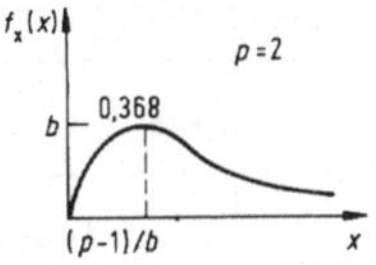	$x_a + \frac{p}{b}$	$\frac{\sqrt{p}}{b}$
Betaverteilung (β)	$(0, 1)$	x_a $x_e\ L\ x_a$ $a > 0$ $b > 0$	$\frac{1}{B(a,b)}\,x^{a-1}(1-x)^{a-1}$ für $0 < x < 1$	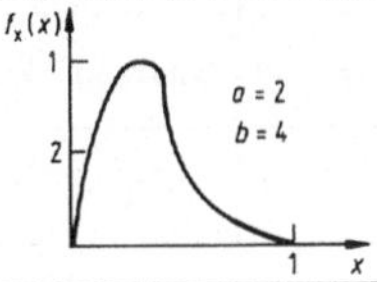	$\frac{b}{a+b}$	$\frac{1}{a+b}\sqrt{\frac{ab}{a+b+1}}$
Chiquadratverteilung (χ^2)	$(0, +\infty)$	$n > 0$ $(n \in N)$	$\frac{1}{2^{n/2}\cdot\Gamma(n/2)}\cdot x^{(n/2)-1}$ $\cdot\exp\left(-\frac{x}{2}\right)$	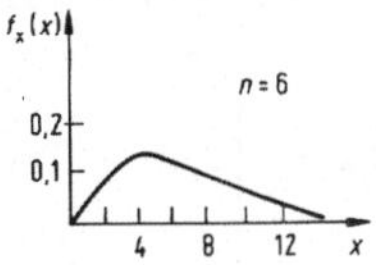	n	$\sqrt{2n}$

Abb. 1.3/2. Häufig verwendete Verteilungsfunktionen

Zur Beschreibung asymptotischer *Extremwertverteilungen* stehen zur Verfügung:

- Die Gumbel-Verteilung (Typ-I-Verteilung) mit konstanter Schiefe und konstantem Exzeß eignet sich vor allem zur Erfassung und Beschreibung maximaler Einwirkungen über längere Betrachtungszeiträume.
- Die Fréchet-Verteilung (Typ-II-Verteilung) eignet sich zur stochastischen Beschreibung von Windeinwirkungen und weist sehr starke Schiefe auf.
- Die Weibull-Verteilung (Typ-III-Verteilung) eignet sich zur stochastischen Beschreibung von Festigkeitseigenschaften der Baustoffe und maximalen Einwirkungen sowie der Lebensdauer ermüdungsbeanspruchter Bauteile.

Eine Übersicht über die mathematische Formulierung der einzelnen Extremwertverteilungen und ihrer charakteristischen Werte enthält Abb. 1.3/3 nach [16]. In Abb. 1.3/4 sind Besonderheiten und Vorzugsanwendungen der Verteilungsfunktionen zusammengestellt.

Momente von Zufallsgrößen und Zufallsfunktionen

Zur näherungsweisen Beschreibung der stochastischen Eigenschaften sind bei nicht vorhandener Kenntnis der Verteilungsfunktionen die Momente der Zufallsgrößen und -funktionen geeignet. Sie sind in enger Anlehnung an den Momentenbegriff der Mechanik geprägt und werden analog zum statischen Moment (Moment 1. Ordnung) und Trägheitsmoment (Moment 2. Ordnung) berechnet.

Das Moment i-ter Ordnung ergibt sich aus

$$m_i = E[X^2] = \int_{-\infty}^{+\infty} x^i f_X(x)\,\mathrm{d}x\ .$$

Das 1. Moment ist von besonderer Bedeutung für die Charakterisierung der stochastischen Sachverhalte. Das Moment 1. Ordnung ist gleich dem Mittelwert (auch Erwartungswert $E(X)$ genannt).

asymptotische Extremverteilung			Parameter	Wertebereich	Verteilungsdichte $f_x(x)$	Erwartungswert $E(x)$	Varianz Var (x)
Typ I	Gumbel-Verteilung	Größtwerte	a, u	$(-\infty, +\infty)$	$a \exp\{-a(x-u) - \exp[-a(x-u)]\}$	$u + 0{,}577216/a$	$\pi^2/6a^2$
		Kleinstwerte	$\gamma_x = 1{,}1395$ $\varepsilon_x = 2{,}4$		$a \exp\{a(x-u) - \exp[a(x-u)]\}$	$u - 0{,}577216/a$	
Typ II	Fréchet-Verteilung	Größtwerte	$k > 2$	$(x_0, +\infty)$	$\lambda k (x-x_0)^{-k-1} \exp[-\lambda (x-x)^{-k}]$	$x_0 + \lambda^{1/k} \Gamma\left(1-\frac{1}{k}\right)$	$\lambda^{2/k}\left[\Gamma(1\frac{2}{k}) - \Gamma^2(1-\frac{1}{k})^2\right]$
		Kleinstwerte	$\lambda > 0$	$(-\infty, x_0)$	$\lambda k (x_0-x)^{-k-1} \exp[-\lambda (x_0-x)^{-k}]$	$x_0 - \lambda^{1/k} \Gamma\left(1-\frac{1}{k}\right)$	
Typ III		Größtwerte	$k > 0$	$(-\infty, x_0)$	$\lambda k (x_0-x)^{k-1} \exp[-\lambda (x_0-x)^{k}]$	$x_0 - \lambda^{-1/k} \Gamma\left(1+\frac{1}{k}\right)$	$\lambda^{-2/k}\left[\Gamma(+\frac{2}{k}) - \Gamma^2(1+\frac{1}{k})^2\right]$
	Weibull-Verteilung	Kleinstwerte	$\lambda > 0$	$(x_0 + \infty)$	$\lambda k (x-x_0)^{k-1} \exp[-\lambda (x-x_0)^{k}]$	$x_0 + \lambda^{-1/k} \Gamma\left(1+\frac{1}{k}\right)$	

Abb. 1.3/3. Asymptotische Extremwertverteilungen

Verteilungstyp		Besonderheiten und Vorzugsanwendungen
Gleich-verteilung		Ermittlung der geometrischen Wahrscheinlichkeit, Erzeugung von Zufallszahlen
Dreiecks-verteilung		Verteilung der Summe zweier unabhängig identisch (stetig) gleichmäßig verteilter Zufallsgrößen
Normal-verteilung		zur Veranschaulichung von Zufallsobjekten, die sich in eine große Anzahl von unabhängigen Summanden zerlegen lassen und bei denen jeder Summand einen relativ geringen Einfluß auf die Summe hat, statistische Auswertung von Versuchs-, Beobachtungs- und Meßergebnissen
log. Normal-verteilung		zur Veranschaulichung von Zufallsobjekten mit positiv begrenztem Definitionsbereich, für Lebensdauer- und Festigkeitsproblembetrachtungen, Konzentrationsuntersuchungen
Exponential-verteilung		„Lebensdauerverteilung", Zuverlässigkeitstheorie, Bedienungstheorie
γ-Verteilung		„Lebensdauerverteilung" Zuverlässigkeitstheorie
χ^2-Verteilung		Prüfen von Streuungen, Anpassungstest, Homogenitätstest, Unabhängigkeitstest, Punktschätzung
β-Verteilung		Verteilung von Randgrößen, Korrelationsanalyse, kann durch Parameteränderung anderen Verteilungen angepaßt werden
asymptotische Extremwert-verteilungen	Gumbel-Verteilung	Darstellung von Maximalbelastungen über längere Zeiträume, Windbeschreibung
	Fréchet-Verteilung	Darstellung von Windlasten
	Weibull-Verteilung	Darstellung von Lasten mit oberer Grenze, Modellierung von Festigkeitseigenschaften, „Lebensdauerverteilung" ermüdungsbeanspruchter Bauteile

Abb. 1.3/4. Besonderheiten und bevorzugte Anwendungen von Verteilungsfunktionen

Das zentrale Moment ergibt sich aus

$$\mu_i = E[(X - m_1)^i] = \int_{-\infty}^{+\infty} (x - m_1)^i \cdot f_X(x)\,dx\ .$$

Das zentrale Moment 2. Ordnung entspricht der *Varianz* VAR(x) (auch Dispersion genannt).

Die *Standardabweichung* ist die Wurzel aus der Varianz:

$$\sigma_X = \sqrt{\mu_2}\ .$$

Die Streuung der Zufallsgröße, die durch die Varianz bzw. die Standardabweichung beschrieben wird, kann auch durch den *Variationskoeffizienten* angegeben werden, der sich als Quotient von Standardabweichung und Mittelwert ergibt.

Weitere Merkmale zur Charaktersierung der Verteilungsfunktion bzw. Dichtefunktion sind

- die *Schiefe*, die aus dem zentralen Moment 3. Ordnung und der Standardabweichung berechnet wird:

$$\gamma_X = \frac{\mu_3}{\sqrt{\mu_2^3}} = \frac{\mu_3}{\sigma_X^3},$$

Sie ist ein Maß für die Unsymmetrie der Verteilungsfunktion;
- der *Exzeß*, der die Ausprägung der Verteilungsfunktion beschreibt. Er ergibt sich aus dem zentralen Moment 4. Ordnung und der Standardabweichung der Verteilungsfunktion:

$$\varepsilon_X = \frac{\mu_4}{\mu_2^2} - 3 = \frac{\mu_4}{\sigma_X^4} - 3 .$$

Bei positivem Exzeß ist die Verteilungsfunktion spitzer als die Normalverteilung, bei negativem Exzeß ist sie flacher.

Die Momente von mehrdimensionalen Zufallsgrößen können auch zur Erfassung von Korrelationen zwischen diesen Größen herangezogen werden.

Die *Kovarianz* zwischen den beiden Zufallsgrößen X_1 und X_2 kann als zweites gemischtes zentrales Moment ermittelt werden. Es ergibt sich

$$\begin{aligned}\mathrm{Cov}(X_1, X_2) &= E[(X_1 - E(X_1))(X_2 - E(X_2))] \\ &= \iint_{-\infty}^{+\infty} (x_1 - E(X_1))(x_2 - E(X_2)) f_{X_1, X_2}(x_1, x_2)\,\mathrm{d}x_1\,\mathrm{d}x_2 .\end{aligned}$$

Die auf die Standardabweichungen der beiden Zufallsgrößen bezogene *Kovarianz* ergibt sich zu

$$\rho_{X_1, X_2} = \frac{\mathrm{Cov}(X_1, X_2)}{\sigma_{X_1}\sigma_{X_2}}, \quad \text{es gilt:} \; -1 \le \rho_{X_1, X_2} \le +1 .$$

Der Korrelationskoeffizient ist ein einfaches Mittel zur Beurteilung der *Korrelationsintensität*. Ist er Null, sind die beiden Zufallsgrößen unkorreliert, nähert er sich dem Grenzwert + 1, wachsen beide Zufallsgrößen gleichzeitig an, bei Annäherung an den Grenzwert − 1 können die beiden Zufallsgrößen entgegengesetzte Größenentwicklungen erfahren.

Momente der Zufallsfunktionen sind Funktionen des unabhängigen, deterministischen Parameters, also des Ortes (Zufallsfeld) bzw. der Zeit (Zufallsprozeß).

Das Moment 1. Ordnung der Zufallsfunktion ist die *Mittelwertfunktion*

$$m_X(t) = E[X(t)] = \int_{-\infty}^{+\infty} x f_X(x, t)\,\mathrm{d}x .$$

Das Moment 2. Ordnung ist die *Varianzfunktion*

$$\mathrm{Var}[X(t)] = \sigma_X^2(t) = \int_{-\infty}^{+\infty} [x - m_X(t)]^2 f_X(x_i t)\,\mathrm{d}x .$$

Bei stationären Zufallsfunktionen sind diese beiden Funktionen vom Parameter unabhängig, also konstant.

Weitere Charaktersierungen von Zufallsfunktionen durch die Momente sind erforderlich und möglich, wenn die Korrelation zwischen zwei Zufallsfunktionen beschrieben werden soll.

Die *Kovarianzfunktion* bezogen auf zwei Parameter t_1 und t_2 der unabhängigen Veränderlichen ist das zentrale Moment 2. Ordnung

$$\begin{aligned} R_{X,X}(t_1, t_2) &= \mathrm{Cov}[X(t_1), X(t_2)] \\ &= E[(X(t_1) - m_X(t_1))(X(t_2) - m_X(t_2))] \\ &= \iint\limits_{-\infty}^{+\infty} (x_1 - m_X(t_1))(x_2 - m_X(t_2)) f_X(x_1, x_2; t_1, t_2)\, \mathrm{d}x_1\, \mathrm{d}x_2 \,. \end{aligned}$$

Die zugeordnete Korrelationsfunktion ergibt sich daraus zu

$$\rho_{X,X}(t_1, t_2) = \frac{R_{X,X}(t_1, t_2)}{\sigma_X(t_1)\,\sigma_X(t_2)} \,.$$

Für stationäre Zufallsfunktionen sind die Korrelationsfunktion und die Kovarianzfunktion nur von der Differenz der beiden Parameterwerte abhängig.

Zusätzliche Beschreibungsmöglichkeiten für Extremwertfunktionen

Wiederholungsfunktion und Wahrscheinlichkeitsintensität sind einander über die Beziehung

$$H(x) = H(x_0) \exp\left[\int\limits_{x_0}^{x} r(\xi)\, \mathrm{d}\xi\right] \quad r(x) = \frac{\mathrm{d} \ln H(x)}{\mathrm{d}x}$$

zugeordnet.

Die Verteilungsdichte der Rückkehrperiode f_{T_R} ergibt sich aus

$$f_{T_R} = P(T_R = j) = [P(X \leq r)]^{j-1} \cdot P(X > r) = [F_X(r)]^{j-1} \cdot [1 - F_X(r)] \,.$$

1.3.4 Erfassung und Beschreibung von dynamischen Einwirkungen und dynamischem Tragverhalten

Die Beschreibung des Tragverhaltens von Tragwerken unter dynamischen Einwirkungen läßt sich in drei Teilaufgaben untergliedern:
- Beschreibung der dynamischen Einwirkungen,
- Beschreibung der dynamischen Charakteristiken des Tragwerks und
- Beschreibung des dynamischen Verhaltens des Tragwerks.

Diese Teilaufgaben haben Gemeinsamkeiten und Spezifika. Gemeinsam sind:
- die Möglichkeit der deterministischen oder stochastischen Beschreibung,
- die Möglichkeit der Beschreibung im Zeit- oder Frequenzbereich und
- die Möglichkeit und Notwendigkeit, die Beschreibung an die geforderte Wirklichkeitsnähe der Aussage anzupassen.

Spezifisch sind:

a) für die Einwirkungsbeschreibung
   - die zeitunabhängige Darstellung (quasistatisch),

- die zeitabhängige Darstellung (Zeitverlauf/Time history) und
- die frequenzabhängige Darstellung (Response-Spektrum),

b) für die Tragwerksbeschreibung bzw.- modellierung
- die Angabe des Eigenschwingungs- und Dämpfungsverhaltens,
- die Darstellung als Übertragungsfunktion und
- die Modellierung als Punktmassen- oder konsistentes Tragwerksmodell und

c) für die Beschreibung des Tragwerksverhaltens
- die Angabe von dynamischen Lastfaktoren,
- der Zeitverlauf der Schnittkräfte und Formänderungen und
- die Angabe der stochastischen Beschreibungsgrößen der Schnittkräfte und Formänderungen.

Als Entscheidungsgrundlage für die Auswahl der Beschreibungsmöglichkeiten dient einerseits die relative Bedeutung der dynamischen Einwirkungen gegenüber anderen Einwirkungen (statische Einwirkungen und Temperatur), andererseits das Risikopotential des Bauwerks.

In der Regel werden für Standardbauwerke die ständigen und die veränderlichen Einwirkungen als statisch bzw. quasistatisch in die Berechnung eingeführt. Der Zufallscharakter von ständigen Einwirkungen (Eigenlast) wird in der Regel vernachlässigt und für veränderliche Einwirkungen auch nur bei Tragwerken berücksichtigt, bei denen eine Vernachlässigung der Zufälligkeit zu extrem unökonomischen Lösungen führen würde. Dazu gehören z.B. die Verkehrslasten bei Hochhäusern.

Im folgenden werden einige Besonderheiten der Beschreibung dynamischer Einwirkungen und dynamischen Tragverhaltens vorgestellt.

Beschreibung von dynamischen Einwirkungen

Folgende Möglichkeiten der Beschreibung dynamischer Einwirkungen stehen zur Verfügung (Abb. 1.3/5 bis 1.3/7):

- Darstellung ausgewählter dynamischer Einwirkungen im Zeitbereich,
- Spektraldarstellung ausgewählter dynamischer Einwirkungen,
- Response-Spektrum-Darstellung von seismischen Einwirkungen und
- stochastische Beschreibung von stationären und instationären seismischen Einwirkungen.

Die Auswahl der unterschiedlichen Beschreibungsformen hängt von ihrer Funktion ab:

Die Darstellung dynamischer Einwirkungen im *Zeitbereich* dient der Erfassung von kurzen, impulsartigen Einwirkungen (Stoß, Flugzeugaufprall, Explosionseinwirkungen). Die *Spektraldarstellung* dynamischer Einwirkungen ist zweckmäßig zur raschen Feststellung von gefährlichen Frequenzlagen der Einwirkungen (Resonanzgefahr). Die *Response-Spektrum-Darstellung* seismischer Einwirkungen wird bei der Erfassung von mehreren möglichen seismischen Einwirkungen unter genäherter Berücksichtigung von Tragwerksdämpfung und lokalen Baugrundeigenschaften gewählt. Die *stochastische Beschreibung* von stationären dynamischen Einwirkungen kann auch zur näherungsweisen Beschreibung instationärer Einwirkungen genutzt und erforderlichenfalls durch eine deterministische Formfunktion an den instationären Einwirkungsverlauf angepaßt werden.

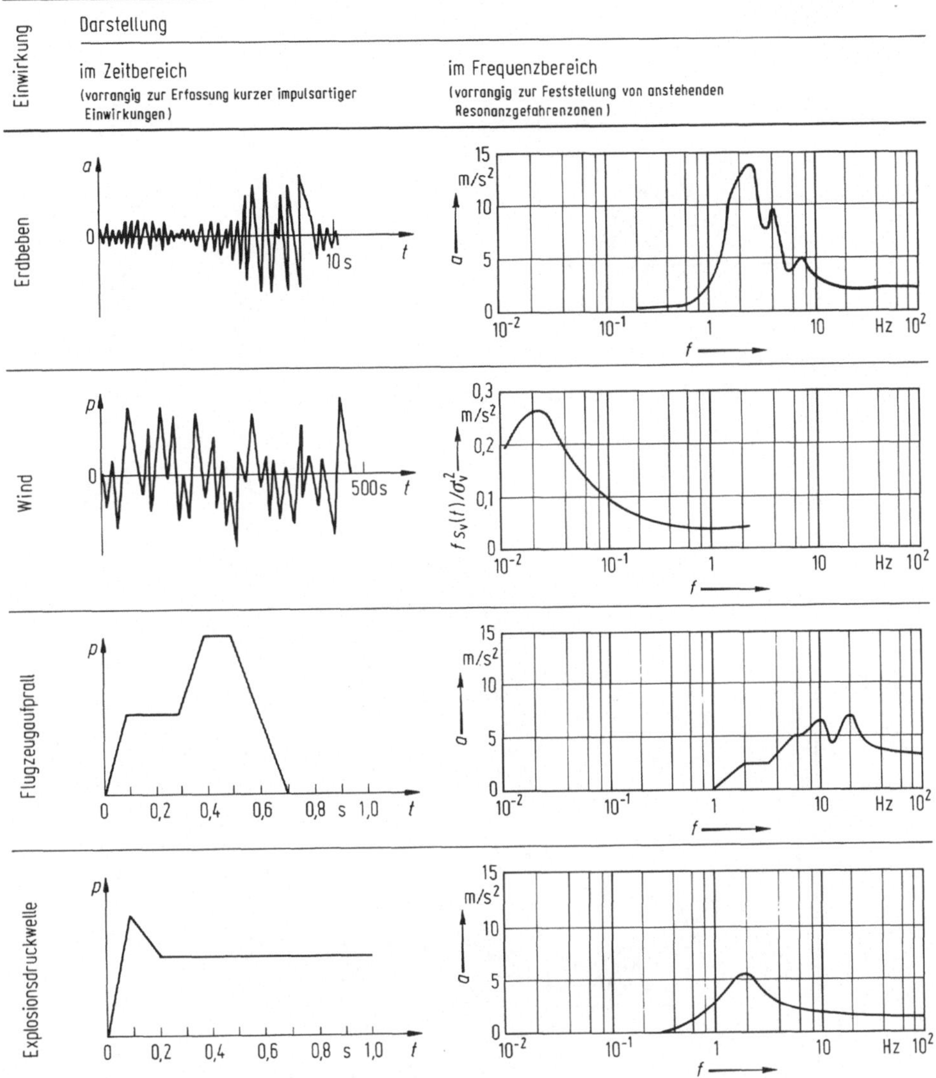

Abb. 1.3/5. Darstellungsmöglichkeiten ausgewählter dynamischer Einwirkungen

Beschreibung von Tragwerken und deren Modellierung

Folgende Möglichkeiten zur adäquaten Beschreibung von Tragwerken stehen zur Verfügung:

- deterministische Erfassung der geometrisch-stofflichen und strukturellen Eigenschaften des Tragwerks,
- stochastische Erfassung der geometrischen und deterministische Erfassung der stofflichen und strukturellen Eigenschaften des Tragwerks und

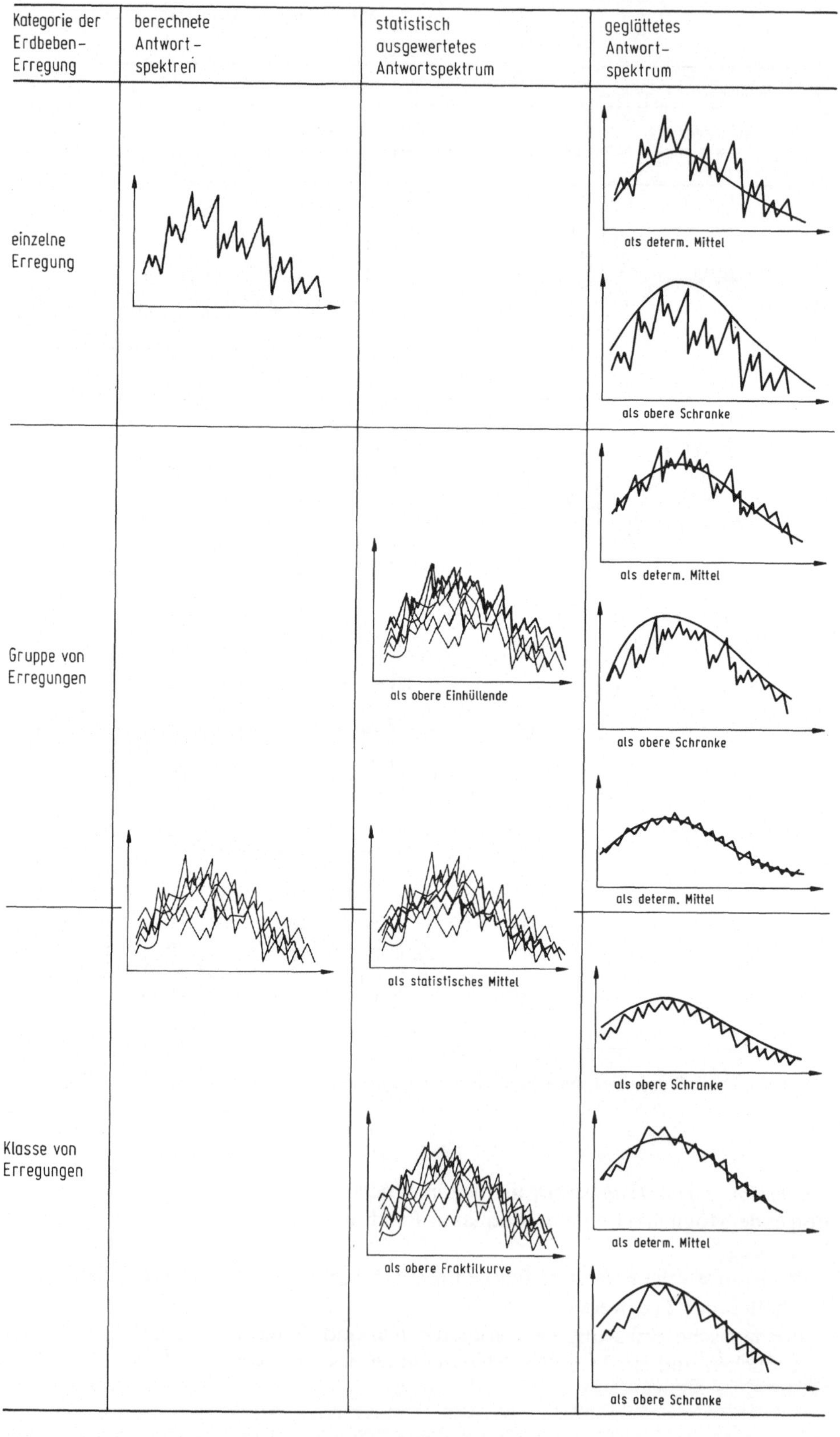

Kategorie der Erdbeben-Erregung	berechnete Antwort-spektren	statistisch ausgewertetes Antwortspektrum	geglättetes Antwort-spektrum
einzelne Erregung			als determ. Mittel als obere Schranke
Gruppe von Erregungen		als obere Einhüllende	als determ. Mittel als obere Schranke
		als statistisches Mittel	als determ. Mittel als obere Schranke
Klasse von Erregungen		als obere Fraktilkurve	als determ. Mittel als obere Schranke

Abb. 1.3/6. Möglichkeiten zur Entwicklung von Antwortspektren

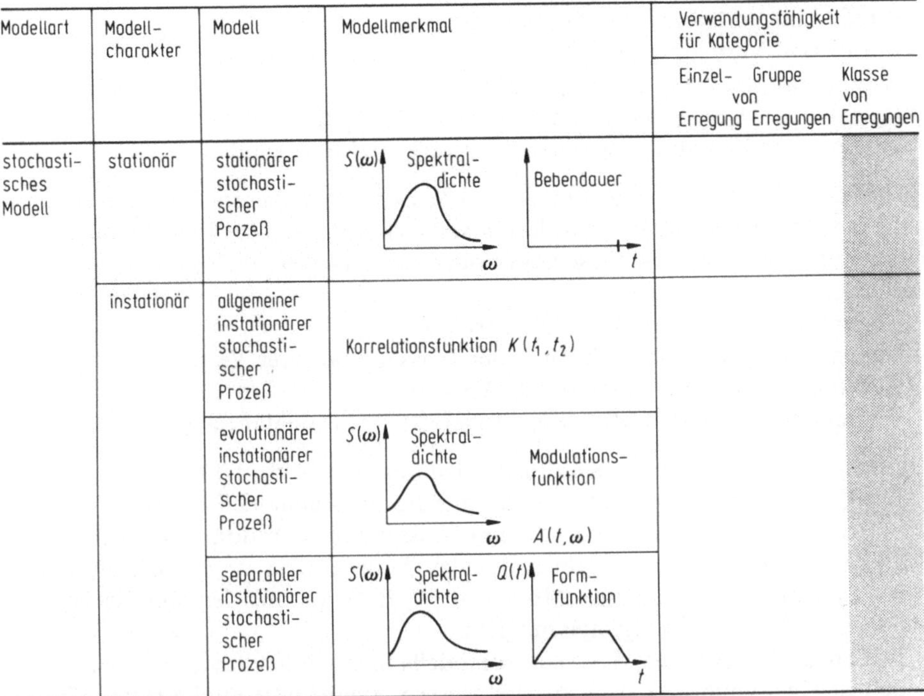

Modellart	Modell-charakter	Modell	Modellmerkmal	Verwendungsfähigkeit für Kategorie		
				Einzel-Erregung	Gruppe von Erregungen	Klasse von Erregungen
stochastisches Modell	stationär	stationärer stochastischer Prozeß	$S(\omega)$ Spektraldichte, ω; Bebendauer, t			
	instationär	allgemeiner instationärer stochastischer Prozeß	Korrelationsfunktion $K(t_1, t_2)$			
		evolutionärer instationärer stochastischer Prozeß	$S(\omega)$ Spektraldichte, ω; Modulationsfunktion $A(t, \omega)$			
		separabler instationärer stochastischer Prozeß	$S(\omega)$ Spektraldichte, ω; $Q(t)$ Formfunktion, t			

Abb. 1.3/7. Stochastische Beschreibung von stationären und instationären seismischen Einwirkungen

- stochastische Erfassung der geometrisch-stofflichen und strukturellen Eigenschaften des Tragwerks.

Zur Auswahl der Beschreibungsformen können folgende Feststellungen getroffen werden: In der Regel kann auch bei der Untersuchung des Tragwerksverhaltens unter stochastisch beschriebenen Einwirkungen das Tragwerk deterministisch beschrieben werden. Die stochastische Beschreibung der Tragwerksgeometrie ist vor allem bei extrem großem Anteil der Eigenlast an der Gesamteinwirkung auf das Tragwerk in Erwägung zu ziehen. Eine vollstochastische Erfassung der Tragwerkseigenschaften ist i.allg. nur für Grundlagenuntersuchungen erforderlich, um Schranken und Zulässigkeit vereinfachender deterministischer Annahmen bewerten zu können.

Die Überführung des Tragwerks in ein Tragwerksmodell hat die wesentlichen dynamischen Charakteristika von Tragwerk und Tragwerksmodell in Übereinstimmung zu bringen. Wesentliche dynamische Tragwerkscharakteristika sind:
- für *harmonisch beanspruchte Tragwerke* die Eigenfrequenzen;
- für *impulsbelastete Tragwerke* die Impulsübertragungsfunktionen;
- für *beliebig belastete Tragwerke* die Frequenzübertragungsfunktionen.

Auf die *Qualität eines Tragwerksmodells* haben folgende Größen bzw. Sachverhalte wesentlichen Einfluß:

- Größe und Verteilung der Tragwerksmassen,
- Größe und Verteilung der Tragwerkssteifigkeit,
- Konfiguration im Grund- und Aufriß,
- Qualität der Tragwerkselemente und ihrer Kopplung und
- Qualität der Kopplung zwischen Tragwerk und Baugrund.

Ziel einer sinnvollen Tragwerksmodellierung ist die Reduzierung des Berechnungsaufwands bei Sicherung der geforderten Wirklichkeitsnähe der Berechnungsergebnisse. Zur Festlegung des Tragwerksmodells sind in diesem Zusammenhang z.B. möglich:

- Vereinfachungen in der Tragwerksstruktur,
- Vereinfachungen in der Erfassung der Massen und ihrer Verteilung,
- Entkopplung von Schwingungsformen und
- Zurückführung auf ein Modell niedrigerer Dimensionalität als das Tragwerk.

Dies wird am Beispiel eines Kühlturms demonstriert (Abb. 1.3/8):

- Die Überführung eines Tragwerks in ein Punktmassenmodell ist bei Tragwerken mit relativ steifen Elementen oder mit Massenkonzentrationen möglich.
- Die Überführung eines dreidimensionalen Tragwerks in ein zweidimensionales bzw. in ein eindimensionales Modell ist bei Entkopplung der räumlichen bzw. ebenen Schwingungsvorgänge möglich.
- Die Überführung eines Mehrmassenmodells in ein äquivalentes Einmassenmodell ist mit Einführung äquivalenter Massen, Steifigkeiten und Kräfte möglich.

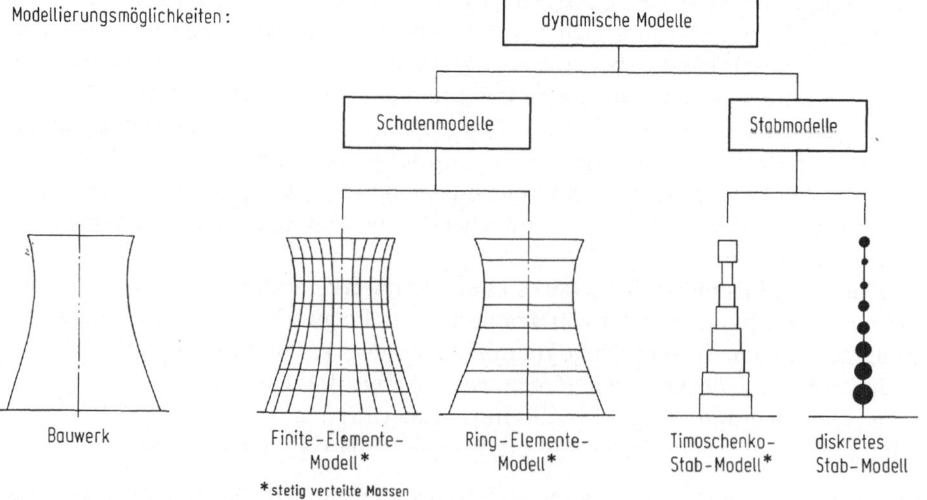

Abb. 1.3/8. Tragwerksmodellierung am Beispiel eines Kühlturms

Besonderheiten bei der Tragwerksbeschreibung bzw. Tragwerksmodellierung von *Stahlbetontragwerken* bestehen

- durch die gegenüber Stahl vergrößerte *Streubreite der Festigkeits- und Formänderungswerte* des Betons und die dadurch verursachte erhöhte Streuung der dynamischen Tragwerkscharakteristiken,
- durch die *Steifigkeitsreduzierung* bei Rißbildung und der dadurch reduzierten Eigenfrequenzen,
- durch die *Dämpfungserhöhung* bei Rißbildung und der dadurch reduzierten Tragwerksantwort auf die dynamische Einwirkung.

Beschreibung des dynamischen Tragwerksverhaltens

Das Tragwerksverhalten kann durch *dynamische.* Lastfaktoren oder durch Angabe des zeitlich veränderlichen Schnittkraft- und Formänderungszustands beschrieben werden. Die Beschreibung des Bauwerksverhaltens erfolgt durch Angabe von Extremwerten des zeitabhängigen Schnittkraft- und Formänderungsverlaufs.

Dazu kommt für die stochastische Darstellung des Tragwerksverhaltens die Angabe der stochastischen Beschreibungsgrößen zur Erfassung von Schnittgrößen und Formänderungen als Zufallsvariable, -felder oder -prozesse.

1.3.5 Erfassung und Beschreibung von Grenzzuständen und Überlebenswahrscheinlichkeiten

Definitionen

Ein *Grenzzustand* ist ein Grenzwert des Bauwerksverhaltens, für den das Bauwerk seine Gebrauchsfähigkeit oder seine Tragfähigkeit oder eine andere definierte Anforderung nicht mehr erfüllt.

Die *Überlebenswahrscheinlichkeit* $P(s)$ eines Bauwerks ist die Wahrscheinlichkeit, daß das Bauwerk in einem definierten Zeitraum einen definierten Grenzzustand nicht überschreitet.

Die *Versagenswahrscheinlichkeit* $P(f)$ eines Bauwerks ist die Wahrscheinlichkeit, daß das Bauwerk in einem definierten Zeitraum einen definierten Grenzzustand erreicht und damit ein Versagenszustand eintritt. Die Versagenswahrscheinlichkeit wird auch als Ausfallwahrscheinlichkeit bezeichnet.

Die Ermittlung der Versagenswahrscheinlichkeit – die bei Zuverlässigkeitsbetrachtungen gegenüber der Überlebenswahrscheinlichkeit i.allg. bevorzugt wird – setzt die Definition eines Bezugszeitraums und die Kenntnis der die Einwirkung und das Tragverhalten des Bauwerks beschreibenden Zufallsgrößen oder Zufallsfunktionen voraus. Als Bezugszeitraum wird häufig die *Nutzungsdauer* eingeführt oder ein Jahr angenommen. Gesichert muß sein, daß die Lebensdauer des Bauwerks größer ist als seine vorgesehene Nutzungsdauer.

Die *Lebensdauer* des Bauwerks ergibt sich als Verteilungsfunktion der Versagenswahrscheinlichkeit. Der zeitabhängige Verlauf der Versagenswahrscheinlichkeit entspricht der Verteilung der Lebensdauer.

Die Erfassung und Beschreibung der Zuverlässigkeit eines Bauwerks ist sowohl mit dem Nachweis der Lebensdauer als auch der Versagenswahrscheinlichkeit möglich. Bevorzugt wird der Nachweis der Versagenswahrscheinlichkeit.

Wegen der i.allg. unvollständigen stochastischen Informationen zu den Basisvariablen wird die Versagenswahrscheinlichkeit mit genäherten Daten und Näherungsmethoden ermittelt. Der so berechnete Wert wird im Gegensatz zur theoretisch exakten Versagenswahrscheinlichkeit *operative Versagenswahrscheinlichkeit* genannt.

Die Beschreibung eines Grenzzustands erfolgt in Abhängigkeit von den Basisvariablen, deren konkrete Bedeutung durch die Art des definierten Grenzzustands bestimmt wird.

Es lassen sich unterschiedliche Grenzzustände definieren: In Abhängigkeit von der *Funktionsfähigkeit* kann ein Grenzzustand der Nutzungsfähigkeit und ein Grenzzustand der Tragfähigkeit definiert werden. In Abhängigkeit von *Komponenten des Tragverhaltens* können Grenzzustände der Deformation, der Rißbildung, des dynamischen Verhaltens, des Stabilitätsverhaltens, der Ermüdung und der Dauerfestigkeit definiert werden.

Besonderheiten ergeben sich noch hinsichtlich des Bezugszeitraums. Die Überführung einer auf die Lebensdauer des Tragwerks bezogenen Versagenswahrscheinlichkeit in die auf ein Jahr bzw. das erste Jahr der Nutzung bezogene Versagenswahrscheinlichkeit ist unter Beachtung der nichtlinearen Zeitabhängigkeit der Versagenswahrscheinlichkeit vorzunehmen. So ergibt sich eine geringere Versagenswahrscheinlichkeit für das zweite Jahr, wenn ein Tragwerk eine konstante Last im ersten Jahr ohne Eintritt des Versagensfalls ertragen hat. Das Verhalten im ersten Jahr dient hier gewissermassen als Ergebnis eines Einjahresversuchs.

Die allgemein übliche Formulierung des Grenzzustands ist

$$g(x_1, x_2, \ldots) = 0 \quad (x_1, x_2 \ldots \text{Basisvariable})\,.$$

Faßt man diese Beziehung als Gleichung in einem n-dimensionalen Raum auf, so stellt sie eine Fläche dar, die den Bezugsraum in einen „sicheren" und einen „unsicheren" Bereich trennt.

Für den sicheren (zuverlässigen) Bereich gilt

$$g(x_1, x_2, \ldots) < 0\,,$$

für den unsicheren (unzuverlässigen) Bereich gilt

$$g(x_1, x_2, \ldots) > 0\,.$$

Das Erreichen des Grenzzustands, also

$$g(x_1, x_2, \ldots) = 0\,,$$

wird dem zuverlässigen Bereich zugeordnet.

Hängt der Grenzzustand nur von zwei Basisvariablen ab, so ist durch die Grenzzustandsgleichung eine Linie in der Ebene der beiden Basisvariablen bestimmt, die in dieser Ebene den sicheren vom unsicheren Bereich trennt.

Basisvariable, die im sicheren Bereich liegen, führen nicht zum Versagen des Tragwerks. Dies wird auch für Basisvariable angenommen, die *auf* der Linie der Grenzzustandsgleichung liegen.

Die in der Grenzzustandsgleichung enthaltenen Basisvariablen sind die Größen, aus denen einerseits die Beanspruchung, andererseits auch die Widerstandsfähigkeit ermittelt werden.

Die *Beanspruchungsseite* (S) ist im wesentlichen durch die Einwirkungen beeinflußt aber auch durch die konkreten geometrisch-stofflichen Eigenschaften des Tragwerks (z.B. Querschnittsform bei einem Grenzzustandsnachweis, der die Tragsicherheit eines Querschnitts belegen soll).

Die *Widerstandsseite* (R) ist hauptsächlich durch die geometrisch-stofflichen Eigenschaften des Tragwerks bestimmt, kann aber auch über die Beanspruchungshöhe und -dauer von Basisvariablen abhängen, die durch Intensität und zeitlichen Verlauf der Einwirkungen bestimmt sind.

Die Basisvariablen lassen sich nicht immer eindeutig in zwei Gruppen (Einwirkung und Widerstand) trennen. Wo diese Trennung jedoch möglich ist, läßt sich der Grenzzustand wie folgt beschreiben:

$$g(x) = r - s = 0 .$$

Da die Basisvariablen im vorliegenden Zusammenhang als Zufallsgrößen oder Zufallsprozesse angesehen werden, ist auch die Differenz ($r - s$) eine Zufallsgröße oder ein Zufallsprozeß.

Die Differenz zwischen der Zufallsgröße des Widerstands und der der Beanspruchung ist ein Maß für die Sicherheit gegen Erreichen des Grenzzustands. Wird sie Null, ist der Grenzzustand erreicht, ist sie kleiner als Null, versagt das Bauwerk. In diesem Zusammenhang kann

$$Z = R - S$$

als Sicherheitsabstand betrachtet werden.

Die konkrete Aussage der Grenzzustandsgleichung und ihre Überführbarkeit in ein praktisch handhabbares Hilfsmittel hängt von dem Charakter der Basisvariablen ab.

Für normalverteilte Basisvariable und lineare Gleichung des Grenzzustands kann aus der Grenzzustandsgleichung der „Sicherheitsindex“ abgeleitet werden, wie dies in Abschn. 1.4.5 gezeigt wird.

Für einfache Fälle kann die Sicherheit eines Bauwerks auch aus dem Verhältnis zwischen den Einwirkungen und dem Widerstand beurteilt werden.

Auch diese Möglichkeit kann zur Ableitung des Sicherheitsindex genutzt werden, der sich dann in Abhängigkeit von den Variationskoeffizienten der Einwirkung bzw. der Beanspruchung und des Widerstands darstellen läßt.

1.4 Gewährleistung der Tragsicherheit und Zuverlässigkeit von Ingenieurbauwerken

1.4.1 Problemübersicht

Die Differenzierung der Begriffe Sicherheit und Zuverlässigkeit ist im Bauwesen erst in den letzten Jahrzehnten eingeleitet worden. Die Idendität von Sicherheit und Tragsicherheit wurde, mehr oder weniger bewußt, als selbstverständlich unterstellt.

Der Übergang vom Sicherheitsdenken zum Zuverlässigkeitsdenken fand und findet im Bauwesen mit jahrzehntelangem Verzug gegenüber anderen Technikbereichen statt. Er bedeutet u.a. den Übergang von der zeitunabhängigen Sicherheit eines Bauwerks zur zeitbezogenen Zuverlässigkeit und stellt damit die Einführung der Zeitabhängigkeit in die Bewertung von Bauwerken dar. Er bedeutet weiterhin den Ersatz einer wirklichkeitsferneren deterministischen Betrachtungsweise durch die wirklichkeitsnahe stochastische Betrachtung der Bauwerke und ihres Verhaltens unter stochastischen Einwirkungen.

Die bisherige Entwicklung des Bauwesens und die beachtenswerten Erfolge und Ergebnisse dieser Entwicklung beruhen auf einer Sicherheitskonzeption, die aus heutiger Sicht als zu pragmatisch und wissenschaftlich inkonsistent betrachtet werden muß. Dennoch war sie von ausschlaggebender Bedeutung für die Erfolge der Vergangenheit, hat sie doch durch Vereinfachung der Sicherheitsanforderungen und -nachweise die Handlungsgrundlage für den Ingenieur für alle Bereiche bereitgestellt, in denen nicht vorhandenes oder unvollständiges Wissen durch Annahmen und Festlegungen ersetzt werden mußte.

Die *Linearisierung* der wesentlichen Zusammenhänge von Einwirkung und Beanspruchung, von Spannung und Formänderung war eine der grundlegenden Annahmen dieser Etappe. Das Ignorieren von *qualitativen Veränderungen* infolge von geometrisch-stofflichen Qualitätssprüngen, wie der Rißbildung und der Fließgrenze, war eine zweite grundlegende, wenn auch oft nicht bewußt eingeführte Annahme dieser Etappe. Die dritte und bis in unsere Zeit am wenigsten bewußte und angefochtene Annahme war die Unterstellung deterministischer Einwirkungen sowie geometrisch-stofflicher Basiswerte für die Berechnung der Tragwerke. Eine vierte Annahme war die Zeitunabhängigkeit von Einwirkungen und Tragwerksverhalten unter Vernachlässigung von Wiederholungseffekten der Einwirkungen und Degradationseffekten des Tragwerks.

Alle diese Annahmen und Festlegungen sind in der Gegenwart in Frage gestellt. Der Grad der Veränderung dieser Annahmen ist ein Maßstab für den Entwicklungsstand der Sicherheits- und Zuverlässigkeitskonzeptionen.

Die Entwicklung der Sicherheits- und Zuverlässigkeitskonzepte läßt sich unter dem Aspekt probabilistischer Betrachtung in drei Etappen einteilen:

- Die Etappe der *deterministischen Konzepte* gewährleistet die Tragsicherheit durch die Einführung von globalen Sicherheitsfaktoren und die Einhaltung von zulässigen Spannungen und Verformungen. Grundlage der Festlegung der Sicherheitsfaktoren sind Erkenntnisse aus dem Bauwerksverhalten, aus Versuchen und Bauwerksschäden sowie aus der Akkumulation und Verallgemeinerung der daraus gewonnenen Einsichten. Für den in der Praxis tätigen Ingenieur wurden die so festgelegten Faktoren in Normen verankert.

- Die Etappe der *semiprobabilistischen Konzepte* ist durch eine differenzierte und teilweise stochastisch begründete Einführung von Teilsicherheitsfaktoren bzw. Anpassungsfaktoren zur Berücksichtigung der Einwirkungs-, Baustoff- und

Bauwerksspezifik charakterisiert. Die Berücksichtigung der Gleichzeitigkeit von Einwirkungen wird ebenfalls durch teilweise probabilistisch begründete Kombinationsregeln und -faktoren wirklichkeitsnah gestaltet.

Diese zweite Etappe ist der Beginn einer wissenschaftlichen Ableitung von Festlegungen zur Gewährleistung der Sicherheit und Zuverlässigkeit der Tragwerke. Sie stützt sich noch auf deterministisches Gedankengut, untermauert jedoch Einzelfestlegungen durch statistische Verarbeitung der vorhandenen Erkenntnisse und Erfahrungen. Dies gilt vor allem für die Festlegung der Basiswerte zur Beschreibung der Baustoffeigenschaften. Eine stochastische Erfassung und Beschreibung der Einwirkungen findet nur begrenzt statt. An die Stelle des Vergleichs von berechneten Beanspruchungen mit zulässigen Werten wird der Nachweis der Einhaltung von Grenzzuständen gesetzt. An die Stelle der in der 1. Etappe vorausgesetzten Linearität des Zusammenhangs zwischen Spannung und Formänderung tritt die Berücksichtigung der Stoffgesetze und die Einführung von Beanspruchungs- und Formänderungsgrenzwerten.

- Die dritte Etappe ist die *Etappe der stochastischen Erfassung* und Beschreibung der Einwirkungen, der Bauwerkseigenschaften und des Bauwerksverhaltens unter den gegebenen Einwirkungen. Durch die Berücksichtigung der Verteilungsgesetze von Einwirkungen, geometrisch-stofflichen und strukturellen Basiswerten und ihrer Korrelationen ist theoretisch die größte Annäherung der Beschreibung des Bauwerksverhaltens an das tatsächliche Verhalten des Bauwerks gegeben. Praktisch ist die vollständige Realisierung dieser Etappe jedoch aus mehreren Gründen noch nicht erreicht und in absehbarer Zeit auch nicht erreichbar.

  Der Aufwand zur vollständig probabilistischen Erfassung des Bauwerksverhaltens ist nur bei Bauwerken gerechtfertigt, die infolge ihres hohen Risikopotentials nicht nur den Nachweis der Tragsicherheit, sondern der zeitabhängigen Zuverlässigkeit und der Wahrscheinlichkeit ihres Versagens erforderlich machen.

Die stochastische Erfassung der Basisvariablen kann mit unterschiedlicher Präzision erfolgen.

Die *niedrigste Stufe* ist die Versagensermittlung mit Hilfe der stochastischen Momente (Mittelwert und Standardabweichung) und Linearisierung der Grenzzustandsgleichung (First-order-second-moment-methode (FOSM)).

Die *höchste Stufe* ist die Verarbeitung der Basisvariablen unter Berücksichtigung ihrer konkreten Verteilungsfunktionen und Korrelationen.

Als ein Maß für die Bewertung der Zuverlässigkeit wird der *Sicherheitsindex* angesehen, der einen anschaulichen Zusammenhang zwischen der Wahrscheinlichkeit des Erreichens eines Grenzzustands und dem mit den stochastischen Basisvariablen ermittelten aktuellen Zustand vermittelt. Er kann zur Ableitung von Teilsicherheitsfaktoren genutzt werden. (s. Abschn. 1.4.5).

Mit der Festlegung eines durch das Bauwerk einzuhaltenden Mindestwerts des Sicherheitsindexes ist eine Anpassung an das Risikopotential des Bauwerks möglich.

Bei Bauwerken hohen Risikopotentials ist sowohl die Erfassung extremer Einwirkungen als auch die Festlegung des im Nutzungs-und Havariezustand zu fordernden Bauwerksverhaltens nicht frei von subjektiven Wertungen.

So bleibt auch bei der stochastischen Berechnung immer ein Abstand zwischen Berechnungsergebnis und Wirklichkeit, den man bedenken sollte, wenn man aufwendige Berechnungsverfahren verwendet.

Der Nachweis der Zuverlässigkeit eines Bauwerks setzt die Kenntnis bzw. Ermittlung der Zuverlässigkeit seiner Elemente und ihrer Kopplung sowie ihrer Verbindung mit dem Baugrund voraus.

Die Elementezuverlässigkeit ist bestimmt durch die Zuverlässigkeit der Elementequerschnitte und diese wiederum durch die geometrisch-stofflichen Basiswerte.

Derzeit kann nur für einfachste Fälle die Kette von der lokalen Zuverlässigkeit eines Querschnitts über die Zuverlässigkeit der Elemente bis zur globalen Zuverlässigkeit des Bauwerks wirklich konsistent geschlossen werden.

Auch dies ist zu berücksichtigen, wenn man die durch Zuverlässigkeitsuntersuchungen ermittelten Versagenswahrscheinlichkeiten bzw. Risikopotentiale bewertet.

Die Besonderheiten von Beton bzw. Stahlbeton wirken sich auf die Ermittlung der Querschnitts- und Elementezuverlässigkeiten aus. Einerseits ist die schon im Gebrauchszustand vorhandene Rißbildung zu berücksichtigen und andererseits die bei Annäherung an den Grenzzustand der Tragfähigkeit zunehmende Plastifizierung von Beton und Stahl. Das wirkt sich auf die eintretende Umverteilung der inneren Kräfte aus.

Von besonderer Bedeutung ist die wirklichkeitsnahe Erfassung und Beschreibung der geometrisch-stofflichen und strukturellen Eigenschaften des Tragwerks vor allem bei vorgeschädigten Tragwerken, über deren Reparaturfähigkeit, Verstärkungsnotwendigkeit oder Abbruch entschieden werden muß. Dies ist z.B. der Fall, wenn solche Maßnahmen nach seismischer Tragwerksschädigung erforderlich werden.

1.4.2 Bewertung der Bauwerke

Die Festlegung von Teilsicherheitsfaktoren und deren Bezug auf die Grenzzustände ist mit der Bauwerksqualität und den Auswirkungen beim Erreichen der Grenzzustände zu harmonisieren.

Desgleichen ist der zur Gewährleistung bzw. zum Nachweis der Sicherheit und Zuverlässigkeit der Bauwerke vertretbare Aufwand mit der Bauwerkskategorie in Übereinstimmung zu bringen. Grundlage für solche Harmonisierungen ist die Einführung von Bauwerkskategorien auf der Grundlage von Bauwerksbewertungen in Abhängigkeit von deren Bedeutung bzw. den Folgen im Falle ihres Versagens (Abb. 1.4/1).

In den 1981 publizierten *Grundlagen zur Festlegung von Sicherheitsanforderungen für bauliche Anlagen* [18] wurden die Bauwerke in Sicherheitsklassen eingeteilt. Die Einteilung erfolgt nach den möglichen Folgen des Bauwerksversagens.

Land	Jahr	Anzahl der Klassen	Definition der Klassen					zusätzliche Maßnahmen
BR Deutschland Vorschlag des Normenausschußes Bau 1981	1981	3 Sicherheitsklassen	Klasse 3 große Bedeutung der bautechn. Anlagen für die Öffentlichkeit (GZT) bzw. große wirtschaftliche Folgen und große Beeinträchtigung der Nutzung	Klasse 2 Gefahr für Menschenleben und / oder beachtliche wirtschaftliche Folgen (GZT) beachtliche Beeinträchtigung der Nutzung und geringe wirtschaftliche Folgen	Klasse 1 keine Gefahr für Menschenleben und geringe wirtschaftliche Folgen (GZT) geringe Beeinträchtigung der Nutzung sowie geringe wirtschaftliche Folgen			unterschiedliche Klassifizierung bei Trag- und Gebrauchsfähigkeit umfangreiches Kontrollsysteme während der gesamten Bau- und Nutzungszeit
DDR Entwurf 1987	1987	5 Zuverlässigkeitsklassen	Klasse I sehr große Gefahren für die Bevölkerung sehr große wirtschaftliche Folgen katastrophenartige Zustände	Klasse II große Gefahren für die Bevölkerung große wirtschaftliche Verluste sehr große kulturelle Verluste	Klasse III Gefahren für Personengruppen wesentliche wirtschaftliche Folgen	Klasse IV geringe Personengefährdung geringe wirtschaftliche Folgen	Klasse V sehr geringe Personengefährdung sehr geringe wirtschaftliche Folgen	
Österreich ÖNORM B4040 Vornorm 1988	1988	3 Sicherheitsklassen	Klasse 3 Gefährdung vieler Menschenleben und / oder schwerwiegende wirtschaftliche Folgen große Bedeutung der baulichen Anlagen für die Bevölkerung	Klasse 2 Gefährdung von Menschenleben und / oder beachtliche wirtschaftliche Folgen	Klasse 1 keine Gefährdung von Menschenleben geringe wirtschaftliche Folgen			Festlegung von drei Überwachungsklassen
CEB Vorschlag 1976	1976	3 Sicherheitsklassen	Klasse 3 großes Risiko für menschliches Leben große ökonomische Folgen Bauwerk kann unbrauchbar werden	Klasse 2 mäßiges Risiko für menschliches Leben beträchtliche ökonomische Folgen normale Funktion des Bauwerkes ist gefährdet	Klasse 1 vernachlässigbares Risiko für menschliches Leben geringe ökonomische Folgen örtlich begrenzter Schaden			Festlegung von drei Kontrollklassen

Abb. 1.4/1. Klassifizierung der Bauwerke hinsichtlich der Versagensfolgen nach Vorschriften ausgewählter Länder

Zwei Kriteriengruppen wurden zur Beurteilung dieser Folgen definiert:
- das *Sicherheitsbedürfnis* der Öffentlichkeit bezüglich der Ausschaltung von Gefahren für Leib und Leben und
- die Forderung nach *Wirtschaftlichkeit* unter Einschluß möglicher Folgekosten aus dem Bauwerksversagen.

Eine dreistufige Differenzierung bezieht die erstgenannte Kriteriengruppe vorwiegend auf das Erreichen des Grenzzustands der Tragfähigkeit, die zweitgenannte auf das Erreichen des Grenzzustands der Gebrauchsfähigkeit.

Sicherheitsklasse 1 ist durch Gefahrlosigkeit für die Menschen und geringe wirtschaftliche Folgen, Sicherheitsklasse 3 durch große Bedeutung für die Öffentlichkeit und große wirtschaftliche Folgen bei Erreichen des jeweiligen Grenzzustands charakterisiert.

Im Forschungsbericht T 1816 *Überarbeitung der Grundlagen zur Festlegung von Sicherheitsanforderungen für bauliche Anlagen* [19] wird vorgeschlagen, die unterschiedliche Wertigkeit der Bauwerke und Folgen des Bauwerksversagens nicht durch *Sicherheitsklassen*, sondern durch *Bauwerksklassen* zu erfassen.

Grundlage des dort bezogenen Standpunkts sind Positionen, die im *Eurocode* 7 (Gründungen) zur Bauwerksklassifizierung entwickelt wurden.

Die Einführung von Bauwerksklassen soll sich danach auch und besonders an den Anforderungen und Aufwendungen orientieren, die zur Gewährleistung der Sicherheit und Zuverlässigkeit der Bauwerke zu erbringen sind. Zu diesem Zweck werden bautechnische Kategorien in Anlehnung an den Schwierigkeitsgrad und die Komplexität des Bauwerks eingeführt.

Zur Bewertung nach diesen Kriterien dienen neben den möglichen Folgen im Falle des Tragwerksversagens
- die Art, Größe und Sensibilität des Tragwerks,
- die Art und Komplexität der Einwirkungen einschließlich seismischer Einwirkungen,
- der Neuigkeitsgrad des Bauwerks und die damit zusammenhängenden Besonderheiten und Anforderungen, wie die Notwendigkeit spezieller Nachweise, besonderer Fachkenntnisse, experimenteller Nachweise sowie
- Besonderheiten der Bauausführung und damit zusammenhängende zusätzliche Kontrollmaßnahmen.

Es werden ebenfalls drei Kategorien eingeführt, deren niedrigste einfache Bauwerke ohne besondere Anforderungen an die Bauvorbereitung und Baudurchführung und deren höchste Bauwerke hohen technischen Anspruchs und hohen Risikopotentials erfaßt.

Als Normalfall werden die Bauwerke angesehen, die in die Bauwerksklasse 2 fallen und den üblichen Hochbau mit den Standardanforderungen an Berechnung, Konstruktion und Bauausführung verkörpern.

In der *Österreichischen Norm B* 4040 (Vornorm Juni 1988) [20] werden die Bauwerke in Abhängigkeit von den möglichen Versagensfolgen in drei *Sicherheitsklassen* eingeteilt. Einteilungskriterien sind vorrangig das Sicherheitsbedürfnis der Öffentlichkeit und daneben wirtschaftliche Gesichtspunkte.

Die Sicherheitsklasse 1 umfaßt Bauwerke, deren Versagen keine Gefährdung von Menschenleben verursacht. Sicherheitsklasse 2 enthält Bauwerke mit Gefährdung von Menschenleben und/oder beachtlichen wirtschaftlichen Folgen im Versagensfalle. Sicherheitsklasse 3 darf nur mit spezifischen behördlichen Auflagen ausgelegt werden. Sie enthält Bauwerke, bei deren Versagen viele Menschenleben gefährdet sind und/oder schwerwiegende wirtschaftliche Folgen entstehen.

Bemerkenswert sind auch die in der Ö-Norm enthaltenen Festlegungen zur Überwachung und Erhaltung der Bauwerke.

Die Festlegung von *Überwachungsklassen* erfolgt in Abhängigkeit von der jeweiligen Sicherheitsklasse des Bauwerks sowie von statisch-konstruktiven Merkmalen und dem Baustoff.

Die drei Überwachungsklassen legen Art und Umfang der Überprüfung des Bauwerks fest und gewährleisten so die zeitabhängige Einschätzung der Bauwerkssicherheit und -zuverlässigkeit.

Von der ISO wurde im Anhang des Draft International Standard ISO/DIS 4866 [21] eine Bauwerksklassifizierung in Abhängigkeit von zwei Bauwerksgruppen vorgenommen:

- Gruppe 1: Alte und traditionell errichtete Bauwerke,
- Gruppe 2: Moderne Bauwerke und Tragwerke.

Auch die Baugrundqualität wurde in die Bewertung einbezogen. Auf dieser Grundlage wurde eine *Widerstandsskala* gegen dynamische Einwirkungen mit 8 Skalierungsstufen eingeführt. Die damit vorgenommene Kategorisierung charakterisiert in Verbindung mit der Fundament- und Baugrundqualität die dynamische Empfindlichkeit der Bauwerke.

In der *DDR* wird ein Vorschlag diskutiert, der die Einteilung und Bewertung der Bauwerke nach Zuverlässigkeitsklassen vorsieht. Insgesamt sind fünf Zuverlässigkeitsklassen vorgesehen, deren höchste die Klasse I und deren niedrigste die Klasse V ist.

Als Maßstab für eine ausreichende Zuverlässigkeit sind Werte für den Sicherheitsindex angegeben.

Abbildung 1.4/2 gibt die Zahlenwerte des erforderlichen Sicherheitsindex β_{erf} sowie die zugeordnete Versagenswahrscheinlichkeit für die Grenzzustände der Tragfähigkeit bzw. der Nutzungsfähigkeit an. Die Werte sind auf eine Nutzungsdauer von 50 Jahren bzw. auf einen Bezugszeitraum von einem Jahr bezogen. Die angegebenen Werte beziehen sich auf Grenzzustände mit Vorankündigung des Versagens. Bei Gefahr plötzlichen Versagens sind die Sicherheitsindices um $\beta = 0{,}5$ zu erhöhen. Für außergewöhnliche Ereignisse können die Zuverlässigkeitsforderungen abgemindert werden.

Besonderheiten ergeben sich für Bauwerke hohen Risikopotentials, wie sie im Zusammenhang mit der gegenwärtigen Entwicklung mehr und mehr zu bewältigen sind (s. Abschn. 1.1).

Als eine Möglichkeit der Klassifizierung sei die in [22, 23] publizierte Bauwerksbewertung nach Risikokategorien vorgestellt.

Sie wurde in engem Zusammenhang mit der Forderung nach Harmonisierung der Festlegungen zur Beschreibung der extremen Einwirkungen, zur Wahl des Berechnungsmodells und zur Wahl der Berechnungsmethode entwickelt.

<table>
<tr><th>Land</th><th>Grenzzustand</th><th>Bezugs-zeitraum</th><th colspan="15">erforderliches Zuferlässigkeitsmaß β bzw. P_f je Bauwerksklasse</th><th>Bemerkungen</th></tr>
<tr><td rowspan="2">BR Deutschland</td><td>Tragfähigkeit</td><td>1 Jahr</td><td colspan="5">5,2</td><td colspan="5">4,7</td><td colspan="5">4,2</td><td rowspan="2">bei zeitabhängigen Einwirkungen sind die β - Werte auf die Nutzungsdauer umzurechnen</td></tr>
<tr><td>Gebrauchs-fähigkeit</td><td>1 Jahr</td><td colspan="5">3,5</td><td colspan="5">3,0</td><td colspan="5">2,5</td></tr>
<tr><td rowspan="4">DDR</td><td rowspan="2">Tragfähigkeit</td><td>1 Jahr</td><td colspan="3">5,2</td><td colspan="3">4,7</td><td colspan="3">4,2</td><td colspan="3">3,7</td><td colspan="3">3,2</td><td rowspan="4"></td></tr>
<tr><td>50 Jahre</td><td colspan="3">4,5</td><td colspan="3">4,0</td><td colspan="3">3,5</td><td colspan="3">3,0</td><td colspan="3">2,5</td></tr>
<tr><td rowspan="2">Nutzungs-fähigkeit</td><td>1 Jahr</td><td colspan="15">2,5</td></tr>
<tr><td>50 Jahre</td><td colspan="15">1,5</td></tr>
<tr><td rowspan="2">Österreich</td><td>Tragsicherheit</td><td>1 Jahr</td><td colspan="5">—</td><td colspan="5">4,7</td><td colspan="5">—</td><td rowspan="2">keine zahlenmäßigen Festlegungen zu den Sicherheits-klassen 1 und 3</td></tr>
<tr><td>Gebrauchstaug-lichkeit</td><td>1 Jahr</td><td colspan="5">—</td><td colspan="5">3,0</td><td colspan="5">—</td></tr>
<tr><td>CEB</td><td>—</td><td>—</td><td colspan="5">$P_{f0}/10$</td><td colspan="5">P_{f0}</td><td colspan="5">$P_{f0}/10$</td><td>P_{f0} ist in Abhängigkeit vom Grenz-zustand aus der Er-fahrung festzulegen</td></tr>
</table>

Abb. 1.4/2. Zahlenwerte des erforderlichen Sicherheitsindex β_{erf} nach Vorschriften ausgewählter Länder

Wie in Abb. 1.4/3 zu sehen ist, erfolgt die Festlegung der Risikokategorie in gestaffelter Abhängigkeit von den wirtschaftlichen Verlusten und den Gefahren für Leben und Gesundheit von Menschen mit Priorität des zweitgenannten Kriteriums. Danach ist z.B. ein Bauwerk bei einer Eintrittswahrscheinlichkeit eines schadenerzeugenden Ereignisses von 10^{-5} bereits in die Risikokategorie III einzustufen, auch wenn das Ereignis nur geringe Gefahren für das Leben und die Gesundheit von Menschen auslöst.

Die allgemein bekannte unterschiedliche Reaktion der Menschen auf Risiken kommt ebenfalls in Abb. 1.4/3 zum Ausdruck.

Die Einteilung der Bauwerke ist in allen Fällen nicht frei von subjektiven und qualitativen Entscheidungen. Sie ist also als Orientierung zu verstehen, die dazu beitragen kann, eine angemessene Auseinandersetzung mit dem Bauwerk, seinem Verhalten und seiner Sicherheit und Zuverlässigkeit zu erreichen.

Besonderheiten ergeben sich bei der Bewertung von Bauwerken und baulichen Anlagen im *kerntechnischen Bereich.*

Die Klassifizierung im o.g. Sinn kann für solche Bauwerke nur als Groborientierung betrachtet werden. Im Einzelfall sind konkrete Untersuchungen zum Risikopotential mit Beachtung der Wechselwirkungen zwischen Anlage und Bauwerk sowie zwischen Bauwerk und Einwirkung durchzuführen. Diese Untersuchungen verfolgen Auswirkungen von Havarieereignissen bis zu den Kriterien, aus denen das Schutzkonzept der Anlage abgeleitet wird.

Als Beispiel für eine solche Vorgehensweise seien die Untersuchungen und Betrachtungen in der *Deutschen Risikostudie* [24] genannt.

Risikokategorie	Kriterien		Wahrscheinlichkeit des Auftretens von risikoerzeugenden Ereignissen					
			10^{-7}	10^{-6}	10^{-5}	10^{-4}	10^{-3}	10^{-2}
I	ökonomische Verluste	hoch						
		mittel						
		niedrig						
	Gefahr für Leben und Gesundheit von Menschen	hoch						
		mittel						
		niedrig						
II	ökonomische Verluste	hoch						
		mittel						
		niedrig						
	Gefahr für Leben und Gesundheit von Menschen	hoch						
		mittel						
		niedrig						
III	ökonomische Verluste	hoch						
		mittel						
		niedrig						
	Gefahr für Leben und Gesundheit von Menschen	hoch						
		mittel						
		niedrig						

subjektive Risikoakzeptanz

Ereignisgruppen		Verhalten	Wahrscheinlichkeit des Auftretens von risikoerzeugenden Ereignissen					
			10^{-7}	10^{-6}	10^{-5}	10^{-4}	10^{-3}	10^{-2}
I	Alltagsereignisse	neutral						
		akzeptierend						
		nicht akzeptierend						
II	zusätzliche technische Ereignisse	neutral						
		akzeptierend						
		nicht akzeptierend						
III	zusätzliche Naturereignisse	neutral						
		akzeptierend						
		nicht akzeptierend						
IV	seltene spektakuläre Ereignisse	neutral						
		akzeptierend						
		nicht akzeptierend						

Abb. 1.4/3. Bauwerksbewertung nach Risikokategorien

Sie stützt die Risikoabschätzung auf die Verfolgung von Unfallabläufen mit Nutzung der Ereignisablauf- und Fehlerbaumanalyse zur Ermittlung der Wahrscheinlichkeit, mit der nach dem Versagen von Sicherheitssystemen ein Kernschmelzen eintreten kann. Kriterium für die Wertung der Unfallfolgen ist die Freisetzung von Spaltprodukten.

Die Betrachtungen werden an einer Referenzanlage durchgeführt, die im wesentlichen die Situation im Kernkraftwerk Biblis zur Grundlage hat. Die Ereignisablaufanalyse wird für anlageninterne und durch äußere Einwirkungen hervorgerufene Störfälle durchgeführt.

Die anlageninternen Ereignisse erfassen Störfälle infolge Kühlmittelverlust und infolge unplanmäßiger Steigerung der Wärmeerzeugung aus den Spaltprozessen.

Einen Überblick über die auf dieser Grundlage ermittelten Wahrscheinlichkeiten des Auftretens von Kernschmelzunfällen gibt Abb. 1.4/4. Als äußere Ursachen von Störfällen werden Erdbeben, Hochwasser, Unwetter, Flugzeugabsturz, Explosionsdruckwellen und Versagen von Sekundärkomponenten betrachtet. Abb. 1.4/5 gibt einen Eindruck von den ermittelten Wahrscheinlichkeiten des Kernschmelzens infolge äußerer Einflüsse.

Kriterium für die Bewertung der Anlagen und Bauwerke ist die Freisetzung von Spaltprodukten. Abbildung 1.4/6 zeigt die in der Deutschen Risikostudie festgelegten Freisetzungskategorien für unterschiedliche durch Kernschmelzen entstehende Situtationen.

Wie schon erwähnt, nimmt in Zukunft der Rekonstruktions- und Reparaturanteil der Bauleistungen gegenüber dem Neubau zu. Die Entscheidung über die einzuleitenden Maßnahmen (Rekonstruktion, Reparatur oder Abriß) wird u.a. vom jeweiligen Zustand des Bauwerks beeinflußt.

Kühlmittelverluststörfall	bedingte Wahrscheinlichkeit des Ausfalls der erforderlichen Systemfunktionen w (Erwartungswert)	Häufigkeit des auslösenden Ereignisses h (Erwartungswert) pro Jahr	Häufigkeit von Kernschmelzunfällen h (Erwartungswert) pro Jahr
großes Leck in einer Hauptkühlmittelleitung	$1{,}7 \cdot 10^{-3}$	$2{,}7 \cdot 10^{-4}$	$5 \cdot 10^{-7}$
mittleres Leck in einer Hauptkühlmittelleitung	$2{,}3 \cdot 10^{-3}$	$8 \cdot 10^{-4}$	$2 \cdot 10^{-6}$
kleines Leck in einer Hauptkühlmittelleitung	$2{,}1 \cdot 10^{-2}$	$2{,}7 \cdot 10^{-3}$	$5{,}7 \cdot 10^{-5}$
Notstromfall	$1{,}3 \cdot 10^{-4}$	$1 \cdot 10^{-1}$	$1{,}3 \cdot 10^{-5}$
Ausfall der Hauptspeisewasserversorgung	$4 \cdot 10^{-6}$	$8 \cdot 10^{-1}$	$3 \cdot 10^{-6}$
kleines Leck am Druckhalter beim Notstromfall	$2{,}6 \cdot 10^{-2}$	$2{,}7 \cdot 10^{-4}$	$7 \cdot 10^{-6}$
kleines Leck am Druckhalter bei anderen Transienten	$2 \cdot 10^{-3}$	$1 \cdot 10^{-3}$	$2 \cdot 10^{-6}$
ATWS - Störfälle	$3 \cdot 10^{-2}$	$3 \cdot 10^{-5}$	$1 \cdot 10^{-6}$

Abb. 1.4/4. Ermittelte Wahrscheinlichkeiten des Auftretens von Kernschmelzunfällen aus anlageninternen Ereignissen nach [24]

Einwirkung auf Gebäude oder Anlagenteile	Häufigkeit für Kernschmelzen unter Berücksichtigung der Absturzhäufigkeit auf das jeweilige Gebäude oder Anlagenteil pro Jahr
Reaktorgebäude	$< 6 \cdot 10^{-8}$
Schaltanlagengebäude	$< 3 \cdot 10^{-8}$
Reaktorhilfsanlagengebäude	$<< 10^{-8}$
Armaturenkammer	$< 2 \cdot 10^{-8}$
Bereich der freiliegenden Frischdampfleitungen	$<< 10^{-8}$
Zwischentrakt	$<< 10^{-8}$
Nebenkühlwasser-pumpenkammer	$<< 10^{-8}$
Maschinenhaus und Netzanschluß	$< 1 \cdot 10^{-8}$
Reaktorgebäude	$< 2 \cdot 10^{-8}$
Anlagenteile mit Komponenten des Nachwärmeabfuhrsystems bzw. zugehöriger Energieversorgungseinrichtungen	$< 6 \cdot 10^{-8}$

Abb. 1.4/5. Ermittelte Wahrscheinlichkeiten des Auftretens von Kernschmelzen durch äußere Ursachen nach [24]

Kriterien zur Zustandsbewertung geschädigter Bauwerke wurden vor allem mit der Vorbereitung von Folgemaßnahmen seismischer Bauwerksschädigung entwickelt.

In [25] ist eine Übersicht über die auf solchen Kriterien aufgebaute Bauwerks- bzw. Schadensklassifizierung gegeben. Die Kriterien sind länderweise und autorenspezifisch unterschiedlich formuliert.

Maßgebend für die Festlegung von Kriterien sind:
- die Restfunktionsfähigkeit des seismisch geschädigten Bauwerks,
- das äußere Erscheinungsbild des geschädigten Bauwerks,
- die bauwerks- bzw. tragwerksspezifische Versagensart und
- die Wahrscheinlichkeit des Auftretens weiterer Erdbeben bestimmter Stärke.

Oft werden auch Kriterienfelder miteinander kombiniert. Aus den genannten Kriterien wurden z.B. folgende Bauwerksklassifikationen vorgeschlagen [25].

Freisetzungs-kategorie (FK) Nr.	Beschreibung	Zeitpunkt der Freisetzung h	Dauer der Freisetzung h	Höhe der Freisetzung m	freigesetzte Energie $\cdot 10^6$ kJ/h	Häufigkeit der Freisetzung pro Jahr
1	Kernschmelzen mit Dampfexplosion	1	1	30	540	$2 \cdot 10^{-6}$
2	Kernschmelzen, großes Leck im Sicherheitsbehälter (Φ 300 mm)	1	3	10	15	$6 \cdot 10^{-7}$
3	Kernschmelzen, mittleres Leck im Sicherheitsbehälter (Φ 80 mm)	2	3	10	1	$6 \cdot 10^{-7}$
4	Kernschmelzen, kleines Leck im Sicherheitsbehälter (Φ 25 mm)	2	3	10	—	$3 \cdot 10^{-6}$
5	Kernschmelzen, Überdruckversagen, Ausfall der Störfallfilter	0 1 25	1 1 1	10 10 10	— — 200	$2 \cdot 10^{-5}$
6	Kernschmelzen Überdruckversagen	0 1 25	1 1 1	100 100 10	— — 200	$7 \cdot 10^{-5}$
7	beherschter Kühlmittelverluststörfall, großes Leck im Sicherheitsbehälter	0	1	10	9	$1 \cdot 10^{-4}$
8	beherschter Kühlmittelverluststörfall	0	6	100	—	$1 \cdot 10^{-3}$

Abb. 1.4/6. Freisetzungskategorien für unterschiedliche durch Kernschmelzen entstehende Situationen nach [24]

1. Klassifikation nach der *Funktionsfähigkeit* des geschädigten Bauwerks:
   nach Vorschlag von Martemyanow (UdSSR)
   Klasse a: noch funktionsfähig,
   Klasse b: gefährdet weitere Nutzung,
   Klasse c: Nutzung nur nach Reparatur,
   Klasse d: nicht mehr nutzbar;
   nach Vorschlag des Erdbebeninstituts Skopje (Jugoslawien)
   Kategorie I: geschädigtes Bauwerk nutzungsfähig,
   Kategorie II: geschädigtes Bauwerk zeitlich begrenzt nutzungsfähig,
   Kategorie III: geschädigtes Bauwerk nicht mehr nutzbar;
2. Klassifikation nach der *Erscheinungsform* des geschädigten Bauwerks:
   nach Vorschlag von Tassios (Griechenland) für Betontragwerke
   Klasse A: vereinzelte Biegerisse, lokale Überschreitung der Fließgrenze,

Klasse B: zahlreiche Biegerisse, vereinzelte Schrägrisse,
Klasse C: ausgeprägte Schubrisse, Betonzerstörung,
Klasse D: ausgeknickte Bewehrung, weitgehende Betonzerstörung, Trennung von Stützen und Riegeln,
Klasse E: zerstörte vertikale Tragelemente.

Die quantitative Bestimmung der Restnutzungsdauer bzw. der Resttragfähigkeit ist unter Beachtung der Schädigungen sowie der i.allg. eingetretenen Überschreitung der Fließgrenze bei nochmaliger seismischer Einwirkung durchzuführen.

Zur Definition eines akzeptablen Schadensniveaus wird auf die Versagensart Bezug genommen.

1.4.3 Deterministische Konzepte

Die quantitative Auseinandersetzung mit der Tragsicherheit entwickelte sich in enger Anlehnung an die Methoden der Tragwerksberechnung mit der Annahme linearer Zuordnung von Spannung und Dehnung und deterministischer Kennwerte der Baustoffe, der Tragwerksgeometrie und der Einwirkungen.

Die erste Stufe dieser Quantifizierung der Tragsicherheit wurde mit der Einführung *zulässiger Spannungen* realisiert. Der für erforderlich gehaltene Abstand zwischen berechneter und tatsächlich vorhandener Sicherheit wurde also durch die Einführung einer „reduzierten Baustoffestigkeit“ hergestellt.

Die Methode der zulässigen Spannungen leitete die Sicherheit aus der Betrachtung des Gebrauchszustands ab und erschloß den Tragzustand ohne Berücksichtigung der zwischen Gebrauchszustand und Tragzustand eintretenden qualitativen Veränderungen des Tragverhaltens.

Diese Veränderungen sind sowohl durch die Nichtlinearität des Baustoffverhaltens als auch – wie beim Stahlbeton durch Rißbildung – durch mögliche stetige oder unstetige Veränderungen der Geometrieparameter des betrachteten Tragwerksbereichs bedingt.

Trotz dieser offensichtlichen Widersprüche konnte auf der Basis der zulässigen Spannungen für eine Jahrhundertperiode ein hinreichendes Sicherheitsniveau der Bauwerke erreicht werden. Das wurde allerdings in vielen Fällen durch erhöhten Baustoffbedarf erreicht und mit einer bauteil-, bauweisen- und versagensspezifischen Unterschiedlichkeit des Sicherheitsniveaus erkauft.

Eine zutreffende Aussage über Sicherheitsreserven konnte auf dieser Basis nicht oder nur in ausgewählten Fällen gewonnen werden.

Im *Stahlbeton* hat sich das Gedankengut zulässiger Spannungen und deterministischer Betrachtungsweise lange Zeit als die Grundlage für Bemessung und Tragfähigkeitsnachweis erhalten. Das n-Verfahren mit seiner konstanten Zuordnung zwischen den E-Modulen von Beton und Stahl ist auf dieses Gedankengut aufgebaut.

Die Einführung einer zulässigen Spannung bzw.- eines Sicherheitsfaktors, mit dem man die Bruchfestigkeit der Baustoffe auf den Rechenwert zulässiger Spannung reduzierte, hatte seine Ursache im Wissen um

– die unvermeidbaren Schwankungen der Baustoffeigenschaften,

- die nur näherungsweise erfaßbaren Einwirkungen,
- die Näherungen im Berechnungsverfahren sowie in Annahmen zum System, seinen Elementen und deren Verbindungen untereinander und mit dem Baugrund.

Alle diese Abweichungen der Wirklichkeit von den getroffenen Annahmen der Kennwerte und Berechnungsverfahren wurden pauschal auf der Widerstandsseite durch den *globalen Sicherheitsfaktor* abgefangen, der i. allg. baustoff spezifisch differenziert wurde. Für Stahl betrug der Sicherheitsfaktor 1,75, für Beton 3,00.

Auf diese Weise wurde der unterschiedlichen Streubreite der Festigkeitseigenschaften der beiden Hauptbaustoffe Rechnung getragen.

Die Anwendung zulässiger Spannungen wurde auch auf die Behandlung von Problemen übertragen, die hinsichtlich ihrer Tragqualität völlig unterschiedlich waren und demnach auch völlig unterschiedliche Sicherheitsabstände zwischen Berechnung und Wirklichkeit aufwiesen.

Da sich die Methode der zulässigen Spannungen auf den Gebrauchszustand bezieht und sie für diesen Fall wegen der vorhandenen oder vorherrschenden Linearität der Spannungs-Dehnungs-Beziehungen noch wirklichkeitsnah ist, hat sie sich für Teilaufgaben bis in die Gegenwart erhalten. Sie ist – wenn auch in modifizierter Form – noch Grundlage der Nachweise im Gebrauchszustand, wie sie z.B. in der DIN 4227 für den Spannbeton festgelegt sind. Dies gilt u.a. für Spannungsnachweise im Zustand I und auch für Rißbildungsnachweise unter Vernachlässigung der Plastifizierung der Betonzugzone vor der Rißbildung oder auch für die Spanungsermittlung im gerissenen Querschnitt.

Die Undifferenziertheit des deterministischen Sicherheitsnachweises mit zulässigen Spannungen ergab starke Unterschiede in den tatsächlich vorhandenen Sicherheitsreserven. Versuche, dies durch Aufspaltung des globalen Sicherheitsfaktors in ein Produkt von Teilsicherheitsfaktoren zu bewältigen, konnten die prinzipiellen Grenzen dieser Nachweismethode ebensowenig überwinden wie die Einführung einer weitgehenden baustoff- und beanspruchungsspezifischen Differenzierung der zulässigen Spannungen.

Eine zweite Etappe deterministischer Nachweise der Tragsicherheit wurde durch die *Einführung des Traglastverfahrens* eingeleitet. Das Traglastverfahren unterscheidet sich vom Verfahren der zulässigen Spannungen in folgender Hinsicht:

- Es deckt den erforderlichen Sicherheitsabstand nicht über die Widerstandsseite, sondern über die Einwirkungsseite ab und gestattet damit eine differenzierte Erfassung der Einwirkungen.
- Es berücksichtigt qualitative Veränderungen in der Spannungs-Dehnungs-Zuordnung gegenüber der linearen Spannungs-Dehnungs-Zuordnung.
- Es gestattet eine differenzierte Berücksichtigung der Einwirkungen in Abhängigkeit von ihrem bekannten oder angenommenen Anteil am Versagen.
- Es bezieht sich nicht auf den Gebrauchszustand, sondern auf einen definierten Versagenszustand.

Damit wurde eine Entwicklung eingeleitet, die Ansatzpunkte zur semiprobabilistischen Erfassung der Sicherheit gab.

In der Phase der deterministischen Erfassung der Sicherheit wurden die Faktoren zur genäherten Erfassung des Tragzustands im wesentlichen aus den Erfahrungen abgeleitet und durch Gremien im Zusammenhang mit der Normenentwicklung festgelegt.

Die *Sicherheitselemente des Traglastverfahrens* sind Teilsicherheitsbeiwerte, mit denen die Einwirkungen multipliziert werden. Die Einwirkungen und die Baustoffkennwerte werden als Normwerte eingeführt. In den Traglastnachweis gehen die aus den Normenwerten der Baustoffestigkeit und die mit den Lastfaktoren multiplizierten Normenlasten ein.

Der *Sicherheitsnachweis nach dem Traglastverfahren* hat die Form:

$$R \geq \sum_i \gamma_i \cdot S_i \,.$$

Die großen Unterschiede, die sich aus länder- und bauweisen-spezifischen Festlegungen ergeben, lassen vorhandene Unsicherheiten erkennen. Die Beseitigung dieser Unsicherheiten war Ausgangspunkt und Ziel einer generellen Überarbeitung der Sicherheitskonzeptionen und einer Revision des Sicherheitsdenkens. Dies führte zu realistischeren stochastisch begründeten Sicherheitskonzeptionen, deren erster Schritt in der Formulierung und Durchsetzung semiprobabilistischer Nachweisverfahren bestand.

1.4.4 Semiprobabilistische Konzepte

Der Übergang zur probabilistischen Sicherheitsbetrachtung wurde mit der Einführung von Grenzzuständen und probabilistisch begründeten Teilsicherheitsfaktoren eingeleitet.

Die Formulierung der Grenzzustände vermied die bis dahin alternative Orientierung auf den Gebrauchs- oder Tragzustand und konzentrierte sich auf Gewährleistung der Gebrauchsfähigkeit *und* der Tragfähigkeit.

Die Sicherheitselemente – also die Teilsicherheitsfaktoren – werden sowohl addidiv als auch multiplikativ in die jeweiligen Grenzzustandsgleichungen eingeführt und zwar auf der Einwirkungs- und auf der Widerstandsseite. Sie überführen die Basiswerte in die Rechen- bzw. Bemessungswerte.

Der semiprobabilistische Charakter des Nachweisverfahrens mit Teilsicherheitsbeiwerten beruht auf der Bestimmung der Sicherheitselemente aus den Basisvariablen.

Da für viele Basisvariable keine ausreichenden Daten zur stochastischen Beschreibung zur Verfügung stehen, muß oft die Ermittlung der Teilsicherheitsbeiwerte durch eine Entscheidung über ihre Größe ersetzt werden. Dies hat sich zum Standard in der Bearbeitung von Teilsicherheitsbeiwerten in Normen herausgebildet.

Grundlage für die Festlegung der Teilsicherheitsbeiwerte können Fraktilwerte der Basisvariablen der Einwirkung bzw. des Widerstands sein.

Ein deutlicher Übergang zur probabilistischen Sicherheitskonzeption ist mit der Ermittlung der Teilsicherheitsbeiwerte aus dem *Sicherheitsindex* vollzogen worden. Dieser von Cornell [26] eingeführte und von anderen Autoren [27], [28] weiterentwickelte Maßstab für die Gewährleistung eines quantifizierten Sicherheitsniveaus hat sich als ein leistungsfähiges und den derzeitigen Möglichkeiten angepaßtes Hilfsmittel zur wirklichkeitsnäheren Erfassung der Sicherheit erwiesen.

In die Kategorie semiprobabilistischer Konzepte fallen die *Momentenmethoden*-wie die FOSM (First Order Second Moment).

Sie gestatten die vereinfachte Berücksichtigung des Zufallscharakters von Basisgrößen, deren Verteilungsfunktionen nicht bekannt sind. Anstelle der Verteilungsfunktionen werden die Momente (z.B. Mittelwert, Standardabweichung) zur Charakterisierung des Zufallscharakters der Basisgrößen verwendet (s. Abschn. 1.3.3). Für normalverteilte Basisvariable ist eine eindeutige Beschreibung durch die beiden ersten Momente möglich, so daß für diesen Fall bei linearen Grenzzustandsgleichungen mit der Momentenmethode eine exakte probabilistische Erfassung und Beschreibung des vorliegenden Problems erfolgt.

Die pragmatisch orientierte Momentenmethode führt zu einer quantitativ gestützten Meinungsbildung, die den Gegebenheiten (unzureichende Information über die Verteilungsfunktionen der Basisvariablen) Rechnung trägt und den Forderungen (quantitative Bestimmung eines Kriteriums zur Einschätzung der Sicherheit) besser gerecht wird als deterministische Methoden.

Wegen der zentralen Bedeutung des Sicherheitsindex wird Inhalt, Bedeutung und Bestimmung dieses Sicherheitsmaßes in Abschn. 1.4.5 gesondert behandelt.

Die Orientierung auf Grenzzustände setzte schon vor mehr als 50 Jahren ein, fand jedoch international nur zögernd Eingang in die Handlungsgrundlage der Ingenieure, die Normen.

Gegenwärtig ist sie fester Bestandteil der Bemühungen um eine vereinheitlichte Normierung im Eurocode und seit mehr als einem Jahrzehnt verbindliche Normengrundlage in den Ländern des RGW. In der Bundesrepublik Deutschland setzten die Bemühungen um die grenzzustandsorientierte Weiterentwicklung der Normen ebenfalls schon vor mehr als 10 Jahren ein und fanden ihren Niederschlag in den Dokumenten des Normenausschusses *Sicherheit im Bauwesen* [29]. Dieser Ausschuß legte 1977 ein erstes Diskussionsmaterial vor, das 1981 in einer überarbeiteten Fassung publiziert und 1986 mit einer Stellungnahme zu den Vorschlägen im Eurocode der Fachwelt unterbreitet wurde [30] und [31].

Ein wichtiges Zwischenstadium im Übergang von der klassischen deterministischen zur wirklichkeitsnäheren probabilistischen Betrachtungsweise wurde mit der Formulierung der *CEB/FIP Mustervorschrift* [32] und [33] erreicht. Sie wurde 1978 auf dem FIP-Kongress in London vorgelegt und trug wesentlich zur Verbreitung der im CEB entwickelten Sicherheitstheorie bei, die sich auf die semiprobabilistische Bestimmung von Teilsicherheitsbeiwerten konzentrierte.

Die Nachweise haben die Form

$$S_d < R_d \,,$$

stellen also die *Bemessungswerte der Schnittkräfte S* den *Bemessungswerten des Widerstands R* mit der Forderung gegenüber, daß die auftretenden Schnittkräfte nicht größer sein dürfen als die zugeordneten Widerstandswerte.

Die Rechenwerte der Schnittkräfte werden mit Einführung von Lastfaktoren und Kombinationsfaktoren aus den charakteristischen Werten der Einwirkungen ermittelt. Die Rechenwerte des Widerstands werden aus den Baustoffestigkeiten mittels Division durch die Baustoffsicherheitswerte ermittelt.

Die *Grenzzustände* werden wie folgt formuliert:

- Grenzzustände der *Tragfähigkeit* (Erreichen der Grenze des statischen Gleichgewichts des Tragwerks und seiner Elemente, Übergang des Tragwerks in ein kinematisches System, Erreichen der Festigkeit in ausgewählten Querschnitten, Überschreiten von Formänderungsgrenzen);
- Grenzzustände der *Gebrauchsfähigkeit* (Funktionsbeeinträchtigung durch Rißbildung oder Formänderungen).

Im *Entwurf des Eurocodes* (Diskussionsfassung 1988) sind die Festlegungen zur Gewährleistung der Sicherheit der Bauwerke auf der Grundlage der Vorschläge der CEB/FIP Mustervorschrift entwickelt.

Im *ISO Standard 2394* [34] konzentriert man sich ebenfalls auf Grenzzustände der Gebrauchs- und Tragfähigkeit. Es werden repräsentative und charakteristische Nenn- und Bemessungswerte der Einwirkungen, charakteristische Nenn- und Bemessungswerte für die Baustoffeigenschaften und zugeordnete Teilsicherheitsfaktoren bzw. additive Sicherheitselemente definiert. Modellungenauigkeiten und Bauwerkswertigkeiten werden ebenfalls durch Faktoren berücksichtigt (s. Abschn. 1.4.6).

Land	Fraktilwerte			
	Variationskoeffizient	ständige Last	zeitl. veränderl. Last	Festigkeit
BR Deutschland	0,1	Mittelwert	Mittelwert	—
	0,1	95% bzw. 5%	99%	
DDR	—	Mittelwert	98%	5%
Österreich	0,1	Mittelwert	Mittelwert	5%
	0,1	95% bzw. 5%	97%	

Land	Wertigkeitsfaktoren	Lastfaktoren im Grenzzustand Tragfähigkeit			
		veränderliche Lasten		ständige Lasten	
		günstige Wirkung	ungünstige Wirkung	günstige Wirkung	ungünstige Wirkung
BR Deutschland	0,9 ... 1,2	0	1,3	0,9	1,1 ... 1,3
DDR	0,9 ... 1,1	0	1,2 ... 1,4	0;9	1,1 ... 1,3
Österreich	0,9 ... 1,2	—	1,5	1,0	1,35
CEB	—	—	—	0,9...1,0	1,1 ... 1,35

Abb. 1.4/7. Fraktilwerte und Lastfaktoren in Vorschriften ausgewählter Länder

In die im Bereich der Länder des RGW gültigen Vorschriften wurden insgesamt 5 unterschiedliche Klassen von Teilsicherheitsbeiwerten eingeführt:
- *Wertigkeitsfaktoren* zur Berücksichtigung der Konsequenzen des Bauwerksversagens (bzw. des Risikopotentials des Bauwerks),
- *Lastfaktoren* zur Berücksichtigung der Laststreuungen (baustoffunabhängig, jedoch abhängig vom betrachteten Grenzzustand),
- *Kombinationsfaktoren* zur Berücksichtigung der Wahrscheinlichkeit des gemeinsamen Auftretens von Lasten und Einwirkungen (zusammengefaßt in Kombinationsregeln für die einzelnen Grenzzustände),
- *Materialfaktoren* zur Abdeckung unvermeidlicher und baustoffspezifischer Streuungen der Baustoffeigenschaften (als Divisionsfaktor eingeführt) und
- *Anpassungsfaktoren* zur Berücksichtigung der unvermeidbaren Abweichungen von Berechnungsannahmen und Modellierungsannahmen von der Tragwerkswirklichkeit.

Abbildung 1.4/7 gibt einen Eindruck von zahlenmäßigen Festlegungen einzelner Faktoren. Eine kritische Analyse und Bewertung der semiprobabilistischen Ermittlung der Tragwerkssicherheit wurde u.a. auf dem „Breitschaft-Symposium" zur Sicherheit [35] vorgenommen.

1.4.5 Sicherheitsfaktoren und Sicherheitsindex

Die Definition und Bestimmung eines Sicherheitsmaßes ist Grundanliegen der Sicherheitskonzepte. Dieses Anliegen wurde zunächst mit der Einführung des globalen Sicherheitsfaktors befriedigt, in dem Erfahrungen und Auffassungen deterministisch konzentriert wurden.

Eine Weiterentwicklung wurde durch Aufspaltung des globalen Sicherheitsfaktors in Teilsicherheitsfaktoren eingeleitet, die aber infolge der zunächst beibehaltenen deterministischen Betrachtung ihre Grenzen fand.

Neben der probabilistischen Begründung und Ableitung der Teilsicherheitsfaktoren wurde die stochastische Ableitung des globalen Sicherheitsfaktors als Möglichkeit zur wirklichkeitsnäheren Erfassung der Tragsicherheit erkannt. Ausgangspunkt dieser Entwicklung war die allen stochastischen Verfahren zugrunde liegende Forderung, daß die der Einwirkung zuzuordnende Beanspruchung unter der Aufnahmefähigkeit des Tragwerks bleibt.

Es hat sich eingebürgert, die Einwirkung bzw. die durch die Einwirkung entstehende *Beanspruchung des Tragwerks* mit dem Symbol S und den *Tragwerkswiderstand* mit dem Symbol R zu bezeichnen. Im einzelnen kann damit folgende Zuordnung verstanden werden:
- bei der Erfassung der *Tragwerkssicherheit*
  S = Einwirkungen auf das Tragwerk,
  R = Tragwerkswiderstand,
- bei der Erfassung einer *Querschnittssicherheit*
  S = am Querschnitt wirkende Schnittkräfte,
  R = Querschnittswiderstand,
- bei der Erfassung einer *Baustoffsicherheit*
  S = im Baustoff wirkende Spannung,
  R = Baustoffwiderstand.

Entsprechend der Betrachtungsebene (Gesamttragwerk, Querschnitt, Baustoff) ändern sich die Ansprüche an die stochastische Beschreibungsnotwendigkeit für probabilistisch begründete Sicherheitsfaktoren.

Auf der *Einwirkungsseite* ist immer die Notwendigkeit vorhanden, die Einwirkungen stochastisch zu erfassen. Für die Tragwerksbetrachtung bedeutet dies die Erfassung der zufälligen räumlich-zeitlichen Verteilung der Einwirkungen.

Für die Querschnittsbetrachtung bedeutet dies die stochastische Erfassung der Tragwerkseigenschaften und der Querschnittsgeometrie. Für die Ermittlung der Spannungen betrifft dies darüber hinaus die Spannungs-Dehnungs-Zuordnung.

Inkonsistenzen auf der Einwirkungsseite, also auf dem Weg von den Einwirkungen zu den Spannungen, treten auf

- bei der Tragwerksbetrachtung durch Vernachlässigung des Prozeßcharakters der Einwirkungen, durch deterministische Erfassung der Hauptgeometrie des Tragwerks und durch die i.allg. auf der Grundlage der Elastizitätstheorie durchgeführte Schnittkraftermittlung,
- bei der Querschnittsbetrachtung zusätzlich durch die i.allg. deterministische Erfassung der Querschnittsgeometrie,
- bei der Spannungsermittlung zusätzlich durch die i.allg. deterministische Erfassung der Spannungs-Dehnungs-Beziehungen.

Etwas anders verhält es sich auf der Widerstandsseite. *Inkonsistenzen auf der Widerstandsseite* können auftreten

- bei der Tragwerksbetrachtung durch deterministische Interpretation der möglichen Versagensmodi des Tragwerks, durch deterministische Interpretation der Haupt- und Querschnittsgeometrie des Tragwerks und durch die auf der Grundlage der Elastizitätstheorie durchgeführte Ermittlung des Systemwiderstands,
- bei der Querschnittsbetrachtung durch die i.allg. deterministische Erfassung der Querschnitts- und Baustoffkennwerte,
- bei der Baustoffbetrachtung durch deterministische Erfassung der Beanspruchungs-Verformungs-Beziehungen.

Diese Sachverhalte sind bei der Bewertung der tatsächlichen Qualität von Sicherheitsaussagen zu beachten.

Der Übergang von den deterministisch festgelegten globalen Sicherheitsfaktoren zu einer probabilistisch gestützten Beschreibung des Sicherheitsniveaus durch den Sicherheitsindex wurde durch die Einbeziehung stochastischer Merkmale in die Basiswerte der Beanspruchungen und Widerstände eingeleitet.

Der klassische *globale Sicherheitsfaktor* definierte das Verhältnis von Normenwerten des Widerstands und der Beanspruchung. Nach dem Vorliegen von hinreichend aussagekräftigem Datenmaterial wurden diese Normwerte statistisch begründet. Sie entsprachen entweder den Mittelwerten der Einwirkungs- und Widerstandsseite oder Quantilwerten mit festgelegten oberen Werten für die Einwirkungsseite und unteren Werten für die Widerstandsseite. Diese oberen bzw. unteren Werte wurden mit der Maßgabe geringer Überschreitungs- bzw. hoher Unterschreitungswahrscheinlichkeit festgelegt.

Abbildung 1.4/7 gibt einen Überblick über Festlegungen in einzelnen Vorschriften.

Das zentrale Anliegen des globalen Sicherheitskoeffizienten war die Gewährleistung eines hinreichend großen *deterministisch bestimmten Sicherheitsabstands*

$$Z = R - S$$

bzw. einer hinreichend kleinen *Versagenswahrscheinlichkeit.*

Die Konzeption des globalen Sicherheitsfaktors enthält als Sonderfall auch den Sicherheitsnachweis mit zulässigen Spannungen bei Annahme elastischen Baustoffverhaltens.

Für hinreichend geringe Beanspruchung läßt sich auf dieser Grundlage eine wirklichkeitsnahe Aussage formulieren, die aber keine Übertragbarkeit in höhere Beanspruchungsbereiche zuläßt, also keine Erfassung der tatsächlich vorhandenen Tragsicherheit ermöglicht.

Dies wird erst durch die Beschreibung der Beanspruchung und des Widerstands mit Berücksichtigung des stochastischen Charakters der Basisvariablen und durch die Berücksichtigung vorhandener Nichtlinearitäten möglich.

Der *Sicherheitsabstand* Z ergibt sich dann als Differenz zweier durch Verteilungsfunktionen beschriebener Zufallsgrößen und ist demnach selbst eine Zufallsgröße.

Die Dichtefunktionen von R und S überschneiden sich und definieren damit im $r - f(r)$- und $s - f(s)$-Koordinatensystem einen unsicheren Bereich, in dem der Widerstand kleiner ist als die Beanspruchung, allerdings mit einer geringen Auftretenswahrscheinlichkeit. Dieser Sachverhalt ist Abb. 1.4/8 zu entnehmen.

Die Wahrscheinlichkeit des Versagens, also der Maßstab für die *Tragwerksunsicherheit*, ergibt sich aus

$$P_f = P(R < s) = \int_{-\infty}^{+\infty} \int_{-\infty}^{s} \mathrm{f}(r, s)\,\mathrm{d}r\,\mathrm{d}s\,.$$

Die Überlebenswahrscheinlichkeit, also der Maßstab für die *Tragwerkssicherheit*, ergibt sich aus

$$P_s = P(S \leq r) = 1 - P_f\,.$$

Die Größen R und S sind i.allg. Funktionen mehrerer Zufallsgrößen:

$$R = R(X_{R1}, X_{R2}, \ldots)$$

$$S = S(X_{S1}, X_{S2}, \ldots)\,.$$

Betrachtet man den Übergang vom sicheren zum unsicheren Tragwerkszustand, setzt also

$$R = S \quad \text{d.h.}\,(Z = 0)\,,$$

so kann die Funktion

$$R - S = 0$$

als *Grenzzustandsfunktion* aufgefaßt werden.

Diese Funktion wird i.allg. mit

$$g = g(X_1, X_2, \ldots X_n) = 0$$

bezeichnet und bildet den Ausgangspunkt für die probabilistische Erfassung des Grenzzustands bzw. der Sicherheit gegen das Erreichen eines Grenzzustands des Tragwerks.

Die Basisvariablen der Grenzzustandsfunktion sind Zufallsgrößen. Verteilungstyp, Mittelwert und Standardabweichung dieser Funktion hängen von den entsprechenden Größen der Basisvariablen ab. Sie lassen sich mit dem Fehlerfortpflanzungsgesetz aus diesen Größen ermitteln. Unter Bezug auf. Abb. 1.4/8 können folgende Sicherheitsfaktoren im probabilistischen Sinne definiert werden:

- der auf die *Mittelwerte* von R bzw. S bezogene Sicherheitsfaktor mit Verwendung der Mittelwerte der Dichtefunktionen der Einwirkung und des Widerstands und
- die auf die *Medianwerte* und *Modalwerte* bezogenen Sicherheitsfaktoren mit Verwendung der entsprechenden Größen der Verteilungsfunktionen der Einwirkung und des Widerstands.

Von einigen Autoren wird als übergeordneter Begriff der *zentrale Sicherheitsfaktor* eingeführt, aus dem sich die auf den Mittelwert, den Median- und den Modalwert bezogenen Sicherheitsfaktoren als Sonderfälle ergeben.

Für symmetrische Verteilungskurven stimmen die modalen, medianen und auf den Mittelwert bezogenen Sicherheitsfaktoren überein.

In der Praxis und in der Normung wird der konventionelle Sicherheitsfaktor als Quotient der Fraktilwerte r_p und s_q verwendet.

Stellt man die Fraktilwerte des Widerstands und der Einwirkung in Abhängigkeit von den Mittelwerten und der Standardabweichung dar, so ergibt sich mit Einführung eines von der definierten Wahrscheinlichkeit der Fraktilwerte abhängiger Faktor k_R bzw. k_S

$$r_p = m(R) - k_R \cdot \sigma(R) = m(R) \cdot [1 - k_R \cdot v(R)]$$
$$s_q = m(S) - k_S \cdot \sigma(S) = m(S) \cdot [1 + k_S \cdot v(S)] .$$

Damit läßt sich der konventionelle Sicherheitsfaktor in Abhängigkeit von den Mittelwerten und Standardabweichungen bzw. Variationskoeffizienten in der Form

$$\gamma = \frac{r_p}{s_q} = \frac{m(R) - k_R \cdot \sigma(R)}{m(S) + k_S \cdot \sigma(S)}$$

angeben. Die konkrete Festlegung der Fraktilwerte erfolgt in den Normen.

Zur Einführung des Sicherheitsindex werden Mittelwert und Standardabweichung des Sicherheitsabstands

$$Z = R - S$$

aus den entsprechenden Werten der probabilistischen Einwirkungs- bzw. Widerstandsfunktion abgeleitet. Es ergibt sich der *Mittelwert*

$$m(R - S) = m(R) - m(S)$$

und die *Standardabweichung*

$$\sigma(R - S) = \sqrt{\sigma^2(R) + \sigma^2(S)} .$$

Der *Variationskoeffizient* ergibt sich damit zu

$$v(R-S)=\frac{\sqrt{\sigma^2(R)+\sigma^2(S)}}{m(R)-m(S)}$$

bzw. mit Einführung der Variationskoeffizienten der S- und R-Funktionen zu

$$v(R-S)=\frac{\sqrt{v^2(R)\cdot m^2(R)+v^2(S)\cdot m^2(S)}}{m(R)-m(S)}.$$

Führt man in die Gleichung den auf die Mittelwerte von R und S bezogenen Sicherheitsfaktor γ_0 ein, so ergibt sich der Variationskoeffizient zu

$$v(R-S)=\frac{\sqrt{\gamma_0^2\cdot v^2(R)+v^2(S)}}{\gamma_0-1}.$$

Cornell [26] führte für den Kehrwert dieses Variationskoeffizienten den Begriff *Sicherheitsindex* ein, der zur Beurteilung des Sicherheitsniveaus eine zentrale Rolle spielt und auch die Möglichkeit erschließt, Sicherheitsfaktoren in Beziehung zur Versagenswahrscheinlichkeit zu bestimmen. Für stochastisch unabhängige Größen R und S ergibt sich

$$\beta=\frac{m(R)-m(S)}{\sqrt{\sigma^2(R)+\sigma^2(S)}}=\frac{1}{v(R-S)}.$$

Mit der Einführung des Sicherheitsindex wurde ein wesentlicher Schritt zur probabilistischen Beurteilung der Tragsicherheit getan.

Abbildung 1.4/8 erläutert die Zusammenhänge zwischen dem Sicherheitsindex, dem Mittelwert und der Standardabweichung der Grenzzustandsfunktion

$$Z=R-S.$$

Die Bestimmung des *auf die Mittelwerte bezogenen Sicherheitsfaktors* aus gegebenem Sicherheitsindex und damit gegebenem Sicherheitsniveau kann nach der Beziehung

$$\gamma_0=\frac{m(R)}{m(S)}=\frac{1+\beta\sqrt{v^2(R)+v^2(S)-\beta\cdot v^2(R)\cdot v^2(S)}}{1-\beta^2\cdot v^2(R)}$$
$$\approx\frac{1+\beta\sqrt{v^2(R)+v^2(S)}}{1-\beta^2\cdot v^2(R)}$$

erfolgen.

In gleicher Form kann eine Beziehung zwischen dem konventionellen, *auf die Fraktilwerte bezogenen Sicherheitsfaktor* und dem Sicherheitsindex angegeben werden.

Es ergibt sich

$$\gamma=\frac{r_p}{s_q}=\frac{1-k_R\cdot v(R)}{1+k_S\cdot v(S)}\cdot\gamma_0.$$

Bei bekannten Verteilungsfunktionen von R und S kann eine direkte Zuordnung des Sicherheitsindex β zur Versagenswahrscheinlichkeit p_f angegeben werden.

Bei Normalverteilung von R und S und damit von Z ergibt sich

$$P_f = \Phi(-\beta) = \frac{1}{\sqrt{2\pi}} \cdot \int_{-\infty}^{\beta} e^{-u^2/2}\, du\,.$$

In Abb. 1.4/8 ist diese Zuordnung grafisch dargestellt.

Führt man zum Nachweis einer geforderten Zuverlässigkeit *Bemessungswerte* r^* und s^* ein, so ergibt sich die Nachweisgleichung zu

$$r^* - s^* = 0\,.$$

Die Bemessungswerte werden in Abhängigkeit von den Mittelwerten, den Standardabweichungen und von Wichtungsfaktoren für die Beanspruchung und den Widerstand angegeben:

$$r^* = m(R) - \alpha_R \cdot \beta \cdot \sigma(R)$$

$$s^* = m(S) - \alpha_S \cdot \beta \cdot \sigma(S)\,.$$

Die von den Standardabweichungen der Einwirkung und des Widerstands abhängigen Wichtungsfaktoren berücksichtigen den unterschiedlichen Einfluß der Streuungen der Basiswerte und werden mit

$$\alpha_R = \frac{\sigma(R)}{\sqrt{\sigma^2(R) + \sigma^2(S)}}\,, \quad \alpha_S = \frac{\sigma(S)}{\sqrt{\sigma^2(R) + \sigma^2(S)}}$$

in die Berechnung eingeführt.

In den Grundlagen für die bauliche Sicherheit [18] werden feste Zahlenwerte für die Wichtungsfaktoren vorgeschlagen:

$$R = 0{,}8$$

$$S = -0{,}7\,.$$

Einen Eindruck vom Einfluß der Standardabweichungen auf den Sicherheitsabstand gibt die aus [18] entnommene Abb. 1.4/8. Den Einfluß des Variationskoeffizienten auf den globalen Sicherheitsfaktor (bezogen auf die Mittelwerte) bei gegebenem Sicherheitsindex und damit festgelegtem Sicherheitsniveau zeigt Abb. 1.4/9.

Der durch r^* und s^* erfaßte *Bemessungspunkt* beschreibt die Lage des Maximums der Verteilungsdichte des Sicherheitsabstands $Z = 0$. Hinweise zur Ermittlung der Bemessungswerte enthält Anhang B des ISO-Standards 2394. Der Berechnungsablauf ist in Flußbildform in Abb. 1.4/10 angegeben.

Mit den o.g. Gleichungen ist die Bemessung nach Festlegung eines durch den Sicherheitsindex vorgeschriebenen Sicherheitsniveaus möglich, wenn

- die stochastischen Größen R und S voneinander unabhängig sind,
- die Verteilungsfunktionen von R und S einer Normalverteilung entsprechen und
- die Grenzzustandsgleichung als Differenz von R und S dargestellt werden kann.

Die oben gegebene Ableitung von Mittelwert und Standardabweichung der Grenzzustandsfunktion Z berücksichtigte die Abhängigkeit von zwei Zufallsgrößen,

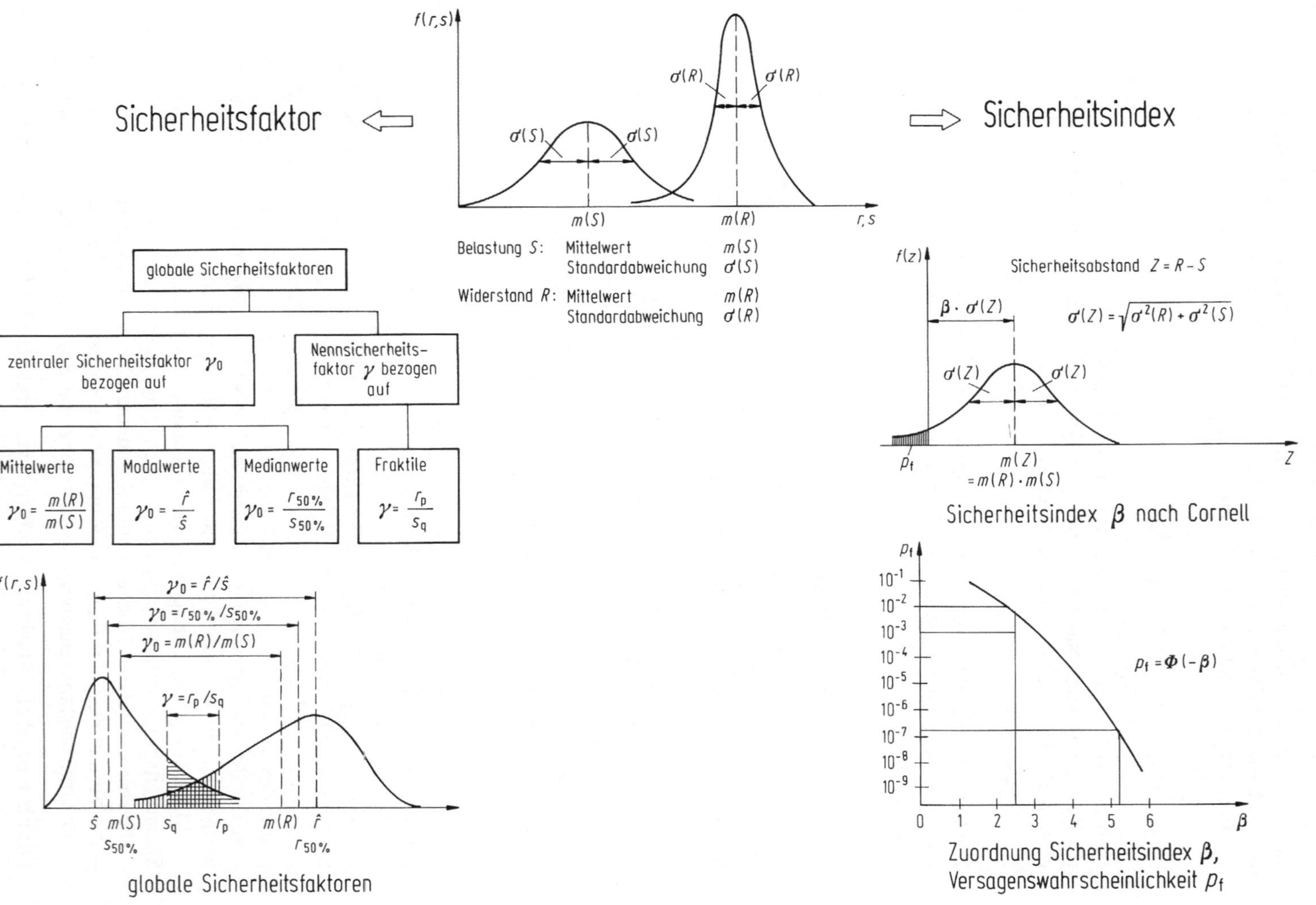
f(r,s)
σ(S)
σ(S)
σ(R)
σ(R)
m(S)
m(R)
r,s
Sicherheitsfaktor
Sicherheitsindex
Belastung S: Mittelwert m(S)
Standardabweichung σ(S)
Widerstand R: Mittelwert m(R)
Standardabweichung σ(R)
globale Sicherheitsfaktoren
zentraler Sicherheitsfaktor γ0 bezogen auf
Nennsicherheitsfaktor γ bezogen auf
Mittelwerte γ0 = m(R)/m(S)
Modalwerte γ0 = r̂/ŝ
Medianwerte γ0 = r50%/s50%
Fraktile γ = rp/sq
f(r,s)
γ0 = r̂/ŝ
γ0 = r50%/s50%
γ0 = m(R)/m(S)
γ = rp/sq
ŝ m(S) sq rp m(R) r̂
s50% r50%
globale Sicherheitsfaktoren
f(z)
Sicherheitsabstand Z = R − S
β · σ(Z)
σ(Z) = √(σ²(R) + σ²(S))
σ(Z)
σ(Z)
pf
m(Z) = m(R) − m(S)
Z
Sicherheitsindex β nach Cornell
pf
10⁻¹ 10⁻² 10⁻³ 10⁻⁴ 10⁻⁵ 10⁻⁶ 10⁻⁷ 10⁻⁸ 10⁻⁹
pf = Φ(−β)
0 1 2 3 4 5 6 β
Zuordnung Sicherheitsindex β,
Versagenswahrscheinlichkeit pf

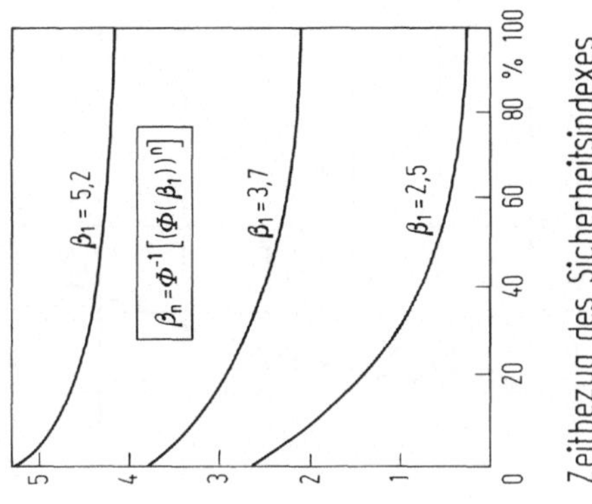

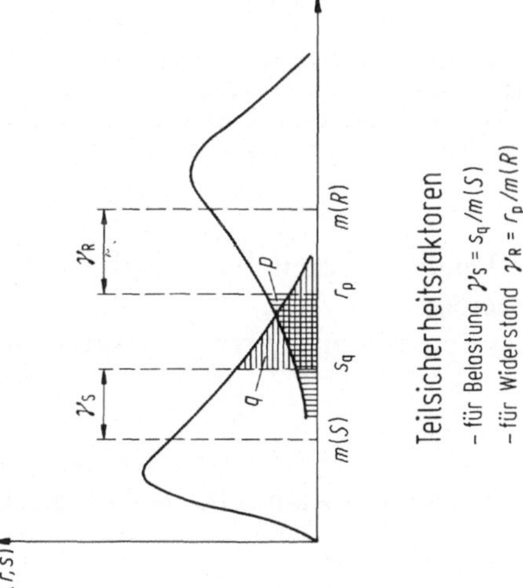

Abb. 1.4/8. Sicherheitsfaktoren und Sicherheitsindex

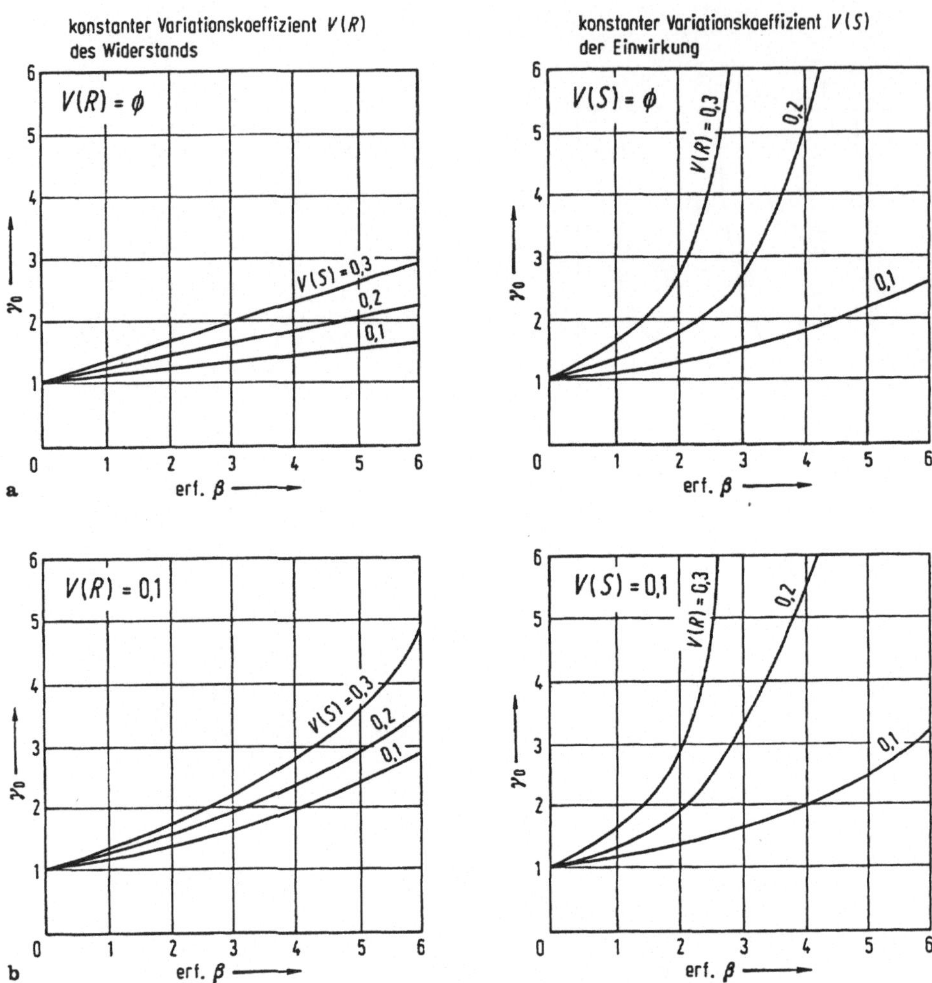

Abb. 1.4/9. Abhängigkeit des auf die Mittelwerte bezogenen Sicherheitsfaktors γ_0 von einem erforderlichen Sicherheitsindex β nach Cornell. **a** R bzw. S ist deterministisch [mit $r = m_R$ und $V(R) = \phi$ bzw. $r = m_S$ und $V(S) = \phi$], die jeweils andere Größe ist eine Zufallsgröße; **b** R und S sind Zufallsgrößen, bei jeweils einer Größe ist der Variationskoeffizient konstant, der andere wird verändert

erfaßt also einen Sonderfall. Des weiteren ist Unabhängigkeit von R und S sowie Normalverteilung der Basisvariablen vorausgesetzt.

Im allgemeinen ist die Grenzzustandsfunktion von mehreren Basisvariablen abhängig

$$Z = g(X)g(X_1, X_2, \ldots X_n) = 0 .$$

Für diesen Fall ergibt sich der Mittelwert des Sicherheitsabstands bei *unabhängigen* Basisvariablen zu

$$m(Z) = g(m_X)g(m_{x1}, m_{x2}, \ldots m_{xn})$$

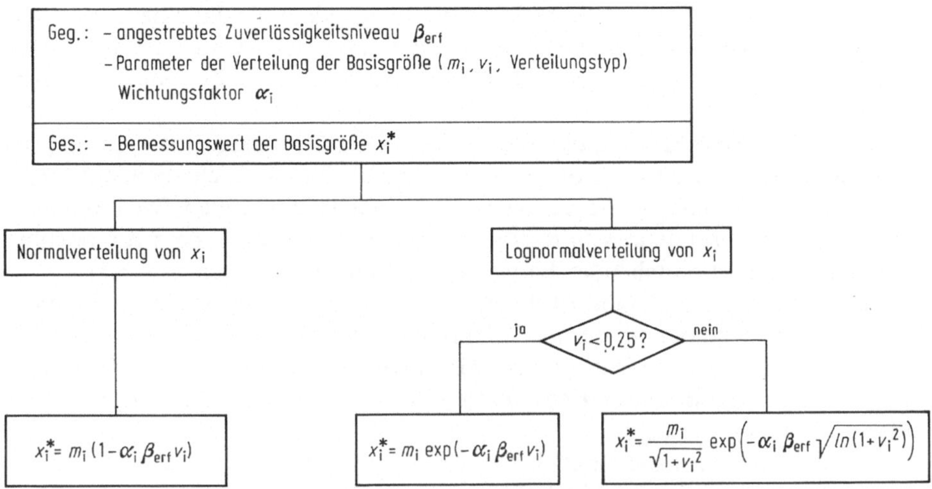

Abb. 1.4/10. Berechnungsablauf zur Ermittlung des Bemessungswertes nach dem ISO-Standard 2394–1986

und die Standardabweichung nach dem Fehlerfortpflanzungsgesetz zu

$$\sigma(Z) = \sqrt{\sum_{i=1}^{n} \left(\sigma_{Xi} \cdot \left. \frac{\partial g}{\partial x_i} \right|_{\mathbf{x} = \mathbf{m}_X} \right)^2} .$$

Sind die Basisvariablen der Grenzzustandsfunktion voneinander abhängig, so ergibt sich die Notwendigkeit, die Korrelationskoeffizienten zu berücksichtigen.

Aus der Kovarianz

$$\mathrm{Cov}(X_i, X_j) = m\{[X_i - m(X_i)] \cdot [X_j - m(X_j)]\}$$

erhält man die Korrelationskoeffizienten zu

$$\rho_{i,j} = \frac{\mathrm{Cov}(X_i, X_j)}{\sigma_{Xi} \cdot \sigma_{Xj}}$$

und die Standardabweichung von Z zu

$$\sigma(Z) = \sqrt{\sum_{i=1}^{n} \left(\sigma_{Xi} \cdot \left. \frac{\partial g}{\partial x_i} \right|_{\mathbf{x} = \mathbf{m}_X} \right)^2 + \sum_{\substack{i=1 \\ i \neq j}}^{n} \sum_{j=1}^{n} \left(\rho_{ij} \cdot \sigma_{Xi} \cdot \sigma_{Xj} \cdot \left. \frac{\partial^2 g}{\partial x_i \partial x_j} \right|_{\mathbf{x} = \mathbf{m}_X} \right)^2} .$$

Sind mehrere Basisvariablen bei der Ermittlung von Einwirkung und Widerstand zu berücksichtigen, so sind die globalen Wichtungsfaktoren durch zusätzliche Wichtungsfaktoren zu ergänzen. Einzelheiten dazu sind u.a. bei König [30] dargelegt.

Für die praktische Anwendung des Sicherheitsindex ist es erforderlich, die Zeitabhängigkeit der Einwirkungen und des Bauwerksverhaltens zu berücksichtigen. Es hat sich als zweckmäßig erwiesen, als Bezugszeitraum für den Sicherheitsindex und damit auch für die Versagenswahrscheinlichkeit ein Jahr bzw. eine festgelegte Nutzungsdauer (z.B. 50 Jahre) einzuführen. Für Untersuchungen mit Berücksichtigung von Alterungsprozessen ist die Einbeziehung der Nutzungsdauer unumgänglich.

In den Normen sind in Anlehnung an die auf der Grundlage von Cornell [26] vorgeschlagenen Werte Festlegungen für den einzuhaltenden Sicherheitsindex und damit auch für die zulässige Versagenswahrscheinlichkeit getroffen. Die Festlegungen sind auf der Grundlage von Kalibrierungen erfolgt, die den derzeit erreichten Sicherheitsstandard bestehender Bauwerke als Maßstab nehmen.

Untersuchungen zu diesem Problem sind u.a. von Veouwenvelder und Siemes [36] im Zusammenhang mit der niederländischen Norm durchgeführt worden. Sie führten diese Untersuchungen auf der Grundlage der FOSM (Zuverlässigkeitstheorie I. Ordnung) durch und bestimmten die Teilsicherheitsfaktoren unter Einhaltung zweier Forderungen:

- Der Sicherheitsindex soll möglichst wenig von ß = 3,8 für den Grenzzustand der Tragfähigkeit und ß = 1,7 für den Grenzzustand der Nutzungsfähigkeit abweichen.
- Das Sicherheitsniveau soll sich möglichst gut an das historisch gewachsene und in der bestehenden Bausubstanz verkörperte Niveau angleichen.

Der Berechnung wurden zwei Szenarien zugrunde gelegt:

- Szenarium 1: einheitliches Sicherheitsniveau für alle Baustoffe,
- Szenarium 2: möglichst geringe Veränderungen gegenüber bisherigen Entwurfs- und Sicherheitsgrundsätzen.

Varianten zur Bestimmung des Sicherheitsindex sind aus Varianten der Grenzzustandsbedingungen abzuleiten. So kann die Versagensbedingung bzw. die Grenzzustandsgleichung auch als Quotient von R und S bzw. als Logarithmus dieses Quotienten definiert werden.

Dies ergibt

$$g = \frac{R}{S} = 1$$

bzw.

$$g = \ln R - \ln S = 0\,.$$

Rosenblueth und Esteva leiten den Sicherheitsindex aus dem Logarithmus des Quotienten von R und S ab.

Es ergibt sich

$$z = \ln R - \ln S$$

mit dem *Mittelwert*

$$m\left(\ln \frac{R}{S}\right) = m(\ln R) - m(\ln S) = \ln \frac{m(R)}{m(S)} = \ln \gamma_0$$

und der *Standardabweichung*

$$\sigma\left(\ln\frac{R}{S}\right) = \sqrt{\sigma^2(\ln R) + \sigma^2(\ln S)}\,.$$

Der Variationskoeffizient ergibt sich damit zu

$$v\left(\ln\frac{R}{S}\right) = \frac{\sigma\left(\ln\frac{R}{S}\right)}{m\left(\ln\frac{R}{S}\right)}$$

und der *modifizierte Sicherheitsindex* zu

$$\beta_{LN} = \frac{1}{v\left(\ln\frac{R}{S}\right)}\,.$$

Der Zusammenhang zwischen globalem Sicherheitsfaktor und modifiziertem Sicherheitsindex ergibt sich aus

$$\beta_{LN} = \frac{\ln\gamma_0}{\sqrt{v^2(R) + v^2(S)}}\,.$$

Die Wahrscheinlichkeit des Versagens kann mit

$$P_f = P\left(\ln\frac{R}{S} < 0\right) = \frac{1}{\sqrt{2\pi}}\int_{-\infty}^{\beta_{LN}} e^{-u^2/2}\,du$$

angegeben werden.

Von Rosenblueth und Esteva wurde für den in der Praxis vorkommenden Wertebereich des Sicherheitsindex eine Näherungsformel angegeben:

$$P_f = 460\cdot\exp(-4{,}3\cdot\beta_{LN})\,.$$

Mit Einführung eines probabilistischen Vergrößerungsfaktors n für den Mittelwert der Einwirkung und einem probabilistischen Reduktionsfaktor φ für den Mittelwert der Widerstandsseite ergibt sich die Sicherheitsforderung in der Form

$$\varphi m(R) \geq n\cdot m(S)$$

$$\varphi = \exp\left[-\beta_{LN}\cdot\alpha_R v(R)\right]$$

$$n = \exp\left[\beta_{LN}\cdot\alpha_S v(S)\right]\,.$$

Diese Beziehung kann auch mit Einführung der Fraktilwerte formuliert werden

$$\varphi_p r_p \geq n_q s_q\,.$$

Die Bestimmung der beiden probabilistischen Werte φ_p und n_q kann mit Bezug auf die Fraktilwerte erfolgen

$$\varphi_p = \frac{\varphi}{1 - k_R\cdot v(R)}\,, \qquad n_q = \frac{n}{1 + k_S v(S)}\,.$$

Die beiden Formate (Differenz und Logarithmus des Quotienten von R und S) gestatten eine einfache Bestimmung der Sicherheitsfaktoren bei gegebenem Sicherheitsindex bzw. Sicherheitsniveau bzw. gegebener Versagenswahrscheinlichkeit. Diese vereinfachte Bestimmung beschränkt sich auf die Verteilungstypen „normalverteilt“ und „lognormalverteilt“.

Die konkrete Beziehung zwischen den Sicherheitsfaktoren und den stochastischen Größen der Einwirkungs- und Widerstandsseite hängt von den Verteilungsfunktionen, den Mittelwerten, den Variationskoeffizienten und dem gewählten Sicherheitsformat ab.

Im Anhang B des ISO-Standards ist die Berechnung der Teilsicherheitsbeiwerte aus dem Sicherheitsindex angegeben. Abbildung 1.4/11 zeigt den Berechnungsablauf in Flußbildform.

Einige Nachteile des Sicherheitsindex, wie er von Cornell eingeführt wurde (z.B. seine Abhängigkeit von der Verwendung des Sicherheitsformats) waren Ausgangspunkt für Verbesserungen bzw. Weiterentwicklungen. Außer von Rosenblueth und Esteva wurden solche Weiterentwicklungen von Hasofer und Lind [27] und von Ditlevsen [28] vorgenommen.

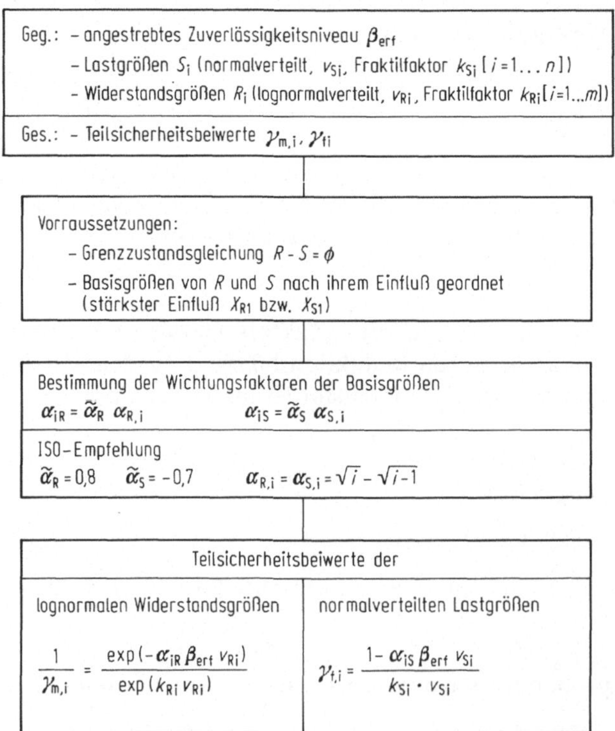

Abb. 1.4/11. Berechnungsablauf zur Ermittlung von Teilsicherheitsbeiwerten aus dem Sicherheitsindex nach dem ISO-Standard 2394–1986

1.4.6 Die Normensituation

Derzeit befindet sich die Normensituation in einem grundsätzlichen Wandel, der durch folgende Merkmale gekennzeichnet werden kann:
- Übergang zu semiprobabilistischer Betrachtungsweise mit Einführung von Grenzzuständen und
- Harmonisierung nationaler Normen durch die Erarbeitung von internationalen Mustervorschriften.

Eine Orientierung zur inhaltlichen und methodischen Gestaltung dieses Wandels gibt der ISO-Standard 2394 "General principles on reliability for structures" - Second edition 1986 [34].

In Europa bemüht man sich einerseits um die Einführung des Eurocodes und andererseits um die weitgehende Vereinheitlichung der Normenbasis für die im Rat für Gegenseitige Wirtschaftshilfe, RGW, zusammengeschlossenen Länder.

Die Notwendigkeit einer solchen Harmonisierung wird u.a. an Vergleichen deutlich, die von Stiller [38] Despeyroux [39], Litzner [40] u.a. durchgeführt wurden. Im folgenden wird ein komprimierter Überblick über ausgewählte Normen gegeben. Im einzelnen werden unter dem Gesichtspunkt des Sicherheitskonzepts stellvertretend kommentiert:
- der *ISO-Standard 2394*, der auch durch die im ISO Dokument 8930 bereitgestellten Definitionen zur internationalen Harmonisierung beiträgt,
- der *Eurocode* im Zusammenhang mit den CEB/FIP-Empfehlungen, den einschlägigen DIN-Festlegungen und der österreichischen Norm und
- die *RGW-Norm* im Zusammenhang mit den TGL-Festlegungen der DDR.

Die bauweisenspezifischen Umsetzungen und Konkretisierungen erfolgen in den zugeordneten Vorschriften, wie z.B. im Eurocode Nr. 2 für Betontragwerke und in der DIN 1045 bzw. 4227. Sie werden soweit herangezogen, wie dies zur Verdeutlichung der jeweils zugrunde liegenden Sicherheitsauffassung erforderlich ist.

Grundzüge der Empfehlungen und Festlegungen zur Sicherheitskonzeption im ISO-Standard 2394

Der ISO-Standard ist als Leitfaden und Ausgangspunkt für die Erarbeitung bzw. Präzisierung von nationalen Normen gedacht. Er geht von der Feststellung aus, daß Sicherheit und Zuverlässigkeit von Bauwerken von der wirklichkeitsnahen Modellierung der Einwirkungen und Tragwerke, aber auch von der Qualität der Baustoffe, der Arbeit und der Überwachung und Kontrolle bei der Vorbereitung und Durchführung der Bauarbeiten abhängen. Vor der isolierten Betrachtung einzelner Einflüsse und der Vernachlässigung anderer wird gewarnt. Er schließt den gesamten Prozeß der Planung, Entstehung, Nutzung und auch eventuellen Rekonstruktion ein. Gundforderungen sind:
- die Funktionsfähigkeit des Bauwerks im normalen Gebrauch,
- die globale Tragfähigkeit auch nach lokalen Zerstörungen und
- die Erfüllung dieser Forderungen mit ökonomischem Einsatz von Baustoff, Energie, Arbeitskraft, Raum und Zeit.

Nachweise sind zu führen für den Grenzzustand der Nutzungsfähigkeit und den

Grenzzustand der Tragfähigkeit, mit Berücksichtigung von Nutzungs- und Umwelteinflüssen sowie möglichen Katastrophen, die aus Fehlern infolge ungenügender Information und Qualifikation, von Mißverständnissen oder extremen äußeren Einflüssen resultieren können. Als Maßstab für die erforderliche Zuverlässigkeit wird das Risiko eingeführt, das auch als Klassifikationsmerkmal für die Bauwerke wirksam ist.

Als *Grenzzustand der Tragfähigkeit* wird definiert:
- der Verlust des statischen Gleichgewichts des Tragwerks oder eines Tragwerkselements im Sinne von Kippen und Gleiten,
- die Überführung des Tragwerks in eine kinematische Kette,
- das Versagen von kritischen Querschnitten infolge der Überschreitung der Grenzfestigkeit oder der Grenzdeformation,
- der Verlust der Stabilität des Tragwerks oder seiner Elemente.

Als *Grenzzustand der Nutzungsfähigkeit* wird definiert:
- das Auftreten von Deformationen, die die Nutzung beeinflussen bzw. verhindern,
- extreme Vibrationen, die das Wohlbefinden der Menschen oder die Funktionsfähigkeit von Anlagen beeinträchtigen und
- lokale Zerstörungen und Rißbildungen, die die Dauerhaftigkeit des Bauwerks beeinträchtigen.

Der Berechnung sind folgende *Bemessungssituationen* zugrunde zu legen:
- Dauersituation über einen Zeitraum, der in der Größenordnung der Lebensdauer des Bauwerks liegt,
- vorübergehende Situationen von kürzerer Dauer, die aber eine hohe Eintrittswahrscheinlichkeit aufweisen und
- extreme Situationen von sehr kurzer Dauer und niedriger Auftretenswahrscheinlichkeit.

Als *Basisvariablen* für die Nachweisführung werden Einwirkungen, Baustoffeigenschaften und Geometriewerte betrachtet.

Die *Einwirkungen* werden hinsichtlich der Einwirkungsdauer, des Einwirkungsortes und des ausgelösten Bauwerksverhaltens klassifiziert. Es wird zwischen dauernden, veränderlichen und extremen Einwirkungen, zwischen Einwirkungen mit festem und veränderlichem Angriffsort und zwischen statischen und dynamischen Einwirkungen unterschieden.

Die *Baustoffeigenschaften* sind unter Berücksichtigung von Maßstabseinflüssen und möglichen Veränderungen infolge Temperatureinwirkungen und ihrer Abhängigkeit von der Herstellungsqualität zu bestimmen.

Geometriewerte sind als Zufallsvariablen einzuführen, wenn die Abweichungen von den Sollmaßen wesentlichen Einfluß auf das Tragverhalten des Bauwerks haben. Die Bemessung ist auf das Konzept der Teilsicherheitsfaktoren aufgebaut. Die *Bemessungswerte* der Einwirkungen und der Festigkeiten sind durch multiplikative Sicherheitselemente, die der Geometrie durch additive Elemente aus den charakteristischen Werten zu ermitteln. Die *Bauwerkswertigkeit* und mögliche Modellungenauigkeiten werden durch zusätzliche Faktoren berücksichtigt. Die

Bestimmung der *Teilsicherheitsfaktoren* kann auf der Grundlage stochastischer Methoden erfolgen. Ein Überblick und eine Einführung in probabilistiche Methoden erster Ordnung (First Order Methods) ist im Anhang zur ISO Norm gegeben. Basis für die Festlegung des Sicherheitsniveaus ist der *Sicherheitsindex*.

Bei ungenügender Datenbasis oder anderen Restriktionen können die Teilsicherheitsfaktoren auch deterministisch, semiprobabilistisch oder durch fundierte Entscheidungen ermittelt werden.

Wesentliche Orientierungen gibt ISO 2394 auch zur *Qualitätskontrolle* und ihren drei Bestandteilen: Sammlung von Informationen, Bewertung der Informationen und Entscheidung auf der Grundlage der Informationen.

Der ISO Standard 2394 ist Grundlage einer Reihe von Einzelvorschriften, darunter die zur Berücksichtigung von seismischen Einwirkungen, Schnee, Wind und Temperatur und auch von Lastkombinationen.

Grundzüge der Empfehlungen und Festlegungen zur Sicherheitskonzeption im Eurocode, in der CEB/FIP-Mustervorschrift, sowie den an diese Vorschriften angelehnten nationalen Normen

Im Eurocode Nr. 1 werden gemeinsame einheitliche Regeln für verschiedene Bauarten und Bauweisen vorgeschlagen. Sie sind in enger Anlehnung an die Orientierungen formuliert, die in der 1978 verabschiedeten CEB/FIP-Mustervorschrift gegeben wurden. Grundlage ist eine Abstufung der Sicherheit und Gebrauchsfähigkeit in Abhängigkeit von der Bauwerks- und Einwirkungsart. Diese Abstufung erfolgt durch Vergrößerung oder Verminderung der Bemessungswerte mit Einführung von charakteristischen Werten und Teilsicherheitsbeiwerten.

Die Teilsicherheitsbeiwerte für die Baustoffeigenschaften beruhen

- auf einer einheitlichen Interpretation der charakteristischen Baustoffkennwerte,
- auf der Sicherstellung des erforderlichen Ausführungsniveaus,
- auf der erforderlichen Kontrolle der Ausführungsqualität und
- auf der Verwendung von hinreichend abgesicherten Widerstandsmodellen.

Anpassungsmöglichkeiten zur Erfassung besonderer Bedingungen in einzelnen Ländern sind vorgesehen. Der Eurocode wird nicht als Handlungsgrundlage für die Praxis, sondern als Orientierung verstanden.

Die Grundforderungen an die Tragwerke sind: Widerstandsfähigkeit gegen Einwirkungen und Einflüsse während der Herstellung und der Nutzung des Bauwerks, planmäßiges Verhalten im Nutzungszustand und ausreichende Dauerhaftigkeit.

Das einzuhaltende Zuverlässigkeitsniveau wird vor allem aus folgenden Kriterien abgeleitet:

- Gefährdungsgrad für Leib und Leben (gering, erheblich, schwerwiegend) und
- ökonomische Versagensfolgen und Aufwand zur Risikobeeinflussung.

Es wird auf *drei Zuverlässigkeitsklassen* orientiert. Der Zuverlässigkeitsanalyse liegen folgende Grenzzustände zugrunde:

- Grenzzustand der Tragfähigkeit mit Erfassung der Versagensfälle unter Biegung mit Längskraft, Querkraft, Torsion, Durchstanzen und Knicken sowie Ermüdung und

- Grenzzustand der Gebrauchsfähigkeit mit Erfassung des Rißgeschehens unter Beachtung der Dekompression, der Rißentstehung und der Rißweite sowie der Verformungen.

Die Rißweitennachweise beziehen sich nach dem Eurocode auf den Mittelwert der Stahldehnung und einen mittleren Rißabstand und berücksichtigen die Streuung durch einen Faktor von 1, 7. Die Rißbreitenbeschränkung erfolgt in Abhängigkeit von den Umweltbedingungen, den Einwirkungen und ihren Kombinationen und der Korrosionsanfälligkeit der Bewehrung.

Der Eurocode schreibt keine Zahlenwerte für die Teilsicherheitsbeiwerte vor und beschränkt sich auf die Bereitstellung von Zahlen als Diskussionsgrundlage und Orientierung für die nationalen Festlegungen. Dies gilt im wesentleichen auch für die Kombinationsbeiwerte. Zur Erfassung von einfachen Fällen (Bauwerke geringer Bedeutung und Schadensauswirkung) werden vereinfachte Nachweisformeln bereitgestellt.

Grundzüge der Empfehlungen und Festlegungen zur Sicherheitskonzeption der RGW Normen und daran angelehnte nationale Normen

Den im Rat für Gegenseitige Wirtschaftshilfe (RGW) zusammengeschlossenen Ländern wurde bereits im Jahre 1961 der Übergang der Sicherheitskonzeption von deterministischen Betrachtungen mit zulässigen Spannungen zu Grenzzustandsbetrachtungen empfohlen. Seit 1978 ist diese Methode verbindlich eingeführt. 1982 wurde darauf aufbauend die Methode der Grenzzustände in das Normenwerk der DDR eingebaut.

Die in dieser Sicherheitskonzeption verwendeten Sicherheitselemente sind Teilsicherheitsfaktoren als Multiplikator oder Divisor sowie additive Elemente. Die Sicherheitselemente überführen die Normwerte in Rechen- bzw. Bemessungswerte, die in die Grenzzustandsgleichungen eingeführt werden. Als *Teilsicherheitsfaktoren* werden definiert: Wertigkeitsfaktoren, Lastfaktoren, Kombinationsfaktoren, Materialfaktoren und Anpassungsfaktoren. *Additive Sicherheitselemente* werden zur Berücksichtigung von geometrischen Imperfektionen eingeführt.

Inhalt und Bedeutung der einzelnen Sicherheitselemente bzw. Teilsicherheitsfaktoren sind in Abschn. 1.4.4 erläutert.

2 Tragverhalten unter speziellen Einwirkungen

2.1 Problemübersicht

Es erweist sich als zweckmäßig, die Einwirkungen in zwei qualitativ unterschiedliche Gruppen einzuteilen:

- Standardeinwirkungen statischer oder quasistatischer Art und
- spezielle bzw. extreme Einwirkungen, deren Intensität, zeitlicher und räumlicher Verlauf oder andere Spezifika besondere Anforderungen an die Einwirkungsbeschreibung und die Beschreibung des Bauwerksverhaltens unter diesen Einwirkungen stellen.

Zu den *Standardeinwirkungen* gehören:

- Eigenlasten von Baustoffen, Bauteilen und Lagergütern,
- Eigenlasten von Schüttgütern und Flüssigkeiten sowie die aus diesen Gütern auf das Bauwerk wirkenden Drücke,
- Eigenlasten von fest installierten Ausrüstungen, Maschinen und Aggregaten,
- nutzungsbedingte Einwirkungen, soweit sie als statisch oder quasistatisch wirkende Lasten bzw. stationäre Temperatureinwirkungen aufgefaßt werden können und
- klimatisch bedingte Einwirkungen, soweit sie als statisch oder quasistatisch wirkende Lasten oder stationäre Temperatureinwirkungen aufgefaßt werden können.

Zur Erfassung dieser Einwirkungen wird auf die entsprechenden Normen verwiesen.

Die Erfassung und Beschreibung von Silolasten wird ausführlicher diskutiert, weil die normenmäßige Erfassung dieser Einwirkungen der Vielfalt der möglichen Einflüsse oft nur ungenau oder näherungsweise gerecht wird. Solche Einflüsse können sowohl aus Besonderheiten des Silogutes als auch aus dem Silobetrieb und der Silogeometrie resultieren.

Das Bauwerksverhalten unter den Standardeinwirkungen kann i.allg. mit den Standardhilfsmitteln der Statik erfaßt werden. Besonderheiten ergeben sich aus der Spezifik der Betonbauweise. Solche Besonderheiten sind z.B. Veränderungen der Querschnittssteifigkeiten durch Rißbildung sowie die Zeitabhängigkeit der Betoneigenschaften.

Von Bedeutung für die Beurteilung der Tragsicherheit ist auch die wirklichkeitsnahe Erfassung von Lastkombinationen.

Im Zusammenhang mit der Einführung der semiprobabilistischen Sicherheitskonzeptionen sowie der Teilsicherheitsfaktoren und der Kombinationsfaktoren hat sich auch für Standardeinwirkungen eine differenziertere Situation ergeben, als dies bei der Beurteilung der Tragsicherheit mit globalen Lastfaktoren der Fall war.

Zu den *speziellen* bzw. *extremen Einwirkungen* gehören im vorliegenden Zusammenhang u.a.:

- *dynamische Einwirkungen*, also Einwirkungen, die dynamische Reaktionen des Tragwerks verursachen,
- *Temperatureinwirkungen* mit nicht vernachlässigbarer Instationarität des Verlaufs oder einer Intensität, die Veränderungen der Baustoff- und Tragwerkseigenschaften verursacht,
- *Chemische Einwirkungen*, soweit sie zu wesentlichen Veränderungen der Baustoff- und Tragwerkseigenschaften führen, also die Lebensdauer und Dauerbeständigkeit der Tragwerke und Bauwerke beeinflussen.

Die Erfassung und Beschreibung des Tragverhaltens unter speziellen bzw. extremen Einwirkungen wird auf den Themenkreis Bauwerksverhalten unter extremen dynamischen Einwirkungen konzentriert und beschränkt.

Im einzelnen wird das Bauwerksverhalten unter seismischen Einwirkungen, unter dynamischen Windeinwirkungen und unter Impulseinwirkungen diskutiert.

Die beiden erstgenannten Einwirkungsarten haben stark stochastischen Charakter. Unter Rückgriff auf die in Abschnitt 1.3 bereitgestellten Hilfsmittel zur Erfassung stochastischer Sachverhalte werden Ergebnisse von deterministisch und stochastisch durchgeführten Bauwerksuntersuchungen gegenübergestellt und bewertet. Empfehlungen zur Zweckmäßigkeit und Notwendigkeit bzw. zu Möglichkeiten und Grenzen stochastischer Untersuchungen werden formuliert.

Die wirklichkeitsnahe Erfassung und Beschreibung des Tragwerksverhaltens unter dynamischen Einwirkungen setzt die wirklichkeitsnahe Beschreibung der *dynamischen Einwirkungen* und der *Tragwerkseigenschaften* und die wirklichkeitsnahe Erfassung der *Wechselwirkung zwischen Tragwerk und Umwelt* (speziell mit dem Baugrund) voraus.

Die Entscheidung über den Grad der Wirklichkeitsnähe ist unter ökonomischen Aspekten zu fällen, wobei nicht nur der erforderliche Rechenaufwand und die Herstellungskosten von Tragwerk und Bauwerk, sondern auch Folgekosten von eventuellen Havarien bzw. des Versagens des Tragwerks oder des Bauwerks einzubeziehen sind. Dies wird vor allem bei Bauwerken wichtig, die ein hohes Riskopotential verkörpern (s. Abschn. 1.4). Solche Bauwerke erfordern eine genauere Erfassung ihres dynamischen Verhaltens und damit der dynamischen Einwirkungen als solche niedrigen Risikopotentials.

Unter diesem Aspekt empfiehlt es sich, die Beschreibung der dynamischen Einwirkungen dreistufig vorzunehmen:

- Für Bauwerke nierdrigen Risikopotentials genügt es i.allg., die Einwirkungen statisch bzw. quasistatisch zu beschreiben und dementsprechend die Tragwerksuntersuchung auf statische Untersuchungen zu beschränken. Dies trifft für die Standardeinwirkungen zu.

- Für Bauwerke mittleren Risikopotentials können i.allg. dynamische Einwirkungen näherungsweise deterministisch oder stochastisch in die Tragwerksuntersuchung eingeführt werden.
- Tragwerke bzw. Bauwerke hohen Risikopotentials machen Nachweise der Einhaltung gegebener Risikoschranken erforderlich. Einwirkungen auf solche Tragwerke sind mit Berücksichtigung ihres zeitlich-räumlichen Verlaufs und ihres stochastischen Charakters zu verfolgen.

Die Festlegung der Art der Einwirkungsbeschreibung hat Konsequenzen auf die Modellierung des Tragwerks und auf die anzuwendenden Methoden zur Berechnung des Tragwerksverhaltens.

Diese drei Bereiche (Einwirkung, Tragwerksmodellierung, Berechnungsmethode) sind zu harmonisieren. Als Maßstab und Orientierung für diese Harmonisierung ist wieder das Risikopotential des Bauwerks zu nutzen.

Hinsichtlich der *Tragwerksmodellierung* ist – abhängig vom Tragwerkstyp –
- für Bauwerke niedriegen Risikopotentials eine Rückführung auf Modelle niedriger Dimensionalität bzw. auf Punktmassenmodelle geringer Anzahl von Freiheitsgraden i.allg. angemessen;
- für Bauwerke hohen Risikopotentials kann bei Erfassung der Wechselwirkung zwischen Bauwerk und Baugrund sowie zwischen Bauwerk und Ausrüstung die Modellierung zu Modellen mit zahlreichen Freiheitsgraden führen.

Die Auswahl der *Berechnungsmethode* ist in enger Beziehung zur Tragwerksmodellierung und Einwirkungsbeschreibung vorzunehmen. Die wesentliche Entscheidung ist die zwischen deterministischer und stochastischer Untersuchung.

Traditionell wird die deterministische Tragwerksberechnung bevorzugt. Sie stößt auf Grenzen, wenn Risikobetrachtungen durchzuführen sind oder Einwirkungen stark stochastischen Charakters, wie extreme Wind- oder seismische Einwirkungen, zu berücksichtigen sind. Einen Überblick über den prinzipiellen Ablauf der deterministischen bzw. stochastischen Untersuchung dynamisch beanspruchter Tragwerke gibt Abb. 2.1/1.

Für beide Berechnungswege bzw. für das Verhalten von Tragwerken unter *dynamischer Einwirkung* ist das Eigenschwingverhalten des Tragwerks von Bedeutung.

Abgesehen von Sonderfällen, kann auch bei stochastischer Untersuchung des Tragwerksverhaltens das Tragwerk selbst deterministisch beschrieben werden. Zu solchen Sonderfällen finden sich Ausführungen [17, Kap, 1]. [1, 2]. Für die praktische Anwendung der Kenntnisse und Erfahrungen des Tragverhaltens unter extremen dynamischen Einwirkungen werden einwirkungsspezifische Verhaltenstypen der Tragwerke definiert und aufgrund vorliegender Erfahrungen beschrieben. Es werden Schlußfolgerungen für den Entwurf und die konstruktive Durchbildung von Tragwerken, die extremen dynamischen Einwirkungen unterliegen können, gezogen und zu Empfehlungen verdichtet.

Für *Temperatureinwirkungen* werden in der Literatur [3, Kap. 1] und [3], bauweisenspezifische Besonderheiten des Tragverhaltens diskutiert, die sich vor allem aus der Wechselwirkung zwischen Tempertureinwirkungen und Rißver-

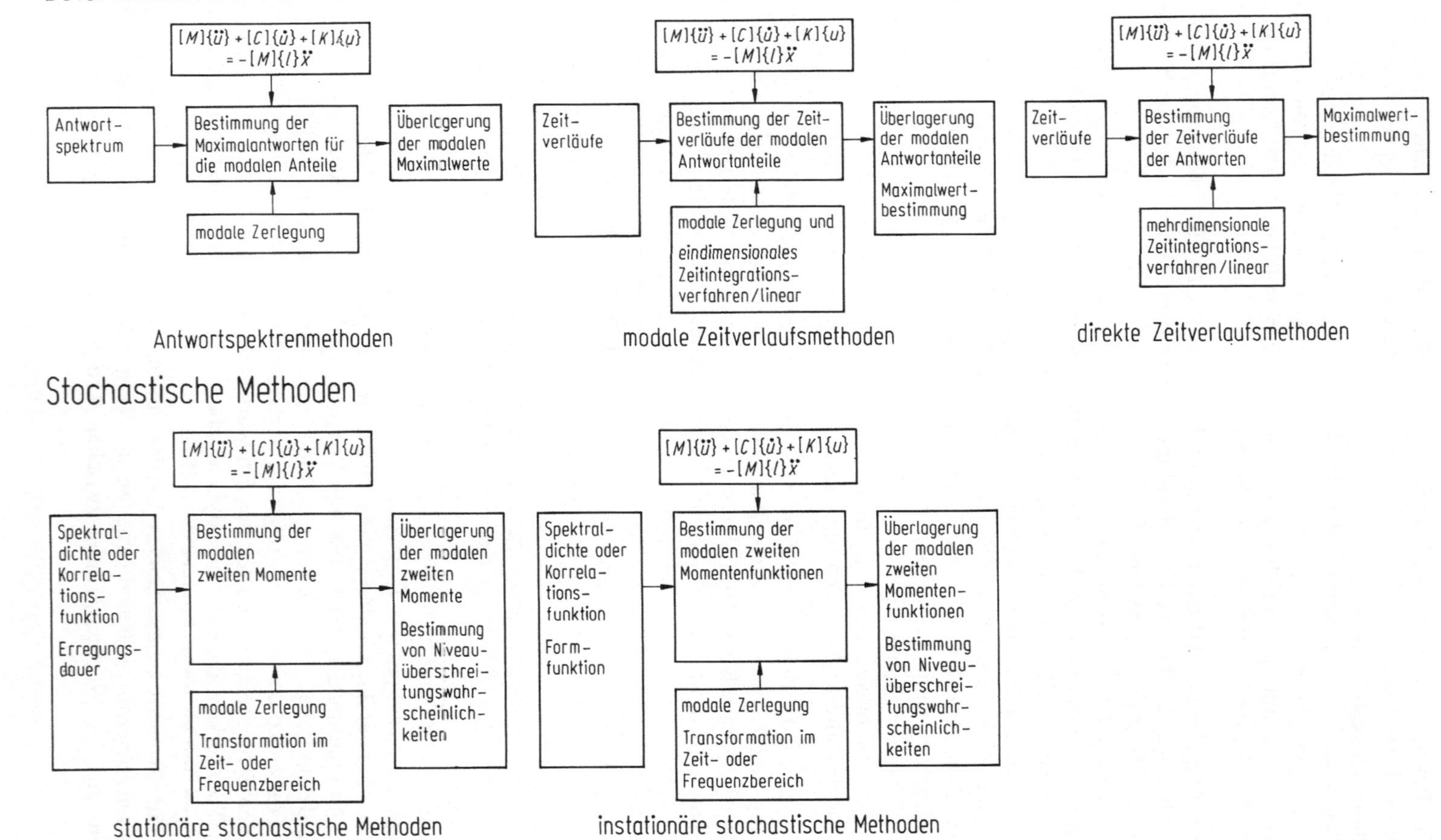

Abb. 2.1/1. Prinzipieller Ablauf deterministischer bzw. stochastischer Methoden zur Untersuchung dynamisch beanspruchter Tragwerke (seismisch beanspruchte Tragwerke)

halten ergeben. In diesem Zusammenhang werden vor allem temperaturbedingte Steifigkeitsveränderungen und ihr Einfluß auf die Größe der Temperaturschnittkräfte verfolgt.

Das Bauwerksverhalten unter *chemischen Einwirkungen* ist oft ausschlaggebend für die Dauerbeständigkeit und die Nutzungsdauer eines Bauwerks. Diese Komponente spielt eine zunehemend wichtige Rolle und bestimmt maßgebend die Reparaturanfälligkeit und Rekonstruktionsnotwendigkeit der Bauwerke [4]. Erhöhte Umweltbelastung hat diesen Einfluß auf das Bauwerksverhalten in den letzten Jahrzehnten erheblich verstärkt und nun auch Einfluß auf Forderungen zur konstruktiven Gestaltung der Stahlbetontragwerke und ihrer Elemente gewonnen.

2.2 Standardeinwirkungen

2.2.1 Klassifizierung

Die Standardeinwirkungen werden wie folgt klassifiziert:
- Eigenlasten,
- nutzungsbedingte Einwirkungen und
- klimatisch bedingte Einwirkungen.

Gemeinsam ist diesen Einwirkungen, daß sie in Normen und Richtlinien weitgehend aufbereitet bzw. vorgeschrieben sind. Dies gilt vor allem für „übliche Hochbauten“. Dabei ist die Erfassung ihres stochastischen Charakters von unterschiedlicher Bedeutung und Notwendigkeit.

Der Zufallscharakter der Eigenlasten hängt im wesentlichen von den zufälligen Abweichungen der geometrisch-stofflichen Werte der tragenden und nicht tragenden Bauwerksteile ab, der von nutzungs- und klimabedingten Einwirkungen hat infolge der Zeitabhängigkeit dieser Einwirkungen Zufallsprozeßcharakter.

Die Eigenlasten sind – abgesehen von möglichen Zwischensituationen im Bauzustand – als ständige Einwirkungen zu betrachten. Nutzungs- und klimatisch bedingte Einwirkungen sind veränderlich mit unterschiedlich ausgeprägter Zeitabhängigkeit. Bei den klassischen Nachweisen der Tragsicherheit gehen Eigenlasten und Nutzlasten mit globalen Sicherheitsfaktoren in die Berechnung ein.

Semiprobabilistisch gestützte Sicherheitskonzeptionen ordnen in Abhängigkeit vom Zufallscharakter der Einwirkungen und ihrer zufälligen Basisgrößen den Lasten Teilsicherheitsfaktoren zu. Die nachfolgend gegebenen Hinweise auf bestehende Normen sind unter diesem Aspekt zu betrachten. Die Festlegungen von Rechenwerten der DIN erfolgen entsprechend der klassischen Sicherheitskonzeption, während andere. z.B. die Empfehlungen des Eurocodes und des ISO Standards, der Schweizer Norm oder der DDR-Norm bereits auf Teilsicherheitsfaktoren ausgerichtet sind.

2.2.2 Eigenlasten

Die Eigenlasten umfassen sowohl die Lasten der tragenden und nicht tragenden Bauwerksteile als auch die fest installierter Einrichtungen, Maschinen, Installationsanlagen und andere für die Nutzung des Bauwerks erforderliche Einrichtungen. Maschinen und technische Anlagen werden im allgemeinen mit relativ genau bestimmten Eigenlasten in die Berechnung eingeführt.

Ungenauigkeiten in der Erfassung der Eigenlasten können im Zusammenhang mit den tragenden und nicht tragenden Bauwerksteilen von Bedeutung werden, wenn

- das Bauwerk und seine Tragsicherheit und Nutzungsfähigkeit vorwiegend durch die Einwirkung Eigenlast bestimmt sind,
- die Eigenlast zur Sicherung des Gleichgewichts des Bauwerks oder seiner Teile erforderlich ist,
- der Spannungs- und Tragzustand des Bauwerks und seiner Teile aus der Differenz von ständigen Einwirkungen und Vorspannung maßgebend bestimmt werden,
- das Tragwerk große Spannweiten aufweist und längere Zeit vorwiegend nur Eigenlasten zu tragen hat und
- das Tragwerk seine Grenztragfähigkeit durch Instabilität erreichen kann.

In diesen und ähnlich gelagerten Fällen kann es erforderlich sein, die Eigenlast als Zufallsgröße in die Berechnung einzuführen.

Solche Untersuchungen müssen jedoch gegen Fehler abgewogen werden, die durch unrichtige oder ungenaue Interpretation der statischen Wirkung und der Übertragung der Kräfte im Tragwerk sowie vom Tragwerk in den Baugrund entstehen können. Auch hier gilt die Forderung nach angemessener Genauigkeit und angemessenem Aufwand bei der Erfassung und Beschreibung der Einwirkung in Abhängigkeit von der erforderlichen Genauigkeit der Erfassung des Tragverhaltens.

Zur Beurteilung der möglichen zufälligen Schwankungen der Eigenlasten von tragenden Bauteilen sind in Abb. 2.2/1 Mittelwerte und Streuungen von Geometriewerten angegeben.

Normenfestlegungen

In der *DIN* 1055 Teil 1 werden die Rechenwerte zur Ermittlung der Eigenlasten als Mittelwerte für gewerbliche, industrielle und landwirtschaftliche Lagerstoffe und Baustoffe und Bauteile angegeben.

Für zu erwartende größere Streuungen der Eigenlasten von Baustoffen sind obere und untere Fraktilwerte bereitgestellt. Der jeweils ungünstigste Wert ist bei der Eigenlastwirkung zu berücksichtigen.

Die Rechenwerte der Eigenlasten für Betone sind differenziert für Gasbeton, Leichtbeton, Stahlleichtbeton, Leichtbeton mit Zuschlägen aus Holzspänen bzw. mit haufwerkporigem Gefüge, Normalbeton (B10: 23 kN/m^3, B15: 24 kN/m^3) und Stahlbeton (B15: 25 kN/m^3) angegeben. Für Decken und Wände aus Beton und für Kombinationen von Beton mit anderen Baustoffen sind ebenfalls umfangreiche Kennwerte angegeben.

Für Schüttgüter und Silolagerung wird auf die DIN 1055 Teil 6 (Lasten in Silozellen) verwiesen. Es wird darauf aufmerksam gemacht, daß Temperatur- und Luftfeuchtigkeitsänderungen Einfluß auf die Rechenwerte ausüben und dynamische Einwirkungen zu einer möglichen Verdichtung führen können.

	Quelle	Mittelwert	Standardabweichung mm	Variationskoeffizient %	Verteilungstyp
Balkenbreite	[5]	Sollwert	5		N
	[6]	Sollwert	8		
	[7]			2	
	[8]	Sollwert	4		N
	[9]	Sollwert		3	
	[10]	Sollwert	5		N
	[11]	Sollwert		2	N
	[12]	Sollwert[a] + 2,38 mm	4,76		N
		Sollwert[b]	4,76		N
Balkenhöhe	[5]	Sollwert	8		N
	[6]	Sollwert	5		N
	[7]			4	
	[8]	Sollwert	4		N
	[9]	Sollwert		3	
	[10]	Sollwert	5		N
	[11]	Sollwert		2	N
	[12]	Sollwert[a] - 3,18 mm	6,35		N
		Sollwert[b] + 3,18 mm	6,97		N

a

	Quelle	Meßwertzahl	Abweichung vom Mittelwert mm	Standardabweichung mm	vorgeschlagene Verteilung
Balkenbreite	[13]	261	-2,4	4,5	
		60	0	0,2	
	[12]	315[a]	+2,54	3,66	N
	[12]	597[c]	+0,51	4,83	N
	[12]	220[d]	+4,06	5,87	N
Balkenhöhe		68	+3,6	3,2	
	[13]		+2,0	6,9	
		244	-13,8	7,1	
	[12]	108[a]	2,79	5,44	N
		737[b]	+3,56	3,96	N

b

Abb. 2.2/1. Mittelwerte und Streuungen von Geometriewerten (nach Literaturauswertungen). **a** Verteilungsdichten von Querschnittsabmessungen. **b** Meßergebnisse der Imperfektionen von Balkenbreite und -höhe

Die Ermittlung des Silodrucks nach DIN 1055 Teil 6 ist bis in die Gegenwart Gegenstand teilweise konträrer Diskussionen. Ausgangspunkt dieser Diskussionen und auch der Bemühungen zur Weiterentwicklung der Silonorm sind

- die mit deterministischen Kennwerten nicht wirklichkeitsnah erfaßbaren Siloguteigenschaften,
- die Vernachlässigung bzw. die nicht ausreichend genaue Erfaßbarkeit der Wechselwirkungen zwischen Siloguteigenschaften und Silobertrieb bzw. Silogeometrie und
- die Ungleichmäßigkeit der Silodruckverteilung über den Umfang der Silozelle.

Auswertungen internationaler Silovorschriften zeigen, daß sich sowohl bei den Kennwerten der Silogüter als auch bei den daraus ermittelten Silodrücken auf die Wände und Böden von Silos erhebliche Unterschiede ergeben. Einige Informationen dazu sind Abb. 2.2/2 zu entnehmen. Weitere Informationen können der einschlägigen Literatur entnommen werden. Zusammenfassende Übersichten sind in [4, Kap. 1], [14, 17] enthalten.

DIN 1055 Teil 2 stellt Bodenkenngrößen (Wichte, Reibungswinkel, Kohäsion) bzw. deren Rechenwerte für nichtbindige, bindige und organische Böden bereit. Hinweise auf die bodenspezifischen Einwirkungen (aktiver Erddruck, Erdruhedruck) und deren Ermittlung werden gegeben. In den Erläuterungen zur DIN 1055 Teil 2 (abgedruckt im Betonkalender 1987, Teil II) werden Hinweise zur Ausprägung des Erddrucks sowie zu dessen Ermittlung mit Berücksichtigung spezieller Baugrund- und Bauwerkssituationen gegeben.

Beispiele für die Rechenwerte von Bodenkenngrößen sind in Abb. 2.2/3 zusammengestellt.

2.2.3 Nutzungsbedingte Einwirkungen

Im Vergleich zur Eigenlast sind die Nutzlasten mit einem größeren Ermessensspielraum zu bestimmen. Dies zeigt sich vor allem bei den Normenfestlegungen zu Nutzlasten mehrgeschossiger Bauwerke bzw. Hochhäuser.

In den letzten Jahrzehnten sind verstärkt statistische Erhebungen zur stochastischen Begründung von Nutzlastfestlegungen vorgenommen worden. Verwiesen sei auf die Arbeiten von Steinmann [18], Dunham [19], Mitchell und Woodgate [20], Hasofer [21] u.a.. Auch Gegenüberstellungen von Normenfestlegungen, wie sie von Stiller [38, Kap. 1] vorgenommen wurden, zeigen die starken Streuungen in der Wahrnehmung des in diesem Problemkreis liegenden Ermessensspielraums. Zwei Hauptfragen stehen im Mittelpunkt der Erörterungen:

- die Intensität der Nutzlast und
- die mögliche Abminderung von Nutzlasten bei mehrgeschossigen Bauwerken und Hochhäusern.

Die Festlegung der *Lastintensität* erfolgt i.allg. nach der Bauwerkskategorie (Wohnhäuser, Bürohäuser, Krankenhäuser, Warenhäuser, Bibliotheken, Restaurants u.a.).

Silogut	Kennwerte					
	Eigenlast kN/m³		Winkel der inneren Reibung ∢°		Wandreibungsverhältnis	
	min	max	min	max	min	max
Getreidemehl	6,0	8,8	20	40	0,3	0,48
Zement	13,4	17,0	24	30	0,3	0,6
Gips	12,3	16,0	25	40	0,3	0,65
Getreide	7,4	9,9	23	37	0,25	0,60
Mais	7,7	8,0	24	31	0,25	0,60
Reis	8,0	8,7	23	30	0,41	0,65
Zucker	9,0	10,0	29	35	0,29	0,55
Zementklinker	14,1	18,0	30	37	0,3	0,65

Abb. 2.2/2. Unterschiede bei Kennwerten für Silogüter nach ausgewählten internationalen Vorschriften

Die Festlegung von *Reduktionsfaktoren* erfolgt i.allg. in Abhängigkeit von der Gebäudehöhe bzw. der Stockwerksanzahl. Grundlage der entsprechenden Festlegungen ist weitgehend die Wahrnehmung von Ermessensspielräumen. Erst in den letzten Jahren intensivieren sich die Bemühungen um eine statistische Begründung solcher Festlegungen.

Die stochastische Modellierung der Nutzlasten wurde oft im engen Zusammenhang mit den Brandlasten durchgeführt. Folgende Sachverhalte sind bei der Modellierung zu beachten:
- Nutzlasten können plötzliche Veränderungen zu beliebigen Zeitpunkten erfahren.
- Nutzlasten können sich in Abhängigkeit von ihrem konkreten Inhalt auch kumulativ verändern.
- Nutzlasten können kurzzeitig extrem hohe Werte annehmen.

Die *stochastische Modellierung* der Nutzlasten wurde 1951 von Horne [22] eingeleitet. Er schlug eine Normalverteilung zur besseren rechnerischen Handhabbarkeit und näherungsweisen Erfassung des stochastischen Charakters der Nutzlasten vor. Die von ihm vorgeschlagene Formel zur Ermittlung der Einheitsnutzlast bezieht den Mittelwert der Lastfläche, die Anzahl der Standardabweichungen vom Mittelwert der Wahrscheinlichkeit des Überschreitens einer Lastgröße und die Standardabweichung der Lastintensität ein. Die Einheitslastintensität ist proportional zur Wurzel aus der betrachteten Belastungsfläche.

Rosenblueth [23] führte die Überlegungen Hornes weiter und nutzte Einflußflächen zur Bestimmung von Mittelwert und Varianz der Last. Von Hasofer [21] wurde auch die räumliche Korrelation der Lasten diskutiert, dann aber als vernachlässigbar eingeschätzt. Er beschrieb die Nutzlast mit einer Poisson-Verteilung.

Eine Analyse der Bemühungen um die wirklichkeitsnahe Erfassung der Nutzlasten wurde von Greene [24] vorgelegt. Sie mündet in einem Vorschlag zur stocha-

Bodenart	Kurzzeichen nach DIN 18 196	Lagerung[a]	Wichte erdfeucht kN/m³	Wichte wasser-gesättigt kN/m³	Reibungswinkel ∢°
Sand, schwach	SE	locker	17,0	19,0	30
schluffiger Sand	so wie SU	mitteldicht	18,0	20,0	32,5
Kies-Sand, eng gestuft	mit U = 6	dicht	19,0	21,0	35
Kies, Geröll	GE	locker	17,0	19,0	32,5
Steine, oder mit		mitteldicht	18,0	20,0	35
geringem Sandanteil, eng gestuft		dicht	19,0	21,0	37,5
Sand, Kies-Sand,	SW, SI, SU	locker	18,0	20,0	30
Kies, weit oder	GW, GI mit	mitteldicht	19,0	21,0	32,5
intermittierend gestuft	6 U = 15	dicht	20,0	22,0	35
Sand, Kies-Sand,	SU, SI, SU	locker	18,0	20,0	30
Kies, schwach	GW, GI	mitteldicht	20,0	22,0	32,5
schluffiger Kies, weit oder inter-mittierend gestuft	mit U 15 sowie GU	dicht	22,0	24,0	35

a

Bodenart	Kurzzeichen nach DIN 18 196	Zustands-form	Wichte über Wasser kN/m³	Wichte unter Wasser kN/m³	Reibungswinkel ∢°
anorganische	TA	weich	18,0	8,0	17,5
bindige Böden		steif	19,0	9,0	17,5
mit ausgeprägt plastischen Eigen-schaften ($\varrho_L > 50\%$)		halbfest	20,0	10,0	17,5
anorganische	TM und	weich	19,0	9,0	22,5
bindige Böden	UM	steif	19,5	9,5	22,5
mit mittelplasti-schen Eigenschaf-ten ($50\% = \varrho_L = 35\%$)		halbfest	20,5	10,5	22,5
anorganische	TL und	weich	20,0	10,0	27,5
bindige Böden	UL	steif	20,5	10,5	27,5
mit leicht plasti-schen Eigenschaf-ten ($\varrho_L < 35\%$)		halbfest	21,5	11,5	27,5
organischer Ton	OT und	weich	14,0	4,0	15
organischer Schluff	OU	steif	17,0	7,0	15
Torf ohne Vorbe-lastung	HN und HZ		11,0	1,0	15
Torf unter mäßiger Vorbelastung			13,0	3,0	15

b

stischen Erfassung der Nutzlasten, dessen Grundzüge wie folgt zu charakterisieren sind:
- Entwicklung eines stochastischen Modells und der dazugehörigen Software und Erfassungstechnik zur wirklichkeitsnahen Bestimmung der Nutzlasten,
- Durchführung eines Pilotprojekts zur Verifikation des Modells,
- Vorbereitung und Durchführung einer umfassenden stochastischen Erfassung von Nutzlasten in bestehenden Gebäuden,
- Datenreduzierung und Publikation der Ergebnisse und
- Entwicklung einer Datenbank für die allgemeine Nutzung.

Das zu entwickelnde Modell müßte mit den gesammelten Daten verträglich sein und Parameterschätzungen für Mittelwerte, Varianzen und Kovarianzen erlauben. Der Datensammlung wurde eine Erfassung von 10000 Räumen aus etwa 100 Bauwerken zugrunde gelegt. Die Modellierung hatte zu sichern:
- die Übertragung von Daten aus erfaßten Räumen auf nicht erfaßte Räume,
- die Besonderheiten, die sich aus räumlichen Spezifika ergeben (Bays),
- die Ermittlung von Maximalwerten für die Lebensdauer des Bauwerks,
- die Vorausbestimmung von Lastkonzentrationen und
- die wirklichkeitsnahe Erfassung von Lastkombinationen.

Diese Teilziele wurden durch folgende Teilmodelle erreicht:
- Explanatory Sector Model (ESLM),
- Sustained-Predictive Bay Load Model (PBLM),
- Maximum Sustained-Predictive Bay Model,
- Extraordinary Bay-Load Model.

Rosenblueth [23] geht von ständigen Lasten aus, deren Unterschiede zwischen planmäßiger und tatsächlicher Lastintensität bis zu 20% betragen können. Er schlägt vor, für den Entwurf eine relativ niedrige ständige Last anzunehmen und den variablen Teil der ständigen Last als variable Nutzlast zu betrachten. Seine Betrachtungen zur normenmäßigen Fixierung von veränderlichen Lasten sollen ein gesellschaftliches Optimum sicherstellen. Er empfiehlt den Übergang zu einer First-order-second-moment-Normenorientierung.

Ergebnisse von Studien zur Feststellung einer stochastisch gesicherten Reduzierung von Nutzlasten sind in Abb. 2.2/4 nach Karman [25] und unterschiedlichen Normenfestlegungen zusammengestellt.

Normenfestlegungen

Bundesrepublik Deutschland. Die Lastannahmen für Verkehrslasten sind in *DIN* 1055 *Teil* 3 niedergelegt.

Als *Verkehrslast* sind veränderliche oder bewegliche Lasten der Bauteile definiert, einschließlich Schnee, Wind, Kranlasten. Im vorliegenden Zusammenhang werden vorwiegend ruhende Verkehrlasten betrachtet. Es wird zwischen lotrechten

←

Abb. 2.2/3. Rechenwerte von Bodenkenngrößen nach DIN 1055 Teil 2. **a** Bodenkenngrößen für nichtbindige Böden (Rechenwerte). **b** Bodenkenngrößen für bindige und organische Böden (Rechenwerte)

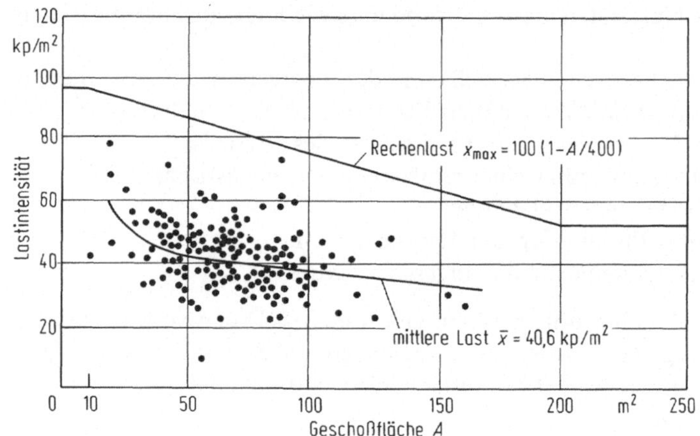

Abb. 2.2/4. Ergebnisse stochastischer Untersuchungen von Nutzlasten und Vorschlag von Rechenlasten nach Karman [25]

und waagrechten Verkehrslasten unterschieden. Lotrechte Verkehrlasten werden als Flächenlasten von Dächern, Decken und Treppen differenziert für Wohnräume, Büroräume, Garagen, Parkhäuser, Versammlungsräume, Werkstätten, Fabrikräume, Zufahrten usw. angegeben.

Verkehrslastabminderungen werden für Bauteile, die Lasten von mehr als drei Geschossen aufzunehmen haben, durch Abzüge und Minderungswerte berücksichtigt. Maximal darf die Reduzierung für Wohn-, Büro- und Geschäftshäuser 40%, für Werkstätten und Warenhäuser 20% nicht überschreiten.

Verkehrslasten für Staßen- und Wegbrücken sind in DIN 1072 festgelegt. Sie sind nach Brücken differenziert und gehören wie ständige Lasten, Vorspannung, wahrscheinliche Baugrundbewegungen und Betonschwinden zu den Hauptlasten. Auf die vollständige Wiedergabe der Brückennorm und ihrer Erläuterungen im Betonkalender 1987/Teil II wird verwiesen.

Schweiz. Dic *Schweizer Norm E 160* [26] unterscheidet Nutzlasten
- für Geschäfts- und Verwaltungsflächen,
- für Lager- und Fabrikationsflächen,
- für Garagen- und Verkehrsflächen.

Darüber hinaus legt sie Nutzlasten für Fußgängerbauwerke und Bahnlasten für Normal- und Schmalspur sowie Straßenlasten fest.

Zu den Nutzlasten in Gebäuden gehören:
- langfristige Lasten wie ruhendes Mobiliar und Personen bei normaler Gebäudenutzung,
- kurzfristige Lasten wie gestapelte Güter, bewegte Möbel und Einrichtungen sowie außergewöhnliche Personenkonzentrationen und
- Warenlasten wie Lasten mobiler Maschinen, Füllgüter von Behältern und Leitungen.

Die *Bemessungswerte* der Lasten werden entsprechend der Einteilung der Nutzungsflächen festgelegt. Für *Wohn-, Geschäfts- und Verwaltungsflächen* werden vier Nutzungskategorien eingeführt (Kategorie A: Ein- und Mehrfamilienhäuser, Hotelzimmer; Kategorie C: Versammlungsräume, Konferenzsäle, Tribünen). Diesen Kategorien sind Bemessungswerte für den Tragsicherheits- und den Gebrauchsfähigkeitsnachweis zugeordnet. Für den *Tragsicherheitsnachweis* werden Fälle unterschieden, in denen die Nutzlast als Leitgefahr oder als Begleitumstand zu betrachten ist. Ist die Nutzlast als Leitgefahr zu betrachten, entspricht der Bemessungswert der Nutzlast der Last während eines außergewöhnlichen Ereignisses. Kann die Nutzlast als Begleitumstand betrachtet werden, ist das Maximum der langfristigen Lasten als Bemessungswert einzuführen. Für Flächen der Kategorie A und B dürfen Reduzierungen der Geschoßflächen vorgenommen werden. Für den *Gebrauchsfähigkeitsnachweis* wird zwischen langfristigen und kurzfristigen Nutzlasten unterschieden.

Der Bemessungswert für den Tragsicherheitsnachweis für *Lager- und Fabrikationsflächen* beträgt bei Nutzlast als Leitgefahr

$$q_d = 1{,}40\, q^{zul}.$$

Die zulässige Nutzlast ist in den zugeordneten Räumen anzugeben. Sie ergibt sich für Lagerräume als Produkt der mittleren Raumlast der Lagergüter und der Lagerhöhe. Die mittleren Raumlasten einzelner Lagergüter sind für feste und flüssige Stoffe sowie für Brennstoffe angegeben.

Garagen-und Verkehrsflächen werden in zwei Kategorien unterteilt, die leichte und mittlere Fahrzeuge erfassen. Fahrzeuge mit einem Gesamtgewicht über 16 t werden als Straßenlasten behandelt. Für den Tragfähigkeitsnachweis wird wieder zwischen Leitgefahr und Begleitumstand unterschieden. Nachweise für die Gebrauchsfähigkeit werden mit kurzfristig auftretenden Nutzlasten geführt.

Normenvergleiche

Johnson u.a. [27] analysiert in einem State-of-the-Art-Report Probleme der Einwirkungsfestlegungen für ständige Lasten, Nutzlasten und Einwirkungen während des Bauprozesses. Bezüglich der Möglichkeit, Nutzlasten zu reduzieren verweist er auf drei Normen:

Der 1961 in Kraft gesetzte *New York City Building Code* schreibt vor: Für alle Lagergebäude sind die Stützen, Wände und Fundamente mit 85% der vollen Nutzlast zu dimensionieren. Für andere Gebäude gilt als Bemessungslast: 100% der Nutzlast für das Dach, 85% für das obere Geschoß, 80% für das nächst tiefere Geschoß, 75% für das darauf folgende Geschoß. Für jedes folgende Geschoß kann eine entsprechende Reduzierung vorgenommen werden, mindestens sind jedoch 50% der Nutzlast anzusetzen.

Der *ANSI Code A*58.1 unterscheidet hinsichtlich möglicher Lastreduzierung Nutzlasten bis zu 47,5 kN/m^2, für die eine Reduktionsformel angegeben wird und höhere Nutzlasten, die nicht reduziert werden dürfen. Die Reduzierung ist proportional zur Belastungsfläche vorzunehmen. Ein Sicherheitsfaktor von 1,3 soll gewährleisten, daß auch bei Erreichen der unverminderten Nutzlastintensität das Tragwerk nicht versagt.

Als eine dritte Form der Nutzlastreduzierung werden die Festlegungen der *Kanadischen Norm* vorgestellt. Grundlage für die Reduzierung von Nutzlasten ist in dieser Norm die Größe der Lastfläche. Lastflächen in Lager-, Produktions-, Versammlungs- und Theatergebäuden größer als 83,5 m^2 bzw.

Lastflächen in anderen Gebäuden größer als 18,5 m^2 lassen Reduzierungen umgekehrt proportional zur Lastfläche zu. Die in der Norm angegebenen Formeln sind aus der Annahme abgeleitet, daß der Einfluß der Fläche durch eine Normalverteilung beschrieben werden kann.

Alle diese Reduktionsvorschriften sind nicht durch ausreichend statistisches Material gesichert, sondern pragmatisch festgelegt. Johnson macht darauf aufmerksam, daß die Zulässigkeit der Reduktion sowohl strukturabhängig als auch bauweisenabhängig ist. Dies betrifft vor allem den Ausgleich von Spitzenbeanspruchungen durch Umlagerung und Plastifizierung von hochbeanspruchten Bereichen.

Weiterhin ist zu beachten, daß die Nutzlasten eine Funktion des Gebäudealters bzw. seiner Nutzungsdauer sind. In diesem Zusammenhang wird auf die Zeitabhängigkeit der Baustoffestigkeit verwiesen. Daraus wird die Empfehlung abgeleitet, bei Normenregelungen die Relation zwischen Zeit, Last und Baustoff- bzw. Bauteiltragfähigkeit zu berücksichtigen.

Stiller [38, Kap. 1] gibt einen Überblick über Normenfestlegungen in westeuropäischen Ländern. Er stellt die Normen von Finnland, Schweden, Norwegen, Dänemark, der Bundesrepublik Deutschland, Österreich, der Schweiz, Griechenland, Italien, Spanien, Portugal, Holland, Belgien, Luxemburg, Frankreich und Großbritannien gegenüber. Seine Feststellungen zu Nutzlasten sind in Abb. 2.2/5 zusammengefaßt. Abweichungen in den Normenfestlegungen von über 100% werden festgestellt. Ein aussagekräftiger Vergleich zur Sicherheit der entsprechenden Konstruktionen ist wegen der unterschiedlichen Festlegungen von Sicherheitsfaktoren nicht möglich. Es wird auf die Unmöglichkeit verwiesen, die Nutzlasten eines Bauwerks für seine gesamte Nutzungsdauer genau zu ermitteln. Stiller gibt für nationale Festlegungen Orientierungswerte für Räume, Korridore und Treppen zwischen 2 und 3 kN/m^2 mit einem Spielraum von jeweils 0,50 kN/m^2 an. Die von ihm festgestellten Unterschiede in der zulässigen Reduzierung von Nutzlasten mehrgeschossiger Gebäude sind in Abb. 2.2/6 angegeben. Normenvergleiche zur Reduktion von Nutzlasten für mehrgeschossige Gebäude wurden von Lungu [28] durchgeführt. Über die Ergebnisse informiert Abb. 2.2/7.

2.2.4 Klimatisch bedingte Einwirkungen

Die wichtigsten klimatisch bedingten Standardeinwirkungen sind der als statisch aufzufassende Wind, Schnee und Eis sowie die als stationär aufzufassende Temperatureinwirkung.

Die nachfolgenden Ausführungen haben eine Orientierung zu den Normenfestlegungen zum Ziel. Zum Verständnis der Grundlagen dieser Festlegungen werden knappe Informationen bereitgestellt. Zur vertiefenden Auseinandersetzung wird

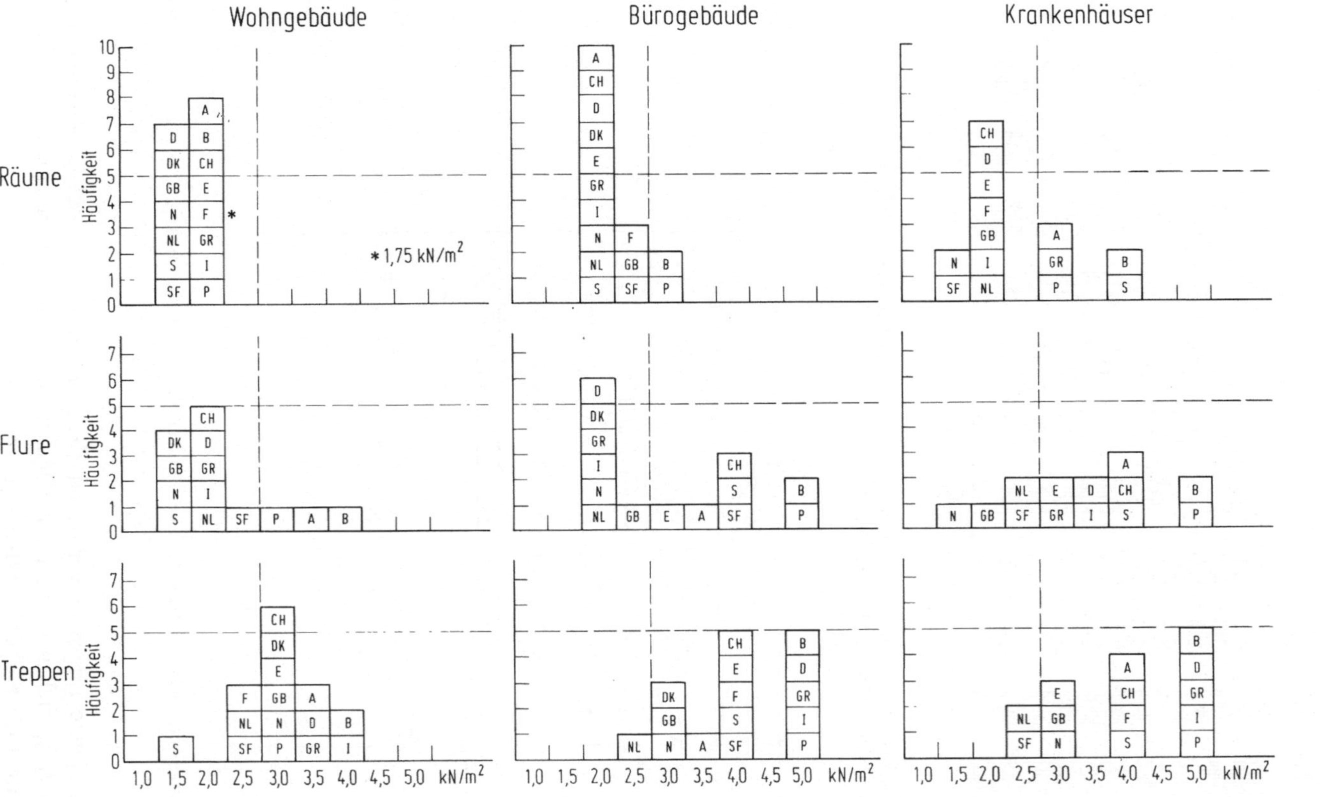

Abb. 2.2/5. Vergleich von Normenfestlegungen zu Nutzlasten in Bauwerken nach Stiller [38, Kap. 1]. A Österreich, B Belgien, CH Schweiz, D BRD, DK Dänemark, E Spanien, F Frankreich, GB Großbritanien, GR Griechenland, I Italien, N Norwegen, NL Niederlande, P Portugal, S Schweden, SF Finnland

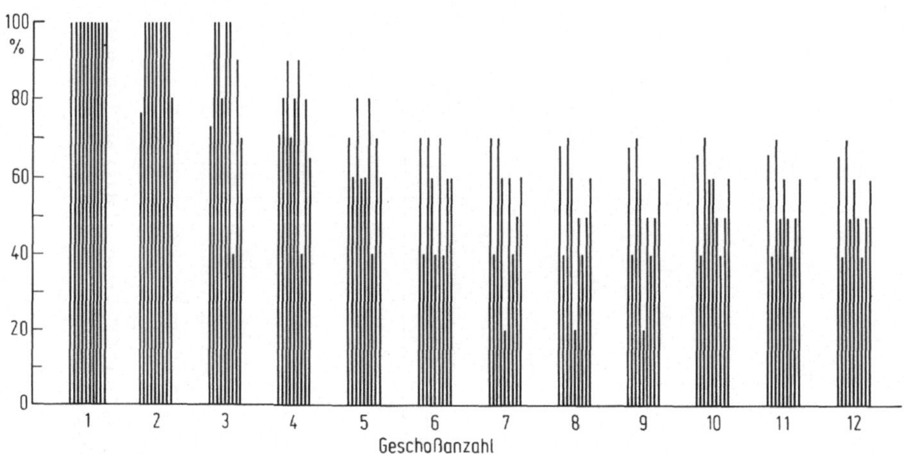

Abb. 2.2/6. Zulässige Reduzierung von Nutzlasten für mehrgeschossige Gebäude in ausgewählten westeuropäischen Vorschriften nach [38, Kap. 1]

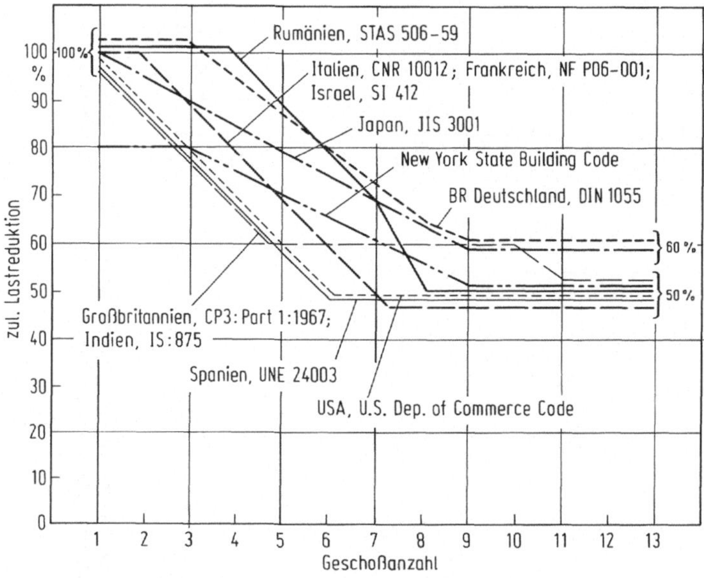

Abb. 2.2/7. Normenvergleich zur Reduktion von Nutzlasten für mehrgeschossige Gebäude nach [29]

auf die einschlägige Literatur verwiesen. Sie sollte besonders bei Einwirkungssituationen in Anspruch genommen werden, wenn die in den Normen gegebenen Grenzen berührt oder überschritten werden.

Alle klimatischen Standardeinwirkungen haben ausgeprägten stochastischen Charakter. Dies betrifft sowohl die zeitlich-räumliche Verteilung des Winddrucks als auch die Höhe und Dichte des Schnees und die alle klimatischen Einwirkungen beeinträchtigenden lokalen, regionalen und globalen Verteilungen des Luftdrucks und der Lufttemperatur.

Da die Standardeinwirkungen ein sehr breites Feld der Einwirkungen auf Bauwerke überstreichen und vor allem bei den „üblichen" Hochbauten von zahlreichen Ingenieuren in der alltäglichen Praxis zu bewältigen sind, kommt der praxisgerechten und dabei wirklichkeitsnahen Beschreibung dieser Einwirkungen eine besondere Bedeutung zu. Das verlangt die Bereitstellung von Angaben, die zwar dem stochastischen Charakter der Einwirkungen Rechnung tragen, aber doch so einfach wie deterministische Angaben zu handhaben sind. Im allgemeinen erfolgt dies durch Angabe von Mittelwerten oder Fraktilwerten für die jeweiligen Einwirkungen, gelegentlich auch durch zusätzliche Angabe der Streuung mit Beachtung der Wiederholperiode bzw. Rückkehrperiode.

Um diese Angaben bewerten und daraus Schlußfolgerungen ziehen zu können, werden die wichtigsten stochastischen Sachverhalte der Behandlung der klimatisch bedingten Standardeinwirkungen vorangestellt. Die klimatischen Einwirkungen sind, da sie zur Berechnung der extremen Beanspruchung der Bauwerke verwendet werden, am besten durch Extremwertverteilungen zu erfassen und zu beschreiben.

Nach Abschn. 1.3 sind solche Verteilungen z.B. die Tippett-Verteilung Typ I (Gumbel) und Typ II (Frechet). Mit ihnen können die Verteilungen der Maxima des Winddrucks und der Schneelast sowie die Maxima und Minima der Temperatureinwirkungen beschrieben werden. Solche Verteilungen liegen den Normenfestlegungen der USA, Kanadas, der UdSSR, Australiens und auch der Bundesrepublik Deutschland zugrunde.

Kriterien für die Auswahl der Beschreibungsform sind einerseits Leistungsfähigkeit und Wirklichkeitsnähe, andererseits aber auch die rechnerische Handhabbarkeit.

Von besonderer Bedeutung für die Sicherheitsnachweise und die entsprechenden Festlegungen in den Normen ist die *Rückkehrperiode* von extremen Werten der Einwirkungen. Sie wird definiert als die Zeit, in der ein festgelegter Extremwert der Einwirkung überschritten wird. Die mittlere Rückkehrperiode $T(X)$ einer Einwirkungsintensität X einer durch die kumulative Verteilungsfunktion $F(x)$ beschriebenen Einwirkung ist

$$T(X) = 1/[1 - F(x)].$$

Die Wahrscheinlichkeit, daß die Intensität X einer durch die Verteilungsfunktion $F(x)$ beschriebenen klimatischen Einwirkung in einem Jahr unterschritten wird, ist

$$P(X < x) = 1 - F(x) = 1/(T(X)) = F(x) = 1 - \frac{1}{T(X)}.$$

Die Wahrscheinlichkeit, daß die Intensität X einer durch die Verteilungsfunktion $F(x)$ beschriebenen klimatischen Einwirkung in n aufeinander folgenden Jahren überschritten wird, ist

$$P_n(X > x) = 1 - [F(x)]^n$$

oder bei Einführung einer Gumbel-Verteilung

$$\cong 1 - \exp[n/T(X)] .$$

Ein Überblick über Besonderheiten der Extremwertverteilungen wurde in Abschn. 1.3 gegeben.

Die Berechnung der für die Normung erforderlichen charakteristischen Werte hat die Abhängigkeit der Berechnungswerte von der angenommenen oder geforderten Lebensdauer des Bauwerks und damit von der Wiederholperiode extremer kilmatischer Einwirkungen zu berücksichtigen.

Abbildung 2.2/8 gibt nach [29] die Abhängigkeit der Wahrscheinlichkeit des Überschreitens eines charakteristischen Wertes x_q von der angenommenen Lebensdauer N eines Bauwerks an.

In Abb. 2.2/9 sind charakteristische Werte von Windgeschwindigkeiten in Bukarest nach [29] angegeben. Sie stellen obere Fraktilwerte dar und sind auf die Lebensdauer des Bauwerks bezogen. Sie wurden mit der Annahme einer Fréchet-Verteilung ermittelt.

Die Berücksichtigung des stochastischen Charakters von klimatischen Standardeinwirkungen in den Normen erfolgt i.allg. durch Angabe deterministischer Einflußgrößen, wie Windgeschwindigkeit, Angriffsfläche des Windes, dynamische

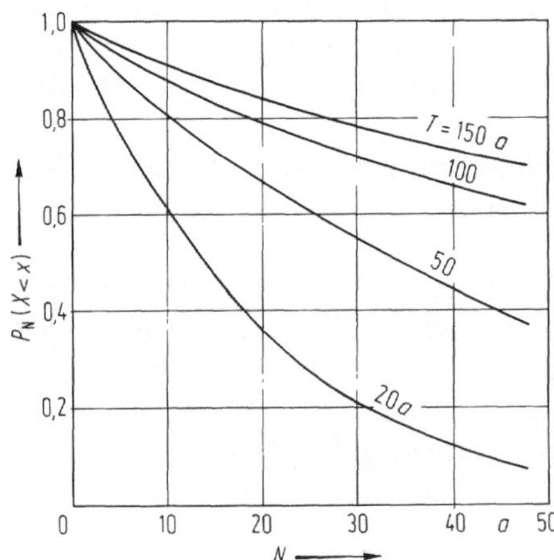

Abb. 2.2/8. Abhängigkeit der Überschreitenswahrscheinlichkeit eines charakteristischen Wertes x von der Lebensdauer N

Lebensdauer n Jahre	Wahrscheinlichkeit $F(x) = P_n\ (X > x_q)$				
	0,5	0,2	0,1	0,05	0,01
1	13,1	17,8	22,4	28,3	38,3
10	28,3	28,2	48,4	60,5	82,7
25	38,2	52,0	65,7	82,7	112,0
50	48,4	65,7	82,7	104,0	148,0

Abb. 2.2/9. Charakteristische Werte von Windgeschwindigkeiten in Bukarest in [m/s] nach [29]

Charakteristiken des Windes und des Bauwerks, Schneetiefe, Schneedichte usw., die jedoch aus stochastischen Betrachtungen abgeleitet wurden. Dies betrifft auch die Rückkehrperiode der Einwirkung. Die dafür in den Normen angegebenen Werte sind unterschiedlich. Eine Auswahl von Rückkehrperioden für die Windeinwirkung gibt Abb. 2.2/10 nach [29].

Land Vorschrift	mittlere Rückkehrperiode t in Jahren	Verteilungen nach	Bemerkungen
Australien AS CA 34 Teil II 1971	50 für alle Bauwerke ausgenommenen: 100 für Bauwerke, die einen ungewöhnliche hohen Grad der Lebensgefahr und die Fähigkeit des Versagens in ihrer Umhüllung haben, und für Spezialbauwerke 25 für Bauwerke, die einen geringen Grad der Lebensgefahr und des Versagens in ihrer Umhüllung haben 5 für Bauwerke, die nur während der Bauausführung beansprucht werden sowie für Bauwerke bzw. Bauteile mit geringen Austauschkosten		
Kanada Nationale Bauvorschrift 1970	30 für die Projektierung von auf Festigkeit beanspruchten Bauteile 10 für die Projektierung von auf Biegung und Schwingung beanspruchten Bauteile 100 für Bauwerke, die dem Havarieservice dienen	Gumbel	
Dänemark DS 410, 1966	50		
Großbritannien CP 3, Ch V Teil II	50 für alle Bauwerke mit Ausnahme von Kurzzeitbauten und Bauwerken, für die eine höhere Sicherheit gefordert wird (t ist dann variierbar)	Gumbel	andere t siehe Anhang C in CP 3
UDSSR [■]	10–15 für normale Bauwerke 20 für Sozialbauten		[■] gibt Werte für t = 3,5,30,50 Jahre
USA ANSI-A58.1 1972	50 für alle Bauwerke, ausgenommen: 100 für Bauwerke mit hoher Empfindlichkeit gegenüber klimatischen Einwirkungen mit hohen Risiken für Leben und mit Versagensgefahr 25 für Bauwerke ohne humane Bedeutung und mit vernachlässigbarem Risiko für das menschliche Leben	Fréchet	[■] gibt Werte für t = 2,5 und 10 Jahre

Abb. 2.2/10. Festlegung von Rückkehrperioden für Windeinwirkungen in Normen ausgewählter Länder nach [29]

2.2.4.1 Standardeinwirkung Wind

Grundlagen

Die Normenfestlegungen zur Standardeinwirkung Wind berücksichtigen i.allg. nur solche Windeinwirkungen, die nicht in einer dynamischen Wechselwirkung mit dem Bauwerk stehen. Im einzelnen regeln sie die Annahmen über die Zuordnung von Wind- und Winddruck, die Annahmen über die Höhenveränderlichkeit des Windes und die Winddruckverteilung an, vor oder hinter angeströmten Flächen und Baukörpern.

Die naturwissenschaftlichen Grundlagen für die entsprechenden Festlegungen werden aus Theorien und Versuchen abgeleitet. Hervorzuheben sind als theoretische Grundlagen:

- die *Kontinuitätsgleichung*, die die umgekehrt proportionale Zuordnung von Strömungsquerschnitt und -geschwindigkeit in einer Stromröhre ausweist,
- die *Bernoullische Gleichung*, die die Zuordnung zwischen Winddruck und Windgeschwindigkeit beschreibt und
- die *Prandtlsche Grenzschichtbeziehung*, die den Einfluß der Zähigkeit des strömenden Mediums bzw. der Rauhigkeit einer Begrenzungsfläche auf das Geschwindigkeitsprofil erfaßt.

Die aus diesen Grundlagen abgeleiteten Beziehungen sind in Abb. 2.2/11 zusammengestellt. Weiterhin sind folgende, vorwiegend auf experimenteller Grundlage ermittelten Phänomene von Bedeutung:

- *Umschlag von laminarer in turbulente Strömung* bei Strömung gegen Flächen und Umströmen von Körpern. Dies führt zur Herausbildung von „Totwasserzonen" hinter dem umströmten Objekt und erheblichen Druckunterschieden zwischen lee- und luvseitigem Druck.
- *Herausbildung von Ablösepunkten* an umströmten Körpern und deren Einfluß auf die Strömungsart und das Strömungsprofil. Dies führt z.B. zur Ausbildung

strömungstechnische Beziehungen		Erläuterungen
Kontinuitäts-gleichung	$\lvert v_1 \rvert A_1 = \lvert v_2 \rvert A_2$	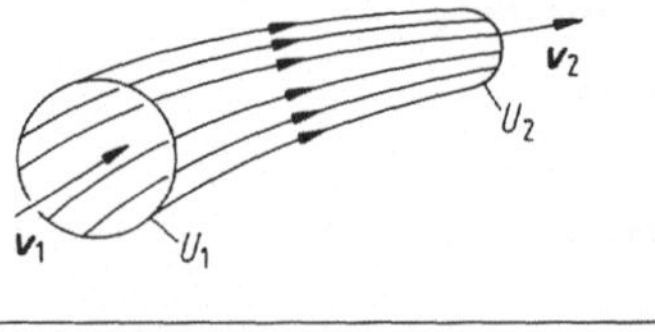 v_2 U_2 v_1 U_1
Bernoullische Gleichung	$p_i + \frac{\xi}{2} u_i^2 + \xi g z_i = \text{const}$	p_i statischer Druck (Druckenergie) $\xi g z_i$ geodätischer Druck (potentielle Energie) $\frac{\xi}{2} u_i^2$ Staudruck (kinetische Energie) Index „i" beliebiger Ort an der Stromlinie

Abb. 2.2/11. Theoretische Grundlagen der Strömungslehre

unterschiedlicher Strömungsqualität (laminar und turbulent) und zu Grenzschichten hinter dem umströmten Körper.

- *Einfluß der Rauhigkeit* auf die Geschwindigkeits- und Druckverteilung an und im Abstand von strömungsbegrenzenden Flächen. Dies führt bei unterschiedlich bebautem Gelände zu unterschiedlicher Zunahme der Windgeschwindigkeit von der Erdoberfläche bis zu der Gradientenhöhe, ab der die Windgeschwindigkeit als konstant angenommen wird.
- Einfluß des *Verhältnisses von Trägheitskräften zu Reibungskräften* (erfaßt durch die Reynoldszahl *Re*) auf die qualitative Druckverteilung an umströmten Bauwerken und damit auf den Bauwerkswiderstand. Dies führt z.B. bei der Umströmung von Kreiszylindern zu unterschiedlicher Lage und Größe des Sogs an den Flanken des Zylinders.

Normenfestlegungen

Die Normen tragen den theoretisch bzw. experimentell festgestellten Sachverhalten mit einem angemessenen Verhältnis von Aufwand zur Wirklichkeitsnähe der Ergebnisse bei Gewährleistung der erforderlichen Bauwerkssicherheit Rechnung.

Wesentlich für die praktische Winddruckberechnung sind Windzonenkarten, Höhenprofile und aerodynamische Beiwerte (Druckbeiwert, Kraftbeiwert).

Als Grundlage für das Verständnis von Normenfestlegungen zur Standardeinwirkung Wind können folgende generelle Feststellungen getroffen werden:

Feststellung 1: Das von der Bebauung bzw. Rauhigkeit der Erdoberfläche beeinflußte Windprofil strebt mit zunehmendem Abstand von der Erdoberfläche einem Grenzwert der Windgeschwindigkeit zu (Gradientenwind). Das *Windprofil* kann durch exponentielle oder Potenzfunktionen beschrieben werden.

Feststellung 2: Windeinwirkungen auf *Flächen senkrecht zur Strömungsrichtung* führen zu erhöhten Windgeschwindigkeiten neben der angeströmten Fläche und zur Reduzierung des dort wirkenden Drucks. An der angeströmten Fläche bildet sich ein Staudruck aus. Für die Windgeschwindgkeit Null nimmt der Winddruck seinen maximalen Wert an. Hinter der angeströmten Fläche bildet sich ein turbulentes Strömungsfeld mit niedrigem Druck bzw. Unterdruck aus.

Feststellung 3: Windeinwirkungen auf einen *umströmten Körper* erzeugen eine von der Körperform und der Oberflächenrauhigkeit des Körpers abhängige Winddruckverteilung. An den Seitenflächen des umströmten Körpers können erhebliche Unterdrücke auftreten. Der maximale (Stau-) Druck tritt am Staupunkt (Windgeschwindigkeit gleich Null) der angeströmten Fläche des Körpers auf.

Windnorm der Bundesrepublik Deutschland

Die Erfassung und Beschreibung der statischen Windeinwirkungen für die Bundesrepublik Deutschland sind in der DIN 1055 Teil 4 (1986) festgelegt. Diese Windnorm ist u.a. im Betonkalender 1988, Teil II, wiedergegeben und erläutert. Die nachfolgenden Ausführungen können sich deshalb auf Hinweise und Orientierungen beschränken.

Wie der Vorläufer der derzeitig gültigen Fassung ist auch die 1986 herausgegebene Fassung auf Bauwerke orientiert, die nicht schwingungsanfällig sind, also eine statische Beschreibung der Windeinwirkung und des zugeordneten Tragwerksverhaltens zulassen. Als Kriterium für diese Charakterisierung wurde das Verhältnis von Verformung unter dynamischer zur Verformung unter statisch angenommener Windeinwirkung mit 1,1 festgelegt und begrenzt.

Des weiteren wurde – wie im Vorläufer der jetzigen Fassung – ein Diagramm bereitgestellt, das die Abgrenzung zwischen schwingungsanfälligen und nicht schwingungsanfälligen Bauwerken in Abhängigkeit von den Hauptabmessungen des Bauwerks sowie seiner Eigenfrequenz und der bauweisenspezifischen Dämpfung ermöglicht (siehe Abb. 2.2/12).

Die Beschränkung auf nicht schwingungsanfällige „übliche Hochbauten" und die Vernachlässigung von dynamischen Effekten bei solchen Bauwerken bestimmt die Gültigkeitsgrenzen der Norm. Grenzfälle der Gültigkeit bei schlanken Bauwerken können durch Prüfung mit Abb. 2.2/13 festgestellt werden.

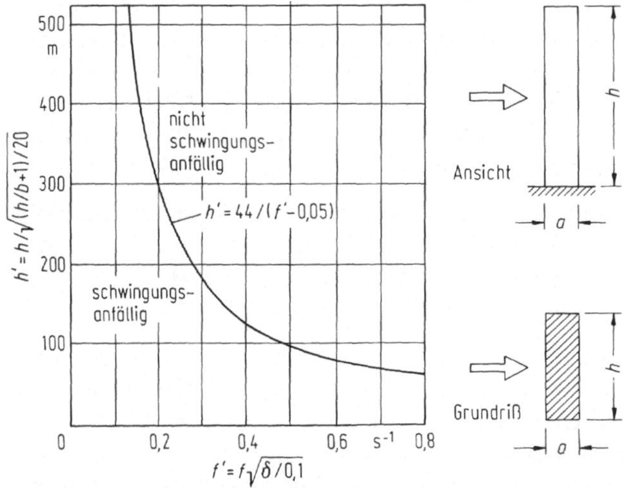

Abb. 2.2/12. Abgrenzung zwischen schwingungsanfälligen und nichtschwingungsanfälligen Bauwerken nach DIN 1055 Teil 4. f Eigenfrequenz in s^{-1}, δ log Dämpfungsdekrement, h Bauwerkshöhe in m, m mittlere Bauwerksbreite in m

---

- Bauwerke, bei denen die Verformungen unter Berücksichtigung der dynamischen Wirkung der Windkräfte kleiner als 10% der Verformungen aus der statisch wirkenden Windlast sind;
- Bauwerke, deren Verhältnis Höhe zu Breite der Angriffsfläche größer order gleich 5 ist;
- Wohn-, Industrie- und Bürogebäude mit einer Höhe größer oder gleich 40 m und Gebäude, die ihnen in Form oder Konstruktion ähnlich sind;
- Krantragwerke, außer besonders gelagerten Fällen;
- Als Kragträger wirkende Baukonstruktionen, deren bezogene Eigenfrequenz f' und bezogene Höhe h' oberhalb der Grenzlinie zwischen schwingungsanfälligem und nicht schwingungsanfälligem Bereich (Abb. 2.2/12) liegt;
- Ausgesteifte Geschoßbauten, d.h. Bauwerke mit genügend steifen Wänden und Decken.

Abb. 2.2/13. Grenzfälle nicht schwingungsanfälliger Bauwerke nach DIN 1055 Teil 4

Die *Rechenwerte der Windlast* werden aus dem *Staudruck q* und zugeordneten Beiwerten ermittelt. Der Staudruck ergibt sich aus

$$q = 0{,}5\, \rho_L v^2$$

mit ρ_L = Dichte der Luft.
Zahlenwerte sind in Abb. 2.2/14 angegeben.

Die resultierende Windlast auf Bauwerke wird mittels des von der Bauwerksform, der Bauwerksgliederung und Oberflächenrauhigkeit sowie der Anströmrichtung abhängigen *aerodynamischen Kraftbeiwerts* c_f aus der Beziehung

$$W = c_f q A$$

berechnet.

Der Winddruck auf Bauwerksflächen wird mittels des von der Bauwerksform und -oberflächenrauhigkeit sowie der Anströmrichtung abhängigen *aerodynamischen Druckbeiwerts* c_p aus der Beziehung

$$w = c_p q$$

berechnet.

Für beide Beiwerte wird in der Norm umfangreiches Zahlenmaterial bereitgestellt.

Kraftbeiwerte sind angegeben für
- von ebenen Flächen umschlossene Bauwerke mit Berücksichtigung von Hauptgeometrie und Anströmrichtung,
- zylindrische und vergleichbare Bauwerke mit Berücksichtigung von Hauptgeometrie, Anströmrichtung und Rauhigkeit,
- kugelförmige Bauwerke.

Darüber hinaus werden für die Größe der Kraftbeiwerte berücksichtigt:
- die Profilierung von Stabelementen (gegliederte und geschlossene Querschnitte),
- Kombinationen von Stabelementen (Fachwerke) und
- in Strömungsrichtung hintereinander angeordnete Bauwerkselemente.

Druckbeiwerte sind mit Berücksichtigung positiver (Druck) und negativer (Sog) Wirkung angegeben für
- senkrecht und geneigt zur Strömungsrichtung angeordnete ebene Flächen und Flächenkombinationen (Bauwerke mit geneigtem Flachdach, Bauwerkseckbereiche),
- offene ebenflächige Bauwerke,

Höhe über Gelände h m	Windgeschwindigkeit v m/s	Staudruck q kN/m²
$<$ 8	28,3	0,5
$>$ 8...20	35,8	0,8
$>$ 20...100	42,0	1,1
$>$ 100	45,6	1,3

Abb. 2.2/14. Festgelegte Werte des Staudrucks nach DIN 1055 Teil 4

Form und Lage des Baukörpers bezüglich der Windrichtung			Bezugsfläche A	Kraftbeiwert c_f	
Baukörper	Abmessungsverhältnisse	Windwinkel β		c_{fx}	c_{fy}
von ebenen Flächen begrenzte Baukörper, ab Geländeoberfläche allseitig geschlossen					
mit Außermittigkeit DIN 1055 Teil 4 Tab. 2; 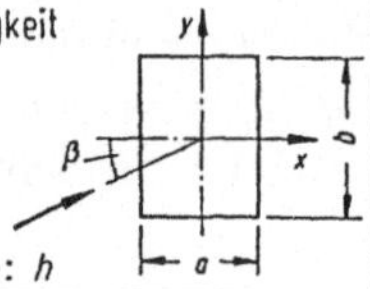 Baukörperhöhe: h	$h/b \leq 5$	0°	$b \cdot h$	1,3	0
	$h/a \leq 5$	90°	$a \cdot h$	0	1,3
quadratischer Grundriß	$a/b = 1$, $h/b = 5$	45°	$a \cdot h$	0,8	0,8
zylindrische und ähnliche Baukörper mit Kreisquerschnitt, allseitig geschlossen					
Zylinder stehend; liegend 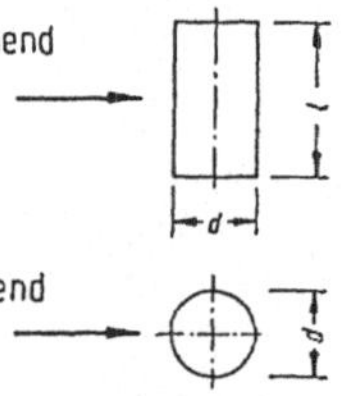	$l/d \leq \infty$	rechtwinklig zur Körperachse	$l \cdot d$	$c_{f0}\,\psi$; c_{f0} Grundbeiwert = 1,2 oder nach Abb. 2.2/16; ψ Abminderungsfaktor nach Abb. 2.2/16	
Zylinderähnliche Baukörper; $\lambda = \frac{l}{d_m}$ 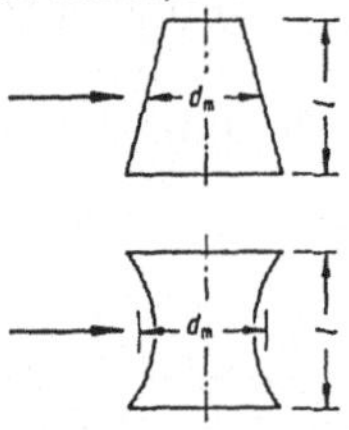	$l/d_m \leq \infty$	rechtwinklig zur Körperachse	$l \cdot d_m$	$c_{f0}\,\psi$; c_{f0} Grundbeiwert = 1,2 oder nach Abb. 2.2/16; ψ Abminderungsfaktor nach Abb. 2.2/16	
Rohre, Stangen, Drähte	$l/d > 100$	rechtwinklig zur Körperachse		für $d\sqrt{q}$ $\leq 0{,}1$	$\geq 0{,}15$ $\leq 0{,}4$
glatte Oberfläche			$l \cdot d$	1,2	0,5
mäßig rauhe Oberfläche			$l \cdot d$	1,2	0,7
Seile	$l/d > 100$	rechtwinklig zur Körperachse		für $d\sqrt{q}$ $\leq 0{,}1$	$\geq 0{,}15$ $\leq 0{,}4$
feindrahtig			$l \cdot d$	1,2	0,9
grobdrahtig			$l \cdot d$	1,2	1,1
kugelförmige Baukörper					
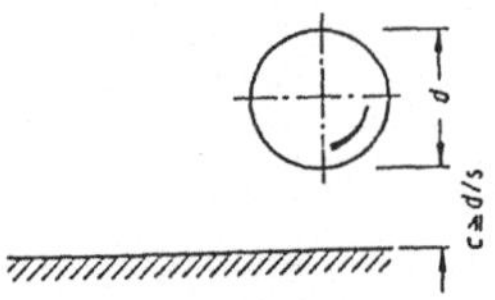 ($c \geq d/5$)			$\pi d^2/4$	für $d\sqrt{q}$ $\leq 0{,}1$	$\geq 0{,}15$
				0,6	0,35

Abb. 2.2/15. Kraftbeiwerte für ausgewählte Baukörper nach DIN 1055 Teil 4

- freistehende Dachflächen,
- kreiszylindrische Baukörper mit Berücksichtigung der Oberflächenrauhigkeit.

Eine Auswahl von Kraftbeiwerten enthält Abb. 2.2/15, von Druckbeiwerten für kreiszylindrische Baukörper Abb. 2.2/16.

Die angegebenen Beiwerte sind isoliert festgestellte obere Fraktilwerte. Sie sind nicht als Wiedergabe simultan auftretender Winddruckzustände zu deuten. Abweichungen können sowohl in positiver als auch in negativer Richtung auftreten. Dies betrifft vor allem die Lage und Größe der Winddruckresultierenden. Entlastende Windanteile, wie sie bei realen Windverhältnissen auftreten können, wurden bei der Festlegung der Beiwerte nicht berücksichtigt.

Die Überführung der Windlasten in Rechenwerte zur Ermittlung der Tragwerkssicherheit kann nach dem Normenvorschlag in vereinfachter Weise durch Ermittlung der resultierenden Windlasten auf Teilflächen erfolgen.

Die Höhenabhängigkeit des Staudrucks wird nach Tafel 1 der DIN 1055 Teil 4 vereinfacht durch Staffelung zwischen 0 und 8 m, 8 m und 20 m, 20 m bis 100 m sowie über 100 m berücksichtigt. Die Werte sind auf die in der DIN 1056, Anhang A, Ausgabe 1984 angegebenen Windzonen bezogen. Die Windgeschwindigkeiten und zugeordneten Staudrücke entsprechen Bezugswerten, die
- in Zone I einmal in fünfzig Jahren,
- in Zone II einmal in zehn Jahren,
- in Zone III einmal pro Jahr sowie
- in Zone IV zehnmal in einem Jahr auftreten.

In den Erläuterungen zur Windnorm wird auf die Notwendigkeit verwiesen, besondere Bauwerks- oder Standortsituationen zu berücksichtigen. Ebenso wird auf die Sogspitzen bei diagonal angeströmten Flachdachkonstrucktionen verwiesen. Die Erläuterungen geben auch Hinweise zur Anwendung der Kraftbeiwerte bei Punkthochhäusern und schlanken Hochhausbauwerken mit Schmal- und Breitseite und zur Anwendung der Druckbeiwerte mit besonderer Berücksichtigung geneigter Dachflächen und unterschiedlicher Fassadengestaltung (hinterlüftete Fassaden) sowie zum Einfluß von Windhindernissen auf die Winddruckverteilung freistehender Dächer.

Bei Bauwerken, die im wesentlichen für Windwirkungen berechnet und dimensioniert werden, ist die Anwendung der Festlegungen der DIN 1055 Teil 4 durch genauere, der Windlasttheorie entsprechende Nachweise zu ersetzen. Desgleichen ist die Anwendung der Normenfestlegungen auf Bauwerke mit starker Deformation (Zelte, Traglufthallen) ausgeschlossen.

Windnorm der Schweiz

Als weitere Information zu Normenregelungen des Standardlastfalls Wind wird die Schweizer Norm SIA-Norm E 160 Einwirkungen auf Tragwerke, Abschnitt 4.6 (Ausgabe 1985) kommentiert.

Die Windeinwirkungen werden als statische Ersatzlasten eingeführt. Die auf das Bauwerk wirkenden Winddrücke werden aus dem Bemessungswert q des Staudrucks und Beiwerten (Druckbeiwert und Reduktionsbeiwert) ermittelt, die einerseits Form und Durchlässigkeit des Bauwerks, andererseits die Höhe des

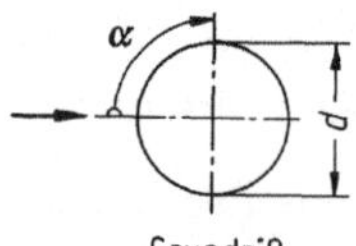

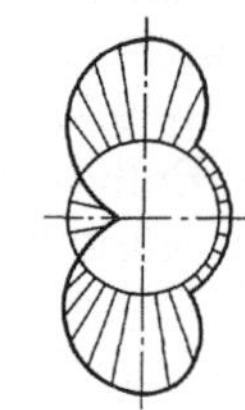

α
d
Grundriß
$c_p = c_{p,0} \cdot \psi$

a

Oberfläche	k in m
Mauerwerk	0,005
Beton	0,003
Holz	0,002
Stahl	0,001
gerippte Oberfläche mit Rippenabstand a ($2\,h_R \leq a \leq 6\,h_R$)	Rippenhöhe h_R

b

	Re		
	$5 \cdot 10^5$	$2 \cdot 10^6$	10^7
α_{min}	85°	80°	75°
$c_{p,0\,min}$	−2,2	−1,9	−1,5
α_A	135°	120°	105°
$c_{p,0\,h}$	−0,4	−0,7	−0,8
Integration $c_{f,0}$	0,49	0,65	0,78

c

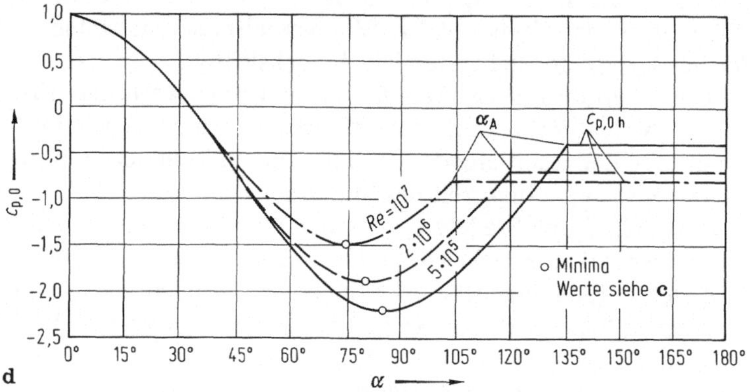

$c_{p,0}$
α_A
$c_{p,0\,h}$
$Re = 10^7$
$2 \cdot 10^6$
$5 \cdot 10^5$
o Minima
Werte siehe c
α

d

$c_{f,0}$
$c_{f,0} = \frac{0,11}{(Re/10^6)^{1,4}}$
$k/d = 10^{-2}$
10^{-3}
10^{-4}
10^{-5}
$c_{f,0} = 1,2 + \frac{0,18 \lg (10\,k/d)}{1 + 0,4 \lg (Re/10^6)}$
Re
$d\sqrt{q}$

e

ψ
0,1
0,25
0,5
0,75
0,9
0,95
0,975
φ = 1,0
λ

f

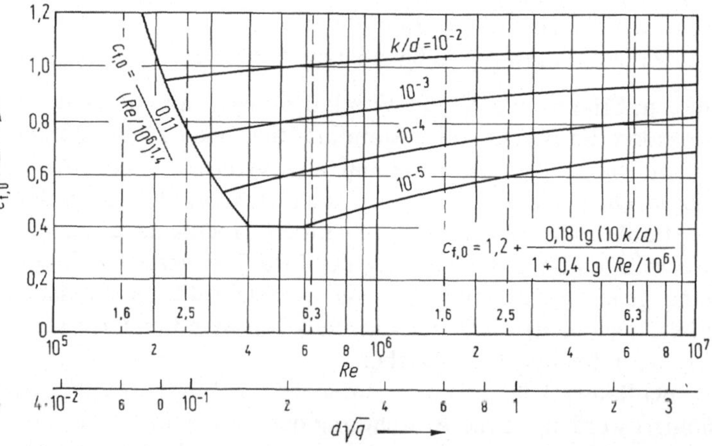

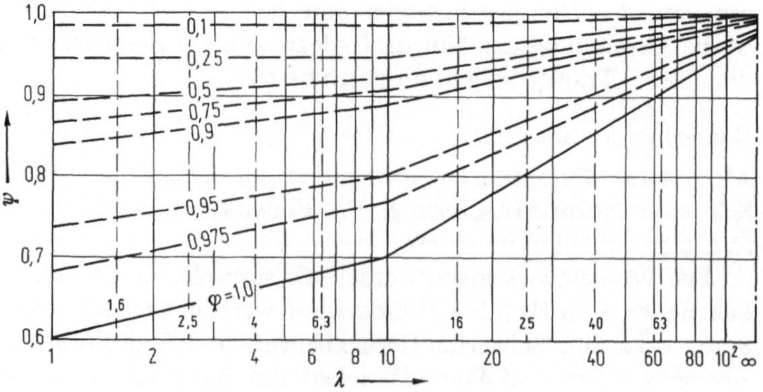

betrachteten Bereichs über dem Boden und die Höhenlage des Standorts berücksichtigen.

Die Druckbeiwerte werden als Außen-und Innendruckbeiwerte angegeben.

Es ergibt sich

$$q_e = C_q C_H q$$

für die statisch auf die Oberfläche eines Bauwerks wirkenden äußeren Drücke. (Für innere Winddruckwirkungen wird der Index i anstelle des Index e verwendet). Die Außendruckbeiwerte werden in Abhängigkeit von der Größe der betrachteten Fläche differenziert (Wände und Dächer, lokal begrenzte Teilflächen, ungünstig liegende und empfindliche Teilflächen). Die Größe der Innendruckbeiwerte ist in Abhängigkeit von Lage und Größe der Öffnungen angegeben.

Der Bemessungswert des Staudrucks für Tragfähigkeitsnachweise ist in einer Zonenkarte festgelegt. Er beträgt für Normalregionen 1,20 kN/m^2 und für extreme Gebirgsregionen 1,50 kN/m^2. Für Höhenlagen über 2000 m sind zusätzliche Informationen einzuholen.

Der Bemessungswert des Staudrucks für den Nachweis der Gebrauchsfähigkeit ist in Abhängigkeit von den Nutzungszielen und der akzeptierten Wiederkehrperiode des angenommenen Staudrucks festzulegen.

Die Reduktionsbeiwerte sind mit Berücksichtigung der Bauwerksumgebung, der Bauwerksabmessung und der Bauwerkshöhe in Diagrammform für kubische Baukörper angegeben. Sie berücksichtigen die Höhenveränderlichkeit des Winddrucks in Abhängigkeit von der Rauhigkeit bzw. Bebauung der Bauwerksumgebung.

Die auf ein Bauwerk wirkenden Gesamtwindkräfte werden mit globalen Kraftbeiwerten, Reibungsbeiwerten, Reduktionsbeiwerten (abhängig vom Verhältnis der Bauwerksabmessungen zu den zu erwartenden Böenausdehnungen) und dynamischen Vergrößerungsbeiwerten (zur Berücksichtigung des Schwingungs- und Dämpfungsverhaltens des Bauwerks) ermittelt.

In diese Berechnung gehen demnach auch dynamische Charakteristiken des Bauwerks ein. Der dynamische Vergrößerungsfaktor ist in Abhängigkeit von der Gebäudehöhe angegeben. Für Bauwerkshöhen bis zu 30 m und gedrungener Bauwerksform (Verhältnis Höhe zu Breite kleiner als 4) ist der Vergrößerungsfaktor gleich 1. Für Bauwerke bis zu einer Höhe von 100 m sind Tafelwerte angegeben. Bauwerke über 100 m Höhe und schlanke Bauwerke sind dynamisch zu untersuchen. Dämpfungswerte sind bauweisenspezifisch angegeben. Sie sind nach Trag- und Gebrauchsfähigkeit unterschieden.

Auf die Möglichkeit des Auftretens von dynamischen Erscheinungen, die nicht durch die Norm erfaßt werden, wird ausdrücklich verwiesen. Dies betrifft: Wirbel-

Abb. 2.2/16. Druckbeiwerte am Kreisquerschnitt nach DIN 1055 Teil 4. **a** c_{p_0} nach **d.** Adminderungsfaktor ψ nach **f.** **b** Für einzeln stehende Rippen mit einem Rippenabstand $a > 6h_R$ ist die vorstehende Rauhigkeitsdefinition nicht mehr anwendbar. **c** gültig für $(k/d) < 5 \cdot 10^{-4}$; k nach **b.** **d** Beiwerte c_{p_0} über dem abgewickelten Zylinderumfang; Zwischenwerte Re dürfen logarithmisch interpoliert werden. **e** Grundkraftbeiwert c_{f_0} in Abhängigkeit von der bezogenen Rauhigkeit k/d und der Reynoldszahl $Re = \frac{v \cdot d}{15 \cdot 10^{-5}}$ mit der Windgeschwindigkeit $v = 40\sqrt{q}$ in m/s, q in kN/m^2, d in m. **f** Abminderungsfaktor ψ in Abhängikeit von der effektiven Streckung λ und dem Völligkeitsgrad φ.

ablösung und dadurch ausgelöste Querschwingung, Querschnittsverformungen (Ovalling), gekoppelte Biege- und Torsionsschwingungen (Galloping) und Flatterschwingungen.

Normenvergleiche

Eine Übersicht über Normenfestlegungen zur Windeinwirkung auf Hochhäuser wurde auf der Internationalen Konferenz zur Planung und zum Entwurf von hohen Gebäuden [30] vorgelegt.

Ein von Stiller [38, Kap. 1], s. Kap. 1 durchgeführter Vergleich von Windvorschriften westeuropäischer Länder zeigt erhebliche Unterschiede der einzelnen Festlegungen. Während alle Normen die Abhängigkeit des Winddrucks von der Höhe berücksichtigen, werden topografische Einflüsse, spezielle geografische Bedingungen, Bauwerksgröße und andere Einflußfaktoren von mehreren Normen nicht oder nur global berücksichtigt. Die gleiche Feststellung gilt für Unterschiede in der Größe der Winddruckkoeffizienten und der anzunehmenden Extremwerte des dynamischen Winddruckanteils. Einzelheiten sind aus Abb. 2.2/17 zu entnehmen.

Eine Vereinheitlichung und auch eine durch ein geschlossenes Sicherheitskonzept begründete Vorschrift für die Erfassung von Windeinwirkungen wird mit

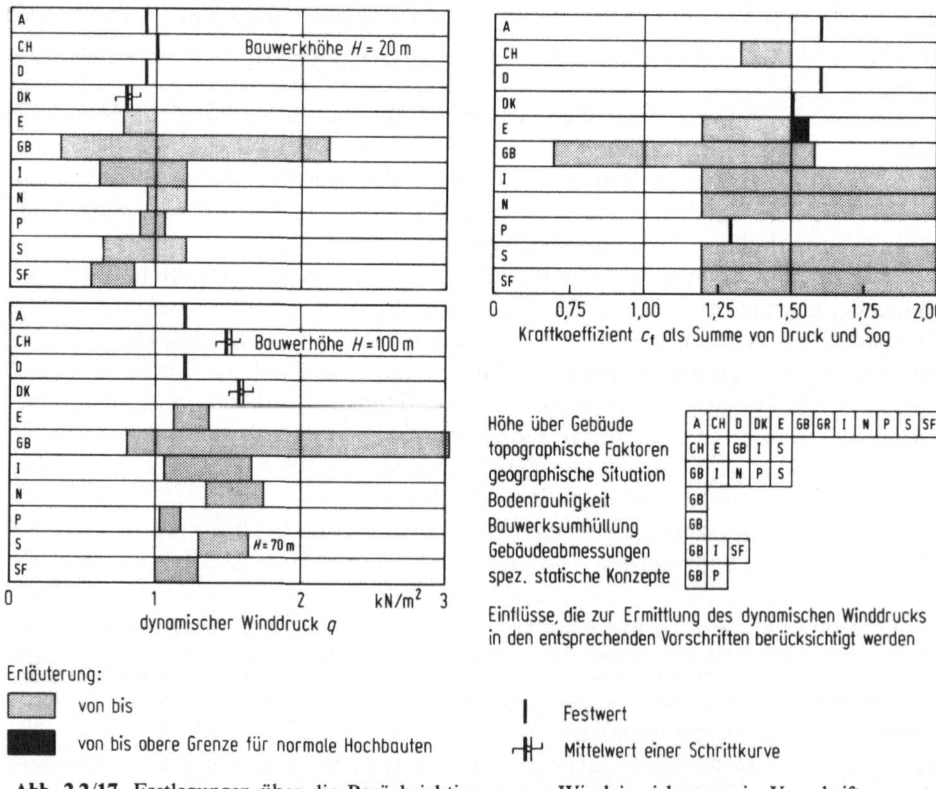

Abb. 2.2/17. Festlegungen über die Berücksichtigung von Windeinwirkungen in Vorschriften westeuropäischer Länder nach [38, Kap. 1] A Österreich, CH Schweiz, D BRD, DK Dänemark, E Spanien, GB Großbrittanien, I Italien, N Norwegen, P Portugal, S Schweden, SF Finland

dem *Eurocode* angestrebt. Dies schließt auch den Übergang von dem in der DIN vorhandenen globalen Sicherheitsfaktor zu Teilsicherheitsfaktoren ein und wirkt sich damit auf die Nachweisqualität aus.

Die *US-amerikanischen* Vorschriften unterscheiden sich von Region zu Region und auch von Großstadt zu Großstadt teilweise erheblich. Die Verteilung der als Basiswerte anzunehmenden Windgeschwindigkeiten ist in Abhängigkeit von Wiederholungszeiträumen von 50 bzw. 100 Jahren angegeben. Der Entwurfswinddruck wird nach dem American National Standard Building Code (ANSI A58.1 Entwurf) auf der Grundlage der Basis-Windgeschwindigkeit in 30 feet Höhe ermittelt, der mit einem Druckbeiwert und einem Böenbeiwert multipliziert wird. Der Druckbeiwert ist in Abhängigkeit von der Höhe über dem Erdboden und der Rauhigkeit der Bauwerksoberfläche festgelegt. Der Böenfaktor ist standortabhängig und aus der Spektraldichte des Windes abgeleitet. Die Rauhigkeit der Bauwerksumgebung wird nach drei Klassen berücksichtigt. Rechnerisch wird dies durch unterschiedliche Exponenten der Funktion über die Höhenabhängigkeit der Windgeschwindigkeit erreicht. Festlegungen des Winddrucks für einzelne Städte legen nur statische Windlasten ohne Berücksichtigung von dynamischen Windcharakteristiken fest.

Für New York ist es zulässig, Bauwerke bis zu einer Höhe von 100 feet lediglich hinsichtlich der Windaussteifung zu untersuchen. Bauwerke mit Höhen zwischen 100 und 200 feet ($\approx$ 30 bis 60 m) sind mit einem Winddruck von 20 psf ab dem 100-feet-Niveau zu untersuchen.

Für Bauwerke in Philadelphia ist der Winddruck für die Höhenbereiche 0 bis 50 feet (15 psf), 50 bis 200 feet (20 psf) und über 200 feet (25 psf) gestaffelt einzuführen.

Die unterschiedlichen quantitativen Angaben zur Erfassung der Standardeinwirkung Wind sind auch im Zusammenhang mit der angenommenen mittleren Rückkehrperiode der festgelegten Windgeschwindigkeiten zu bewerten (s. Abb. 2.2/10).

So werden nach CEB [31] in der Bundesrepublik Deutschland 20 Jahre, in Frankreich 2,5 Jahre, in der UdSSR 5 Jahre, in Großbritannien 30 bzw. 50 Jahre zugrunde gelegt, teilweise mit differenzierter Einführung von Beiwerten. Ähnlich differenziert wird die Windrichtung berücksichtigt. Weitere Unterschiede ergeben sich aus den unterschiedlichen Kombinationsvorschriften und Nachweisinhalten (Nutzungszustand, Tragzustand).

2.2.4.2 Standardeinwirkungen Schnee und Eis

Grundlagen

Bei Bestimmung der Schneelast sind folgende Sachverhalte zu berücksichtigen:

- Die *Schneelast* ist stark von der Klimasituation und der Topografie des Standorts sowie von Form und Wärmequalität des Bauwerks abhängig, wobei vor allem der Wärmeaustausch zwischen Dachfläche und Schnee eine Rolle spielt.
- Die *Dichte* des Schnees und damit die Schneelast einer gegebenen Schneehöhe können in Abhängigkeit von den klimatischen Bedingungen (Frost/Tau-Wechsel), von der Schneehöhe und dem Schneefallregime extrem unterschiedliche Werte annehmen und sind stochastische Größen.

- Größe und *Verteilung der Schneelast* können stark durch die Windverhältnisse beeinflußt werden. Einwirkungen von Schneestürmen sind i.allg. nicht Inhalt von allgemeinen Normenregelungen.
- Die *Schneehöhe* wächst proportional zur Höhenlage. Die Höhenabhängigkeit wird i.allg. durch ein Potenzgesetz beschrieben, dessen Konstanten von der regionalen bzw. lokalen klimatischen Situation abhängen.

Eine ausführliche Behandlung des Lastfalls Schnee geben D. Ghiocel und D. Lungu [29] mit Erörterung des stochastischen Charakters dieses Lastfalls.

Die Dichte des Schnees kann näherungsweise in linearer Abhängigkeit von der Schneetiefe und der Durchschnittstemperatur während der drei kältesten Monate des Betrachtungszeitraums angegeben werden. Andere Beziehungen berücksichtigen lediglich die Abhängigkeit der Schneedichte von der Schneetiefe, wie die von CEB-IABSE-FIP vorgeschlagene Formel

$$\rho = 300 - 200 \exp(-1{,}5h) .$$

Der Zufallscharakter der Schneedichte kann nach Spaethe [16, Kap. 1] durch die Beziehung

$$\rho = 3 - 1{,}5 \exp(-1{,}5\, m_H)\varepsilon_\rho$$

für das Bauwesen ausreichend genau berücksichtigt werden. Zur Berechnung des Mittelwerts m_H kann für Mitteleuropa die Beziehung

$$m_H = AB^h$$

gewählt werden.

Die Werte A und B sind von der Klimazone bzw. dem Standort abhängig und liegen in der Größenordnung von 0,25 für A und 1,001 für B. Der Variationskoeffizient wächst umgekehrt proportional zur Höhe und liegt z.B. zwischen 1,0 (für Meereshöhe) und 0,4 (für 1200 m üNN).

Eine umfassende Auseinandersetzung mit dem Lastfall Schnee wurde von Müller und Rackwitz [32] geführt. Sie stellen die Ergebnisse von internationalen Beobachtungen und Messungen sowie von unterschiedlichen Einflüssen auf die Schneelast zusammen und entwickeln auf stochastischer Grundlage ein Konzept zur wirklichkeitsnahen Bestimmung der Schneelast bzw. der Sicherheit von Bauwerken, die Schnee als wesentlichen Lastanteil aufzunehmen haben. Die Schneelast wird als zeitabhängiger Zufallsprozeß aufgefaßt und als Überlagerung von Wachstums-und Zerfallsprozessen gedeutet. Zur Erfassung des Zufallscharakters wird die Extremwertverteilung Typ I benutzt.

Auf dieser Grundlage werden Vergleichswerte der Versagenswahrscheinlichkeit von Dachkonstruktionen an ausgewählten Standorten berechnet. Ihre Gegenüberstellung zeigt erhebliche Abweichungen der Sicherheiten. Dies wird als Ausgangspunkt für die Neudefinition der Schneegrundlast verwendet.

Für unterschiedliche Verhältnisse vom Grundwert der Schneelast s_n zur Eigenlast g wird der Zusammenhang zwischen Sicherheitsbeiwert und Versagenswahrscheinlichkeit angegeben. Der Reduzierung des Variationskoeffizienten der Gesamtlast mit sinkendem Schneelastanteil wird durch einen Korrekturfaktor Rechnung getragen.

Die für die Sicherheit von schneebelasteten Dachkonstruktionen akzeptierte Versagenswahrscheinlichkeit von 10^{-5} wird mit einer Regelschneelast erreicht, die dem 95%-Fraktilwert der Verteilung der jährlichen Extremwerte entspricht. Für die Normenregulierung des Lastfalls Schnee wird vorgeschlagen:
- Berücksichtigung der Klimaunterschiede durch Zonen,
- Erfassung der unterschiedlichen Zunahme der Schneelast in diesen Zonen durch unterschiedliche Funktionen.

Normenregelungen

Bundesrepublik Deutschland. Lastannahmen für Schnee und Eis sind für die Bundesrepublik Deutschland in DIN 1055 Teil 5 geregelt. Der Betonkalender 1988 Teil II gibt die Fassung aus dem Runderlaß des Innenministers von Nordrhein-Westfalen wieder. Zur Erfassung und Beschreibung der Schneelast werden folgende Begriffe eingeführt:
- Regelschneelast s_0 (standort- und klimazonenabhängig),
- Rechenwert s der Schneelast (abhängig von der Dachneigung).

Die Schneelast gilt im Sinne der DIN als Verkehrslast.

Schneelastverminderungen bei einseitiger Schneebelastung *können*, Schneelastanhäufungen bei außergewöhnlichen Dachformen *müssen* berücksichtigt werden.

Die *Regelschneelast* ist in Abhängigkeit von den Festlegungen der Schneelastzonen (Abb. 2.2/18) anzunehmen. Lokale Sonderbedingungen sind zusätzlich zu berücksichtigen. Die Regelschneelast kann in Abhängigkeit von der Geländehöhe und der Schneelastzone Werte zwischen 0,75 KN/m^2 (Geländehöhe unter 200 m üNN, Schneelastzone I) und 5,5 kN/m^2 (Geländehöhe 1000 m üNN, Schneelastzone IV) annehmen.

Die Gleichzeitigkeit von Wind- und Schneelast kann bei Dachneigungen unter 45° durch Reduzierung eines der beiden Lastanteile und vollen Ansatz des anderen Lastanteils berücksichtigt werden. Bei steileren Dachneigungen können günstigere Werte festgelegt werden, jedoch ist auf Möglichkeiten von Schneeanhäufungen zu achten.

Geländehöhe des Bauwerkstandorts über NN	Schneelastzone			
m	I kN/m²	II kN/m²	III kN/m²	IV kN/m²
≤ 200	0,75	0,75	0,75	1,00
300	0,75	0,75	0,75	1,15
400	0,75	0,75	1,00	1,55
500	0,75	0,90	1,25	2,10
600	0,85	1,15	1,60	2,60
700	1,05	1,50	2,00	3,25
800	1,25	1,85	2,55	3,90
900		2,30	3,10	4,65
1000			3,80	5,50

Abb. 2.2/18. Regelschneelasten in Abhängigkeit von der Geländehöhe und der Schneelastzone nach DIN 1055 Teil 5

Die in der Norm festgelegte Regelschneelast entspricht der 95%-Fraktile der statistischen Verteilung der Jahresmaxima eines 30 jährigen Beobachtungszeitraums.

Schweiz. Die Schweizer Norm SIA E 160 legt in Abschnitt 4.5 Bemessungswerte der Schneelast für den Tragfähigkeits- und den Gebrauchsfähigkeitsnachweis fest. Der Bemessungswert ergibt sich aus der Schneelast s auf horizontalem Boden und dem Dachformbeiwert ξ zu

$$q_d = \xi s \,.$$

Die Schneelast auf horizontalem Boden ist mindestens mit 1,4 kN/m² einzuführen und wird höhenabhängig festgelegt.

Es wird unterschieden, ob der Schnee als Leitgefahr oder als Begleitumstand zu betrachten ist. Im letzteren Fall werden Abminderungen des Bemessungswerts vorgenommen.

Beim Gebrauchsfähigkeitsnachweis wird die Liegedauer des Schnees berücksichtigt. Bei erwarteter Langfristigkeit der einwirkenden Schneelast ist eine Liegedauer von 120 Tagen, bei Kurzfristigkeit von 5 Tagen anzunehmen. Die durch die Liegedauer beeinflußte Wichte und damit die Last des Schnees kann einem Diagramm entnommen werden.

Die charakteristische Höhenlage eines Standorts kann einer der Norm beigefügten Zonenkarte entnommen werden. Sie unterscheidet 4 Höhenlagen.

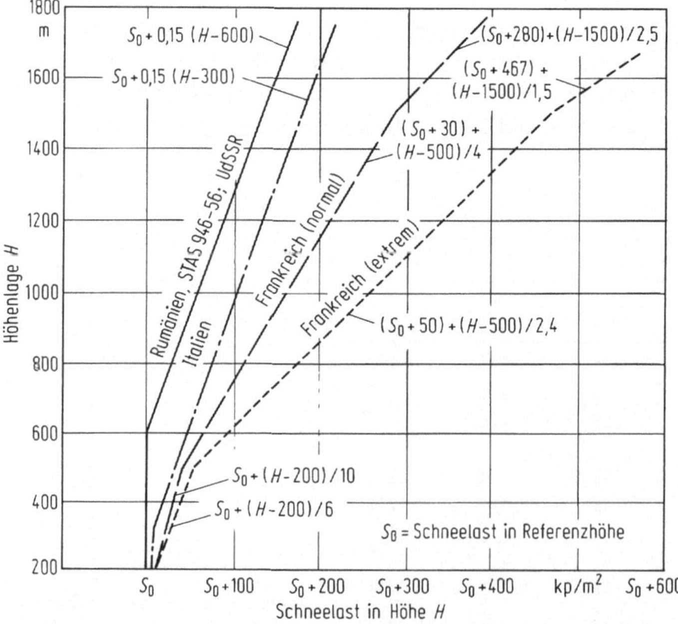

Abb. 2.2/19. Höhenabhängigkeit der Schneelast in Vorschriften ausgewählter Länder nach [29]

Der Dachformbeiwert ist für unterschiedliche Bauwerks- und Dachausbildungen (Giebeldach, Sheddach, einseitig geneigtes Schrägdach) mit Berücksichtigung unterschiedlicher Dachneigungen angegeben.

Zur orientierung über die Veränderlichkeit der Dichte des Schnees in Abhängigkeit von der Schneeart (Neuschnee, Filzschnee, Altschnee, Naßschnee) sind Werte zwischen 1,0 und 4,0 kN/m^3 angegeben.

Normenvergleiche

Weitere Gegenüberstellungen zur normenmäßigen Erfassung der Schneelast sind in Abb. 2.2/19 nach [29] zusammengestellt. Einen Überblick über die Erfassung von Schneeanhäufungen in verschiedenen Normen gibt Abb. 2.2/20.

Eislasten sind stark von den lokalen klimatischen und geografischen Bedingungen und der Folge von Wetterlagen abhängig. Sie werden in der Regel objektbezogen festgelegt.

Von größerer Bedeutung sind Eisbildungen für Transmissionsleitungen, die sich unter Windeinwirkung zu Galloping-Schwingungen anregen lassen. Die wichte des Eises kann in Abhängigkeit von den Vereisungsbedingungen zwischen 5 kN/m^3 und 9,2 kN/m^3 schwanken. In der DIN 1055 Teil 5 wird eine Eisrohdichte von 7 kN/m^3 festgelegt. Zur Bestimmung der Eislast an Leitungen wurden verschiedene Näherungsformeln entwickelt, die eine lineare Zuordnung zwischen Leitungsdicke und Linieneislast (USA, Rumänien) oder auch andere Zuordnungen (Neuentwurf der rumänischen Norm, Vorschlag im Siemens-Handbuch) enthalten. Zu Einzelheiten sei auf [33] verwiesen.

2.2.4.3 Standardeinwirkung Temperatur

Grundlagen

Klimabedingte *Temperatureinwirkungen* lassen sich in bezug auf ihren zeitlichen Verlauf einteilen in

- stationäre Temperatureinwirkungen (zeitunabhängig) und
- instationäre Temperatureinwirkungen (zeitabhängig).

Hinsichtlich der *Temperaturverteilung* in einem Bauwerk- bzw. Bauwerksteil ist zu unterscheiden zwischen

- instationärer Temperaturverteilung und
- stationärer Temperaturverteilung mit einem gleichförmig (konstant) und einem ungleichförmig (linear) über die Querschnittsdicke verlaufenden Anteil.

Jahreszeitliche Temperaturschwankungen führen im Querschnitt i.allg. zu einer Beeinflussung des gleichförmigen Anteils der Temperaturänderung, tageszeitliche Temperaturschwankungen können zu extremen ungleichförmigen und instationären Temperaturverteilungen führen. Einen Überblick über ausgewählte Situation gibt Abb. 2.2/21.

Normenregelungen

Bundesrepublik Deutschland. In der DIN werden Temperatureinwirkungen mit unterschiedlicher Ausführlichkeit und Differenzierung behandelt. In der DIN 1045

Land	Schneelasten		
	Fall	Belastungsbild	Bemerkung
Rumänien	I	1,0	
UdSSR (SNiP II-A. 11-62)	II	1,4 0,6 1,4 0,6	Für alle Fälle I + II
USA (ANSI A 58.1-1972)	I	$0{,}8 - \frac{\alpha - 30°}{50}$	$\alpha \leq 10°$; nur I
Canada (NBC 1970)	II	0,5 1,0 0,5	$10° < \alpha < 20°$; I + II
	III	0,5 1,5 0,5	$\alpha > 20$; I + II + III
Frankreich (NV 65)	I	1,5 0,5 1,5 0,5	Für alle Fälle I + II
	II	1,0	für $\alpha \leq 25°$
	II	$0{,}5 + 0{,}02\alpha$ 1,0 $0{,}5 + 0{,}02\alpha$ 1,0	für $25° < \alpha \leq 50°$
Dachform		$l/4$; $l/2$ $l/2$ $l/2$ $l/2$; α α	

Abb. 2.2/20. Schneelastanhäufungen in Abhängigkeit von der Dachform in Vorschriften ausgewählter Länder nach [29]

wird für den Regelfall angenommen, daß die Temperatur im gesamten Tragwerk den gleichen Wert annimmt. Klimabedingte Temperaturschwankungen in den Bauteilen werden in Abhängigkeit von der Bauteildicke sowie von der Exponiertheit sonnenbestrahlter Flächen durch Zuschläge zwischen 15 K und 7,5 K erfaßt.

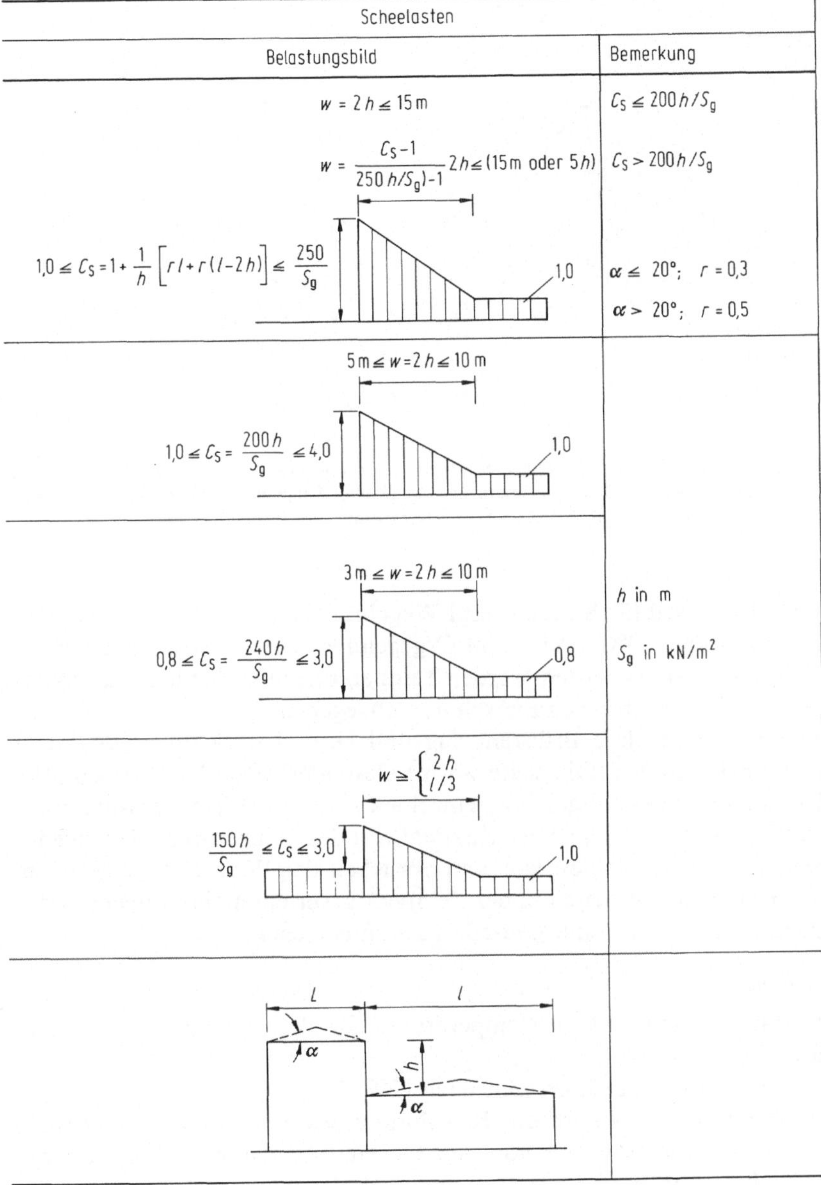

Scheelasten	
Belastungsbild	Bemerkung
$w = 2h \leq 15\,\text{m}$	$C_S \leq 200h/S_g$
$w = \dfrac{C_S - 1}{250\,h/S_g) - 1}\,2h \leq (15\,\text{m oder } 5h)$	$C_S > 200h/S_g$
$1{,}0 \leq C_S = 1 + \dfrac{1}{h}\left[rl + r(l - 2h)\right] \leq \dfrac{250}{S_g}$; 1,0	$\alpha \leq 20°$; $r = 0{,}3$ $\alpha > 20°$; $r = 0{,}5$
$5\,\text{m} \leq w = 2h \leq 10\,\text{m}$ $1{,}0 \leq C_S = \dfrac{200h}{S_g} \leq 4{,}0$; 1,0	
$3\,\text{m} \leq w = 2h \leq 10\,\text{m}$ $0{,}8 \leq C_S = \dfrac{240h}{S_g} \leq 3{,}0$; 0,8	h in m S_g in kN/m^2
$w \geq \begin{cases} 2h \\ l/3 \end{cases}$ $\dfrac{150h}{S_g} \leq C_S \leq 3{,}0$; 1,0	
L; l; α; h	

Bei Berücksichtigung der durch Rißbildung auftretenden Steifigkeitsreduzierung sind diese Werte um 5 K zu erhöhen.

In der DIN 1056 wird für Schornsteine die Berücksichtigung eines klimabedingten Temperaturgefälles von 15 K vorgeschlagen. Die gesonderte Berücksichtigung der Verformung der Schornsteinachse infolge einseitiger Temperaturerhöhung durch Sonnenbestrahlung wird nicht gefordert.

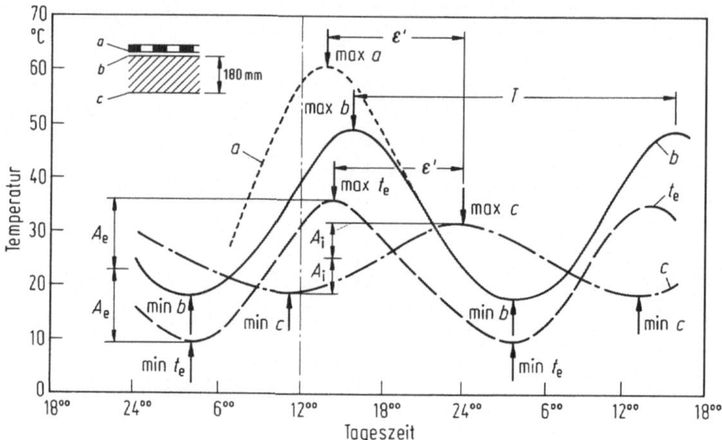

Abb. 2.2/21. Temperaturverlauf in einem Stahlbetondach in Abhängigkeit von Außentemperatur und Sonneneinstrahlung nach [34]. t_e = Außentemperatur, a = Dachoberfläche, b = obere Seite der Stahlbetondecke, c = untere Seite der Stahlbetondecke, ε' = Maximum des Temperaturdurchgangs

In der DIN 1072 wird für Straßen- und Wegebrücken aus Beton eine Temperaturschwankung von + 20°C und − 30°C gegenüber einer Aufstellungstemperatur von 10°C festgelegt. Außerdem werden Temperaturunterschiede zwischen der Ober- und Unterseite des Brückenquerschnitts angegeben.

Für den Bauzustand ohne Brückenbelag und besondere Schutzmaßnahmen sind 10 K zu berücksichtigen (Oberseite warm). Besonderheiten der Querschnittsausbildung sind zu berücksichtigen. Die einzelnen Anteile der Temperatureinwirkung sind zu überlagern, jedoch ist als Maximalwert des Temperaturunterschiedes zwischen verschiedenen Bauteilen von Betonbrücken der Wert 10 K zugelassen. Situationen, die zu Besonderheiten in der Temperaturverteilung im Bauwerk oder über den Querschnitt führen, sind gesondert zu untersuchen.

Normenvergleiche

Einige Vorschriften legen Entwurfstemperaturen für die kalte und die warme Jahreszeit fest:

Festlegungen für die kalte Jahreszeit nach [29]:

- Die *französische Norm* variiert die Berechnungswerte in Abhängigkeit vom Standort, von Bauwerkstyp und von den thermischen Anforderungen an das Bauwerk. Als Basiswert wird 0 °C festgelegt. In Abhängigkeit von den genannten Einflußfaktoren kann der Rechenwert bis zu 3 °C vom Nullwert abweichen.
- Die *ungarische Norm* berücksichtigt die mittlere Temperatur der Monate Januar und Februar in einem Zeitraum von 30 Jahren. Das Gebiet von Ungarn wird in 7 Regionen unterschiedlicher Entwurfstemperaturen unterteilt. Die Entwurfstemperaturen können Werte bis zu − 17 °C erreichen.
- *Sowjetische Normen* unterteilen den europäischen Landesteil in 7 Regionen, deren Entwurfstemperaturen Werte zwischen − 15 °C and − 45 °C annehmen können.

- Die *rumänische Norm* unterteilt das Land in 3 klimatische Regionen, deren Entwurfstemperaturen Werte bis zu − 18°C annehmen können.

Festlegungen für die warme Jahreszeit:
- Die rumänische Norm legt für die drei Klimazonen Werte zwischen + 22 °C und + 28 °C fest.
- In der schweizer Norm werden für Bauwerke im Freien bauweisen- bzw. baustoffspezifische Rechenwerte für gleichförmige Temperaturänderungen zwischen 0 °C (Holz) und 30 °C (Stahl) angegeben. Für Beton sind 25 °C vorgeschrieben. Diese Werte beziehen sich auf eine mittlere Ortstemperatur von 10 °C. Auf mögliche Veränderungen dieser Mitteltemperatur infolge jahreszeitlich- und bauablaufbedingter Einflüsse wird verwiesen. Für Straßenbrücken werden Temperaturverläufe für ausgewählte Brückenquerschnitte bereitgestellt.

Hinweise zur Berücksichtigung zeitlicher Veränderungen der Temperatur mit Berücksichtigung des Temperatur- und Sonnengangs sowie unterschiedlicher Baustoffe bzw. Oberflächenqualitäten finden sich neben ausführlichen Erörterungen des Gesamtproblems in [29].

Insgesamt muß vor einer zu bedenkenlosen Anwendung der in den Vorschriften gegebenen Pauschalwerte gewarnt werden. Einflüsse aus der Zuordnung der angestrahlten Bauwerksfläche zur Haupteinstrahlrichtung, aus der Farbgebung der Fläche, aus den lokalen Windverhältnissen, aus speziellen Querschnittsausbildungen, aus partiellen Abschattungen können zu extremen Abweichungen gegenüber den Pauschalangaben der Normen führen. Das verlangt eine sorgfältige Beachtung der tatsächlichen Situation. Hinweise zu diesem Problemkreis sind u.a. in [3, 4 und 34] zu finden.

2.3 Dynamische Einwirkungen

2.3.1 Klassifizierung

Grundlage der Klassifizierung dynamischer Einwirkungen ist einerseits die Ursache dieser Einwirkungen, andererseits sind es deren dynamische Charakteristiken, die wesentlich das durch sie ausgelöste Bauwerksverhalten (Bauwerksantwort, Response) beeinflussen. Schließlich ist noch die Beschreibungsart – deterministisch oder stochastisch – für die Klassifizierung von dynamischen Einwirkungen von Bedeutung.

Im vorliegenden Zusammenhang wird die Ursache der Einwirkungen als dominierender Klassifizierungsgesichtspunkt gewählt. Danach werden unterschieden:
- dynamische Windeinwirkungen in Ergänzung der als statisch aufgefaßten Standardeinwirkung Wind,
- seismische Einwirkungen,
- Impulseinwirkungen aus dem Aufprall von Massen unterschiedlicher Größe und Geschwindigkeit und
- Druckwelleneinwirkungen aus Explosionen innerhalb oder außerhalb des Bauwerks.

Die *Einwirkungsdauer* der dynamischen Einwirkungen bewegt sich
- für Windeinwirkungen im Minuten- und Sekundenbereich,
- für seismische Einwirkungen im Sekundenbereich,
- für Impulseinwirkungen im Millisekundenbereich und
- für Druckwelleneinwirkungen im Dezisekundenbereich.

Diese Bereiche können unter besonderen Bedingungen unter- bzw. überschritten werden (extrem kurze Windböen, Schiffsstöße, Nachbeben).

Das *Bauwerksverhalten* kann für die dynamischen Einwirkungen vorwiegend
- global (Wind, seismische Einwirkung, Druckwelleneinwirkung) oder
- lokal (Impulseinwirkung) ausgeprägt sein. Kombinationen von globalem und lokalem Verhalten sind z.B. bei der Ermittlung von Floorspektren unter Impulseinwirkung zu berücksichtigen.

Die *Wechselwirkung zwischen dynamischer Einwirkung und Bauwerk* ist
- bei Wind- und Druckwelleneinwirkung durch die Bauwerksform, Bauwerksoberfläche und Bauwerksumgebung,
- bei seismischer Einwirkung durch die Baugrundeigenschaften, die Bauwerkssteifigkeit und die Verteilung der Bauwerksmassen und
- bei Impulseinwirkung durch die Elastizität bzw. Plastifizierung des Aufprallortes

wirksam und kann die Einwirkungsintensität und den zeitlich/räumlichen Einwirkungsverlauf wesentlich beeinflussen.

Die *Wechselwirkung zwischen Bauwerk und Baugrund*
- ist bei seismischer Einwirkung und Druckwelleneinwirkung in Abhängigkeit von den Baugrund- und Bauwerkseigenschaften zu beachten und
- kann bei Wind- und Impulseinwirkungen i.allg. vernachlässigt werden, ist jedoch bei dynamisch empfindlichen Bauwerken zu beachten, und auch, wenn Floorspektren aus Impulseinwirkungen zu ermitteln sind.

Die *Beschreibung der Zeit- bzw. Frequenzabhängigkeit* von dynamischen Einwirkungen sollte
- für Wind- und seismische Einwirkungen bei Bauwerken hohen Risikopotentials stochastisch und kann
- für Impulseinwirkungen und Bauwerke niedrigen *Risikopotentials deterministisch*

erfolgen.

Der *Zeitpunkt des Auftretens der dynamischen Einwirkung* ist
- für naturbedingte Einwirkungen (Wind und Erdbeben) und für zivilisations- und havariebedingte unplanmäßige extreme Einwirkungen (Explosion, Flugzeugabsturz) eine Zufallsgröße und
- für zivilisationsbedingte Nutzungseinwirkungen (Maschinen, planmäßige Impuls- und Explosionseinwirkungen) eine deterministische und beeinflußbare Größe.

Der Zeitpunkt ergibt sich für die Zufallsgröße der naturbedingten Einwirkung aus der statistisch ermittelten Rückkehrperiode.

Die Überführung der Ursache einer dynamischen Einwirkung in die Einwirkung selbst erfolgt

- für Windeinwirkungen durch aerodynamische Ubertragungsfunktionen,
- für seismische Einwirkungen durch Antwortspektren,
- für Impulseinwirkung durch Impulsübertragungsfunktionen und
- für harmonische Einwirkungen durch Frequenzübertragungsfunktionen.

Stochastisch beschriebene Ursachen werden über die Spektraldichte in die zugeordnete Einwirkung überführt.

Aus diesen Feststellungen lassen sich *für die Erfassung und Beschreibung* der dynamischen Einwirkungen folgende Forderungen ableiten:

1. Die Einwirkungsbeschreibung muß zur Anpassung an unterschiedliche Anforderungen aus dem Bauwerk und seiner Wechselwirkung mit der Umwelt differenziert erfolgen. Differenzierungsstufen sind
   Stufe 1: die Überführung in quasistatische Einwirkungen (Standardeinwirkung Wind)
   Stufe 2: die deterministische Erfassung der Zeitabhängigkeit der Einwirkung (harmonische Erregung) und
   Stufe 3: die stochastische Erfassung der Zeit- oder Frequenzabhängigkeit (seismische Einwirkungen) und der Zeit- und Ortsabhängigkeit (Windeinwirkungen).
2. Die Einwirkungsbeschreibung muß mögliche Aus- bzw. Rückwirkungen des Bauwerks auf Intensität und zeitlich/räumlichen Verlauf der Einwirkungen berücksichtigen. Dazu gehören:
   - die von der Struktur des Bauwerks und der Rauhigkeit seiner Oberfläche abhängige Verteilung des Winddrucks,
   - die bei Umströmung schlanker Baukörper entstehenden Wirbel und zugeordneten Seitenkräfte,
   - die bei Umströmung schlanker Baukörper eckiger Querschnittsform auftretenden selbsterregten Schwingungen und
   - die durch Plastifizierung des Aufprallortes und des aufprallenden Körpers veränderte Einwirkungsdauer und Einwirkungsintensität des Impulses aus Flugzeugaufprall.

Die konkrete Berücksichtigung der genannten und weiterer Einflüsse auf die Intensität und den zeitlichen Verlauf dynamischer Einwirkungen ist in zahlreichen Monografien und Einzelpublikationen behandelt worden. Hervorgehoben seien:

- für dynamische Windeinwirkungen: die Berichte der Windkonferenzen [35, 36, 37], die Monografien von Gould/Abu-Sitta [38], Major [39], Ruscheweyh [40], Ghiocel/Lungu [29], die problemorientierten Beiträge von Davenport [41], Scruton [42], Harris [43], Scalan [44], die bauwerksorientierten Beiträge von Niemann [45], [46] Abu Sitta und Hashish [47], Cohen [48],
- für seismische Einwirkungen: die Berichte der Erdbebenkonferenzen [49], [50], die Monografien von Davidovici [51], Clough [52], Rosenblueth [53], die problemorientierten Beiträge von Housner [54], Rosenblueth [53], Clough [52], Despeyroux [55], die bauwerksorientierten Beiträge [56, 57, 58],
- für Impulseinwirkungen: die Berichte der SMIRT-Konferenzen [59], die Monografien [60–63], die problemorientierten Beiträge [64, 65, 66], die bauwerksorientierten Beiträge [64, 67, 68],

- für Druckwelleneinwirkungen: die Berichte [69–72], die Monografien [73, 74, 75], die problemorientierten Beiträge [76, 77, 78], die bauwerksorientierten Beiträge [79–81].

Zum Verhalten windbeanspruchter, seismisch beanspruchter und impulsbeanspruchter Bauwerke wird auf die Abschn. 2.4 bis 2.6 verwiesen.

2.3.2 Dynamische Windeinwirkungen

In Abschnitt 2.2.4.1 ist die Standardeinwirkung Wind behandelt. Sie ist als eine Einwirkung definiert, die keine dynamische Erregung des Tragwerks auslöst und auf "übliche" Hochbauten orientiert.

Dynamisch empfindliche und spezielle hohe, turmartige Bauwerke unterliegen einer dynamischen Wechselwirkung mit den Windeinwirkungen. Sie ist einerseits durch die zeitlich-räumliche Veränderlichkeit des Windes, andererseits durch die dynamischen Charakteristiken des Tragwerks bestimmt.

Die dynamischen Windeinwirkungen können durch die dynamischen Eigenschaften des natürlichen Windes, wie
- die Turbulenz der Windströmung und ihre Abhängigkeit von den Bauwerkseigenschaften und den Eigenschaften der natürlichen und gebauten Umwelt

oder durch die Wechselwirkung der Windströmung mit dem Bauwerk, wie
- die Ausbildung von Wirbeln, die alternierende Seitenkräfte hervorruft,
- das Einsetzen von aerodynamischen Instabilitäten, wie Galloping-Schwingungen, die durch die Schwingung des Bauwerks in der Windströmung hervorgerufen wird,
- das Auftreten von Interferenzerscheinungen, die durch die Wechselwirkung mit den Bauwerken in einer Reihen- oder Gruppenanordnung

ausgelöst werden.

Eigenschaften des Bauwerks, die auf diese Wechselwirkung einen Einfluß haben, sind:
- absolute Höhe und Schlankheit des Bauwerks,
- Form und Gliederung des Bauwerks,
- Oberflächenqualität des Bauwerks,
- Steifigkeit und das Eigenschwingverhalten des Tragwerks und
- baustoff- und tragwerksspezifische Dämpfung.

Dynamische Erscheinungsformen windbeanspruchter Tragwerke, vor allem von Turmtragwerken, sind:
- Schwingungen in Windrichtung,
- Schwingungen senkrecht zur Windrichtung,
- Kombinationen von Schwingungen in und senkrecht zur Windrichtung,
- Torsionsschwingungen und Kombinationen mit Schwingungen in und senkrecht zur Windrichtung und
- dynamische Querschnittsverformungen von turmartigen Tragwerken relativ geringer Wanddicke.

Die zur Erfassung dieser Erscheinungen erforderlichen Beschreibungen des Windes und dessen Überführung in die Windeinwirkungen auf das Bauwerk machen die Konfrontation mit folgenden Problemkreisen erforderlich:

- Aufteilung des Windes in einen zeitunabhängigen (statischen bzw. quasistatischen) und einen zeitabhängigen (dynamischen) Anteil,
- Erfassung des dynamischen Anteils der Windgeschwindigkeit in Grenzschichten und Angabe des zugeordneten Turbulenzprofils,
- Beschreibung der Turbulenz des Windes und Ermittlung der Leistungsspektren der Windturbulenz und
- Überführung des dynamischen Anteils der Windgeschwindigkeit in dynamische Winddrücke bzw. Windkräfte.

Aufteilung der Windgeschwindigkeit in einen statischen und einen dynamischen Anteil

In Höhenbereichen, in die sich Bauwerke erstrecken – derzeit etwa bis 500 m – weist der Wind zufällige zeit- und ortsabhängige Schwankungen seiner Geschwindigkeit auf. Die Erfassung und Beschreibung dieser Windgeschwindigkeiten kann in Abhängigkeit von der geforderten Wirklichkeitsnähe, die u.a. auch von der dynamischen Sensibilität des zu untersuchenden Tragwerks abhängt, deterministisch oder stochastisch erfolgen.

Für beide Beschreibungsformen ist jedoch die Aufspaltung in zwei Anteile zweckmäßig: eine mittlere Windgeschwindigkeit, die zwar noch ortsabhängig, jedoch nicht mehr zeitabhängig ist und statisch bzw. quasistatisch aufgefaßt und weiterverarbeitet werden kann (Standardeinwirkung Wind) und in eine zeitabhängige Windgeschwindigkeit, die den dynamischen Windanteil beschreibt und Ursache dynamischen Verhaltens von Bauwerken ist.

Die *deterministische* Beschreibung dieser Windanteile und der zugeordneten Winddruckanteile ist in Abb. 2.3/1 [82], [83] dargestellt. Die *stochastische* Beschreibung der Windgeschwindigkeit wird mit Einführung der stochastischen Beschreibungsgrößen bzw. -funktionen durchgeführt. Sowohl die Beschreibung des quasistatischen „mittleren" Windes als auch die Beschreibung des dynamischen Windanteils ist von der Mittelungszeit abhängig.

In Abb. 2.3/2 [84] ist eine verallgemeinerte Darstellung des zeitabhängigen Energiespektrums des Windes dargestellt.

Folgende Feststellungen können dazu getroffen werden: Das Windenergiespektrum hat mehrere relative Spektralmaxima. Das erste Spektralmaximum ist dem Jahresrhythmus der Windgeschwindigkeit, das zweite der Großwetterlage (4-Tage-Bezugszeit) zugeordnet. Ein kleineres relatives Spektralmaximum ergibt sich als Halbtagsspektralwert. Im Zeitbereich von 2 Stunden bis zu 5 Minuten ergibt sich ein relativ konstanter Spektralwert der Windgeschwindigkeit, dem im Zeitbereich von etwa einer Minute ein weiterer ausgeprägter Spektralwert folgt.

Die Mittelwertsbildung und damit die *stochastische Bestimmung einer zeitlichen mittleren Windgeschwindigkeit* hängt außerordentlich stark von der Lage und Dauer des gewählten Zeitintervalls ab und kann in Abhängigkeit vom gewählten Intervall zu extrem unterschiedlichen und auch praktisch nicht verwertbaren Aussagen führen.

nach Rausch [82]	nach Schlaich [83]
Aufteilung der Windgeschwindigkeit und des Winddrucks in einen stationären (Index s) und einen instationären (Index d) Anteil $v = v_s + v_d$ $q = q_s + q_d$	
$q_s = 2q/3$ $q_d = q/3$	$q_s = 0{,}4\,q$ $q_d = 0{,}6\,q$
zeitlicher Verlauf der Böenentfaltung	
• Sinusviertelwelle • Entfaltungszeit $\hat{=}\ t_B/4$ ($t_B = 2\pi/\omega$) • unbestimmte Böendauer • nicht festgelegtes Abflauen • zwei Wiederholungen im ungünstigsten Zeitpunkt	• Sinushalbwelle • Entfaltungszeit = $t_B/2$ ($t_B = 2\pi/\omega$) • Dämpfung ist berücksichtigt • dynamischer Vergrößerungsfaktor φ' mit $\varphi' = f$ (Dämpfungswert, Eigenschwingwert T_e)
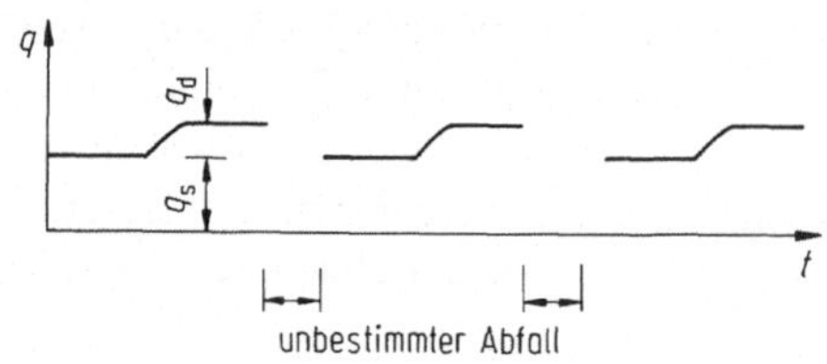	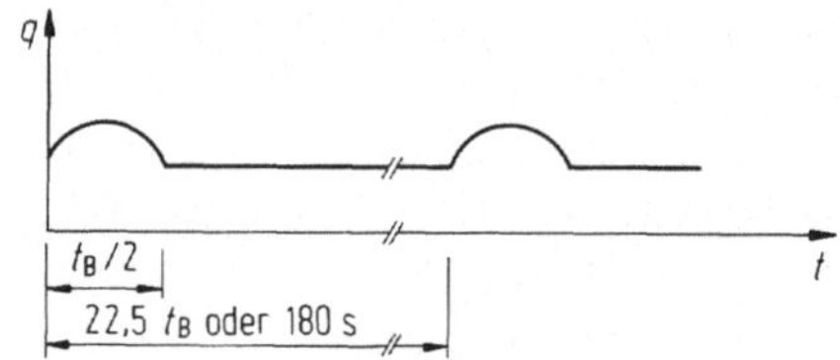
statische Ersatzlast	
$q_1 = (1+\beta)\,q$ mit $\beta = \frac{2}{\lvert 1-\eta \rvert^2}\sqrt{1+\eta-2\eta\,\sin \pi/2\eta}$ $\eta = \omega/\omega_e$	$q_1 = (0{,}4 + 0{,}6\,\varphi')\,q$ 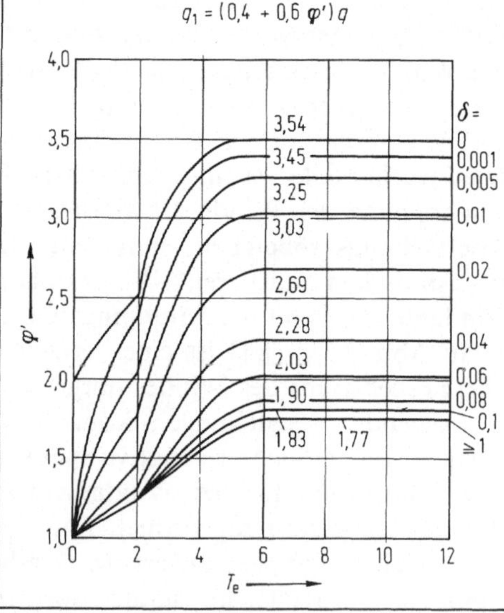

Abb. 2.3/1. Deterministiche Beschreibung von Windgeschwindigkeit und Winddruck

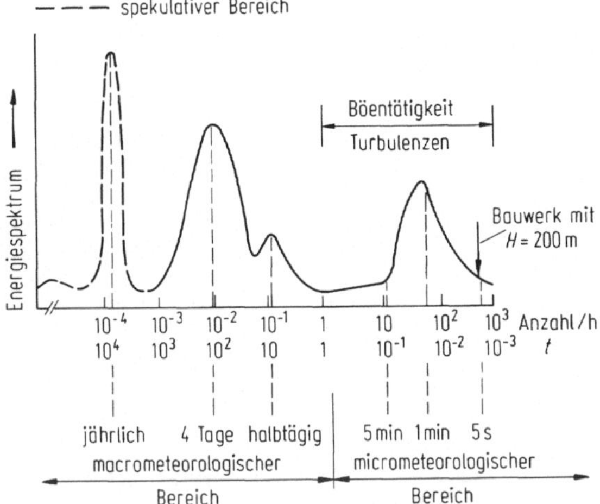

Abb. 2.3/2. Zeitabhängiges Windenergiespektrum in 100 m Höhe über dem Gelände nach Van der Hoven [84]

Wegen des relativ stabilen Spektralverhaltens im Stundenbereich wird i.allg. die Definition des mittleren Windes auf eine halbe Stunde, mindestens aber auf 10 bis 20 Minuten, orientiert. Für die praktische Berechnung von windbeanspruchten Tragwerken ist die Zuordnung der einzelnen Maxima des in Abb 2.3/2 gezeigten Böenspektrums zu ihren Ursachen wichtig.

Für die Untersuchung windbeanspruchter Bauwerke sind das durch den Tag-Nacht-Wechsel beeinflußte Maximum und der anschließende Spektralverlauf von Bedeutung.

Eine detailliertere Darstellung des Spektralverlaufs in diesem Zeitbereich ist ebenfalls in Abb. 2.3/2 für gemessene Werte an Türmen angegeben. Für die dynamische Untersuchung von windbeanspruchten Bauwerken werden damit realistische Anhaltspunkte gegeben.

Von Davenport [41] und Harris [43] werden Berechnungsformeln zur Beschreibung des Böenspektrums angegeben. In Abb. 2.3/3 sind diese Formeln zusammengestellt.

Folgende Sachverhalte sind für die *stochastische Beschreibung* des dynamischen Windanteils von Bedeutung: Der dynamische Anteil der Windgeschwindigkeit wird als ein stationärer Zufallsprozeß aufgefaßt. Der dynamische Anteil der Windgeschwindigkeit hat – wie der statische Anteil – räumlichen Charakter. Er wird mit zunehmender Höhe geringer. Die Geschwindigkeitsschwankungen des dynamischen Windanteiles werden als *Turbulenz* bezeichnet. Die Turbulenz wird als stationärer Zufallsprozeß dargestellt und durch ihre Varianz, Autokorrelation und das Energiespektrum in jeder Richtung beschrieben. Die Höhenabhängigkeit der Turbulenz kann in Abhängigkeit von der Höhenabhängigkeit des mittleren Windes dargestellt werden. Maßstab der Turbulenz ist die auf den zeitlichen Mittelwert der Windströmung bezogene Turbulenzintensität bzw. der Turbulenzgrad. Die Turbulenzintensität wird i.allg. auf die mittlere Windgeschwindigkeit in 10 m Höhe über Terrain bezogen. Die maximale Windgeschwindigkeit läßt sich mit Ein-

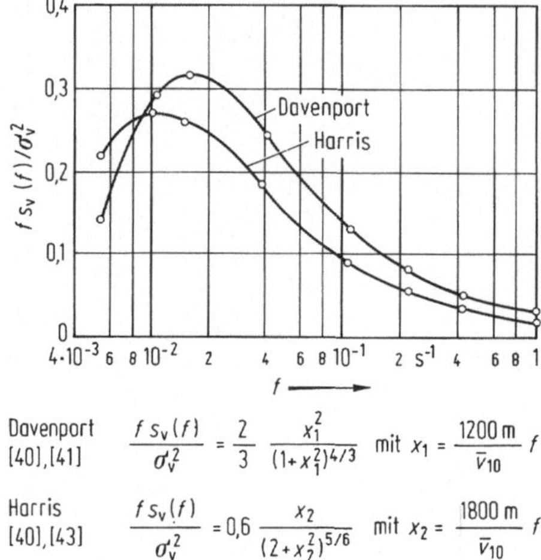

Abb. 2.3/3. Berechnungsformeln zur Beschreibung des Böenspektrums

führung des Böenfaktors (peak factor) g_v in der Form

$$\max V(t, z) = \bar{v}(z) + g_v \cdot \sigma_{v'} ,$$

darstellen. Die Kohärenzfunktion bzw. der Kreuzkorrelationskoeffizient beschreiben die räumliche Abhängigkeit der Windgeschwindigkeit vom Abstand der betrachteten Punkte in einer Windströmung.

Die wichtigsten Beschreibungsgrößen des dynamischen Windanteils sind in Abb. 2.3/4 zusammengestellt.

Von Bedeutung für die Winduntersuchungen von Bauwerken ist die Rückkehrperiode der Windgeschwindigkeitsmaxima.

Die stochastische Beschreibung der Windextremwerte kann durch eine Gumbel- oder Fréchet-Extremwertverteilung erfaßt werden (s. Abschn. 1.3).

Die Wahrscheinlichkeit P, daß ein Fraktilwert v_r der jährlichen Windgeschwindigkeit überschritten wird, ergibt sich zu

$$P(V > v_r) = 1 - r .$$

Die mittlere Rückkehrperiode des Fraktilwerts der jährlichen Maximalgeschwindigkeit ergibt sich zu

$$T(v_r) = 1/(1 - r) .$$

Bezogen auf die Lebensdauer N eines Bauwerks ergibt sich die Überschreitenswahrscheinlichkeit eines Fraktilwerts der Windgeschwindigkeit zu

$$P_N = 1 - r^N .$$

Turbulenz in Grenzschichten

Eine laminare Grenzschicht, die sich beim Überstreichen von Flächen geringer Rauhigkeit ausbildet, kann sich aus unterschiedlichen Ursachen in turbulente Grenzschichtbereiche verwandeln. Der Umschlag von einer laminaren in eine

Beschreibungsgröße	Berechnung	Bemerkungen	Darstellung
Autokorrelation $R_{y,y}(\tau)$	$R_{y,y}(\tau)=\lim_{T\to\infty}\frac{1}{2T}\int_{-T}^{T}y(t)y(t+\tau)\,dt$	bei verschwindendem Mittelwert auch als Autokovarianz bezeichnet	$y(t)$, t, τ
Autospektrum $S_{y,y}(\omega)$ (Energiespektrum / Leistungsspektrum)	$S_{y,y}(f)=\int_{-\infty}^{+\infty}R_{y,y}(\tau)e^{-i\omega\tau}d\tau$ $=2\int_{0}^{\infty}R_{y,y}(\tau)e^{-i\omega\tau}d\tau$	Verteilungsfunktion der Varianz, Fouriertransformierte der Autokorrelationsfunktion	$S_{yy}(f)$, $S_{yy}(°)$, σ_y^2, df, f
Kreuzkorrelation $R_{x,y}(\tau)$	$R_{x,y}(\tau)=\lim_{T\to\infty}\frac{1}{2T}\int_{-T}^{T}x(t)y(t+\tau)dt$	unsymmetrischer Verlauf, kein Maximum bei $\tau=0$, Zerlegung möglich: a) symetrischer Teil $R_{x,y_s}(\tau)=\frac{1}{2}[R_{x,y}(+\tau)+R_{x,y}(-\tau)]$ b) unsymmetrischer Teil $R_{x,y_u}(\tau)=\frac{1}{2}[R_{x,y}(+\tau)+R_{x,y}(-\tau)]$	
Kreuzspektrum $S_{x,y}(f)$	$S_{x,y}(f)=\int R_{x,y}(\tau)e^{-i\omega\tau}d\tau$	Fouriertransformierte der Kreuzkorrelationsfunktion. Zerlegung möglich: a) Kovarianzspektrum $Co_{x,y}(f)=2\int_{0}^{\infty}R_{x,y_s}(\tau)\cos\omega\tau\,d\tau$ b) Quadraturspektrum $Q_{x,y}(f)=2\int_{0}^{\infty}R_{x,y_u}(\tau)\sin\omega\tau\,d\tau$ $S_{x,y}(f)=Co_{x,y}(f)-iQ_{x,y}(f)$	
Kohärenz	$Coh_{x,y}(\omega)=\frac{\lvert S_{x,y}(\omega)\rvert^2}{S_{x,x}(\omega)S_{y,y}(\omega)}$	Ist $y(t)$ durch eine lineare Beziehung von $x(t)$ abhängig, so ist $Coh_{x,y}(\omega)$ für jede Frequenz ω der prozentuale Anteile der Varianz des unabhängigen Prozesses $x(t)$ an der Varianz des abhängigen Prozesses $y(t)$.	

Abb. 2.3/4. Die wichtigsten Beschreibungsgrößen des dynamischen Windanteils

turbulente Grenzschicht hängt von der Reynolds-Zahl, der Form der umströmten Fläche und der Turbulenz der Anströmung ab [40]. Beim *Vorbeiströmen* an einer ebenen glatten Plattenfläche erfolgt dieser Umschlag bei einer Reynolds-Zahl von $3 \cdot 10^5$. Die Rauhigkeit der Fläche begünstigt den Umschlag in eine turbulente Grenzschicht.

Beim *Umströmen* von Körpern ergibt sich ein Übergang von laminarer zu turbulenter Strömung an einem Ablösepunkt, der stark von der Form des umströmten Körpers und seiner Rauhigkeit beeinflußt wird.

Übergang von laminaren zu turbulenten Strömungen am Ablösepunkt

Der Übergang der Strömungsqualität am Ablösepunkt beeinflußt entscheidend das Strömungsgeschehen im Nachlaufbereich der Strömung. Folgende Charakteristika sind dabei zu beobachten:

- die Ausbildung von Strömungsbereichen unterschiedlicher Turbulenzqualität entlang stetiger Begrenzung eines Strömungsfeldes,
- die Ausbildung von Strömungsbereichen unterschiedlicher Turbulenzqualität infolge sprunghafter Veränderung der Strömungsbegrenzung,
- die Ausbildung von Nachstrombereichen unterschiedlicher Turbulenzqualität hinter angeströmten Körpern und
- die Ausbildung von Wirbeln und Wirbelstraßen hinter angeströmten Körpern.

Entlang einer *stetigen Begrenzung* eines Strömungsfeldes bilden sich turbulente Strömungsbereiche nach einem Ablösepunkt heraus, dessen Lage von der Flächenrauhigkeit, vom Druckansteig in der Strömungsrichtung und von der Reynolds-Zahl abhängig ist. Hinter dem Ablösepunkt wechselt die Strömungsrichtung im Bereich der turbulenten Strömung. An *unstetigen Änderungen* der Begrenzung eines Strömungsfeldes (Knick und sprunghafte Veränderungen) bilden sich turbulente Strömungsbereiche unmittelbar hinter der Unstetigkeitsstelle aus. Der Ablösepunkt liegt an der Unstetigkeitsstelle.

Hinter *angeströmten Flächen* und Körpern bilden sich turbulente Strömungen in einem Nachströmbereich aus. Der Ablösepunkt fällt bei scharfkantigen Begrenzungen mit diesen Kanten zusammen und kann bei stetiger Umrißlinie durch die Reibung der umströmten Oberfläche sowie durch die Körperform und die Windgeschwindigkeit beeinflußt werden und dann ähnlich dem der stetigen Strömungsbegrenzung verlaufen. Hinter dem Ablösepunkt ist im turbulenten Bereich ein nahezu konstanter Druckverlauf vorhanden.

Hinter *angeströmten Zylindern* kann bei ausreichender Reibung und ausreichendem Druckanstieg am Ablösepunkt eine Wirbelbildung eingeleitet werden. Zur Sicherung des Gleichgewichts bildet sich beim symmetrisch liegenden Ablösepunkt ein weiterer Wirbel entgegengesetzter Zirkulation. Damit entsteht eine stationäre Umfangsgeschwindigkeit mit unterschiedlichen Druckgrößen auf beiden Seiten des umströmten Körpers. Die Wirbelablösung an angeströmten Zylindern kann in Abhängigkeit von der Reynolds-Zahl periodisch sein (Karman-Wirbel). Die Wirbelablösefrequenz ist vom Durchmesser des Zylinders und von der Anströmgeschwindigkeit und der Strouhal-Zahl abhängig.

Detailliertere Informationen zur Wirbelbildung enthält Abschnitt 2.4.1 in dem auch die Abhängigkeit der Strouhal-Zahl von der Reynolds-Zahl angegeben ist.

Der Übergang vom Wind zur Windeinwirkung auf das Bauwerk

Die geschilderten Eigenschaften und Besonderheiten der Windströmungen wirken sich in unterschiedlicher Form auf das Bauwerk aus.

Wie schon erwähnt, wird die Windeinwirkung auf das Bauwerk nicht nur durch die Charakteristiken des Windes selbst, sondern auch durch die Wechselwirkung des Windes mit dem Bauwerk beeinflußt. Wichtige Bauwerkseigenschaften sind in diesem Zusammenhang: Form und Geometrie, Oberfläche, Steifigkeit, Dämpfung und die Umgebung des Bauwerks.

Das dynamische Verhalten von Bauwerken unter Windeinwirkungen ist vorwiegend bestimmt durch:

- die Turbulenzintensität des Windes,
- die winderzeugten Erregungskräfte,
- die Verformungsfähigkeit des Bauwerks,
- das Eigenschwingverhalten des Bauwerks, und
- die Bauwerksdämpfung.

Im folgenden wird die stochastische Erfassung des Winddrucks beschrieben, der sich aus der Wirkung eines turbulenten Windes auf ein Bauwerk ergibt. Diesem Anteil ist eine Verformung des Bauwerks in Windrichtung zugeordnet, die dem quasistatischen Anteil des Winddrucks aus dem Mittelwert der Windgeschwindigkeit und einem dynamischen Anteil aus der Fluktuation der Windgeschwindigkeit entspricht. Die Wirkungen aus Wirbelbildung und anderen schwingungserregenden Einflüssen werden in Abschnitt 2.4.1 behandelt.

Stochastische Ermittlung des Winddrucks auf ein Bauwerk

Die stochastische Ermittlung des Winddrucks aus der Windgeschwindigkeit erfordert die Transformation des stochastischen Windprozesses in den stochastischen Winddruckprozeß.

Der Windprozeß ist die zeitlich-räumlich stochastische, veränderliche Windgeschwindigkeit.

Dieser Zufallsprozeß wird in einen Anteil ohne dynamische Wirkung im Bauwerk und einen zweiten Anteil aufgespalten, der im Bauwerk dynamische Wirkungen hervorruft.

Der erstgenannte Anteil wird durch eine zeitabhängige Zufallsfunktion beschrieben, deren zeitliche Veränderlichkeit so langsam verläuft, daß sie keine dynamische Wirkung im Bauwerk hervorruft. Er kann also mit ausreichender Wirklichkeitsnähe als quasistatisch betrachtet werden und entspricht dem stochastischen, zeitunabhängig angenommenen Mittelwert des Prozeßverlaufs.

Im Gegensatz dazu ist der zweite Anteil ein kurzperiodischer Prozeß von nicht mehr vernachlässigbarer zufälliger zeitlicher Veränderlichkeit. Die kurzen Perioden seines Intensitätswechsels rufen kurzperiodische Winddrücke hervor, die zu dynamischen Reaktionen des Bauwerks führen.

Das stochastische Modell der Windgeschwindigkeit ist in Anpassung an die Bauwerksgeometrie ein drei-, zwei- oder eindimensionaler Feldprozeß. Für die praktische Berechnung ist es erforderlich, eine vereinfachte Modellierung der stochastischen Windeinwirkungen vorzunehmen. In Abb. 2.3/5 ist die Überführung des in der Natur tatsächlich vorhandenen dreidimensionalen Zufallsvektorfeldprozesses in Prozesse niedrigerer Dimensionalität dargestellt. Zur Untersuchung von schlanken, turmartigen Tragwerken ist die Reduzierung auf den eindimensionalen Feldprozeß naheliegend. Für gedrungenere Bauwerke bzw. ausgesprochen zweidimensionale Anströmflächen ist der eindimensionale Feldprozeß als Näherung zu betrachten, deren Zulässigkeit abgeschätzt werden muß.

Die Überführung des Windprozesses in den Winddruckprozeß wird am Beispiel des eindimensionalen Windprozesses erläutert. Nach Aufspaltung des Windprozesses in einen quasistatischen Anteil und einen fluktuierenden Anteil ergeben sich drei Aufgaben der stochastischen Beschreibung des Windprozesses und des zugeordneten Winddrucks:

- Ermittlung der stochastischen Beschreibungsgrößen für den quasistatischen Windanteil
- Ermittlung der stochastischen Beschreibungsgrößen für den fluktuierenden Windanteil
- Überführung der stochastischen Beschreibung des Windes in die des Winddrucks.

Die Ermittlung der Mittelwerte des Windprozesses und deren Verteilung ist stark vom zeitlichen Mittelungsintervall abhängig. Ein zweckmäßiger Bereich zur Mittelwertbildung ist der Frequenzbereich des Böenspektrums, in dem sich nur geringe Änderungen der Energiegehalte ergeben. Dies ist – wie bereits dargelegt – im Zeitintervall von einer halben Stunde der Fall.

Die Überführung der Mittelwerte der Windgeschwindigkeit in die quasistatischen Winddruckanteile erfolgt über das Widerstandsgesetz, das der Windgeschwindigkeit einen vom Quadrat der Windgeschwindigkeit abhängigen Winddruck zuordnet. Dieser Winddruck ist nur noch ortsveränderlich und zeitunabhängig. Er ist eine durch eine Verteilungsfunktion definierte Zufallsvariable.

Verteilungsfunktionen für den quasistatischen Winddruck ergeben sich als Periodenmittel der Zufallsvariablen mit Weibull-Verteilung und als extreme Periodenmittel pro Jahr mit Extremwertverteilung (Fisher-Tippet-Typ I-Verteilung).

Der quasistatische Winddruck wird bauwerksabhängig durch einen Widerstandsbeiwert an die konkreten Verhältnisse angepaßt. Die Modellierung des fluktuierenden Anteils der Windgeschwindigkeit kann über Kreuzkorrelationsfunktionen erfolgen. Die Überführung der stochastisch beschriebenen Windgeschwindigkeit in den zugeordneten stochastischen Winddruck erfolgt über die aerodynamische Übertragungsfunktion.

2.3.3 Seismische Einwirkungen

Die Erfassung und Beschreibung seismischer Einwirkungen auf Bauwerke verlangt enge Kooperation von Spezialisten unterschiedlicher Fach- und Wissenschaftsgebiete. Sie basiert auf einer Bestimmung bzw. Abschätzung der Seismizität des Bauwerksstandorts und ist bauwerks-, baugrund- und ausrüstungsspezifisch in die Eingabedaten für die Bauwerksuntersuchung zu überführen. Als Maßstab für diese Überführung und den Anspruch an die Aussagekraft der Einwirkungsbeschreibung dient – wie bereits mehrfach erwähnt – das Risikopotential des Bauwerks.

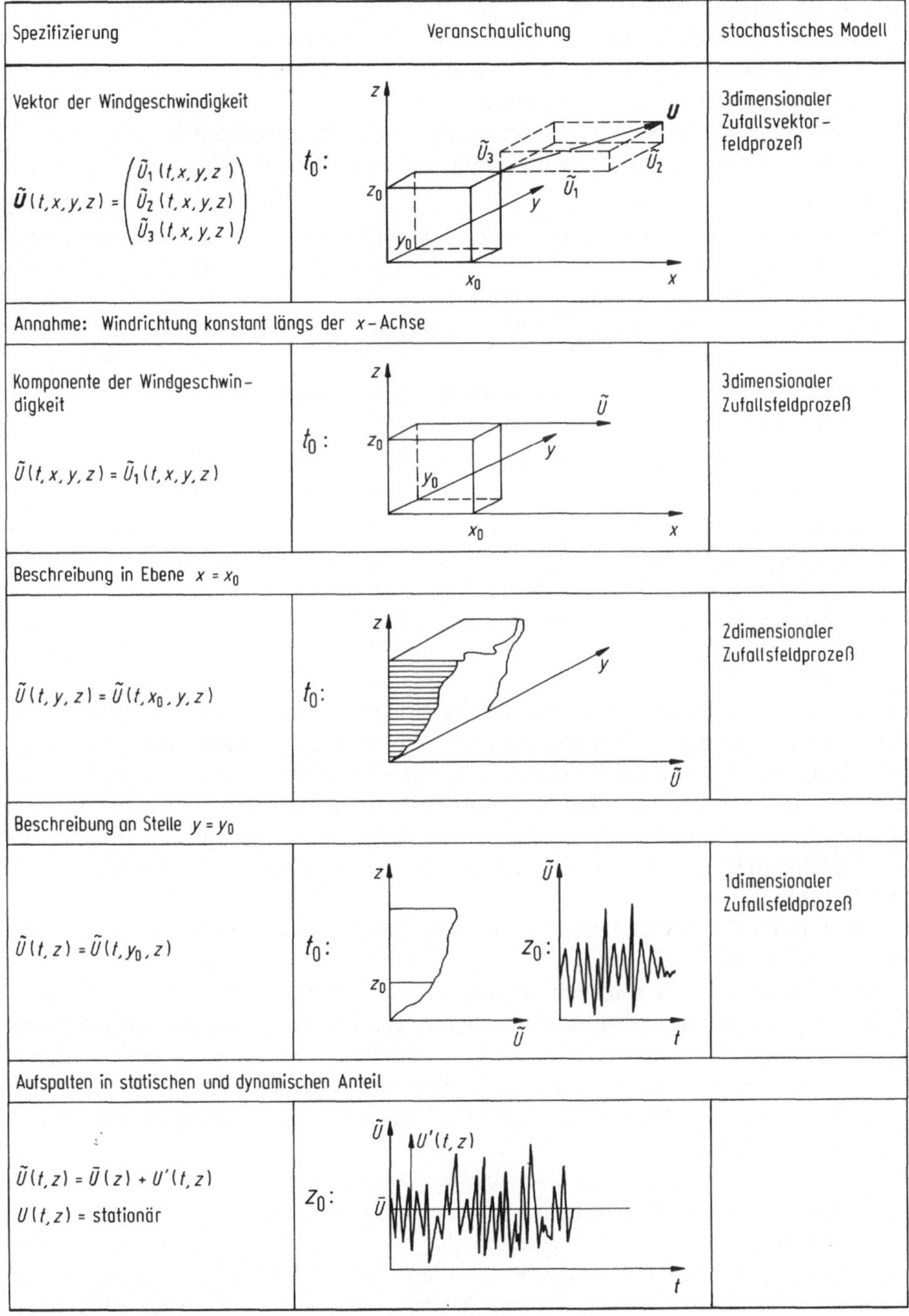

Abb. 2.3/5. Überführung des dreidimensionalen Zufallsvektorfeldprozesses in Prozesse niedrigerer Dimensionalität

Die Einwirkungsbeschreibung ist darüber hinaus noch aufgabenspezifisch unterschiedlich. Es sind drei Aufgabenklassen zu unterscheiden:

- Klasse 1: Seismische Untersuchung zukünftiger Bauwerke, die also für künftige seismische Einwirkungen auszulegen sind.
  Berechnungsziel: Sichere Bauwerksauslegung gegen seismische Einwirkungen
  Besonderheit: Seismische Einwirkungen und Bauwerkseigenschaften sind festzulegen.
- Klasse 2: Seismische Untersuchung bestehender Bauwerke, die infolge erhöhter Sicherheitsanforderungen oder veränderten Risikopotentials für künftige seismische Einwirkungen auszulegen sind.
  Berechnungsziel: Erhöhung der Widerstandsfähigkeit gegen seismische Einwirkungen.
  Besonderheit: Seismische Einwirkungen sind festzulegen, Bauwerkseigenschaften sind bekannt.
- Klasse 3: Seismische Untersuchungen bestehender, seismisch geschädigter Bauwerke, die also unter bekannten seismischen Einwirkungen standen.
  Berechnungsziel: Erarbeitung von Grundlagen für Reparatur, Rekonstruktion oder Abbruch des seismisch geschädigten Bauwerks, Erweiterung des Erfahrungsschatzes zur seismischen Sicherheit von Bauwerken.
  Besonderheit: Seismische Einwirkungen und Bauwerkszustand sind bekannt.

Grundlagen

Die sachgerechte Beschreibung seismischer Einwirkungen ist unter Vorwegnahme der Anforderungen und Bedingungen des Bauwerks, des Baugrundes, der Ausrüstungen und der Nutzungsanforderungen durchzuführen. Dies ist durch die in Abb. 2.3/6 [85] angegebene Kooperationskette abzusichern. Der Ermessensspielraum und die technisch-wissenschaftlichen Vorarbeiten zur Festlegung der zu beachtenden seismischen Einwirkungen sind für die einzelnen Aufgabenklassen unterschiedlich.

Die für diese Aufgaben bereitzustellenden Daten der Seismizität lassen sich wie folgt unterscheiden:

- *Zonenkarten*, die aus Aufzeichnungen vergangener seismischer Erscheinungen, Beobachtungen über seismische Erscheinungsformen und aus der vorhandenen geologischen und tektonischen Struktur abgeleitet und i.allg. im Normenwerk verankert sind. Die Quantifizierung der Seismizität der definierten Zonen erfolgt durch Angabe der Magnitude bzw. der Intensität der zu erwartenden seismischen Einwirkungen.
- *Mikrozonenkarten*, die in Präzisierung der Zonenkarten die lokalen Verhältnisse des Baugrundes berücksichtigen und damit konkretere standortspezifische Aussagen enthalten als die Zonenkarten. Sie werden i.allg. objektorientiert oder regionbezogen aufgestellt und sind als Planungs- und Projektierungsgrundlage sowie zur konkreten Bewertung von Alternativstandorten heranzuziehen.
- *Zeitverläufe* vergangener seismischer Einwirkungen mit Angabe von Dauer, Amplitudenverteilung, Verlauf und Richtung dieser Einwirkungen. Sie lassen eine Abschätzung der Wahrscheinlichkeit zu erwartender Zeitverläufe an geologisch-tektonisch ähnlich gelagerten Standorten zu.

Aufgaben	Kooperationspartner					
	Geophysiker	Erdbeben-ingenieur	Boden-mechaniker	Nutzer	Bau-ingenieur	Anlagen-ingenieur
globale Beschreibung des Erdbebens	●	○				
lokale Beschreibung des Erdbebens		●	○	○		
Objekt- und Grundrißplanung			○	●		
Erfassung des Risikopotentials				●	○	○
Modellierung der Wechselwirkung zwischen Bauwerk und Umwelt			○	○	○	
Modellierung des Baugrund			●			
Modellierung der Wechselwirkung zwischen Bauwerk und Baugrund			○		●	
Modellierung der Wechselwirkung zwischen Bauwerk und Ausrüstung					●	○
Berechnung des Tragwerks			○		●	
Berechnung der Wechselwirkung zwischen Bauwerk und Ausrüstung					●	○

Abb. 2.3/6. Kooperationsnotwendigkeiten zur Erfassung von Erdbebeneinwirkungen. ● notwendige Aufgabenzuordnung, ○ mögliche Aufgabenzuordnung

- *Entwurfsspektren*, die die seismischen Einwirkungen durch eine definierte Umhüllende von Spektralwerten beschreiben und mit Faktoren an Dämpfungseigenschaften des Baugrundes und des Bauwerks angepaßt werden können. In letzter Zeit häufen sich die Bemühungen, regional orientierte Entwurfsspektren durch standortspezifische lokale Spektren zu ersetzen und somit den Besonderheiten des Baugrundes am Bauwerksstandort oder auch lokalen tektonischen und geologischen Unregelmäßigkeiten Rechnung zu tragen.
- *Berechnungswerte*, mit deren Hilfe die zu erwartenden seismischen Einwirkungen mittels Faktoren quasistatisch aus den Bauwerksmassen ermittelt werden. Die Faktoren sind in den Normen mit unterschiedlicher Differenzierung zur Berücksichtigung der Seismizität des Standorts, der dynamischen Charakteristiken des Bauwerks, Baustoffs und Baugrundes angegeben. Diese vereinfachte Beschreibung der seismischen Einwirkungen ist i.allg. nur für Bauwerke niedrigen Risikopotentials zugelassen.

Zum Verständnis unterschiedlicher Beschreibungsformen und ihrer Aussagekraft werden einige Besonderheiten seismischer Einwirkungen auf Bauwerke erläutert.

Die seismische Einwirkung auf das Bauwerk ist das Ende einer Folge dynamischer Vorgänge, die im Hypozentrum ihren Anfang nehmen und sich von dort bis

zum Standort des Bauwerks wellenartig ausbreiten. Auf dem Wege vom Hypozentrum zum Bauwerk erfahren die seismischen Wellen Brechungen, Reflexionen, Dämpfungen und andere Veränderungen ihrer dynamischen Charakteristiken. Diese Veränderungen gleichen einem Filtervorgang, der aus dem Spektrum der seismischen Wellen Frequenzen ausblenden, verstärken oder verschieben kann. Einflüsse auf diese Filterung sind:
- die Art der seismischen Aktivität (absolute oder relative Verschiebung, Bodenbeschleunigung), Frequenzgehalt und Richtungsorientierung dieser Aktivität,
- die zwischen Hypozentrum und Bauwerksstandort liegenden tektonischen und geologischen Gegebenheiten (schroffe Wechsel der geologischen Verhältnisse, geologische Schichtenbildung, Grundwasserverhältnisse, Fortpflanzungsgeschwindigkeit und Absorbtionsfähigkeit der geologischen Formationen) und
- die Baugrundspezifika am Bauwerksstandort (Fels, Lockergestein, kohäsionslose, wassergesättigte und kohäsive Böden).

Die geologischen Bedingungen führen zu charakteristischen Ausprägungen der seismischen Erregung. So verursachen die bekannte San-Andreas-Faltung und

Intensität	Kennzeichen
1	nur von Erdbebeninstrumenten registriert
2	nur ganz vereinzelt von von ruhenden Personen wahrgenommen
3	nur von wenigen verspürt
4	von vielen wahrgenommen, Geschirr und Fenster klirren
5	hängende Gegenstände pendeln, viele Schlafende erwachen
6	leichte Schäden an Gebäude, feine Risse im Verputz
7	Risse im Verputz, Spalten in den Wänden und Schornsteinen
8	große Spalten im Mauerwerk, Giebelteile und Dachgesimse stürzen ein
9	an einigen Bauten stürzen Wände und Dächer ein, Erdrutsche
10	Einstürze von vielen Bauten, Spalten im Boden bis 1 m Breite
11	viele Spalten im Boden, Erdrutsche in den Bergen
12	starke Veränderungen an der Erdoberfläche

Zusammenhänge zwischen den Skalen

Skala	Intensitätsgrade											
MSK-64	2	3	4	5	6	7	8	9	10	11	12	
MM	1	2	3	4	5	6	7	8	9	10	11	12
RF	2	3	4	5	6	7	8	9	10			
JMA	1	2	3	4	5	6	7					

MM modifizierte Mercalli-Skala
RF Rossi-Forel-Skala
JMA Skala der Japanischen Meteorologischen Gesellschaft

Abb. 2.3/7. Charakterisierung der MSK-Skala und Gegenüberstellung mit anderen Intensitätsskalen

mittelozeanische Plattengrenzbereiche vorwiegend flache Erdbeben, deren Hypozentren bis zu 50 km tief liegen, während Plattenrandverwerfungen im Tiefseebereich tiefliegende und im Mittelmeerbereich sowohl flache als auch tiefliegende Hypozentren entwickeln.

Die wichtigsten Beschreibungsgrößen seismischer Erregung sind die Intensität und die Magnitude seismischer Erregung.

Die Beschreibung der Stärke seismischer Erregung durch die *Intensität* stützt sich auf qualitative Merkmale und ist durch zahlreiche Vorschläge von Intensitätsskalen gekennzeichnet.

In Abb. 2.3/7 ist die häufig verwendete MSK-Skala (nach Medvedev, Sponheuer und Kárnák) mit einer Kurzcharkterisierung der Skalenmerkmale und einer Gegenüberstellung zu anderen Intensitätsskalen angegeben. Die Intensitätsabnahme in Abhängigkeit von der Entfernung zum Hypozentrum ist in Abb. 2.3/8 nach [86] angegeben.

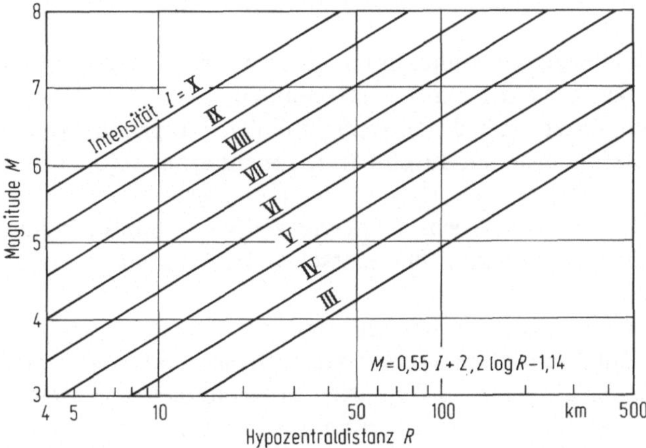

Abb. 2.3/8. Abhängigkeit der Intensität von der Entfernung zum Hypozentrum

Die Beschreibung der Erdbebenstärke durch die *Magnitude* ist experimentell gestützt und wird aus gemessenen Amplituden der seismischen Wellen abgeleitet. In Abhängigkeit von der ausgewerteten Wellenart unterscheidet man die lokale Magnitude, deren Aussage auf einen Bereich von etwa 500 km Durchmesser beschränkt ist, die aus den Körperwellen abgeleitete Magnitude und die aus den Oberflächenwellen abgeleitete Magnitude, die besonders zur Beschreibung sehr starker Erdbeben geeignet ist.

Die Magnitude kann näherungsweise der beim Erdbeben freigesetzten Energie zugeordnet werden. Darüber hinaus können Zuordnungen von der Magnitude zur Intensität, Beziehungen zwischen der Intensität und der Beschleunigung, bzw. der Intensität und der Grundgeschwindigkeit sowie der Magnitude und Bebendauer angegeben werden.

Normenfestlegungen

Die nationalen Normen zeigen teilweise erhebliche Abweichungen in den Festlegungen zur Erfassung seismischer Einwirkungen. Dies ist teilweise durch regionale Besonderheiten, teilweise auch aus der Notwendigkeit entstanden, bestehende nationale Normen an Erfahrungen aus Erdbeben jüngeren Datums anzupassen.

In den letzten Jahren hat die internationale Kooperation auf dem Gebiet der Erdbebenvorsorge und des Austausches von wissenschaftlichen Erkenntnissen und konkreten Erfahrungen zu einem teilweisen Ausgleich nationaler Unterschiede, vor allem in der Sicherheitsphilosophie und den Grundbestandteilen seismischer Normen geführt. Ausgangspunkt solcher Bemühungen sind u.a. der Basic-Code der Welterdbebenorganisation [87], der Basic Code ISO 3010 der Internationalen Organisation für Standardisierung [88] und der EUROCODE Nr. 8 [89].

Die Grundzüge dieser Normenorientierungen, die nationale Anpassungen ermöglichen und erforderlich machen, werden nachstehend kurz skizziert.

Orientierungen des Basic Codes der Welterdbebenorganisation. Folgende Orientierungen werden zur Erfassung und Beschreibung seismischer Einwirkungen gegeben:

- Die Festlegung von Erdbebenzonen sollte unter Anwendung von Optimierungskriterien und unter Berücksichtigung des akzeptablen Risikos erfolgen.
- Makrozonenkarten sollten unter Berücksichtigung lokaler Baugrundverhältnisse und topografischer Besonderheiten durch Mikrozonenkarten ergänzt und präzisiert werden.
- Bei eingeerdeten Bauwerken ist die Wechselwirkung zwischen Bauwerk und Baugrund in Abhängigkeit von der Bauwerksklasse zu berücksichtigen oder abzuschätzen.
- Die Erfassung und Beschreibung seismischer und anderer Einwirkungen sind mit Berücksichtigung des Zufallscharakters sowie der zeitlichen und räumlichen Verteilung der Einwirkungen aus Hazard-Szenarien abzuleiten. Dabei ist die Risikokategorie des Bauwerks für den Detaillierungsgrad und die Anforderungen maßgebend.
- Die Erfassung und Beschreibung seismischer und anderer Einwirkungen ist an drei Entwurfssituationen anzupassen (ständig, vorübergehend, zufällig), die sich in der Wahrscheinlichkeit des Auftretens der Einwirkung und der Einwirkungsdauer unterscheiden.
- Die Festlegungen der seismischen und anderen Einwirkungen hat so zu erfolgen, daß sie ein angemessenes Risikoniveau für die Lebensdauer des Bauwerks gewährleisten.
- Für Bauwerksstandorte mit seismisch empfindlicher Tektonik sollten zusätzlich zu den Erfahrungen aus früheren seismischen Aktivitäten Sicherheitsstudien angefertigt und daraus Festlegungen über die Erfassung und Beschreibung seismischer Einwirkungen abgeleitet werden.

Orientierungen aus dem ISO—Standard 3010. Folgende Orientierungen werden gegeben:

- Für die Tragfähigkeits- und Gebrauchsfähigkeitsnachweise sind zwei Stufen seismischer Einwirkungen zu unterscheiden (starkes und mäßiges Erdbeben).

- Die Seismizität der Region ist durch Zonenkarten zu charakterisieren, die aus historischen seismischen Ereignissen und seismisch-tektonischen Daten abzuleiten sind.
- Die Ermittlung der Seismizität des Bauwerksstandorts hat durch Mikrozonierung zu erfolgen, Dabei sind naheliegende Faltungen, der tektonische Aufbau, das Baugrundverhalten unter extremen Einwirkungen, die Möglichkeit von Liquifaktionen und die Interaktionen zwischen diesen Phänomenen zu beachten.
- Die zu erwartende extreme seismische Aktivität in einer festgelegten zeitlichen Periode ist auf der Grundlage der lokalen Seismizität zu bestimmen,
- Bei der Beurteilung des Bauwerksstandorts sind auch mögliche seismisch bedingte zusätzliche Setzungen und Liquifaktionsgefahren bei kohäsionslosem, wassergesättigtem Sand zu beachten.
- Bei der Festlegung der seismischen Einwirkungen sind auch die Duktilität und die Strukturqualität einzubeziehen, wenig duktile Tragwerke und solche ohne Redundanz (statisch bestimmte) sollten mit erhöhten seismischen Einwirkungen belegt werden.
- Für den Nachweis des Grenzzustands der Tragfähigkeit kann die aus der seismischen Einwirkung entstehende Horizontalkraft als quasistatische Einwirkung mit Berücksichtigung der Bauwerksbedeutung, der seismischen Zone, der Tragwerksstruktur und des aus einem Spektrum abzuleitenden dynamischen Koeffizienten ermittelt werden.
- Es sind alle drei Translationskomponenten möglicher seismischer Einwirkungen mit abgeminderter Intensität der Vertikalkomponente zu berücksichtigen. Dabei ist zu beachten, daß die Quadratwurzel-Superposition nicht immer die ungünstigsten Werte liefert.
- Bei der Tragwerksuntersuchung unter aktuellen seismischen Einwirkungen sind Strong-motion-Aufzeichnungen des fraglichen Standorts oder geologisch, tektonisch und topografisch ähnlicher Standorte zu nutzen.

Orientierungen des Eurocodes Nr. 8. Grundlage für die Festlegung seismischer Einwirkungen ist eine dreistufige Zonenkarte, die unter Beachtung der vorhandenen Tektonik und der seismischen Aktivitäten der Vergangenheit aufgestellt wird. Maßstab für die Bewertung der seismischen Aktivitäten ist die Erdbebenstärke nach der MSK-Skala.

- Zonen starker Erdbebengefährdung sind Regionen, in denen Erdbeben der Stärke VIII in weniger als 100 Jahren zu erwarten sind. Zonen mittlerer Erdbebengefährdung sind durch zu erwartende Erdbeben der Stärke VIII in mehr als 100 Jahren bzw. der Stärke VII in weniger als 100 Jahren charakterisiert. Bei der Erwartung von Erbeben der Stärke VII in 100 bis 200 Jahren liegt eine Zone niedriger Erdbebengefährdung vor.
- Die Erdbebenintensität, charakterisiert durch den Spitzenwert der Bodenbeschleunigung, wird zonenabhängig mit Faktoren von 0,15 bis 0,35 berücksichtigt, die Erdbebeneinwirkung wird durch ein auf die maximale Bodenbeschleunigung normiertes Antwortspektrum beschrieben.
- Der Einfluß der Bauwerksdämpfung und des Baugrundes wird in normierten Bemessungsspektren berücksichtigt, denen drei unterschiedliche Baugrundtypen

zugrunde liegen. Orientierungswerte für die Spektrendaten sind als Grundlage für nationale Festelegungen gegeben.
- Auf die Notwendigkeit, auch asynchrone seismische Erregungen bzw. Auswirkungen solcher Asynchronitäten auf die Torsionsschwingung von Bauwerken zu berücksichtigen, wird verwiesen.
- Die Kombinationsnotwendigkeit der Translationseinwirkungen wird tragwerksspezifisch modifiziert, die Vernachlässigung der Vertikalkomponente der seismischen Erregungen ist ebenso möglich wie die der Horizontalkomponente, wenn die Tragstruktur vorwiegend vertikal bzw. horizontal orientiert ist. Vor Vernachlässigung der Vertikalkomponente bei vorgespannten Tragwerken, weitgespannten horizontalen Tragelementen und auskragenden Bauteilen wird gewarnt.
- Die Kombination von seismischen Einwirkungen mit anderen zufälligen Einwirkungen und Einwirkungen kurzer Dauer (Wind) ist nicht erforderlich. Empfehlungen zu Kombinationsregeln und Kombinationskoeffizienten werden gegeben.

Orientierungen des CEB/FIP Dokuments Seismic Design of Concrete Structures (*Second Draft Januar* 1982) [90]. Auf der Grundlage der Empfehlungen des "Basic Concepts for Seismic Codes" der IAEE werden folgende Orientierungen gegeben:
- In die Beschreibung seismischer Einwirkungen sind die Daten aus historischen und lokalen seismischen Ereignissen, die regionalen tektonischen und geologischen Bedingungen, alle durch seismische Einwirkungen hervorgerufenen zusätzlichen Gefahrenquellen, das Abklingverhalten der seismischen Wirkungen mit zunehmendem Abstand vom Hypozentrum und die lokalen Bedingungen einzubeziehen.
- Die Auswertung von seismischen Daten muß die statistische Qualität der Intensität, des Frequenzgehalts der Grundbeschleunigung und der lokalen Bedingungen erfassen.
- Die tektonischen und geologischen Bedingungen sind unter Berücksichtigung der tektonischen Strukturen und Prozesse, primärer und sekundärer Falten, seismischer Aktivität, geschätzter Maximalamplitude, der freigesetzten Energie pro Zeiteinheit, des Freisetzungsmechanismusses und der Tiefe des Hypozentrums zu bewerten.

  Die Schätzung künftig zu erwartender seismischer Einwirkungen ist auf der Grundlage von Magnituden-Wiederholungskurven sowie der möglichen zufälligen Veränderung der Aktivitäten in Abhängigkeit von der Zeit durchzuführen.
- Die Schätzung des Abklingverhaltens der Intensität ist als Grundlage für die Erfassung der Grundbeschleunigung erforderlich.
- Der Einfluß lokaler Baugrund-, topografischer und geologischer Bedingungen auf die seismische Einwirkung ist im Erregungsmodell zu berücksichtigen. Die vorwiegende Orientierung von Mikrozonierungen auf schubsteife Balken und lagenweise Baugrundveränderungen sowie die vorwiegende Erfassung von eindimensionalen vertikalen Scher (SV)-Wellen berücksichtigt die Bedingungen nur für einen schmalen Praxisbereich.
- Zwei- und dreidimensionale seismische Wirkungen und unterschiedliche Wellenarten zeigen wesentliche Abweichungen zur eindimensionalen SV-Wellenbe-

trachtung, so daß diese für kompliziertere Verhältnisse lediglich als Orientierung und Ergänzung zu gemessenen Daten zu betrachten sind.

Informationen zu nationalen Erdbebennormen

Die nationalen Normen beziehlen sich i.allg. auf übliche Hochbauten. Besondere Bedingungen, wie sie z.B. bei der seismischen Auslegung von Kernkraftwerken und anderen Bauwerken hohen Risikopotentials vorliegen, werden durch spezielle Vorschriften erfaßt.

Entsprechend dieses Gültigkeitsbereichs sind die nationalen Vorschriften i.allg. auf vereinfachte Berechnungsverfahren wie die Ermittlung quasistatischer Einwirkungen oder seismischer Wirkungen aus dem Antwortspektrum orientiert.

Dementsprechend unterscheiden sich die länderspezifischen Erdbebennormen vor allem im Umfang und in der Art von Faktoren, die Spezifika von Bauwerk, Baustoff, Baugrund und seismische Zone berücksichtigen, und in den Spektren, die bei der seismischen Untersuchung nach der Antwortspektrenmethode zu verwenden sind. Zu ausgewählten nationalen Normen werden einige Informationen gegeben.

Bundesrepublik Deutschland [91]. Die Differenzierung der seismischen Einwirkungen wird in der DIN 4149/1 erfaßt hinsichtlich

- der *Bauwerksfunktion* durch unterschiedliche Nutzlasten für Wohngebäude, Büros, Hörsäle, Versammlungsräume, Lagerräume u.ä.,
- der *Erdbebenstärke* durch vier seismische Zonen mit Faktoren K_s von 0,025 bis 0,1,
- der *Baugrundqualität* durch vier unterschiedliche Gesteins- bzw. Bodenmerkmale mit Faktoren k_b von 1,0 bis 1,4,
- der *Bauwerkswertigkeit* bzw. des Risikopotentials mit Faktoren k_c von 0,5 bis 1,0,
- der tragwerks- bzw. *baustoffspezifischen Besonderheiten* mit Faktoren k_e.

Schweiz [26]. Die Differenzierung der seismischen Einwirkungen wird in der SIA E160 berücksichtigt hinsichtlich

- der *Erdbebenstärke* durch drei Gefährdungszonen mit unterschiedlichen Bemessungsspektren, die in Abhängigkeit von der Erdbebenstärke nach der MSK-Skala definiert sind,
- der *Bauwerkswertigkeit* bzw. des Risikopotentials durch Einführung von vier Bauwerksklassen, die in Abhängigkeit von der Gefahr für Leben und Gesundheit der Menschen und ihrer allgemeinen Bedeutung definiert sind,
- der *Tragwerks-* und *Bauweisen-* bzw. *Baustoffspezifik* durch Verformungsfaktoren K und Konstruktionsfaktoren c_k in Abhängigkeit von der Bauwerksklasse.

Frankreich [92]. Die Differenzierung der seismischen Einwirkungen wird in der französischen Erdbebenvorschrift erreicht hinsichtlich

- der *Nutzlast* durch Reduktionsfaktoren r, die in Abhängigkeit von drei Bauwerksfunktionen Werte zwischen 0,4 und 1,0 annehmen können,
- der *Bauwerkswertigkeit* bzw. des Risikopotentials durch Faktoren k_c, die in Abhängigkeit von der seismischen Zone Werte zwischen 0,5 und 2,5 annehmen können,

- der *Baugrundverhältnisse* durch Faktoren k_b die in Abhängigkeit von vier Baugrundklassen Werte zwischen 0,9 und 0,3 annehmen können,
- der Tragwerks-bzw. *Baustoffbesonderheiten* durch Dämpfungsfaktoren, die in Abhängigkeit von den dynamischen Charakteristiken und der Baugrundqualität festgelegt sind.

Jugoslavien [93]. Im jugoslavischen Erdbebencode wird die Differenzierung der seismischen Einwirkungen vorgenommen hinsichtlich
- der *Nutzlast* durch Reduktionsfaktoren r, die in Abhängigkeit von der Bauwerksfunktion Werte zwischen 1,0 und 0 annehmen können,
- der *Erdbebenstärke* durch drei Intensitätszonen und Regionen mit der Notwendigkeit lokaler Seismizitätsbestimmung,
- des *Baugrundes* durch drei Bodenklassen und zusätzlich ausgewiesenen Bodenqualitäten, die nur bei unbedingter Notwendigkeit überbaut werden dürfen,
- der *Bauwerkswertigkeit* bzw. des Risikopotentials durch vier Kategorien mit einer Kategorie für Bauwerke hohen Risikopotentials, für die dynamische Berechnungen durchzuführen sind,
- der Tragwerks- bzw. Bauweisen- und *Baustoffspezifik* durch Einführung von vier Kategorien, deren Besonderheiten durch einen Faktor k_e berücksichtigt werden, der Werte zwischen 1,0 und 2,0 annehmen kann.

Japan [94]. Die Differenzierung der seismischen Einwirkungen wird in der japanischen Erdbebenvorschrift für allgemeine Hochbauten bis zu einer Höhe von 60 m erreicht hinsichtlich
- der *Erdbebenstärke* durch Einführung von drei Zonen und einer Zusatzzone für Okinawa mit Faktoren k_a von 0,7 bis 1,0,
- der *Baugrundverhältnisse* durch Definition von drei Baugrundklassen,
- der *Tragwerksspezifik* durch Faktoren zur Berechnung der Grenzschubfestigkeit von Geschossen.

Algerien [95]. Die Differenzierung der seismischen Einwirkungen wird durch die algerische Erdbebenvorschrift für allgemeine Hochbauten vorgenommen hinsichtlich
- der *Nutzlasten* durch Reduktionsfaktoren r zwischen 0,25 und 1,0,
- der *Bauwerkswertigkeit* durch Faktoren k_a zwischen 0,05 und 0,035 in Abhängigkeit von drei seismischen Zonen,
- des *Baugrundes* durch Festlegung der relativen Dichte und der Scherwellengeschwindigkeit für drei unterschiedliche Baugrundklassen,
- der Tragwerks- bzw. Bauweisen- und *Baustoffspezifik* durch einen Faktor k_e, der Werte zwischen 0,20 und 0,67 annehmen kann.

USA [96]. Die Differenzierung seismischer Einwirkungen in den USA erfolgt teilweise durch regional gültige und in stetiger Entwicklung befindliche Vorschriften und Empfehlungen. Sie wird im Draft Seismic Standard for Federal Buildings erreicht hinsichtlich
- der *Nutzlasten* durch einen Reduktionsfaktor r für Lasten aus Lagergütern von 0,25 und für Schnee von 0 bis zu 1,0,

- der *Erdbebenstärke* durch Einteilung in vier seismische Zonen mit dem Faktor k_a zwischen 0,188 und 1,0,
- der *Baugrundqualität* durch einen Faktor k_b, der vier unterschiedliche Baugrundklassen mit Werten zwischen 1,0 und 1,5 berücksichtigt,
- der *Bauwerkswertigkeit* bzw. des Risikopotentials durch einen Faktor k_c mit Werten zwischen 1,0 und 1,5,
- der Tragwerks- bzw Bauweisen- und *Baustoffspezifik* durch einen Faktor k_e, der Werte zwischen 0,67 und 2,5 annehmen kann.

Neuseeland [97]. Die Differenzierung der seismischen Einwirkungen wird vorgenommen hinsichtlich
- der *Erdbebenstärke* durch Einführung von drei Zonen, für die baugrundabhängige und eigenschwingungsabhängige Faktoren zur Ermittlung der Grundbeschleunigung angegeben sind,
- der *Bauwerkswertigkeit* bzw. des Risikopotentials durch Risikokoeffizienten, die Werte zwischen 1,0 und 2,0 (für Bauwerke hohen Risikopotentials bis 3,0) annehmen können,
- der *Baustoffspezifik* durch Koeffizienten, die Werte zwischen 0,8 und 1,2 annehmen können,
- der Tragwerksspezifik durch Duktilitätsfaktoren, die Werte zwischen 0,8 und 2,5 annehmen können.

Gegenüberstellungen und Bewertung von Bemessungsspektren Nationaler Erdbebenvorschriften

In den letzten Jahren wurden kritische Auseinandersetzungen mit den in Vorschriften verankerten Entwurfspektren durchgeführt. Verwiesen sei auf die Arbeiten von Klein [98], Oshaki [99], Seed, Ugas und Lysmer [100], Vanmarcke [101], Wieck und Schneider [102], Devilliers [103] sowie Hampe und Schwarz [104].

Einer der Hauptpunkte dieser Auseinadersetzung war und ist die Übertragbarkeit von Spektren aus seismischen Daten einer Region auf die Erfassung der Seismizität anderer Regionen.

Dies wurde für den mitteleuropäischen Raum auch im Zusammenhang mit der Gewährleistung der seismischen Sicherheit von Kernkraftwerken interessant, die sich oftmals auf die unkritische Übernahme amerikanischer Spektren stützte.

Es gibt Zusammenhänge und damit Überführungsmöglichkeiten zur Beschreibung seismischer Erregungen im Zeit- und Frequenzbereich (Abb. 2.3/9). Entwurfsspektren sind aus einer Menge von repräsentativen Erdbebenzeitverläufen abgeleitet und sind geglättete Umhüllende der jeweiligen Einzelspektren. Sie können standortspezifische und magnitudenabhängige Besonderheiten aufweisen, die ihre Übertragbarkeit auf andere Standorte einschränken.

Vergleiche internationaler Spektrenvorschläge für unterschiedliche Magnitudenbereiche enthält Abb. 2.3/10.

Folgende Feststellungen können nach [104] für mitteleuropäische Regionen mit besonderer Berücksichtigung der für Kernkraftwerke und andere Bauwerke

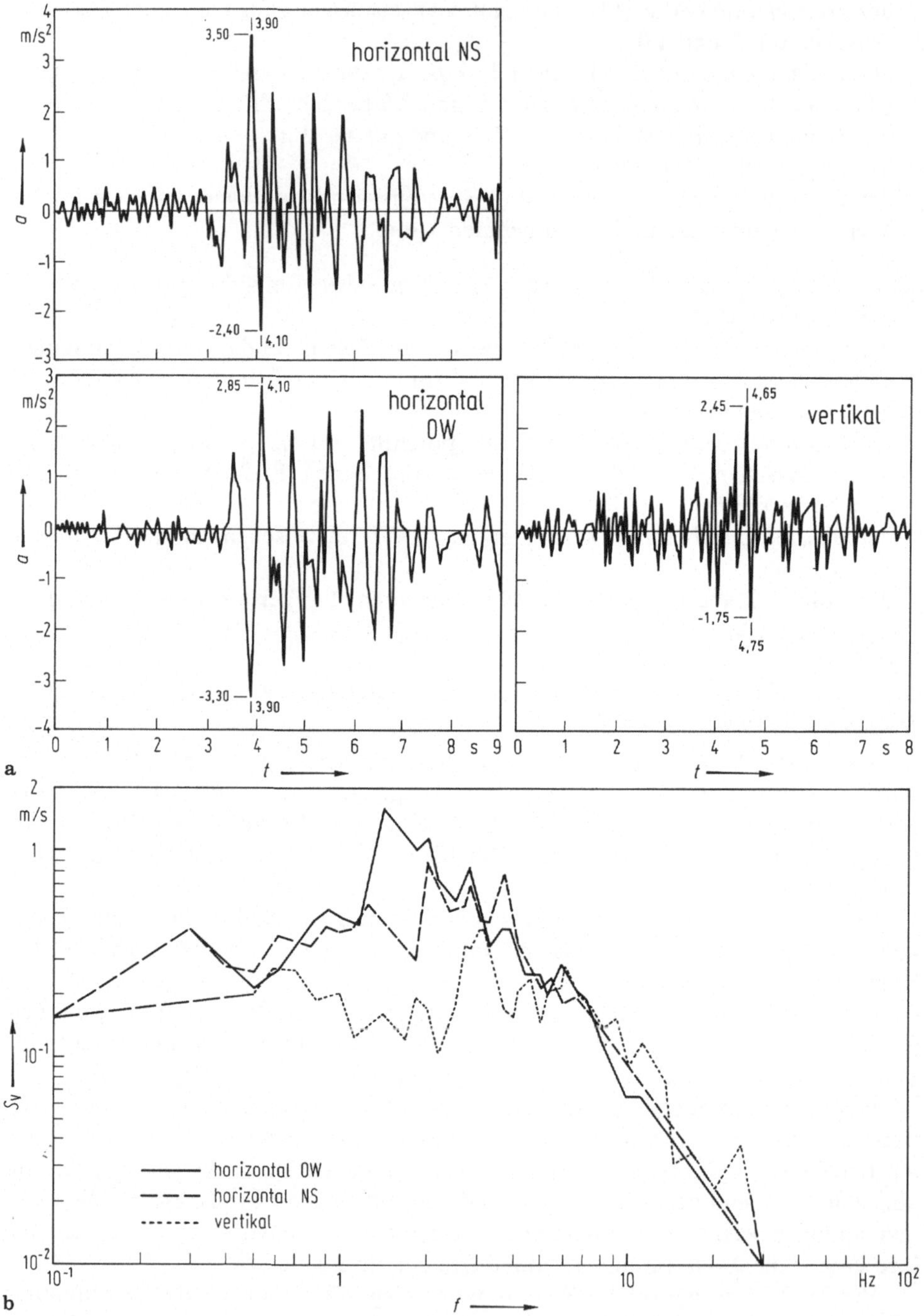

Abb. 2.3/9. Vergleich der Zeitverläufe (**a**) und Response-Spektren (**b**) der drei Erregungskomponenten des Friaul-Erdbebens

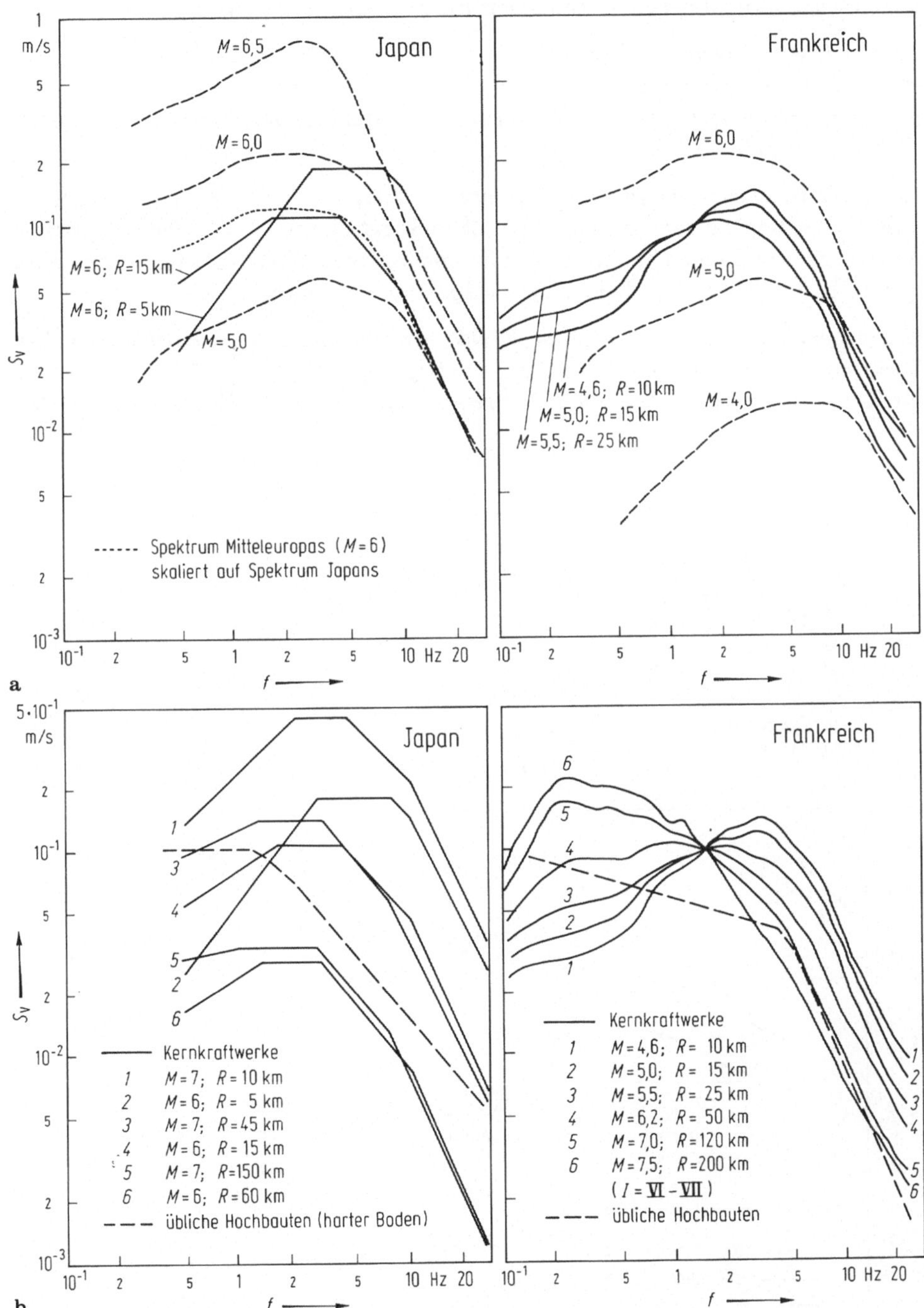

Abb. 2.3/10. Vergleich internationaler Spektrumvorschläge für Bauwerke unterschiedlichen Risikopotentials. **a** Vergleich Mitteleuropa–Japan bzw. Frankreich,----Spektren Mitteleuropa; **b** Vergleich nach den entsprechenden Vorschriften Japans bzw. Frankreichs

hohen Risikopotentials zuzuordnenden Entwurfsspektren getroffen werden:

Vergleich Mitteleuropa und Frankreich. Mitteleuropäische Spektrenvorschläge liegen im Frequenzbereich unter 7 Hz unter den französischen Entwurfsspektren. Im mittleren und niedrigen Frequenzbereich besteht qualitative Übereinstimmung der Frequenzverläufe.

Vergleich Mitteleuropa und Japan. Japanische Spektren für $M = 6$ entsprechen im höherfrequenten Bereich mitteleuropäischen Spektren für $M = 5$. Die japanischen und mitteleuropäischen Spektrenverläufe sind für einen Wirkungsradius von 15 km qualitativ ähnlich, unterscheiden sich jedoch für $R = 5$ km.

Gegenüberstellung von Spektren für Kernkraftwerke und übliche Hochbauten. Die Spektren üblicher Hochbauten weisen i.allg. geringere Spektralamplituden als die für Kernkraftwerke auf, lediglich im Frequenzbereich über 2 Hz werden für ferne

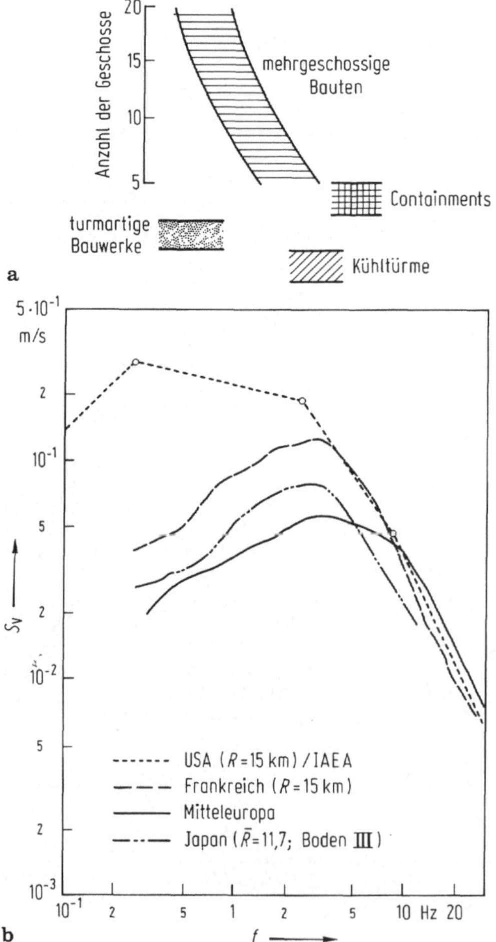

Abb. 2.3/11. Zuordnung von KKW-Schutzbauwerken zu Vergrößerungsordinaten der Antwortspektren. **a** Bauwerksgrundfrequenz; **b** Spektrumverläufe für Erdbeben mit $M = 5$

Beben und im niedrigfrequenten Bereich für ferne und nahe Beben höhere Spektralwerte ausgewiesen. Für die praktische Erdbebenberechnung ist die Betrachtung der maßgebenden Spektralbereiche einzelner Bauwerksgruppen interessant.

Abbildung 2.3/11 zeigt die Zuordnung von *Spezialbauwerken* zu Vergrößerungsordinaten der Antwortspektren der Magnitude 5.

Die möglichst wirklichkeitsnahe Erfassung der Spektralwerte im niedrigfrequenten Bereich hat demnach eine besondere Bedeutung für turmartige und mehrgeschossige Bauwerke.

2.3.4 Impulseinwirkungen

Die Beschreibung von Impulseinwirkungen ist eine im wesentlichen stochastische Aufgabe, bei deren Lösung folgendes berücksichtigt werden muß:
- die Zeitabhängigkeit der Einwirkungsintensität,
- die Wahrscheinlichkeit des Eintretens der Einwirkung als einmaliges Ereignis,
- die Wiederholperiode der Einwirkung als wiederholtes Ereignis.

Darüber hinaus sind auch Aufprallmasse und -geschwindigkeit sowie geometrisch-stoffliche Werte, wie Lage und Größe der Aufprallfläche, Aufprallwinkel und Festigkeits- und Formänderungseigenschaften des Bauwerks und des aufprallenden Körpers stochastische Größen, die jedoch i.allg. durch deterministische ersetzt werden.

Ursachen von *einmaligen Impulseinwirkungen* auf Bauwerke können die Einwirkungen folgender Objekte oder Ereignisse sein:
- Geschosse oder geschoßähnliche Objekte hoher Aufprallgeschwindigkeit und geringer Masse,
- Trümmerlasten geringer Aufprallgeschwindigkeit und mittlerer Masse als Sekundäreinwirkung infolge Bauwerksversagens aus primären Einwirkungen wie Erdbeben,
- Fahrzeuganprall unterschiedlicher Anprallgeschwindigkeit und Masse,
- Flugzeugaufprall relativ niedriger Geschwindigkeit und großer Masse (Zivilflugzeug) oder hoher Geschwindigkeit und relativ geringer Masse (Militärflugzeug),
- Anlagenteile bei Havarien, z.B. Turbinen u.ä. Maschinen,
- herumfliegende Trümmer bei extremen Einwirkungen wie Tornados,
- Schiffsanprall niedriger Anprallgeschwindigkeit und großer Masse an Hafen- und Meeresbauwerken.

Ursachen *wiederholter Impulseinwirkungen* auf Bauwerke bzw. Bauwerkselemente können die Einwirkungen
- aus technologischen periodischen Prozessen,
- aus technologischen nichtperiodischen Prozessen oder Vorgängen sein.

Einen Überblick über die Charakteristika unterschiedlicher Impulseinwirkungen gibt Abb. 2.3/12. In Abb. 2.3/13 sind Impulseinwirkungen anderen dynamischen Einwirkungen gegenübergestellt.

Im folgenden werden nach Bereitstellung von Grundlagen impulsartige Einwirkungen infolge Flugzeugaufprall und Schiffsanprall diskutiert. Bezüglich der Erfassung technologisch bedingter Einwirkungen und Impulseinwirkungen aus Fahrzeuganprall wird auf die Literatur (Koronew/Rabinowitsch [105], Eibl/Block [106] und die Normen [107], [108]) verwiesen.

Grundlagen

Der Zeitverlauf der Impulseinwirkung auf ein Bauwerk ist außerordentlich stark abhängig von

- der Aufprallgeschwindigkeit des stoßenden Objekts,
- dem Formänderungsverhalten und der Steifigkeit des stoßenden Objekts und deren Veränderlichkeit während des Stoßvorgangs,
- den lokalen Baustoffeigenschaften des gestoßenen Bauwerks und deren Veränderlichkeit während des Stoßvorgangs,
- den globalen dynamischen Charakteristiken des gestoßenen Bauwerks,
- dem Verhältnis der Massen des stoßenden Objekts und des Bauwerks.

Diese Abhängigkeiten erlauben eine bauwerks- bzw. tragwerksunabhängige Beschreibung des Impulses nur in Sonderfällen oder sind nur mit bewußter Vereinfachung möglich und sinnvoll. Da die tatsächliche Zeitabhängigkeit von Impulseinwirkungen oft nicht oder nur genähert wirklichkeitsnah erfaßt werden kann, ist esüblich, stellvertretende Impulsverläufe in die Untersuchung impulsbeanspruchter Bauwerke einzuführen. Abbildung 2.3/14 gibt einen Überblick über ausgewählte vereinfachte Impulsverläufe. Wie sich die unterschiedlichen Zeitverläufe auf das Verhalten von Einmassenschwingern auswirken, wird in Abschnitt 2.6 gezeigt.

Normierungsgrundlage für die unterschiedlichen Impulsverläufe kann für Studienzwecke ein Einheitsimpuls sein. Für konkrete Untersuchungen kann die auf das Bauwerk einwirkende Impulsgröße dem Impuls vor dem Aufprall gleichgesetzt werden, wenn auf die Energievernichtung infolge plastischer Verformungen des lokalen Bereichs des Bauwerks und des Stoßobjekts verzichtet wird.

Zur genäherten Erfassung solcher Energiedissipationen wird in praktischen Untersuchungen eine modifizierte Impulsfunktion eingeführt. Der Einfluß solcher Modifizierung auf das Verhalten des impulsbelasteten Tragwerks wird in Abschnitt 2.6 verfolgt. In Abb. 2.3/15 sind einige Grundlagen der Impulsbeschreibung zusammengestellt.

Impulseinwirkung infolge Flugzeugaufprall

Bei der Impulseinwirkung infolge Flugzeugabsturz und- aufprall wird i.allg. zwischen der Impulseinwirkung durch große Zivilflugzeuge und der durch kleine Militärflugzeuge unterschieden.

Darüber hinaus ist auch der mögliche Aufprall von Flugzeugwrackteilen für Bauwerke hohen Risikopotentials zu verfolgen. Die beiden Kategorien unterscheiden sich erstens bezüglich des Gesamtimpulses in der Masse und der Aufprallgeschwindigkeit und zweitens bezüglich der Wirkung auf das Bauwerk durch unterschiedliche Massenverteilung, unterschiedliche Steifigkeitsverteilung der Flugzeuge, unterschiedliche Aufprallfläche und damit auch unterschiedliche Energieabsorption im Flugzeug und am Aufprallort.

			Impulsverlauf F in MN; t in ms	m in t	v in m/s	A in m^2
Flugzeugaufprall	Militärflugzeug	Phantom RF-04	F: 55 (t 10–30), 110 (t 40), Ende t 70	20,0	210	7,0
		Rumpf der Phantom RF-04	F: 40 (t 10–20), 80 (t 30–40), Ende t 80	14,0	210	7,0
		Triebwerk der Phantom RF-04 (GE J 79-8)	F: 35; t: 1, 7, 9	1,7	210	1,0
	Zivilflugzeug	Boeing 707-320	F: 20 (t 25–165), 90 (t 225), 20 (t 270), Ende t 320	100,0	103	30,0
Anprall eines LKW ohne (———) bzw. mit (– – – –) Energieabsorbierungssystem			F: 16 (t 30), 37, Ende t 80; 11 (t 100), Ende t 140	7,0	14	—
Strahlkraft infolge Rohrbruchs in KKW-Anlagen			F: 10 / 9,7; t: 5, 20	—	—	1,8

Abb. 2.3/12. Charakteristika unterschiedlicher Impulseinwirkungen

	Erdbeben	Explosionsdruckwelle
Charakterisierung der Einwirkung	• „lange" Einwirkungszeit (s-Bereich) 	• „mittlere" Einwirkungszeit 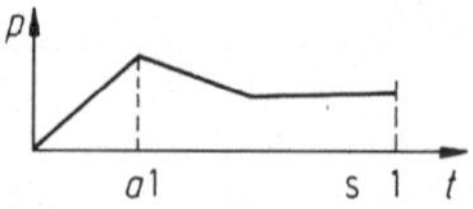
	• „niedriger" Frequenzinhalt	• „niedriger" Frequenzinhalt
	• Lastangriff lokal (Fußpunkt) 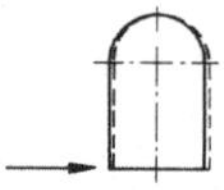	• Lastangriff global 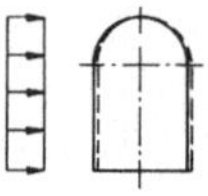
	• global wirkend 	• global wirkend 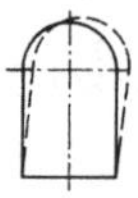
Einfluß auf die Einwirkung	• Interaktion Bauwerk/Boden 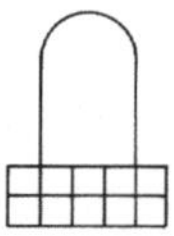	• Bauwerksform: Einfluß auf den räumlichen Druckverlauf (zeitunabhängig) zylindrisches Gebäude: 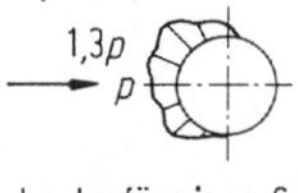 kastenförmiges Gebäde: 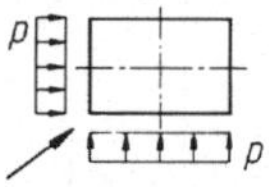 • Bauwerksabmessungen: zeitabhängige Änderung des räumlichen Druckverlaufs für Bauwerke großer Abmessungen 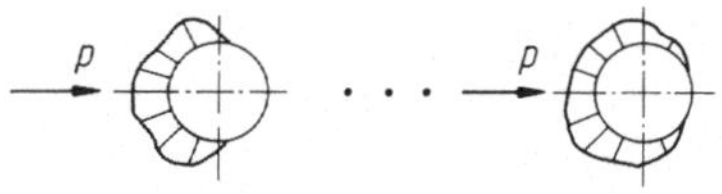
Charakterisierung der Bauwerks-antwort	—	—
	• global linear bzw. nichtlinear (strukturabhängig)	
Einfluß auf die Bauwerksantwort	—	—
	• Bodenbeschaffenheit: weicher Boden : stark reduzierend harter Boden : gering reduzierend	• Bodenbeschaffenheit: weicher Boden : reduzierend harter Boden : gering reduzierend
		• Kenngrößen des Bauwerks - Steifigkeitsverteilung - Massenverteilung - Kopplungen
		• Dämpfung - Strukturdämpfung - Materialdämpfung

Abb. 2.3/13. Vergleich der Charakteristika von Einwirkung und Bauwerksantwort für Erdbeben, Explosionsdruckwelle, Flugzeugaufprall und Strahlkraft

	Flugzeugabsturz	Strahlkraft
	• „kurze" Einwirkungszeit (ms-Bereich) 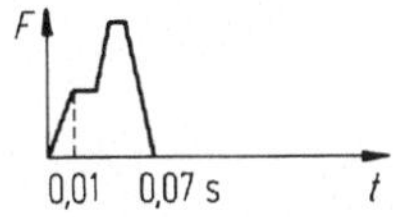 F; 0,01; 0,07 s; t	• „kurze" Einwirkungszeit (ms-Bereich) 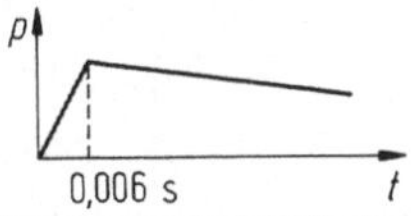 p; 0,006 s; t
	• „hoher" Frequenzinhalt	• „hoher" Frequenzinhalt
	• Lastangriff lokal (beliebig) 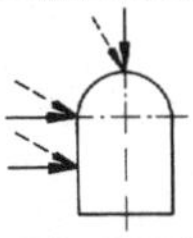	• Lastangriff lokal (infolge innerer Störfälle) 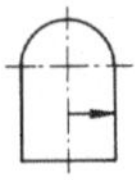
	• lokal (einseitig) wirkend 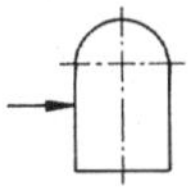	• lokal wirkend 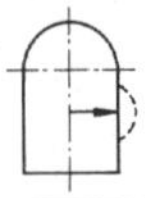
	• Rückkopplung des Bauwerks (Berücksichtigung der globalen Bauwerks-/Bauteilflexibilität durch verifizierte Last-Zeit-Funktion) 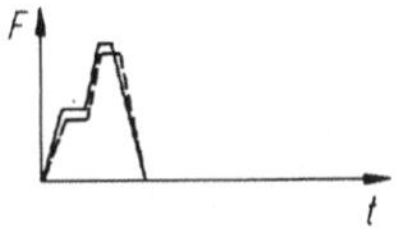 F; t	
	• lokal nichtlinear	• lokal nichtlinear
	• Aufprallort	• Aufprallort
	• Bodenbesaffenheit weicher Boden : reduzierend harter Boden : ohne Einfluß	• Bodenbeschaffenheit (geringer Einfluß)

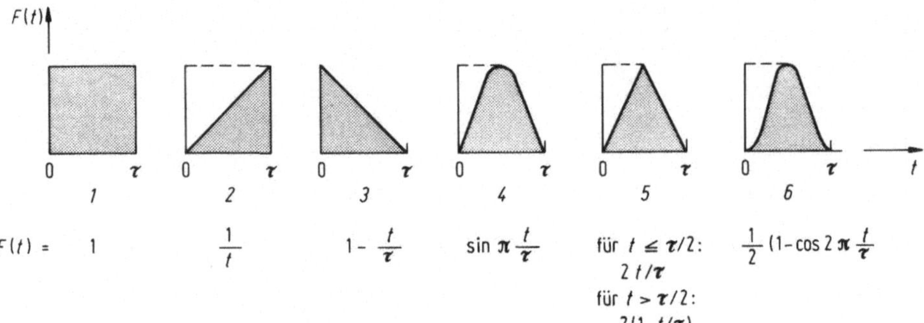

Abb. 2.3/14. Funktionen $F(t)$ häufig auftretender Impulsformen

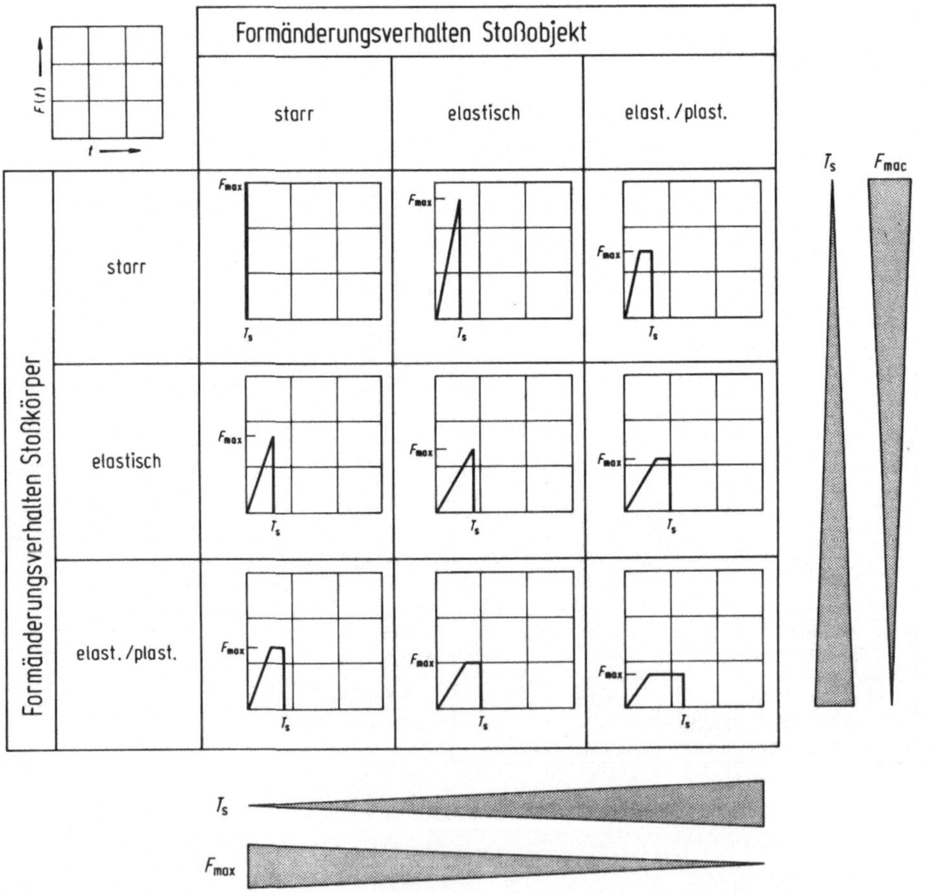

Formänderungsverhalten Stoßkörper	Formänderungsverhalten Stoßobjekt: starr	elastisch	elast./plast.
starr	F_{max}, T_s	F_{max}, T_s	F_{max}, T_s
elastisch	F_{max}, T_s	F_{max}, T_s	F_{max}, T_s
elast./plast.	F_{max}, T_s	F_{max}, T_s	F_{max}, T_s

F(t), t, T_s, F_{mac}, T_s, F_{max}

Abb. 2.3/15. Einfluß des Formänderungsverhaltens von Stoßkörper bzw. Stoßobjekt (Bauwerk) auf den Impulsverlauf

Abbildung 2.3/16 gibt einen Überblick über ausgewählte Daten zur Erfassung der Impulseinwirkung infolge Flugzeugabsturz. Den Einfluß der unterschiedlichen Steifigkeits- und Massenverteilung eines Flugzeuges veranschaulicht Abb. 2.3/17.

Die standortbedingte Eintrittswahrscheinlichkeit eines Flugzeugabsturzes wurde im Zusammenhang mit der Risikoerfassung von Kernkraftwerken diskutiert. Abbildung 2.3/18 enthält einige Ergebnisse solcher Untersuchungen. Untersuchungen zur Beschreibung der Impulseinwirkung infolge Flugzeugaufprall wurden u.a. von Riera, Schnellenbach, Stangenberg, Drittler, Gruner durchgeführt. Eine Auswahl von Arbeiten mit Zuordnung zu den behandelten Problemen gibt Abb. 2.3/19. Die Erfassung des Flugzeugabsturzes auf Kernkraftwerke wurde auch durch Vorschriften und Empfehlungen geregelt. In Abb. 2.3/20 sind ausgewählte Festlegungen zusammengestellt.

Zusammenfassend kann zur Erfassung und Beschreibung der Impulseinwirkungen folgendes festgestellt werden: Die Beschreibung des aufprallenden Flugzeuges erfolgt i.allg. unter Annahme symmetrischer, aber in Flugzeuglängsachse veränderlicher Massen- und Steifigkeitsverteilung. Die Aufprallfläche wird als Kreis- oder Rechteckfläche angenommen, ihre Größe ist in Abhängigkeit von der Flugzeugkategorie (Zivilflugzeug oder Militärflugzeug) festzulegen. Der Einfluß der Energiedissipation im aufprallenden Flugzeug wird unter Beachtung der verän-

Aufprallkennwerte	Flugzeugtyp											
	B 720		B 720	B 720	B 707 -320		B 707 -320	B 707 -320	B 707 -320	F4	MRCA	F 111
Flugzeugmasse t	72,4	91	91	72,4	97,6	136		90	100	20	25	41,5
Aufprallgeschwindigkeit m/s	103		103	103	103		103	103	83	215	215	89
Aufprallfläche m^2	18...36				18...36		28	10...40	28	7	7	
Spitzenlast $\cdot 10^7$ N	7,1		7,7	7,4	8,9		8,8	8,8	6,8	10,8	15,1	7,3
Moment $m \cdot v$ $\cdot 10^6$ Ns	7,5	9,4	9,4	7,5	10,1	14		9,3	8,8	4,3	5,3	3,7
Impuls $F(t)dt$ 10^6 Ns	7,4		9,4	7,5	9,2		11,4	9,1	7,3	4,3	5,4	4,9
Flügelabriß berücksichtigt	■			■	■							
Flügelabriß nicht berücksichtigt		■	■			■						

Abb. 2.3/16. Zusammenstellung von Aufprallkennwerten für unterschiedliche Flugzeugtypen. Nach [62]

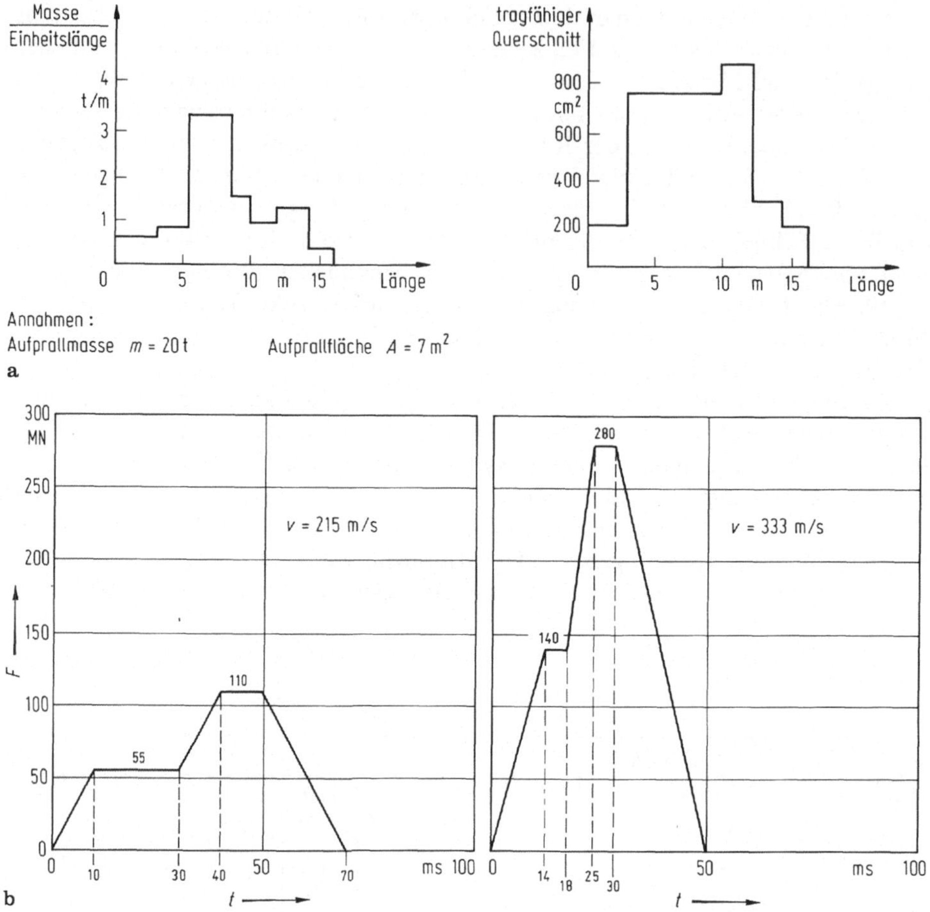

Abb. 2.3/17. Aufprallgeschwindigkeit auf den Impulsverlauf am Beispiel der Phantom RF-04. **a** Masse- und Querschnittsverteilung; **b** Impulsverlauf für Aufprallgeschwindigkeiten $v = 215$ bzw. 333 m/s

derlichen Massen- und Steifigkeitsverteilung berücksichtigt. Der Einfluß der Energiedissipation im Bauwerk wird bei den sehr starren Containments der Kernkraftwerke näherungsweise und nur unter Einbeziehung lokaler Tragwerksplastifizierung berücksichtigt oder auch vollkommen vernachlässigt. Die Beschreibung des Impulsverlaufs erfolgt durch eine vereinfachte Zeitverlaufskurve, die aus linearen und konstanten Teilbereichen besteht. Die Beschreibung der Impulseinwirkungen erfolgt deterministisch.

Impulseinwirkungen infolge Schiffsanprall

Mit der Zunahme von Meeresbauwerken hat sich die Gefahr der Berührung bzw. Kollision von Schiff und Bauwerk erhöht. Gegenüber der Kollision mit Brükkenpfeilern weisen die Kollisionen mit den Schäften von Meeresbauwerken, wie Bohrplattformen und Meereslager von Öl und Erdgas, einige Besonderheiten auf.

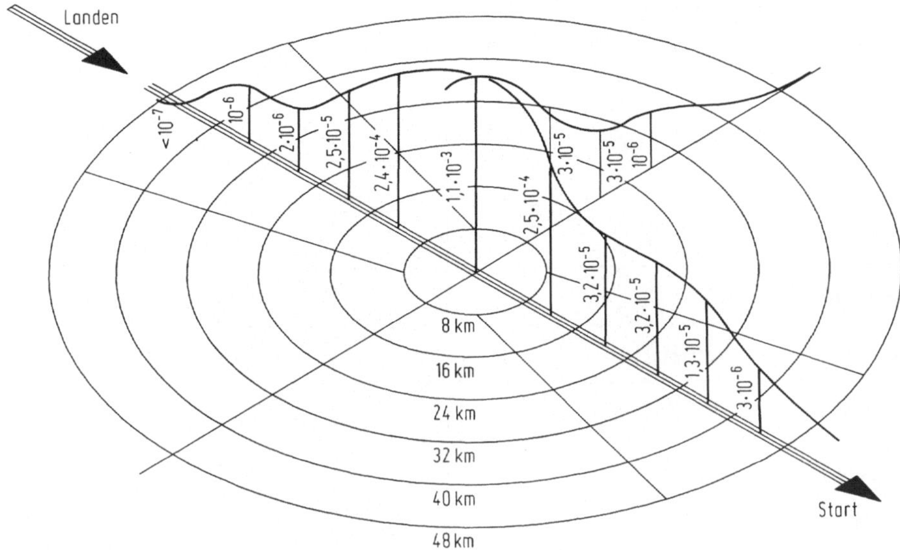

Abb. 2.3/18. Absturzwahrscheinlichkeiten von Flugzeugen mit einer Masse > 8 t in Flugplatznähe

Dazu gehören das veränderte dynamische Verhalten von Schäften dieser Bauwerke infolge einer gegenüber Brückenpfeilern erhöhten Flexibilität und die verstärkte Wechselwirkung zwischen Bauwerk und umgebendem Wasser.

Die Bemühungen, die Sicherheit und Zuverlässigkeit von Bauwerken im Wasser zu gewährleisten, gehen in folgende Richtungen: Die beim Aufprall von Schiffen auf Bauwerke entstehenden Impulseinwirkungen werden erfaßt und beschrieben also ihre Intensität, ihr zeitlicher Verlauf und deren Abhängigkeiten von den geometrisch-stofflichen und strukturellen Eigenschaften des an der Kollision beteiligten Bauwerks und Schiffs. Das Risiko einer Kollision zwischen Schiff und Bauwerk sowie Maßnahmen zur Reduzierung des Risikos werden erfaßt und bewertet. Technische Maßnahmen zur Reduzierung bzw. Ausschaltung der bei einer Kollision auf das Bauwerk einwirkenden Kräfte werden angeordnet. Experimentelle und theoretische Grundlagenuntersuchungen zur Klärung von Einzelfragen der Krafteinwirkung und des Bauwerkswiderstands werden durchgeführt.

Diese Aktivitäten konzentrieren sich auf Brückenpfeiler, Hafenpiers und artverwandte bauliche Anlagen und Schäfte von Bohrinseln und Plattformen. Die Untersuchungen werden unter internationaler Beteiligung durchgeführt.

Einen eindrucksvollen Überblick über ausgewählte Arbeiten auf diesem Gebiet geben die Berichte des IABSE Symposiums Kollision von Schiffen mit Brücken und Offshore-Bauten [112]. Die dort diskutierten Probleme schließen auch die Erfassung des Kollisionsrisikos ein und werten konkrete Kollisionen aus. Beispiele dieser Art sind der Schiffsanprall gegen den Brükkentunnel in der Bucht von Tokyo und gegen Farö-Brücken. Die experimentell und theoretisch gewonnenen Ergebnisse können noch nicht ausreichend verallgemeinert werden, so daß im konkreten Fall objektbezogene Untersuchungen erforderlich sind.

Quelle	Grundlagen		Behandlung von Einzelproblemen		Ableitung von Erkenntnissen zu		Bereitstellung von Hilfsmitteln zu	
	Theorien	Methoden	theoret.	experim.	Einwirkung	Bauwerks-verhalten	Entwurf	Berechnung
Shock and Vibration [72]	■	■			■	■	■	■
Biggs, J. M. [109]	■	■			■	■	■	■
Müller, F. P. [63]	■	■			■	■	■	■
Korenev, B. G.; Rabinovic, I. M. [105]	■	■			■	■		■
Stevenson, J. D. [71]						■	■	
Donea, J. [61]	■	■			■	■	■	■
BAM Symposium [68]			■	■	■	■	■	■
Block, K. [65]		■	■	■	■	■	■	■
Safety Series [110]		■			■		■	
1th - 9th SMIRT-Conf. [59]	■	■	■	■	■	■	■	■
Kamil, H.; Kost, G.; Sharpe, R. [66]		■	■		■	■		■
Hampe, E.; Walther, H.-J. [62]		■	■		■	■	■	■
Schalk, M.; Wölfel, H. [64]		■	■		■	■	■	■
Drittler, K.; Gruner, P. [111]			■		■			■
Schnellenbach, G.; Jeschke, G.; Stangenberg, F. [67]		■	■		■	■	■	■
Riera, O. [60]	■		■	■	■	■	■	■

Abb. 2.3/19. Qualitative Bewertung von ausgewählter Literatur zum Problemkreis Flugzeugaufprall

Land	Flugzeugtyp			Wrackteil	Bemerkungen
	schnell fliegendes Militär-flugzeug	ziviles Flugzeug			
		große Masse	kleine Masse		
USA		Boeing 720 707-320			standortabhängig (Flugplatznähe) bei Störfalleintritts-wahrscheinlichkeit $> 10^{-7}/a$
Japan		Boeing 720 707-320			analog USA
Kanada		Boeing 720 707-320			analog USA
BR Deutschland	Phantom RF-4E			×	grundsätzliche Berücksichtigung
Frankreich			-Cessna -Lear jet	×	grudsätzliche Berücksichtigung (Wahl des Flugzeug-typs vom Gebäude abhängig)
Schweiz		Boeing 707-320		×	grundsätzliche Berücksichtigung analog BR Deutschland
Belgien		×			grundsätzliche Berücksichtigung
Schweden			×	×	grundsätzliche Berücksichtigung
UdSSR DDR	×			×	grunsätzliche Berücksichtigung

Abb. 2.3/20. Internationaler Stand der Lastannahmen bei Flugzeugabsturz

2.4 Verhalten windbeanspruchter Bauwerke

2.4.1 Typische Verhaltensmuster

Die Ausprägung des Verhaltens windbeanspruchter Bauwerke ist vorrangig bestimmt durch
- die Windstruktur, vor allem durch den dynamischen Anteil der Windströmung,
- den Einfluß von Bauwerk und Bauwerksumgebung auf die Windströmung,

- die spezifische Ausprägung der Strömungsturbulenz,
- die Struktur und Oberfläche des Bauwerks und
- die Struktur, Steifigkeit und die dynamischen Charaketeristiken des Tragwerks.

Globale Ausprägungen des Tragverhaltens windbeanspruchter Bauwerke sind Formänderungen und Beanspruchungen aus dem statischen bzw. quasistatischen Windanteil und solche aus dem dynamischen Windanteil und aus unterschiedlichen Turbulenzerscheinungen.

Die Formänderungen und Beanspruchungen aus dem *statischen* bzw. quasistatischen Windanteil können bei Bauwerken hinreichend großer Steifigkeit nach den Erkenntnissen und Regeln der Tragwerksstatik ermittelt und beurteilt werden. Bei Bauwerken hoher Verformungsfähigkeit kann es erforderlich werden, auch nichtlineare Anteile zu berücksichtigen. Schalentragwerke wie Kühltürme und Behälter beeinflussen die Windeinwirkung durch ihre Form und ihre Oberfläche wesentlich, so daß Untersuchungen des Tragverhaltens eine besonders sorgsame Festlegung von angenommenen quasistatischen Wirkungen erforderlich machen.

Dies wird teilweise durch bauwerksspezifische Spezialvorschriften (Kühltürme) oder auch durch Angaben in den Windvorschriften für „übliche" Hochbauten unterstützt. Entsprechende Hinweise sind in Abschn. 2.3.2 gegeben.

Formänderungen und Beanspruchungen aus dem *dynamischen* Windanteil bedürfen einer detaillierteren Betrachtung. Auf diese sind die nachstehenden Ausführungen konzentriert. Dabei werden vor allem turmartige Bauwerke betrachtet, die durch dynamische Windeinwirkungen besondere Verhaltensmuster aufweisen.

Folgende Erscheingungsformen des Tragverhaltens turmartiger Bauwerke mit kreisförmigem Querschnitt sind zu unterscheiden:
- Schwingungen in Strömungsrichtung infolge der Turbulenz des anströmenden Windes,
- Schwingungen senkrecht zur Windrichtung infolge periodischer Ablösung von Wirbeln (wirbelerregte Schwingungen),
- Schwingungen in Strömungsrichtung infolge periodisch auftreffender Wirbelballen bzw. Böen im Nachlaufbereich vorgelagerter Bauwerke und
- Querschnittsverformungen infolge Wirbelablösung (Ovalling).

Spezifische Erscheinungsformen des Tragverhaltens turmartiger Bauwerke mit kantigem (rechteckigem, quadratischem, dreieckigem) oder unregelmäßigem Querschnitt sind
- Schwingungen in und senkrecht zur Strömungsrichtung mit windgeschwindigkeitsabhängigem Schwingungsausschlag und extremen Amplituden (Galloping),
- kombinierte Torsions- und Biegeschwingungen in unterschiedlicher Richtung (Flattern),
- Schwingungen in Strömungsrichtung infolge periodisch auftreffender Wirbelballen bzw. Böen im Nachlauf bereich vorgelagerter Bauwerke,
- wirbelinduzierte Schwingungen senkrecht zur Strömungsrichtung.

Außerdem treten bei Gruppen- und Reihenanordnungen noch Interferenzerscheinungen auf.

Charakteristika dynamischer Verhaltensmuster windbeanspruchter Bauwerke

Die Ursachen und Erscheinungsformen der für windbeanspruchte Bauwerke besonders wichtigen

- fremderregten Schwingungen senkrecht zur Windrichtung infolge periodischer Wirbelablösung (Karman-Schwingung),
- selbsterregten Schwingungen senkrecht zur Windrichtung infolge aeroelastischer Instabilität (Galloping) und
- Verformung von kreisförmigen Querschnitten infolge periodischer Wirbelablösung (Ovalling),

werden als Grundlage für die in Abschn. 2.4.3 behandelte rechnerische Erfassung qualitativ erläutert.

Schwingungen senkrecht zur Windrichtung infolge periodischer Wirbelablösung. Beim Anströmen von schlanken zylindrischen Bauwerken entstehen typische Strömungs- und Druckzustände. Im einzelnen sind folgende Stadien zu unterscheiden (Abb. 2.4/1): Die laminare Strömung wird um das Bauwerk herumgeleitet. An einem von der Rauhigkeit und der Windgeschwindigkeit abhängigen Ablösepunkt schlägt die laminare Strömung in eine turbulente um. Hinter dem Zylinder bildet sich infolge der Druck- und Geschwindigkeitsunterschiede der Strömung ein nichtlaminarer Nachlaufbereich aus. Die Qualität des Nachlaufbereichs hängt von der Zylindergeometrie und der Windgeschwindigkeit ab, die durch die Reynolds-Zahl charakterisiert sind. In Abhängigkeit von der Reynolds-Zahl werden der unterkritische, der überkritische und der transkritische Bereich unterschieden.

Liegt für die betrachtete Windgeschwindigkeit die Reynolds-Zahl im *unterkritischen Bereich*, bildet sich im Nachlaufbereich eine Totwasserzone mit Unterdruck aus, der den Druckwiderstand des Zylinders beeinflußt. Die Größe des Unterdrucks hängt von der Lage des Ablösepunktes ab. Im Nachlaufbereich bildet sich bei unterkritischer Reynolds-Zahl ein System periodisch sich ablösender Einzelwirbel aus, die auf zwei Parallelen liegen und einen festen Abstand voneinander sowie eine konstante Ablösefrequenz haben (Karmansche Wirbelstraße). Den periodisch entstehenden Wirbeln sind infolge des am Zylinder entstehenden Druckunterschieds senkrecht zur Windrichtung wirkende periodische Seitenkräfte zugeordnet.

Liegt für die betrachtete Windgeschwindigkeit die Reynolds-Zahl im *überkritischen Bereich*, verschiebt sich der Ablösepunkt in Strömungsrichtung, die Totwasserzone und der Druckwiderstand werden kleiner. Es findet keine periodische Wirbelablösung statt, so daß auch keine schwingungserregenden periodischen Seitenkräfte entstehen.

Liegt für die vorliegende Windgeschwindigkeit die Reynolds-Zahl im *transkritischen Bereich*, verschiebt sich mit zunehmender Windgeschwindigkeit der Ablösepunkt entgegen der Strömungsrichtung, die Totwasserzone und der Druckwiderstand nehmen zu. Es bilden sich wieder periodische Wirbel und zugeordnete Seitenkräfte aus. Wirbelerregte Querschwingungen treten beim Erreichen der kritischen Geschwindigkeit auf, bleiben aber auch nach Überschreiten dieser Geschwindigkeit erhalten (Locking-Effekt).

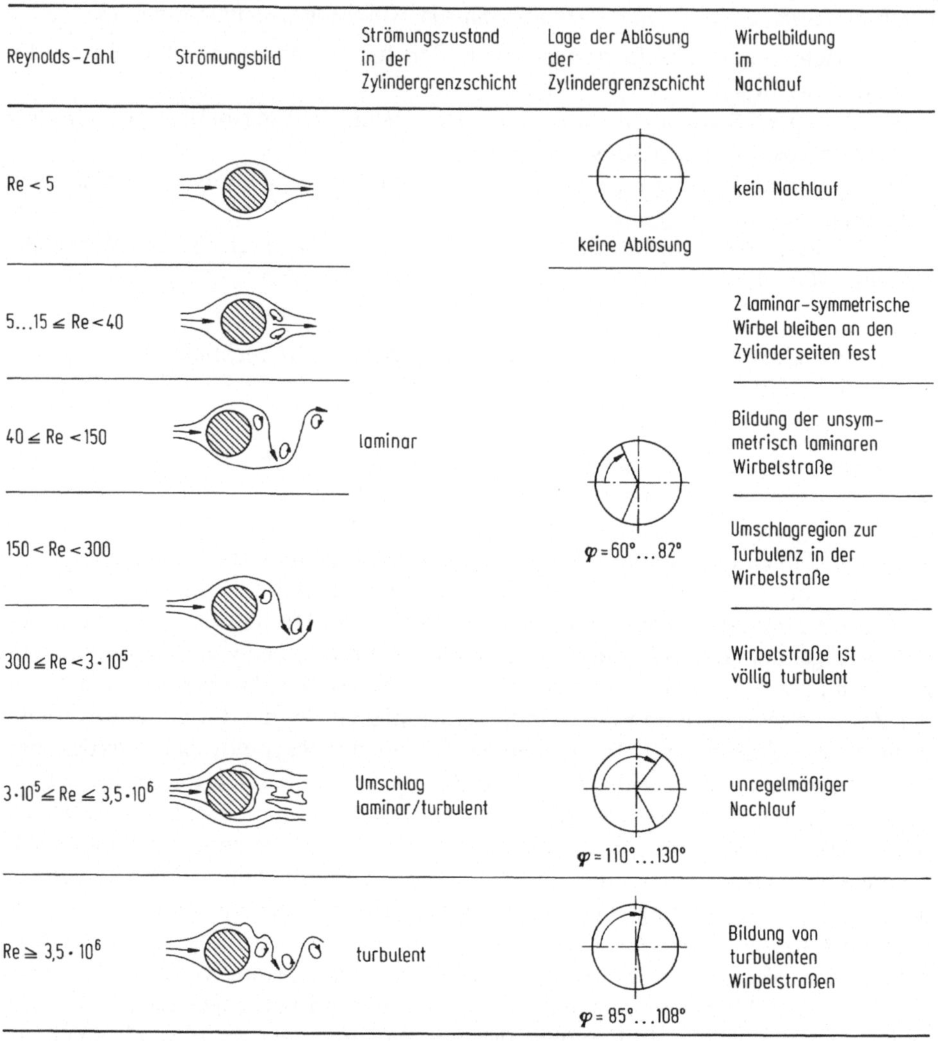

Reynolds-Zahl	Strömungsbild	Strömungszustand in der Zylindergrenzschicht	Lage der Ablösung der Zylindergrenzschicht	Wirbelbildung im Nachlauf
Re < 5		laminar	keine Ablösung	kein Nachlauf
5...15 ≤ Re < 40			$\varphi = 60°...82°$	2 laminar-symmetrische Wirbel bleiben an den Zylinderseiten fest
40 ≤ Re < 150				Bildung der unsymmetrisch laminaren Wirbelstraße
150 < Re < 300				Umschlagregion zur Turbulenz in der Wirbelstraße
$300 \leq Re < 3 \cdot 10^5$				Wirbelstraße ist völlig turbulent
$3 \cdot 10^5 \leq Re \leq 3{,}5 \cdot 10^6$		Umschlag laminar/turbulent	$\varphi = 110°...130°$	unregelmäßiger Nachlauf
$Re \geq 3{,}5 \cdot 10^6$		turbulent	$\varphi = 85°...108°$	Bildung von turbulenten Wirbelstraßen

Abb. 2.4/1. Strömungszustände am Kreiszylinder in Abhängigkeit von der Reynolds-Zahl

Die Definition und Abgrenzung der einzelnen Bereiche der Reynolds-Zahl sind in der Literatur unterschiedlich festgelegt. In Abb. 2.4/2 werden sie gegenübergestellt.

Die Regelmäßigkeit der Wirbelablösungen – die Ablösefrequenz -ist durch die dimensionslose Strouhal-Zahl bestimmt. Diese hängt von der Reynolds-Zahl, der Rauhigkeit der Zylinderfläche und der Anströmungsturbulenz ab. Sie ist für Anströmverhältnisse im unterkritischen und transkritischen Bereich der Reynolds-Zahl relativ konstant. Im überkritischen Bereich ergibt sich ein relativ großer Streubereich der Strouhal–Zahl. Einzelheiten und Ergebnisse von Windkanalversuchen und Messungen an Großausführungen sind in Abb. 2.4/3 dargestellt.

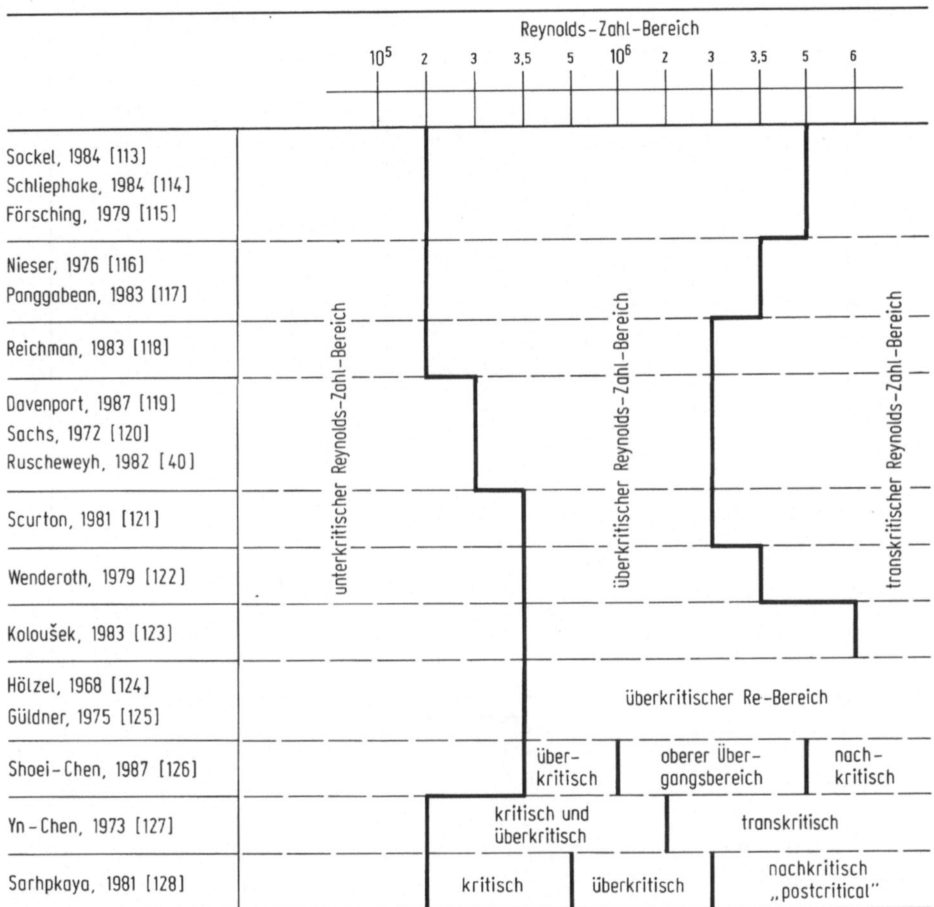

Abb. 2.4/2. Terminologien zur Definition und Unterteilung der Reynolds-Zahl-Bereiche nach ausgewählten Autoren

Galloping infolge aeroelastischer Instabilität. Bei zufälliger Erregung eines schlanken Bauwerks mit scharfkantiger Querschnittsform und geringer Dämpfung kann ein selbsterregter Schwingungsprozeß eingeleitet werden, der zu extremen Schwingungsamplituden führen kann. Diese Schwingungen verlaufen wie die fremderregten Schwingungen aus Wirbelablösung senkrecht zur Windrichtung. Selbsterregte Schwingungen wurden zunächst an eisbehangenen Leitungen festgestellt, stellen aber auch für Bauwerke mit den genannten Eigenschaften eine gefährliche Schwingungsform dar.

Der Gallopingmechanismus durchläuft folgende Stadien: Durch zufällige Ursachen wird ein fremderregter Schwingungsprozeß eingeleitet. Die Auslenkung des Bauwerks während dieses fremderregten Schwingungsprozesses ändert die Zuordnung zwischen Bauwerk und Richtung der Windgeschwindigkeit. Die Verände-

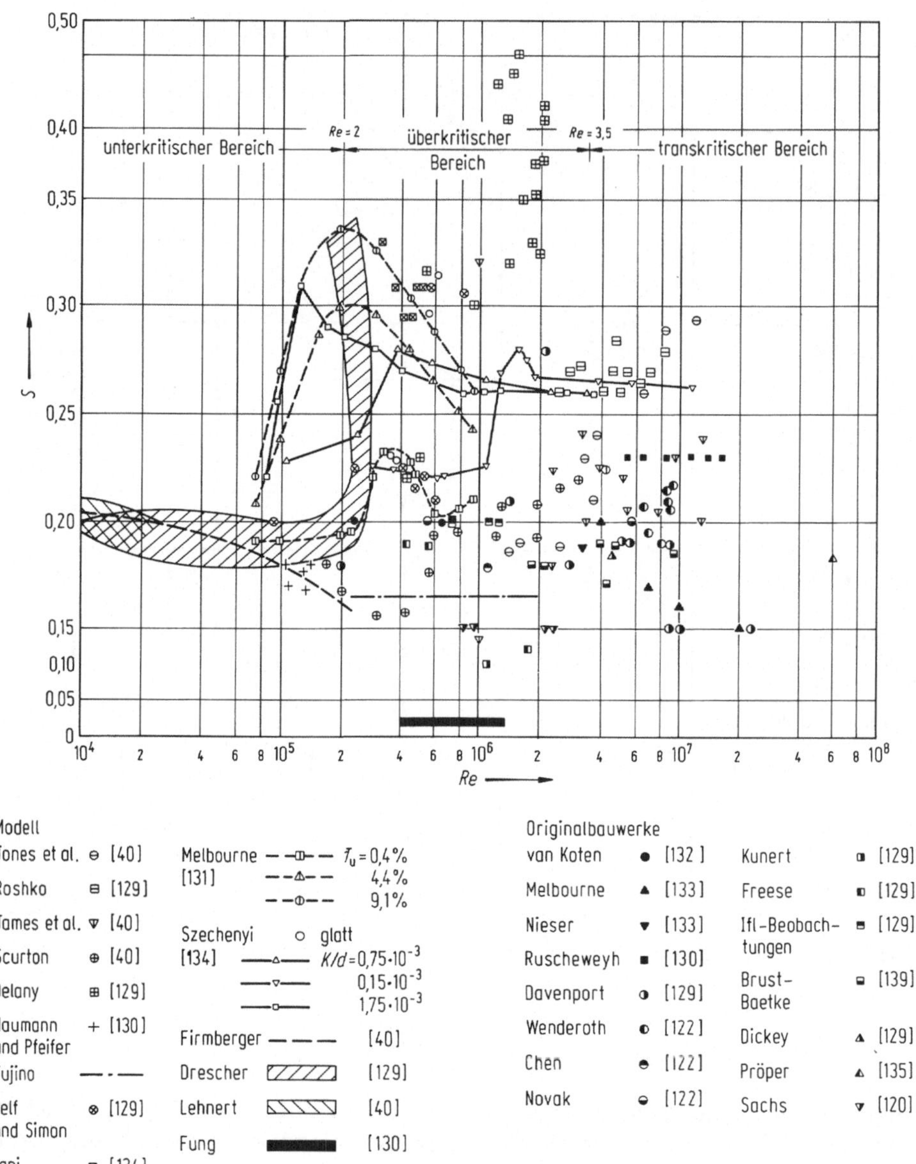

Abb. 2.4/3. Informationen zur Strouhal-Zahl S in Abhängigkeit von der Reynolds-Zahl aus Modellversuchen und Messungen an Originalbauwerken nach ausgewählten Autoren

rung des relativen Anströmwinkels des Querschnitts verändert die Druckverteilung an den Querschnittsrändern. Es entsteht eine resultierende Kraft in Schwingungsrichtung.

Die Möglichkeit des Auftretens von Galloping und die Größe der Schwingungsamplituden hängen stark von der Dämpfung und der Steifigkeit des Bau-

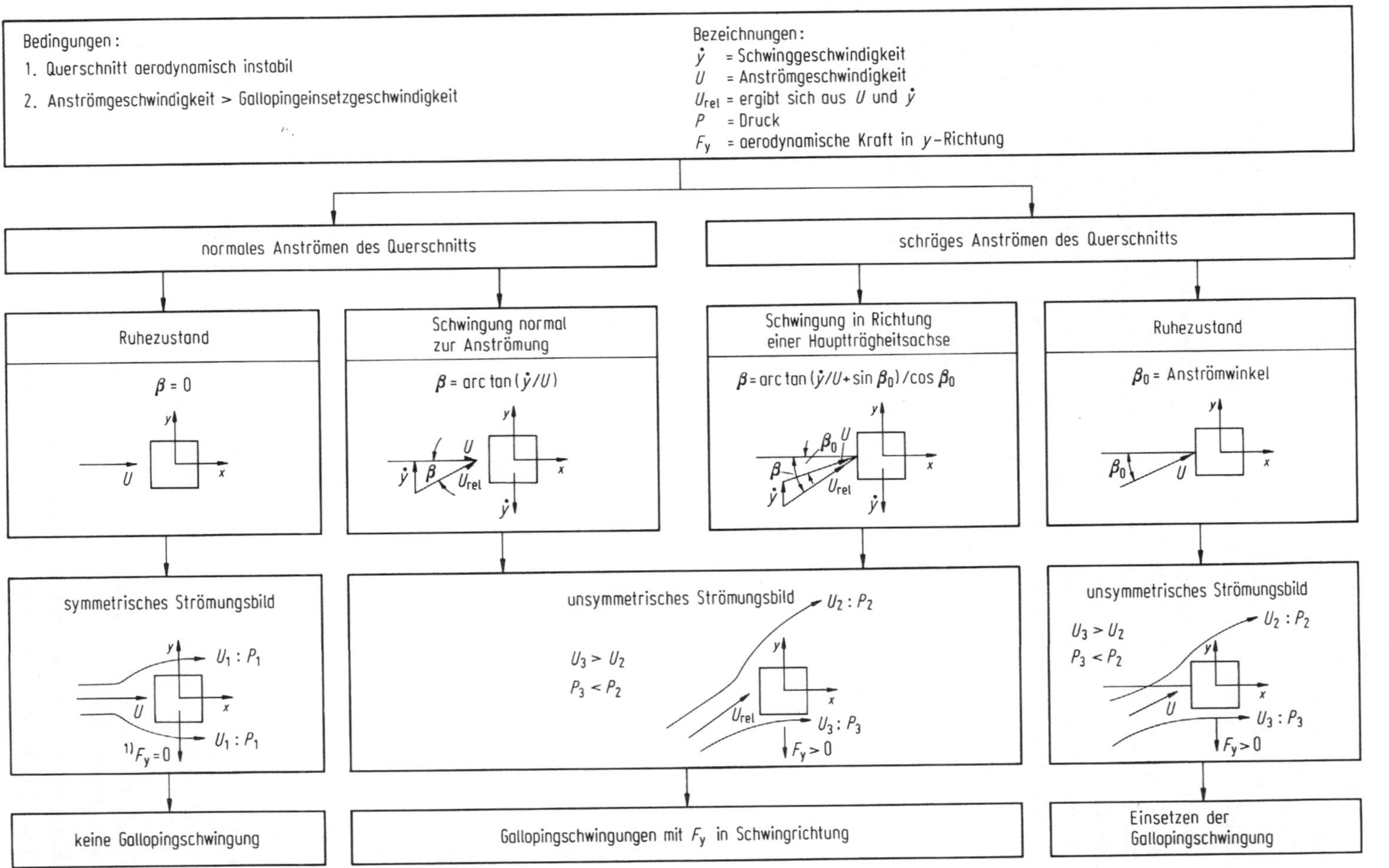

Abb. 2.4/4. Information zum Galloping-Mechanismus

werks ab. Im Gegensatz zu den wirbelerregten Schwingungen, können Gallopingschwingungen bei jeder Windgeschwindigkeit auftreten, die über der kritischen Windgeschwindigkeit liegt.

In Abb. 2.4/4 sind die einzelnen Stadien des Gallopingmechanismus dargestellt. Sie sind durch starke Veränderungen des Querkraftkoeffizienten begleitet.

Verformung von kreisförmigen Querschnitten infolge Wirbelablösung. Die bereits erläuterte periodische Wirbelbildung und die dadurch entstehenden periodischen Kräfte quer zur Windrichtung können zu Ovalisierungen kreisförmiger Querschnitte führen. Der Ovalisierungsmechanismus ist in Tafel 2.4/5 dargestellt.

Die Deformationsschwingungen, die einen Kreisquerschnitt in einen elliptischen Querschnitt überführen, treten auf, wenn die Ablösefrequenz der Wirbel mit der Frequenz der Schalenschwingung übereinstimmt. Dies gilt auch, wenn die Schalenschwingungsfrequenz ganzzahlige Vielfache der Wirbelfrequenz beträgt. Die Schalenschwingungen verursachen Wechselbeanspruchungen im Querschnitt und können zu Ermüdungserscheinungen des Baustoffs führen. Gegen Deformationsschwingungen der genannten Art können Bauwerke durch Anordnung von Randringen geschützt werden.

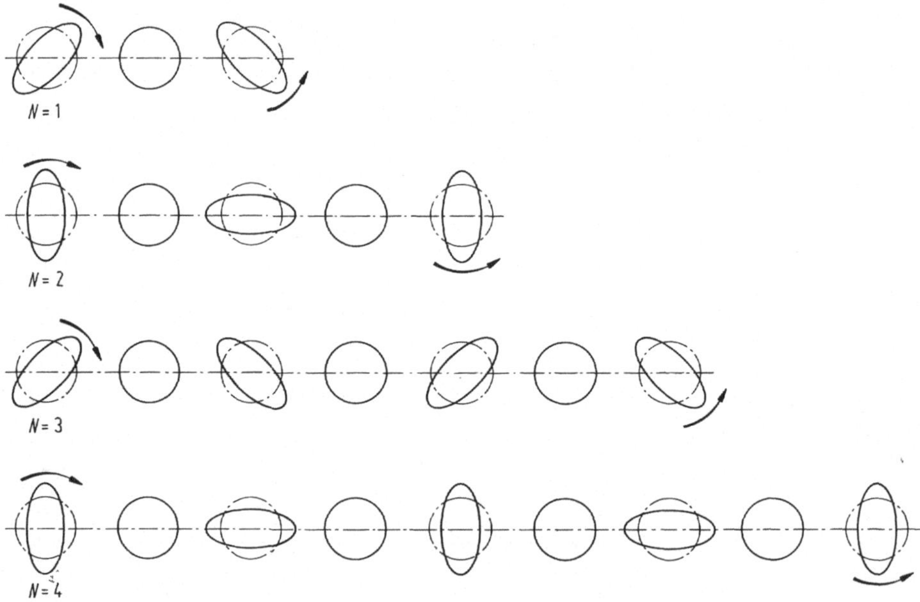

Abb. 2.4/5. Schematische Darstellung des Erregermechanismus bei Ovallingschwingungen mit 2-Wellen am Umfang für unterschiedliche Verhältnisse zwischen Schwingungszustand und Wirbelablösung [40]. N = Verhältnis der Schaleneigenfrequenz f_e zur Wirbelablösefrequenz f_w

Beispiele zur Verdeulichung des dynamischen Verhaltens von turmartigen Bauwerken

Kühltürme. Aerodynamische Untersuchungen von Kühltürmen wurden u.a. von Pröpper [135], Hashish, Abu Sitta [47], Niemann [45] [46] und Sollenberger

[136] durchgeführt. Die Verteilung der Windgeschwindigkeit über die Höhe wurde stochastisch erfaßt und mit Angabe von Turbulenzintensität, Spektraldichte, Kohärenz und Kreuzkorrelationskoeffizienten beschrieben.

Abbildung 2.4/6 zeigt eine Gegenüberstellung von Meßergebnissen zur Umfangsverteilung des Winddruckes am Modell und an Großkühltürmen.

Folgende Feststellungen können zum Kühlturmverhalten unter dynamischen Windeinwirkungen getroffen werden:

- Das *Eigenschwingverhalten* der Kühltürme kann durch die Wahl der Meridiankurve, des Wanddickenverlaufs, der Abstützung und der Ausbildung des oberen Randringes sowie durch die Anordnung zusätzlicher Ringe wesentlich beeinflußt werden.
- Die *Turbulenzintensität* ist in Abhängigkeit von der mittleren Geschwindigkeit darstellbar, sie nimmt mit Annäherung an die Bodenoberfläche zu.
- Der von der Windgeschwindigkeit, der Umgebungs- und Kühlturmrauhigkeit und den absoluten und relativen Kühlturmabmessungen abhängige *Böenfaktor* wächst mit der Windgeschwindigkeit und der Umgebungsrauhigkeit und nimmt mit der Kühlturmrauhigkeit ab.
- Die Umfangsverteilung der instationären Winddruckverteilung sowie der Standardabweichung der Winddruckverteilung ist stark von der Oberflächenrauhigkeit des Kühlturms abhängig und kann z.B. durch Anordnung von Lisenen günstig beeinflußt werden.
- Der Resonanzanteil des dynamischen Winddrucks entsteht aus Wirbelablösungen. Er kann i.allg. vernachlässigt werden. Von Bedeutung ist der als quasistatischer Winddruck deutbare dynamische Winddruckanteil.

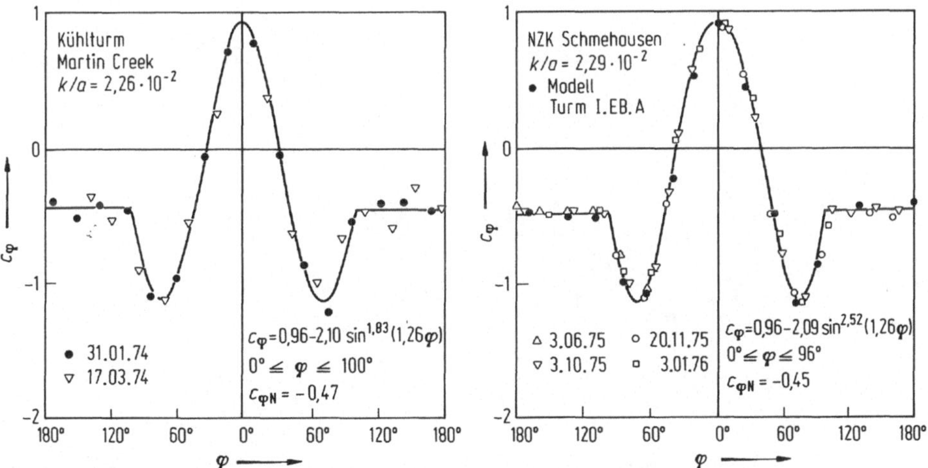

Abb. 2.4/6. Umfangsverteilung des Winddrucks für ausgewählte Kühltürme

- Die Bedeutung des Resonanzanteils kann bei sehr großen Kühltürmen infolge der durch Rißbildung (z.B. aus Temperaturwirkung) entstehenden Reduzierung der Eigenfrequenzen zunehmen.
- Örtliche Druckschwankungen infolge Wirbelablösungen können im unmittelbaren Ablösebereich bis zu 4% der gesamten Druckschwankungen betragen.
- Die Spektren der auf die Kühlturmfläche wirkenden Winddruckverteilungen sind dem Turbulenzspektrum des anströmenden Windes ähnlich. Wirbelablösungen ergeben sich etwa bei 60° als Frequenzspitzen in einem schmalen Frequenzbereich.
- Das Verhältnis der normierten Druck- und Turbulenzspektren ist die aerodynamische Übertragungsfunktion. Sie ist vom Verhältnis der Kühlturmabmessung zum Integrallängenmaß abhängig.

Abbildung 2.4/7 gibt einen Eindruck von den instationären Winddruckverteilungen sowie von Winddruckspektren von Großkühltürmen. Der Schnittkraftverlauf aus dynamischen Windwirkungen an Großkühltürmen ist in Abb. 2.4/8 mit Gegenüberstellungen zu Messungen an Modellen und Berechnungsergebnissen angegeben.

Eine umfassende Untersuchung des dynamischen Tragverhaltens windbeanspruchter Kühltürme mit Berücksichtigung der durch temperaturbedingte Rißbildung veränderten dynamischen Charakteristiken wurde von Sanal [137] durchgeführt. Der Einfluß des dynamischen Verhaltens auf die Stabilität wird

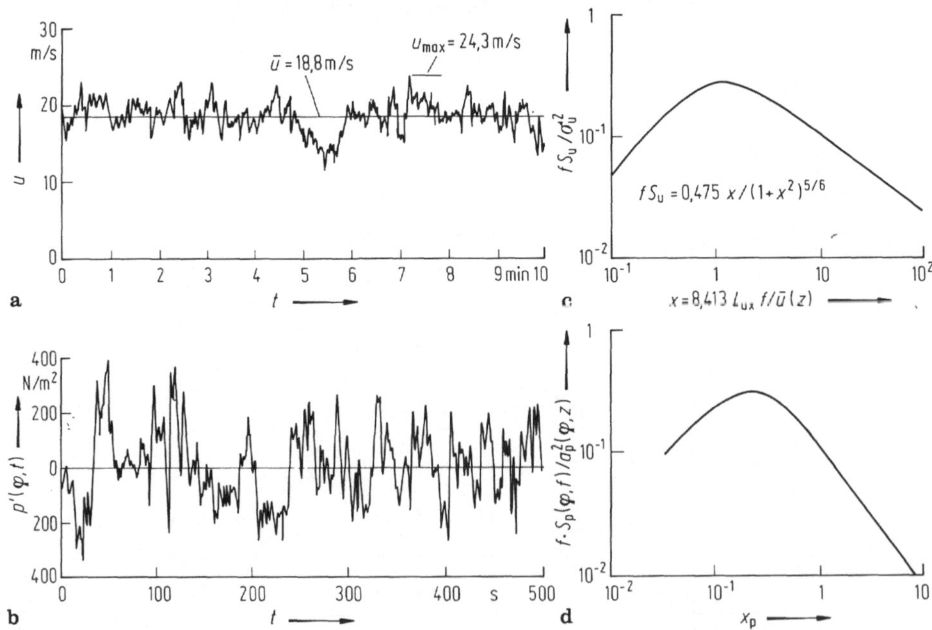

Abb. 2.4/7. Beispiele für Verlauf und Größenordnung stochastischer Größen und Funktionen. **a** Schwankungen der Windgeschwindigkeiten, **b** Schwankungen der Winddrücke, **c** Spektraldichte der Windgeschwindigkeit **d** Frequenzspektren der Winddruckschwankungen

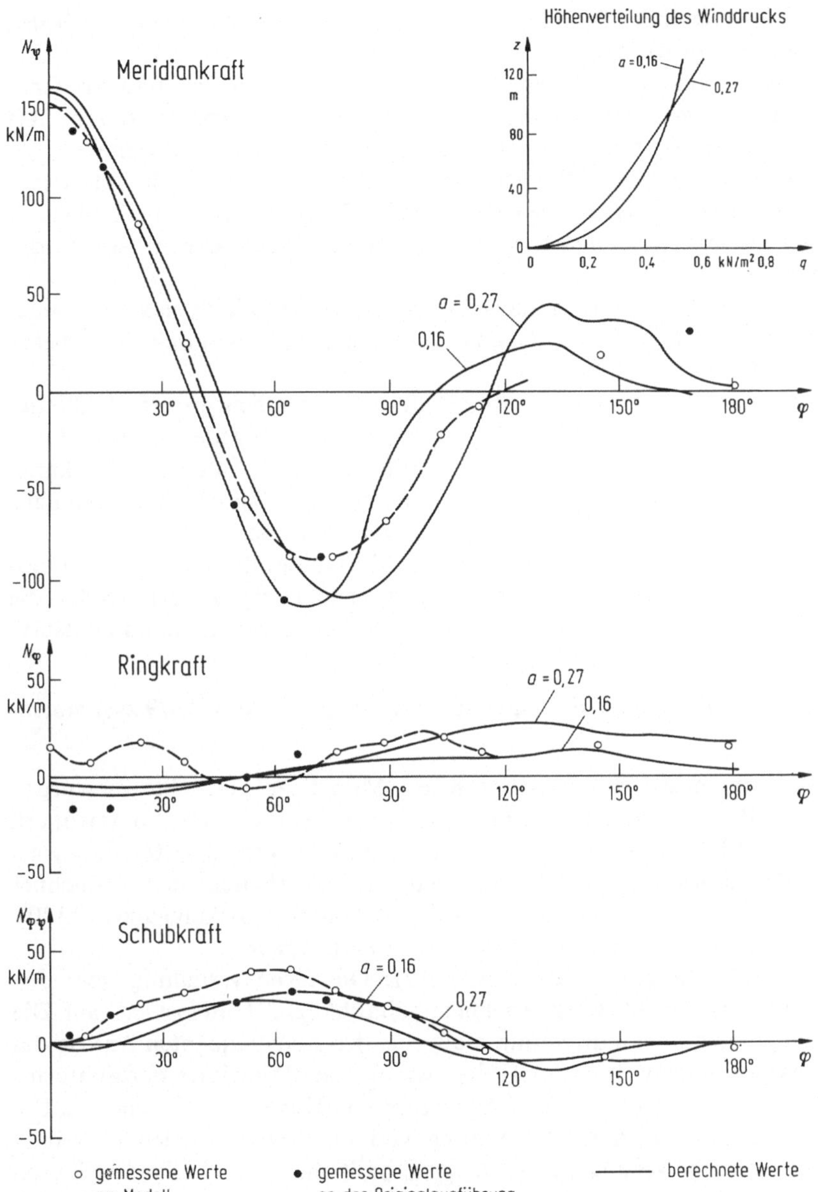

Abb. 2.4/8. Schnittkraftverlauf aus dynamischen Windwirkungen an Kühltürmen mit Gegenüberstellung von Modellversuchen und Berechnungen

diskutiert. Resonanzfaktoren zur Bemessung von Großkühltürmen unter dynamischer Windbelastung werden von Krätzig und Sanal [138] angegeben.

Folgende Feststellungen können gemacht werden:

– Der Einfluß der Rißbildung der Kühlturmschale auf das Eigenschwingverhalten ist beachtlich und sollte infolge der vorliegenden Temperaturbeanspruchung

und daraus resultierender Rißbildung bei der Berechnung von Großkühltürmen nicht vernachlässigt werden.
- Die Veränderlichkeit der Schalenschnittkräfte ist von den dynamischen Charakteristiken der Windeinwirkung abhängig und schnittkraftspezifisch. Am größten ist sie bei den Ringmomenten, geringer für die Meridiankräfte.
- Die Schwingung quer zur Windrichtung infolge periodisch sich ablösender Wirbel kann vernachlässigt werden, da die Ablösefrequenz der Wirbel und damit die Erregerfrequenz weit unterhalb der niedrigsten Eigenfrequenz von Großkühltürmen liegt.
- Die Ovalisierung des Kühlturmquerschnitts infolge periodisch sich ablösender Wirbel und dadurch bedingte Ringbiegemomente werden durch den oberen Randring verhindert.
- Die dynamische Überhöhung der Ringkräfte ist wesentlich größer als die der Meridiankräfte. Sie ist durch die Mindestbewehrung abgedeckt, so daß das bisherige Bemessungskonzept für diese Schnittkräfte beibehalten werden kann.
- Die dynamische Überhöhung der Biegemomente ist mäßig und kann ebenfalls durch das bisherige Bemessungskonzept abgedeckt werden.
- Der Einfluß der Rißbildung auf Ringkräfte, Meridiankräfte und Meridianmomente und auch auf die Ringmomente kann vernachlässigt werden, so daß die dynamischen Überhöhungen der Schnittkräfte aus einer dem Zustand I entsprechenden Resonanzkurve ermittelt werden können.

Einige ausgewählte Ergebnisse der Untersuchungen sind in Abb. 2.4/9 zusammengestellt.

Fernsehtürme. Ergebnisse von Messungen am Münchner Fernsehturm wurden u.a. von Brust, Baetke und Gräbeldinger [139] veröffentlicht und kommentiert. Geometrie und Meßstellen des Fernsehturms enthält Abb. 2.4/10 mit ausgewählten Meßergebnissen. Weitere Angaben zum Verhalten des Münchner Fernsehturms unter Windeinwirkung sind den Arbeiten von Panggabean [140], Schneider, Wittmann, Panggabean [141] u.a. zu entnehmen.

Folgende Feststellungen lassen sich treffen: Die Druckverteilung über den Umfang des Antennenschafts weist erhebliche zeitabhängige Unterschiede auf. Die für die Schwingungen in Windrichtung maßgebenden hochfrequenten Anteile des Windleistungsspektrums werden für Höhen wie die des Münchner Fernsehturms gegenüber dem empirisch gewonnenen Spektrum von Davenport verschoben. Die durch Wirbelablösung bedingte Ausbildung von Querschwingungen ist relativ regellos. Die Gesamtbewegung der Turmspitze paßt sich in umhüllende Ellipsen ein, die für unterschiedliche Auftretenswahrscheinlichkeiten berechnet wurden.

Messungen der Windgeschwindigkeiten und des Bauwerksverhaltens am Sendeturm Hornisgrinde wurden von Müller [142] u.a. durchgeführt und in [143] kommentiert. Geometrie und Meßstellen des Sendeturms sowie Meßergebnisse sind in Abb. 2.4/11 auszugsweise wiedergegeben.

Folgende Feststellungen lassen sich treffen: In Auswertung von 50 Einzelmessungen ergab sich ein Windprofil auf der Grundlage von 5-Minuten-Mittelwerten mit zwei Maxima der Häufigkeitsverteilung im Höhenbereich von 10 m.

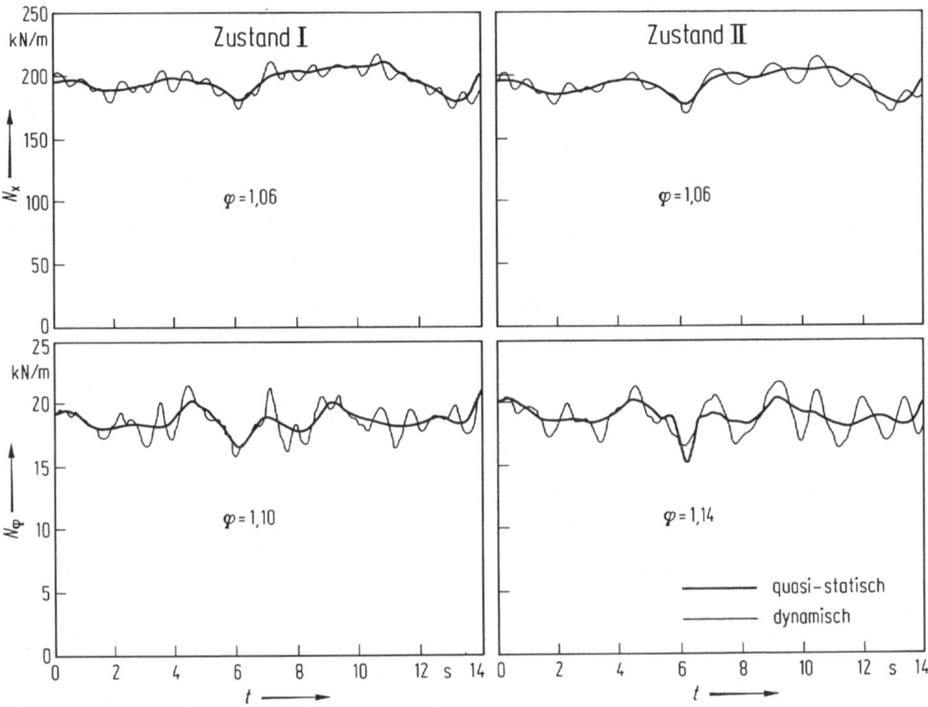

Abb. 2.4/9. Zeitverläufe der Meridian- und Ringkraft infolge Windeinwirkung an einer Kühlturmschale nach Untersuchungen von [137].

Die Leistungsspektren der gemessenen Windgeschwindigkeiten zeigen im Gegensatz zu den am Münchner Fernsehturm festgestellten Abhängigkeiten keine Zuordnung zu den mittleren Windgeschwindigkeiten. Die Höhenabhängigkeit wurde mit zunehmender Frequenz für abnehmende Höhe nachgewiesen.

Die Frequenzanalyse der Bauwerksreaktion ergab sowohl in als auch senkrecht zur Windrichtung Anregung der ersten Eigenfrequenz. Die Momente sind stark durch die zweite Eigenfrequenz beeinflußt. Eine Vernachlässigung dieser Eigenform, wie dies bei der Berechnung von Türmen oft anzutreffen ist, ist demnach nicht gerechtfertigt.

Die dynamischen Anteile der Biegemomente in und senkrecht zur Windrichtung sind sowohl der ersten als auch der zweiten Eigenform zuzuordnen. Der Anteil aus der ersten Eigenform wächst mit zunehmender Windgeschwindigkeit schwächer an als allgemein vorausgesetzt. Die Biegemomente senkrecht zur Windrichtung haben bei einer mittleren Geschwindigkeit von 8 m/s bzw. 15 m/s deutlich ausgeprägte Maxima, die der ersten bzw. zweiten Eigenfrequenz zugeordnet sind.

Insgesamt sind die Bauwerksreaktionen senkrecht zur Windrichtung größer als die in Windrichtung, wobei der Anteil der 2. Eigenform in der gleichen Größenordnung liegt wie der der ersten.

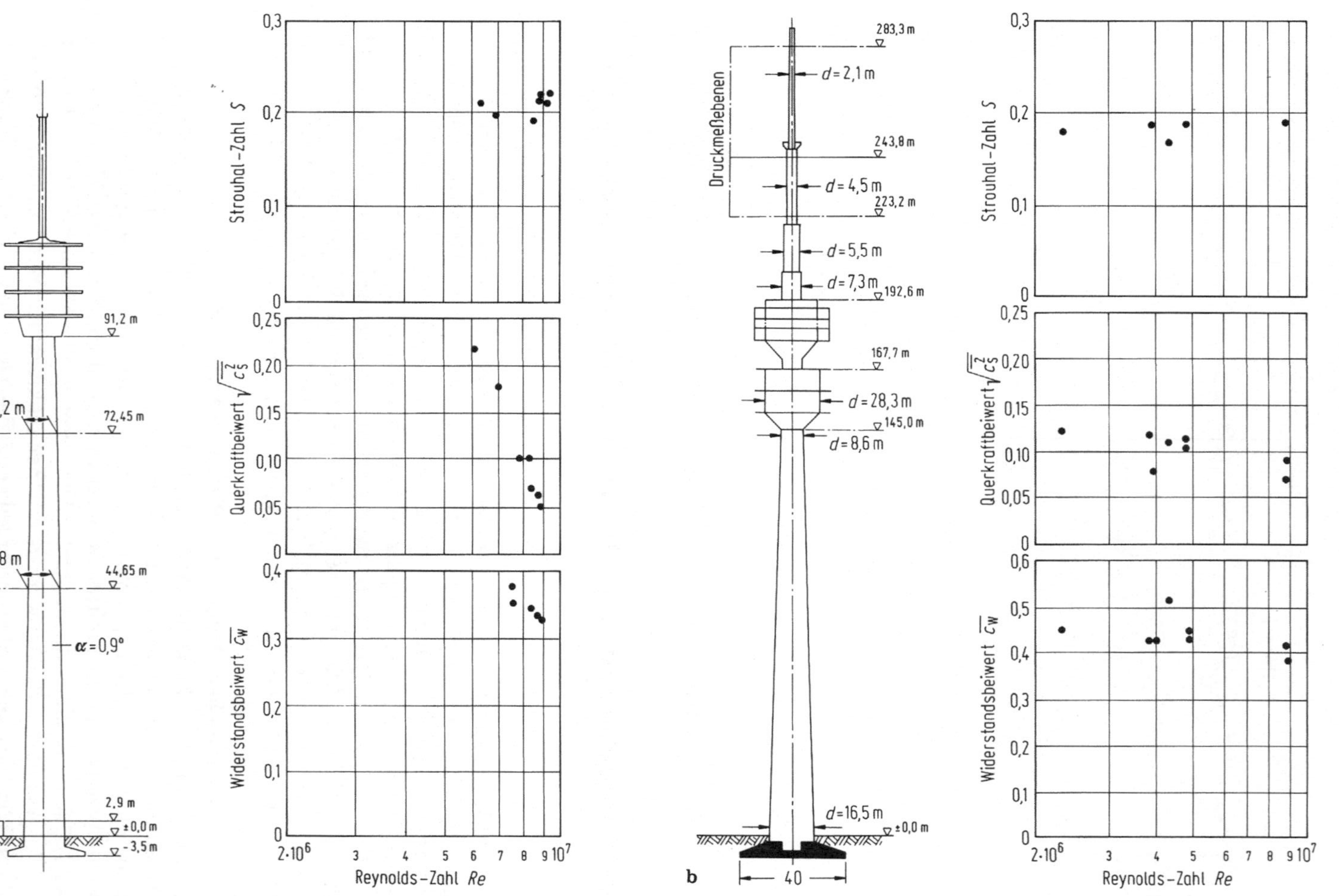

Abb. 2.4/10. Meßergebnisse an Realbauwerken **a** Funkturm Aufhausen, **b** Fernsehturm München

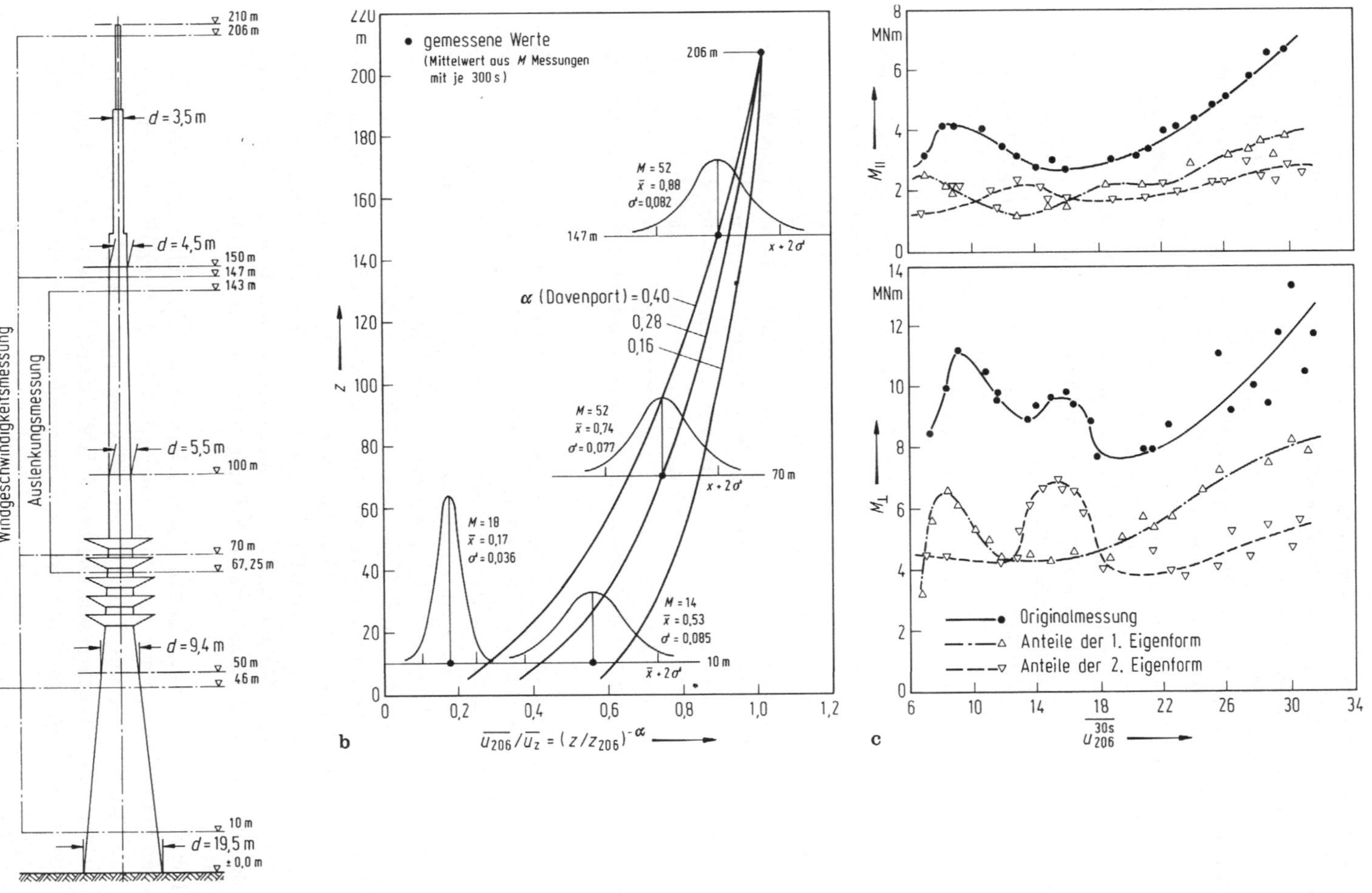

Abb. 2.4/11. Meßergebnisse am Sendeturm Hornisgrinde nach [142]. **a** Bauwerksgeometrie; **b** normiertes, aus mehreren 300-Sekunden Messungen gemitteltes Windprofil für den Bereich $\bar{U}$ (206) = 6 bis 27 m/s; **c** dynamische Biegemomente in 46 m Höhe und deren Anteile der 1. und 2. Eigenform

Interessante Untersuchungsergebnisse zur Wirbelbildung im transkritischen Bereich der Reynolds-Zahl stellte Wenderoth [122] bereit. Er führte Studien zu wirbelbedingten Druckschwankungen am Umfang des Funkturms Aufhausen durch und wertete Satellitenaufnahmen von Wirbelbildungen im Nachlaufbereich einer Nordseeinsel aus. Dies machte es möglich, Wirbelbildungen und -ablösungen sowie das Abklingen der Wirbel bei hohen Reynolds-Zahlen zu erkennen und zu bewerten. Angaben zur Turmgeometrie und zu ausgewählten Ergebnissen enthält Abb. 2.4/10.

Folgende Feststellungen können getroffen werden: Wirbelbildungen, die kurz nach dem Anströmen mit kritischer Windgeschwindigkeit auftraten, brachen oft ohne merkbare Veränderungen der Windgeschwindigkeit plötzlich ab. Periodische Druckschwankungen am Turm setzten immer aus, wenn sich Windgeschwindigkeit oder Windrichtung merkbar änderten. Wirbelablösungen im überkritischen Bereich der Reynolds-Zahl ergaben Strouhal-Zahlen mit dem Mittelwert von 0,20 und Schwankungen zwischen 0,19 und 0,22, die möglicherweise auch durch Meßungenauigkeiten beeinflußt sein können. Die instationäre asymmetrische Druckverteilung am Turm ist vorwiegend wirbelbedingt und nur relativ gering durch Anströmungsturbulenzen und Turmschwingungen beeinflußt.

Die aus der asymmetrischen Druckverteilung resultierenden Seitentriebkräfte verlaufen senkrecht zur Anströmrichtung. Die zugeordneten Widerstandsbeiwerte erreichen Maximalwerte bis zu 0,25. Der Widerstandsbeiwert in Windrichtung wird vorwiegend durch den zeitlichen Mittelwert des Druckes im Nachströmbereich bestimmt und nimmt Werte um 0,4 an. Er liegt somit etwa 10% höher als der Widerstandsbeiwert aus der stationären Druckverteilung. Der resultierende Widerstandsbeiwert hat einen Mittelwert von etwa 0,43 mit einer Schwankung von etwa 0,08.

Schornsteine. Das dynamische Verhalten von Schornsteinen unterscheidet sich von dem der Fernsehtürme vor allem durch unterschiedliche Massenkonzentration, Veränderlichkeit der Steifigkeit sowie durch den Steifigkeitssprung am Übergang vom Turmschaft zum Antennenaufbau im Gegensatz zur kontinuierlichen Veränderung von Masse und Steifigkeit bei Schornsteinen.

Gegenüberstellungen der Steifigkeits- und Massenverhältnisse des Sendeturms Hornisgrinde zu Schornsteinen zeigen einen starken Einfluß des Steifigkeitssprungs auf das dynamische Verhalten des Sendeturms, der in dieser Form bei Schornsteinen nicht vorhanden ist. (Abb. 2.4/12 nach Charlier und Keßler [144]).

Eine umfassende Diskussion zum dynamischen Verhalten von Schornsteinen wurden u.a. auf der Internationalen Schornsteintagung in München (1978) [145] geführt.

Die wesentlichen dynamischen Untersuchungen sind den schwingungsempfindlicheren Stahlschornsteinen gewidmet. Dies gilt auch für Spezialuntersuchungen, z.B. zur Mitwirkung des Futters, zur Wirkung von Dämpfern und zur Berücksichtigung der Wechselwirkung zwischen Wind und Bauwerk bei Reihen- oder Gruppenanordnung von Schornsteinen. Verwiesen sei auf die Arbeiten [146], [147], [148].

Die Übertragung der an Stahlschornsteinen gewonnenen Erkenntnisse auf Stahlbetonschornsteine ist nur mit Einschränkung möglich. Dies gilt sowohl für die

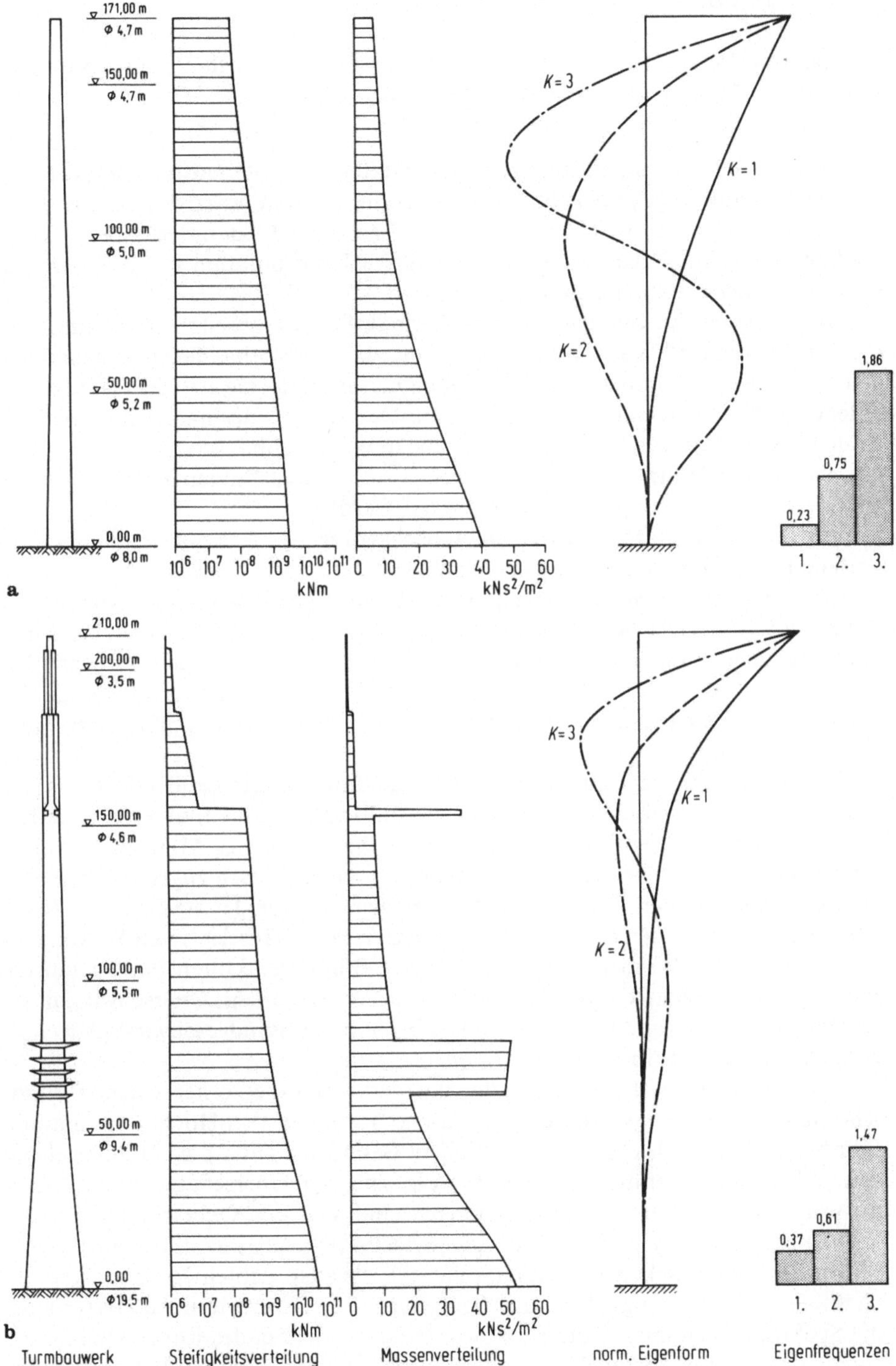

Abb. 2.4/12. Steifigkeits- und Massenverteilung an einem Stahlbeton-Schornstein (**a**) und einem Fernsehturm (**b**) nach [144]

Geometriewerte, die die Wirbelablösung begünstigen, als auch für die Gesamtsteifigkeit und Massenverteilung der Schornsteine.

Hochhäuser. Die Auseinandersetzung mit dem Verhalten windbeanspruchter Hochhäuser hat vor allem durch die Aktivitäten der Internationalen Expertengruppe Tall Buildings [149] starke Impulse erfahren und wesentliche Erkenntnisfortschritte gebracht. Aus der Arbeit des Technical Committee No. 7 – Wind loading and Wind Effects resultiert eine aktive Konfrontation mit Normen und wissenschaftlichen Untersuchungsergebnissen.

Die in diesem Zusammenhang von Cermak [150] erarbeitete Zusammenstellung erforderlicher Forschungsarbeiten zeigt, daß die vorhandenen Erkenntnisse aufbereitet werden müssen, so daß Hochhäuser ohne zusätzliche Windkanaluntersuchungen berechnet werden können. Der Einfluß der natürlichen und gebauten Umwelt auf winderregte Schwingungen von Hochhäusern muß geklärt und das dynamische Windverhalten von Hochhäusern durch Entwurfsentscheidungen über deren Außenwandgestaltung minimiert werden.

Von Davenport [151] wird eine Einschätzung des Erkenntnisstandes zum Verhalten von Hochhäusern unter Windbelastung und zur Sicherheit von Hochhäusern gegeben. Die Windbelastung wird als ein stochastischer und dynamischer Prozeß aufgefaßt. Die *Berechnung* ist ausgerichtet auf die Abschätzung der Windwahrscheinlichkeiten unter Berücksichtigung der lokalen Topografie und der lokalen Windstruktur, auf die Bestimmung der stationären Bauwerksantwort infolge des mittleren Windes und auf die dynamische Bauwerksreaktion infolge des dynamischen Windanteils.

Das Windspektrum kann durch ein Energieminimum in zwei Bereiche (makro- bzw. mesometeorologischer und mikrometeorologischer Anteil) unterteilt werden. Die Trennungsfrequenz f_g liegt zwischen einer Periode pro 10 Minuten und einer Periode pro Stunde. Die dem mikrometeorologischen Bereich zugeordnete turbulente Komponente der Windgeschwindigkeit wird als lokaler stationärer Prozeß betrachtet. Auch bei den scharfkantig begrenzten Hochhäusern treten Schwingungen senkrecht zur Windrichtung auf. Die mit Böigkeitsfaktoren durchgeführten Bauwerksuntersuchungen berücksichtigen die auftretenden Querschwingungen der Hochäuser nicht und können vor allem bei höheren Windgeschwindigkeiten zu wirklichkeitsfremden Ergebnissen führen.

Stimmen die kritische Richtung des Bauwerks und die vorherrschende Windrichtung nicht überein, so ist das dynamische Verhalten von Hochhäusern durch Zuordnung der Windrichtung zur kritischen Bauwerksrichtung nicht ausreichend wirklichkeitsnah zu erfassen und führt i.allg. zu einer Überschätzung der Versagenswahrscheinlichkeit. Die Abweichungen sind von der Querschnittsform des Hochhauses abhängig und für Rechteckquerschnitte größer als für quadratische.

Mit der dynamischen Berechnung von windbeanspruchten Hochhäusern beschäftigten sich u.a. Panggabean und Schueller [152]. Sie erörtern die Zeitverlaufs- und Spektralberechnung. Untersucht wurde das Verhalten des Royex-Hauses, ein 18-geschossiger Stahlbetonskelettbau mit aussteifenden Fahrstuhlschächten, das ohne wesentliche Vorbauten dem Westwind voll ausgesetzt ist. Die Berechnung des Tragwerks unter der stochastisch aufgefaßten Windbelastung wurde sowohl im Zeit- als auch im Frequenzbereich durchgeführt.

Die Untersuchung im Zeitbereich wurde lediglich für die erste Schwingungform in West-Ost-Richtung durchgeführt. Der Untersuchung im Frequenzbereich wurde ein massiver elastischer Körper zugrunde gelegt. Die Windgeschwindigkeit wurde durch die Leistungsspektraldichte nach Davenport beschrieben. Windgeschwindigkeit, Winddruck und Bauwerksverhalten wurden normalverteilt angenommen. Der Böenfaktor wurde aus dem 2-Minuten-Mittel berechnet und das Windprofil durch eine Potenzfunktion beschrieben.

Aus den Berechnungsergebnissen und ihrem Vergleich mit Versuchsdaten können folgende Feststellungen abgeleitet werden: Der berechnete Böenfaktor unterscheidet sich für die beiden Berechnungsmethoden nicht wesentlich, er ändert sich mit der Windgeschwindigkeit weniger als z.B. für Fernsehtürme. Die Verteilungen der Winddruckdaten und der Bauwerksreaktion entsprechen mehr einer Extremwertverteilung vom TYP I als einer Normalverteilung, so daß die berechneten Winddrücke und Bauwerksreaktionen von den gemessenen Werten nicht unerheblich abweichen. Der mit Annahme einer Normalverteilung berechnete Böenfaktor liegt für einen Fraktilwert von 0,99 um 27% niedriger als der einer Extremwertverteilung vom Typ I entsprechende.

Weitere Hinweise zu Windeinwirkungen auf Hochhäuser finden sich auch im Betonkalender 1990 II.

2.4.2 Einflüsse auf das Tragverhalten windbeanspruchter Bauwerke

Das Verhalten windbeanspruchter Bau- und Tragwerke kann im Planungs-, Entwurfs- und Konstruktionsprozeß durch Entscheidungen

- über die Zuordnung des Bauwerks zu anderen Bauwerken und Unregelmäßigkeiten der natürlichen Umwelt,
- über Form, relative und absolute Bauwerksabmessungen,
- über Struktur und Rauhigkeit der Bauwerksoberfläche und
- über die dynamischen Charakteristiken des Tragwerks

beeinflußt werden. Dies wird an einigen Beispielen demonstriert.

Zum Einfluß von Entscheidungen über die *Zuordnung des Bauwerks zu seiner Umwelt* wird folgendes festgestellt: Nebeneinander, senkrecht zur Windrichtung angeordnete Bauwerke erzeugen Veränderungen in der Winddruckverteilung an diesen Bauwerken und erhöhte Winddrücke auf hinter der Bauwerkslücke stehende Bauwerke. Vorgelagerte Bauwerke oder Geländeunregelmäßigkeiten erhöhen die Windturbulenz des auf das Bauwerk auftreffenden Windes und führen zu Abschattungen, die unregelmäßige, exzentrische und dynamische Winddrücke erzeugen können. Hintereinander angeordnete turmartige Bauwerke können Interferenzeffekte und ballenartige Böen auf die in Strömungsrichtung aufeinanderfolgenden Bauwerke hervorrufen und damit Bauwerksschwingungen erzeugen.

Daraus können folgende *Empfehlungen* abgeleitet werden: Dynamisch empfindliche Bauwerke sollten in genügend großem Abstand voneinander angeordnet oder bei sehr geringem Abstand miteinander gekoppelt werden. Bauwerke, die in Windrichtung auf Lücke zu voranstehenden Bauwerken angeordnet sind, sollten für erhöhte Winddrücke und gegebenenfalls für periodisch einwirkende Windballen begrenzter Größe ausgelegt werden. Bauwerke, die durch vorgelagerte Bauwerke oder natürliche Gegebenheiten abgeschattet werden, sollten auch für Windeinwirkungen auf Teilflächen untersucht werden.

Zum Einfluß von Entscheidungen über *Form, relative und absolute Abmessungen des Bauwerks* wird festgestellet: Schlanke Bauwerke mit kreisförmigem Querschnitt neigen zur Wirbelbildung und damit zu wirbelerregten Schwingungen senkrecht zur Windrichtung. Schlanke Bauwerke mit eckigem Querschnitt neigen zur Ausbildung von selbsterregten Schwingungen senkrecht zur Windrichtung. Durch Anordnung von Zusatzelementen kann die periodische Wirbelablösung an zylindrischen, schlanken Bauwerken gestört und die Querschwingung reduziert bzw. ausgeschaltet werden. Änderungen der Schlankheit von wirbelgefährdeten Bauwerken führen zur Veränderung der Eigenfrequenz und damit auch zur Veränderung der maßgebenden Erregungsgeschwindigkeit des anströmenden Windes.

Folgende *Empfehlungen* können daraus abgeleitet werden: Beim Entwurf und bei der konstruktiven Durchbildung von schlanken Bauwerken mit kreisförmigem Querschnitt ist auf genügendem Abstand der Eigenfrequenz von der berechenbaren Erregerfrequenz aus Wirbelablösung zu achten. Wirbelgefährdete schlanke Bauwerke mit kreisförmigem Querschnitt sind mit Störbereichen (Erhöhung der Rauhigkeit oder Anordnung von Störelementen) am oberen Bauwerksende zu versehen. Die Möglichkeiten zur Beeinflussung der Eigenfrequenz durch Zusatzmassen und Steifigkeitsänderungen sollten zur Erhöhung des Abstands zwischen der berechenbaren kritischen Windgeschwindigkeit und der aus den Windverhältnissen zu erwartenden Windgeschwindigkeit genutzt werden.

Zum Einfluß von Entscheidungen über die *Qualität und Rauhigkeit der Bauwerksoberfläche* werden folgende Feststellungen getroffen: Veränderungen der Rauhigkeit einer Bauwerksoberfläche führen zur Veränderung der Lage von Ablösepunkten und damit zur Beeinflussung der Größe und Verteilung des Winddrucks auf die Bauwerksoberfläche. Strukturierungen der Bauwerksoberfläche durch Öffnungen, Vor- und Rücksprünge, zusätzliche Elemente usw. führen zur Erhöhung der Turbulenz der Bauwerksumströmung und reduzieren damit die Gefahr der Ausbildung periodischer Wirbelbildungen und zugeordneter wirbelerregter Schwingungen.

Folgende *Empfehlungen* können daraus abgeleitet werden: Die Oberfläche von großflächigen umströmten Bauwerken sollte möglichst rauh gestaltet werden, wodurch die Winddruckverteilung sowohl qualitativ als auch quantitativ wesentlich beeinflußt werden kann. Das dynamische Verhalten schwingungsempfindlicher Bauwerke kann für dynamische Windeinwirkungen durch strukturierte Oberflächen, durch Öffnungen, Vor- und Rücksprünge, gegliederte Bauwerksoberflächen und dadurch erzeugte Windturbulenzen günstig beeinflußt werden.

Zum Einfluß von Entscheidungen über die *dynamischen Charakteristiken* von Bauwerken werden folgende Feststellungen getroffen: Veränderungen der Steifigkeit des Bauwerks führen zur Veränderung der Eigenfrequenzen und beeinflussen damit deren Zuordnung zu Erregerfrequenzen aus Wirbelbildung, womit die wirbelauslösende kritische Windgeschwindigkeit planmäßig erhöht werden kann.

Veränderung der Dämpfung des Bauwerks durch Anordnung von Zusatzmassen, Zusatzdämpfern, Abspannungen oder Kopplung von nebeneinander angeordneten schlanken Bauwerken führen zur Reduzierung der Schwingungsanfälligkeit solcher Bauwerke. Die Baugrundverhältnisse sowie die Fundamentausbildung haben wesentlichen Einfluß auf das dynamische Verhalten von Bauwerken.

Daraus können folgende *Empfehlungen* abgeleitet werden: Steifigkeitserhöhende Maßnahmen, wie Anordnung von Querschnitten mit hohem spezifischem Trägheitsmoment oder die Ausschaltung bzw. Reduzierung steifigkeitsreduzierender Rißbildungen sollten als planmäßiges Mittel zur Beeinflussung der Eigenfrequenz von dynamisch empfindlichen Bauwerken genutzt werden. Dämpfungserhöhende Maßnahmen, wie Anordnung von Dämpfern und Tilgern, Zusatzmassen und Kopplungen mit anderen Bauwerken oder Sekundärsystemen sollten als planmäßiges Mittel zur Beeinflussung der Energiedissipation in dynamisch empfindlichen Bauwerken genutzt werden. Die Wechselwirkung zwischen Bauwerk und Baugrund sollte zur Beeinflussung des Eigenschwingverhaltens und zur Reduzierung des winderregten dynamischen Tragwerksverhaltens planmäßig genutzt werden. Dies kann durch Entscheidung über den Mikrostandort, Wahl oder Beeinflussung von lokalen Baugrundeigenschaften, Ausbildung des Fundaments und Lage der Fundamentunterkante geschehen.

2.4.3 Berechnung windbeanspruchter Tragwerke

Die Untersuchung des Tragverhaltens windbeanspruchter Tragwerke unter statischen bzw. quasistatischen, deterministisch beschriebenen Windeinwirkungen kann mit den normengemäß festgelegten Windverläufen und -intensitäten nach den Regeln der Statik erfolgen. Bei schlanken Bauwerken kann gegebenenfalls der Einfluß nichtlinearer Wirkungen aus Eigenlast bei Berücksichtigung der durch Wind verursachten Auslenkung des Bauwerks erforderlich werden.

Die nachfolgenden Ausführungen beziehen sich auf

- die stochastische Berechnung schlanker windbeanspruchter Bauwerke unter turbulenter Windeinwirkung,
- die Erfassung der Kräfte aus wirbelerregten Schwingungen schlanker Bauwerke mit kreisförmigem Querschnitt,
- die Erfassung von Kräften aus selbsterregten Schwingungen und
- die Erfassung der bei Deformationsschwingungen auftretenden Kräfte auf kreisförmige Querschnitte schlanker Bauwerke.

Stochastische Berechnung von schlanken Bauwerken unter turbulenter Windeinwirkung

Gegeben sind die geometrisch-stofflichen und Dämpfungseigenschaften des Tragwerks und die stochastische Beschreibung der Windgeschwindigkeit durch die Angabe des Böenspektrums. Gesucht ist die stochastische Beschreibung der Bauwerksantwort.

Unter Berücksichtigung der Schlankheit des Bauwerks wird angenommen, daß das Bauwerk nur Schwingungen in Windrichtung ausführt. Die Lösung wird durch folgende Schritte erreicht:

Schritt 1: Ermittlung der aerodynamischen Vergrößerungsfunktion (aerodynamische Admittanz) zur Überführung des Spektrums der Windgeschwindigkeit in das Spektrum des Winddrucks

Schritt 2: Ermittlung der mechanischen Vergrößerungsfunktion zur Überführung des Winddruckspektrums in das Spektrum des Bauwerksverhaltens

Schritt 3: Berechnung der Spektraldichte des Bauwerksverhaltens.

In Abb. 2.4/13 ist der Berechnungsablauf in allgemeiner Form angegeben.

Berechnung zylindrischer Bauwerke unter wirbelerregten Schwingungen

In Abschnitt 2.4.1 wurde die Wirbelbildung und in Abschnitt 2.4.2 die Qualität des Tragwerksverhaltens von schlanken, turmartigen Tragwerken unter wirbelerregter Schwingung erläutert. Die Berechnung des Tragwerks unter dem Einfluß der durch die Wirbelablösung entstehenden Seitenkräfte erfordert die Lösung der inhomogenen Schwingungsdifferentialgleichung, deren Störglied die Seitenkraft ist. Für die Beschreibung der Seitenkräfte wurden von mehreren Autoren Vorschläge unterbreitet. Abbildung 2.4/14 enthält eine Auswahl solcher Vorschläge.

Gemeinsam ist diesen Vorschlägen die Erfassung der prinzipiellen Abhängigkeit der Seitenkraft von dem Quadrat der kritischen Windgeschwindigkeit, dem Durchmesser des Tragwerks, der Luftdichte und dem aerodynamischen Beiwert.

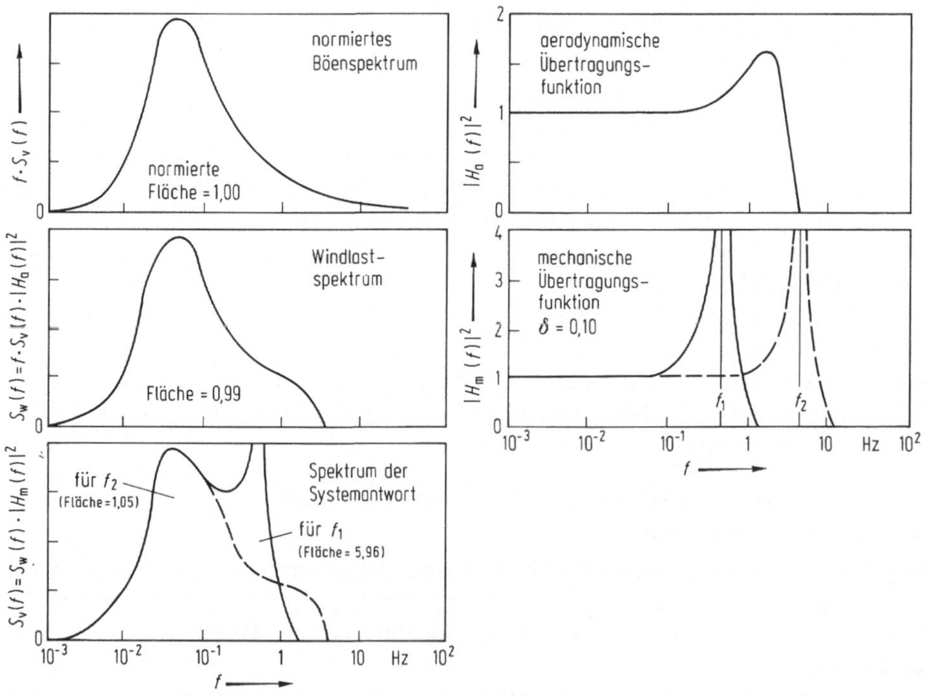

Abb. 2.4/13. Zur stochastischen Berechnung turbulenter Windeinwirkungen

Die kritische Windgeschwindigkeit ergibt sich aus der Eigenfrequenz des Tragwerks, dem Tragwerksdurchmesser und der dimensionslosen Strouhal-Zahl. Die Quertriebskraft wird durch eine harmonische Funktion der From

$$F_y(t) = 0.5\,\rho\, U^2 C_s d \cos(2\pi f_w t)$$

beschrieben.

Die Vorschläge unterscheiden sich hinsichtlich
- des Verlaufs der Seitenkraft über die Höhe,
- der Größe und Veränderlichkeit des Querkraftbeiwerts,
- der Berücksichtigung von höhenabhängigen Durchmesseränderungen des Bauwerks,
- der Größe der Strouhal-Zahl,
- der zu berücksichtigenden Grenzwerte.

Die Berechnung hat das Ziel,
- die kritische Windgeschwindigkeit, bei der die Wirbelablösung auftritt,
- die Größe und die Auftretensfrequenz der durch die Wirbelablösung erzeugten, quer zur Windrichtung entstehenden Kräfte,
- die durch diese Kräfte entstehende erzwungene (fremderregte) Schwingung und deren Maximalamplitude sowie
- die zugeordneten Beanspruchungen des Tragwerks

zu ermitteln.

Zur *näherungsweisen Berechnung* wirbelerregter Turmtragwerke ist die Modellierung durch einen gedämpften Einmassenschwinger sowie die Überführung der periodischen Erregerkraft in eine statische Ersatzlast für die Grundeigenfrequenz möglich. Mit Einführung eines dynamischen Lastfaktors (DLF) ergibt sich bei Berücksichtigung des logarithmischen Dämpfungsdekrements die statische Ersatzlast zu

$$F_{st} = (\pi\, 0{,}5\, \rho\, Uk^2 d C_s)/\rho\ .$$

Die kritische Windgeschwindigkeit ergibt sich aus der Übereinstimmung der Wirbelablösefrequenz mit der Eigenfrequenz des Tragwerks. Im allgemeinen ist es ausreichend, die erste Eigenfrequenz zu berücksichtigen. In Abschn. 2.5.3 sind dafür Näherungsformeln angegeben, die auch hier herangezogen werden können.

Die *deterministische Berechnung* eines wirbelerregten Turmtragwerks ist im Flußbild der Abb. 2.4/15 angegeben. Ergebnisse einer Beispielrechnung enthält Abb. 2.4/16. Der stochastische Charakter der Wirbelablösung wurde zur Untersuchung des Verhaltens wirbelerregter Turmtragwerke von Sachs [120] u.a. [118], [132] und [158] berücksichtigt. Einige Angaben zu den durchgeführten Untersuchungen enthält Abb. 2.4/17.

Normenregelungen

Die Berechnung von wirbelerregten Turmtragwerken wird auch durch einige Normen geregelt. Einige Informationen zu ausgewählten Normen werden im folgenden bereitgestellt.

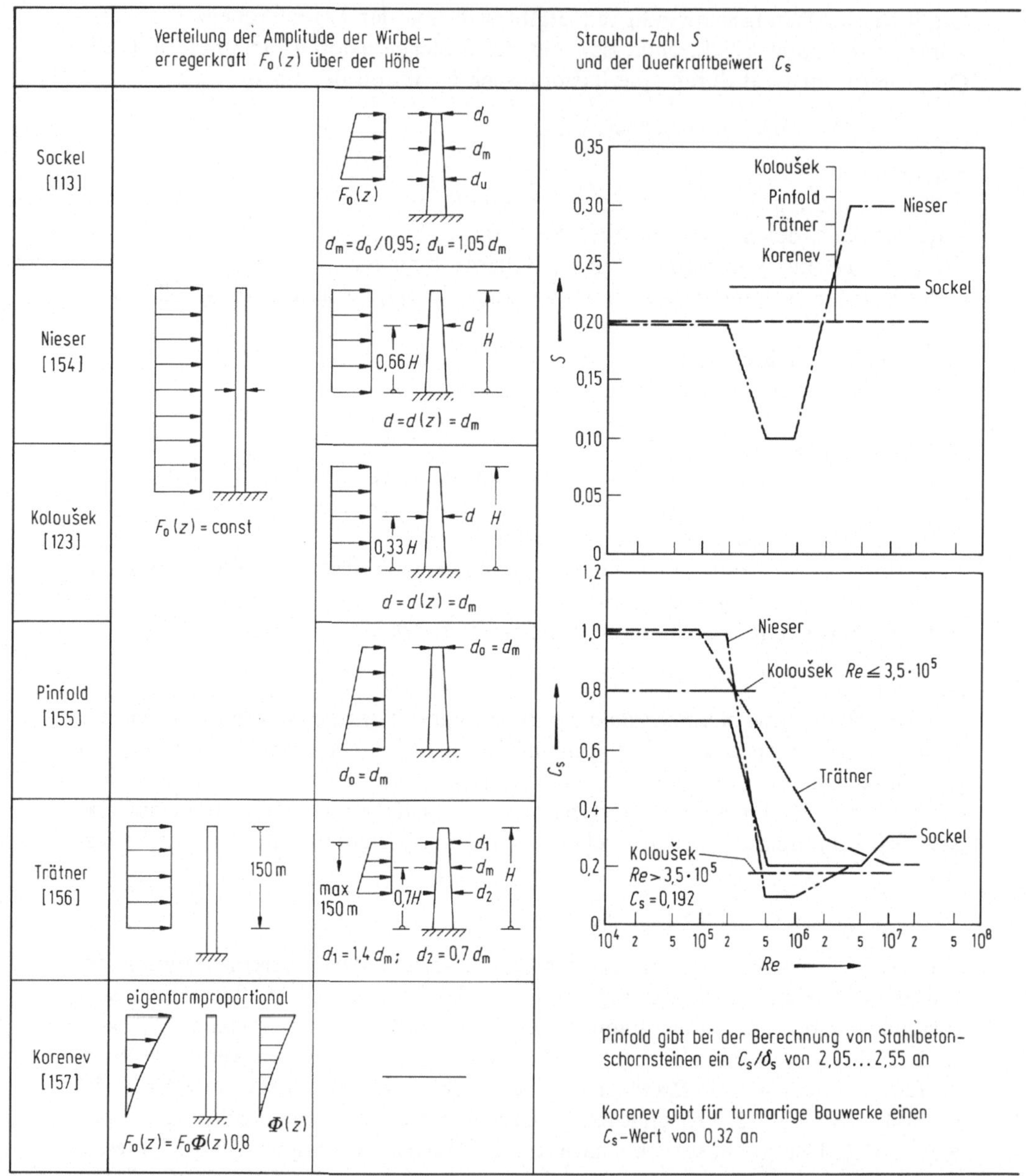

Abb. 2.4/14. Vorschläge zur Berechnung wirbelerregter Schwingungen an Turmbauwerken nach ausgewählten Autoren

Normenregelung in der BRD. Der NABau – Arbeitsausschuß, 3 „Lastannahmen für Bauten; Verkehrslasten, Windlast“ [167] unterbreitete hierzu Vorschläge. Die Berechnung wirbelerregter Turmtragwerke erfolgt deterministisch. Die Erregerkraft aus Wirbelablösung wird als harmonisch mit konstanter Maximalamplitude

Grenzwerte zur Berücksichtigung der Querschwingung	Erläuterungen
$H/d > 8$ $U_K < 30\,m/s$ $M_{\delta s} < 25$	$F_0(z) = 0{,}5\varrho U_K^2 d(z) C_s$ $F_0(z)$ Amplitude der harmonischen Wirbelerregerkraft über der Höhe z. ϱ Luftdichte $d(z)$ Durchmesser $U_K = f_i d_m / S$ U_K kritische Windgeschwindigkeit bei der die Wirbelablösefrequenz mit einer der Eigenfrequenzen f_i übereinstimmt. d_m Durchmesser bzw maßgeblicher Durchmesser bei konischen Bauwerken. S Strouhal-Zahl $Re = U_K d_m / \nu$ Re Reynolds-Zahl ν kinematische Zähigkeit der Luft δ_s log. Dämpfungsdekrement $M_{\delta s} = 2 m \delta_s / \varrho d^2$ $M_{\delta s}$ Massendämpfungsparameter m generalisierte Masse pro Längeneinheit
$U_K \leqq 25\,m/s$	
$5\,m/s < U_K < 20\,m/s$	
$M_{\delta s} \leqq 25$	
$U_K \leqq 25\,m/s$ $Re \leqq 10^7$	
$2\sqrt{q_0} < U_K \leqq 25\,m/s$ q_0 Normwert des Staudrucks s	

über die Tragwerkshöhe angenommen. Zur Berechnung der kritischen Windgeschwindigkeit wird eine konstante Strouhal-Zahl $S = 0{,}2$ verwendet. Der Querkraftbeiwert wird in Abhängigkeit von der Reynolds-Zahl, jedoch höhenunabhängig in die Berechnung eingeführt. Für konische Turmtragwerke kann für die

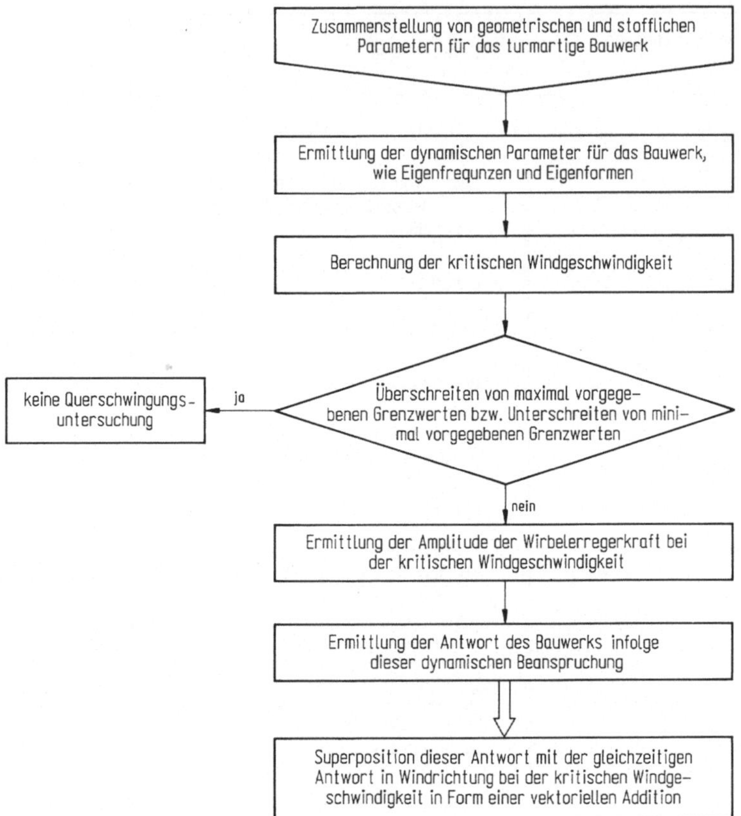

Abb. 2.4/15. Flußbild zur deterministischen Berechnung wirbelerregter Turmtragwerke

Berechnung ein mittlerer Durchmesser eingeführt werden. Das logarithmische Dämpfungsdekrement wird in Abhängigkeit von der Bauweise und dem Schwingungstyp eigeführt.

Normenregelungen in der DDR [159]. Die Richtlinie für die Berechnung und Durchbildung hoher, schlanker Bauwerke unter winderregter Querschwingungsbeanspruchung unterscheidet zwei Schwingungstypen:

- Typ I: Querschwingungen mit Resonanzcharakter, die nur beim Erreichen einer kritischen Windgeschwindigkeit auftreten,
- Typ II: stochastische Querschwingungen, deren Schwingungsamplituden windgeschwindigkeitsabhängig sind.

Die Zuordnung zu diesen Typen erfolgt nach der Bauweise und Funktion des turmartigen Tragwerks (Abb. 2.4/18).

Für die Untersuchung des Typs I gilt: Die Maximalamplitude der Erregerkraft ist über die Höhe konstant. Die Wirkungslänge der Erregerkraft ist 150 m, gemessen vom oberen Tragwerksende. Die Untersuchung beschränkt sich i.allg. auf

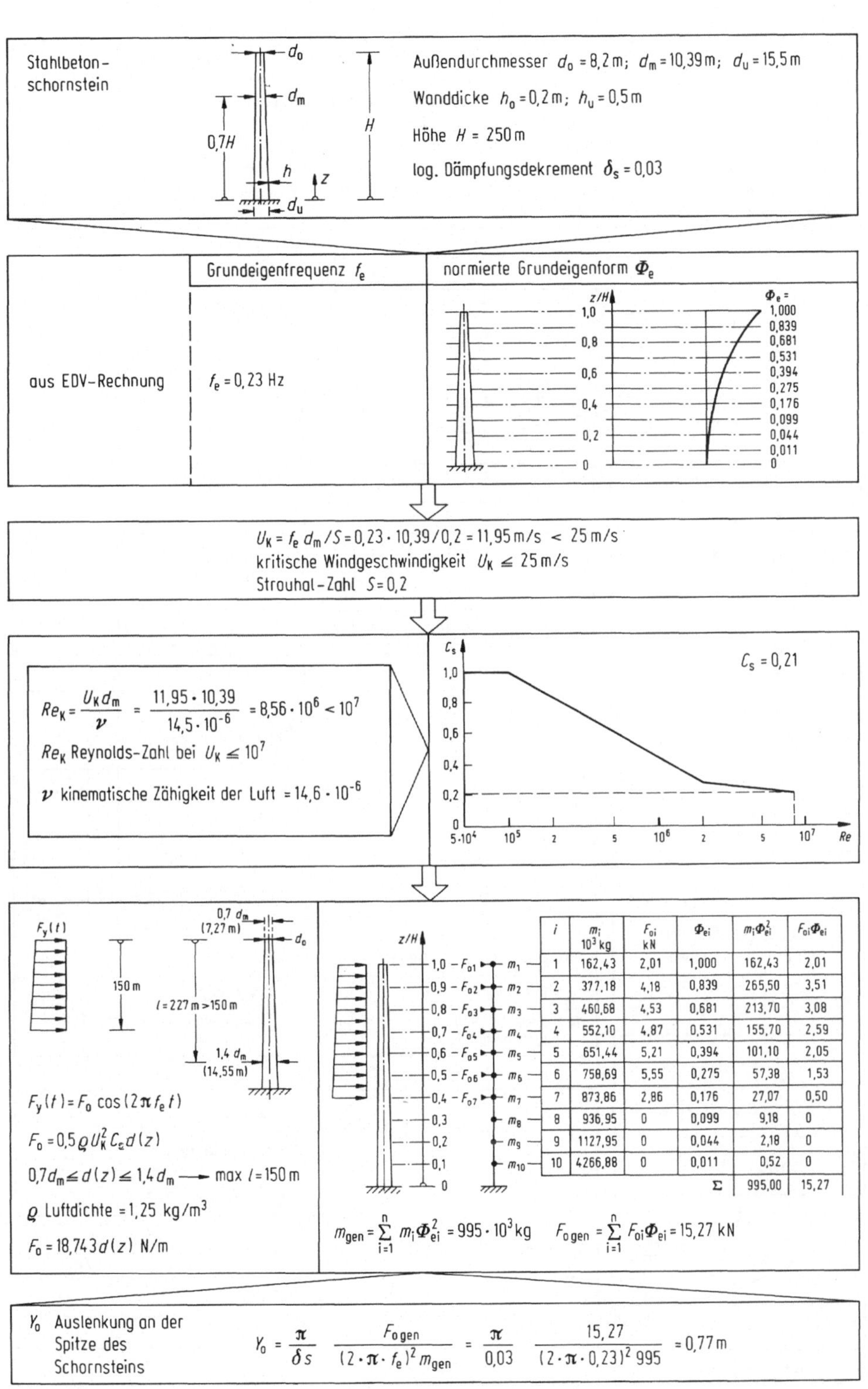

i	m_i 10^3 kg	F_{oi} kN	Φ_{ei}	$m_i \Phi_{ei}^2$	$F_{oi}\Phi_{ei}$
1	162,43	2,01	1,000	162,43	2,01
2	377,18	4,18	0,839	265,50	3,51
3	460,68	4,53	0,681	213,70	3,08
4	552,10	4,87	0,531	155,70	2,59
5	651,44	5,21	0,394	101,10	2,05
6	758,69	5,55	0,275	57,38	1,53
7	873,86	2,86	0,176	27,07	0,50
8	936,95	0	0,099	9,18	0
9	1127,95	0	0,044	2,18	0
10	4266,88	0	0,011	0,52	0
			Σ	995,00	15,27

Abb. 2.4/16. Beispiel für die deterministische Berechnung eines wirbelerregten Turmtragwerks nach der Richtlinie der DDR

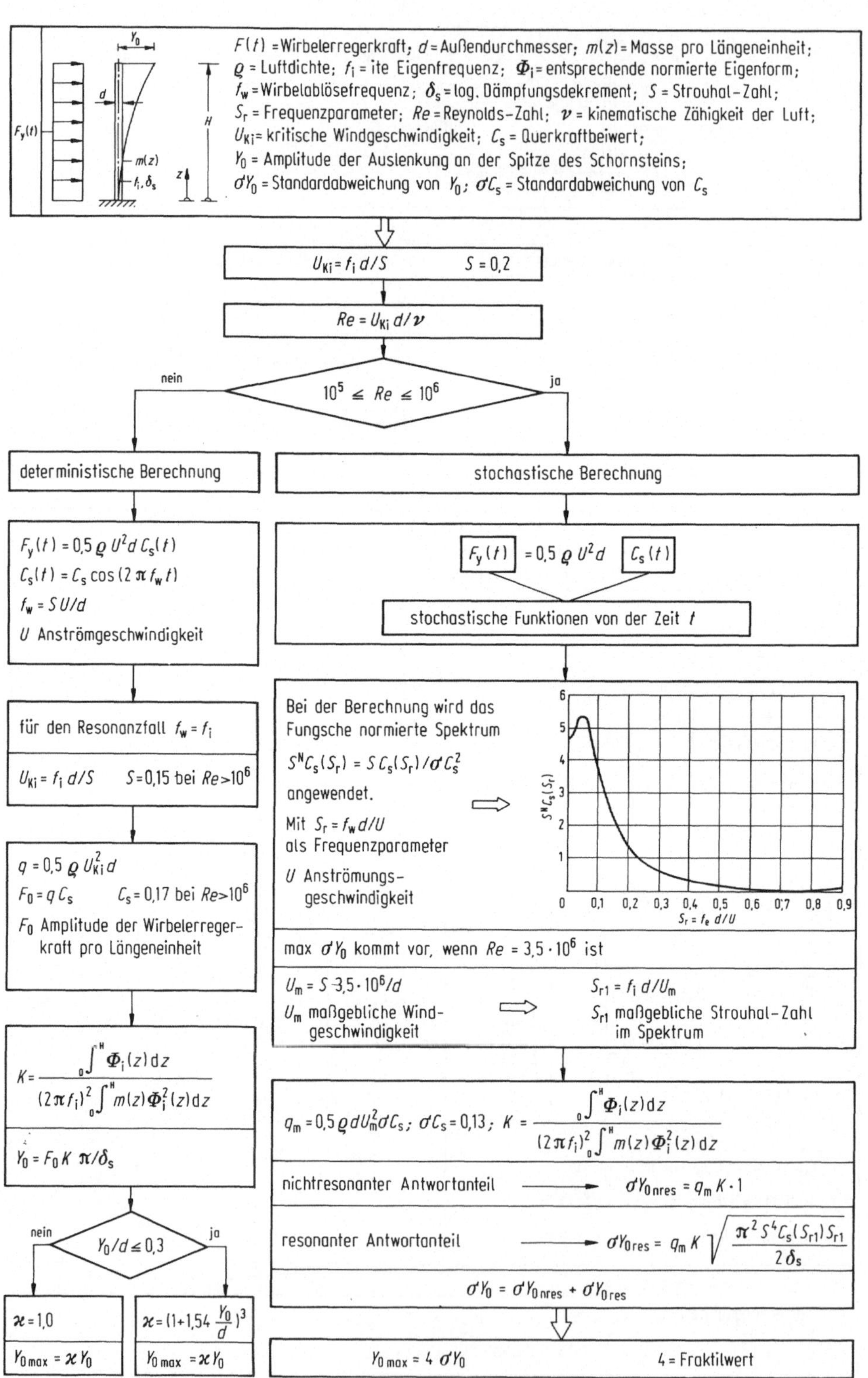

Abb. 2.4/17. Die Untersuchung wirbelerregter Turmtragwerke nach Sachs [120]

Bauform und Bauweise	Objekttyp	Höhe in m	Schwingungstyp I	Schwingungstyp II
Stahlrohre freistehend, im wesentlichen leer	Funkanlagen	< 20	▨	□
		> 20	⊠	⊠
	Schornsteine	≧ 20	⊠	□
	Silos, Zyklone	≧ 20	▨	□
Stahlrohr mit Abspannseilen, wie Maste und Schornsteine mit starrer Abstützung	Funkanlagen	< 60	▨	▨
		≧ 60	⊠	□
	Schornsteine	≧ 60	▨	□
Stahlbetonröhren, im wesentlichen leer	Funkanlagen	≧ 60	⊠	▨
	Schornsteine	≧ 60	▨	▨
Turmbauwerke, die abschnittsweise aus verschiedenen Werkstoffen aufgebaut sind	Funkanlagen	< 20	▨	□
		≧ 20	⊠	□
		≧ 60	⊠	⊠

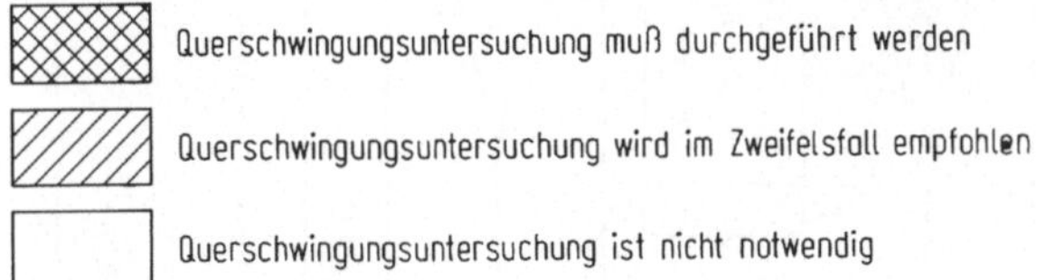

Abb. 2.4/18. Zuordnung von Bauform und Bauweise zum Querschwingungstyp – Normenregelung der DDR nach [156]

die Erfassung der ersten Eigenfrequenz. Höhere Eigenfrequenzen werden nur betrachtet, wenn die erste Eigenfrequenz unterhalb von 0,6 Hz liegt. Die Strouhal-Zahl wird konstant mit $S = 0{,}2$ eingeführt. Bei konischen Turmtragwerken ist der Durchmesser bei 70% der Höhe als Ersatzdurchmesser einzuführen. Der Querkraftbeiwert wird in Abhängigkeit von der Reynolds-Zahl eingeführt.

Für die Untersuchung des Typs II gilt: Die Erregerkraft wird stochastisch beschrieben. Für den aerodynamischen Beiwert ist ein normiertes Spektrum angegeben. Das Dämpfungsdekrement wird in Abhängigkeit von der Bauweise und dem Schwingungstyp angegeben und liegt für den Typ II zwischen 0.03 (geschweißte Stahltragwerke) und 0.1 (Stahlbetontragwerke).

Vorschläge für die britische Norm. Zur Ergänzung der britischen Schornsteinnormen werden von Wyatt [160] Vorschläge für die Untersuchung wirbelerregter Stahlbetonschornsteine vorgelegt.

Er orientiert auf zwei Rechenmodelle, die in Abhängigkeit von der kritischen Windgeschwindigkeit und deren Zuordnung zu einer definierten Windgeschwindigkeit entweder deterministische oder stochastische Berechnung vorsehen.

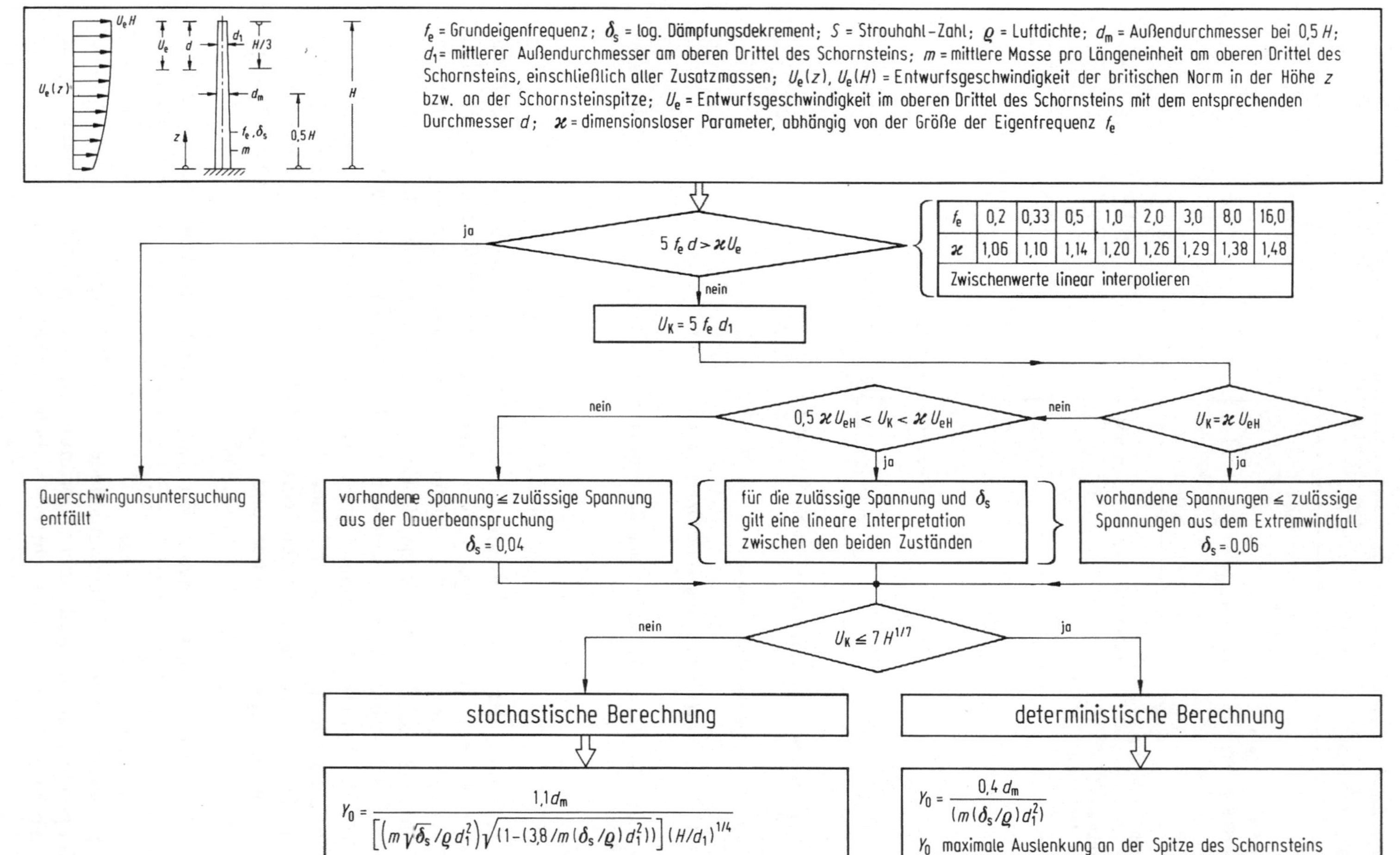

Abb. 2.4/19. Britischer Normenvorschlag zur Berechnung wirbelerregter Schwingungen von Stahlbetonschornsteinen

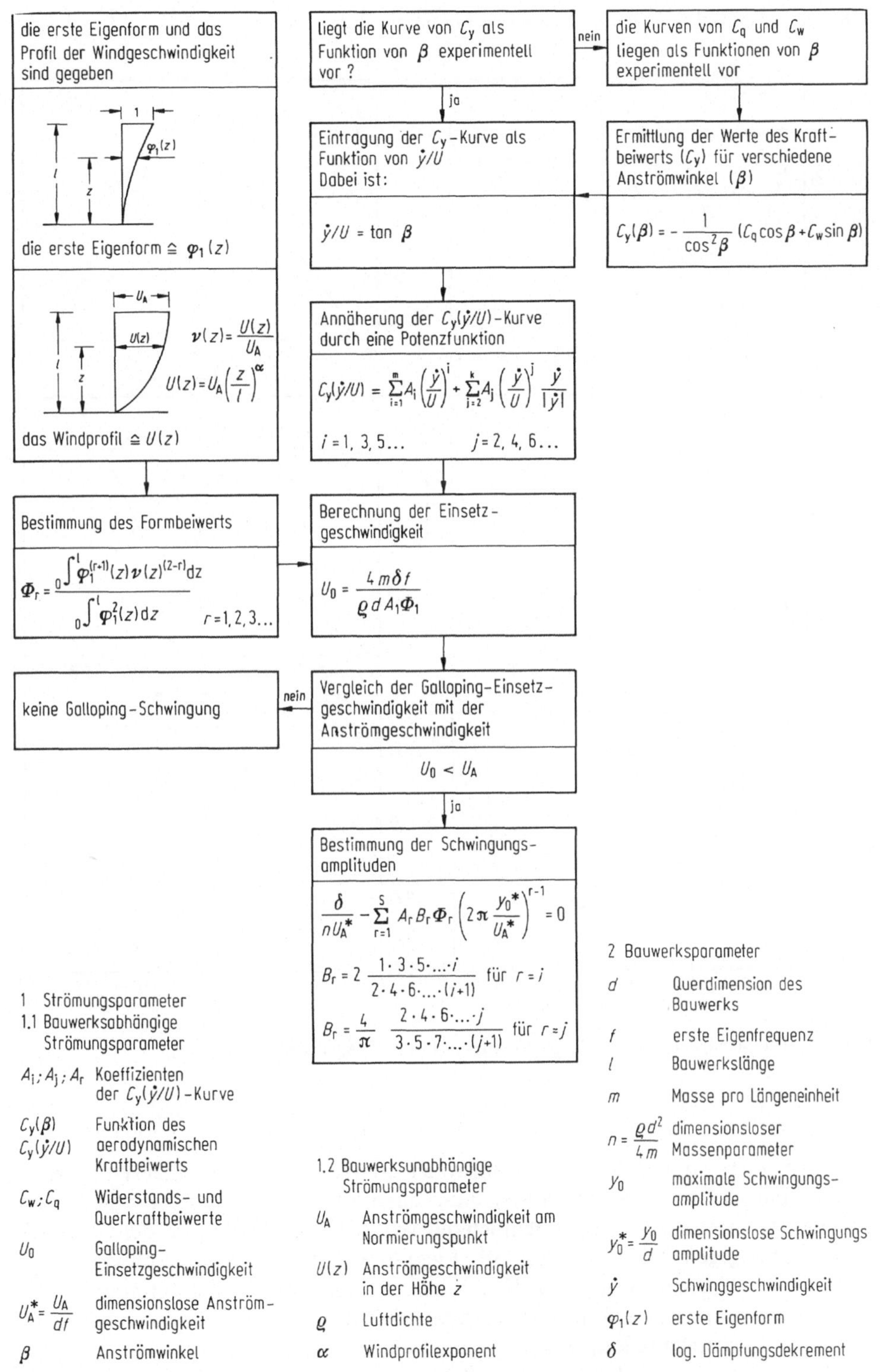

Abb. 2.4/20. Berechnungsablauf zur Ermittlung der Gallopingamplituden

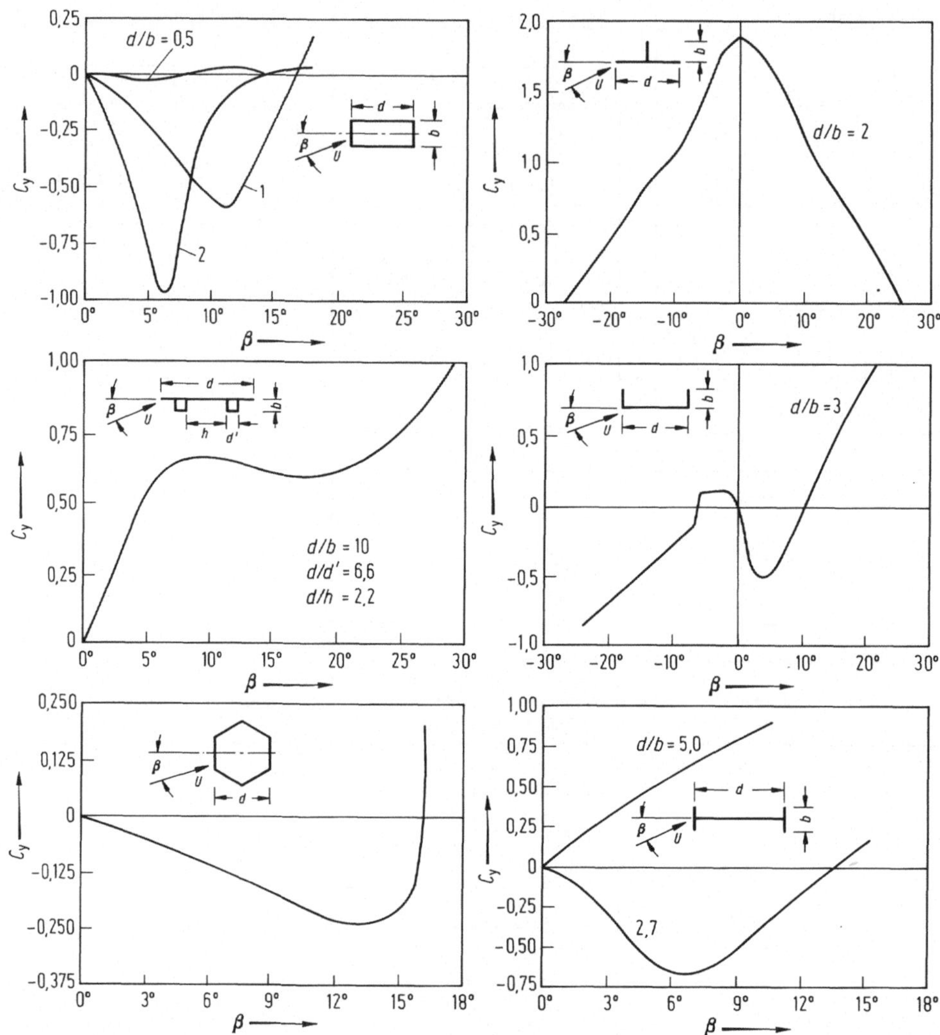

Abb. 2.4/21. C_y-Charakteristiken einiger Galloping-instabiler Querschnitte

Es wird eine untere Grenze der auftretenden Windgeschwindigkeit eingeführt. Diese Windgeschwindigkeit ergibt sich aus einer Rückkehrperiode von 50 Jahren mit einer Überschreitenswahrscheinlichkeit von 1/70 und einem von der Eigenfrequenz abhängigen Mittlungsintervall. Liegt die kritische Windgeschwindigkeit unter diesem Grenzwert, darf die Querschwingungsuntersuchung entfallen.

Das logarithmische Dämpfungsdekrement wird in Abhängigkeit von der kritischen Windgeschwindigkeit festgelegt und liegt zwischen 0,06 und 0,04.

Die wesentlichen Sachverhalte des britischen Normenvorschlages sind in Abb. 2.4/19 zusammengestellt.

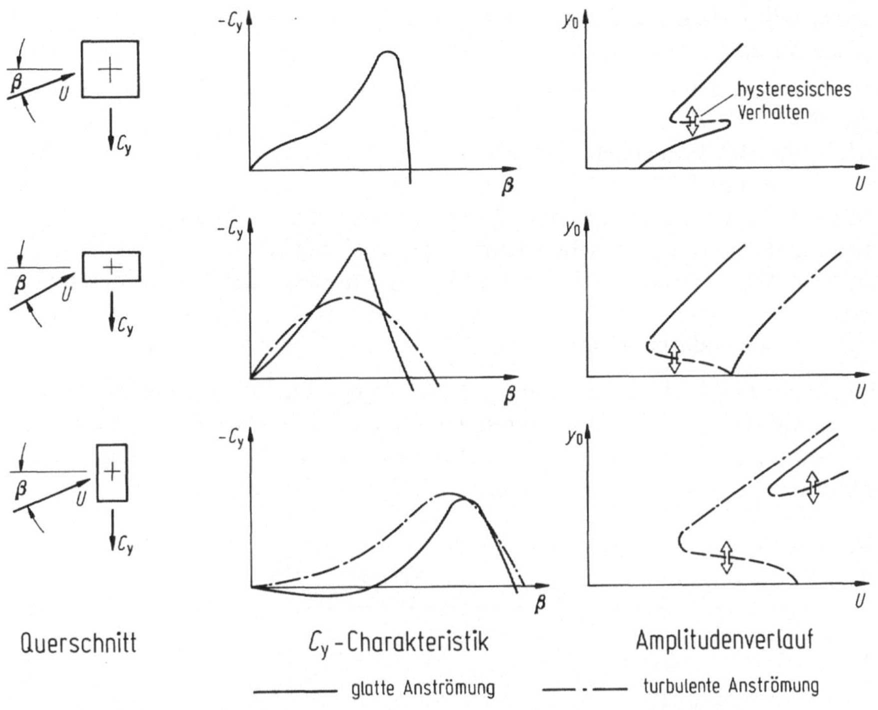

Abb. 2.4/22. Prinzipieller Verlauf der C_y-Charakteristiken für ausgewählte Querschnitte. —·—·—·—·—turbulente Anströmung; ————glatte Anströmung

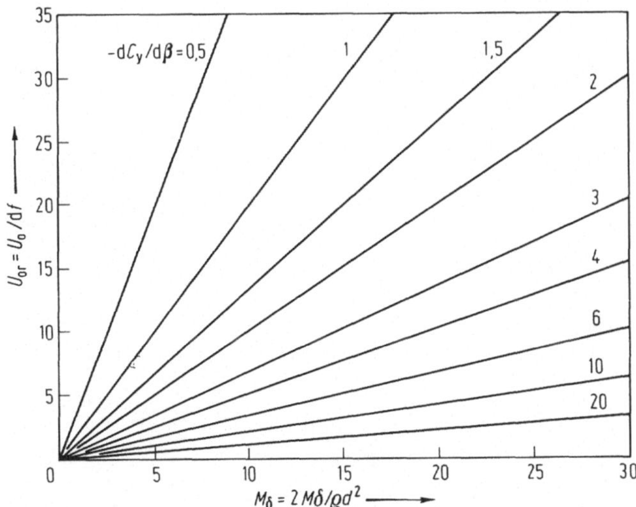

Abb. 2.4/23. Reduzierte Einsetzgeschwindigkeit U_{or} für Galloping-Instabilität. d Querdimension des Bauwerks, $-\frac{dC_y}{d\beta}$ Stabilitätskriterium, f erste Biegeeigenfrequenz des Bauwerks, M Masse des Bauwerks, M_δ Massendämpfungsparameter, U_0 Gallopingeinsetzgeschwindigkeit, U_{or} reduzierte Gallopingeinsetzgeschwindigkeit, δ log. Dämpfungsdekrement des Bauwerks, ρ Luftdichte

Berechnung selbsterregter Schwingungen turmartiger Bauwerke (Gallopingschwingungen)

Die Berechnung selbsterregter turmartiger Bauwerke enthält die Lösung folgender Teilaufgaben:

- Überführung des gegebenen turmartigen Tragwerks in ein äquivalentes Einmassensystem mit Hilfe generalisierter Größen,
- Ermittlung der Eigenfrequenz des äquivalenten Einmassensystems,
- Ermittlung der aerodynamischen Dämpfung des Tragwerks,
- Ermittlung der Grenzgeschwindigkeit für das Einsetzen der Gallopingschwingungen,
- Ermittlung der Gallopingamplitude.

Der Berechnungsablauf ist in Abb. 2.4/20 angegeben. Zur Berechnung der Gallopingamplitude ist die Bereitstellung oder experimentelle Bestimmung des Erregerkraftbeiwerts bzw. der C_y-Charakteristik erforderlich. Für ausgewählte Querschnitte sind diese Charakteristiken in Abb. 2.4/21 angegeben.

Querschnitt	d/b	kritischer Anströmwinkel β	$-dC_y/d\beta$
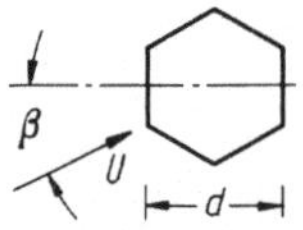	—	4°... 10°	1,2
	0,5	2°... 6°	0,2
	1	6°...8°	4
	2	2°... 6°	11
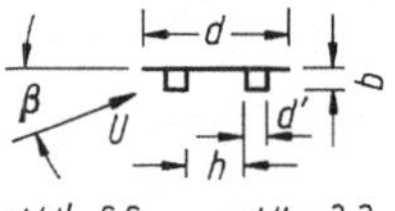 $d/d' = 6{,}6$ $d/h = 2{,}2$	10	12°...16°	1,0
	2,7	2°...5°	9
	5,0	25°...27°	11
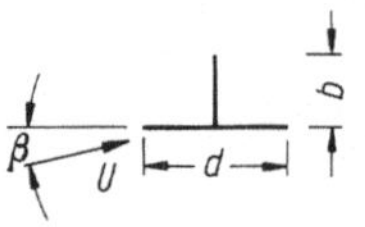	2	2°...25	5,5
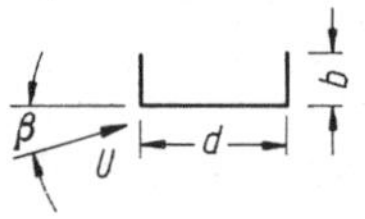	3	0°...4°	7,5

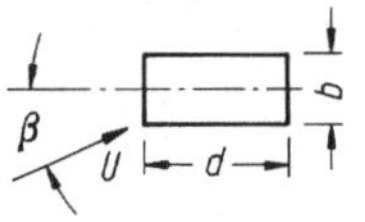

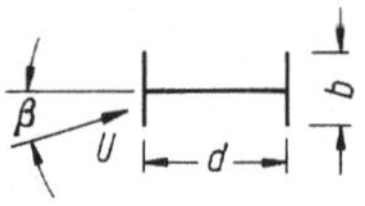

Abb. 2.4/24. Stabilitätskriterium $-\dfrac{dC_y}{d\beta}$ für ausgewählte Querschnitte

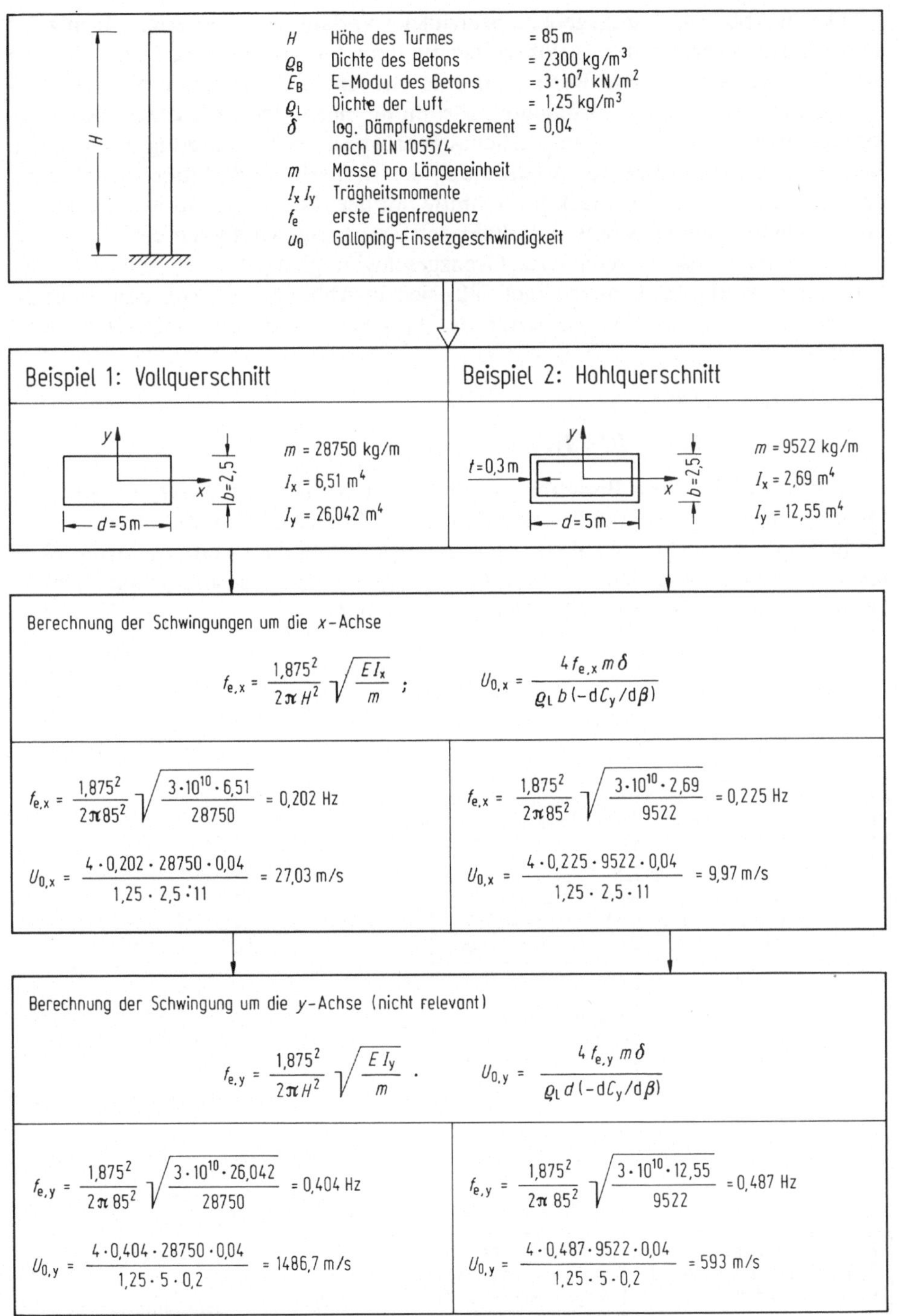

Abb. 2.4/25. Zahlenbeispiel für die Berechnung der Gallopingeinsetzgeschwindigkeit

Der in Abb. 2.4/22 angegebene prinzipielle Verlauf der Charakteristiken zeigt einige Besonderheiten des Instabilitätsverhaltens, die in folgende Feststellungen überführt werden können: Rechteckprofile mit einem Seitenverhältnis von etwa 2:1 zeigen in schwach turbulenter Strömung nach dem Einsetzen der Gallopingschwingungen ein kontinuierliches Wachstum der Schwingungsamplituden. Bei ausgeprägter turbulenter Anströmung der Breitseite und glatter Anströmung der Schmalseite eines Rechteckquerschnitts mit dem Seitenverhältnis 2:1 setzt die Gallopingschwingung bereits unterhalb der Grenzgeschwindigkeit ein.

Die dimensionslose reduzierte Grenzgeschwindigkeit, die das Einsetzen der Galloping-Instabilität kennzeichnet, läßt sich in Abhängigkeit von den generalisierten Geometrie- und Massewerten des Tragwerks und dem Stabilitätsbeiwert angeben:

$$U_{0r} = U_0(df_e)$$
$$= 2M_\delta/(-dC_y/d)$$

In Abb. 2.4/23 ist diese Beziehung nach Ruscheweyh [40] grafisch ausgewertet. Orientierungen für das Stabilitätskriterium $dC_y/d\beta$ sind in Abb. 2.4/24 angegeben.

In Abb. 2.4/25 ist ein Zahlenbeispiel zur Ermittlung der Grenzgeschwindigkeit für das Einsetzen von selbsterregten Gallopingschwingungen angegeben. Weitere Hinweise ergeben sich aus [125, 153, 161 und 166].

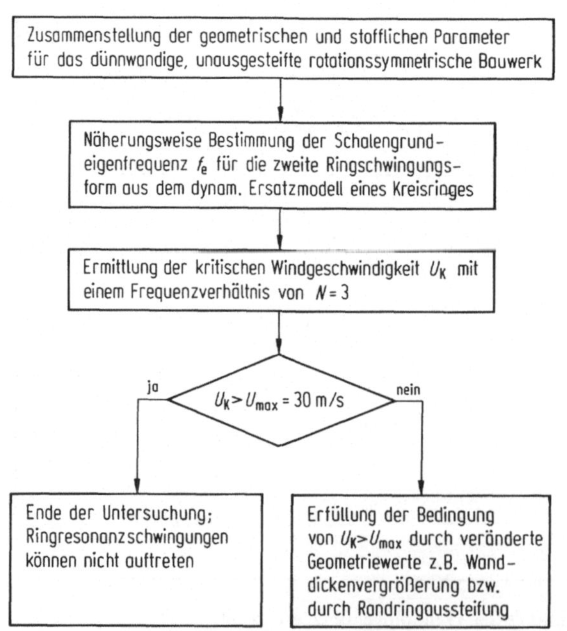

Abb. 2.4/26. Berechnungsablauf der Ringschwingungen (ovalling) für turmartige Tragwerke nach [167]

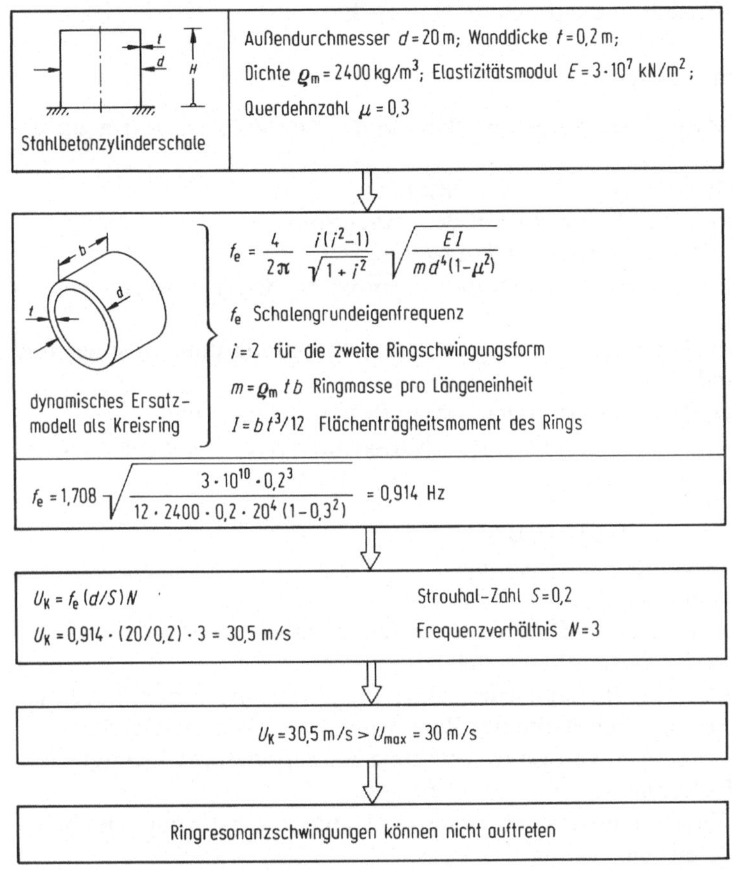

Abb. 2.4/27. Zahlenbeispiel für die Untersuchung von Ringresonanzschwingungen an einem kreisförmigen Querschnitt

Berechnung der Ringschwingungen turmartiger Tragwerke mit kreisförmigem Querschnitt

Die Berechnungsaufgabe ist in folgenden Schritten durchzuführen:

- Näherungsweise Ermittlung der Grundeigenfrequenz der Schalenschwingung für die zweite Ringharmonische,
- Ermittlung der kritischen Windgeschwindigkeit mit Berücksichtigung der Strouhal-Zahl und dem Frequenzverhältnis,
- Prüfung der Resonanzanfälligkeit,
- Veränderung der konstruktiven Durchbildung im oberen Bereich des turmartigen Bauwerks (falls erforderlich).

Eine Übersicht über den prinzipiellen Ablauf der Berechnung ist in Abb. 2.4/26 gegeben. Ein Berechnungsbeispiel enthält Abb. 2.4/27 Weitere Angaben zum vertiefenden Studium des Problems enthalten u.a. [167–170].

2.5 Verhalten seismisch beanspruchter Bauwerke

2.5.1 Typische Verhaltensmuster

Das Verhalten seismisch beanspruchter Bau- und Tragwerke ist vorrangig bestimmt durch

- den Energiegehalt der seismischen Einwirkung,
- die Wechselwirkung des Bauwerks mit dem Baugrund,
- die Struktur des Bauwerks und des Tragwerks,
- die Zuordnung der seismischen Erregerfrequenzen zu den Tragwerkseigenfrequenzen,
- das Verhalten der Tragwerkselemente und ihrer Kopplung untereinander und mit dem Baugrund,
- das Verhalten der Baustoffe bei dynamischer Beanspruchung und
- die Wechselwirkung des Tragwerks mit nichttragenden Bauwerkselementen und zusätzlichen Massen.

Globale Ausprägungen des Tragverhaltens sind:

- vertikale Setzungen und Schiefstellungen des Gesamtbauwerks und dadurch bedingte Funktionsunfähigkeit des Bauwerks,
- Ausfall von Fundamenten und vertikalen Haupttraggliedern und dadurch bedingte Zerstörung des Gesamtbauwerks,
- Ausfall von vertikalen Haupttraggliedern einer Tragebene und dadurch bedingte Bildung einer kinematischen Kette mit Zerstörung des Gesamtbauwerks,
- unterschiedliche Setzungen von Bauwerksbereichen und dadurch bedingte Zerstörung oder Schädigung von Teilbereichen und
- Verdrehung des Gesamtbauwerks und dadurch bedingte Zerstörung oder Schädigung von Teilbereichen.

Ursachen des globalen Versagens sind vorwiegend Planungs- und Entwurfsfehler oder grobe Fehleinschätzungen der Seismizität des Standorts.

Lokale Ausprägungen des Verhaltens seismisch beanspruchter Bauwerke und Tragwerke sind vorrangig bestimmt durch

- große Deformation vertikaler Tragwerkselemente und dadurch bedingtem Ausfall von Bauwerksbereichen,
- große Deformation horizontaler Tragwerkselemente und dadurch bedingtem Ausfall der Gebrauchsfähigkeit von Bauwerksbereichen,
- Versagen horizontaler Tragwerkselemente und dadurch bedingtem Ausfall von Teilbereichen des Tragwerks,
- Versagen von Kopplungen zwischen den Tragwerkselementen und dadurch bedingter Unterbrechung der Kraftübertragung,
- örtliche Zerstörung des Baustoffs und dadurch bedingte plastische Bereiche,
- stoßartige Berührung des Bauwerks mit Nachbarbauwerken und dadurch bedingte lokale Zerstörung von Bauwerksbereichen,
- unplanmäßige Aussteifung des Tragwerks durch steife nichttragende Bauwerkselemente und dadurch bedingte Veränderungen des Tragverhaltens und

- Schwingungsanregung von auskragenden Tragwerkselementen und dadurch bedingte dynamische Überbeanpruchung der Elemente.

Ursachen des lokalen Versagens von seismisch beanspruchten Bauwerken und Tragwerken sind nur zum Teil Planungs- und Entwurfsfehler, überwiegend sind sie durch mangelhafte konstruktive Durchbildung des Bauwerks und Tragwerks bedingt.

Ausgewählte Beispiele des Verhaltens von Stahlbetontragwerken unter seismischen Einwirkungen

Die wichtigste Erkenntnisquelle zur Beurteilung des Verhaltens von Bauwerken unter seismischen Einwirkungen sind seismisch geschädigte Bauwerke und unter simulierten seismischen Einwirkungen durchgeführte Experimente. An einigen ausgewählten Beispielen werden typische Verhaltens- und Versagensmuster verdeutlicht. Grundlage für die Darlegungen sind Berichte auf den Konferenzen der Welterdbebenvereinigung [49] und der Europäischen Erdbebenvereinigung [50], Schadensanalysen ausgewählter Erdbeben sowie Berichte zu experimentellen Arbeiten.

Aus den *Erfahrungen von größeren Erdbeben* der letzten 25 Jahre können folgende Feststellungen abgeleitet werden:

Industriegebäude aus Stahlbeton erwiesen sich i.allg. widerstandsfähiger als Bauwerke aus Mauerwerk (Skopje). Schlanke Stahlbetonbauwerke zeigten eine vom Zeitpunkt der Errichtung und damit vom jeweiligen Vorschriftenstand abhängige Widerstandsfähigkeit (Rumänien und Algerien). Vielgeschossige Plattenbauwerke erwiesen sich als anfällig gegen seismische Einwirkungen (Rumänien und Armenien).

Brücken und Straßen wurden vor allem durch Verwerfungen und Bodensetzungen zerstört (Algerien).

Bauwerke mit langen Seitenflügeln wiesen zerstörte Eckbereiche auf (Rumänien). Langgestreckte Bauwerke mit einseitiger Aussteifung neigen zur Zerstörung des nicht ausgesteiften Endes infolge extremer Auslenkung und Horizontalschwingungen (El Salvador). Bauwerke mit unregelmäßigem Grundriß und unregelmäßiger Steifigkeitsverteilung führen zu Zerstörungen von Teilbereichen der Bauwerke (Rumänien, El-Asnam, El Salvador).

Stahlbetontragwerke mit Mauerwerksaussteifungen erfahren Zerstörungen durch Kräfteumlagerungen und Veränderungen der Tragstruktur (El-Asnam, San Fernando, Agadir).

Turmartige Bauwerke weisen eine relativ hohe Widerstandsfähigkeit auf. Zerstörungen treten vor allem bei Unsymmetrien und Schwächungen von Turmschäften durch ungenügend durchkonstruierte Öffnungsbereiche auf (Rumänien, Friaul).

Silobauwerke erleiden oft einseitige Gesamtkippungen bei unterschiedlicher Baugrundqualität und Zerstörungen im Bereich zwischen Silozelle und Fundament, vor allem, wenn dieser Bereich durch Stützen realisiert wurde (El-Asnam).

Erdbebenschäden an Wasser- und anderen Leitungen, Eisenbahnstrecken und Straßen werden primär durch Stauchungen und Dehnungen des Baugrundes infolge seismischer Wellen, horizontaler oder vertikaler Verschiebungen in Falten- und Bruchbereichen und sekundär durch seismisch bedingte Erdrutsche, Baugrundverflüssigung und -dichteänderungen verursacht (San Fernando).

Der Umfang der Erdbebenschädigung hängt für übliche Hochbauten stark von der Scherfestigkeit des Bauwerks (ausgedrückt in % der Erdbeschleunigung) ab (El Salvador). Die Höhe des materiellen Schadens wird nicht unwesentlich durch die in den Normen oft nicht behandelte Erdbebensicherheit der nichttragenden Bauwerkselemente bestimmt (El Salvador).

Funktionelles Versagen von Bauwerken hohen Risikopotentials wird oft durch seismisch ungenügend ausgelegte Leitungen und ihre Verbindungen mit der Umwelt hervorgerufen (El Salvador).

Weiche Geschosse führen oft zur Zerstörung des Gesamttragwerks (El Salvador). Bauwerke mit Exzentrizitäten zwischen Massen- und Steifigkeitsschwerpunkt erleiden Zerstörungen infolge von Bauwerkstorsion (Mexiko). Kombinationen von sehr steifen Obergeschossen und weichen Untergeschossen führen zu extremen Konzentrationen der Energiedissipation in den unteren Geschossen und zu deren Überlastung und Zerstörung. Starke Reduzierungen der Stützensteifigkeit der oberen Geschosse führen zu deren Zerstörung (Mexiko).

Bauwerke mit extremen horizontalen Auskragungen und Spannweiten neigen zur Zerstörung infolge vertikaler seismischer Einwirkungen und können zu Bauwerkskippungen beitragen (El Salvador).

Stahlbetonstützen verlieren ihre Tragfähigkeit vorwiegend durch Betonzerstörungen im Endbereich infolge von Schrägrißbildung und Ausknicken der Längsbewehrung (El-Asnam, Agadir, Tokachi-Oki). Durch nichttragende Elemente verursachte „kurze“ Stützen versagen vorwiegend über Schrägrißbildung und kegelförmige Betonzerstörung (El-Asnam, Agadir).

Einige typische Erdbebenschäden werden durch die Schadensbilder in Abb. 2.5/1 verdeutlicht.

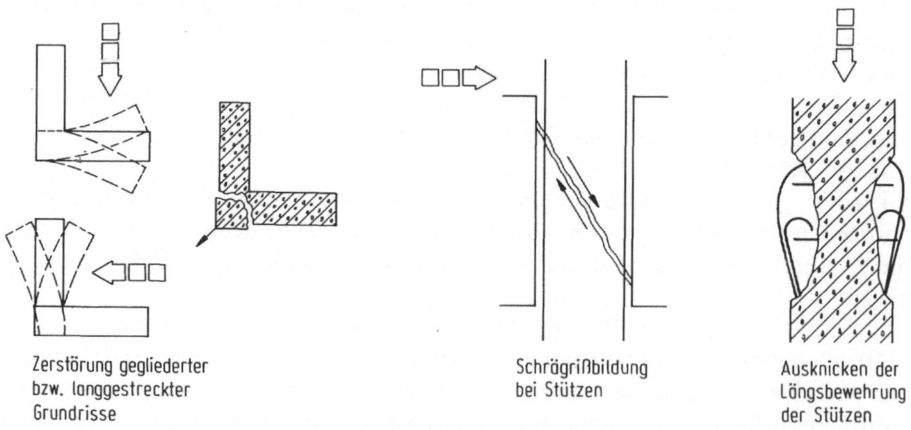

Abb. 2.5/1. Erdbebenschadensbilder

Erkenntisse aus experimentellen Untersuchungen

Auf der 8. Europäischen Erdbebenkonferenz (1986) wurden umfangreiche Versuchsergebnisse zum Verhalten von Stahlbetontragwerken bzw. Tragwerkselementen vorgestellt. Untersucht wurden u.a. kurze Stützen (Tanaka u.a. [172], Stützen unter dynamischen Einwirkungen aus zwei Richtungen, der Einfluß von Druckkräften auf das Verhalten von Stützen unter seismischen Einwirkungen (Ristic u.a. [173]), Stützen-Riegel-Verbindungen, Verbindungen von Stützen und Platten, schubsteife Wände und Stahlbetontragwerke aus Fertigteilen sowie Kombinationen aus Stahlbetonelementen und Ausmauerungen [174].

Interessante Erkenntnisse resultieren aus einer Versuchsreihe, die gemeinsam von Institutionen der USA und Japans in Berkeley durchgeführt wurde [175]. Im folgenden werden die wichtigsten Ergebnisse genannt:

Infolge der unterschiedlichen Rahmensteifigkeiten bildete sich unter seismischen Einwirkungen dreidimensionales Tragverhalten aus. Eine zweidimensionale Modellierung ist demnach nicht ohne zusätzliche Betrachtungen zulässig.

Das kombinierte Rahmen-Scheiben-System hat wesentliche Vorteile gegenüber einem reinen duktilen Rahmensystem oder einem reinen Scheibensystem. Die zusätzliche Scheibenaussteifung erhöht die Widerstandsfähigkeit und Steifigkeit des Rahmens, beim Versuchsrahmen um 100%. Alle Tragwerkselemente – Rahmen und Scheiben – sind duktil auszubilden. Die unterschiedliche Steifigkeit verursacht erhebliche nichtelastische Beanspruchungen der Rahmenriegel senkrecht zur Scheibenebene.

Unterschiede in den Vertikallasten der einzelnen Stützenelemente haben wesentlichen Einfluß auf deren Seitensteifigkeit und Tragfähigkeit.

Sorgsame konstruktive Durchbildung der Schubbereiche und anderer kritischer Bereiche der Tragelemente ist ausschlaggebend für die seismische Sicherheit des Tragwerks.

Die Anordnung und Mitwirkung der Decken hat starken Einfluß auf die Tragfähigkeit des Gesamttragwerks. Die Deckenbewehrung kann zur Aufnahme der negativen Riegelmomente herangezogen werden. Auf die Gefahr der Änderung der Versagensfolge Riegel-Stiel in Stiel-Riegel ist zu achten.

Zusammenfassend wird festgestellt, daß die gegenwärtigen Erkenntnisse und Normenregelungen für gemischte Rahmen-Scheiben-Systeme und die Erfassung der Mitwirkung der Deckenscheiben unzureichend sind.

2.5.2 Einflüsse auf das Verhalten seismisch beanspruchter Tragwerke

Das Tragverhalten seismisch beanspruchter Tragwerke wird durch Entscheidungen in der Planungs-, Entwurfs- und Konstruktionsphase stark beeinflußt. Die wichtigsten Entscheidungen sind:

- die Zuordnung des Bauwerks zum Standort und Baugrund,
- die Festlegung von Grundriß und Aufriß des Bauwerks,
- die Festlegung des Tragwerks und seiner Hauptbaustoffe,
- die konstruktive Durchbildung des Tragwerks, seiner Elemente und deren kopplung sowie die Verbindung zum Baugrund.

Zur Illustration der Auswirkungen dieser Entscheidungen werden einige Informationen am Beispiel mehrgeschossiger Stahlbetonbauwerke gegeben.

Zum Einfluß von Entscheidungen über die *Zuordnung zu Standort und Baugrund* kann festgestellt werden:

Die Wahl des Standorts und damit auch des zugeordneten Baugrundes hat entscheidenden Einfluß auf Verlauf und Intensität der seismischen Einwirkung. Die Qualität des Baugrundes beeinflußt die dynamischen Charakteristiken des Bauwerks, insbesondere sein Eigenschwingverhalten.

Die konkrete Gestaltung der Zuordnung des Bauwerks zum Baugrund kann das System Bauwerk zu einem System Bauwerk-Baugrund mit enger Wechselwirkung zwischen den beiden Teilsystemen verwandeln.

Auf Einzelfundamenten gegründete Bauwerke können unter seismischen Einwirkungen erhebliche Veränderungen bei den in den Baugrund abzuleitenden Lasten sowie qualitative Veränderungen des Tragverhaltens des Bauwerks erfahren.

Daraus ergeben sich *Empfehlungen* für erdbebengerechte Entscheidungen über Standort und Baugrund: In Zonen hoher und mittlerer Seismizität sind Standorte zu meiden,

- die in unmittelbarer Nähe von tektonischen Grenzflächen, auf Baugrund mit geneigten Erdstoffschichten oder abrupten Unregelmäßigkeiten des Baugrundes liegen,
- deren Baugrund aus kohäsionslosem Kies mit der Neigung zur Liquifaktion oder aus lockeren und wassergesättigten Materialien bestehen,
- die über unterirdischen Kavernen oder anderen großräumigen Unregelmäßigkeiten, liegen und solche, die starken Grundwasserveränderungen unterliegen können.

In Abb. 2.5/2 sind einige Entscheidungen über Standort und Baugrund zusammengestellt.

Zum Einfluß von Entscheidungen über *Grund- und Aufriß des Bauwerks* kann festgehalten werden:

Entscheidungen über den Grundriß wirken sich wesentlich auf das dynamische Verhalten, die Verformungen und die Beanspruchungen des Tragwerks und seiner Elemente aus.

Entscheidungen über den Aufriß beeinflussen unmittelbar Größe und Angriffspunkte der durch seismische Einwirkungen entstehenden Horizontalkräfte.

Stark strukturierte Grundrisse können zu extrem unterschiedlichen Schwingungen von Substrukturen des Bauwerks führen.

Grundrisse mit langen Seitenflächen können zusätzliche Elementeschwingungen in Horizontalrichtung verursachen.

Vorsprünge und Rücksprünge im Grundriß verursachen Konzentrationen von Beanspruchungen und können zu lokalen Schädigungen führen.

Unsymmetrien im Grundriß verursachen Torsionsschwingungen und damit ungleichmäßige Beanspruchungen im Tragwerk. Veränderungen der Stockwerkshöhen, Unterbrechungen der Riegelzüge, Unregelmäßigkeiten in der Stützen- und Riegelanordnung erzeugen extrem unterschiedliche dynamische und statische Verformungen.

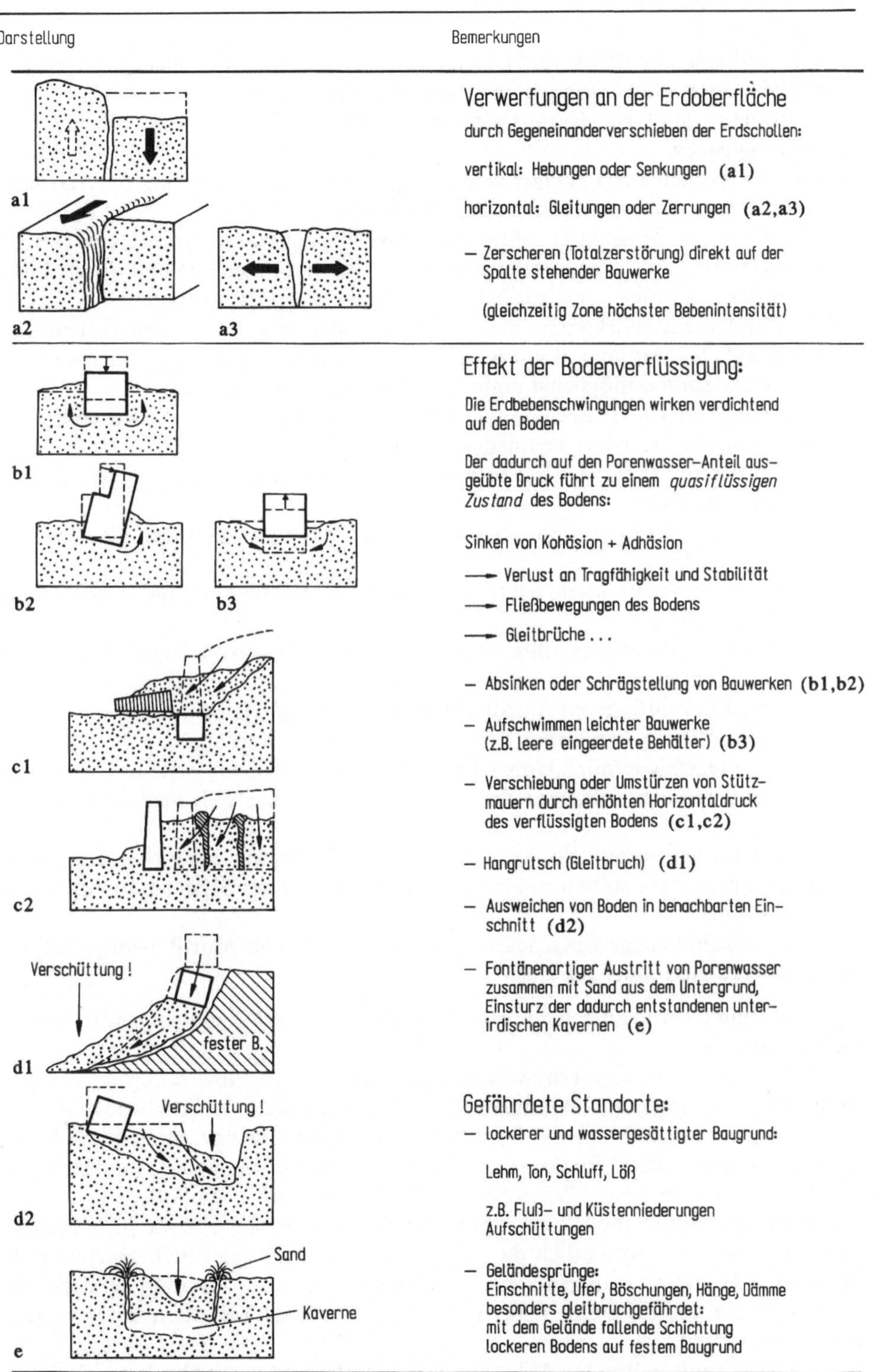

Abb. 2.5/2. Entscheidungskriterien über die Standort- und Baugrundauswahl

Unterschiede der Stockwerkssteifigkeiten durch unterschiedliche Stützenschlankheiten oder Aussteifungen einzelner Geschosse führen zu „weichen“ Geschossen und damit zur Herausbildung von zusätzlichen geschoßweisen Versagensmechanismen.

Daraus ergeben sich folgende *Empfehlungen* für die Entscheidung über Grund- und Aufriß von mehrgeschossigen Bauwerken:

- In Zonen hoher Seismizität sollten Bauwerke auf Plattenfundamenten oder über steife Untergeschosse gegründet werden. Einzelfundamente sollten durch Fundamentbalken druck- und zugfest miteinander gekoppelt werden.
- Die Fundamentunterkanten der Bauwerke oder einzelner Bauwerksbereiche sollten auf *einer* Höhe und auf Baugrund gleicher Qualität angeordnet werden.
- Grundrisse sollten möglichst einfach geformt und begrenzt sein.
- Stark strukturierte Grundrisse mit Vor- und Einsprüngen der Seiten sollten in Zonen hoher Seismizität vermieden werden.
- Unsymmetrien der Grundrisse sollten in Zonen mittlerer und hoher Seismizität vermieden werden.
- Die Steifigkeit des Querschnittes sollte in beiden Hauptrichtungen gleichrangig gesichert werden.
- Zusätzliche Versteifungselemente wie Wände, Kerne usw. sollten symmetrisch angeordnet werden.
- Der Aufriß des Bauwerks sollte möglichst prismatisch sein oder nach oben stetig verjüngt werden.
- Vor- und Rücksprünge im Aufriß sowie weit auskragende Bauwerksteile sollten in Zonen mittlerer und hoher Seismizität vermieden werden.
- Große Unterschiede oder Unregelmäßigkeiten in der Geometrie und Struktur einzelner Geschosse sollten in Zonen mittlerer und hoher Seismizität vermieden werden.
- Große Massenkonzentrationen und stark exzentrische Massenanordnung in den oberen Geschossen sollten in Zonen mittlerer und hoher Seismizität vermieden werden.

In Abb. 2.5/3 sind einige Entscheidungen über Grund- und Aufriß mehrgeschossiger Bauwerke zusammengestellt.

Zum Einfluß von Entscheidungen über das *Tragwerk* kann folgendes festgestellt werden:

Die Tragqualität von Tragwerken unter seismischer Einwirkung wird stark durch die Fundamentausbildung und die damit erzeugte Wechselwirkung zwischen Tragwerk und Baugrund beeinflußt. Das Eigenschwingverhalten des Tragwerks und damit seine Reaktion auf seismische Einwirkungen wird durch die Wechselwirkung zwischen Tragwerk und Baugrund stark beeinflußt.

Die Tragstruktur und die Steifigkeit der Strukturelemente sowie ihre Verbindungen beeinflussen wesentlich das seismische Verhalten eines mehrgeschossigen Bauwerks. Tragwerke mit einfacher und klarer Elementeanordnung und zuverlässiger Elementeverbindung sichern ein überschaubares Verhalten unter seismischer Einwirkung.

Tragwerke mit indirekter Ableitung horizontaler und vertikaler Einwirkungen verursachen starke Beanspruchungskonzetrationen und Verformungsunterschiede.

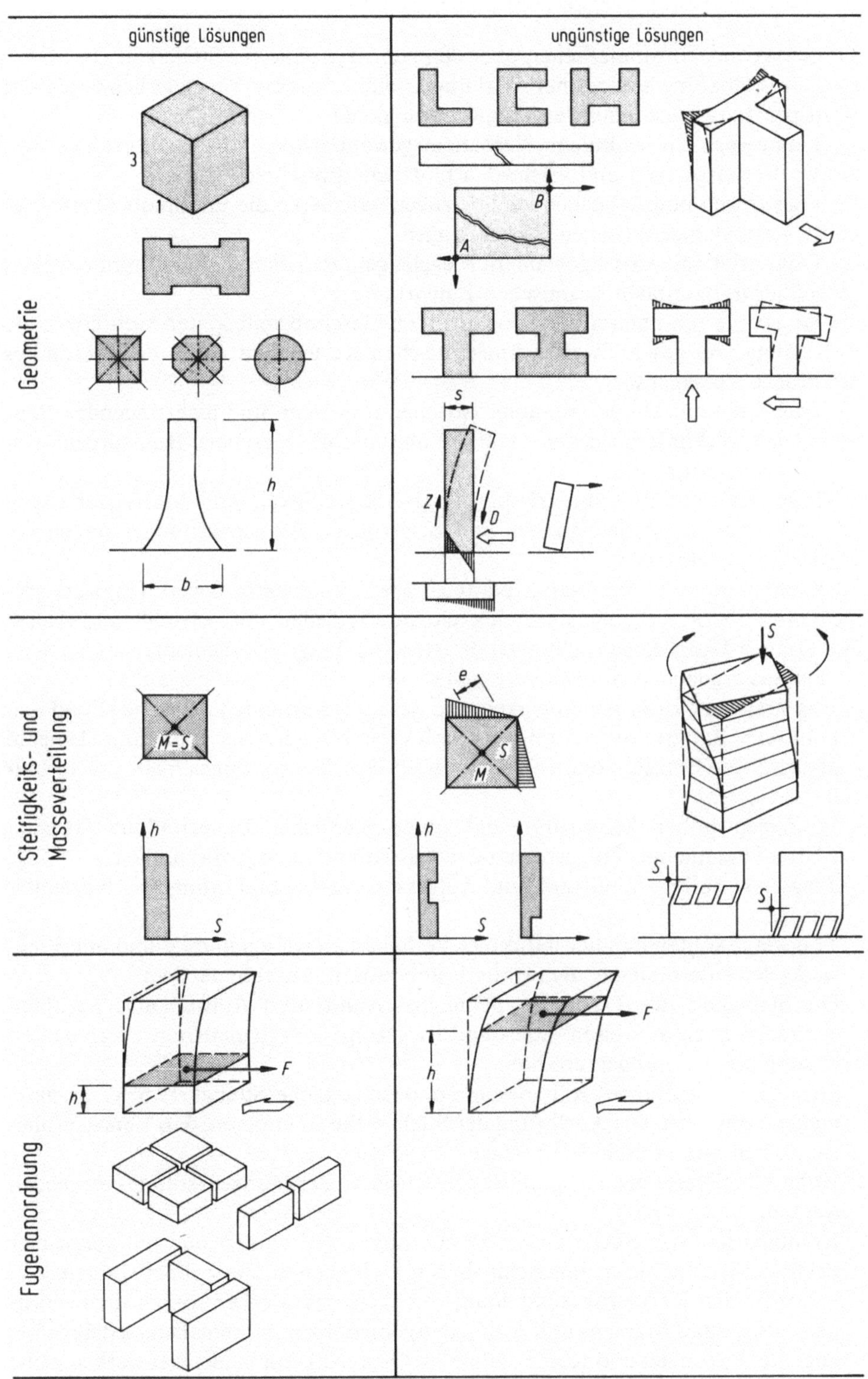

Abb. 2.5/3. Entscheidungskriterien über die Grund- und Aufrißgestaltung mehrgeschossiger Bauwerke.

Tragwerke mit kontinuierlicher, über den Aufriß gesicherter Steifigkeit gewährleisten die Aufnahme seismischer Wirkungen ohne extreme Veränderlichkeiten des Beanspruchungszustandes der Tragwerkselemente.

Tragwerke mit duktilem Verhalten gewährleisten Versagenszustände mit großen Verformungen und vermeiden plötzliche Einstürze.

Tragwerke mit durchgehenden Stielzügen reduzieren die Empfindlichkeit gegenüber vertikalen seismischen Einwirkungen.

Tragwerke mit durchgehenden Riegelzügen reduzieren die Empfindlichkeit gegenüber horizontalen seismischen Einwirkungen.

Tragwerke mit nach unten zunehmenden Geschoßsteifigkeiten verhindern die Entstehung von geschoßweisen kinematischen Ketten und damit eine besonders gefährliche Versagensart.

Tragwerke mit klarer Trennung zwischen tragenden und nichttragenden Bauwerksteilen verhindern schwer erfaßbare und unvorhergesehene Beanspruchungs- und Versagenszustände.

Tragwerke mit unsymmetrischer Tragwerkssteifigkeit und Massenverteilung führen zu Torisionsschwingungen und zusätzlichen Beanspruchungen außen liegender Tragwerksteile.

Kombinationen von stab-, platten- bzw. scheibenförmigen Tragwerkselementen führen zu erheblichen Steifigkeitsunterschieden über Grund- und Aufriß und können Überbeanspruchungen der steiferen Tragwerkselemente verursachen.

Daraus ergeben sich folgende *Empfehlungen*:

- Das Tragwerk ist in Abhängigkeit von der zu erwartenden Seismizität und den konkreten Baugrundverhältnissen durch seismisch günstige Gründungselemente abzustützen. Einzelfundamente sind durch Druck- und Zugelemente zu verbinden.
- In Zonen hoher Seismizität und unterschiedlicher Baugrundqualität sind Plattenfundamente, Trägerroste oder Kastenfundamente vorzusehen.
- Tragwerke sollten im Grund- und Aufriß regelmäßig und symmetrisch gestaltet werden.
- Tragwerke sollten möglichst duktiles Verhalten aufweisen und redundante Tragwerkselemente besitzen, also statisch unbestimmt ausgebildet sein.
- Die Steifigkeit des Tragwerks sollte im Grund- und Aufriß keine abrupten Veränderungen aufweisen. Stiel- und Riegelzüge von Skeletttragwerken sollten keine Unterbrechungen erfahren.
- Stiele eines Geschosses sollten keine unterschiedliche Steifigkeit bzw. Tragfähigkeit aufweisen. Die Auslegung der Stiele sollte so erfolgen, daß Versagensmechanismen nicht durch Stielversagen eingeleitet werden.
- Hohe Geschosse, große Spannweiten sowie Auskragungen sollten vermieden werden.
- Kombination von Skelett- und Plattentragwerken sollten nur mit sorgsamer Berücksichtigung ihrer unterschiedlichen Steifigkeiten angeordnet werden.
- Scheiben oder Kerne zur Aussteifung von Skeletttragwerken sollten so angeordnet werden, daß Massen- und Steifigkeitszentrum zusammenfallen. Scheibenförmige Versteifungen und Kerne sollten im Grundriß von Skelettbauwerken keine zu großen Abstände aufweisen.

- Tragwerke von extrem langen Bauwerken sollten in mehrere Einzeltragwerke unterteilt werden, die sich unabhängig voneinander verformen können.
- Unsymmetrien und Reduzierungen der Tragfähigkeit, die sich in Scheiben oder Kernen durch Öffnungsreihen oder große Öffnungen ergeben, sollten durch die konstruktive Auslegung des Tragwerks ausgeglichen werden. Die Verbindung von Skeletttragwerken mit Füllwänden sollte unter Beachtung ihrer geplanten bzw. nicht gewünschten Aussteifungsfunktion gestaltet werden.
- Auswirkungen auf die Versagensart benachbarter Tragwerksbereiche sollten sorgsam geprüft werden.

Hinweise auf Normenorientierungen

Im *CEB/FIP Anhang zum Model Code* [90] sind Hinweise und Empfehlungen zur konstruktiven Durchbildung von Stahlbeton- und Spannbetontragwerken gegeben, die besondere Aufmerksamkeit verdienen.

Sie beziehen sich auf Tragwerke mit Duktilitätsniveau II und III, die wie folgt charakterisiert sind:

- Duktilitätsniveau II: Tragwerke, für die spezifische konstruktive Maßnahmen zur Vermeidung von Sprödbrüchen unter wiederholter Belastung getroffen wurden.
- Duktilitätsniveau III: Tragwerke, für die besondere Sorgfalt zur Bewertung der seismischen Einwirkung, beim Entwurf und bei der konstruktiven Durchbildung aufzuwenden ist, um planmäßige Versagensarten mit hoher Energiedissipation zu sichern.

Folgende Feststellungen können gemacht werden:

Die Mindestbetonfestigkeiten sind in Abhängigkeit vom Duktilitätsniveau festgelegt. Beton mit leichten Zuschlagstoffen darf die Klasse LC 30 nur überschreiten, wenn besondere Vorkehrungen zur Sicherung einer angemessenen Duktilität getroffen werden.

Der verwendete Stahl muß nachgewiesene hohe Duktilität auch unter wiederholter und Wechselbeanspruchung aufweisen. Seine tatsächliche Fließgrenze soll den Nominalwert um nicht mehr als 15% überschreiten, er soll hervorragende Verbundeigenschaften haben.

Für Tragwerke des Duktilitätsniveaus III sind elementespezifische Faktoren zur Berücksichtigung spezieller Einwirkungskombinationen gegeben. Darüber hinaus werden Mindestabmessungen des Betonquerschnitts und Schlankheitsgrenzen von Betonelementen empfohlen. Für Mindest- und Maximalbewehrung sind Begrenzungen vorgeschlagen.

Die Längsbewehrung soll den Mindestdurchmesser von 14 mm haben. Spezielle Hinweise sind zur Längsbewehrung von Platten- und Randbalken sowie Innen- und Außenstützen gegeben.

Auf die Bedeutung einer minimalen Querbewehrung zur Sicherung der Duktilität wird verwiesen. Spezielle Forderungen und Konstruktionshinweise für die Querschnittsgeometrie, die Längs- und Querbewehrung sind duktilitäts-, einwirkungs- und elementebezogen angegeben.

Für vorgespannte Rahmenkonstruktionen wird das Auspressen der Spannkanäle gefordert. Ausnahmen sind für vorgespannte Decken und Dachstrukturen zugelassen, die nicht zur Rahmentragfähigkeit herangezogen werden, sowie für teilweise vorgespannte Konstruktionen mit einem Anteil an schlaffer Bewehrung von mindestens 80% der Gesamtbewehrung. Verankerungen der Vorspannbewehrung sollen genügend weit von möglichen Fließgelenken und Riegel-Stiel-Knoten entfernt sein. Die Gesamtbewehrung vorgespannter biegebeanspruchter Querschnitte ist so auszulegen, daß die Höhe der Betondruckzone 20% der Querschnittshöhe nicht überschreitet.

2.5.3 Berechnung seismisch beanspruchter Tragwerke

Mit der Entscheidung über die anzuwendende Berechnungsmethode schießt sich die Entscheidungsfolge zur Untersuchung seismisch beanspruchter Tragwerke. Diese Entscheidung ist eng mit der Tragwerksmodellierung gekoppelt.

Auf die Notwendigkeit, die Beschreibung der Einwirkungen und die Tragwerksmodellierung in bezug auf die erforderliche Wirklichkeitsnähe von Berechnungsergebnissen vorzunehmen, wurde bereits in Abschn. 1.3.2 verwiesen. Es besteht im allgemeinen eine *Zuordnung zwischen Modell und Tragwerk*:

Einmassenmodelle mit einem Freiheitsgrad repräsentieren symmetrische Tragwerke einfacher Struktur und konzentrierter Masse, deren dynamische Bewegung im wesentlichen durch die erste Schwingungsform erfaßt werden kann. Beispiele dafür sind Turmbauwerke mit konzentrierten Kopfmassen oder auch eingeschossige, ein- oder mehrfeldrige Rahmen nicht zu großer Riegelspannweite, die in ein äquivalentes Einmassensystem überführt werden können.

Mehrmassenmodelle repräsentieren ein-, zwei- oder dreidimensionale Tragwerke, deren Massen in mehreren Punkten konzentriert sind. Die Anzahl der Freiheitsgrade ist von der Anzahl der Punktmassen und der ihnen zugeordneten Freiheitsgrade der Verschiebung und Verdrehung abhängig. Beispiele für Mehrmassenmodelle sind mehrgeschossige Rahmentragwerke oder auch Turmtragwerke, zu deren Untersuchung die Erfassung mehrerer Schwingungsformen erforderlich ist.

Kontinuierliche Modelle können zu differenzierteren Untersuchungen von eindimensionalen Tragwerken herangezogen werden. Ihr Hauptanwendungsgebiet liegt jedoch in der Repräsentation von Flächentragwerken mit unendlich vielen Freiheitsgraden. Beispiele für eindimensionale kontinuierliche Modelle sind Schornsteine und ähnliche turmartige Bauwerke, deren Verhalten unter seismischen Einwirkungen die Berücksichtigung mehrerer Schwingungsmodes erforderlich macht. Zweidimensionale kontinuierliche Modelle repräsentieren z.B. Behälterbauwerke und behälterartige Schalentragwerke.

Besonderheiten der Tragwerksmodellierung ergeben sich, wenn das Tragwerk geometrisch-stoffliche oder strukturelle Unregelmässigkeiten aufweist. Solche Unregelmäßigkeiten können entstehen aus:

- unsymmetrischer Gliederung des Grund- und Aufrisses des Bauwerks,
- Unsymmetrien von Tragstruktur, Massenverteilung und Steifigkeitsverteilung,
- extremen Unterschieden der Abmessungen einzelner Tragwerksbereiche,

- Unterbrechungen der Riegel- oder Stielzüge,
- Unsymmetrien und unterschiedlichen Steifigkeiten zusätzlicher Aussteifungselemente,
- qualitativ unterschiedlichen Tragwerksbereichen und
- Abstützung des Tragwerks auf unterschiedlichen Fundamenten oder unterschiedlichem Baugrund.

Diese und ähnliche Unregelmäßigkeiten wirken sich auf das Schwingungsverhalten aus: Die auftretenden Schwingungen sind miteinander gekoppelt. Es treten neben Translationsschwingungen auch Torsionsschwingungen auf. Einzelne Tragwerksbereiche oder Tragwerkselemente können erhebliche Unterschiede im Schwingungsverhalten aufweisen.

Die Rückführung eines dreidimensionalen Tragwerks in ein Tragwerksmodell niedrigerer Dimensionalität ist bei den genannten Unregelmäßigkeiten nicht mehr erlaubt, will man nicht erhebliche Ungenauigkeiten in der Beschreibung des Schwingungsverhaltens in Kauf nehmen [176, 177].

Abbildung 2.5/4 zeigt den Einfluß von Veränderungen der Tragstruktur eines zweifeldrigen, dreistöckigen Rahmens auf die Eigenschwingungsformen und -frequenzen.

Auf den Einfluß, den die *Wechselwirkung zwischen Bauwerk und Baugrund* haben kann, wurde schon verwiesen. Die Erfassung dieses Einflusses erfordert die Modellierung des Baugrundes bzw. dessen Wechselwirkung mit dem Bauwerk. Im wesentlichen haben sich drei Modelle zur Erfassung der Wechselwirkung herausgebildet:
- Federmodelle,
- Finite-Elemente (FE)-Modelle und
- Feldmodelle.

In den letzten Jahren wurde eine intensive Auseinandersetzung über dieses Modellierungsproblem geführt. Diskutiert wurden zwei- und dreidimensionale Baugrundmodelle auf der Grundlage von FE-Modellen, die geschichtete Böden repräsentieren, und solchen, die die Verhältnisse bei eingeerdeten Bauwerken erfassen.

Auf die umfangreiche Literatur zu diesem Thema wird verwiesen. Ausgezeichnete Behandlung findet es bei Wolf [178], Haupt [179] u.a., die auch ausführliche Literaturangaben bereitstellen.

Normenfestlegungen zur Modellierung

Zur zweckmäßigen oder zulässigen Modellierung sind in den Nomen relativ wenige und oft auch wenig aussagekräftige Festlegungen oder Empfehlungen gegeben, vgl. Abb. 2.5/5.

Im einzelnen kann man feststellen, daß die Vorschriften pauschal auf eine wirklichkeitsnahe Modellierung des Tragwerks ausgerichtet sind. Für die Überführung von dreidimensionalen Modellen in ein- oder zweidimensionale Modelle werden in Abhängigkeit von Forderungen an die Steifigkeits- und Massenverteilung sowie an die Grund- und Aufrißform und die Tragwerksaussteifung Hinweise gegeben. Ausführlichere Kriterien und Forderungen werden für die Modellierung

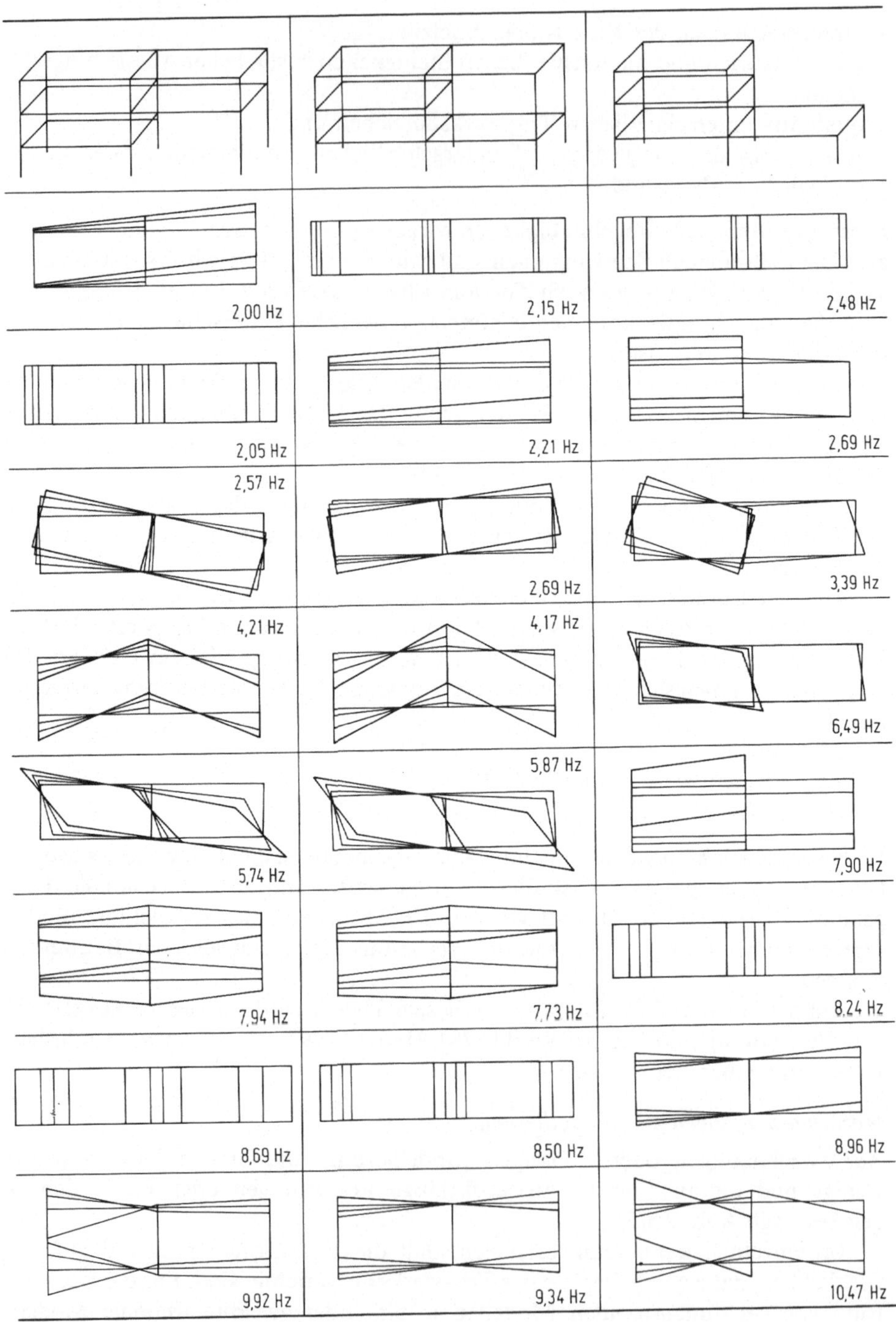

Abb. 2.5/4. Einfluß von Veränderungen der Tragstruktur eines zweifeldrigen dreistöckigen Rahmens auf das Eigenschwingverhalten. Prinzipielle Eigenformen und Eigenfrequenzen [Hz]

von Tragwerken als eindimensionales Punktmassenmodell bzw. konsistentes Modell gegeben.

Im *Basic Code der IAEE* [87] sind Anforderungen an die Bauwerks- bzw. Tragwerksmodellierung formuliert. Daraus können folgende Feststellungen abgeleitet werden:

Das Tragwerksmodell muß den Einfluß der mechanischen Tragwerkseigenschaften auf das Verhalten unter seismischen Einwirkungen mit der Genauigkeit erfassen, die kompatibel mit der Bauwerksbedeutung und der möglichen Genauigkeit der Berechnungsmethode ist.

Für die Berechnung von untergeordneten Bauwerken und solchen mit geringer Bedeutung und gleichmäßiger Massenverteilung kann die Bauwerksmodellierung unabhängig vom dynamischen Verhalten durchgeführt werden.

Bei Bauwerken mittlerer Bedeutung mit regelmäßiger Struktur und Massen- und Steifigkeitsverteilung kann das Dämpfungsverhalten und die Duktilität im Antwortspektrum berücksichtigt werden.

Bauwerke, die in zwei orthogonalen Richtungen ohne wesentliche Schwingungskopplung schwingen, können in zwei ebene Modelle überführt werden, wenn das Tragwerk symmetrischen Grundriß hat und der Massen- und Steifigkeitsschwerpunkt mit geringen Abweichungen übereinstimmen.

Bemerkungen zur Berechnung

In Anlehnung an die geforderte Wirklichkeitsnähe des Berechnungsergebnisses und damit an das Risikopotential des Bauwerks ist zwischen folgenden Berechnungsmethoden zu unterscheiden:

- Berechnung des Tragwerks unter quasistatischen seismischen Einwirkungen,
- Berechnung des Tragwerks nach der Antwortspektren- (Response- Spektrum-) Methode und
- dynamische Untersuchung des Tragwerks mit Berücksichtigung des Zeitverlaufs der seismischen Einwirkungen (Time-History-Methode).

In die Berechnung gehen neben den seismischen Wirkungen die geometrisch-stofflichen Tragwerksparameter ein. Die Beschreibung dieser Größen kann deterministisch oder (wirklichkeitsnäher) stochastisch erfolgen. In Abhängigkeit von der Spezifik dieser Größen ist nach Abschnitt 1.3.2 zwischen *Zufallsvariablen* (geometrisch-stoffliche Parameter des Tragwerks) und *Zufallsprozessen* (seismische Einwirkungen an einem Auflagerpunkt des Bauwerks) oder *Zufallsfeldprozessen* (seismische Einwirkungen an mehreren Auflagerpunkten eines Tragwerks) zu unterscheiden.

Wesentliche Grundlage für die Untersuchung dynamisch erregter Tragwerke ist das Eigenschwingverhalten. Es ist auch als Kriterium für die Auswahl der Berechnungsmethode wirksam und wird demnach mit Betonung der für seismische Untersuchungen spezifischen Sachverhalte den Erörterungen der einzelnen Verfahren vorangestellt.

Ermittlung des Eigenschwingverhaltens seismisch erregter Tragwerke. Das Eigenschwingverhalten eines Tragwerks ist zwar unabhängig von der Einwirkungsspezifik, die Bedeutung der einzelnen Eigenschwingungsformen (Modes) und

Land Organisation	Erscheinungsjahr	Anwendungsbereiche der Vorschrift	Aussagen zur Modellierung								Aussagen zur Berechnung														
			Parameter für Modelle zur dynamischen Berechnung				Parameter für vereinfachte Modelle				Anwendungsbereiche für die Berechnungsverfahren	quasistatisches Verfahren			Antwortspektrenverfahren			Zeitverlaufsberechnung	Erfassung der Torsionsbeanspruchung				Berücksichtigung Theorie II. Ordnung bei der statischen Analyse	Berücksichtigung der Vertikalerregung für	
																				Berechnungsverfahren				das System	Elemente
			System	Freiheitsgrade	Steifigkeiten	Massen	System	Freiheitsgrade	Steifigkeiten	Massen		Grundschwingzeit	Basisschubkraft	vertikale Belastungsverteilung	Spektrumverlauf	Dämpfung	notwendige Anzahl der Eigenformen		Aussagen zur Außermittigkeit	quasistatisches Verfahren	Antwortspektenmethode	Zeitverlaufsberechnung			
BR Deutschland	1981	●						◑		●	◑			●	●	○			●	◑					
Bulgarien	1964	◑						○		◑		◑		●	○	○	○								○
Indonesien	1983	●									◑	●	●	●	●			◑	●	◑	○	○			
Japan	1984	●									◑	○		◑				○	◑	○					
Kolumbien	1981	●					◑	◑		◑	○	◑	◑	●	●		◑		○		○		◑		
Mexiko	1977	◑						○		○	◑	◑			●	○	●	◑	○	◑			◑		
Neuseeland	1976	◑						○		●	◑	●	●	●	●	◑	◑	◑	●	◑	◑	◑		○	◑
Frankreich	1967	○						○		○	◑	●		○	●	●			○				○	●	○
Peru		◑								◑	◑	●	●	●	◑	○	◑	◑	◑	◑	◑				◑
Portugal	1987	○			○	○		○		◑	●	●		●	●	●			●	●	◑	◑	◑	◑	◑
UdSSR	1982	◑									○		●	◑	●	○	◑	◑	◑			◑			◑
USA	1982	○								◑	○	◑	●	●					○	○					
Venezuela	1980	◑						○			●	◑	●	●	●	○	●		◑	◑	○	○	◑		
Jugoslawien	1964	○						○		●			●	●	◑									○	○
Italien	1974	○						○		○		◑	●	●	◑		◑		○	○	○				○
ISO	1988	◑	○	○	○	○				○	◑			◑	◑	○	○	○	○	○	○	○	○	◑	◑
EG	1984	○					◑	○		●	●	●		●	●		●	●	●	◑			◑	◑	◑

Abb. 2.5/5. Information zu ausgewählten Vorschriften. ● hoch, ◑ mittel, ○ gering

Eigenfrequenzen für die verschiedenen dynamischen Einwirkungen ist jedoch unterschiedlich, so daß sich eine einwirkungsspezifische Behandlung des Eigenschwingverhaltens als zweckmäßig erweist.

Türme und turmartige Bauwerke (dazu zählen im vorliegenden Zusammenhang auch vielgeschossige Bauwerke und Hochhäuser mit regelmäßigem Auf- und Grundriß und schlanker Bauwerksform), die im wesentlichen auf Biegung beansprucht werden, machen oft die Einbeziehung höherer Eigenformen erforderlich. In den Normen erfolgt die Festlegung über die Berücksichtigung höherer Eigenformen in Abhängigkeit von den Schwingzeiten. Bei Berücksichtigung mehrerer Eigenformen und Schwingungsrichtungen sind die den einzelnen Schwingungsmodes zugeordneten horizontalen Wirkungen aus seismischer Erregung zu superponieren.

Bei Stockwerkrahmen, die durch ein eindimensionales Punktmassenmodell modelliert werden, kann die Anzahl der zu berücksichtigenden Eigenformen höher sein.

Für die Untersuchung solcher Bauwerke sind die den einzelnen Schwingungsformen und Schwingungsrichtungen zugeordneten horizontalen Kräfte aus der seismischen Einwirkung zu superponieren.

In einzelnen Normen sind Näherungsformeln zur Ermittlung der niedrigsten Eigenfrequenz (Grundfrequenz) angegeben. Sie sind i.allg. von der Höhe des Bauwerks abhängig und berücksichtigen in Einzelfällen auch Veränderungen des Querschnitts über die Bauwerkshöhe.

Tragwerksberechnung mit Einführung quasistatischer seismischer Wirkungen. Die wichtigsten Merkmale dieser Berechnungsmethode sind:
- Überführung der seismischen Einwirkungen in über die Höhe verteilte statische Wirkungen,
- Berücksichtigung der dynamischen Qualität des Tragwerks durch einen dynamischen Faktor,
- Berücksichtigung der seismischen Beschleunigungen durch einen von der Erdbebenintensität bzw. Erdbebenzone abhängigen Seismizitätsfaktor,
- Berücksichtigung der Bauwerksbedeutung durch einen Wertigkeitsfaktor,
- Berücksichtigung der Baugrundqualität durch einen Baugrundfaktor und
- Berücksichtigung des Tragwerkstyps und des Baustoffs durch einen Duktilitätsfaktor.

Diese Faktoren sind in den Vorschriften unterschiedlich bezeichnet und teilweise auch zusammenfassend berücksichtigt. Abbildung 2.5/6 gibt einen Überblick über ausgewählte Normenfestlegungen.

Für starre Bauwerke wird die Tragwerksbeschleunigung über die Höhe konstant angenommen, für weiche Tragwerke ist die Annahme einer mit der Höhe veränderlichen Beschleunigung wirklichkeitsnäher.

Den prinzipiellen Ablauf der quasistatischen Berechnung zeigt das Flußbild in Abb. 2.5/7.

Tragwerksberechnung mit der Antwortspektrenmethode. Die Antworkspektrenmethode berücksichtigt die dynamischen Charakteristiken des Tragwerks, konkret

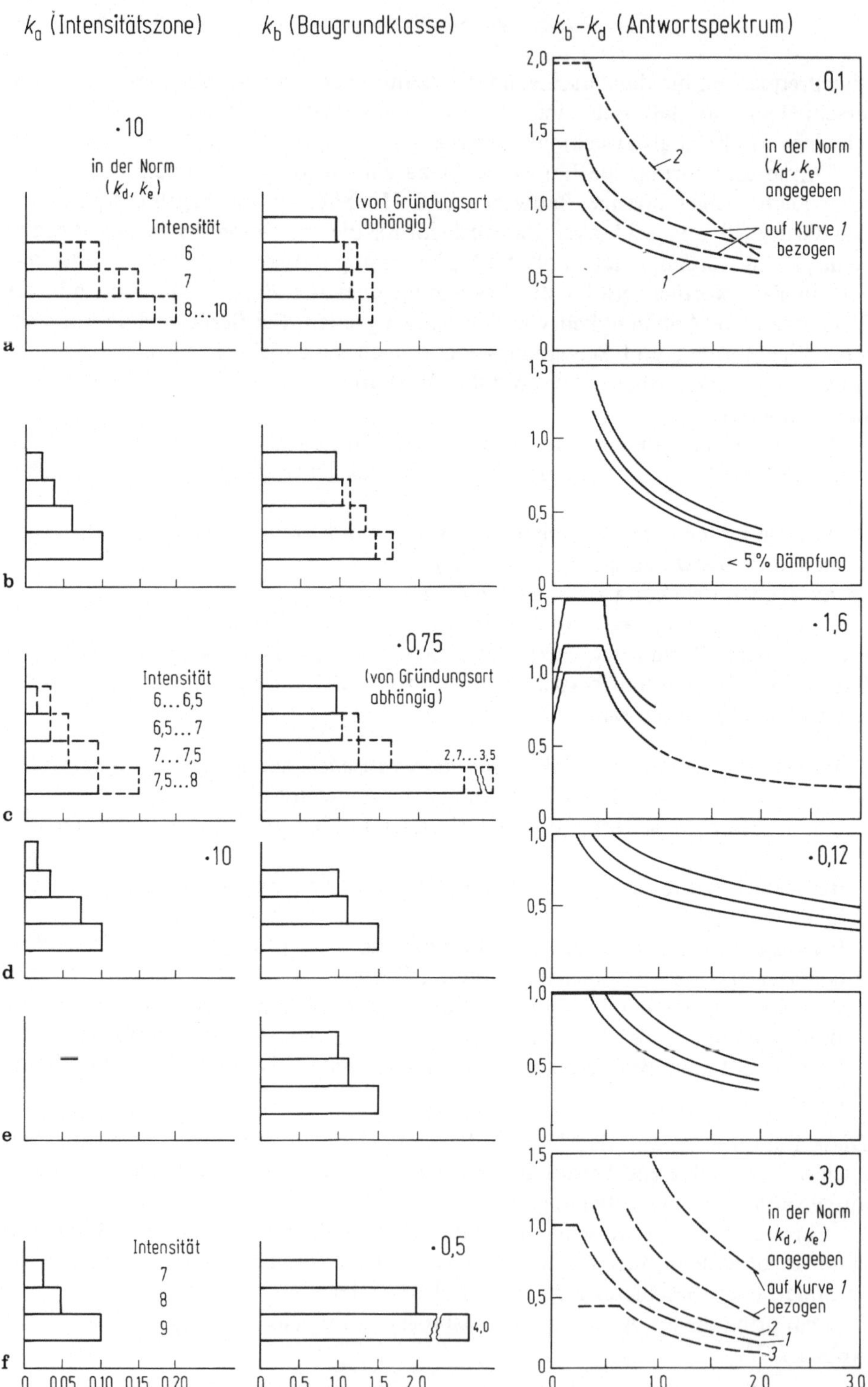

Abb. 2.5/6. Festlegungen in ausgewählten Normen zu Berechnungsfaktoren für die quasistatische Belastungsermittlung. **a** Frankreich; **b** BRD; **c** Österreich; **d** Draft Seismic Standard for Federal Bldgs; **e** Basic Concept for Seismic Codes; **f** UdSSR

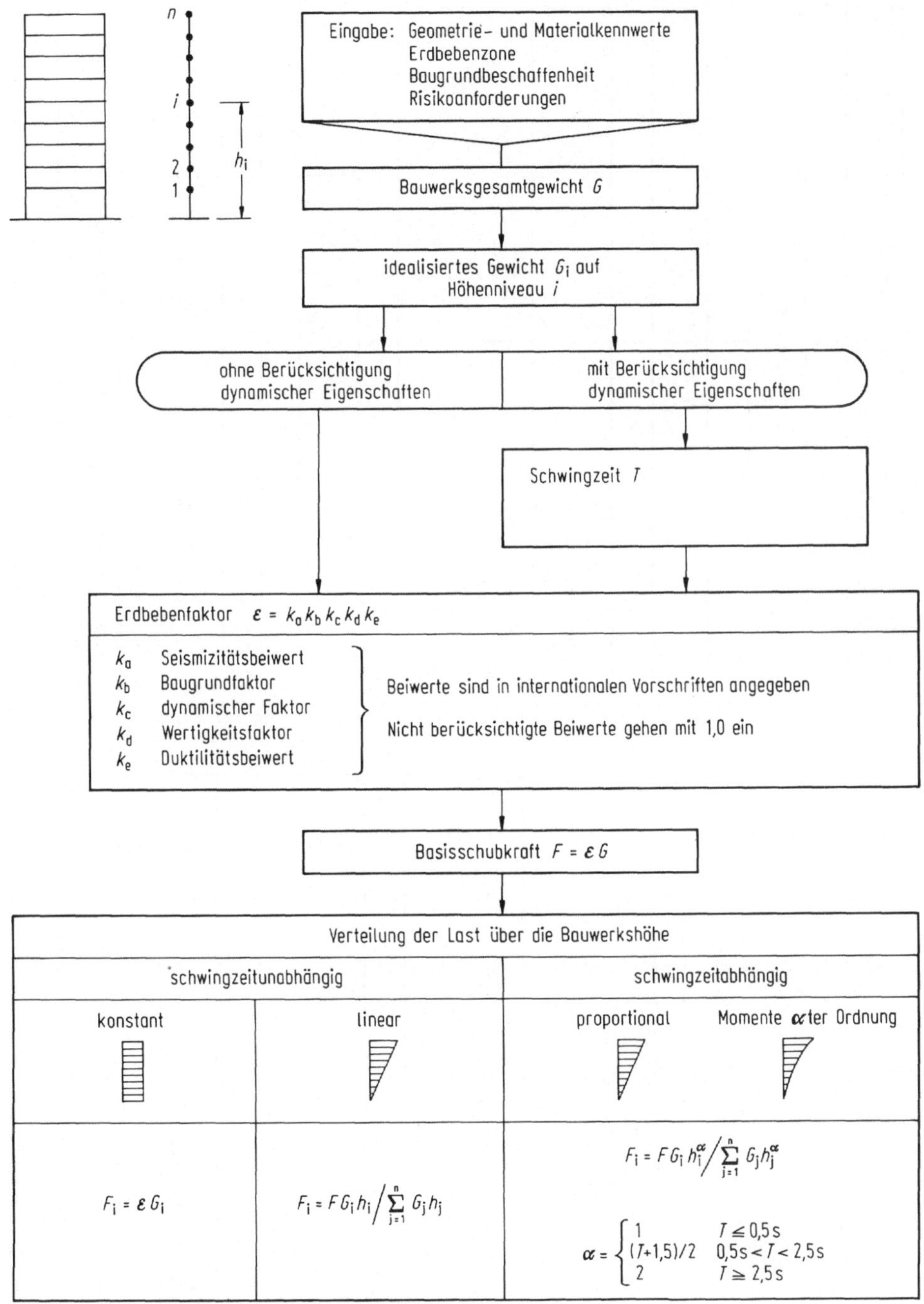

Abb. 2.5/7. Quasistatisches Berechnungsverfahren

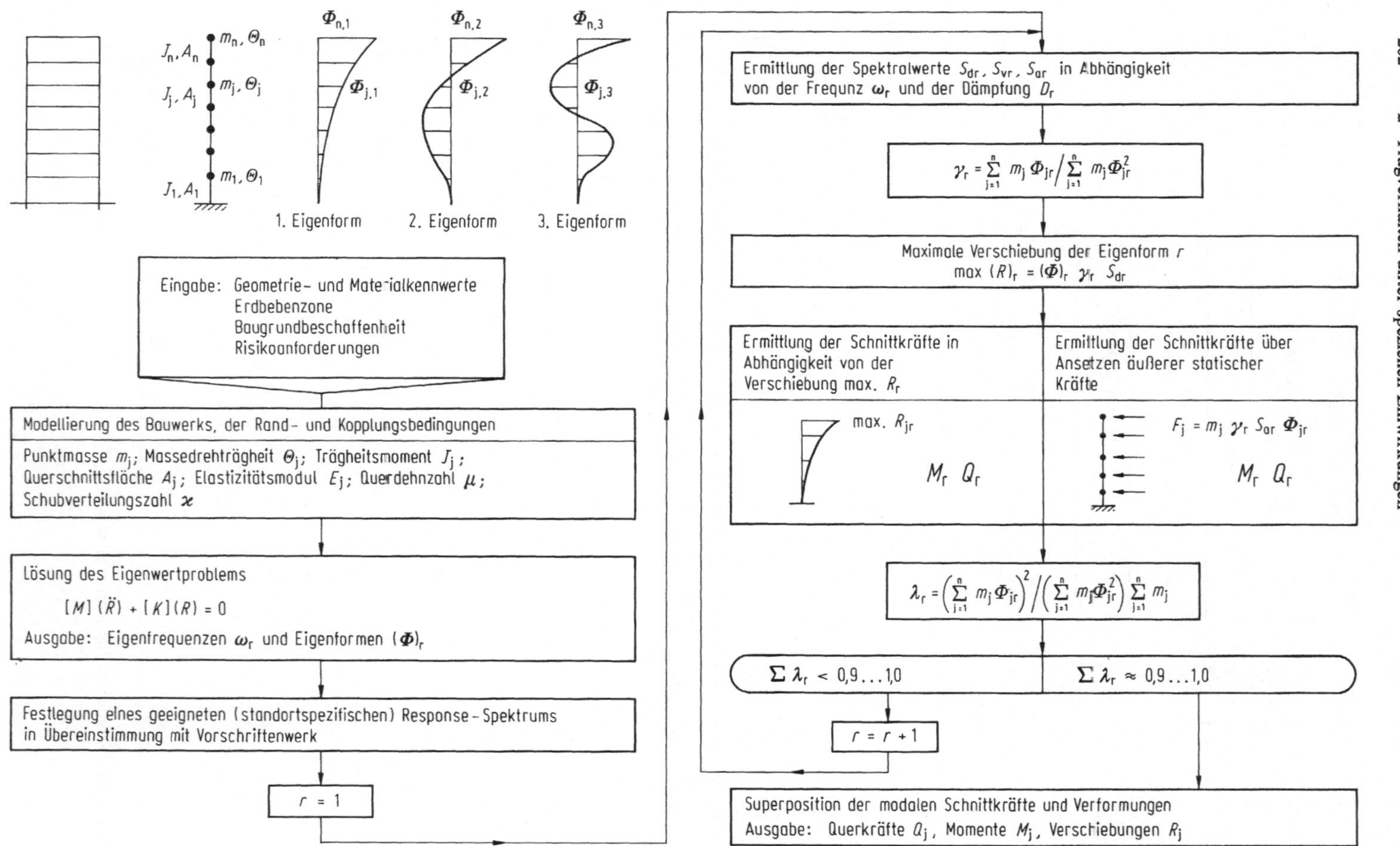

Abb. 2.5/8. Antwortspektrenmethode

die Eigenfrequenzen und gegebenenfalls die Dämpfung. Die wesentlichen Arbeitsschritte der Antwortspektrenmethode sind im Flußbild der Abb. 2.5/8 zusammengestellt. Zu den einzelnen Schritten wird folgendes bemerkt:

Die Berechnung von Steifigkeiten und Massen des Tragwerksmodells erfolgt aus den geometrisch-stofflichen und strukturellen Parametern des Tragwerksmodells. Hilfsmittel dazu sind in Abb. 2.5/9 und Abb. 2.5/10 gegeben.

Die Anzahl der aus der Lösung des Eigenwertproblems zu ermittelnden Eigenfrequenzen und Eigenformen wird in Abhängigkeit von den dynamischen Charakteristiken des Tragwerks festgelegt.

Für Tragwerke, die durch Punktmassenstabmodelle erfaßt werden können, deren niedrigste Eigenschwingungsdauer unter etwa einer halben Sekunde liegt, läßt sich die Beanspruchung aus seismischen Wirkungen aus *einer* Eigenform ableiten. Bei relativ großem Verhältnis von Querschnitts- zu Hauptabmessungen ist gegebenenfalls die Schubsteifigkeit zu berücksichtigen.

Bild und Gegenstand	Translationsträgheit	Massedrehträgheit
beliebig	$m = \int_V \varrho \, dV$	$J_s = \int_V \varrho \, i_s^2 \, dV$ $J_A = J_s + ma^2$
Quader	$m = \varrho \, l_x l_y l_z$	$J_{xs} = \frac{1}{12} m \left(l_y^2 + l_z^2\right)$ $J_x = J_{xs} + m\left(y_m^2 + z_m^2\right)$ entsprechend J_{ys}, J_{zs}, J_y, J_z
dünner Stab	$m = \mu \, l_x$ μ in kg/m	$J_{xs} = J_x = 0$ $J_{ys} = J_{zs} = \frac{1}{12} m l_x^2$ $J_y = J_z = \frac{1}{3} m l_x^2$

Abb. 2.5/9. Hilfsmittel für die Modellierung der Massen

Kraftgröße am linken Rand		System	Kraftgröße am rechten Rand	
$K_{M,links}$	$K_{Q,link}$		$K_{Q,rechts}$	$K_{M,rechts}$
$-\frac{6EI}{l^2(1+4\beta)}$	$\frac{12EI}{l^3(1+4\beta)}$	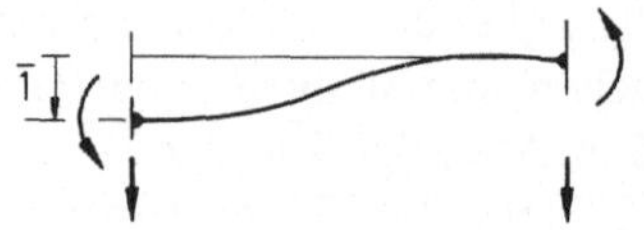	$-\frac{12EI}{l^3(1+4\beta)}$	$-\frac{6EI}{l^2(1+4\beta)}$
$\frac{4EI(1+\beta)}{l(1+4\beta)}$	$-\frac{6EI}{l^2(1+4\beta)}$	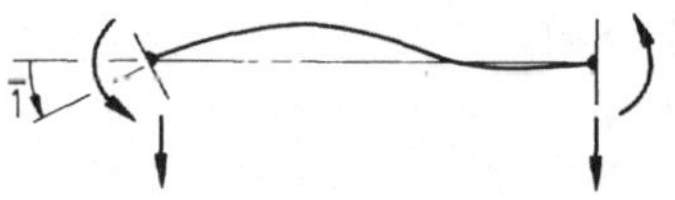	$\frac{6EI}{l^2(1+4\beta)}$	$\frac{2EI(1-2\beta)}{l(1+4\beta)}$
$-\frac{3EI}{l^2(1+\beta)}$	$\frac{3EI}{l^3(1+\beta)}$	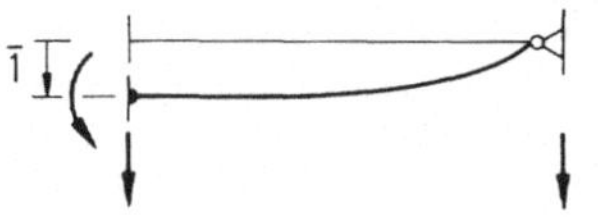	$-\frac{3EI}{l^3(1+\beta)}$	—
$\frac{EI(3+\beta)}{l(1+\beta)}$	$-\frac{3EI}{l^2(1+\beta)}$	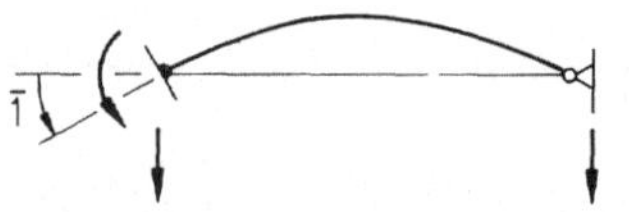	$\frac{3EI}{l^2(1+\beta)}$	—

a

Torsionsart	$K_{D,links}$	System	$K_{D,rechts}$
Saint Venantsche Torsion $\varkappa = \infty$	$\frac{GI_t}{l}$	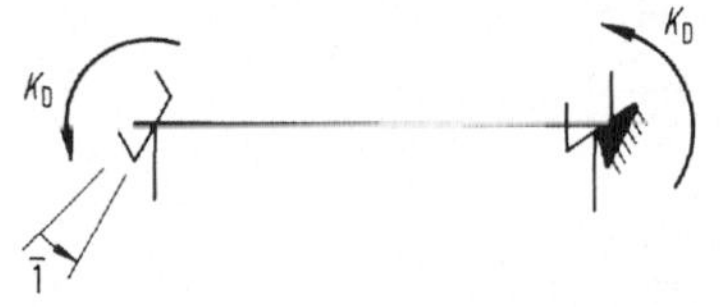	$-\frac{GI_t}{l}$
Wölbkraft-torsion $\varkappa = 0$	$\frac{3EI_\omega}{l^3}$		$-\frac{3EI_\omega}{l^3}$
gemischte Torsion	$\frac{EI_\omega}{l^3}\varkappa^4 F$		$-\frac{EI_\omega}{l^3}\varkappa^4 F$

mit $F = \frac{\cosh \varkappa}{\varkappa^2 \cosh \varkappa - \varkappa \sinh \varkappa}$ und $\varkappa = l\sqrt{GI_t/EI}$

b

Abb. 2.5/10. Hilfsmittel für die Modellierung der Steifigkeiten. **a** Stabendsteifigkeiten des Biegeschubstabs; **b** Stabendsteifigkeit des Torsionsstabs; **c** Ersatzstabsteifigkeit von eingeschossigen Rahmen. $\beta = \frac{EI}{GA_s l^2}$; wird der Querkrafteinfluß nicht berücksichtigt, ist $\beta = 0$

System	Riegelsteifigkeit	Formänderung des Systems	Formänderung des Ersatzsystems	Ersatzsteifigkeit	
				System	Kraftgröße
EI_R, EI_s, h, l	$EI_R >> EI_s$ $EI_R \to \infty$			K, EI_s, 1	$K = 2\,\frac{12\,EI_s}{h^3}$
	$EI_R \sim EI_s$			K, EI_e, 1	$K = 2\,\frac{12\,EI_e}{h^3}$ mit $I_e < I_s$
	$EI_R << EI_s$ $EI_R \to 0$			K, EI_s, 1	$K = 2\,\frac{3\,EI_s}{h^3}$

c

In der Regel ist es ausreichend, lediglich die den Translationsschwingungen der Punktmassen zugeordneten Freiheitsgrade zu berücksichtigen und die Drehträgheit der Punktmassen wie auch ihre Vertikalschwingung zu vernachlässigen.

Die Auswahl des Antwortspektrums hat – wenn nicht verbindliche und zutreffende Normenfestlegungen vorliegen – unter Berücksichtigung der Tragwerks- und Baugrundspezifik zu erfolgen. Orientierungswerte der Dämpfung sind in Abb. 2.5/11 gegeben. Die modale Dämpfung wird in der Regel vereinfachend für alle Eigenformen gleich angenommen. Sie ist das Verhältnis von vorhandener zu kritischer Dämpfung.

Die Ermittlung der Schnittkräfte kann über die Massenverteilungsfaktoren erfolgen, die den Anteil der den einzelnen Modes zugeordneten Massenkräfte erfassen. Die Superpositionen der Horizontalkräfte aus den einzelnen Modes erfolgt nach Superpositionsformeln, die näherungsweise den Zufallscharakter des Auftretens der einzelnen Mode-Anteile berücksichtigen.

Eine Zusammenstellung von Superpositionsformeln gibt Abb. 2.5/12. Bevorzugt wird i.allg. die SRSS-Formel.

Seismische Einwirkungen in unterschiedlicher horizontaler und in vertikaler Richtung sind ebenfalls unter Beachtung ihres zufälligen gemeinsamen Auftretens zu superponieren. In der Regel ist die Horizontaleinwirkung in zwei Hauptrichtungen mit gleicher Größe und die Vertikaleinwirkung mit abgeminderter Größe einzuführen.

	Baustoff-Zustand	Bereich	
		elastisch %	plastisch %
Stahlbeton	allgemein	4	7...10
	kleine Risse	2...3	
	große Risse	3...5	
Spannbeton	allgemein	2...3	
	ohne vollständigen Vorspannverlust		5...7
	mit vollständigem Vorspannverlust		7...10
Stahl	geschweißt	2...3	4...7
	geschraubt, genietet	4...7	7...15

Abb. 2.5/11. Empfehlungen für modale Dämpfungswerte

Bezeichnung	Formel	Bemerkung
Summe der Absolutbeträge ABS	$s=\sum_{i=1}^{n} \lvert s_i \rvert$	oberer Grenzwert der gesuchten Größe
Quadratwurzel aus der Summe der Quadrate SRSS	$s=\left[\sum_{i=1}^{n} s_i^2\right]^{0,5}$	ausreichend großer Abstand zwischen Eigenfrequenzen notwendig
modifizierte SRSS	$s=\left[\sum_{i=1}^{k} s_i^2+\left(\sum_{i=k+1}^{n} s_i\right)^2\right]^{0,5}$	Frequenzen > 15 Hz werden nicht angeregt
RGW- Vorschlag	$s=\left[s_a^2+0{,}5(s_b^2+s_c^2)\right]^{0,5}$	s_a größter Einzelwert aus den drei berücksichtigten Eigenformen
Complete Quadratic Combination CQC	$s=\left[\sum_{j=1}^{n}\sum_{i=1}^{n} s_i \rho_{ij} s_j\right]^{0,5}$	ρ_{ij} Korrelationsfaktor
Closly Spaced Modes CSM	$s=\left[\sum_{i=1}^{k} s_i^2+\sum_{l=1}^{m}\left(\sum_{i=1}^{p} s_i\right)^2\right]^{0,5}$	Überlagerung von verschiedenen Gruppen dicht beieinanderliegenden Eigenfrequenzen

Abb. 2.5/12. Ausgewählte Überlagerungsformeln

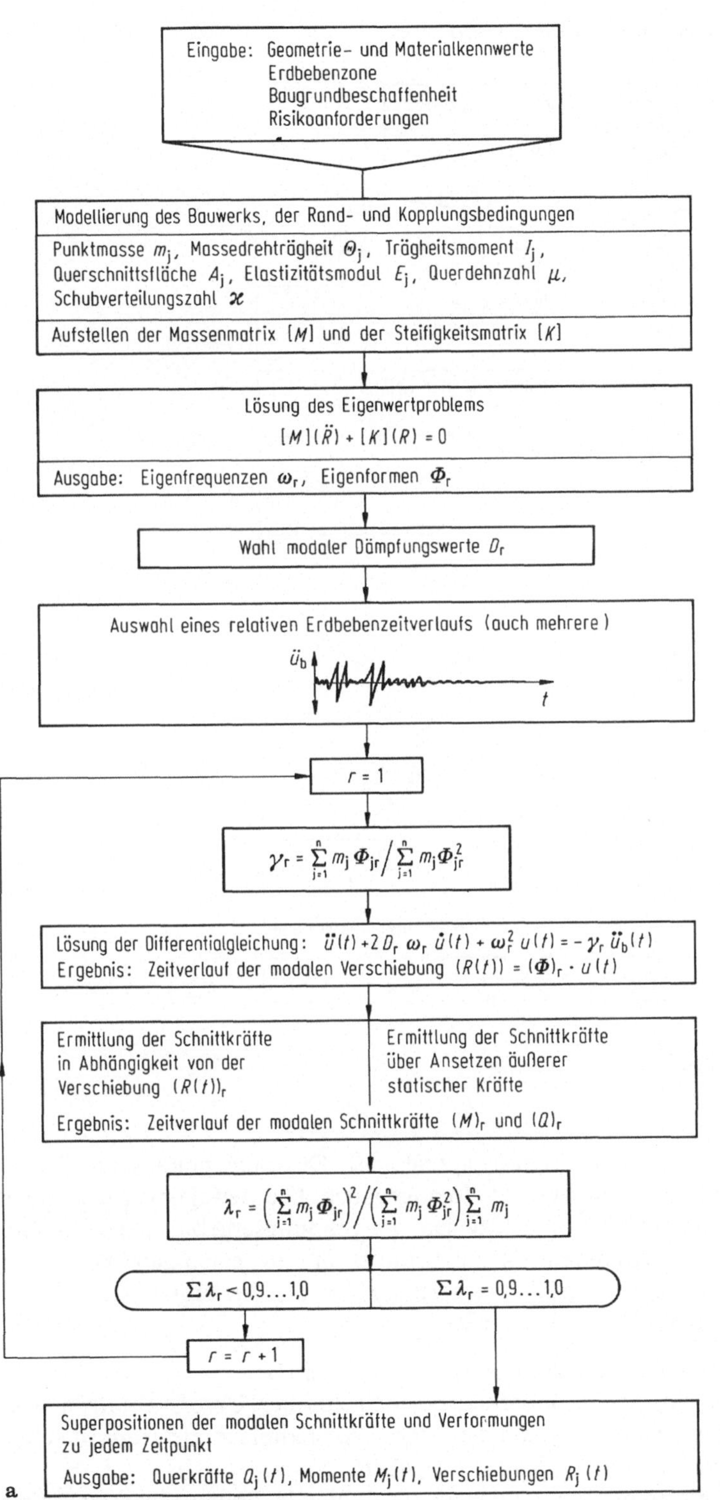

Abb. 2.5/13. Zeitverlaufsberechnung. **a** Zeitverlaufsmethode der modalen Analyse; **b** Direktes Integrationsverfahren

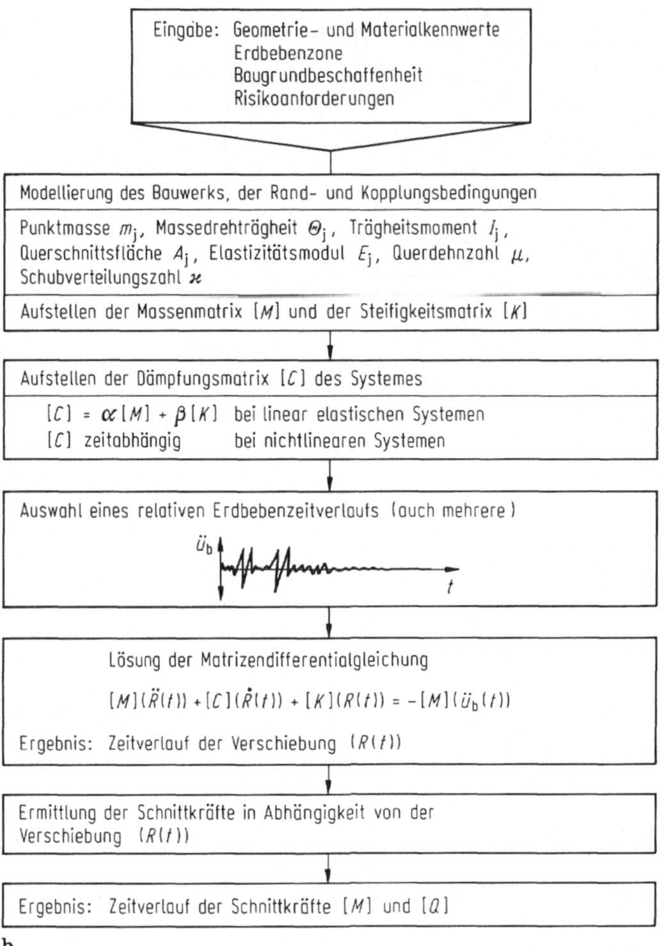

b

Abb. 2.5/13. (Fortsetzung)

Tragwerksberechnung nach der Zeitverlaufsmethode. Der Berechnungsablauf nach der Zeitverlaufsmethode ist in Abb. 2.5/13 angegeben. Die Bewegungsgleichungen werden durch direkte Integration gelöst. Das Berechnungsergebnis liefert im Gegensatz zur Antwortspektrenmethode nur Schnittkräfte für einen ganz konkreten Zeitverlauf, ist also weniger verallgemeinerungsfähig als die Ergebnisse, die mit einem Antwortspektrum berechnet werden.

Stochastische Berechnung seismisch beanspruchter Tragwerke

Eine Einführung in die Besonderheiten stochastischer Untersuchungen seismisch beanspruchter Tragwerke und eine Gegenüberstellung zu deterministischen Berechnungsverfahren ist in [17, Kap. 1] gegeben.

Die seismische Erregung und die daraus resultierende Tragwerksantwort sind stochastische Prozesse. Die Überführung erfolgt durch eine Übertragungsfunktion,

Methode		Erregung				Berechnungsverfahren					Antwort			
		Beschreibungsform	Beschreibungsobjekt	Instationarität	Erdbebenmodell	Modale Analyse	Einschwingphase	Schwierigkeit	Häufigkeit	Aufwand	Phasenlage modaler Extrema	Information	Kopplungen zw. Antworten	Aussagekraft
deterministisch	Antwortspektren-Methode	Antwortspektrum	EB	erfaßt	nicht nötig	nötig	berücksichtigt	sehr gering	einmal	sehr gering	unbekannt	zu gering	nicht berücksichtigt	gering
			EB-Gruppe											
			EB-Klasse		nötig									
	Zeitverlaufs-Methode (ZVM)	Zeitverlauf	EB	erfaßt	nicht nötig	vorteilhaft	berücksichtigt	gering	einmal	hoch	bekannt	zu groß	berücksichtigt	hoch
			EB-Gruppe						mehrmals					
			EB-Klasse		nötig				oftmals					
stochastisch	stationäre stoch. Methode (SSM)	Spektraldichte und -Dauer	EB-Klasse	nicht erfaßt	nötig	vorteilhaft	nicht berücksichtig	hoch	einmal	hoch	berücksichtigt	adäquat	berücksichtigt	sehr hoch
	instationäre stoch. Methode (ISM)	Spektraldichte und Form-funktion	EB-Klasse	erfaßt	nötig	vorteilhaft	berücksichtigt	hoch	einmal	sehr hoch	berücksichtigt	adäquat	berücksichtigt	sehr hoch

Abb. 2.5/14. Vergleich von deterministischen und stochastischen Methoden bei der Berechnung der Antworten erdbebenerregter Bauwerke

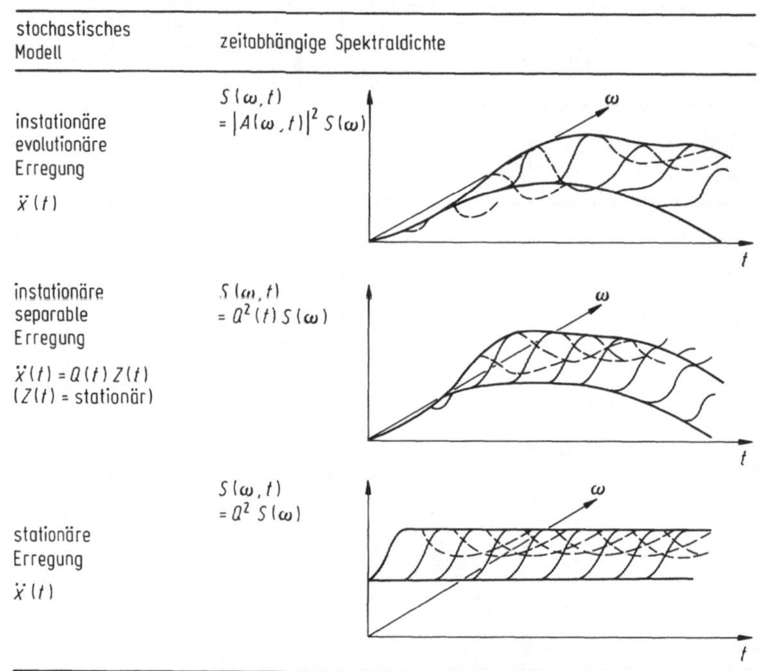

Abb. 2.5/15. Stochastische Beschreibung der seismischen Erregung

die aus den geometrisch-stofflichen und strukturellen Eigenschaften des Tragwerks abzuleiten ist. Eine voll stochastische Untersuchung verlangt die stochastische Beschreibung der Einwirkung und des Tragwerksmodells. Dies ist i.allg. nicht erforderlich. Das Tragwerksmodell kann deterministisch beschrieben werden.

Eine Gegenüberstellung deterministischer und stochastischer Berechnungsmethoden gibt Abb. 2.5/14, wobei zwischen stationären und instationären stochastischen Methoden unterschieden wird. Diese Unterscheidung erfolgt in Abhängigkeit von der stochastischen Beschreibung der seismischen Einwirkung, wie sie in Abb. 2.5/15 prinzipiell dargestellt ist. Die Abbildung informiert auch über die Aussagekraft und Verallgemeinerungsfähigkeit der Berechnungsergebnisse nach den einzelnen deterministischen und stochastischen Methoden.

Den prinzipiellen Ablauf stochastischer Untersuchungen zeigt Abb. 2.5/16. Weitere Informationen zur Anwendung stochastischer Untersuchungsmethoden sind [2] und [180] zu entnehmen.

Hinweise auf Ergebnisse von Berechnungsbeispielen

Zur Veranschaulichung des konkreten Berechnungsablaufs und zum Vergleich der Aussagekraft einzelner Berechnungsmethoden sind im folgenden die Ergebnisse von ausgewählten Berechnungen gegenübergestellt. Im einzelnen handelt es sich um

- eine Gruppe von Silobauwerken, die nach der Antwortspektrenmethode und der Zeitverlaufsmethode deterministisch untersucht wurde,

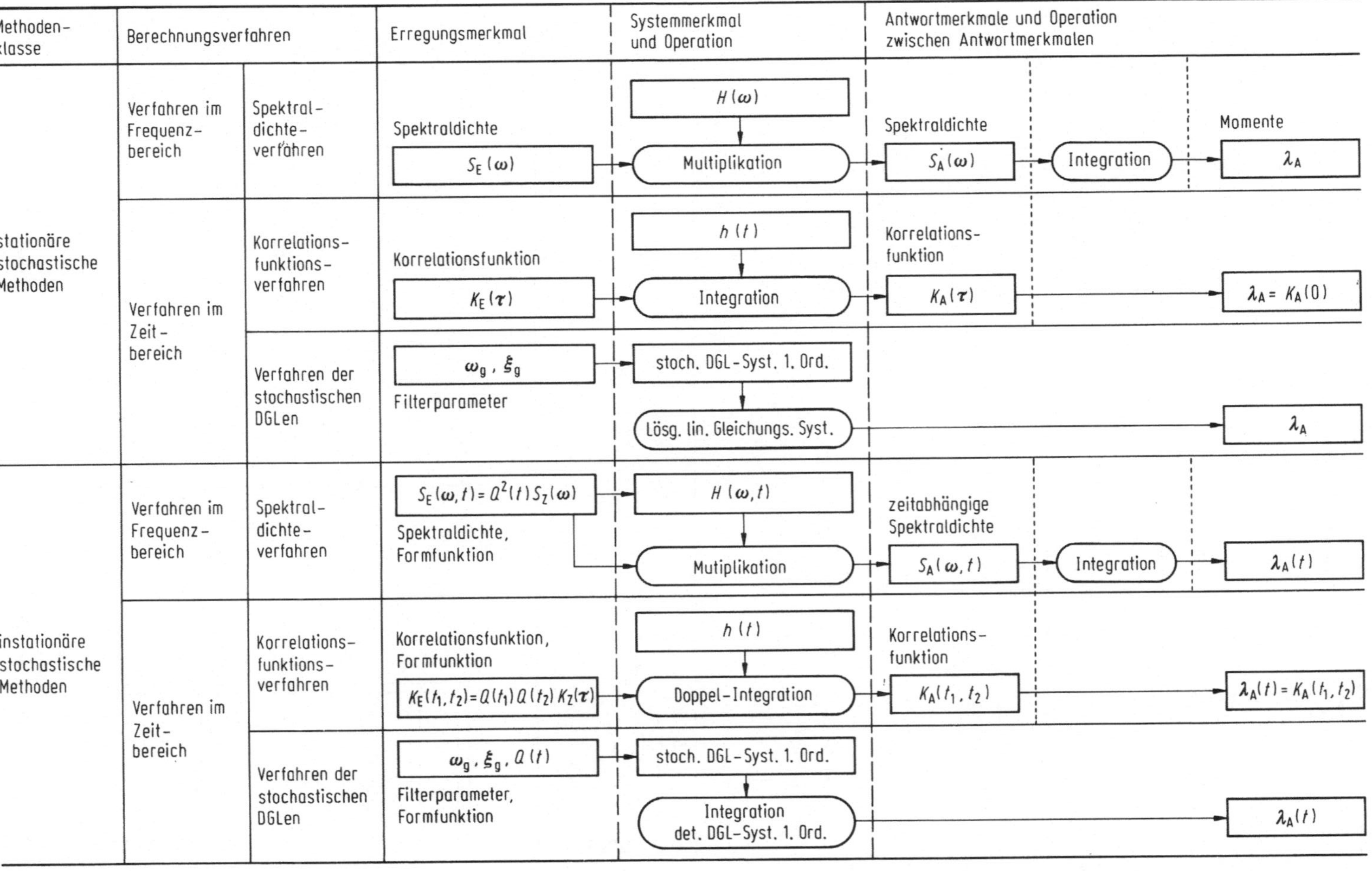

Abb. 2.5/16. Stochastische Berechnungsverfahren

Schale	D_k, d_k, h_k	Querschnittsfläche A_k $\frac{\pi}{4}(D_k^2 - d_k^2)$ Masse $m_{k,s}$ $\varrho A_k h_k$	Flächenträgheitsmoment I_k $\frac{\pi}{64}(D_k^4 - d_k^4)$ Massenträgheitsmoment $\Theta_{k,s}$ $\varrho h_k (I_k + A_k \frac{h_k^2}{12})$
Platte	D_k, h_k	Masse $m_{k,p}$ $\varrho \frac{\pi}{4} D_k^2 h_k$	Massenträgheitsmoment $\Theta_{k,p}$ $m_{k,p}\left(\frac{D_k^2}{16} + \frac{h_k^2}{12}\right)$
Füllgut	D_k, h_k	Masse $m_{k,F}$ $\varrho \frac{\pi}{4} D_k^2 h_k$	Massenträgheitsmoment $\Theta_{k,F}$ $m_{k,F}\left(\frac{D_k^2}{16} + \frac{h_k^2}{12}\right)$
Punktgrößen	$m_{k+1,F}$, $m_{k+1,s}$, $m_{k,p}$, $m_{k,s}$, $m_{k,F}$	Masse m_k $\frac{m_{k,F} + m_{k+1,F}}{2} + \frac{m_{k,s} + m_{k+1,s}}{2} + m_{k,p}$	Massenträgheitsmoment Θ_k $\frac{\Theta_{k,F} + \Theta_{k+1,F}}{2} + \frac{\Theta_{k,s} + \Theta_{k+1,s}}{2} + \Theta_{k,p}$
Schubverteilungszahl $\varkappa$	D, d	d/D = 0 0,5 0,7 ≥ 0,9 $\varkappa$ = 1,11 1,74 1,92 2,0	

a

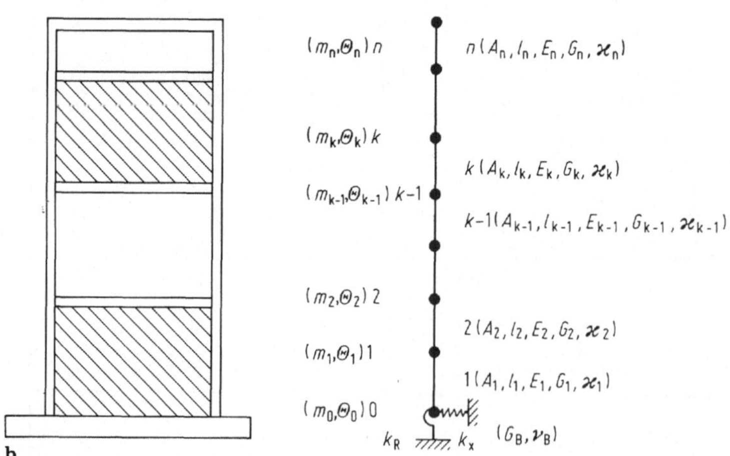

b

Abb. 2.5/17. Überführung der untersuchten Silobauwerke in ein Punktmassemodell. **a** Bezeichnungen; **b** Modellparameter

- die Untersuchung des Flüssigkeitsdrucks auf Behälterwände infolge seismischer Erregung,
- Industrieschornsteine und andere turmartige Bauwerke, die nach der quasistatischen Methode, der Antwortspektrenmethode und stochastisch untersucht wurden.

In [181] und [182] wurde eine *Silogruppe*, bestehend aus 2 zweistöckigen Zementsilos unterschiedlicher Höhe, mit der *Antwortspektrenmethode* untersucht. Zugrunde gelegt wurde ein Entwurfsspektrum nach Newmark. Die Bauwerke wurden als Punktmassenmodelle modelliert.

Die Berechnugsergebnisse wurden mit Resultaten nach der Antwortspektrenmethode und der Zeitverlaufsmethode bei FE-Modellierung verglichen. Außerdem

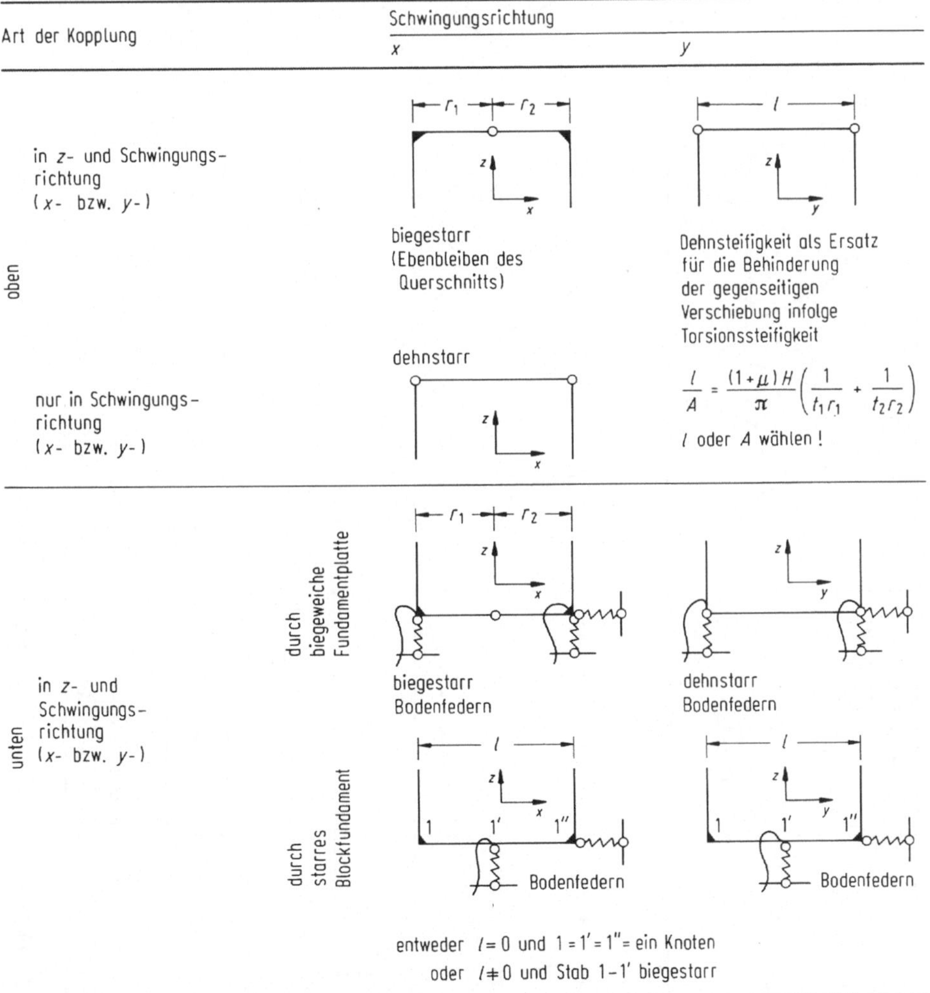

Abb. 2.5/18. Variation der Kopplungsbedingungen zwischen beiden Silos

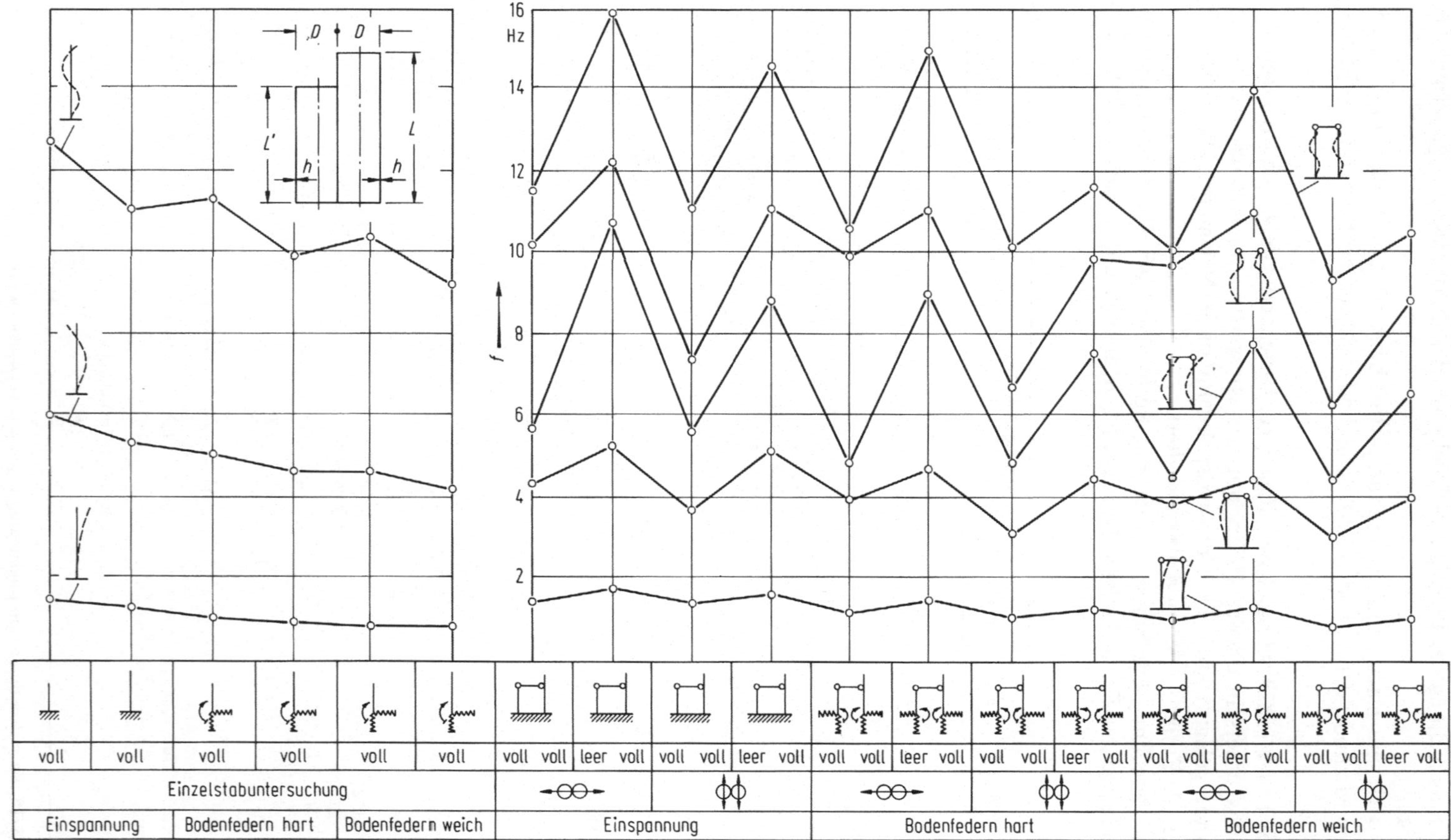

Abb. 2.5/19. Eigenfrequenzen der untersuchten Silobauwerke bei Variation der Kopplungsbedingungen und der Baugrundverhältnisse

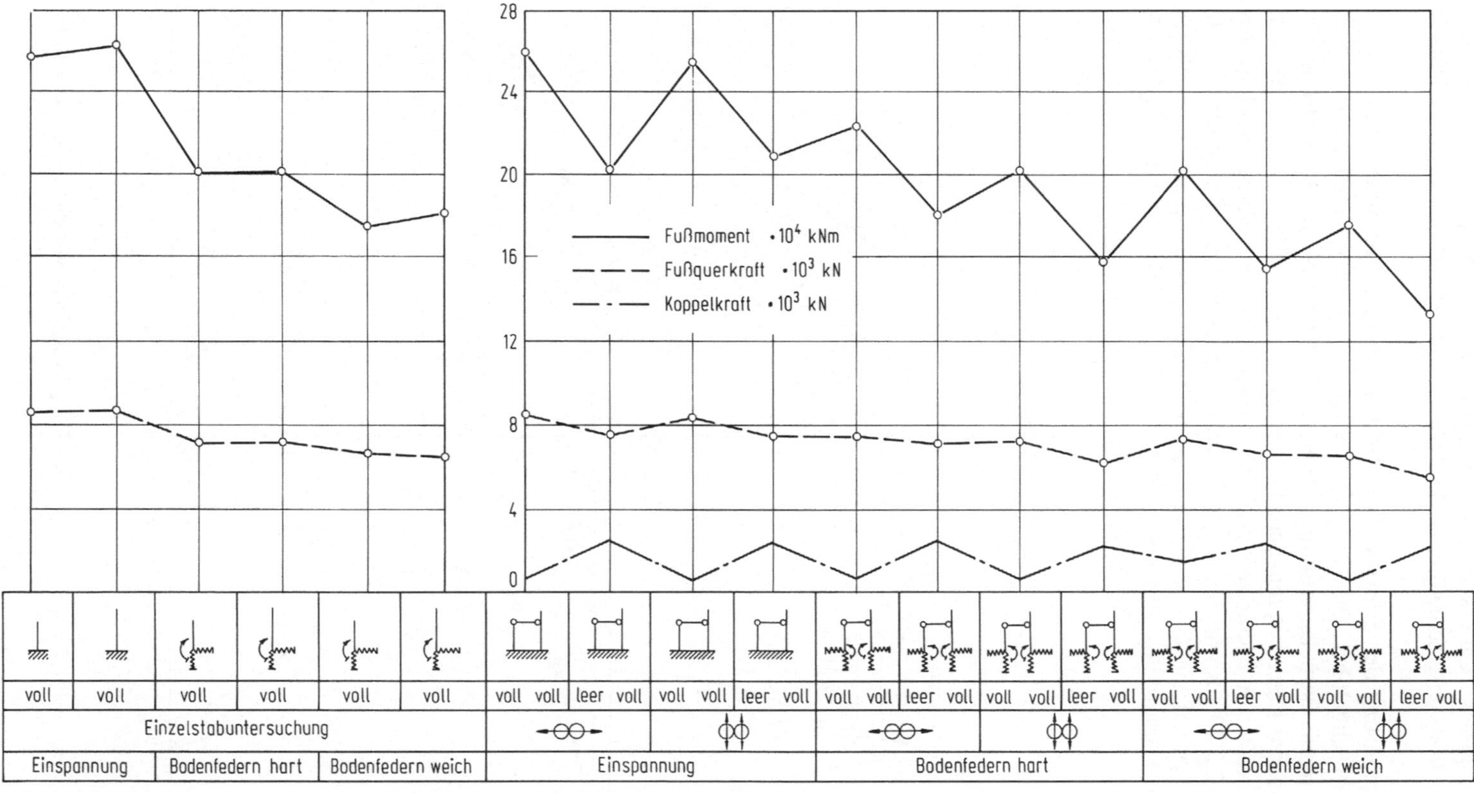

Abb. 2.5/20. Fußmoment, Fußquerkraft und Koppelkraft infolge Erdbebens am untersuchten Doppelsilo

wurden umfangreiche Untersuchungen zum Einfluß der Kopplung zwischen den beiden Silos und unterschiedlicher Füllhöhen auf das Eigenschwingverhalten durchgeführt.

Die Überführung der Silotragwerke in das Punktmassenmodell wurde nach Abb. 2.5/17 durchgeführt. Die Kopplung zwischen beiden Silos wurde nach Abb. 2.5/18 variiert mit Berücksichtigung unterschiedlicher Schwingungsrichtungen.

Ergebnisse der Eigenfrequenzberechnung der Einzel- und der gekoppelten Silos mit unterschiedlichen Füllhöhen und für unterschiedliche Baugrundverhältnisse sind in Abb. 2.5/19 zusammengestellt. Einen Eindruck vom Einfluß unterschiedlicher Parameter auf die Größe der Fußschnittkräfte sowie auf die Koppelkraft zwischen den beiden Silos gibt Abb. 2.5/20. Der Zeitverlaufsuntersuchung wurde

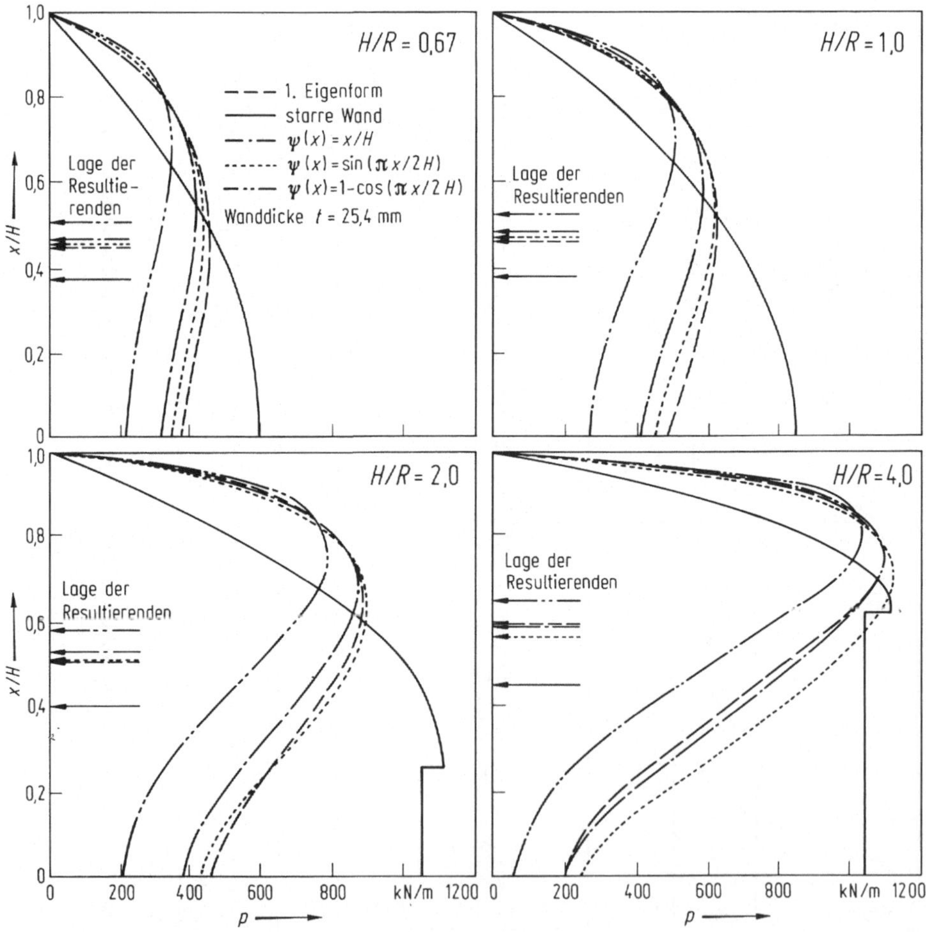

Abb. 2.5/21. Aus seismischer Erregung entstehende Flüssigkeitsdrücke auf Behälter unterschiedlicher Schlankheit.

der Verlauf der seismischen Erregung des Friaul-Erdbebens (NS-Richtung) zugrunde gelegt. Die Zulässigkeit vereinfachter Modellierung und Berechnung ist erkennbar.

In [183] und [184] wurden *Behältertragwerke unter extremen, seismisch bedingten dynamischen Einwirkungen* untersucht. Die Berechnungsmodelle zur Erfassung der aus der seismischen Erregung entstehenden zusätzlichen dynamischen Drücke der Behälterflüssigkeit auf die Behälterwand sowie eine ausführliche Übersicht über unterschiedliche Modellierungsmöglichkeiten gibt [56].

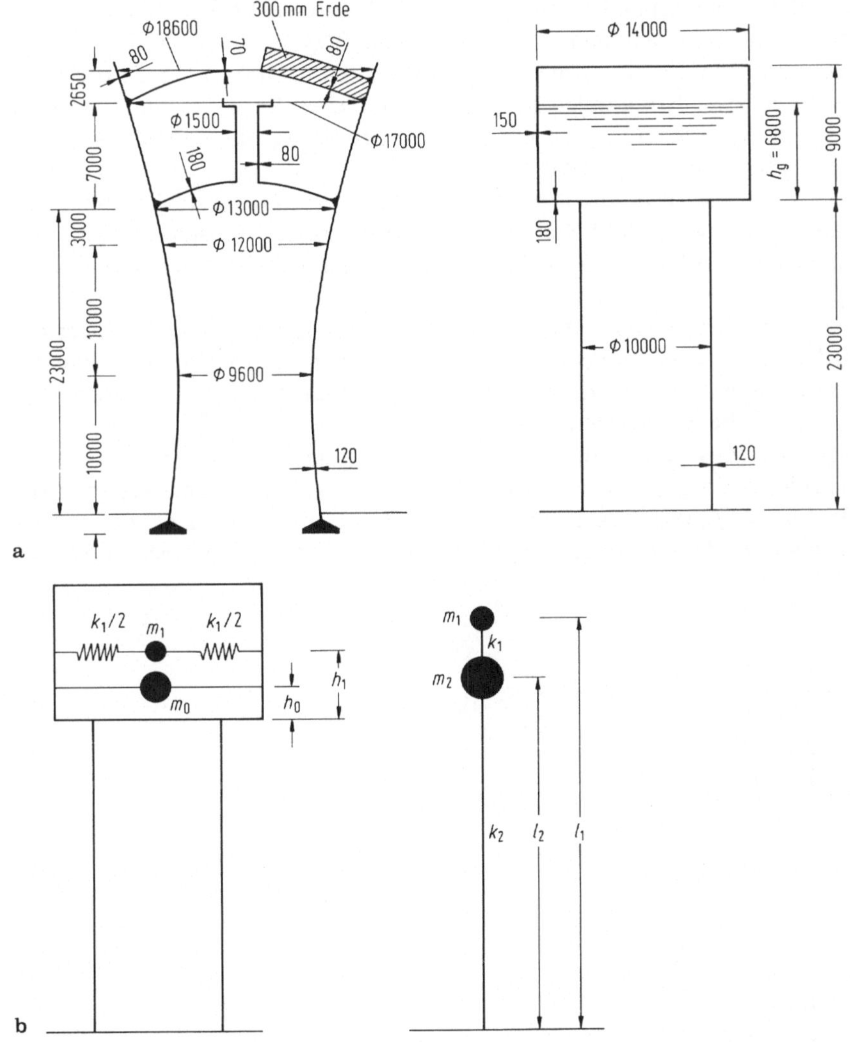

Abb. 2.5/22. Abmessungen und Modellierung des untersuchten Wasserturms. **a** Bauwerksgeometrie; **b** Modellparameter

Abbildung 2.5/21 zeigt die aus seismischer Erregung entstehenden dynamischen Flüssigkeitsdrücke auf die Wände rotationssymmetrischer Behälter unterschiedlicher Schlankheit.

Die Ergebnisse unterscheiden sich in Abhängigkeit von den getroffenen Annahmen über die Nachgiebigkeit der Bahälterwand. Die Vernachlässigung der Wandverformung hat einen relativ geringen Einfluß auf Größe und Verlauf des dynamischen Flüssigkeitsdrucks. Damit wirkt sich auch die Behälterwanddicke relativ wenig auf die dynamischen Flüssigkeitsdrücke aus. Für viele praktische Fälle kann demnach der Flüssigkeitsdruck unter der vereinfachenden Annahme starrer Behälterwand ermittelt werden.

In [57] wurde der *Einfluß der zufälligen Füllungshöhe eines Wasserturms* auf das Verhalten unter seismischer Erregung *stochastisch* untersucht. Die Abmessungen des Bauwerks und seine Modellierung sind in Abb. 2.5/22 angegeben. Die seismische Erregung wurde durch normierte Spektraldichten nach Abb. 2.5/23 beschrieben. Es wurden zwei Erregungen mit unterschiedlicher Lage der maßgebenden Erregerfrequenzen eingeführt. Sie entsprechen den Baugrundverhältnissen von Lockergestein bzw. eines Baugrundes mittlerer Festigkeit.

Die in Abb. 2.5/24 zusammengestellten Ergebnisse zeigen die starke Abhängigkeit der Erwartungswerte und Standardabweichungen der Fußschnittkräfte von der Frequenzlage und -verteilung bei gleichem Energiegehalt der seismischen Erregung.

In [58] wurde das Verhalten *turmartiger Tragwerke* unter *seismischer Erregung unterschiedlicher Spektralverteilung* der Erregerfrequenzen *stochastisch* untersucht.

Variiert wurden die Frequenzverteilung der seismischen Erregung, angepaßt an drei unterschiedliche Bodenarten bei gleichem Energiegehalt der Erregung und die Steifigkeits- und Masseverteilung über die Höhe der turmartigen Tragwerke.

Abbildung 2.5/25 gibt einen Überblick über die untersuchten Tragwerksvarianten. In Abb. 2.5/26 sind die Spektraldichten der seismischen Erregung angegeben. Ergebnisse der Untersuchung enthält Abb. 2.5/27. Auf die Notwendigkeit, in

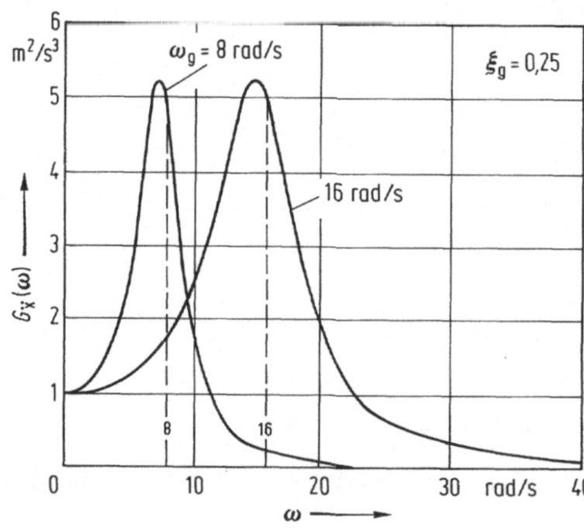

Abb. 2.5/23. Beschreibung der seismischen Erregung durch normierte Spektraldichten

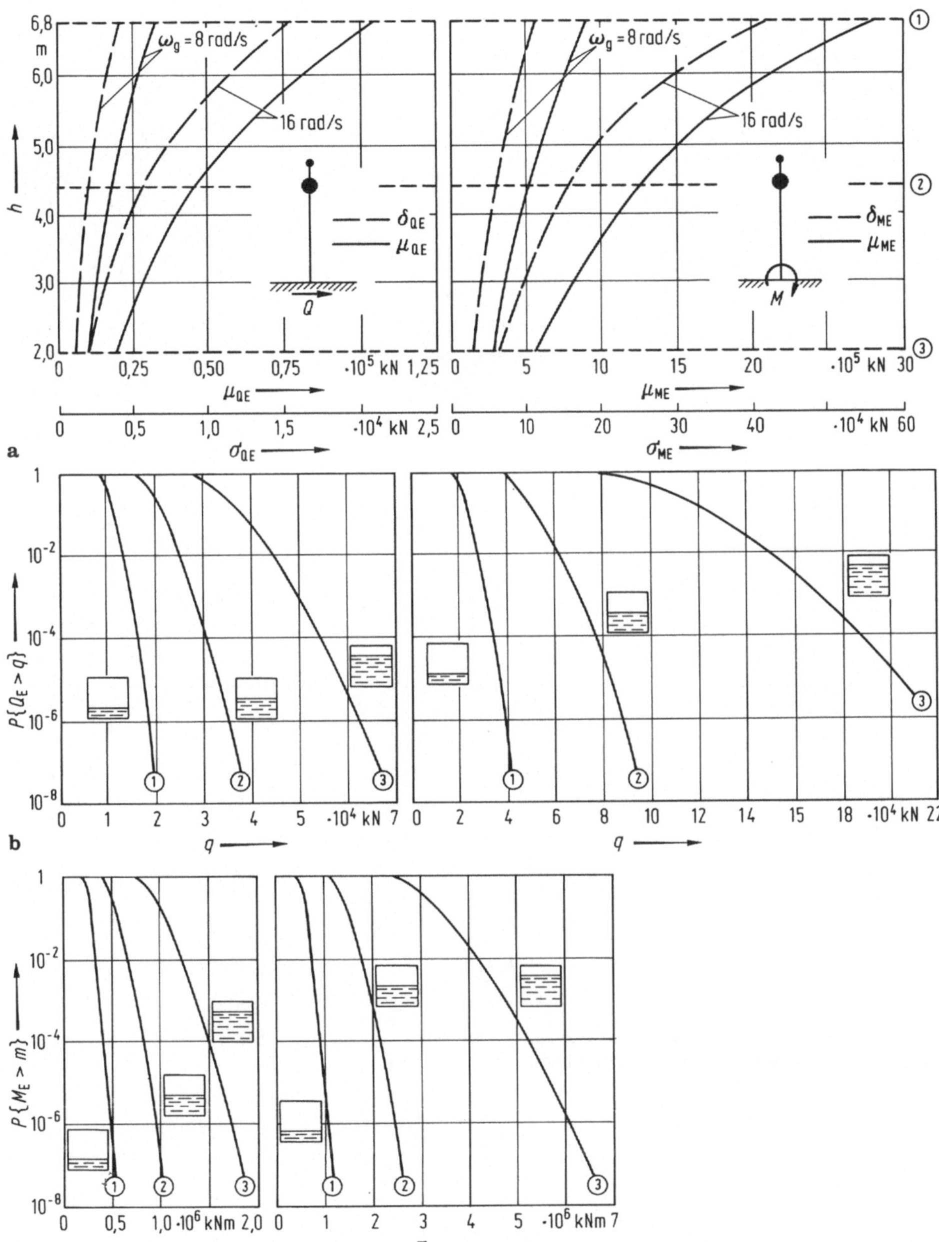

Abb. 2.5/24. Untersuchungsergebnisse eines seismisch erregten Wasserturms. **a** Erwartungswerte und Standardabweichungen der extremen Basisschnittgrößen Q_E und M_E; **b** Überschreitungswahrscheinlichkeit der extremen Basisquerkraft Q_E; **c** Überschreitungswahrscheinlichkeit des extremen Basismoments M_E

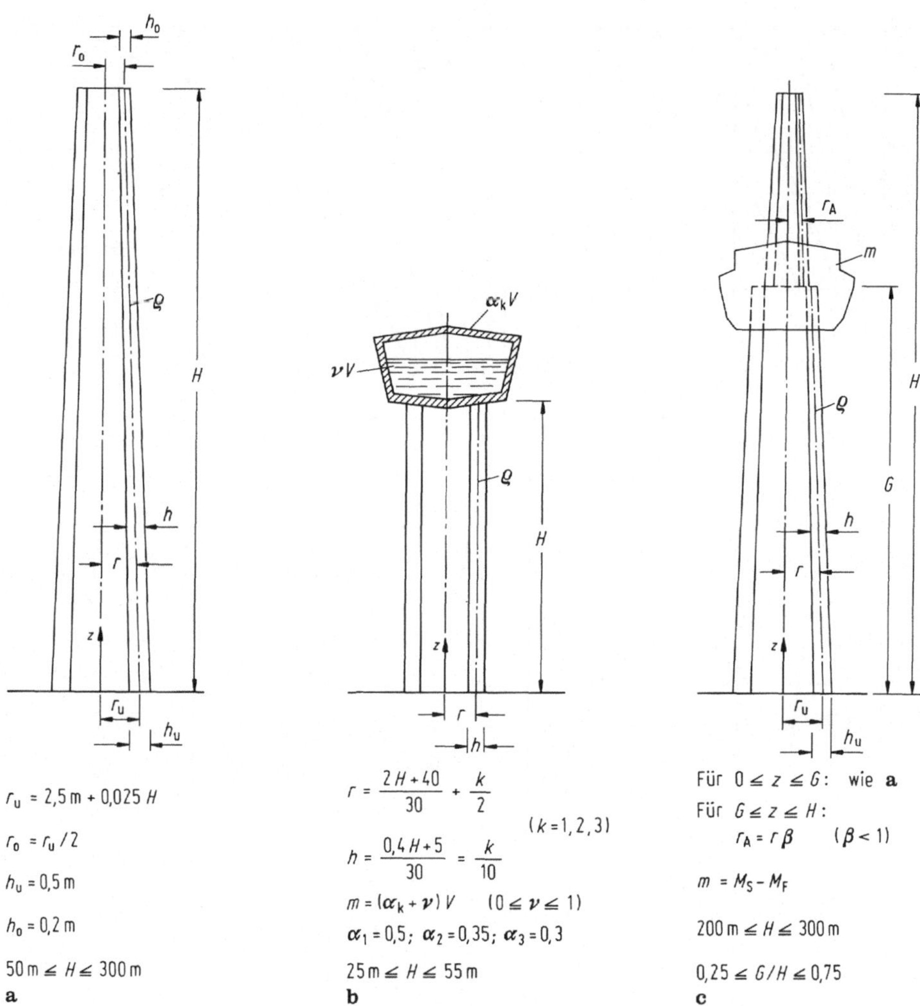

Abb. 2.5/25. Untersuchte Tragwerksvarianten typischer turmartiger Bauwerke aus Stahlbeton. **a** Schornstein; **b** Wasserturm; **c** Fernsehturm

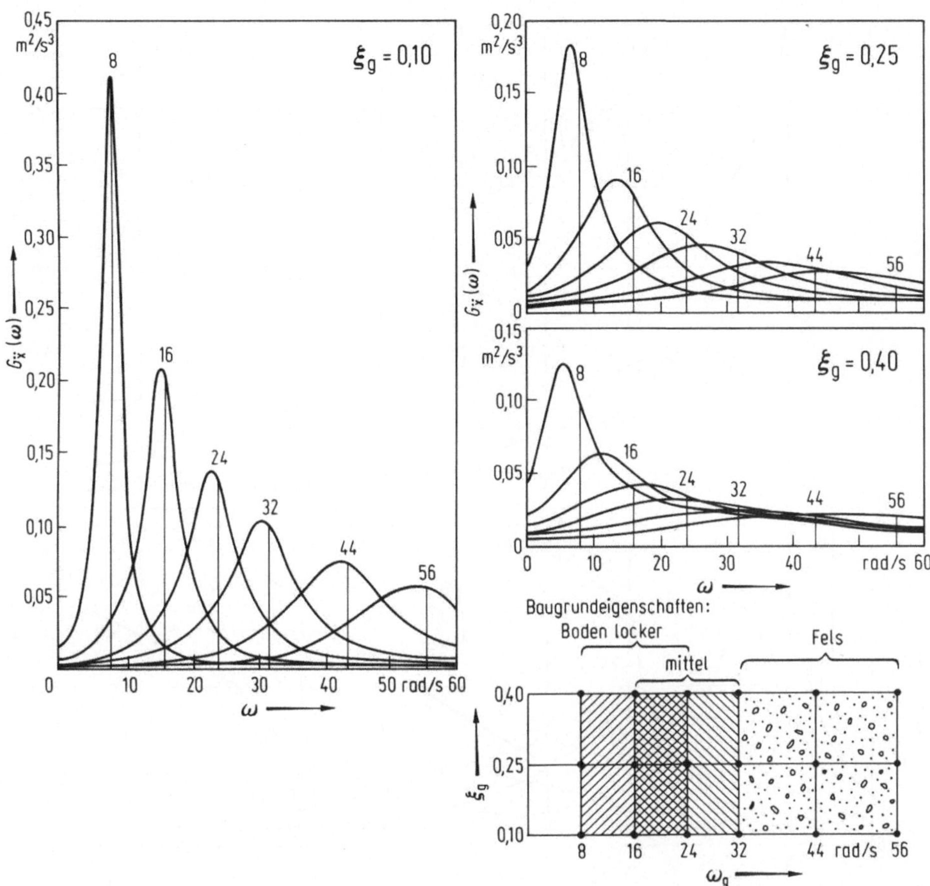

Abb. 2.5/26. Kanai-Tajimi-Spektraldichten der Erregung $x(t)$ mit $\sigma_{\ddot{x}}^2 = 1\ \mathrm{m^2/s^4}$ bei Variation der Baugrundeigenschaften

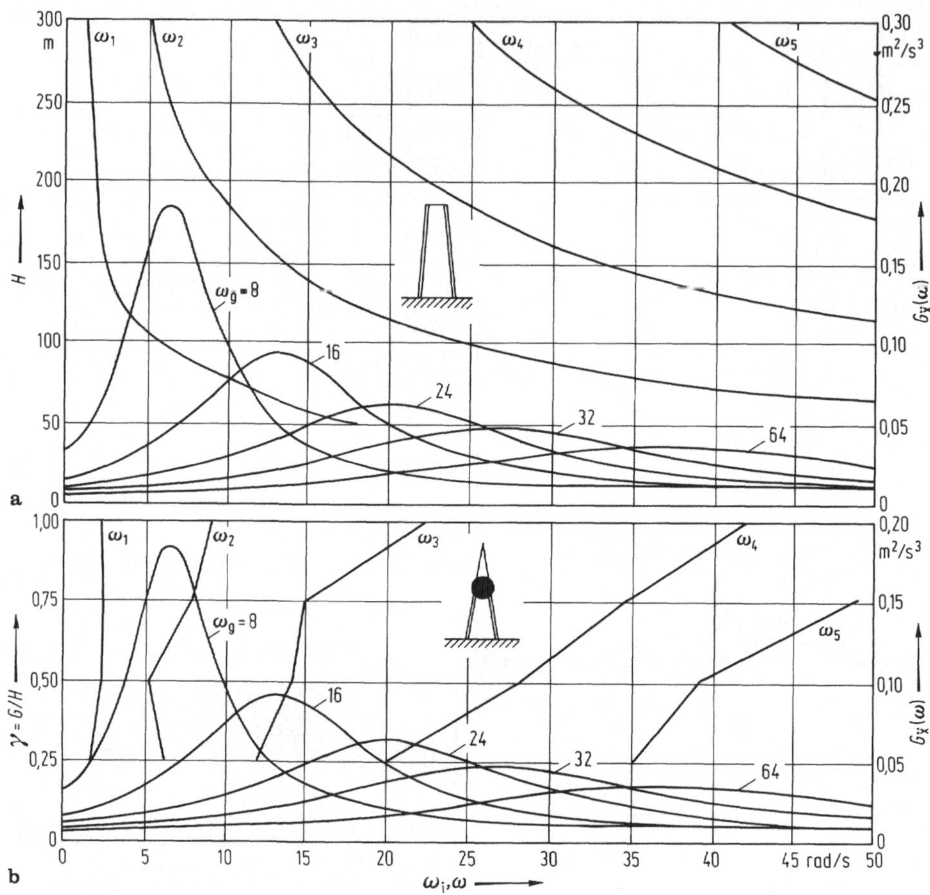

Abb. 2.5/27. Eigenkreisfrequenzen von Schornsteinen **(a)** und Fernsehtürmen **(b)** in Relation zu Spektraldichten seismischer Erregungen

Abhängigkeit von der Einwirkungsspezifik (Lage der maßgebenden Erregerfrequenzen) und von der Lage der Eigenfrequenzen gegebenenfalls auch höhere Schwingungsformen zu berücksichtigen, sei besonders verwiesen.

2.6 Verhalten impulsbeanspruchter Tragwerke

2.6.1 Typische Verhaltensmuster

Wie in Abschnitt 2.3.4 gezeigt, ist der zeitliche Verlauf von Impulseinwirkungen außerordentlich stark von den geometrisch-stofflichen und strukturellen Parametern des Stoßobjekts und des gestoßenen Bauwerks abhängig. Mit den nachfolgenden Versuchsergebnissen soll ein Eindruck von dieser Vielfalt und damit auch ein Ansatzpunkt zum Verständnis des Bauwerksverhaltens unter Impulseinwirkung und der zur Erfassung dieses Verhaltens entwickelten (meist genäherten) Berechnungsmethoden gegeben werden.

Von Eibl und Block [106] wurde das Verhalten von Balken und Stützen unterschiedlicher Baustoffe unter „harter" Stoßeinwirkung studiert. Die Einwirkungsgeschwindigkeiten der Stoßkörper lagen für die Stahlbetonbalken zwischen 0,3 und 3,0 m/s, für die Versuchskörper aus Holz und Profilstahl in der gleichen Größenordnung. Die Untersuchungen simulierten die Stoßwirkung von Gabelstaplern. Ergebnisse sind auszugsweise in Abb. 2.6/1 zusammengestellt.
Folgende Feststellungen können getroffen werden:

Infolge der kurzzeitigen Lasteintragung konnten Erhöhungen der Baustoffestigkeiten des Stahlbetonbalkens bis zu etwa 15% festgestellt werden. Die unterschiedlichen Stoßgeschwindigkeiten wirkten sich nur wenig auf das Verhalten der

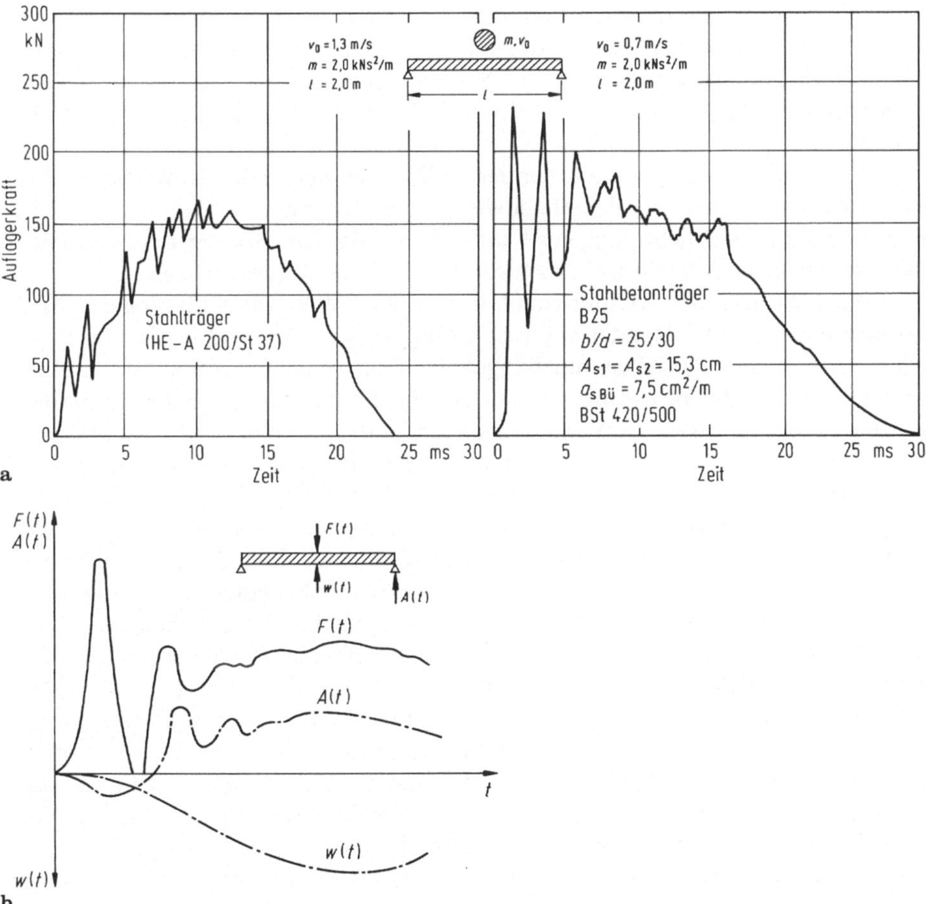

Abb. 2.6/1. Ergebnisse von Stoßversuchen an Stahl- bzw. Stahlbetonträgern [106]. **a** Gemessene Auflagerkraft; **b** Prinzipieller Verlauf von Kraft und Verformung

untersuchten Stahlbetonträger aus. Der zeitliche Verlauf der Stoßein- bzw. -auswirkungen wurde vom Stoßverlauf über den Auflagerkraftverlauf zum Durchbiegungsverlauf stark ausgeglichen. Es ergab sich ein ähnlicher, jedoch zeitlich verschobener Zeitverlauf zwischen Stoßeinwirkung und Auflagerkraft im Zeitbereich nach der Stoßeinwirkung. Im unmittelbaren Stoßbereich ergaben sich lokale Zerstörungen des Betons. Das Gesamtversagen der Balken wurde vorwiegend durch Schubbruch eingeleitet, Biegebruch wurde nur bei starker Verbügelung festgestellt.

Das Interesse am Tragverhalten unter impulsartigen Einwirkungen hat besonders im Zusammenhang mit der Gewährleistung der Sicherheit von Kernkraftwerken zugenommen. Wirkungen dieser Art können aus inneren Havarien oder auch infolge äußerer Einwirkungen entstehen. Eine umfassende Auseinandersetzung mit dem aktuellen Stand auf diesem Gebiet fand u.a. auf dem RILEM/CEB/IABSE-Symposium Concrete Structures under Impact and Impulsive Loading [68] und auf der 9. SMIRT-Konferenz [185] statt. Einige dort präsentierte experimentelle Ergebnisse werden im folgenden referiert.

Auf dem Symposium [68] werden das Verhalten der Baustoffe und Bauwerke einerseits und die daraus zu ziehenden Schlußfolgerungen für den Entwurf und die Konstruktion von impulsbeanspruchten Stahlbetontragwerken andererseits behandelt.

Im Mittelpunkt der baustofforientierten Beiträge stehen die bauweisengerechte Modellierung für Beton und Stahl sowie für das Zusammenwirken dieser beiden Baustoffe mit Berücksichtigung der Kurzzeitigkeit der Einwirkung, der Nichtlinearität der Spannungs-Verformungszuordnung und des Rißgeschehens.

König/Dargel [186] erläutern ein konstitutives Gesetz zur Erfassung des Stahlbetonverhaltens mit besonderer Orientierung an den Anwendungen zur Erforschung von prinzipiellen Zusammehängen des Tragverhaltens von Stahlbetontragwerken unter Impulsbelastung. Sie betrachten das Gesetz in diesem Sinne und grenzen es gegen notwendige Vereinfachungen für die pragmatisch zu orientierende Ingenieurarbeit ab. Sie geben auch eine kurze Wertung des Literaturstandes auf diesem Gebiet.

Folgende Feststellungen können aus der Arbeit abgeleitet werden:

Hohe Beanspruchungsgeschwindigkeiten führen zur Festigkeitserhöhung von Stahl und Beton. Das Bruchverhalten von Stahlbetonelementen unter Impulseinwirkung ist dem unter statischer Einwirkung ähnlich. Mit zunehmender Belastungsgeschwindigkeit nimmt die Streuung der Versuchsergebnisse zu. Der Verbund zwischen Beton und glattem Stahl ist durch die Dehnungsgeschwindigkeit nur wenig beeinflußt. Stähle hoher Verbundqualität weisen eine Steigerung der Verbundfestigkeit proportional zur Betondruckfestigkeit auf. Der Verbund in der Umgebung von Rissen führt bei Impulseinwirkung infolge höherer Betonzugfestigkeiten theoretisch zu einer Vergrößerung des Rißabstandes, infolge höherer Verbundfestigkeit zu einem geringeren Rißabstand.

Die Autoren führen ein konstitutives Gesetz für Stahlbeton ein, das auf einer inkrementellen, isotropen Formulierung aufbaut und Risse „verschmiert“ berücksichtigt. Das Spannungs-Dehnungsverhalten von Beton wird unter Berücksichtigung der Beziehung zwischen Schubspannung und Schubverformung modelliert und in bezug auf die Grenzwerte dieser Größen normiert. Das Spannungs-Dehnungsverhalten von Stahl wird mit Berücksichtigung des Zug-Versteiffungseffekts und des Härtungseffekts nach Überschreiten der Fließgrenze formuliert.

Für die Erfassung der Abhängigkeiten der Beton- und Stahlfestigkeiten von der Belastungsgeschwindgkeit sind Formeln und Zusammenstellungen von Versuchsergebnissen angegeben (Abb. 2.6/2). Auf die starke Zunahme der Druckfestigkeit und des E-Moduls bei extrem hohen Dehnungsgeschwindigkeiten wird verwiesen.

Takeda u.a. [187] kommen aufgrund ihrer Untersuchungen zum Baustoffverhalten zu folgenden Feststellungen. Beim Entwurf impulsbeanspruchter Tragwerke sind negative Effekte hoher Beanspruchungsgeschwindigkeiten zu berücksichtigen, wie die starke Abnahme der Dehnung bei der Grenzscherbeanspruchung. Bei hoher Beanspruchungsgeschwindigkeit erhöht sich zwar die Fließgrenze, jedoch wird die Differenz zwischen oberer und unterer Fließgrenze reduziert.

Millstein/Sabnis [188] diskutieren das Verhalten von Beton unter kurzzeitiger Beanspruchung auf der Grundlage von theoretischen Modellen und Versuchsergebnissen. Sie stellen fest, daß der Einfluß der Beanspruchungsgeschwindigkeit auf die Betonfestigkeit sich durch einen dynamischen Erhöhungsfaktor erfassen läßt, der von der Beanspruchungsdauer abhängt (Abb. 2.6/3).

Reinhardt [189] stützt sich auf umfangreiche eigene Versuche und Publikationen und kommt zu folgenden Feststellungen:

Die Zugfestigkeit von Beton und Mörtel nimmt bei hohen Beanspruchungsgeschwindigkeiten erheblich zu. Eine Formel zur Erfassung der Zugfestigkeitserhöhung in Abhängigkeit von der Betondruckfestigkeit wird angegeben. Die Energieabsorption ist bei dynamisch verursachtem Betonversagen höher als bei statischem Bruch. Wiederholte Impulseinwirkungen führen zu wesentlicher Reduzierung der Zugfestigkeit von Mörtel und Beton, die kumulative Zerstörung erfolgt wesentlich rascher als bei statischer Einwirkung.

Reinhardt und Vos [190] verfolgen den Einfluß der Belastungsgeschwindigkeit auf den Verbund. Selbst bei Geschwindigkeitssteigerungen um das Hunderttausendfache konnten keine wesentlichen Einflüsse auf das Verbundverhalten von glatten Stählen und Spannlitzen festgestellt werden. Dagegen zeigte sich eine Zunahme der Verbundqualität bei Rippenstählen.

Den Einfluß von hoher Beanspruchungsgeschwindigkeit auf das Verhalten von Vorspannstählen untersuchten Ammann u.a. [191]. Sie stellen fest, daß die Festigkeit des Spannstahls geringer zunimmt als die des normalen Bewehrungsstahls und daß die Gefahr von Sprödbruch bei hochwertigem Spannstahl unter hohen Beanspruchungsgeschwindigkeiten zunimmt.

Einige zusammenfassende Informationen zum Verhalten des Stahls sind in Abb. 2.6/4 gegenübergestellt.

Ammann u.a. [192] untersuchten das Verhalten vorgespannter Balken unter kurzzeitiger Einwirkung. Die Einwirkung wurde durch plötzliches Entfernen des mittleren bzw. des Endauflagers eines Zweifeldbalkens simuliert. Die Einwirkung auf Einfeldbalken wurde durch Anheben und Fallenlassen an einem Auflager erzeugt.

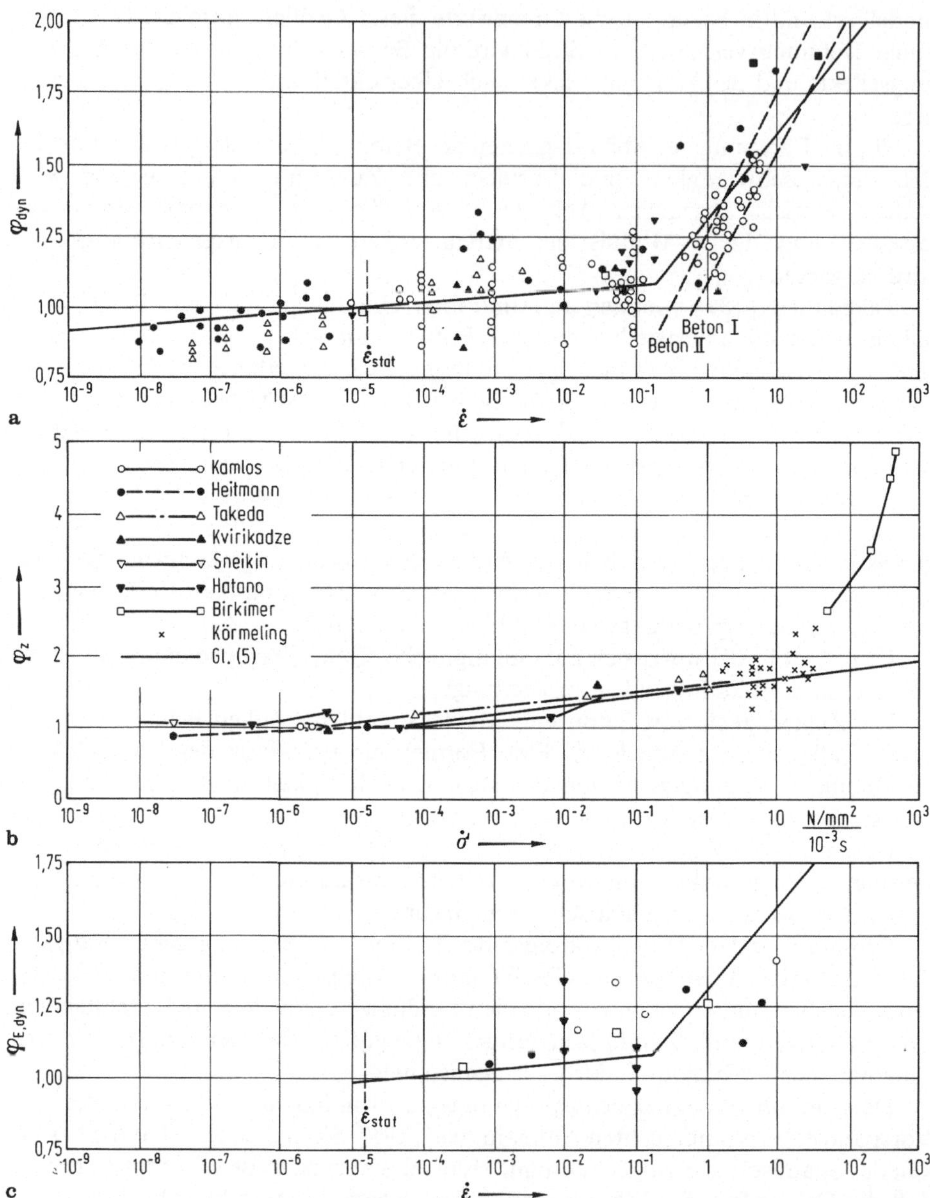

Abb. 2.6/2. Einluß der Dehngeschwindigkeit $\dot{\varepsilon}$ auf die Druckfestigkeit (a), die Zugfestigkeit (b) und den E-Modul (c) von Beton. $\varphi_{dyn} = \beta(\dot{\varepsilon})/\beta(\dot{\varepsilon}_{stat})$; $\varphi_{Edyn} = E(\dot{\varepsilon})/E(\dot{\varepsilon}_{stat})$; $\varphi_z = \beta_{bz.dyn}/\beta_{bz.stat}$ $\dot{\varepsilon} = d\varepsilon/dt$ [1/s]; ms = Millisekunde

Aus der Untersuchung von 23 schlaff bewehrten und vorgespannten Balken können folgende Feststellungen abgeleitet werden: Mit zunehmender Fallhöhe des Einfeldbalkens erhöht sich die Energiedissipation mit gleichzeitiger Zunahme des plastischen Balkenbereichs. Die konkrete Zahl hängt von der Bewehrung, dem

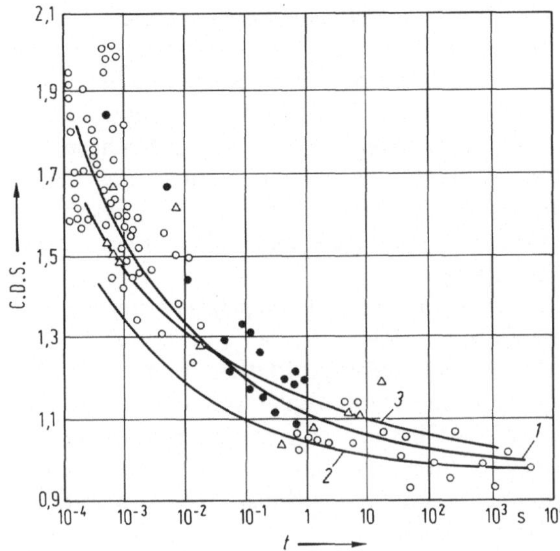

Abb. 2.6/3. Festigkeitserhöhung des Betons in Abhängigkeit von der Belastungszeit. C.D.S. Coefficient of dynamic Strengthening (Koeffizient der dynamischen Festigkeitserhöhung); Kurve 1,2-statistisch aus Versuchsergebnissen abgeleitet; Kurve 3 theoretisch berechnet

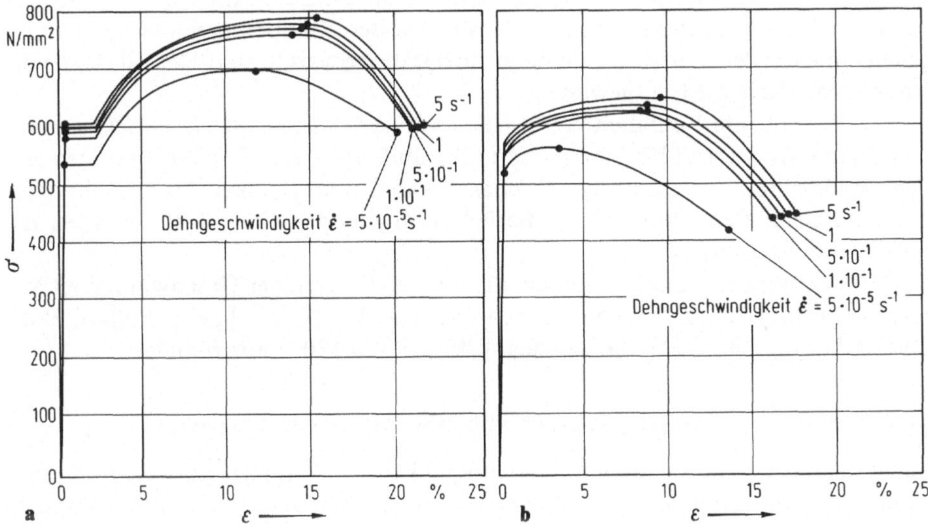

Abb. 2.6/4. Spannungs-Dehnungs-Diagramme von warmbehandeltem (**a**) bzw. kaltgezogenem (**b**) Bewehrungsstahl für unterschiedliche Dehnungsgeschwindigkeiten

Vorspanngrad, der Balkenlänge und dem Balkenquerschnitt ab. Beim Zweifeldbalken bilden sich beim plötzlichen Entfernen eines Endauflagers zwei plastische Bereiche in der Nähe von Wechseln des Bewehrungsgrades aus. Beim Zweifeldbalken bilden sich beim plötzlichen Entfernen des Mittelauflagers Verformungen aus, die stark von der Behinderung der Längsdehnung abhängen.

Das *Bruchverhalten impulsbeanspruchter Stahlbetonelemente* studierten Takeda u.a. [193] mit folgenden Ergebnissen: Das Verhalten von impulsbeanspruchten Stahlbetonelementen kann in Primär- und Sekundärerscheinungen aufgegliedert werden. Die primären Effekte konzentrieren sich auf die vordere und hintere Oberfläche des gestoßenen Elements mit der Ausbildung von Rissen, Löchern und Abplatzungen. Die Penetration von Stahlbetonflächen kann durch eine Näherungsformel erfaßt werden, die die maximale Penetrationstiefe in Abhängigkeit von Masse, Aufprallgeschwindigkeit, Durchmesser des stoßenden Körpers sowie zwei experimentell bestimmbare Konstanten angibt.

Mit der Spezifik des Verhaltens von *faserbewehrten Betonplatten* unter Impulseinwirkung beschäftigen sich Hülsewig u.a. [194]. Generell wurde eine höhere Energieabsorptionsfähigkeit gegenüber stabbewehrten Platten festgestellt. Des weiteren wurde eine Verbesserung des Bruch- und Abplatzverhaltens ermittelt, während die Kratertiefen gegenüber Normalbeton wenig verändert werden. Die konkreten Auswirkungen der Faserbewehrung sind stark von der Faserqualität abhängig. Vor zu starken Verallgemeinerungen der Ergebnisse wird gewarnt.

Mit den Besonderheiten des Tragwerksverhaltens unter dem Einfluß von Stoßkörpern großer Deformationsfähigkeit (weiche Geschosse) beschäftigten sich Crutzen u.a. [195]. Ein entsprechendes Computerprogramm wird erläutert und als Grundlage für rechnerische Untersuchungen von Containments und Schornsteinen unter Flugzeugaufprall genutzt. Detaillierte Berechnungsergebnisse sind angegeben und werden mit denen anderer Programme verglichen. Der Einfluß von Nichtlinearitäten wird ausgewiesen.

Ein Beitrag zum Verhalten von *Schalentragwerken unter Impulseinwirkung wird* von Zimmermann u.a [196] präsentiert. Die umfangreichen Ergebnisse tragen zur Begründung der Entscheidung zwischen lokalen und globalen Untersuchungen bei. Zusätzliche Betrachtungen zur Berücksichtigung des Rißeinflusses wurden am Balken durchgeführt.

Mit der Wirkung großer Massen, die mit relativ geringer Geschwindigkeit auf Stahlbetontragwerksteile fallen, setzten sich u.a. Wicks u.a. [197], Fullard/Barr [198] Chauvel u.a. [199], Sinclair u.a. [200], Riera [201] auseinander.

2.6.2 Einflüsse auf das Tragverhalten impulsbeanspruchter Tragwerke

Eine umfassende Darlegung von Gesichtspunkten zu Planung, Entwurf und konstruktiver Gestaltung von Bauwerken hohen Risikopotentials, die durch Impulseinwirkungen beansprucht werden können, bieten Hampe und Walther [62] im Zusammenhang mit der Erörterung des Tragverhaltens rotationssymmetrischer Schalentragwerke unter Impulseinwirkungen. Bei ihnen finden sich auch Hinweise auf die relevante Literatur zu diesem Problemkreis.

Wie alle Entscheidungen, die im Zusammenhang mit der Beschränkung hoher Risikopotentiale zu fällen sind, ist die Auslegung von impulsbeanspruchten Bauwerken hohen Risikopotentials auch eine Abwägung zwischen zu erwartendem Schadensumfang und ökonomischem Aufwand. Dabei setzt sich der Grundsatz „Sicherheit geht vor Wirtschaftlichkeit“ immer mehr durch.

Der Schutz vor impulsartigen Einwirkungen kann nach folgenden Schutzkategorien erfolgen:
- Kategorie 1: Auslegung des Bauwerks gegen die zu erwartende Impulseinwirkung,
- Kategorie 2: Schutz des Bauwerks durch Anordnung redundanter Bauwerke oder sonstiger Einrichtungen, die zur Abschirmung der sicherheitsempfindlichen Anlagenteile beitragen,
- Kategorie 3: Ausschaltung der Impulseinwirkungen.

Maßnahmen der Kategorie 1 sind durch Entscheidungen im *Bemessungs- und Konstruktionsprozeß* relativ kostengünstig zu realisieren. Ihr Hauptanwendungsfeld ist die Sicherung von Bauwerken, Tragwerken und deren Elemente gegen Impulseinwirkungen geringerer Intensität, wie Anprall von Betriebsfahrzeugen an Tragwerksstützen, Anprall von Fahrzeugen an Brückenpfeilern usw. In diese Kategorie fallen aber auch einschalige Bauwerkshüllen, wie sie im Anfangsstadium der Kernkraftwerksentwicklung vorgesehen wurden.

Maßnahmen der Kategorie 2 sind vor allem durch Entscheidungen im *Entwurfsprozeß* zu realisieren. Hauptanwendungsfeld sind die zweischaligen Containments der Kernkraftwerke. In diese Kategorie fallen auch die Umbauung von Bauwerken hohen Risikopotentials durch andere bauliche Anlagen sowie erdüberdeckte Bauwerke. Ausgewählte Beispiele sind nach [62] in Abb. 2.6/5 zusammengestellt.

Maßnahmen der Kategorie 3 sind vor allem durch Entscheidungen im *Planungsprozeß* zu realisieren. Bezüglich der Ausschaltung bzw. Reduzierung der Gefahren durch Flugzeugabsturz sind Entscheidungen über den Standort bzw. über die Zuordnung zum Baugrund von Bedeutung.

Aus den experimentell gewonnenen Erkenntnissen und theoretisch bzw. rechnerisch ermittelten Ergebnissen und Erfahrungen werden von mehreren Autoren Orientierungen zur zweckmäßigen Gestaltung impulsbeanspruchter Bauwerke und Tragwerke gegeben. Dies gilt für die Arbeit von Blaauwendraad u.a. [202] zur Gestaltung von Schutzbehältern ebenso wie für den Vorschlag von Olin [203] zur Gestaltung von bombensicheren Untergrundbauwerken und für die von Goschy [204] entwickelten Konzepte. Auf die Angaben Hampe/Walther [62] wurde bereits verwiesen. Zusammenfassend können Empfehlungen zur Ausschaltung bzw. Reduzierung von Gefahren aus Impulseinwirkungen formuliert werden.

Empfehlungen zu *Entscheidungen bei der Planung* von impulsgefährdeten Bauwerken hohen Risikopotentials:
- Vermeidung von Standorten im An- und Abflugbereich von Flughäfen sowie unterhalb von stark frequentierten Flugkorridoren,
- Vermeidung von Standorten in der Nähe von Fabrikationsanlagen, Speicheranlagen und stark frequentierten Verkehrswegen zur Herstellung, Speicherung und zum Transport von hochexplosiven flüssigen oder gasförmigen Gütern,
- Einerdung der Bauwerke oder Einbau in Felskavernen,
- Umbauung der Bauwerke mit Bauwerken niedrigen Risikopotentials durch Kompaktierung des Grundrisses der Gesamtanlage.

			konstruktive Maßnahmen zwecks		Vorteil	Nachteil
			Perforationsschutz	Reduzierung der induzierten Schwingungen		
einschaliges Konzept	1	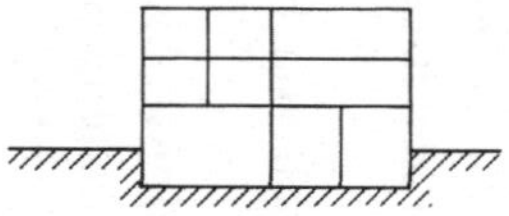				• Zerstörung des Gebäudes bei Aufprall
	2	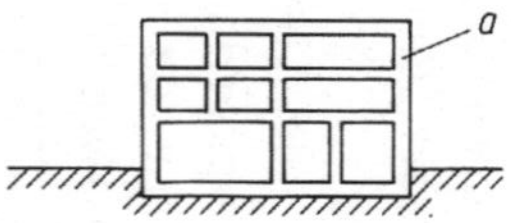 a	• verstärkte äußere Schale a		• Perforations- bzw. Vollschutz realisierbar	• keine Reduzierung der induzierten Schwingungen
	3	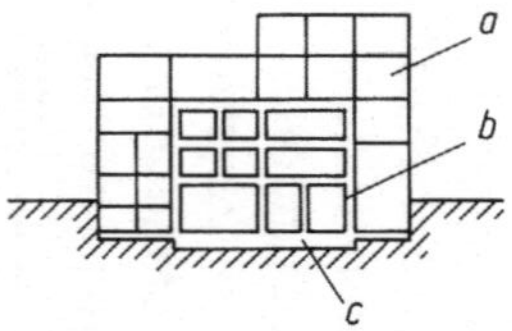 a, b, c	• Nutzung des Plastifizierungspotentials der vorgelagerten Struktur a • verstärkter harter Kern b		• harter Kern b wird gegen reduzierte Stoßkraft geschützt • begrenzte Dämpfung der induzierten Schwingungen	• vorgelagerte Struktur a einschließlich Komponenten wird bei Aufprall zerstört • Plastifizierungspotential nicht voll nutzbar, da keine Trennung zw. a und b
	4	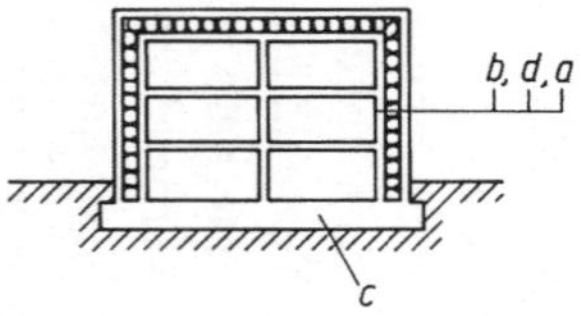 b, d, a, c	• Nutzung des Plastifizierungspotentials der äußeren Schale a und der Knautschelemente d (Metall- oder Kunststoff) • verstärkte äußere Schale a		• inneres Gebäude b wird vollständig vor direktem Stoß geschützt • Dämpfung der induzierten Schwingungen	• Knautschelemente d werden bei Aufprall zerstört • Schwingungsübertragung über gemeinsame Grundplatte c und stark gedämpft über Knautschelemente d

zweischaliges Konzept	5	a, b, c	• verstärkte äußere Schale *a*	• Trennung äußere Schale *a* von innerem Gebäude *b* (Ausnahme: Grundplatte)	• inneres Gebäude *b* wird vollständig vor direktem Stoß geschützt • Dämpfung der induzierten Schwingungen (größer als bei Konzept *4*)	• Schwingungsübertragung über gemeinsame Grundplatte
	6	a, b, c, c	• verstärkte äußere Schale *a*	• unabhängige Gründung der äußeren Schale *a* und des inneren Gebäudes *b*	• inneres Gebäude *b* wird vollständig vor direktem Stoß geschützt • mit zunehmendem Abstand zwischen *a* und *b* zunehmende Reduzierung der induzierten Schwingungen	• Effizienz ist von den Dämpfungskennwerten des Bodens abhängig
Kombination zweischaliges/Federkonzept	7	a, b, d	• verstärkte äußere Schale *a*	• Trennung äußere Schale *a* von innerem Gebäude *b* (Ausnahme: Grundplatte) • sicherheitstechnisch relevante Ausrüstung wird auf federgestützten Hilfsgeschossen *d* gelagert	• inneres Gebäude *b* wird vollständig vor direktem Stoß geschützt • Übertragung einer dominierenden Schwingungsform mit niedriger Frequenz (abhängig von Federkennwerten)	• reduzierte Beschleunigungswerte sind mit großen Verformungen gekoppelt • System reagiert empfindlich auf zusätzliche Massen • Schwingungsreduzierung nur bei Hilfsgeschossen
	8	a, b, c, d	• verstärkte äußere Schale *a*	• bei Erdbebenwirkung durch Federstützung der Grundplatte *d* • bei Aufprallast keine positiven Wirkungen der Federstützung	• inneres Gebäude *b* wird vollständig vor direktem Stoß geschützt • Schwingungsdämpfung sehr effizient bei Erdbebeneinwirkung	• Ausgleich gegen Anprallast erfolgt nur durch Trägheitskräfte des Systems • z.T. höhere innere Beschleunigungswerte als bei konventioneller Gründung (Konzept *5*)
	9	a, b, c, c, d	• verstärkte äußere Schale *a*	• Konzept *9* = Kombination der Konzepte *7* und *8* • Trennung der Grundplatten *c* • damit Bildung einer kompletten inneren und äußeren Schale mit dazwischenliegenden Federn	• inneres Gebäude *b* wird volständig vor direktem Stoß geschützt • starke Reduzierung der induz. Schwingungen im gesamtem inneren Gebäude • Optimierung der Schwingungsreduzierung über Federkennwerte	

Abb. 2.6/5. Baukonzepte für Lastfall Flugzeugaufprall

Empfehlungen zu *Entscheidungen beim Entwurf* von impulsgefährdeten Bauwerken hohen Risikopotentials:
- Redundante Auslegung der impulsgefährdeten Systeme und Bauwerksteile,
- konsequente Entkopplung der redundanten Systeme,
- Anordnung von doppelwandigen Bauwerksumhüllungen,
- Trennung des Bauwerks von umliegender Bebauung durch gesonderte Gründung,
- Trennung des gefährdeten Bauwerksteils von anliegenden Bauwerksteilen durch Anordnung von Fugen,
- Trennung des gefährdeten Bauwerks von empfindlichen Ausrüstungen, Sicherheitseinrichtungen sowie Meß- und Steuereinrichtungen durch gesonderte Abstützung, Dämpfer und andere Vorrichtungen zur Energieaufnahme oder Frequenzbeeinflussung,
- Wahl der Bauweise unter dem Aspekt starker Energieaufnahme sowie der Begrenzung extremer Impulseinwirkungen auf lokale Bereiche,
- lokale Anordnung von Bauelementen zum Schutz besonders empfindlicher Anlagenkomponenten, Steuer- und Regelsysteme sowie Versorgungs- und Informationsstränge.

Empfehlungen zu *Entscheidungen über die konstruktive Durchbildung* von impulsgefährdeten Bauwerken und Bauwerkselementen:
- Einsatz von Baustoffen hoher Duktilität und Energiedissipation,
- Festlegung von Maximal- und Minimalbewehrungsprozentsätzen zur Sicherung von Versagensmodes mit großer Verformung,
- Wahl von Bewehrungsdurchmessern, die eine Feinverteilung der Bewehrung und hohe Verbundqualität gewährleisten,
- Nutzung von Möglichkeiten zur Verbesserung der Verformungs- und Energieaufnahmequalität von Beton durch Beimischung von Stahlfasern,
- impulsresistente Ausbildung der Elementeverbindungen zur Sicherung der Gesamtstabilität des Bauwerks und zur Ausschaltung von plötzlichem Versagen der Elementekopplungen.

2.6.3 Berechnung impulsbeanspruchter Tragwerke

Grundlage für die Berechnung eines impulsbeanspruchten Tragwerks ist eine sinnvolle Modellierung von Tragwerk und Einwirkung.

Für einfach strukturierte Tragwerke, wie Balken und Platten einfacher Grundrißform, ist zur Untersuchung des Verhaltens unter Impulseinwirkung oft die Überführung in ein äquivalentes System mit einem Freiheitsgrad ausreichend. Die Berechnung der zugeordneten äquivalenten Steifigkeit und Masse erfolgt unter Vergleich der Energien und Formänderungen des vorliegenden Systems und des äquivalenten Ersatzsystems. Der Einfluß von Plastifizierungen kann z.B. durch modifizierte Impulsfunktionen berücksichtigt werden.

Schalentragwerke, wie Containments für Kernkraftwerke, werden in Abhängigkeit von der gewünschten Aussage über das Tragverhalten modelliert.

Zur Klärung der *lokalen* Verhältnisse im Bereich des Eintragungsortes der Impulswirkung genügt es oft, den lokalen Bereich vereinfacht zu modellieren.

Dafür kommt die Einführung einer stellvertretenden Kreisplatte in Frage, die durch geeignete Verfügung über den Plattenradius und die Plattenrandbedingungen an das Verhalten des lokalen Bereichs im Gesamttragwerk angepaßt werden kann. In einer zweiten Modellierungsstufe ist zur weiteren Vereinfachung die Überführung dieser Ersatzplatte in ein äquivalentes System mit einem Freiheitsgrad möglich.

Das wesentliche Problem dieser lokalen Untersuchung liegt in der Erfassung des bauweisenbedingten nichtlinearen Verhaltens. Dies kann näherungsweise durch Veränderung des Impulsverlaufs erfolgen.

Führt die Impulseinwirkung zur Zerstörung des lokalen Bereichs, sind die Verhaltenskomponenten, wie Perforation, Penetration, Abplatzungen, entweder experimentell zu bestimmen oder aus vorliegenden, experimentell gestützten Näherungsformeln zu ermitteln.

Die Tragwerksmodellierung zur Erfassung des globalen Verhaltens von Containments kann i.allg. unter Annahme elastischen Baustoffverhaltens erfolgen. Dies ist ausreichend, um z.B. Floorspektren zur Ermittlung der Wirkungen von Impulseinwirkungen auf Bauwerksausrüstungen zu gewinnen. Einflüsse der lokalen Energiedissipation auf das globale Verhalten können mit modifizierter Impulsfunktion näherungsweise erfaßt oder abgeschätzt werden.

Die Besonderheiten von Stahlbetonkonstruktionen werden i.allg. durch Modellierung mittels finiter Elemente erfaßt. Wirklichkeitsnahe Gesetze zur Erfassung der Baustoffeigenschaften unter extremer Kurzzeitbeanspruchung und Berücksichtigung der Rißbildung durch „verschmierte" Modellierung des Rißgeschehens führen zu relativ guten Übereinstimmungen zwischen experimentellen und Berechnungsergebnissen. Beispiele dafür sind den Arbeiten von Rashid u.a. [205], Eibel u.a. [206] zu entnehmen. Ausgewählte Modellierungsbeispiele sind in Abb. 2.6/6 zusammengestellt.

Vor der Berechnung impulsbeanspruchter Tragwerke ist die Bestimmung des Zeitverlaufs der Impulseinwirkung durchzuführen. Dies läßt sich nur mit Berücksichtigung der Wechselwirkung zwischen stoßendem Körper und gestoßenem Tragwerk und durch Auswertung der experimentell gewonnenen Erkenntnisse durchführen. Eine isolierte Vorgabe des Stoßverlaufs ist demnach nur für einfache Verhältnisse oder für Grundlagenuntersuchungen zur Feststellung des Einflusses vorgegebener Zeitverläufe sinnvoll und zulässig.

Für diese einfachen Fälle ist als 1. Grundaufgabe die *Untersuchung von Einmassenschwingern* zu nennen [62, 66].

Im einzelnen sind zu unterscheiden:

- die elastische Berechnung von Einmassenschwingern unter vorgegebener Impulseinwirkung zur Ermittlung von Wechselwirkungen zwischen Impulsverlauf, Impulsdauer, Eigenfrequenz und Systemantwort,
- die elastisch-plastische Berechnung von Einmassenschwingern zur näherungsweisen Erfassung von Nichtlinearitäten und ihres Einflusses auf Intensität, Verlauf und Dauer der Impulseinwirkung sowie der Systemantwort,
- die Ermittlung von dynamischen Lastfaktoren zur Überführung der zeitabhängigen Impulseinwirkung in eine quasistatische konstante Einwirkung, differenziert für unterschiedliche Schnittkraft- und Formänderungswerte.

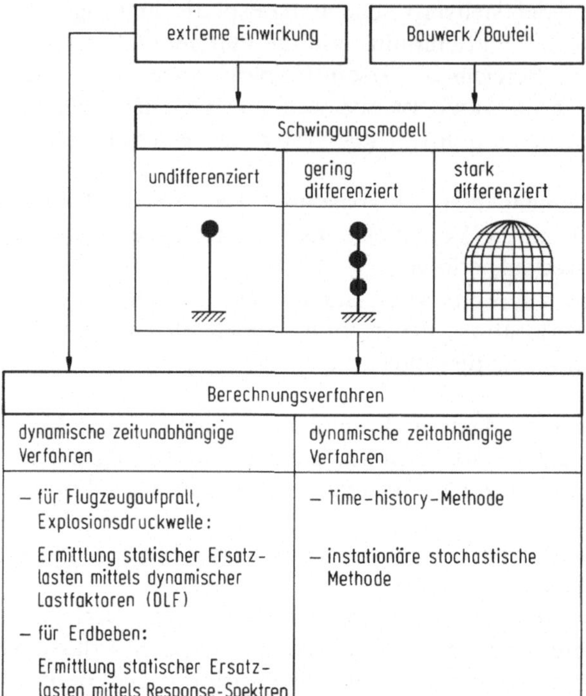

Abb. 2.6/6. Abhängigkeit zwischen Einwirkung, Bauwerk/Bauteil, Schwingungsmodell und Berechnungsverfahren

Folgende Feststellungen können getroffen werden: Das dynamische Verhalten des Einmassenschwingers ist stark vom Verhältnis der Impulsdauer zur Eigenschwingzeit des Einmassenschwingers abhängig. Die Dämpfung des Einmassenschwingers wirkt sich bei kleinem Verhältnis von Impulsdauer zu Schwingungsdauer nicht auf das Schwingungsverhalten aus. Der Impulsverlauf wirkt sich bei gleicher Impulsgröße auf die Maximalamplitude der Systemschwingung relativ gering aus. Der dynamische Lastfaktor ist stark vom Verhältnis Impulsdauer zu Eigenschwingzeit abhängig. Bei extrem kurzer Einwirkungsdauer kann der dynamische Lastfaktor allein aus dem Impulssatz abgeleitet werden, bei extrem langer Einwirkungsdauer (Grenzfall: plötzliches Aufbringen einer Last) strebt er bekanntlich dem Grenzwert 2 zu.

Die Untersuchungen am Einmassensystem werden auch zur näherungsweisen Berechnung von Tragwerken bzw. Tragwerkselementen herangezogen.

Als 2. Grundaufgabe ist die *Berechnung von Tragwerkselementen als äquivalente Einmassensysteme* zu nennen.

In diesem Fall muß das vorgegebene Tragwerk möglichst gut durch ein Einmassensystem beschrieben werden. Die Äquivalenz beider Systeme kann durch Verfügungen über die Masse des Einmassenschwingers, über die Federkraft und die Dämpfung hergestellt werden. Grenzen sind dann erreicht, wenn das Schwingungsverhalten des gegebenen Tragwerks nicht ausreichend genau durch eine

Schwingungsform beschrieben werden kann. Die Bestimmung der äquivalenten Masse, Steifigkeit und Dämpfung erfolgt über die Eigenfrequenz des Tragwerks und seine Kraft-Verformungscharakteristiken.

Im Falle elastischer Berechnung läßt sich z.B. aus der Durchbiegung einer Platte unter einer Einheitslast die Federkraft der Platte ermitteln und aus ihren geometrisch-stofflichen und strukturellen Parametern die Eigenfrequenz, womit die Daten für den zugeordneten Einmassenschwinger (ohne Dämpfung) gegeben sind.

Nichtlinearitäten lassen sich mit Einführung des Plastifizierungsgrades β näherungsweise berücksichtigen. Dieser hängt von der konkreten Baustoffwahl und konstruktiven Durchbildung des Stahlbetontragwerks ab und liegt i.allg. in der Größenordnung von 3.

Als 3. Grundaufgabe sei die *Untersuchung von Tragwerken mit wirklichkeitsnaher Erfassung ihrer geometrisch-stofflichen* und *strukturellen Eigenschaften und des Impulsverlaufs* genannt.

Ihre Behandlung ist einerseits erforderlich, um den Ansprüchen zu genügen, die bei Bauwerken hohen Risikopotentials zu erfüllen sind, andererseits, um die Möglichkeit und Berechtigung von Näherungsberechnungen prüfen zu können.

Als erste Beispielgruppe werden Schalentragwerke behandelt, wie sie als Schutzbauwerke bei Kernkraftwerken oder als Flüssigkeitsbehälter Verwendung finden. Die Beispiele belegen die Zulässigkeit der Annahme elastischen globalen Verhaltens. Eine weitere Beispielgruppe behandelt die lokalen Verhältnisse unter weitgehender Verbindung von Berechnungsformeln mit experimentellen Ergebnissen.

Die folgenden Angaben zum globalen Verhalten stützen sich auf Berechnungsergebnisse aus [62]. Folgende Parameter wurden variiert:

- Der Impulsverlauf zur Erfassung des Aufpralls von Flugzeugen unterschiedlicher Masse und Aufprallgeschwindigkeit sowie unterschiedlicher Steifigkeit bzw. unterschiedlicher Deformation beim Aufprall (Abb. 2.6/7),
- die Tragwerksgeometrie mit Berücksichtigung unterschiedlicher Schlankheit und Wanddicke sowie unterschiedlichem Öffnungswinkel der Kugeldachschale,
- die Lage und Plastifizierung des Aufprallortes.

Die Untersuchungen haben globalen Charakter, konnten demnach mit der Annahme elastischen Tragwerksverhaltens durchgeführt werden.

Informationen zu den umfangreichen Untersuchungsergebnissen in [62] werden in Abb. 2.6/8 zum Einfluß des Impulsverlaufs bzw. des Fluzeugtyps sowie der lokalen Plastifizierung und in Abb. 2.6/9 zur Bedeutung der Tragwerksgeometrie gegeben.

Aus diesen und weiteren in der Literatur vorgestellten Ergebnissen können folgende Feststellungen abgeleitet werden:

Der zeitliche Schnittkraftverlauf ist weitgehend affin zum Impulsverlauf.

Der räumliche Schnittkraft- und Verformungsverlauf ist vom speziellen Verlauf der Impulseinwirkung weitgehend unabhängig bei raschem Abklingen in Ringrichtung und unterschiedlichem Abklingverhalten in Meridianrichtung.

	Nr.	Last-Zeit-Funktion (Ordinate: F in MN, Abszisse: t in ms)	Aufprallmasse	Kenngrößen: Aufprallgeschwindigkeit	Aufprallfläche	Impuls		Flugzeugtyp Bemerkungen
			m in t	V in m/s	A in m²	in Ns	in %	
Militärflugzeug	1	100; 80; 0 15 55 70 100 200	20	215	7,0	$4{,}4 \cdot 10^6$	200	Typ: Idealisierung Militärflugzeug Grobe Berücksichtigung des Formänderungsverhaltens des Flugzeugs
	2	100; 75; 42; 40; 30; 0 15 40 70 105 200; 5 60 85	20	215	7,0	$4{,}4 \cdot 10^6$	200	Typ: Phantom RF-4 Berücksichtigung nichtlin. Materialverhaltens des Bauwerks am Aufprallort durch Modifikation der Last-Zeit-Fkt. Nr. 3
	3	110; 100; 55; 0 10 40 70 100 200; 30 50	20	215	7,0	$4{,}4 \cdot 10^6$	200	Typ: Phantom RF-04
	4	140; 100; 85; 0 18 34 65 100 200; 28 44	20	250	7,0	$5{,}2 \cdot 10^6$	236	Typ: Phantom RF-04
	5	200; 195; 105; 100; 0 24 34 60 100 200; 10 30	20	283	7,0	$6{,}2 \cdot 10^6$	282	Typ: Phantom RF-04
	6	300; 280; 200; 140; 100; 0 18 30 100 200; 14 15 50	20	333	7,0	$7{,}2 \cdot 10^6$	327	Typ: Phantom RF-04

Abb. 2.6/7. Lastfall Flugzeugabsturz: Übersicht über Last-Zeit-Funktionen

Nr.		Last-Zeit-Funktion (Ordinate: F in MN, Abszisse: t in ms)	Aufprallmasse	Kenngrößen				Flugzeugtyp Bemerkungen
				Aufprallgeschwindigkeit	Aufprallfläche	Impuls		
			m in t	V in m/s	A in m^2	in Ns	in %	
Militärflugzeug	7	100; 55; 0 10 38 48 100 200	10	215	7,0	$2{,}2 \cdot 10^6$	100	Typ: Idealisierung Militärflugzeug Grobe Berücksichtigung des Formänderungsverhaltens des Flugzeugs
	8	100; 37,5; 75; 0 7 21 28 35 48 100 200	10	215	7,0	$2{,}2 \cdot 10^6$	100	Typ: Idealisierung Militärflugzeug Differenzierte Berücksichtigung des Formänderungsverhaltens des Flugzeugs
	9	100; 20; 45; 30; 0 5 70 75 85 200	13	215	2,1	$2{,}5 \cdot 10^6$	114	Typ: Starfighter F 104
Zivilflugzeug	10	100; 20; 90; 20; 0 25 100 165 225 270 320	100	103	30,0	$9{,}3 \cdot 10^6$	423	Typ: Boeing 707-320
Militärflugzeug	11	110; 100; 0 5 19 24 100 200	10	215	7,0	$2{,}2 \cdot 10^6$	100	Typ: Idealisierung Militärflugzeug / Geschoß Idealisierung unterschiedlichen Formänderungsverhaltens des Militärflugzeugs/Geschosses
	12	100; 27,5; 0 20 76 96 200	10	215	7,0	$2{,}2 \cdot 10^6$	100	
	13	100; 13,75; 0 40 100 152 192	10	215	7,0	$2{,}2 \cdot 10^6$	100	

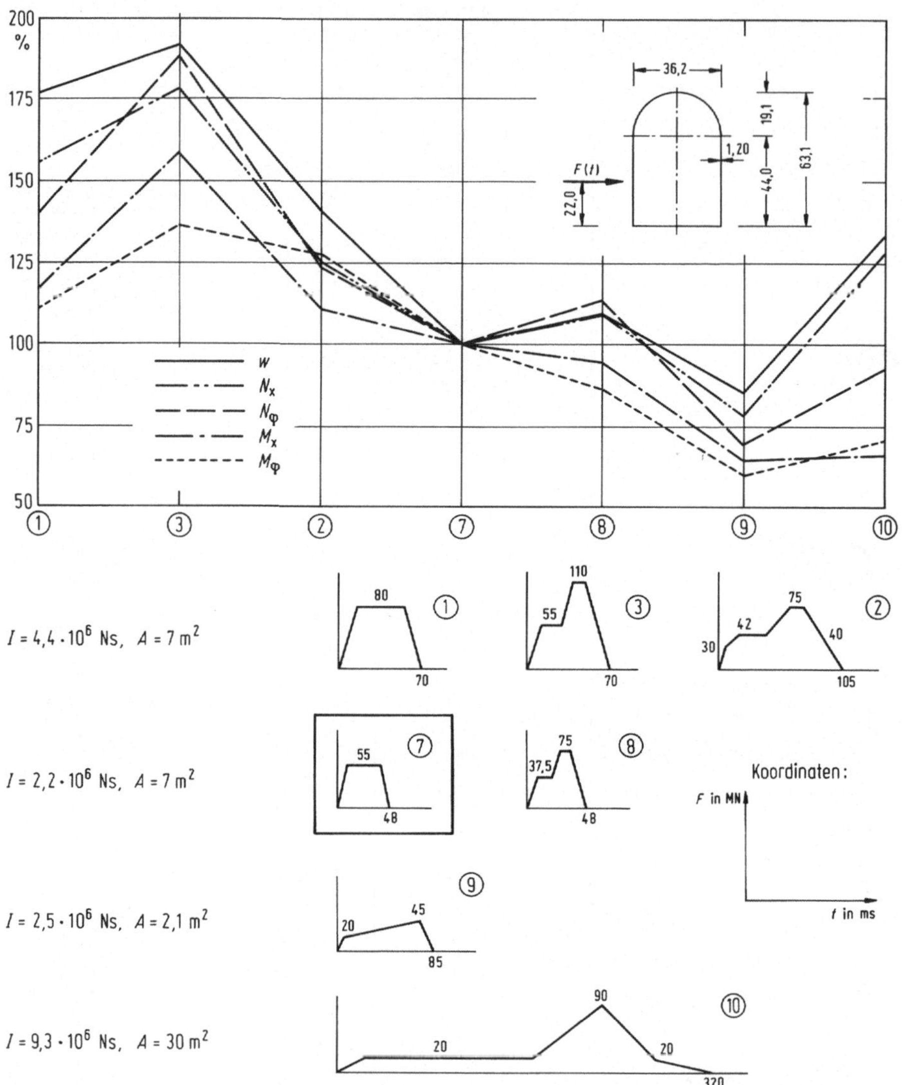

Abb. 2.6/8. Lastfall Flugzeugaufprall: Einfluß unterschiedlicher Flugzeugtypen (Last-Zeit-Funktionen) auf die Maximalwerte der Schnittkräfte und Formänderung mit I = Impuls = $F\,dt$ und A = Aufprallfläche

Der Impulsverlauf hat Einfluß auf den Zeitpunkt und die Größe der Maximalwerte der Schnittkräfte.

Die Impulsdauer hat Einfluß auf den räumlichen Verlauf der Schnittkräfte und Formänderungen des Tragwerks.

Der Einfluß der Tragwerksgeometrie ist nur bei starken Veränderungen der Geometrie spürbar. „Weichere", d.h. schlankere Tragwerke weisen unter Impuls-

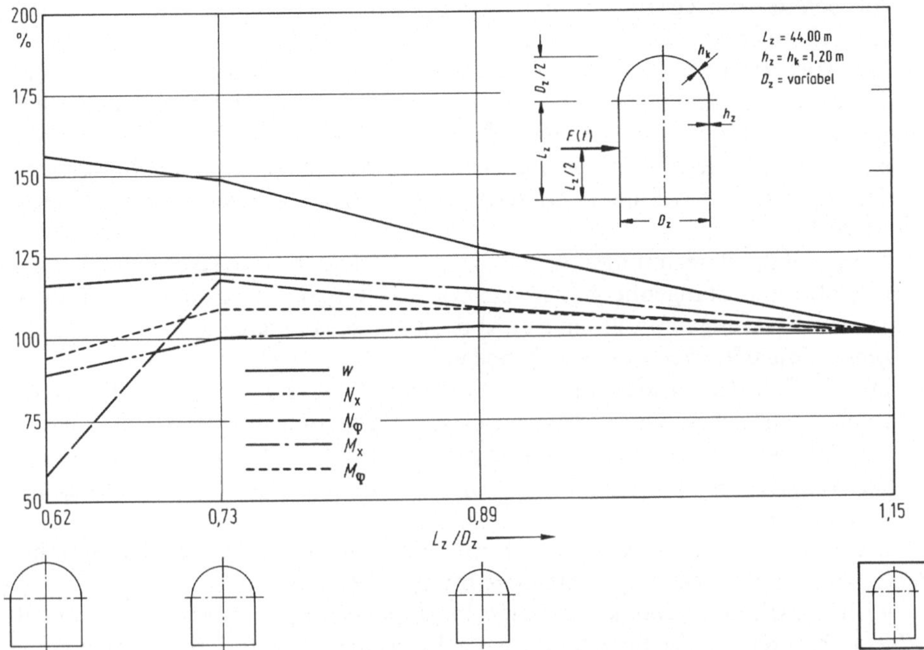

Abb. 2.6/9. Einfluß unterschiedlicher Verhältnisse $\mathbf{L_z/D_z}$ auf die Maximalwerte der Schnittkräfte und Formänderung

einwirkungen gleicher Größe und Verteilung i.allg. größere Verformungen und geringere Schnittkräfte als vergleichweise „steifere" Tragwerke auf.

Aufprallorte in der Nähe von Schalenrändern, Ringen und sonstigen Verstärkungen sowie in Bereichen doppelter Krümmung weisen i.allg. geringere Formänderungen und zeitlich früher eintretende maximale Schnittkräfte und Formänderungen auf als solche in genügender Entfernung von den Rändern.

Lokale Plastifizierungen am Aufprallort beeinflussen die Verteilung der Schnittkräfte und Formänderungen nur wenig, führen jedoch zu Reduzierungen der Schnittkraft- und Formänderungsmaximalwerte.

Zur Berechnung der lokalen Situation am Eintragungsort von Impulseinwirkungen werden in der Literatur Näherungsformeln angeboten. Sie gestatten die Ermittlung bzw. Abschätzung des Perforationsverhaltens und des Abplatzverhaltens am Aufprallort.

Studien zur genaueren Erfassung des lokalen Verhaltens wurden u.a. von Eibl und Schlüter [206] auf der 9. SMIRT-Konferenz vorgestellt. Die Berechnungen wurden mit einem nichtlinearen FEM-Programm durchgeführt. Das Betonverhalten wurde durch ein dreidimensionales Baustoffgesetz und „verschmierte" Rißbildung berücksichtigt. Untersucht wurden dicke Stahlbetonplatten mit Variation von Plattendicke, Plattenspannweite, Plattenstützung, Impulsverlauf, Biege- und Schubbewehrung.

Aus den in Abb. 2.6/10 auszugsweise vorgestellten Ergebnissen können folgende Feststellungen abgeleitet werden:

Das Tragverhalten der dicken Platte ist sehr empfindlich gegenüber Parameteränderungen der Geometrie und Lasteintragung. Gegenüber bisherigen Vorstellungen sind erhebliche Verstärkungen der Plattendicke vorzusehen, um ein Durchstanzen zu verhindern. Für die im Deutschen Sicherheitskonzept vorgesehene Berücksichtigung eines Flugzeugaufpralls sind Plattendicken von 1,8 m und mehr erforderlich.

Ausgewählte Berechnungsergebnisse zum Verhalten von Kreisplatten (nach Zerna [207] und Stangenberg [208]), sowie von Kugelschalen unter der Einwirkung eines Flugzeugaufpralls sind in Abb. 2.6/11 zusammengestellt.
Folgende Feststellungen lassen sich treffen:

Der Einfluß der Rißbildung des gestoßenen Tragwerks leitet den Übergang vom linear elastischen zum nichtlinear elastisch-plastischen Tragverhalten ein.

Die Berücksichtigung der Nichtlinearitäten bringt für Platten erhebliche Vergrößerungen der rechnerischen Durchbiegung sowie Reduzierungen der Biegemomente und Querkräfte.

Die maximalen Schnittkraft- und Formänderungswerte treten zeitlich verschoben gegenüber den Maximlawerten der Impulseinwirkung auf.

Nichtlinearitäten treten konzentriert im Impulseintragungsbereich auf, so daß sich eine Zweiteilung der Berechnungsaufgabe in eine lokale (mit Berücksichtigung der Plastifizierung) und eine globale Untersuchung (elastisch) vertreten läßt.

Zur Berechnung des Tragverhaltens impulsbeanspruchter Tragwerke läßt sich eine modifizierte Impulsfunktion einführen, die den Einfluß von Dämpfung und Plastifizierung näherungsweise berücksichtigt.

Eine umfassende Auseinandersetzung mit Näherungsformeln wurde auf der 9. SMIRT-Konferenz u.a. von Fullard u.a. [198] geführt. Vorgeschlagen für die praktische Nutzung werden
- zur Abschätzung des Perforationsverhaltens die CEA/EDF/AEEW-Formel und
- zur Erfassung des lokalen Verhaltens ohne Perforation die NDRC-Formel.

Aus eigenen Versuchen leiteten Sinclair, Fullard und Baker [200] Näherungsformeln zur Abschätzung des Perforations- und Abplatzverhaltens ab. Sie beziehen sich vor allem auf die lokalen Verhältnisse am Aufprallort schwerer Massen mit niedriger Fallgeschwindigkeit.

Weitere Näherungsformeln sind von Riera [201] bereitgestellt worden. Darüber hinaus berücksichtigt er den Einfluß von Form und Verhalten der aufprallenden Masse, Bewehrungsgehalt des Tragwerks und Maßstabseffekte.

Als 4. Grundaufgabe ist die *Ermittlung der impulsbedingten Erregung von Ausrüstungen in Bauwerken hohen Risikopotentials* zu nennen.

→

Abb. 2.6/10. Parameteruntersuchungen zum lokalen Verhalten stoßbelasteter Kreisplatten. Nach Eibl [206]. **a** Modellierung des Tragwerks und der Einwirkung. **b** Teilergebnis: zeitabhängige Stahlspannungen in der Plattenbewehrung unter LF 1

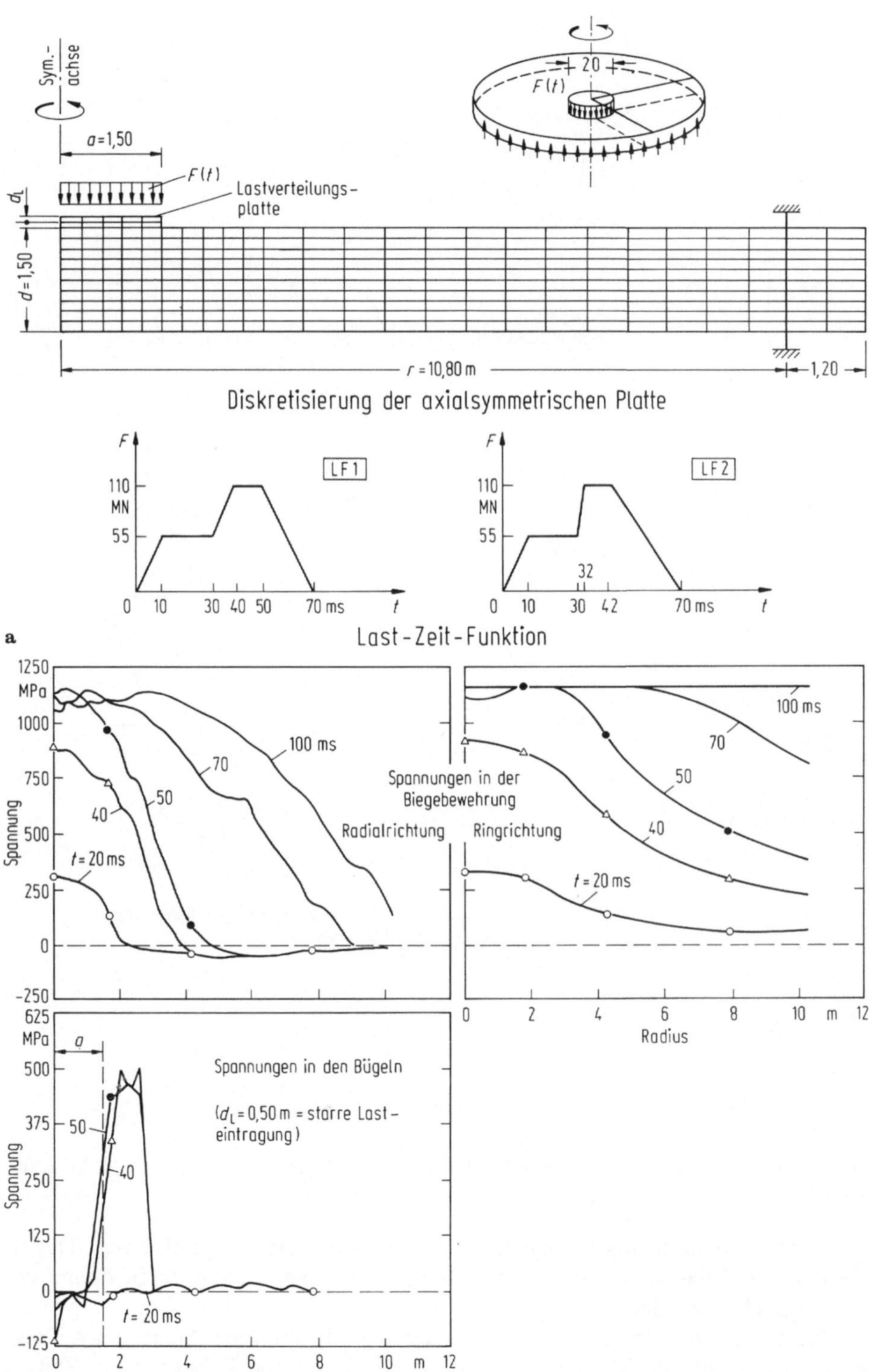

Sym.-achse
a=1,50
F(t)
Lastverteilungs-platte
d_L
d=1,50
r=10,80 m
1,20
20
F(t)
Diskretisierung der axialsymmetrischen Platte
F
110 MN
55
LF 1
0 10 30 40 50 70 ms t
LF 2
32
0 10 30 42 70 ms t
a
Last-Zeit-Funktion
1250 MPa
1000
750
500
250
0
-250
Spannung
100 ms
70
50
40
t=20 ms
Spannungen in der Biegebewehrung
Radialrichtung
Ringrichtung
100 ms
70
50
40
t=20 ms
0 2 4 6 8 10 m 12
Radius
625 MPa
500
375
250
125
0
-125
a
Spannungen in den Bügeln
(d_L=0,50 m = starre Lasteintragung)
50
40
t=20 ms
0 2 4 6 8 10 m 12
Radius
b

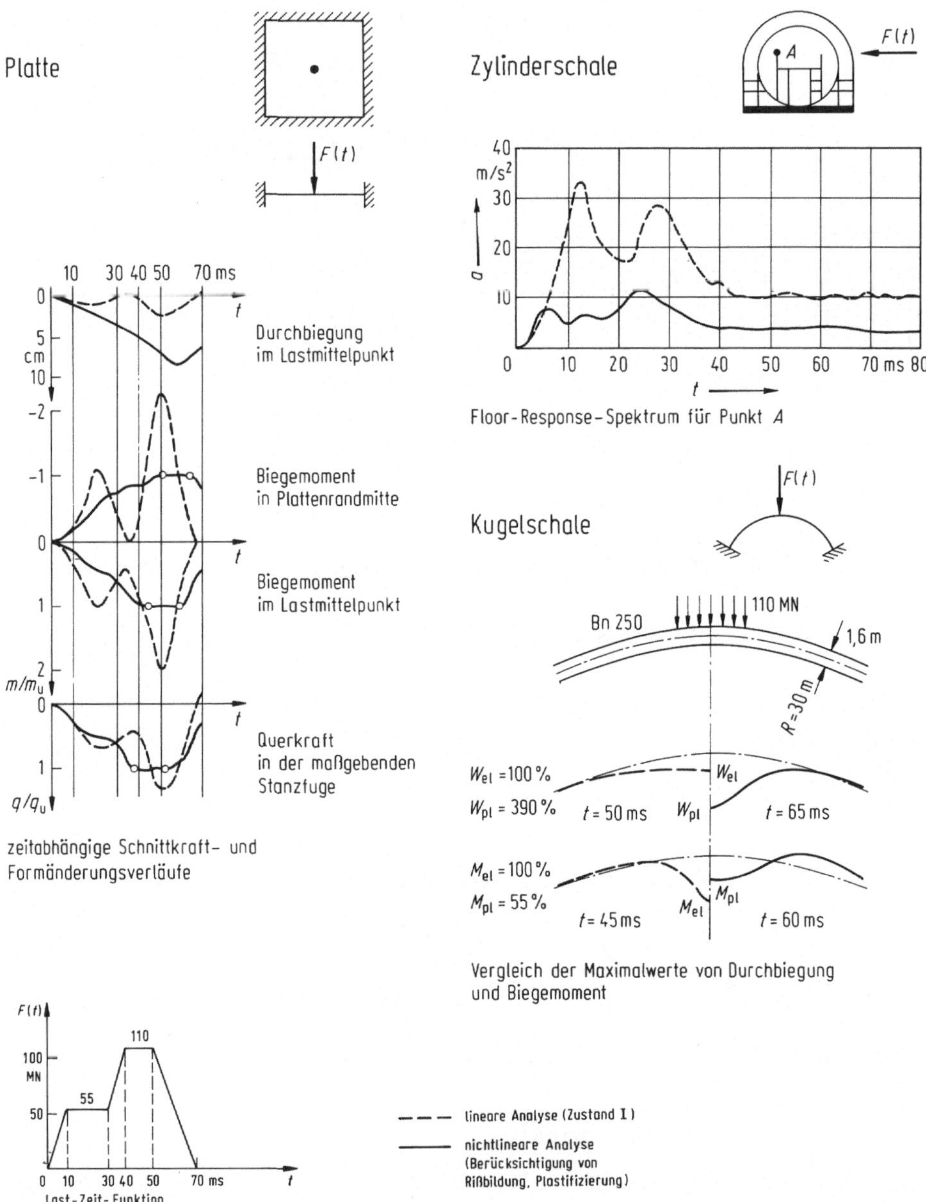

Abb. 2.6/11. Bauwerke unter Flugzeugaufpralleinwirkungen, Ergebnisse linearer bzw. nichtlinearer Analysen

Diese Ausrüstungen werden in ihren Stützungspunkten fußpunkterregt. Dauer, Verlauf bzw. Frequenzgehalt dieser Fußpunkterregung können durch *Floorspektren* angegeben werden.

Die Ermittlung der Floorspektren setzt eine dynamische Analyse des Tragwerks voraus, dessen Modellierung die wirklichkeitsnahe Erfassung der Zeitge-

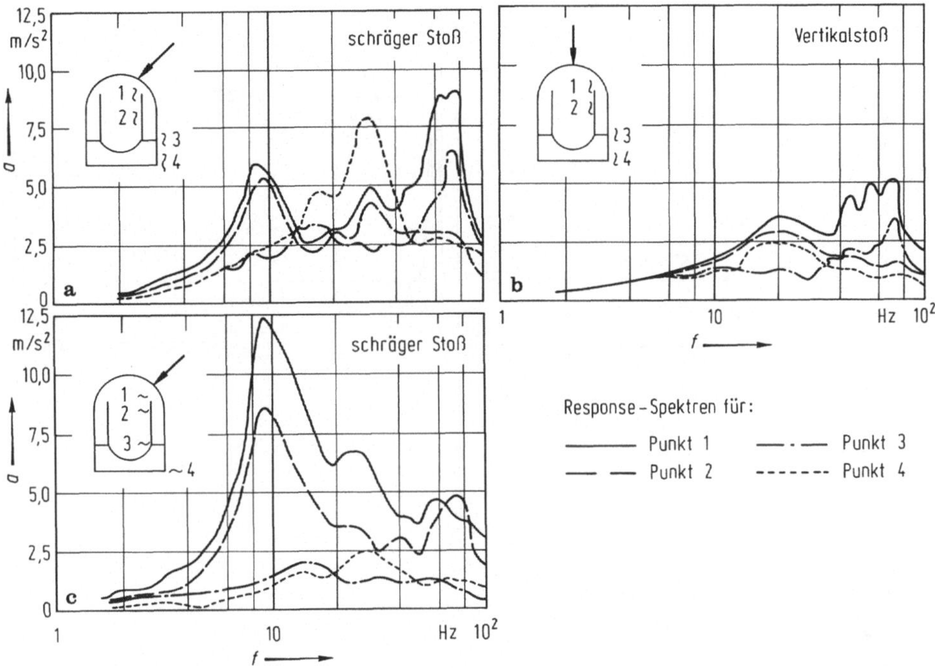

Abb. 2.6/12. Containment unter Flugzeugaufpralleinwirkung: Einfluß des Stoßortes auf die Floor-Response-Spektren. **a**, **b** vertikale Floor-Spektren; **c** horizontale Floor-Spektren

schichte bzw. des Frequenzverhaltens der Verformung am Anschlußpunkt der Ausrüstung an das Tragwerk sicherstellen muß [64, 66, 209, 210]. In Abb. 2.6/12 sind einige ausgewählte Ergebnisse angegeben.

Einen Vergleich von Erregungsspektren (Floorspektren) infolge Impulseinwirkung mit solchen aus seismischen Einwirkungen und Explosionsdruck zeigt Abb. 2.6/13 nach [209] und [210].

Diese Sachverhalte, die für die Sicherung der Ausrüstung von Bauwerken hohen Risikopotentials wichtig sind, lassen folgende Feststellungen zu:

Für die aus Impulswirkungen auf das Bauwerk enstehende dynamische Erregung von Bauwerksausrüstungen ist – im Gegensatz zur seismischen Erregung – auch die Berücksichtigung höherer Frequenzen der Einwirkungsspektren erforderlich.

Intensität und Verlauf der Floorspektren infolge Impulseinwirkung werden stark durch die Lage des betrachteten Punktes und des Aufprallortes beeinflußt.

Die auf der Grundlage elastischen Globalverhaltens des Bauwerks ermittelten Floorspektren sind i.allg. nicht unwesentlich überhöht, sie können aber auch zur unrichtigen Wiedergabe der maßgebenden Frequenzen der Floorspektren führen, sind also mit Vorsicht zu verwenden.

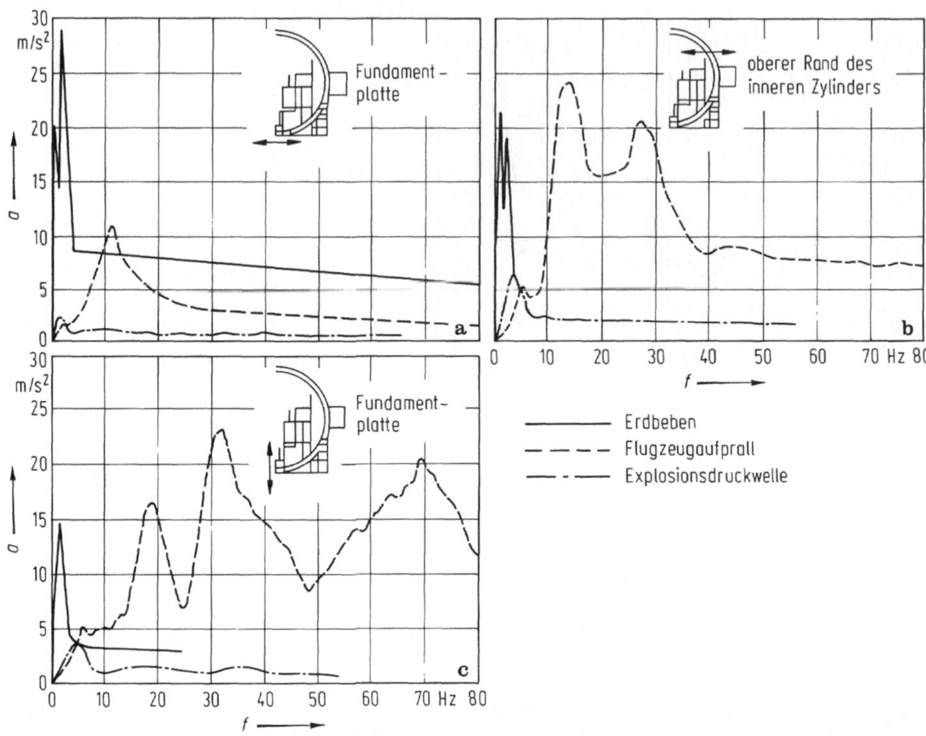

Abb. 2.6/13. Vergleich der Response-Spektren infolge Erdbeben, Flugzeugaufprall und Explosionsdruckwelle. **a, b** Response-Spektren in Horizontalrichtung. **c** Response-Spektren in Vertikalrichtung

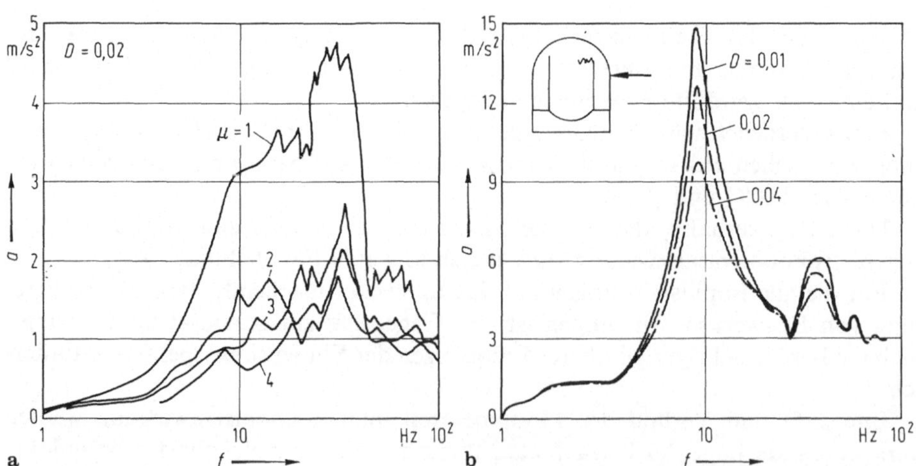

Abb. 2.6/14. Einfluß der Bauwerks -bzw. Ausrüstungsdämpfung auf die Floor-Spektren. **a** Duktile Floor-Response-Spektren Dämpfung D = 0,02, Duktilitätsfaktor für linear-elastisches Materialverhalten $p = 1$ und für nichtlineares Materialverhalten $p > 1$. **b** Floor-Response-Spektren für unterschiedliche Ausrüstungsdämpfung

Auf die tatsächliche Ausprägung der Floorspektren haben auch die Dämpfungseigenschaften von Bauwerk und Ausrüstung erheblichen Einfluß (Abb. 2.6/14).

Der Einfluß der Wechselwirkung zwischen Bauwerk und Baugrund ist bei der Erfassung von Impulseinwirkungen auf die Bauwerksausrüstung i.allg. vernachlässigbar.

3 Abstützung der Tragwerke

Im Vorwort dieses Bandes wird darauf hingewiesen, daß hier Randprobleme behandelt werden. Dazu gehört jene Zone, in der alle Bauwerke mit dem Baugrund in Verbindung stehen. Das verlangt, die Probleme darzustellen, die sich aus dem Kontakt des „Geschaffenen“ mit dem „Bestehenden“ ergeben. Es ist verständlich, daß ungenaues Einschätzen der Eigenschaften des letzteren zu einer Quelle von Fehlern werden kann. Deshalb enthält der vorliegende Abschnitt nicht nur Hinweise für die Konstruktion, sondern verweist auch auf Schäden, die an Bauwerken durch falsche Annahmen entstanden sind.

Stets müssen wir im Auge behalten, daß unseren Berechnungen *Modelle* der Wirklichkeit zugrunde liegen [1]. Das trifft besonders für den Baugrund zu. Dementsprechend wird immer wieder von berufener Seite betont, „wichtiger als die EDV ist der an der (eigenen oder fremden) Erfahrung geschulte Blick für die mechanischen Grundlagen unserer Bauwerke“ [2] sowie „Baufehler sind auch darauf zurückzuführen, daß heute zuviel Zeit auf die elektronische Berechnung verwandt wird. Dadurch kann sich der entwerfende Ingenieur seiner eigentlichen Aufgabe, nämlich einer sicheren und ausführungsfreundlichen konstruktiven Gestaltung, nicht mehr in ausreichendem Maße widmen“ [3]. Damit soll natürlich nichts gegen die Nützlichkeit der EDV gesagt sein; es soll nur geraten werden wie in einem früheren Vorwort: erst denken – dann rechnen!

Die Stützkräfte stehen mit den Lasten (Aktionen) im Gleichgewicht und bilden ihre Gegenkräfte (Reaktionen). Aus der Kenntnis dieser äußeren gesamten Kräftegruppe lassen sich die Schnittkräfte ableiten.

Die Schnittkräfte *statisch bestimmt* gelagerter Tragwerke sind sowohl von deren Deformationen als auch von der Nachgiebigkeit der Stützung unabhängig, so daß sich die Stütz- und Schnittkräfte allein aus Gleichgewichtsbedingungen berechnen lassen.

Die Stütz- und Schnittkräfte *statisch unbestimmt* gelagerter Tragwerke werden dagegen von den Verformungen beeinflußt, da die Zahl der Stütz- und Verbindungsstäbe über diejenige hinausgeht, die zur kinematisch starren Abstützung nötig ist (in der Ebene: 3, im Raum: 6) (Abb. 3.1/1). Wenn die überzähligen Stützbedingungen erfüllt sind, entstehen Zusatzkräfte, die sich als Gleichgewichtsgruppe den Stützkräften des statisch bestimmten Hauptsystems überlagern. Das Auftreten nicht lastbedingter Verformungen des Tragwerks oder der Stützung hat Zwangskräfte zur Folge (IB, 1.1.1).

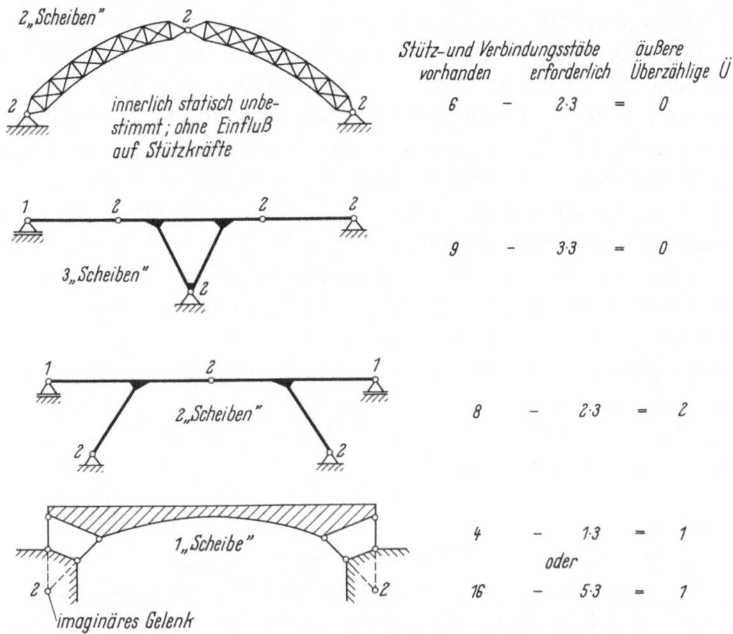

Abb. 3.1/1. Beispiele zur Ermittlung der Lagerungsart. Grad der äußeren Unbestimmtheit: $\ddot{u} = s - 3p$ in der Ebene; $\ddot{u} = s - 6p$ im Raum; s = Anzahl der Stütz- und Verbindungsstäbe (Wertigkeit der Lager und Gelenke); p = Anzahl der in sich starren „Scheiben" bzw. „Körper". Ein negatives $\ddot{u}$ gäbe die Zahl der Freiheitsgrade an. Bemerkung: Die Abzählmethode versagt, wenn das Gelenk zwischen benachbarten Scheiben auf der Verbindungsgeraden von deren Drehpolen liegt (Fall unendlich kleiner Beweglichkeit)

Ob nun die Abstützung, wie üblich, vereinfacht als starr angenommen oder ob auf ihre Verformungen eingegangen wird, stets ist dem Weg der Kräfte lückenlos vom Anfang bis zum Ende nachzugehen, d.h. von den Lastangriffspunkten bis in den Baugrund, und auch die Auswirkung auf diesen ist zu verfolgen.

3.1 Einzelabstützung

Eine Stützkraft wird entweder einem anderen Bauteil übertragen oder dem Baugrund zugeleitet. Im ersten Falle wird man die Kontaktfläche tunlichst klein halten, um auftretende gegenseitige Verdrehungen gegebenenfalls zu ermöglichen. Teilflächen können ja auch höher beansprucht werden als der volle Querschnitt (IA, S.142; DIN 1045 (88), 17.3.3). Beim Einleiten in den Baugrund muß man die Stützkraft entsprechend dessen relativ geringer Festigkeit ausbreiten, weshalb man flächige Gründungskörper ausbildet.

3.1.1 Abstützung auf andere Baukörper

Wenn Stützkräfte von einem Bauteil auf einen anderen übertragen werden sollen, etwa von einem Dachbinder auf die Stützen, ist zunächst zu überlegen, ob man eine monolithische Verbindung wählt, also statisch unbestimmt konstruiert. Dadurch handelt man sich größere Steifigkeit, aber auch zusätzliche Zwänge ein, deren Größe rechnerisch verfolgt werden müssen. Man kann andererseits größere statische Klarheit schaffen und die Verbindungskräfte nach Lage und Größe festlegen, indem man Lager einbaut (II B, 7). Kleinere waagrechte Kräfte können von diesen im Rahmen der Gleitsicherheit übertragen werden. Wenn die Horizontalkräfte diese Grenze überschreiten, sind zu ihrer Aufnahme an den Lagern seitliche Bünde, Knaggen oder Bolzen, selbst besondere Führungslager (IB, Abb. 7/23) anzuordnen.

Lager, besonders die von Brücken, sollen stets sichtbar bleiben (keine seitlichen „Blenden"), um sie kontrollieren und (bei Stahl) belüften zu können. Ferner ist die Möglichkeit vorzusehen, sie auszuwechseln, wobei der Überbau durch Pressen etwas angehoben wird. Größere Betonkonstruktionen im Tiefbau wie Widerlager usw. werden in [4] abgehandelt.

Das Eintragen einer konzentrierten Last auf einen sehr großen Körper führt theoretisch zu einem strahligen Druckspannungszustand (IA, Abb. 7/3a) [5]. Bei beschränkter Breite werden die Drucktrajektorien gekrümmt, woraus Querzug entsteht (IA, Abb. 1.2/4 u. 7/3 b u. c). Dieser ist stets durch Bewehrung aufzunehmen (IA, 7). Besonders gefährlich sind exzentrische, randnah angreifende Lasten, da sie außer dem tiefer liegenden Spaltzug auch an der Oberfläche liegende Zugspannungen hervorrufen (Abb. 3.1/2). Angaben über die Größe dieser beiden Querzugkräfte findet man in [6]. Die ungenügende Deckung dieser Kräfte hat schon zu Einstürzen geführt, beispielsweise wie in Abb. 3.1/3 dargestellt.

Die Last muß stets innerhalb der als Bügel oder Schlaufen ausgebildeten Querbewehrung eingetragen werden. Die äußere Betonschale darf nicht belastet werden, sonst brechen die Kanten ab (IB, Abb. 4.7/3, 4.7/7). Diese Regel ist auch bei den einfachen Lagern (Mörtelbett, Weichfaserplatte, Elastomerfolie) zu beachten. Diese besitzen einen großen Reibungswiderstand gegen Verschieben. Deshalb ist

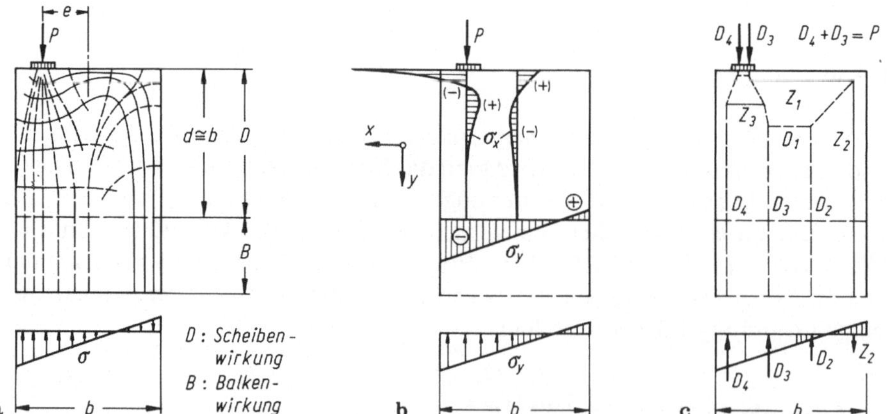

Abb. 3.1/2. Stark exzentrisch belastete rechteckige, lange Scheibe. **a** Linear-elastische Spannungstrajektorien; **b** zugehörige Horizontalspannungen; **c** Stabwerkmodell nach B. Kal. 1989 II, S. 593

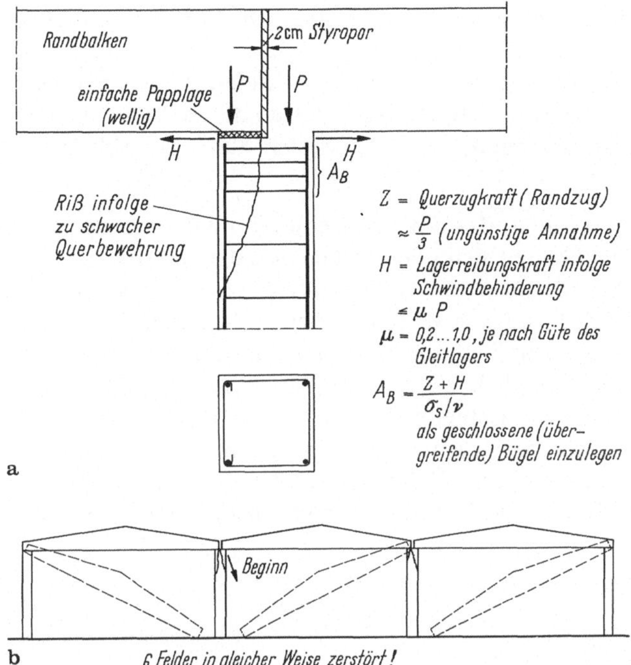

Abb. 3.1/3. Bewehrung des Stützenkopfes einer mehrschiffigen Halle. **a** Abschätzung der nötigen Querbewehrung; **b** Einsturz einer solchen Halle infolge zu schwacher Querbewehrung der Stützenköpfe

die darunterliegende Querbewehrung reichlich zu bemessen, da meist noch Horizontalkräfte infolge Schwindens, Kriechens, von Temperatur oder Wind auftreten (IB, S.305). Man weist diese im allgemeinen bei Hochbauten rechnerisch nicht nach.

Das Ende eines aufliegenden Balkens ist als „Störzone D“ („D-Bereich“-Diskontinuitätszone nach B. Kal. 89II, S. 587: vgl. IB. Abb. 1/5 v. Abb. 4.3/7) zu betrachten, in der die „technische Biegelehre“ nicht mehr zutrifft [7]. Entscheidend wichtig ist es, die Zugbewehrung ausreichend (annähernd für die Stützkraft) zu verankern (IB, Abb. 4.5/4). Bei vorfabrizierten, mit dicken Zugstäben bewehrten Balken wird deren Ende wegen des großen Biegeradius und der im Verhältnis zum kurzen Auflager großen Haftlänge nicht genügend gegen Abplatzen gesichert. Man muß dann die Ecke mit horizontalen Schlaufen zusätzlich bewehren (IB, Abb. 4.7/7 u. 15a; IIA, Abb. 6/19).

3.1.2 Abstützung auf dem Baugrund

Grundlegende Gesichtspunkte liefert die Bodenmechanik [8]. Die konstruktiven Mittel und die Rechenmethoden werden im Beitrag „Grundbau“ im Beton-Kalender 1987 II, S. 429 ff. sowie in [9] dargestellt. Jede zuverlässige Gründung setzt den Aufschluß des Untergrundes bis zu einer genügenden Tiefe voraus, wie

DIN 1054 (76) und DIN 4021 (76) sowie [10] beschreiben. Deren Wichtigkeit betont [11].

Die Größe eines Gründungskörpers wird, abgesehen vom Umriß des aufgehenden Bauwerks, von der „zulässigen Bodenpressung" bestimmt, die von zwei sich nicht beeinflussenden, aber widerstreitenden Grenzwerten abhängt (Abb. 3.1/4) dies sind:

1. *Grundbruch.* Man versteht darunter das Einsinken eines Fundaments, wenn der Boden seitlich ausweicht. Dabei bilden sich Gleitflächen aus, die von dem inneren Reibungswinkel φ des Bodens und von seiner Auflast oberhalb der Gründungssohle abhängen. DIN 4017 (79) Teil 1 und 2 sowie [12] geben ausführliche Anweisungen für das Berechnen der Bruchsicherheit, die zutreffend nur durch Iteration der Annahmen für die Gleitflächen möglich ist. Eine vereinfachte Betrachtung des Kräfteverlaufs zeigt qualitativ die Zusammenhänge im Zustand des Gleitens (Abb. 3.1/5). Man erkennt hieraus, daß mit wachsender Fundamentbreite b die beim Bruch zu bewegenden Massen und die dadurch entstehenden Reibungrkräfte quadratisch anwachsen. Die Bruchsicherheit nimmt in gleichem Maße zu, so daß,

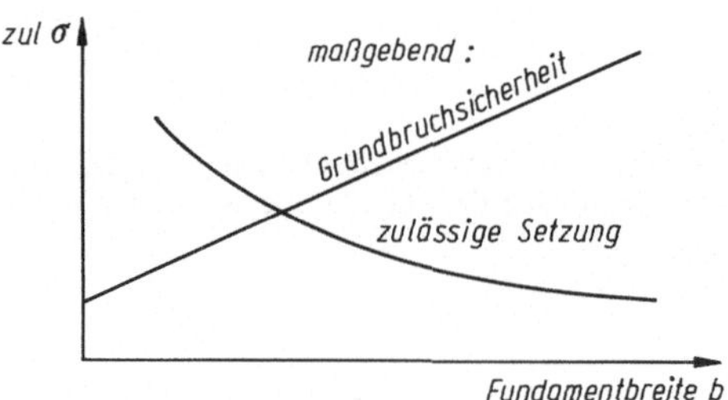

Abb. 3.1/4. Maßgebende Bodenpressung zul. σ für das Bemessen eines Fundaments (schematisch nach B. Kal. 1987 II, S.106)

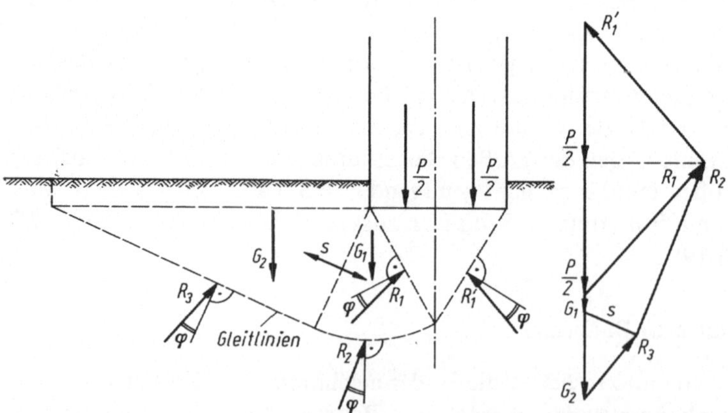

Abb. 3.1/5. Qualitativer Verlauf der Gleitlinien und der Reibungskräfte beim Grundbruch (quantitative Angaben B. Kal. 1987 II, S.437 und [9])

umgerechnet auf die Breite b, eine mit b linear anwachsende Bodenpressung zulässig ist.

Außerdem ist ein Fundament um so mehr grundbruchgefährdet, je geringer die Höhendifferenz zwischen seiner Sohle und der Anschüttung außen ist. Im Gebäudeinneren sollte man daher 30 cm nicht unterschreiten. Auf der Außenseite ist ein Minimum von ca. 80 cm ohnehin nötig, um vorher eventuell frostgelockerten Boden oder spätere Frosthebungen (je nach Bodenart und Klima) zu vermeiden [13].

2. *Setzung*. Der Boden unter der Sohle wird stets elastisch oder plastisch zusammengedrückt, was von seinen Eigenschaften und auch dem Spannungszustand abhängt. Besonders unangenehm bis gefährlich machen sich Setzungsdifferenzen zwischen benachbarten Fundamenten oder großflächigen Gründungskörpern bemerkbar. Den Schlüssel zur Berechnung der Setzungen liefert die Spannungsverteilung unter einer Last, die üblicherweise nach Boussinesq beurteilt wird [8.1, 14]. Er setzt eine unbegrenzte, elastische, homogene, isotrope Halbscheibe (oder einen Halbraum) voraus (Abb. 3.1/6). In dieser wird ein strahlig verlaufender Zustand von Hauptspannungen erzeugt, der, wie bei allen Lastzuständen in Scheiben (IB, S. 281), unabhängig von den Stoffzahlen E, ν, φ ist. Diese streuen beim Boden besonders stark. Dadurch wird es möglich, jenen Ansatz auch auf den Baugrund anzuwenden, der die genannten Voraussetzungen angenähert erfüllt, und zwar bei Kurz-wie bei Langzeitbelastung. Die senkrechten Pressungen des Bodens breiten sich mit der Tiefe rasch aus und nehmen dementsprechend ab. Die Last P wird stets auf einer endlichen Breite b eingetragen, wobei sich der Einfluß von b auf die Spannungen unterhalb einer Tiefe b kaum noch bemerkbar macht.

Aus den Spannungen lassen sich die Verformungen und Setzungen errechnen, die naturgemäß von den Stoffzahlen abhängen. Durch Integration erhält man die

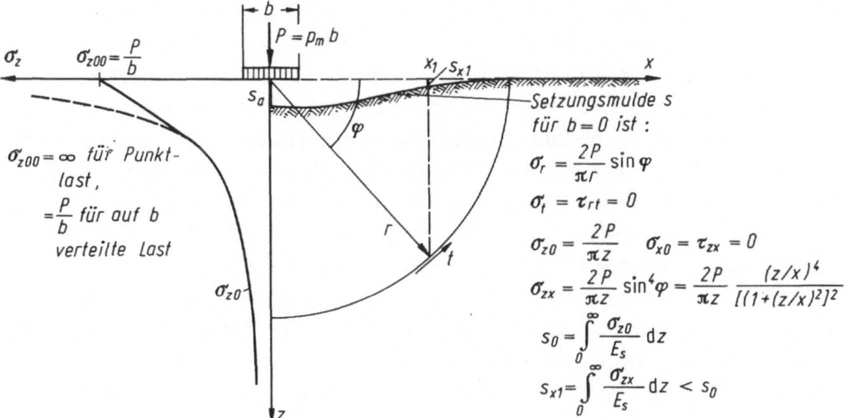

Abb. 3.1/6. Spannungen und Einsenkungen einer Halbscheibe unter einer Einzellast P_1 nach Boussinesq

Einsenkung der Oberfläche

$$s = \int_0^t \frac{\sigma_z}{E_s} \mathrm{d}z.$$

Man erkennt leicht ohne Rechnung, daß sich neben der Last eine Setzungsmulde ausbildet. Die Setzungen nebeneinander stehender Lasten P_1 und P_2 beeinflussen sich daher gegenseitig, wobei im Falle elastischen Verhaltens nach dem Satz von Betti die Einflußzahlen $s_{12} = s_{21}$ sind. Wenn dieLasten jedoch konstruktiv verbunden sind (durchlaufendes Bankett oder Platte), entstehen Reaktionen in den verbindenden Elementen infolge der Setzungsdifferenzen, so daß eine statische Koppelung zwischen Boden und Bauwerk eintritt.

DIN 4019 Teil 1 (79), 9.2 und Teil 2 (81) samt Beiblättern geben ausführliche und angenäherte Grundlagen für Setzungsberechnungen und [8.1] weitere Verfahren dazu. Letztere beruhen darauf, daß bei Einzelfundamenten die Bodenspannungen in etwa der doppelten Tiefe wie die Fundamentbreite auf 10% (bei räumlicher Ausbreitung auf noch weniger) abgeklungen sind [15]. Daraus lassen sich Faustformeln ableiten in der Form $s = \sigma_0 bf/E_s$, wobei $f \simeq 1{,}75/(1 + a/b)$ ein Formfaktor ist, bei quadratischer oder Kreisfläche angenähert $f \simeq 1$. Wenn man ein bestimmtes Setzungsmaß nicht überschreiten will, muß man daher die Fundamentbreite vergrößern, wie Abb. 3.1/4 zeigt, d.h. σ_0 herabsetzen [16]. Setzt man für ein quadratisches Fundament $\sigma_0 = P/b^2$, so sieht man aus $s = Pf/(bE_s)$ sofort, daß ein größeres Fundament sich unter P weniger setzt als ein kleines.

Für „normale" Verhältnisse gibt DIN 1054 (76) mittlere Werte für *zulässige Bodenpressungen.* In Zweifelsfällen empfiehlt sich, einen Sachverständigen (Baugrundlaboratorium) zuzuziehen, da Fehler in der Beurteilung der Verhältnisse sehr schwere, mitunter irreparable Schäden zur Folge haben können [17]. Gegebenenfalls ist eine Verbesserung des Baugrundes in Betracht zu ziehen; über diese Verfahren gibt der Beitrag „Grundbau" im Beton-Kalender 1987 II, S.563 Auskunft.

Die *Verteilung der Bodenpressungen* ist maßgebend für die Beanspruchung der Grundkörper. Diese können, wenn sie gedrungen sind, meist im Vergleich zum Boden als „starr" angesehen werden und erzeugen dann nach der erwähnten Theorie von Boussinesq wegen der Knicke in der Setzungsmulde hyperbelähnlich verteilte Pressungen [8.9]. Diese Lösung gilt für einen Abschnitt eines unendlich langen Streifenfundaments (ebener Formänderungszustand) und für die Kreisplatte. Die unendlich großen Randordinaten der Pressung beruhen auf einer unzulässigen Extrapolation des Elastizitätsgesetzes des Bodens über seinen Gültigkeitsbereich hinaus. Sie werden daher durch Grundbruch oder Plastifizierung in begrenzten Bereichen abgebaut, und die Mittenordinaten werden vergrößert (Abb. 3.1/7). Wenn sich diese Ausgleichsvorgänge dem vollständigen Grundbruch des Bodens nähern, kann sich die Bodenpressungsverteilung sogar umkehren [18]. Obgleich die Beanspruchung des Grundkörpers stark davon abhängt, wie die Pressungen verteilt sind (Abb. 3.1/8), bemißt man ihn zumeist für eine lineare Verteilung und weist die Differenz dem üblichen Sicherheitsspielraum zu. Diesen nimmt man auch für die Zugkräfte in Anspruch, die aus Schubkräften in der

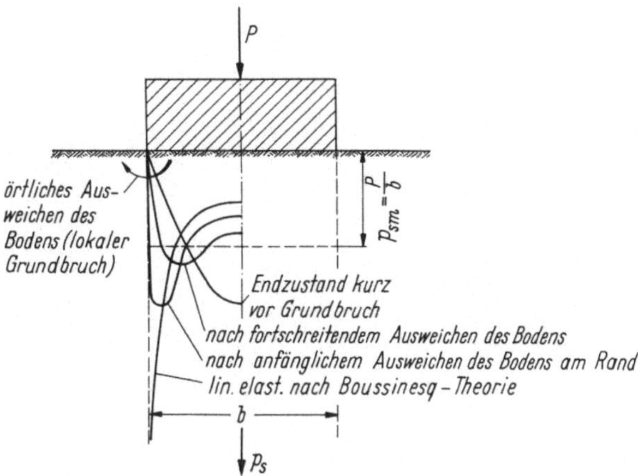

Abb. 3.1/7. Bodenpressungen unter einem starren Fundament auf rolligem Boden bei steigender Last

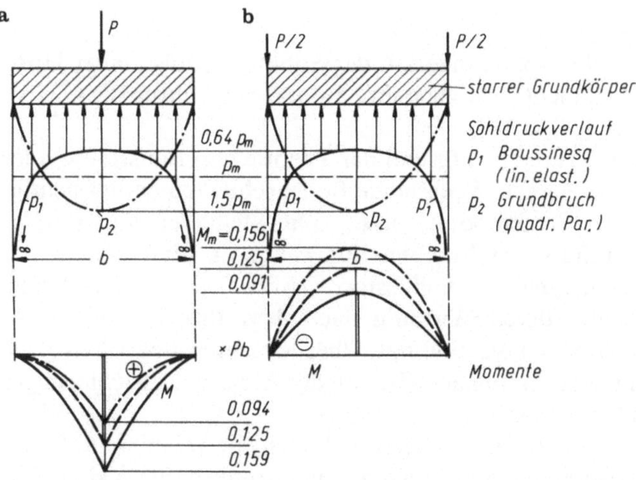

Abb. 3.1/8. Beanspruchung des starren Grundkörpers bei Verlauf der Bodenpressungen nach DIN 4018 (74) u. Beiblatt (81), bei gleichmäßigem Verlauf und bei Grundbruch. **a** Last in der Mitte; **b** Lasten an den Enden des Grundkörpers

Fundamentsohle entstehen, weil dort die Querdehnung des Bodens durch Reibung behindert wird [19].

Bei exzentrischer Lage der Resultierenden in der Bodenfuge kann die Pressungsverteilung „genau" ermittelt werden, sie wird aber meist als linear angenommen (Abb. 3.1/9). Verläßt die Resultierende den Kern der Aufstandsfläche, so rückt die Nullinie in diese hinein; dabei versagt aber die „Zugzone". Da sich die Sohle nie mehr als bis zur Hälfte abheben soll, darf sich die Resultierende nur bis auf $b/6$ dem Druckrand nähern [20].

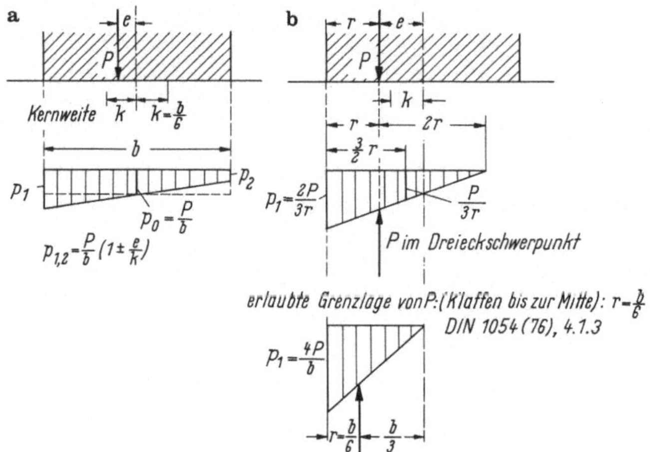

Abb. 3.1/9. Annahme linearer Pressungsverteilung unter einem exzentrisch belasteten, starren Streifenfundament. **a** Last P im Kern; **b** Last P außerhalb des Kerns (klaffende Bodenfuge)

Um die Verteilung der Schubspannungen in der Sohlfuge infolge einer Horizontalkraft kümmert man sich nicht. Lediglich ihre Summe wird durch die Gleitsicherheit begrenzt (DIN 1054 (76), 2.3.4).

Die Setzungen werden, wie gezeigt, aufgrund der Theorie von Boussinesq oder vereinfacht nach DIN 4019 berechnet. Wechselnde Bodenschichten berücksichtigt man meist durch Mitteln der Steifemoduln zu E_m. Die Steifigkeit von Fundamenten mäßiger Größe beeinflußt das Ergebnis nur wenig, da die Differenz der Pressungsverteilung zwischen, „schlaff" und „starr" (Abb. 3.1/10c) eine lokale Gleichgewichtsgruppe darstellt, deren Wirkung nach dem Prinzip von de St. Venant (IB, S.12) bereits im Abstand $b/2$ abklingt. Über Messungen berichtet [21]. Man geht daher bei Setzungsberechnungen meist von der Annahme gleichförmiger Pressungen unter der Fundamentsohle aus.

Die Linien gleicher senkrechter Spannungen σ_z bilden die sogenannte Spannungszwiebel, deren Abmessungen proportional zur Belastungsbreite b sind. Aus Abb. 3.1/10 wird unmittelbar deutlich:

1. Der Boden setzt sich auch außerhalb der belasteten Fläche; es bildet sich eine sogenannte Setzungsmulde, deren Ausdehnung entsprechend der „Zwiebel" proportional zur Belastungsbreite ist.
2. Die Setzungen nahe benachbarter Fundamente beeinflussen sich gegenseitig: Sie stellen sich dem Nachbarn zu mehr oder weniger schief [22]. Es ist sehr wichtig, diese Erscheinung zu beachten, wenn neben einem vorhandenen Bauwerk ein neues errichtet wird (Abb. 3.1/11). Dessen Setzungsmulde erstreckt sich auch unter den Altbau! Hierdurch werden besonders bei setzungsempfindlichen Böden sehr häufig Bauschäden hervorgerufen. Sie sind nur durch konstruktive Versteifung des Altbaus, Abfangung oder Tiefergründung zu vermeiden.
3. Die Setzung in der Symmetrieachse ist ebenfalls proportional zur Belastungsbreite, da alle Spannungszwiebeln geometrisch ähnlich sind. Sie strebt allerdings

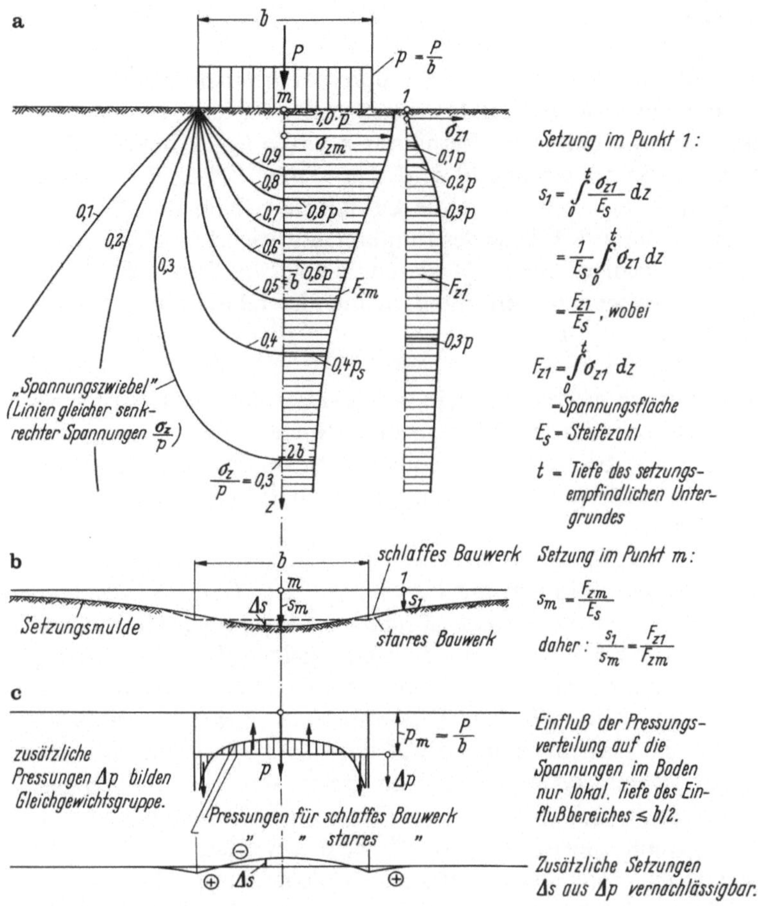

Abb. 3.1/10. Setzungsberechnung aus der Spannungsverteilung im Untergrund. Beispiel: homogener Boden, ebenes Problem, konstanter Steifemodul E_S. **a** Senkrechte Spannungen σ_z für ein „schlaffes" Bauwerk (gleichförmige Bodenpressungsverteilung); **b** Setzungsmulde; **c** Änderung der Bodenpressungsverteilung und der Setzungen für ein „starres" Bauwerk

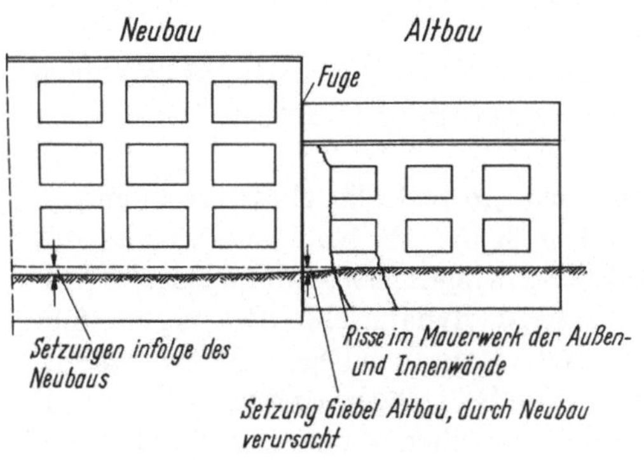

Abb. 3.1/11. Setzungsrisse in einem Altbau auf setzungsempfindlichem (bindigem) Boden durch einen dicht daneben errichteten Neubau. Auch bei Abtrennung durch eine Fuge und bei gleicher Gründungssohle nicht vermeidbar!

meist einem Grenzwert zu, da die Steifeziffer des Bodens i.allg. nach unten zunimmt.

4. Da die Setzung außerdem der mittleren Sohlpressung entspricht, läßt sich angeben, daß die Bodenpressungen σ unter verschieden belasteten Einzelfundamenten eines Bauwerks möglichst im Verhältnis $\sigma_1/\sigma_2 = b_2/b_1$ stehen sollen, wenn ein gleichmäßiges Setzen gewünscht wird, da $s = \sigma_0 bf/E_s$ ist [23]. Wohlgemerkt, diese Bedingung sagt nichts über die Grundbruchgefahr aus. Da diese mit dem Verhältnis Umfang zu Fläche des Fundaments wächst, ist das größere Fundament hierdurch weniger gefährdet als das kleine! Im Hinblick auf die Grundbruchsicherheit können größere Fundamente also relativ höher belastet werden als kleinere (Abb. 3.1/4).

Alle diese Schlußfolgerungen gelten nur näherungsweise, da linear elastisches Verhalten und eine bis in unendliche Tiefe konstante Steifezahl E_s vorausgesetzt wurde. Diese nimmt jedoch – abgesehen von Schichtwechseln – bei allen Böden mit der Tiefe zu, so daß man die Setzungsberechnungen in endlicher Tiefe t abbricht und mit E_m stat E_s rechnet.

Bei dicht gelagerten, *rolligen* Böden stellen sich die Setzungen sofort bei der Lastaufbringung ein und nehmen nicht mit der Zeit zu. Der Grundwasserstand spielt hier keine Rolle, sofern er nicht durch Wechsel die Spannungen verändert.

Bei der Belastung *bindiger* Böden tritt nur ein kleiner Teil der Setzung momentan auf (Initialsetzung), da der größere Teil der Last zunächst vom Porenwasserdruck getragen wird. Mit dem Ausströmen des Porenwassers (Konsolidierung) lagert sich die Last zunehmend auf das Korngerüst um, das sich dementsprechend setzt (Primärsetzung). Daneben treten weitere zeitabhängige Setzungen durch Kriechen ein (Sekundärsetzung). Der zeitliche Verlauf der Setzungen bindiger Böden kann nur angenähert vorausberechnet werden. Er hängt sehr von der Durchlässigkeit und Mächtigkeit der Bodenschichten ab [24].

Über das Verhalten von Böden bei dynamischer Belastung kann man sich im Abschnitt „Baudynamik" des Bet. Kal. 1988 II, S.696f. orientieren.

Die *Verdrehungen* der Fundamente werden selten zahlenmäßig erfaßt, obgleich sie bei „starr" eingespannten Rahmenstützen (Beispiel: II A, S.115), Stützmauern und turmartigen Bauwerken mitunter eine erhebliche Rolle spielen. Sie können nach DIN 4019 Teil 2 (81) berechnet werden. Die Verdrehungen lassen sich mit Hilfe des Bettungsmodulverfahrens abschätzen (Abb. 3.1/12). Neuere Ansätze bieten [25].

Im Hochbau läßt sich das Verdrehen mitunter durch konstruktive Maßnahmen vermeiden, die das erzeugende Moment beseitigen (Abb. 3.1/13) [26]. Die H-Kraft nehmen die Kellerwände auf.

Bei bindigen Böden spielt der Zeiteinfluß eine große Rolle: Diese verhalten sich bei Wechsellasten (Schwingungen) wesentlich steifer als bei Dauerlast, da das Porenwasser ja nur langsam abwandert. Bei Schwingungsberechnungen von Maschinenunterbauten, Glockentürmen usw. sind die dynamischen Bettungsmoduln zu benutzen, die zumeist wesentlich höher als die statischen liegen (B. Kal. 1988 II, S.696). Ständige dynamische Belastung ist sowohl bei rolligen als auch bei bindigen Böden besonders zu beachten. Bei ersteren entstehen durch „Einrütteln", bei

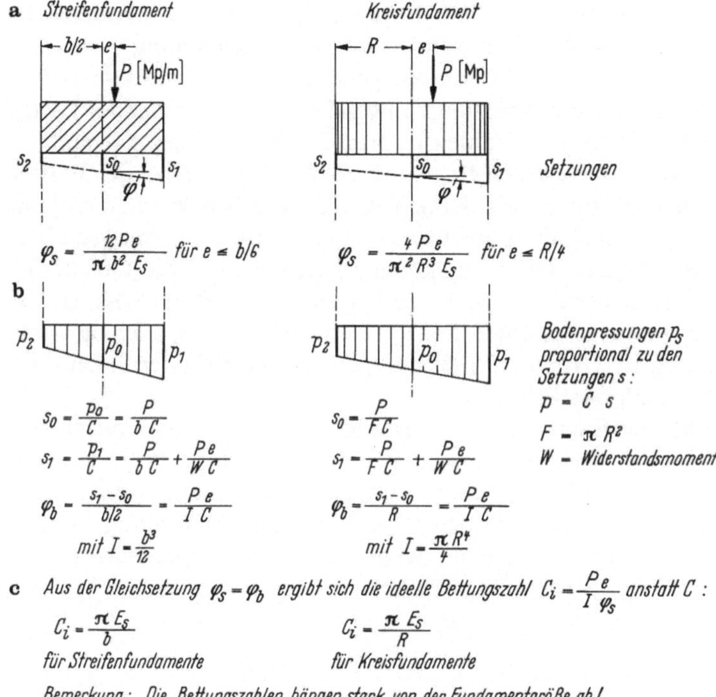

Abb. 3.1/12. Verdrehen starrer Fundamente unter exzentrischer Last. **a** Berechnet aus dem Spannungszustand des elastisch isotropen Halbraums mit dem Steifemodul E_s [10]; **b** Berechnet mit dem Bettungsmodul $C = p/s$; **c** Ableitung der ideellen Bettungszahl C_i aus den Ergebnissen von **a** und **b** als Hilfsgröße für die Berechnung von Verdrehungen

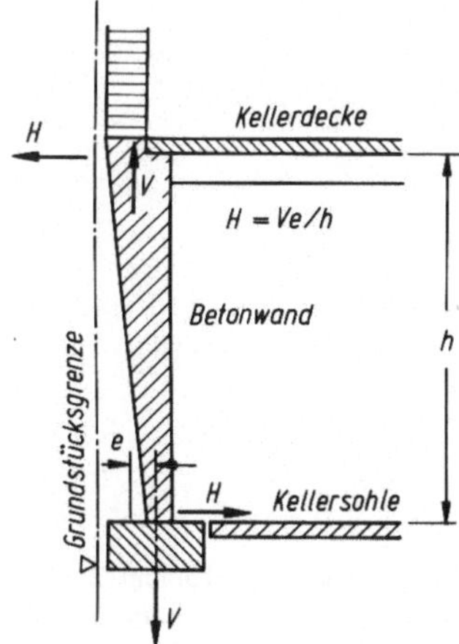

Abb. 3.1/13. Zentrische Belastung eines Giebelbanketts durch Schrägstellen der Abschlußwand

letzteren durch „Ausquetschen“ bleibende Einsenkungen an den Rändern der Gründungsfläche. Die daraus unter Umständen folgende Verwölbung verursacht lästige, schaukelnde Bewegungen des Grundkörpers („Reiten“). Um diese zu vermeiden, wird man eine kleinere Pressung anwenden, als für ruhende Lasten zulässig ist, oder die Lasten mittels Pfählen tieferen Bodenschichten zuleiten.

Einzelfundamente werden nach den Regeln für Balken (IB, 4.3.1) oder Platten (IB, 5.4.1), bei gedrungener Form wie Konsolen (IB, 4.7) bemessen, wobei die Schnittkräfte in der Regel angenähert aus linearverteilten Bodenpressungen abgeleitet werden (Abb. 3.1/8) [27]. Bei schlankeren Platten besteht die Gefahr des Durchstanzens der Stützen, der nach IB, 3.2 zu begegnen ist [28]. Die Konstruktion der Fundamente von eingespannten Fertigteilstützen ist in IB, 2.3.3 beschrieben. Für die Bemessung ist DIN 1045 (88) maßgebend, die Erläuterungen dazu (DAfst H. 400, Beuth 1989) nützlich.

Der Gesichtspunkt der Ersparnis an Baustoffen, die man früher durch Anpassen der Form (Querschnittshöhe) und der Bewehrung an den Verlauf der Biegemomente zu erreichen suchte, ist überholt. Denn das Verhältnis der Kosten für Arbeit und Stoffe hat sich verschoben (IIA, S.62). Die Bemessung für den plastischen Zustand der Stoffe läßt ohnehin bei gedrungenen Körpern eine gleichförmig verteilte Bewehrung zweckmäßig erscheinen. Von ergänzenden Arbeiten seien [29] erwähnt.

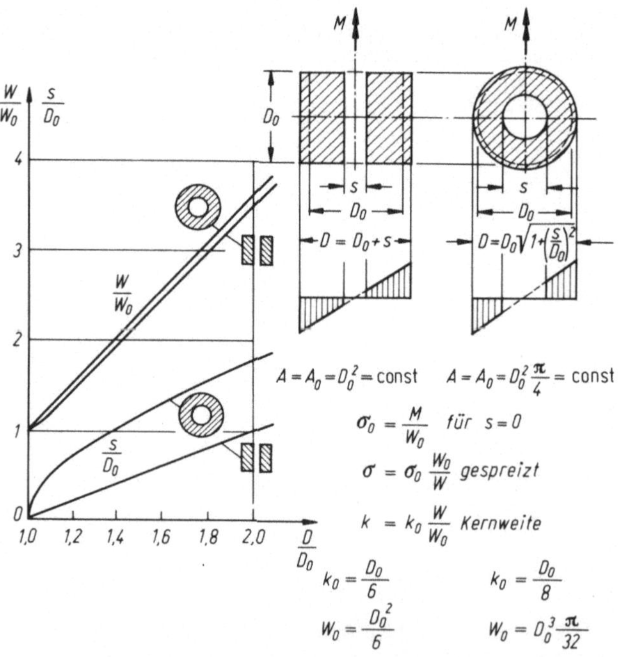

Abb. 3.1/14. Vermindern der Randspannungen σ_r von Turmfundamenten aus dem Momentenanteil M der Belastung bei gleichbleibender mittlerer Spannung $\sigma_m = P/A$ aus der zentrischen Last P_1, d.h. bei $A = \text{const}$ durch Spreizen der Grundfläche A. **a** Bei einseitigem M; **b** bei allseitigem M

Die praktisch vorwiegende Rechteckform von Einzelfundamenten ist nur bei kleinen Last-Exzentrizitäten wirtschaftlich. Bei großen Einspannmomenten, wie z.B. bei Türmen und Schornsteinen, steigert eine Spreizung des Fundaments bei gleicher Aufstandsfläche A das Widerstandsmoment W erheblich. Damit erreicht man kleinere Bodenpressungen aus dem Moment, vor allem wird das Abheben auf der Zugseite vermieden und das daraus folgende Verdrehen des Einspannquerschnitts vermindert. Bei nur einachsig wirkendem Moment, wie es bei Fundamenten von Seiltragwerken vorkommt, genügt die einfache Spreizung eines Rechtecks (Abb. 3.1/14a); bei allseitig wirkendem Moment, etwa aus Wind, wird man einen Kreisring wählen (Abb. 3.1/14b). In IIA, 5.5 wurde bereits auf diese Ausbildung der Gründung von Türmen hingewiesen. In [30] findet man Beispiele hierfür.

3.2 Flächengründungen

Von „Flächengründung" spricht man, wenn ein Grundkörper eine oder mehrere Gebäudestützen zu tragen hat und als verhältnismäßig dünne Platte oder als langes Bankett ausgebildet ist. Seine Verformung und damit auch die Pressungsverteilung hängen, wie in Abschnitt 3.1 gezeigt, einerseits von der Gesamtsteifigkeit des Bauwerks, andererseits von der des Bodens ab. Die Bodenreaktionen können daher im allgemeinen nicht mehr als geradlinig verteilt angenommen werden. DIN 4018 (74) und Beiblatt (81) enthalten hierfür die amtlichen Grundlagen.

Der Widerstand eines Bauwerks gegen Verformen ist sowohl durch die Biegesteifigkeit der Sohlplatte als auch durch diejenige des Tragwerks bestimmt. Hochbauten sind in der Regel weich (schlaff) gegenüber der Fundamentplatte und gegenüber durchgehenden Kellerwänden [31].

Ähnliche Verhältnisse wie bei Flächengründungen liegen bei Stahllagern vor, die auf Betonbauteilen ruhen. Die Elastizitätszahlen der beiden Medien verhalten sich zueinander ungefähr wie bei Fundament und Baugrund, so daß entsprechende Pressungsverteilungen zu erwarten sind. In IB, 7.3 wurde auf die Konsequenzen hingewiesen.

3.2.1 Starres Bauwerk (Druckverteilung)

Als „starr" bezeichnet man ein Bauwerk, wenn seine Verformung gegenüber den unterschiedlichen Verformungen des Bodens vernachlässigt werden kann (Abb. 3.2/1a). Das läßt sich durch einen Überschlag leicht feststellen. Solche Bauten sind z.B. Kellergeschosse, als steife Kästen ausgebildet, oder Silos mit hohen Zellenwänden oder langgestreckte, massive Maschinenunterbauten. Die Bodenpressungen unter einem solchen Bauwerk verteilen sich wie bei einem starren Einzelfundament. Als Grundlage für die Schnittkraftermittlung sind Berechnungsbeispiele in DIN 4018 (74), Beiblatt (81) in der Art von Abb. 3.2/1b. als einfache Näherungen angegeben.

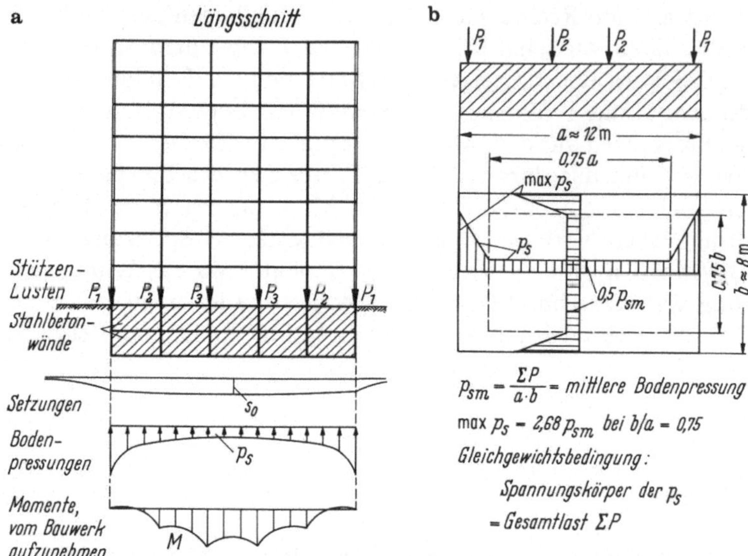

Abb. 3.2/1. „Starres" Bauwerk **a** Beispiel: Hochhaus mit steifen Kellerwänden, die für Momente aus Lasten und Bodenpressungen zu bemessen sind; **b** angenäherte Verteilung der Bodenpressungen

3.2.2 Elastisches Bauwerk (Wechselwirkung mit Baugrund)

Die Verformungen „elastischer" Bauwerke sind von gleicher Größenordnung wie die Setzmasse des Bodens. Den Grenzfall bilden sehr biegeweiche, „schlaffe" Bauwerke, die der Setzungsmulde ohne nennenswerten Widerstand folgen.

Die Berechnung elastischer Bauwerke geht davon aus, daß die Biegelinie der Sohle und die Setzungslinie des Bodens übereinstimmen (Abb. 3.2/2a). Meist begnügt man sich mit einer endlichen Anzahl n von Punkten, in denen beide gleich sein müssen. Alle Ansätze gehen von linearen Verformungsgesetzen für den Boden aus, so daß das Superpositionsgesetz gilt. Für jedes Lastelement bildet sich eine Setzungsmulde aus. Dadurch beeinflussen sich die Pressungen in den verschiedenen Punkten gegenseitig. Die Gesamtsetzung in einem Punkt ergibt sich daher durch Superposition der Einflüsse aller Lastelemente. Für jedes linear elastische Medium gilt der Satz von der Gegenseitigkeit der Verschiebungen: $s_{ik} = s_{ki}$. Es ergibt sich eine n-zeilige lineare Matrix für die Setzungen bzw. die Bodenpressungen in den gewählten Punkten. Die Ergebnisse dieses mühsamen Verfahrens wurden in dimensionsloser Form tabellarisch niedergelegt, wobei man sich mit 10 Kollokationspunkten (Vergleichspunkten) begnügte [32]. Die elektronische Berechnung der beim Verfahren von Ohde [33] auftretenden Matrix paßt die Ordinaten meist noch besser an die Lasten an [34].

Eine wesentlich bequemere, aber nicht immer zutreffende Rechnung erhält man durch die auf Ritter zurückgehende Vereinfachung, den Boden in einzelne lotrechte, elastische Lamellen aufzulösen und die Ausstrahlungen der Kräfte zu vernachlässigen. Dann wird die Einsenkung s in einem Punkt der Bodenoberfläche

a

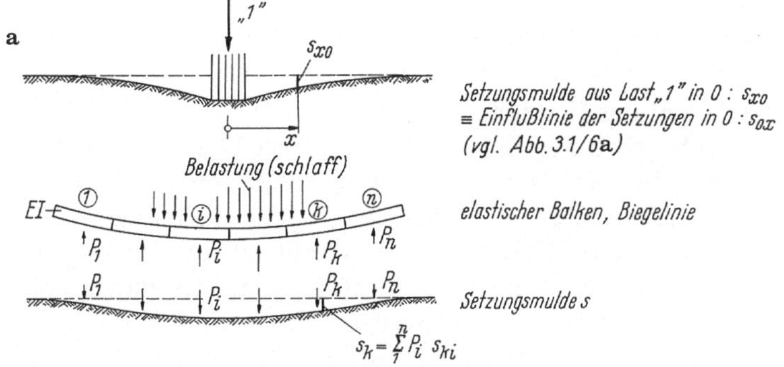

b

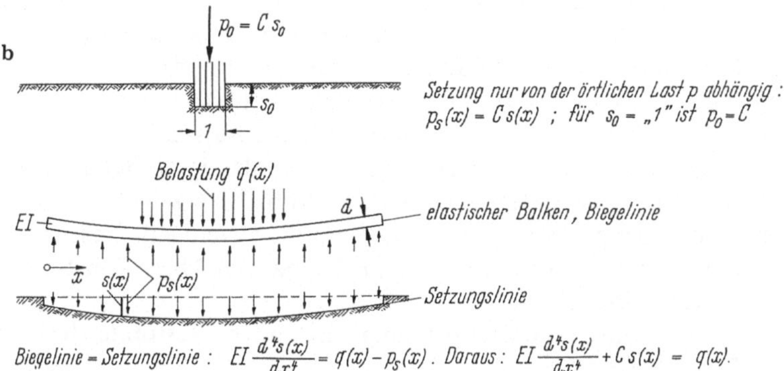

Abb. 3.2/2. Ansätze für die Balkenberechnung (ebenes Problem) auf elastischer Bettung. **a** Ausgehend vom elastisch isotropen Halbraum: Einflußlinie der Setzungen (Grundlage zum Verfahren von Ohde [33] und den Tabellen von Kany [32]). **b** Mit der Annahme, daß die Setzungen nur von der örtlichen Bodenpressung p_s abhängen: Einflußgröße der Setzungen (Bettungsmodul C) [34]

nur von dem dort herrschenden Druck p abhängig gemacht: $p = Cs$. Die Konstante C (Abb. 3.2/2b) wird als Bettungsmodul (in der Lit. auch-zahl oder-ziffer) bezeichnet und hängt von der Fläche $A = a \times b$ des belasteten Bodens ab. Denn nach [34] ist die Setzung $s = pf\sqrt{A}/E_s$ und $C = p/s = E_s/f\sqrt{A}$ für ein Quadrat $A = b^2$ mit $f \sim 0{,}5$ [34, S.63] $C \simeq 2E_s/b$. Die genaue Wahl von C ist unbedeutend, da $\sqrt[4]{C}$ in die Rechnung eingeht. Für die Steifeziffer E_s findet man (stark streuende) Werte im Betonkalender 1978 II, S.850 und 1988 II, S.698 [1 MN/m^2 = 10,0 kp/cm^2 = 1 N/mm^2 (E_s); 1 MN/m^3 = 0,1 kp/cm^3 = 0, 001 N/mm^3 (C)]:

Sand, locker	30– 50 MN/m^2
Sand, dicht	50–100 MN/m^2
Kies, mittel	70–140 MN/m^2
Kies, grob	100–150 MN/m^2
Kies, fest	200–300 MN/m^2
Ton, mittelfest	10– 20 MN/m^2
Ton, fest; Lehm	20– 40 MN/m^2.

Der Verlauf der Schnittkräfte läßt sich damit für solche Abschnitte in geschlossener Form berechnen, in denen sich die Abmessungen nicht unstetig ändern. Dabei treten die Schnittkräfte als Funktion der „charakteristischen Länge“ auf: $L = \sqrt[4]{4EI/C}$ (EI = Steifigkeit des Fundamentbalkens).

Beim Bemessen elastisch gebetteter Balken (Plattenstreifen) ist zu beachten, daß deren Beanspruchung nicht allein von der Last P/m Breite, sondern auch von der Steifigkeit des Balkens $E_b J$ und derjenigen des Baugrundes C abhängt. Abbildung 3.2/3 zeigt in dimensionsloser Form die Veränderungen der Größtwerte M_m und p_m sowie σ_{bm} (im Zustand I) unter der Last P, wenn die Balkenhöhe (Plattendicke) d und die Bettungsziffer variiert werden ($E_b = 21\,000$ N/mm^2 ang.). Man liest daraus ab, daß man den Balken so niedrig wie möglich macht, um die Festigkeit des Bodens zu aktivieren. Die Balkenhöhe findet jedoch ihre Grenze in der zulässigen Biegebeanspruchung σ_{bm}. Für zahlreiche Lastfälle findet man in IIA, 7.5.1 (von Schalen auf elastisch gebettete Balken übertragbar) und in der Literatur [35] fertige Formeln und Tabellen für die Verläufe der Bodendrücke. Beide Ansätze vergleicht [36] und gibt keinem allgemein den Vorzug, da sie beide auf Modellvorstellungen beruhen, so daß ihre Realistik begrenzt ist.

Das „Bettungsmodulverfahren“ liefert für lange, schlanke Balken befriedigende Werte, wobei allerdings an deren Enden wegen der vernachlässigten Schubkräfte im Boden größere Differenzen auftreten. Das Beispiel Abb. 3.2/4 zeigt:

1. Der Balken wird am günstigsten beansprucht, wenn die jeweiligen Pressungen Last P_K/Feldweite l_K sich dem Mittelwert $p = \Sigma P/\Sigma L$ nähern. Diese konstruktive Überlegung ist also primär!
2. Die Abschätzung $p = \text{const}$ kann vollständig unsinnige Resultate liefern! Der Balken würde sich z.B. im Fall von Abb. 3.2/4a um $f = \dfrac{Mml^2}{10E_bI} =$

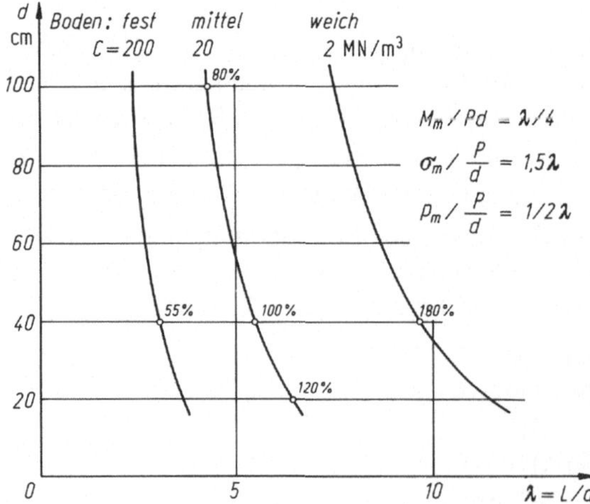

Abb. 3.2/3. „Charakteristische Länge L“, bezogen auf die Balkenhöhe $d(b = 1)$, als Funktion von C und d

a

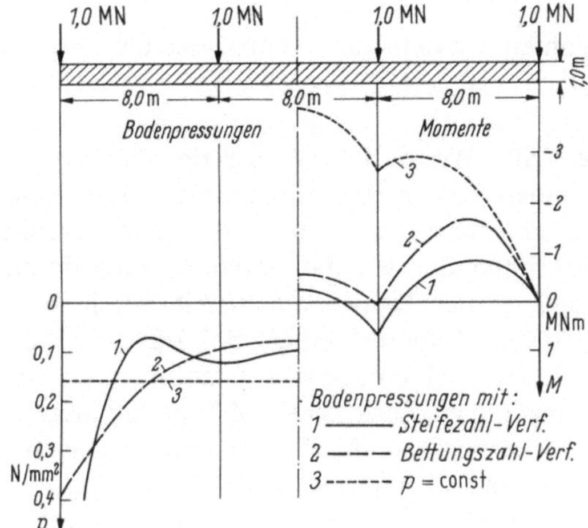

b

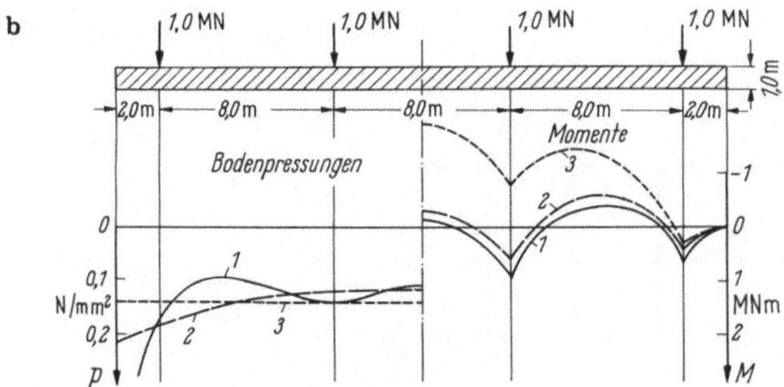

c

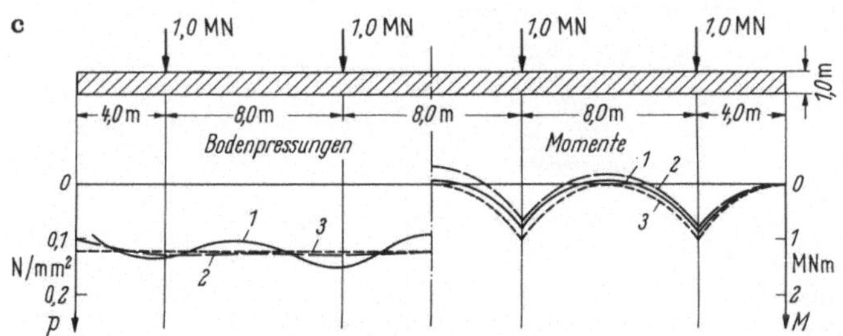

Abb. 3.2/4. Vergleich verschiedener Ansätze für die Reaktionen p des Bodens für ein „*schlaffes*" Bauwerk auf einer Fundamentplatte (behandelt als Balken), berechnet nach: 1. Steifemodul-Verfahren (Setzungsmulden, Abb. 3.2/2a) [32]; 2. Bettungsmodul-Verfahren (Abb. 3.2/2b [35.6]; 3. Abschätzung mit $p = \Sigma_P/l = \text{const}$; Ausgangswerte: Platte $E_b = 21000$ N/mm²; Steifezahl $E_s = 100$ N/mm²; hieraus Bettungsmodul ($b = 15$ m) $C = 0{,}1$ MN/m³; $b = 1{,}0$ m; Auskragung der Platte: **a** 0 m; **b** 2,0 m; **c** 4,0 m

$\frac{4{,}0 \cdot 24{,}0^2}{10 \cdot 2{,}1 \cdot 10^4 \cdot 0{,}083} = 0{,}13$ m krümmen, was mit dem voausgesetzten guten Boden ganz unverträglich wäre.

Wenn das Gesamtbauwerk infolge steifer Wände oder Riegel den Verbiegungen der Sohlplatte Widerstand leistet, können die von oben eingetragenen Lasten nicht als „schlaff", d.h. gegeneinander verschiebbar betrachtet werden. Die Verteilung von Bodenpressungen und Schnittkräften der Fundamentplatte wird dadurch empfindlich beeinflußt. Im Grenzfall großer Bauwerksteifigkeit durch Wände müssen die Stützenfußpunkte auf gleicher Höhe bleiben (Abb. 3.2/5). Die Fundamentplatte wirkt dann als durchlaufender Balken auf starren Stützen. Um diese Bedingung zu erfüllen, bringt man am Balken Zusatzkräfte ΔP an, die insgesamt eine Gleichgewichtsgruppe bilden. Diese Zusatzkräfte ΔP hat nun aber auch der Überbau aufzunehmen. Für solche Systeme liefert die Annahme $p = p_m$ in der Regel brauchbare Ergebnisse. Die Stütz- und Schnittkräfte der Sohlplatte lassen sich dann leicht angeben. Die Biegung in der Fundamentplatte wird aber überschätzt, weil die Verminderung der Bodenpressungen im Feld nicht berücksichtigt ist.

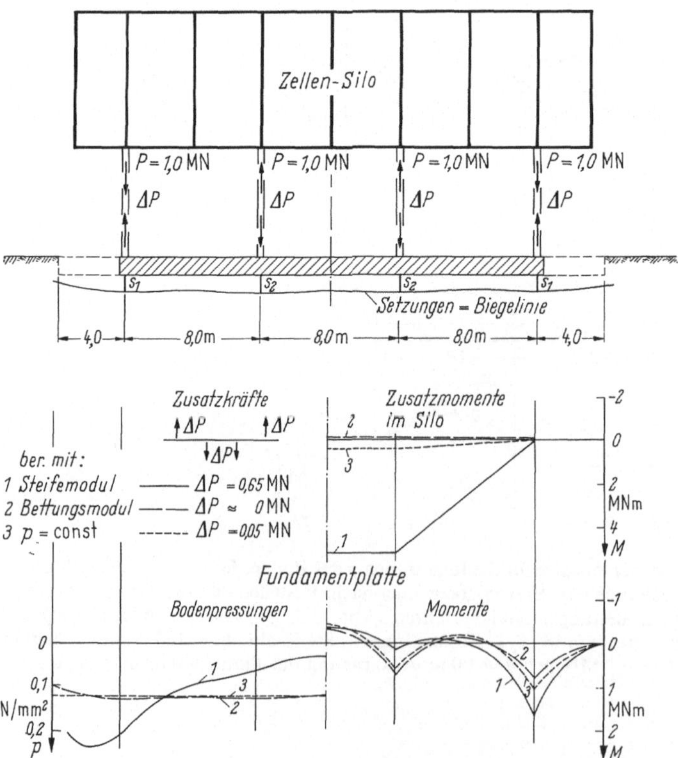

Abb. 3.2/5. Vergleich verschiedener Ansätze für die Bodenpressungsverteilung für ein *„starres"* Bauwerk mit gleicher Fundierung wie in Abb. 3.2/4. Rechnungsgang wie im Text zu Abb. 3.2/6 geschildert

Aus Abb. 3.2/4 und 3.2/5 geht hervor, wie wichtig es ist, die Steifigkeit des Gesamtsystems zutreffend zu erfassen. Bereits ein einfacher Überschlag der Plattenverbiegung gibt einen Fingerzeig für den Grad der Verträglichkeit zwischen den Verformungen von Tragwerk und Boden. Dagegen ist der lokale Einfluß der Elastizität des Untergrundes auf Feld- und Stützmomente wesentlich geringer, da die Deformationen der Platte innerhalb eines Feldes im Vergleich zu der Gesamtsetzung i.allg. gering sind.

Wie ein Tragwerk, das weder als „schlaff" noch als „starr" angesehen werden kann, zu behandeln ist, zeigt Abb. 3.2/6. Im ersten Schritt wird der Stockwerkrahmen wie üblich starr gestützt und für diese Lasten P_1 und P_2 die Grundplatte als elastisch gebetteter Balken berechnet (Abb. 6a). Um die entstehende Klaffung $\delta_{10} = s_2 - s_1$ zu beseitigen, werden in einem zweiten Schritt (Abb. 6b) Zusatzlasten ΔP (Gleichgewichtsgruppe!) als überzählige X_1 angebracht, die für $X_1 = 1$ im Rahmen die Momente $M_1^{(R)}$ und in der Platte $M_1^{(Pl)}$ erzeugen. Sie liefern die Verformungen $\delta_{11}^{(R)} = (1/EI_R) \int M_1^{(R)} M_1^{(o)} \mathrm{d}x$ und $\delta_{11}^{(Pl)} = (1/EI_{p1}) \int M_1^{(pl)} M_1^{(o)} \mathrm{d}x$, wobei man vom Reduktionssatz (IB, Abb. 1/13) Gebrauch macht. Die Zusatzlasten ΔP ergeben sich dann als $X_1 = \Delta P = \delta_{10}/(\delta_{11}^{(R)} + \delta_{11}^{(pl)})$. Andere Ansätze findet man bei [37].

Die Bodenpressungen unter großen Platten, die durch mehrere Stützenreihen belastet sind, können angenähert durch Zerlegen in Streifen parallel zu den beiden Achsrichtungen ermittelt und diese als Balken jeweils für die vollen Stützenlasten in beiden Richtungen berechnet werden. Einfacher, aber ungünstiger idealisiert ist die Untersuchung der Platte als umgekehrte Flachdecke (IIA, 3.2), die durch gleichmäßig verteilte, gemittelte Pressungen belastet wird (Abb. 3.2/7). Damit dieser Ansatz angenähert erfüllt wird, sind die Überstände a der Platte so zu

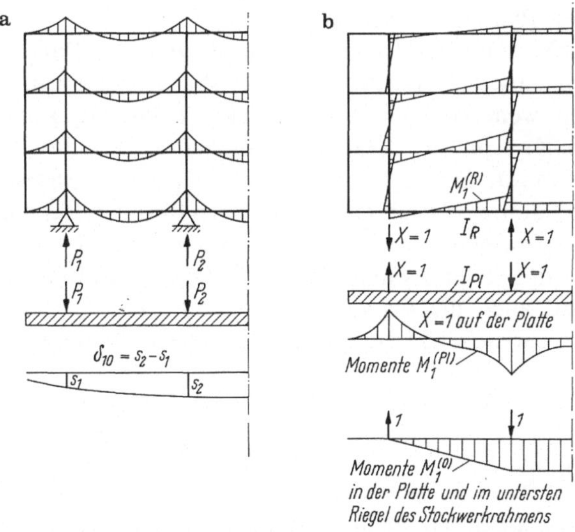

Abb. 3.2/6. *Elastisches* Bauwerk auf elastisch gebetteter Fundamentplatte. **a** Erster Schritt: Rahmenstiele starr gestützt; **b** Überzählige zur Berücksichtigung der Elastizität von Rahmen und Platte

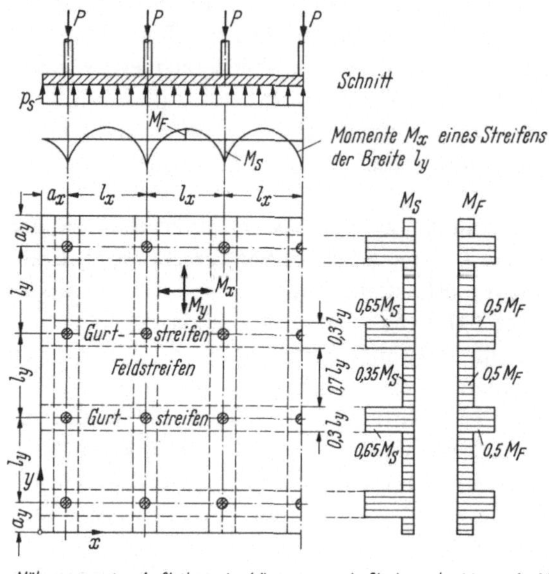

Abb. 3.2/7. Fundamentplatte, durch Einzelstützen belastet. Angenäherte Berechnung als umgekehrte Flachdecke, belastet mit Gleichlast p. Bei dünner Platte ungünstig, da elastische Bettung meist geringere Momente liefert

bemessen, daß die anteiligen Summen der Bodendrücke für die Randstützen mit den von oben ermittelten Lasten übereinstimmen. Allerdings setzt das einen sehr weichen Überbau und eine biegsame Fundamentplatte voraus („schlaffes" Bauwerk), ferner einen guten Baugrund, der sich nur wenig setzt. Bei abweichenden Verhältnissen ist die Biegesteifigkeit des Bauwerks wie gezeigt zu berücksichtigen, da sie größere Pressungen an den Plattenrändern verursacht.

Die bisher beschriebenen Verfahren gelten für einachsige Biegung von Balken und Plattenstreifen. In [38] liegen jedoch Hilfsmittel vor, auf elastischem Baugrund aufliegende Platten zu berechnen, wenn sie nach zwei Achsen auf Biegung beansprucht werden. Lösungen für die Kreisplatte mit Gleichlast und einer Einzellast in der Mitte sind schon länger bekannt, für beliebige Lasten bei [39] zu finden. Westergaard hat für großflächige, dünne Platten mit Einzellasten (Straßendecken, Rollfelder vgl. IIA. 3.4) Näherungsformeln entwickelt, die ohne Angabe der Bodenpressungen gleich Grenzwerte der Schnittkräfte liefern [40]. Durch den Einsatz elektronischer Rechengeräte wird auch die Behandlung anderer Fälle möglich [41]. Die Fließgelenk-Methode wendet [41.5] auf elastisch gebettete Balken und Piatten an.

3.3 Pfahlgründungen

Eine Pfahlgründung dient dazu, weiche Bodenschichten unter der Fundamentsohle zu überbrücken, um festen Boden zu erreichen. Die Pfahlkräfte werden durch Mantelreibung und Spitzenwiderstand in tragfähige Schichten eingeleitet. Die

Pfahlkopfplatte ist meist gedrungen und kann in der Regel als „starr“ im Verhältnis zu den Deformationen der Pfahlgründung angesehen werden. Ausgedehnte, auf zahlreichen Pfählen gelagerte, biegsame Platten werden als Durchlaufträger auf elastischen Stützen berechnet.

Sämtliche Lasten einer starren Pfahlkopfplatte lassen sich zu einer Resultierenden zusammenfassen. Meistens wechselt deren Größe und Neigung sowie der Durchstoßpunkt durch die Fundamentsohle infolge veränderlicher Lasten (z.B. Bau- und Endzustand; Nutzlast auf dem Bauwerk und seiner Hinterfüllung; Wind oder andere waagrechte Lasten). In solchen Fällen genügt es nicht, die Pfahlgründung nur für *einen* Belastungszustand zu untersuchen.

Die Wahl der Pfahlart setzt gute Kenntnis der Bodenschichtung voraus, wie in DIN 1054 (76), 5 und den „Erläuterungen“ dazu gefordert. Eine Übersicht der Pfähle findet man im Beitrag „Grundbau“ des BKal. 1988 II, S. 459 sowie im Grundbautaschenbuch [34], Bemerkungen zur Anwendung bei [42].

In rolligen Böden (Sand, Kies) sind sowohl Ramm- als auch Ortbetonbohrpfähle anwendbar. Bei ersteren wird der Boden verdichtet, was auch bei vorgefertigten und bei eingerammten Vortreibrohren erreicht wird, die nachträglich ausbetoniert werden. Bei Bohrpfählen ist darauf zu achten, daß der Boden nicht durch Grundwasserentzug gelockert wird. In bindigen Böden sind Bohrpfähle i.allg. vorzuziehen, da ihr Spitzenwiderstand gut zu beurteilen ist. Dieser kann in standfestem Boden durch einen verbreiterten Fuß (Unterschneiden des Bohrrohres mittels Spezialgerät) vergrößert werden. In solche Böden gerammte Fertigpfähle zeigen nach den „Rammformeln“ zunächst eine „Scheinfestigkeit“, die durch Abwandern des Porenwassers mit der Zeit herabgesetzt wird und zu Setzungen führen kann.

3.3.1 Anordnung der Pfähle

Die Anordnung der Pfähle soll deren Tragfähigkeit ausnutzen und eine möglichst steife Abstützung bewirken. Dabei dürfen die Pfähle im wesentlichen nur Längskräfte erhalten, denn eine Lastabtragung durch Biegung ergibt viel größere Deformationen als eine Längskraftabstützung. Außerdem ist Biegung in den Pfählen unerwünscht, da sie im Stadium II feine Risse erzeugt, die im Grundwasser gefährlich werden können.

Abbildung 3.3./1 zeigt als Beispiel einen Einzelpfahl mit einer Last V, die praktisch stets mit einer gewissen Exzentrizität e und einer Neigung von $n\%$ angreift. Dadurch entsteht ein Pfahlkopfmoment Ve und eine horizontale Kraft $H = nV$, die nach [35.1, S. 142] Ausbiegungen $w_{0v} = 2Ve/L^2Cd$ und $w_{0H} = 2H/LCd$ zur Folge haben. Mit den Zahlen der Abb. 3.3/1 ergeben sich $L = 9{,}0d$ und $w_{0v} = 0{,}14e \simeq 0{,}7$ cm sowie $w_{0H} = 0{,}38n[m] \simeq 1{,}9$ cm. Die Biegung infolge der Exzentrizität e klingt rasch ab, während der in der Abb. eingetragene Verlauf der Momente infolge H den Größtwert $M_{\max} = HL/3$ besitzt, entsprechend einer Exzentrizität der Längskraft V von $e_M = M_{\max}/V = HL/3V = nVL/3V \simeq 0{,}15d$ also etwa der Kernweite $k = d/8$. Daraus erkennt man, daß es nicht ratsam ist, eine Stütze auf einen einzelnen Pfahl zu stellen, da die unvermeidlichen Ungenauig-

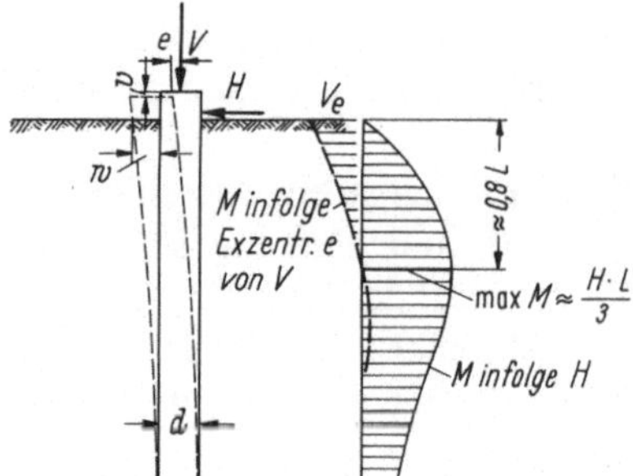

Abb. 3.3/1. Längs- und Querbelastung eines Pfahls. Abschätzen der Beanspruchung und Verformung mit Hilfe des Bettungsmodul-Verfahrens (vgl. 22) für: $d = 30$ cm; $e = 5$ cm; $E_p = 20\,000$ N/mm²; $C = 2{,}0$ MN/m³; $P = 300$ kN; $H = n$P; $n = 0{,}05$

keiten der Ausführung Verbiegungen und Zusatzspannungen verursachen; in unserem Falle wird die mittlere Betonspannung etwa verdoppelt.

Sofern der Pfahl nicht bis zur Oberkante im Boden steht, vergrößern sich die errechneten Werte weiterhin. Die „Erläuterungen" zur DIN 1054 (76) lassen aus diesen Gründen in den Pfählen nur Querkräfte zu, die nicht mehr als 3 bis 5% der Längskräfte betragen. Da sich jedoch eine seitliche Beanspruchung von Pfählen mitunter nicht vermeiden läßt, ist über die entstehenden Zusatzspannungen und deren Aufnahme verschiedentlich gearbeitet worden [43]. Besonders die für große Lasten sehr wirtschaftlichen, bewehrten Großbohrpfähle mit 80 bis 150 cm Durchmesser können recht erhebliche Horizontalkräfte aufnehmen [44].

Bei der Wahl der Pfahlanordnung ist von folgenden Gesichtspunkten auszugehen:

1. Die Pfahlkräfte sollen etwa gleich groß sein. Der Schwerpunkt aller Pfahlquerschnitte muß daher in der Nähe der Mittellage der Lastresultierenden liegen. Man überblickt die Auswirkungen einer getroffenen Anordnung am besten, wenn man die Pfahlkräfte für die verschiedenen Lastkomponenten V und H getrennt ermittelt.

2. Zugpfähle sind möglichst zu vermeiden, da sie nur geringe Kräfte aufzunehmen vermögen und deshalb unwirtschaftlich sind. Außerdem ist ihre Nachgiebigkeit meistens größer als die von Druckpfählen, denn der Spitzenwiderstand fehlt ihnen. Mitunter lassen sich Zugkräfte durch die Auflasten „überdrücken".

3. Die Pfahlgründung soll möglichst unempfindlich gegen unbeabsichtigte Laststreuungen sein, die durch Unsicherheit des Erddrucks, unvorhergesehene Laststellungen, geometrische Ausführungsungenauigkeiten usw. entstehen können [45].

Einzelpfähle sind, wie gezeigt, zu vermeiden. Besser werden zwei Pfähle angeordnet und durch einen Riegel verbunden. Am besten, aber auch am teuersten ist es, drei Pfähle für eine große Stützenlast zu verwenden, da dann in jedem Falle nur reine Längskräfte auftreten.

Abbildung 3.3/2 zeigt eine Stützmauer, bei der sämtliche Pfähle die Richtung der errechneten Lastresultierenden beistzen. Da der Erddruck in ziemlich weiten Grenzen schwanken kann und im Bauzustand ganz fortfällt, tritt in den Pfählen

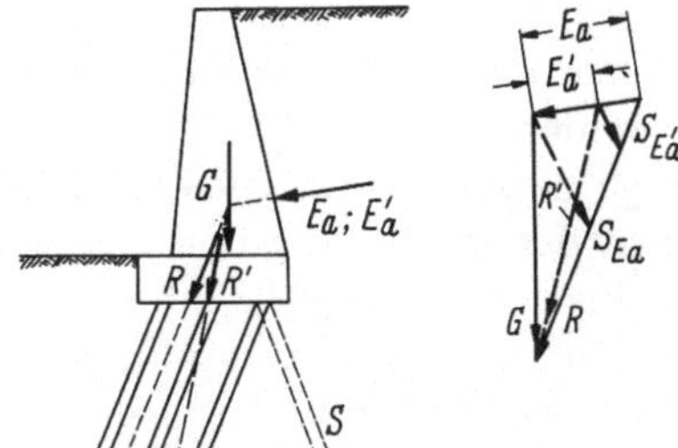

Abb. 3.3/2. Streuender und fortfallender Erddruck auf eine Stützmauer erfordert, die für G und E_{max} bemessenen Schrägpfähle durch Gegenpfähle zu ergänzen

Biegung mit den damit verbundenen Nachteilen auf. Es ist also nötig, noch entgegengesetzt gerichtete Schrägpfähle hinzuzufügen.

Als warnendes Beispiel diene das Bild eines Silos (Abb. 3.3/3) [46]. Seine Pfahlgründung wurde für Vollast und Wind so ausgelegt, daß sich die Achsen der drei Pfahlgruppen etwa in Höhe des Windangriffspunkts schnitten. Dadurch sollte

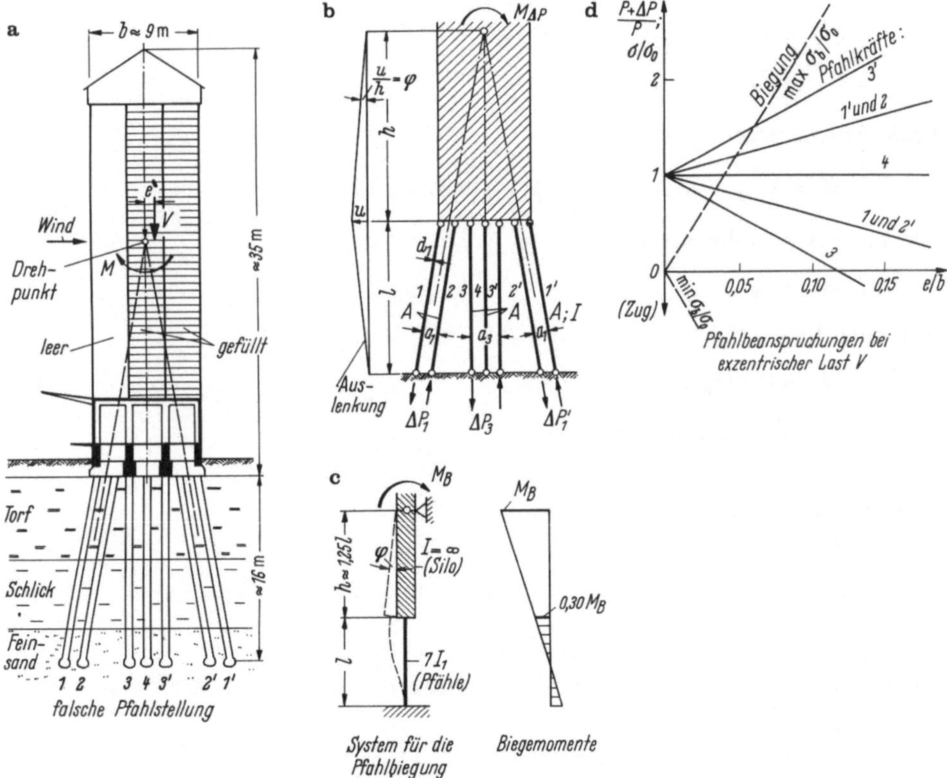

Abb. 3.3/3. Beispiel einer mißlungenen Pfahlgründung, die zum Einsturz eines Silos führte, da sie nur für Vollast und Wind berechnet war. **a** Schnitt durch den Silo [18]; **b** virtuelle Verschiebung u des unteren Silorandes; **c** virtuelle Verdrehung φ des Silos; **d** Pfahlbeanspruchungen bei exzentrischer Last

das Versetzungsmoment der Windkraft bezogen auf die Fundamentsohle aufgenommen werden. Man hatte aber übersehen, daß dadurch das ganze Bauwerk um dieses Zentrum drehbar wurde, wenn man von der geringen Breite der drei einzelnen Pfahlgruppen absieht. Schon eine geringe Exzentrizität e der Last V bewirkte durch das Moment Ve große Änderungen der Pfahlkräfte und erzeugte außerdem erhebliche Biegespannungen in den Pfählen. Abbildung 3.3/3d zeigt die Zunahme ΔP der Pfahlkräfte bei einer virtuellen Drehung des Silos um φ, wobei die Pfähle oben und unten Gelenke besitzen sollen (Abb. 3.3/3b):

$$\Delta P_1 = -\Delta P_2 = EAa_1\varphi/21_1$$

$$\Delta P_3 = -\Delta P_3' = EAa_3\varphi/21_3; \Delta P_4 = 0 ,$$

Die Pfähle nehmen also durch Längskräfte auf:

$$M_{\Delta p} = 2\Delta P_1 a_1 + \Delta P_3 a_3 \text{ und mit } l_1 \simeq l;\, a_3 = 2a_1$$

$$= 3a_1^2 EA\varphi/l .$$

Nach Abb. 3.3/3c übertragen die Pfähle durch Biegung:

$$M_B = 28EI(3h^2/l^2 + 3h/l + 1)\varphi/l \text{ und mit } h/l = 1{,}25$$

$$= 270\, EI\varphi/l.$$

Beide Anteile ergeben zusammen:

$$M = M_{\Delta P} + M_B = 3a_1^2 EA\varphi(1 + 90I/Aa_1^2)/l$$

und mit der Annahme $d_1 = a_1/3$; $I = Aa_1^2/144$ wird

$$M_B \simeq 0{,}4\, Ve.$$

Auf einen Einzelpfahl entfällt davon

$$M_1 = 0{,}3M_B/7 \simeq 0{,}017\, Ve$$

und erzeugt Biegespannungen von

$$\sigma_b = M_1/W_1 = 17{,}4e\sigma_0/b ,$$

bezogen auf die Grundspannung $\sigma_0 = V/7A$ mit $b = 18d_1$.
Die Kraft im Pfahl 3 beträgt

$$\Delta P_3 = 2\Delta P_1 = EA\varphi a_1/l = M_{\Delta P}/3a_1 \text{ mit } M_{\Delta P} \cong 0{,}6\, Ve$$

$$\Delta P_3/P = 0{,}6\, Ve/3a_1 \cdot 7/V \simeq 8{,}4e/b.$$

Die Randspannungen in Pfahl 3 und 3′ betragen hoch gestellt, also $M_{\Delta P}/3a_1$

$$\sigma = \sigma_0(1 \pm 8{,}4e/b \pm 17{,}4e/b) .$$

Also wird schon bei $e \simeq 0{,}04b$ $\sigma_b = 2\sigma_0$ bzw. $= 0$ (Abb. 3.3/3d).

Durch die verfehlte Pfahlanordnung wurden also bei Teilfüllung, wie der Überschlag zeigt, die Pfähle übermäßig beansprucht, so daß der Silo sich eines Nachts auf die Seite legte und in zwei Teile zerbrach.

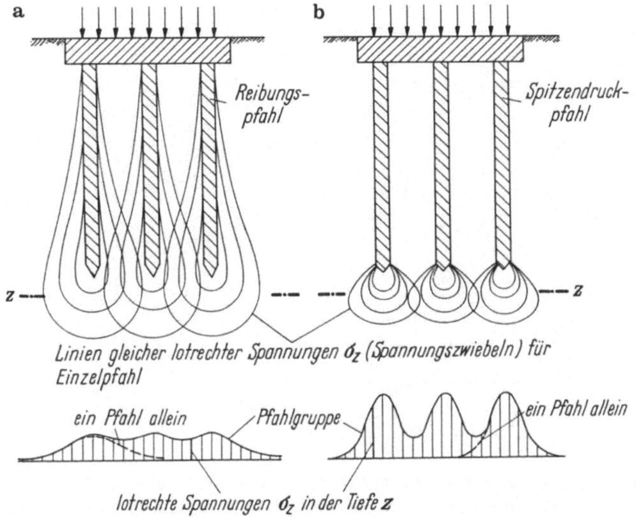

Abb. 3.3/4. Gegenseitige Beeinflussung der Spannungen im Boden aus benachbarten Pfählen. **a** „Schwimmende" Pfahlgründung: Pfahlkräfte durch Mantelreibung abgetragen; **b** „Stehende" Pfahlgründung: Pfahlkräfte durch Spitzendruck abgetragen

4. Die Gesamtlast soll im Boden durch die Pfahlgründung möglichst gut verteilt werden. Hierbei beeinflussen sich die Pfähle aber gegenseitig, insbesondere wenn schon die Mantelreibung dazu führt, daß sich ihre „Spannungszwiebeln" überdecken (Abb. 3.3/4).

Die Berechnung der Kräfte in den einzelnen Pfählen einer Pfahlgruppe ist besonders übersichtlich und einfach, wenn sich diese als statisch bestimmte Stützung idealisieren läßt (Abb 3.3/5a). Auch bei symmetrischer Anordnung mit einem oder zwei überzähligen Stäben lassen sich die Kräfte leicht angeben (Abb. 3.3/5b u.c.).

Bezüglich der Anordnung von Schrägpfählen ist aus Abb. 3.3/5 zu ersehen:

1. An dem Lastfall $H = 0$ erkennt man, daß eine Pfahlstellung mit nur einsinnig geneigten Schrägpfählen ungünstig ist, wenn die Horizontalkraft sich wesentlich ändern kann. Wenn die Pfahlgruppe nur senkrechte Lasten trägt, würden die Schrägpfähle einen Schub ausüben, weil die Verformungsbedingungen ihre Beteiligung an der Lastaufnahme erzwingen. Der waagrechte Schub könnte aber nur durch Biegung der Pfähle aufgenommen werden, was man im allgemeinen gerade ausschließen will. Man wird mithin im vorliegenden Fall gegensinnig geneigte Schrägpfähle anordnen.
2. Es ist nicht ratsam, schräge Zugpfähle zur Aufnahme von H mit senkrechten Pfählen, die bereits durch die anderen Lastkomponenten (V und M) stark belastet sind, zu Böcken zu kombinieren (in Abb. 3.3/5a besser 2 mit 3 kombinieren). Das widerspräche dem Streben nach möglichst gleichmäßiger Pfahlbeanspruchung.

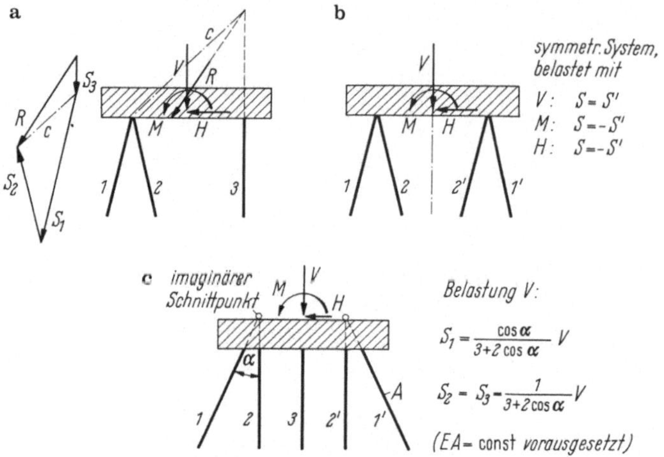

Abb. 3.3/5. Ermittlung der Pfahlkräfte S bei einfachen Pfahlstellungen. **a** Statisch bestimmte Pfahlstellung; **b** symmetrische Pfahlstellung, statisch bestimmt zu berechnen; **c** symmetrische Pfahlstellung, für antimetrische Lasten H und M statisch bestimmt, für Vertikallast V einfach statisch unbestimmt zu berechnen

Aus vielen Pfählen bestehende, mehrfach statisch unbestimmte Gründungen werden nach der Verformungsmethode berechnet. Hierbei wird meist angenommen, daß die Pfahlkopfplatte starr und die Pfähle elastisch sind, mit Gelenken am oberen und unteren Ende. Die seitliche Bettung im Boden wird vernachlässigt. Außer den drei Gleichgewichtsbedingungen sind noch Kontinuitätsbedingungen zu erfüllen, weil die Pfahlköpfe den drei Verschiebungen u, v, φ der Kopfplatte folgen müssen. Durch Verknüpfung dieser Gleichungen lassen sich die Verschiebungen und daraus weiter durch Rekursion die Pfahlkräfte ermitteln (Abb. 3.3/6) [47]. Die Längenänderung der Pfähle und die Einsenkung der Pfahlspitzen können nur überschläglich angegeben werden; es ist ungewiß, wie sich die Last auf Spitzenwiderstand und Mantelreibung verteilt. Der erwähnte Ansatz ist deshalb stets mit Streuungen behaftet. Außerdem werden hierbei ja die Momente, die durch die tatsächliche Einspannung der Pfähle am oberen und unteren Ende entstehen, sowie die Leibungsdrücke der Pfähle infolge der Fundamentverschiebungen vernachlässigt.

Abbildung 3.3/6 zeigt an einem einfachen Beispiel den Gang der Berechnung. Jede Pfahlkraft P wird als Funktion der Verschiebungen ausgedrückt:

$$P = P(u) + P(v) + P(\varphi)$$

und dann die P zusammen mit den Lasten in die drei Gleichgewichtsbedingungen für die Kopfplatte eingesetzt. Daraus werden u, v und φ gewonnen und dann durch Rekursion die P.

Für lotrechte Pfähle ist $P = \varepsilon v$ mit $\varepsilon = EA/l$,
für schräge Pfähle ist $P' = \varepsilon' v'$ mit $\varepsilon' v' = \varepsilon v \cos^2\alpha$.

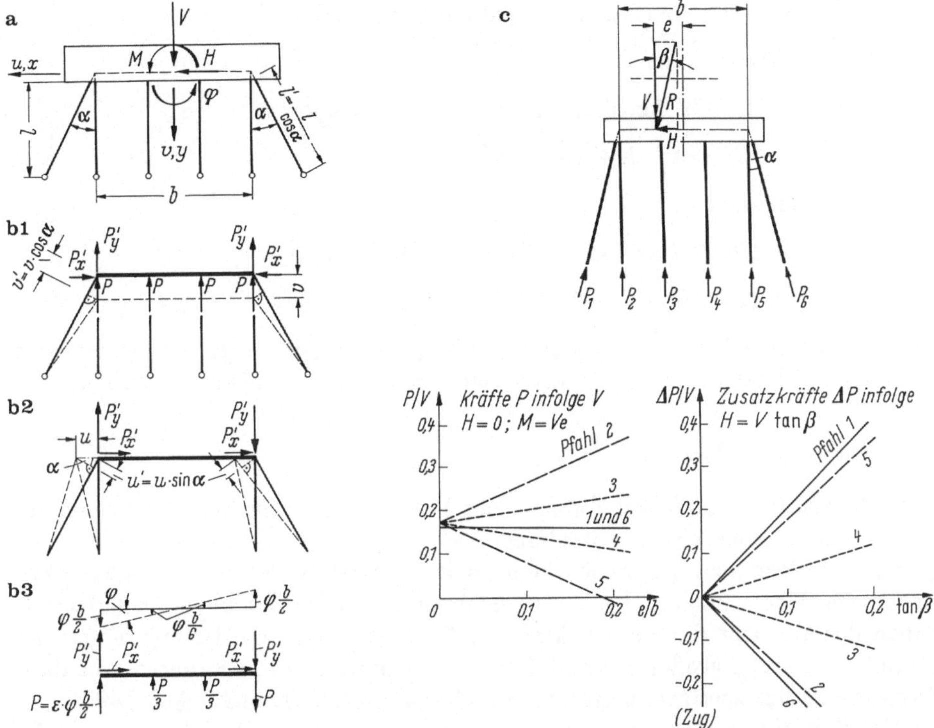

Abb. 3.3/6. Ermittlung der Pfahlkräfte für eine starre Kopfplatte bei statisch unbestimmter Stützung mittels der Verformungsmethode. **a** System; **b** virtuelle Verschiebungen in den drei Freiheitsgraden der starren Kopfplatte; **c** Zahlenbeispiel: Pfahlkräfte getrennt für senkrechte, wandernde und geneigte Last V

1. die Verschiebung v liefert $P(v)$ (Abb. b1):

$$P'_y = \varepsilon v \cos^3\alpha \text{ und } P'_x = \varepsilon v \cos^2\alpha \sin\alpha$$

mithin $V = 4P + 2P' \cos\alpha = (4 + 2\cos^3\alpha)\varepsilon v$; $H = 0$; $M = 0$

2. die Verschiebung u liefert $P(u)$ (Abb. 3.3/6 b2):

$$P = 0 \text{ und } P'_y = \varepsilon u \cos^2\alpha \sin\alpha \text{ und } P'_x = \varepsilon u \cos\alpha \sin^2\alpha$$

mithin $V = 0$; $H = 2P'_x = 2\varepsilon u \cos\alpha \sin^2\alpha$; $M = P'_y b = \varepsilon b u \sin\alpha \cos^2\alpha$.

3. Die Verdrehung φ liefert $P(\varphi)$ (Abb. 3.3/6 b3):

$$P = \varepsilon\varphi b/2 \text{ und } P'_y = 0{,}5\varepsilon\varphi b \cos^3\alpha$$

$$P'_x = \varepsilon\varphi b \cos^2\alpha \sin\alpha/2$$

mithin: $V = 0$; $H = 2P'_x = \varepsilon\varphi b \cos^2\alpha \sin\alpha$

$$M = Pb + Pb/9 + P'_y b = \varepsilon\varphi b^2(10/9 + \cos^3\alpha)/2.$$

Das Einsetzen in die Gleichgewichtsbedingungen ergibt:

$$v = V/\varepsilon(4 + 2\cos^3\alpha)$$

$$u = H(0{,}5 + 0{,}45\cos^3\alpha)/\varepsilon\cos\alpha\sin^2\alpha - 0{,}9M\cot\alpha/\varepsilon b$$

$$\varphi = -0{,}9H\cot\alpha/\varepsilon b + 1{,}8M/\varepsilon b^2$$

und die Rekursion:

$$P/V = 1/(4 + 2\cos^3\alpha) \pm 0{,}45\tan\beta\cot\alpha \pm 0{,}9e/b$$

$$P' = V\cos^2\alpha/(4 + 2\cos^2\alpha) \pm H/2\sin\alpha.$$

Ein Zahlenbeispiel mit $\alpha = 14°$ ($\tan\alpha = 1/4$) (Abb. 3.3/6c) zeigt den erheblichen Einfluß einer Last-Exzentrizität sowie der Neigung der Kraftresultierenden R.

3.3.2 Zulässige Pfahllasten

Die zulässige Pfahllast hängt von so vielen Faktoren ab, daß eine Berechnung nur den Charakter einer Abschätzung haben kann [48]. Auch aus dem Verhalten eines Pfahls beim Rammen lassen sich keine sicheren Schlüsse auf seine Tragfähigkeit ziehen; am ehesten noch ist das bei rolligem, durchlässigem Boden möglich. Hierbei haben das Gewicht des Rammbären, die Schlagfrequenz, die Bodenart und der Grundwasserstand großen Einfluß. Rammformeln und andere Kriterien, die diese Faktoren berücksichtigen, gestatten ein Abschätzen der Tragfähigkeit [49].

Diese ist nur durch eine Probebelastung sicher zu beurteilen. Man verwendet einen Kieskasten oder eine hydraulische Presse, um die Auflast herzustellen. Im letzteren Falle wird die Gegenkraft durch mehrere Zugpfähle aufgenommen, die aber weit genug vom Druckpfahl entfernt stehen müssen. Aus dem Diagramm der gemessenen Einsenkungen ist eine Grenzlast P_S zu erkennen (Abb. 3.3/7a), von der

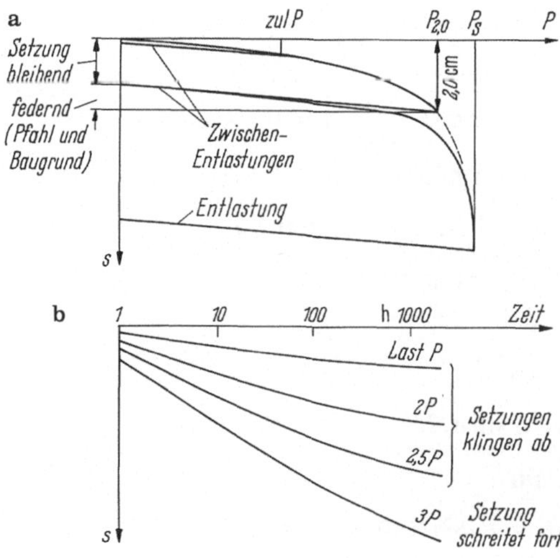

Abb. 3.3/7. Setzungen bei der Probebelastung eines Pfahls (DIN 1054 (76), 5 mit „Anhang"). **a** In rolligem Boden; Belastungsdauer 1 Tag ausreichend, keine Zeitabhängigkeit; **b** in bindigem Boden; Beurteilung durch Baugrundsachverständige!

etwa 50% als zulässig angenommen werden, sofern das Bauwerk die Setzungen verträgt [DIN 1054 (76), 5] [50]. Meist wird P_S jedoch durch eine bestimmte Setzung, im allgemeinen 2 cm, definiert, wie man ja auch bei Stahl die Streckgrenze durch eine Konvention (2‰ bleibende Dehnung) festlegt. Bei bindigen Böden kann man sich nicht mit einem Kurzzeitversuch begnügen, sondern muß die Setzung über Tage, besser Wochen verfolgen (Abb. 3.3/7b).

Bei Pfählen in Aufschüttungen oder bei nachträglicher Belastung des Bodens neben den Pfählen ist zu beachten, daß durch nach unten gerichtete Reibungskräfte (negative Mantelreibung) zusätzliche Setzungen hervorgerufen werden können. Von anderen Schäden an Pfählen siehe [51].

Der Durchmesser von vorgefertigten Rammpfählen wird durch deren Handlich keit und den Rammwiderstand begrenzt. Bohrpfähle dagegen können auch für sehr große Lasten und Längen sowie erhebliche H-Kräfte in der erforderlichen Stärke (bis etwa 1,5 m) ausgeführt werden. Hierfür gelten andere Bemessungsregeln [52]. Für die normalen „Verpreßpfähle" bis Ø 300 gilt DIN 4128 (83).

3.4 Aufnahme von Horizontalkräften in der Gründungssohle

In Abschnitt 3.1.2 wird gezeigt, wie bei Einzelfundamenten mit geringer Neigung der eingetragenen Kraft, die sich nur in einer ungleichförmigen Verteilung der Bodenpressungen bemerkbar macht, die Horizontalkomponente durch die Sohlreibung übertragen werden kann. Nun werden konstruktive Maßnahmen behandelt, die bei relativ größeren Horizontalkräften nötig werden.

Bei Endwiderlagern von Bogen- und Hängebrücken, auch bei der Verankerung von Seiltragwerken, sind große Horizontalkräfte aufzunehmen. Man muß dann viel Masse einbauen, um die Resultierende in den Kern der Sohlfuge zu zwingen und die in DIN 1054 (76), 4.1.3.3 geforderte Gleitsicherheit $\eta_g = (V\mu + E_0)/H \geqq 1{,}2 \ldots 1{,}5$ einzuhalten [53]. In flachem Gelände hilft nur große Auflast, wobei der unterhalb eines eventuell vorhandenen Grundwasserspiegels liegende Beton Auftrieb erleidet, also nur mit $\gamma - 1$ zu Buche schlägt (10% Sicherheit einrechnen!). Um Beton zu sparen, werden Widerlager auch als erdgefüllte Kästen ausgebildet

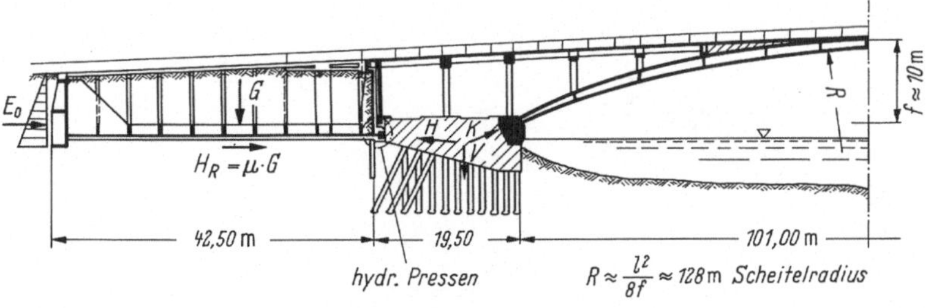

Abb. 3.4/1. Durch Erdauflast G erzeugte Reibungskraft für das Widerlager einer flachen Bogenbrücke (Conflans-Fin-d'Oise). Aktivieren von Horizontalkräften bis 30,0 MN durch 10 Kapselpressen von 60 cm Ø (Bauart Freyssinet) E_0 Ruhedruck

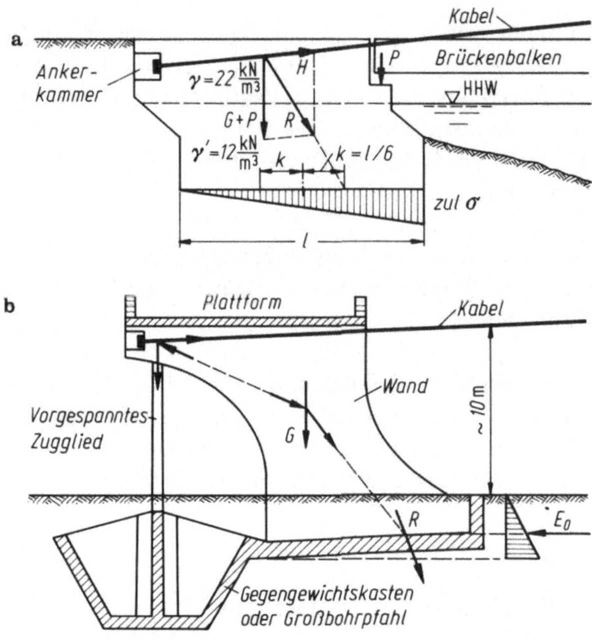

Abb. 3.4/2. Beispiele für Verankerungen großer waagrechter Zugkräfte. **a** Widerlager einer Hängebrücke Forderungen: 1) G und R stets innerhalb des Kernes! 2) $(G + P)\,\mu > 1{,}5\,H$; **b** Ankerwand für Hauptkabel eines Hängedachs über ein Stadion. Umsturzmoment infolge großer Höhe des Angriffs erfordert Gegengewicht; Bodenreibung durch Erdruhedruck E_0 unterstützt

(Abb. 3.4/1). Abbildung 3.4/2a zeigt schematisch das Widerlager einer Hängebrücke, Abb. 2b dasjenige für ein Seiltragwerk, dessen Hauptkabel in etwa 10 m Höhe angreift. Der Leichtigkeit des Daches stehen also erhebliche Aufwendungen für die Verankerung der Kabel gegenüber! Um die Reibungskraft in der Sohle zu unterstützen, ist eine Wand von der Länge l vorgesehen, die den Erddruck aktiviert, ferner ein Gegengewicht, um das Umsturzmoment zu vermindern.

Man kann auch die Sohle ansteigen lassen, damit die Resultierende innerhalb des Reibungswinkels verläuft. Bei einem standfesten Hang (Fels) läßt sich die Sohle entsprechend neigen (Abb. 3.4/3). Bei normalem Baugrund darf man sich jedoch damit nicht begnügen, sondern muß die Gleitsicherheit auch in einer gedachten

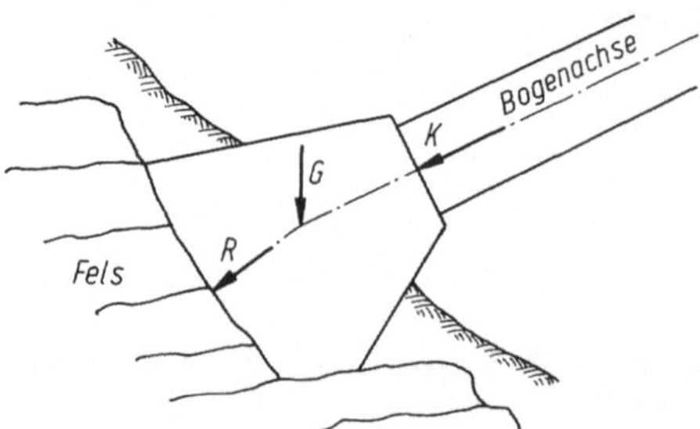

Abb. 3.4/3. Bei sehr festem Baugrund kann die Sohle rechtwinklig zur Resultierenden angeordnet werden

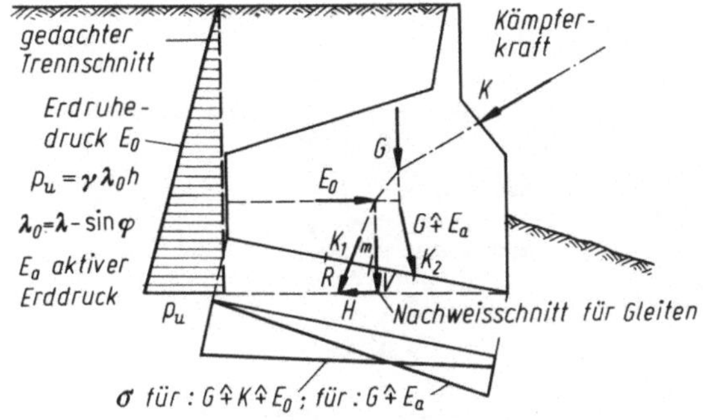

Abb. 3.4/4. Bei normalem Baugrund ist die Gleitsicherheit in einer waagrechten Schnittfläche nachzuweisen (DIN 1054 (76), 2.3.4u, 4.1.3), Beispiel: Widerlager einer Bogenbrücke

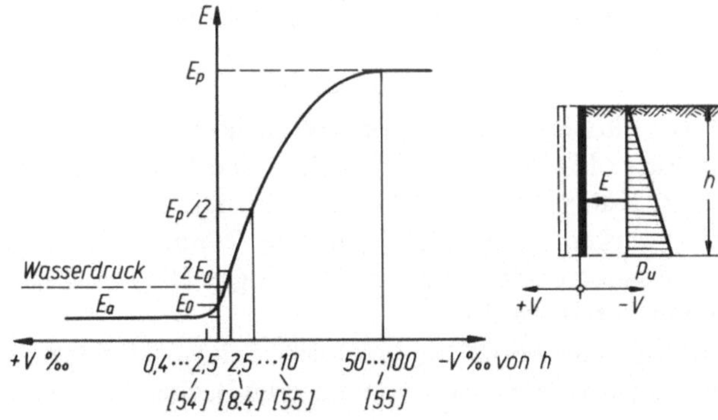

Abb. 3.4/5. Erddruck E auf eine senkrechte Wand in Abhängigkeit von deren Verschiebung v nach Versuchen. φ innerer Reibungswinkel, $E = puh^2/2$, $pu = \gamma\lambda h$; $\lambda_a = \tan^2(45 - \varphi/2)$, a = aktiv, $\lambda_0 = 1 - \sin\varphi \simeq (1{,}4$ bis $1{,}6)\lambda_a$, 0 = ruhend, $\lambda_p = 1/\lambda_a$, p = passiv

waagerechten Fuge nachweisen (Abb. 3.4/4). Dabei darf man den Stirnwiderstand in Rechnung stellen, der aber vom Verschiebungsweg v abhängt (Abb. 3.4/5).

Der aktive Erddruck λ_a setzt bekanntlich ein geringes Nachgeben (oder Verdrehen) v der Wand voraus. Der Ruhedruck, der als $(v = 0)$ $\lambda_0 = (1 - \sin\varphi)\cos^2\beta/\left(1 - \dfrac{\sin^2\beta}{\sin\varphi}\right)$ (β: Geländeneigung) angesetzt wird [56], also rund 50% größer als λ_a läßt sich dann rechtfertigen, wenn die Hinterfüllung gut verdichtet ist. Der passive Erddruck λ_p kann zwar bis auf $1/\lambda_a$ ansteigen, setzt aber eine Verschiebung $-v$ der Wand voraus. Diese darf man nicht tolerieren, will man ein Widerlager abstützen. DIN 1054 (76) 4.1.3.3 läßt äußerstenfalls $\lambda_p/2$ zu, was jedoch für empfindliche Bauwerke zu nicht tragbaren Verschiebungen führt.

Die Reibungszahl μ in der Sohlfuge muß stets mit Vorsicht beurteilt werden. Anstehendes Grundwasser kann sie merklich vermindern. Eine Verzahnung ist nur bei sehr festem Boden mit großer Kohäsion wirksam (kompakter Fels).

Besondere Vorsicht ist geboten, wenn ein Bauwerk, das auf einer geklebten Grundwasserdichtung steht, wesentliche waagrechte Kräfte aufzunehmen hat. Obgleich Bitumina bei kurzzeitiger Belastung wie feste Stoffe wirken, verhalten sie sich

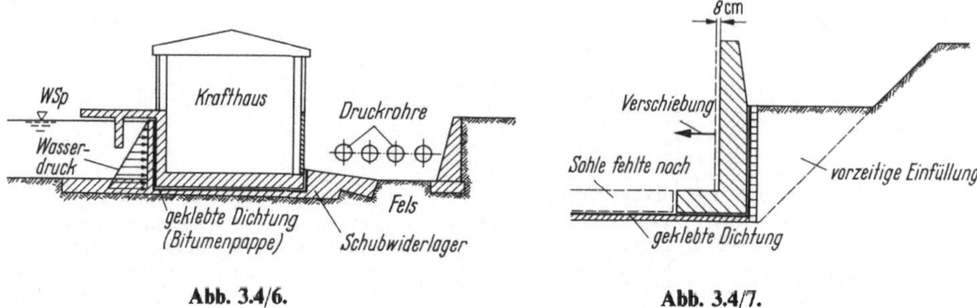

Abb. 3.4/6. **Abb. 3.4/7.**

Abb. 3.4/6. Besonderes Schubwiderlager für ein Krafthaus mit einseitigem Wasserdruck

Abb. 3.4/7. Verschieben der Längswand einer Tiefstraße im Bauzustand auf der Grundwasserdichtung

bei Dauerlast wie hochviskose Flüssigkeiten und neigen zu langsamem Fließen ohne merkliche Reibung. Auf diese Eigenschaft wird auch in den Richtlinien DIN 18.195 (83), Teil 6,5 und im B. Kal. 1988, II, S.533 sowie in der Anweisung für Abdichtung von Ingenieurbauwerken (AIB) der Deutschen Bundesbahn hingewiesen. Um die analytische Erfassung bemüht sich die Rheologie. Die Auswirkungen sollen an zwei Beispielen erläutert werden:

1. Das Krafthaus eines Pumpspeicherwerks mußte durch Schubwiderlager gestützt werden, um den einseitigen Wasserdruck vom unteren Becken her aufnehmen zu können (Abb. 3.4/6).
2. Beim Bau einer städtischen Tiefstraße wurden Teile einer Längswand hinterfüllt, ehe die Sohle eingebracht war. Dadurch begann die Wand auf der Grundwasserdichtung zu gleiten und verschob sich um mehrere cm nach innen (Abb. 3.4/7).

3.5 Zugkraftverankerungen

Steil gerichtete Zugkräfte treten z.B. bei der Verankerung von Hängedächern, Kabelbrücken und Starkstrommasten auf (Abb. 3.5/1a). Auch in der Gründungssohle von Stützmauern können sich rechnungsmäßig Zugzonen ergeben (Abb. 3.5/1b).

3.5.1 Ankerblöcke

Die einfachste Möglichkeit, senkrechte Zugkräfte zu verankern, besteht darin, einen entsprechend schweren Betonklotz vorzusehen. Ein Sicherheitsüberschuß an Gewicht ist nicht vorgeschrieben. Er sollte jedoch in Anlehnung an die Kippsicherheit etwa 50% betragen. Tritt gleichzeitig eine Horizontalkraft auf, so werden Kipp- und Gleitsicherheit durch die Zugkraft ungünstig beeinflußt. Auch der Möglichkeit eines Auftriebs ist sorgfältig nachzugehen (Abb. 3.5/2), da dieser die Sicherheiten wesentlich vermindert.

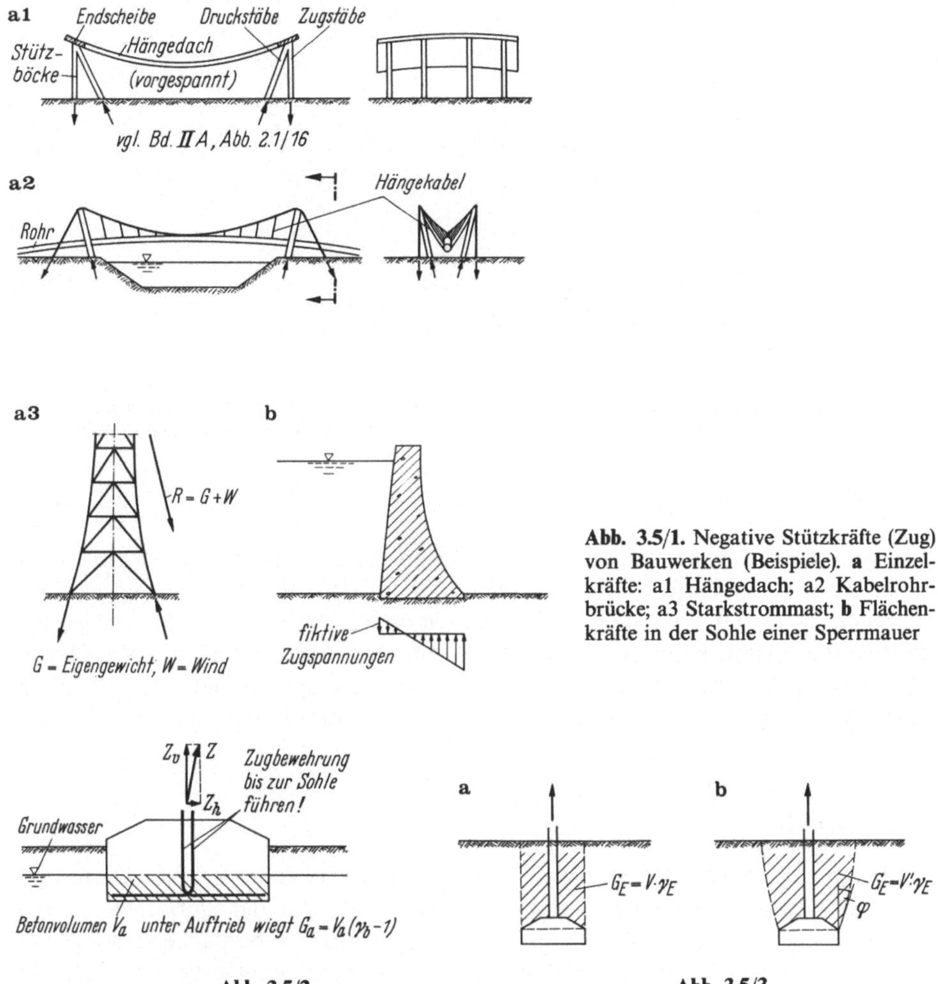

Abb. 3.5/1. Negative Stützkräfte (Zug) von Bauwerken (Beispiele). **a** Einzelkräfte: a1 Hängedach; a2 Kabelrohrbrücke; a3 Starkstrommast; **b** Flächenkräfte in der Sohle einer Sperrmauer

Abb. 3.5/2. **Abb. 3.5/3.**

Abb. 3.5/2. Blockfundament zur Aufnahme einer steil gerichteten Zugkraft. Auftrieb mit 10% Sicherheitszuschlag (DIN 1054 (76), 4.1.3.4) berücksichtigen

Abb. 3.5/3. Überschütteter Grundkörper zur Aufnahme einer Zugkraft. **a** Erdkörper über der Grundfläche als mitwirkend gerechnet (sehr vorsichtige Annahme); **b** Beim Bruch mitwirkender Erdkörper [57]

Der Betonaufwand für einen Blockanker wird erheblich kleiner, wenn das Gewicht des ihn überlagernden Bodens mit herangezogen wird. In jedem Falle rechnet man sicher, wenn man nur das Gewicht des unmittelbar über dem Grundkörper liegenden Bodens in Rechnung stellt (Abb. 3.5/3a). Versuche haben jedoch gezeigt, daß beim Bruch stets ein größerer Körper angehoben wird (Abb. 3.5/3b). Seine Form hängt von der inneren Reibung φ und von der Überlagerungshöhe h ab [57]. Die damit zur Verfügung stehende Auflast sollte wieder um wenigstens

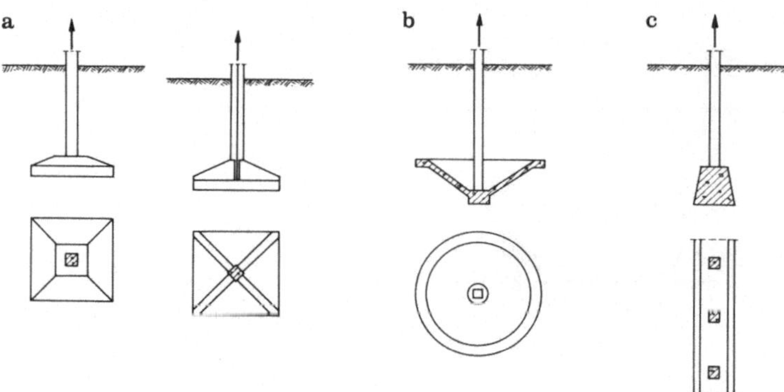

Abb. 3.5/4. Ausbildung des Grundkörpers für Zugkräfte. **a** Volle oder aufgelöste Platte; **b** Kegelschale (Nachteil: profilierte Sohle schwer ausführbar!); **c** Balken in einem Stollen für das Hängedach Abb. 2.1/16b in IIA

50% größer als die aktive Kraft sein. Die Grundkörper bildet man als volle oder durch Rippen versteifte Platte aus (Abb. 3.5/4a). Wenn man eine Kegelschale verwendet, wird der Baustoffaufwand noch geringer (Abb. 3.5/4b). Bei geeigneten Bodenverhältnissen kann es wirtschaftlich sein, den Aushub und das Wiedereinfüllen der Auflast zu vermeiden und statt dessen einen Stollen bergmännisch aufzufahren (Abb. 3.5/4c). Dieser wird ausbetoniert und bildet dann den Grundkörper.

3.5.2 Ankerpfähle

Pfähle können auch zur Aufnahme von Zugkräften verwendet werden. Dann sind sie jedoch wesentlich weniger tragfähig als Druckpfähle, da der Spitzenwiderstand fehlt. Vorgefertigte Rammpfähle sind wegen ihrer glatten Oberfläche wenig geeignet. Vorzuziehen sind Ortbetonpfähle, denn der eingepreßte oder -gerammte Beton verzahnt sich mit dem umliegenden Boden, so daß die Mantelreibung vergrößert wird. Diese ist maßgebend für die aufnehmbare Zugkraft [58]. Die beim Bruch mitwirkende Bodenlast kann man als einen Grundkörper nach Abb. 3.5/5a abschätzen. Sichere Auskunft über die Tragfähigkeit gibt nur ein Zugversuch. Die aufnehmbare Zugkraft läßt sich in standfestem Boden wie bei Druckpfählen durch Ausbilden eines Fußes erhöhen (Abb. 3.5/5b).

Die Zugpfähle sind in jedem Falle mit einer der Zugkraft entsprechenden Bewehrung zu versehen, die in die Pfahlkopfplatte einbindet und bis in den Pfahlfuß reicht. Da die Bewehrung für die Tragfähigkeit der Zugpfähle von entscheidender Bedeutung ist, muß auf die Korrosionssicherung besonders geachtet werden. Die Regeln zur Verteilung von Zugrissen sind einzuhalten (Aufteilung der Bewehrung, Verwendung profilierter Stäbe, Sicherung der Lage, ausreichende Überdeckung mit dichtem Beton.).

Geneigte Zugpfähle dienen z.B. zur Verankerung von Ufermauern in gewachsenem Boden (Abb. 3.5/6), sofern man nicht Erdanker vorzieht.

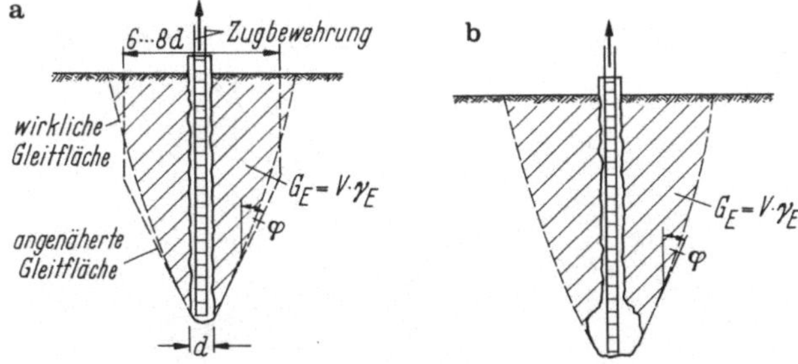

Abb. 3.5/5. Verpreßpfähle zur Aufnahme von Zugkräften. **a** Abschätzen des mitwirkenden Erdkörpers durch Kegelstumpf und Zylinder [57]; **b** Zugpfahl mit verbreitertem Fuß, hergestellt mit besonderem Schneidgerät unterhalb des Mantelrohres (nur bei standfestem Boden zuverlässig anwendbar!)

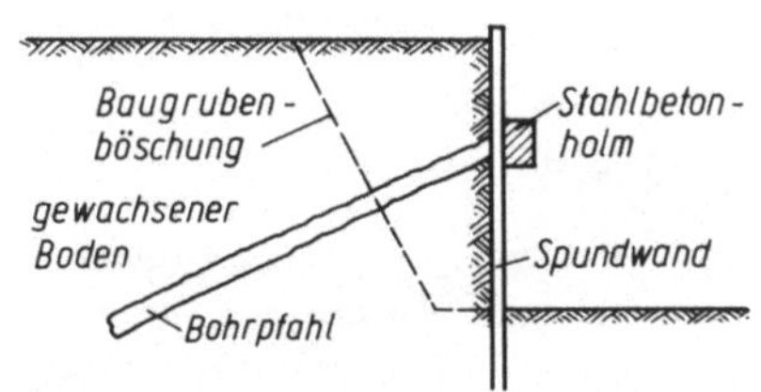

Abb. 3.5/6. Schräge, bewehrte Bohrpfähle zur Aufnahme von Zugkräften bei Baugrubenumschließungen, Uferwänden und Kaimauer

3.5.3 Erd- und Felsanker

Mäßige äußere Zugkräfte wie in Abb. 3.5/1 können durch Einzelanker oder Gruppen davon aufgenommen werden. Diese werden aber auch für die Fixierung gestörter innerer Kräfte benutzt, wie sie beim Anschneiden gelagerter Böden oder beim Begrenzen von Schüttungen auftreten. In jedem Falle besteht die Aufgabe darin, Flächenkräfte durch eine Platte oder einen Riegel zu sammeln, durch eine gestörte Zone zu führen und in einer festen Schicht zu verankern, d.h. außerhalb von jedem möglichen Gleitkörper. Um beim Einleiten der Kräfte „toten Gang" zu beseitigen sowie als Kontrolle für die Ausführung wird meist der fertige Anker mit einem kleinen Sicherheitszuschlag über die planmäßige Beanspruchung hinaus vorgespannt.

Die Anker bedürfen einer amtlichen „Zulassung" durch das IfBt (Institut für Bautechnik/Berlin), in der das System, der Anwendungsbereich und die zulässige Belastung festgelegt sind (Liste der zugelassenen Bauarten in B.Kal. 1987 II, S.610). Die Anforderungen an Herstellung und Prüfung sind in DIN 4125 Teil 1(88) für Kurzzeit-Verpreßanker, in Teil 2(76) für Daueranker geregelt. Ausführlich werden sie im B.Kal. 1987 II, S.603u. [34] beschrieben, ihre Tragfähigkeit in [59].

Abbildung 3.5/7 zeigt schematisch, wie ein Verpreßanker hergestellt wird: Ein Vortreibrohr, das eingerammt oder eingebohrt wird, legt Lage und Länge fest. Dann wird das Zugglied, meist Rippen- oder Gewindestahl, gelegentlich auch Spannstahlbündel, eingeführt und fixiert und der Hohlraum unter kräftigem

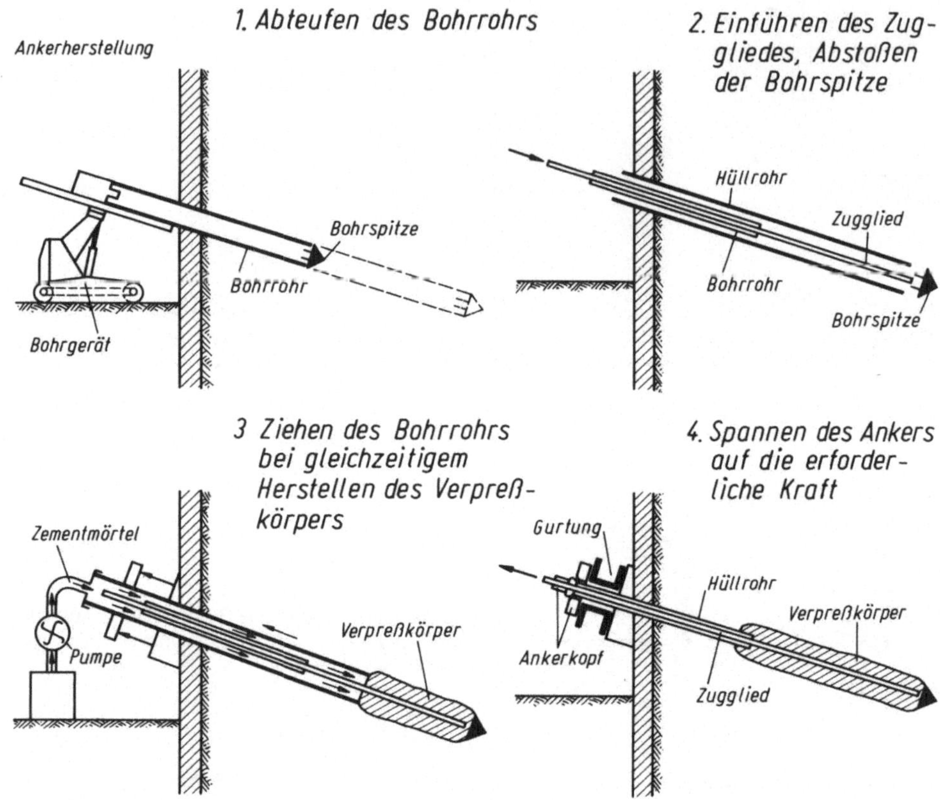

Abb. 3.5/7. Herstellen eines Verpreßankers

Überdruck mit Zementmörtel ausgepreßt. So entsteht der Ankerkörper, der sich durch allmähliches Zurückziehen des Bohrrohres mit dem Boden verzahnt. Der freibleibende Teil des Ankers muß durch ein Hüllrohr vor Feuchtigkeit geschützt und bei Dauerankern besonders sorgfältig mit Zementschlämme oder dgl. gefüllt werden [60]. Luftseitig wird das Zugglied durch ähnliche Köpfe wie beim Spannbeton gefaßt (IA, Abb. 4.3/1).

Die Mantelreibung des Verpreßkörpers im Boden ist rechnerisch schwer zu erfassen und wird meist aufgrund von Erfahrungen abgeschätzt und von Fall zu Fall nachgeprüft.

Auch zur Aufnahme senkrechter Kräfte werden Erdanker verwendet, z.B um eine Kellersohle gegen Auftrieb zu sichern, was anderenfalls nur durch einen erheblichen Aufwand von Beton mit der Masse $\gamma - 1$ möglich wäre [61]. Die Durchführung der Anker durch die Dichtungshaut ist zuverlässig z.B. mittels Klemmplatten auszubilden.

Bei Felsankern wird das Bohrloch nur wenig größer als der Durchmesser des Zuggliedes gewählt, so daß man den schmalen Spalt statt mit Zement auch mit einem sehr festen Reaktionsharz (Mörtel) verpressen kann. Durch dessen große

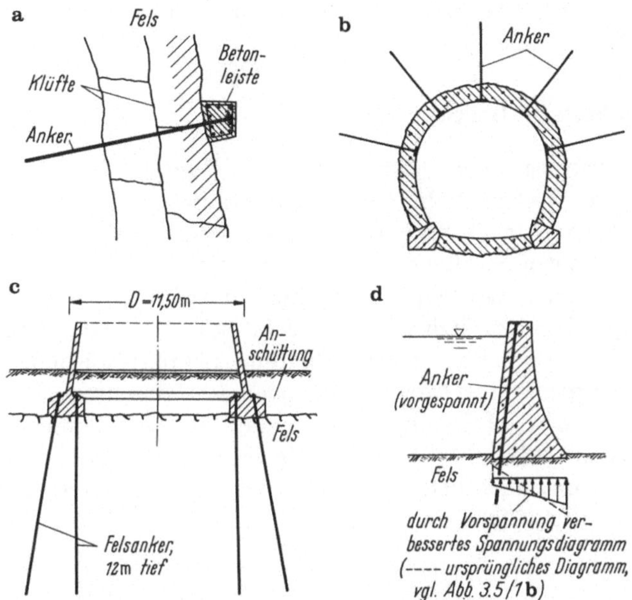

Abb. 3.5/8. Verwendung von Felsankern (schematisch). **a** Zur Sicherung klüftiger Felswände; **b** zur Entlastung des Betonausbaues von Tunneln; **c** bei der Gründung eines Funkturmes [62]; **d** zur nachträglichen Verbesserung der Standfestigkeit einer Sperrmauer. In allen Fällen ist Vorspannung nötig! Jedoch ist auf die erhöhte Korrosionsgefahr von Spannstählen besonders zu achten, da sie die Lebensdauer begrenzen kann, wenn jene nicht wirksam geschützt werden

Haftfestigkeit am Stahl wie am Fels wird nur eine relativ kurze Kontaktzone nötig, was nach Abb. 4.2/5 in IA günstig ist.

Felsanker können zerklüftete Felswände sichern (Abb. 3.5/8a) oder die Betonauskleidung von größeren Stollen und Tunneln vom Gebirgsdruck teilweise entlasten (Abb. 3.5/8b). Abbildung 3.5/8c zeigt die Anwendung von Felsankern bei der Gründung eines Funkturms [62]. Auch die Standfestigkeit von Stützmauern und Talsperren hat man mitunter durch Felsanker verbessert (Abb. 3.5/8d) [63]. Diese sind stets vorzuspannen, weil sie sonst wegen der großen Dehnlänge erst nach einer kleinen Kippbewegung der Wand wirksam würden. Man muß die Festigkeit und die Klüftung des Gesteins genau kennen, um die nötigen Ankerlängen festlegen zu können. Die Felsmechanik liefert hierzu den nötigen Anhalt [64].

3.6 Baugrundsetzungen

Mitunter treten aktive, meist ungleichmäßige Senkungen des Bodens auf, die *nicht* wie das schon beschriebene Setzen durch die Belastung verursacht sind. Sie erfordern besondere konstruktive Maßnahmen. Viele Bauschäden sind darauf zurückzuführen, daß diese Erscheinungen mißachtet wurden. Auf Setzungsdifferenzen infolge eines Wechsels der Gründungsart oder der Bodenschichten, denen man nur durch Anordnung von Fugen begegnen kann, wurde schon hingewiesen (IA, Abb. 6/3); Beispiele in [65].

3.6.1 Setzungen von aufgeschütteten Böden

Nachträgliche Setzungen aufgeschütteter Böden lassen sich durch Verdichten (Einwalzen, Oberflächen- oder Tiefenrütteln) wesentlich vermindern, aber meist nicht ganz beseitigen, weil die Setzungen mitunter erst nach langer Zeit zur Ruhe kommen. Werden auf Schüttungen gegründete Bauteile mit anderen verbunden, die auf gewachsenem Boden ruhen, dann lagern sich die Stützkräfte um, und die Verbindungen werden entsprechend zusätzlich beansprucht. In diesen Fällen muß man entweder den benachbarten Bauteil samt der Verbindung so kräftig ausbilden, daß dieser vom Hauptbaukörper mit getragen wird, oder die Bauteile sind so voneinander zu trennen bzw. so weich zu konstruieren, daß für beide genügend Bewegungsmöglichkeit entsteht (Abb. 3.6/1). Wenn eine Fuge unerwünscht ist, muß man durch gestaffelte Fundamenttiefe durchgehend auf den gewachsenen Boden gründen oder diesen durch Pfähle erreichen.

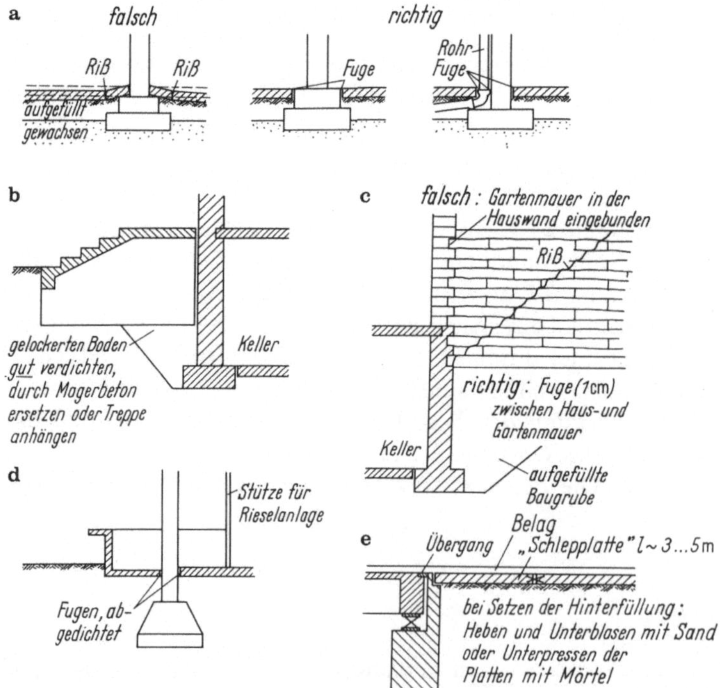

Abb. 3.6/1. Konstruktive Trennung von Bauteilen, die teils auf gewachsenem und teils auf aufgefülltem Boden stehen. **a** Kellerfußboden; **b** Eingangstreppe; **c** Gartenmauer an Hauswand stoßend; **d** Kühlturmstütze in Wassertasse; **e** Brückenwiderlager mit Schlepplatten, um die Setzung der Hinterfüllung auszugleichen; bei sehr guter Verdichtung des Bodens entbehrlich

3.6.2 Bergsenkungen

Die durch den Bergbau auf Kohle, Salz oder dgl. verursachten erheblichen Senkungen und „söhligen" (waagrechten) Bewegungen des Bodens verlangen Konstruktionen, die diesèn angepaßt sind. An der Erdoberfläche entstehen durch den Abbau fortschreitende „Senkungswellen" (Abb. 3.6/2). Die Sprunghöhe h und die Krümmungsradien R sind von der Abbauteufe, der Flözdicke sowie der Natur des Deckgebirges abhängig und werden vom Markscheider angegeben. Aus geometrischen Gründen treten in der Mulde bei R_1 Stauchungen des Bodens (Pressungen) auf, im Sattel bei R_2 Dehnungen (Zerrungen). Eine Senkungswelle, die unter einem Gebäude durchläuft, verschiebt daher eine Fundierung und stellt sie vorübergehend schief.

Je nach Größe und Empfindlichkeit des Gebäudes muß man sich entweder für eine „volle Sicherung" des Tragwerks (Widerstandsprinzip) oder nur für eine „teilweise Sicherung" entscheiden. Letztere beseitigt nur die gefährlichsten Wirkungen (Ausweichprinzip), und man nimmt dabei kleinere Schäden in Kauf [66].

Die Technik konstruiert zumeist nach dem Widerstandsprinzip, um Risse oder Verformungen zu vermeiden. In vielen Fällen ist man allerdings gezwungen zu mischen. Man muß sich dann aber stets über die Beanspruchungen klar werden, die dadurch im Bauwerk auftreten. Handelt es sich z.B. um die Aufnahme von schwingenden Lasten (B. Kal. 1988 II S.734), so gebraucht man sowohl das Widerstandsprinzip, indem die periodische Last von einem *steifen* Tragwerk aufgenommen wird (Hochabstimmung), als auch das Ausweichprinzip. Dabei werden im *weichen* Tragwerk die Massenkräfte zur Kompensation der eingetragenen Last benutzt und durch ein entsprechendes Abstimmungsverhältnis geringe Beanspruchungen der Abstützung erzielt (Tiefabstimmung).

Vollsicherung wird durch ein steifes Tragwerk erreicht, das zuerst auf dem Sattel und später über der Mulde frei zu tragen vermag (Abb. 3.6/3). Wegen dieser „Freilagen" ist die Vollsicherung aber nur für Bauwerke mit beschränkter Länge (20 bis 30 m) möglich. Bei der Muldenlage drücken sich die Enden des Bauwerks so weit in den Boden ein, daß in der Auflagerbreite b die Bruchfestigkeit σ_u des Bodens (bei Sand etwa 200 N/cm^2) erreicht wird. Daraus ergibt sich die Spannweite l, das größte positive Moment M_m und die Bewehrung A_u. Aus der Sattellage errechnet man in gleicher Weise das größte negative Moment M_m und die obere Bewehrung A_0. Diagonaler Durchgang der Senkungswelle hat noch andere Freilagen zur

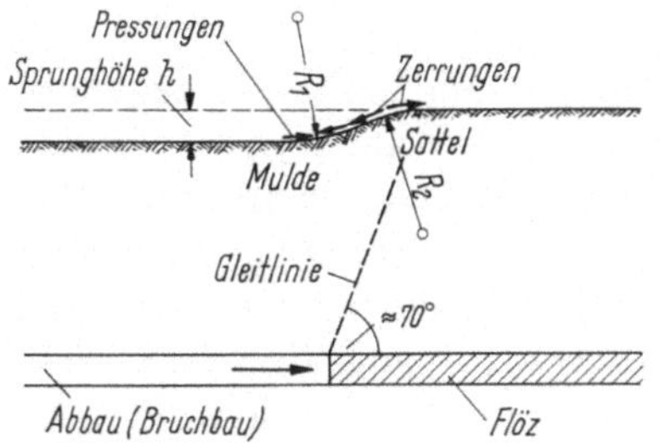

Abb. 3.6/2. Entstehen von Bergsenkungen durch den Abbau eines Flözes ohne Versatz in Form einer Senkungswelle über Tag

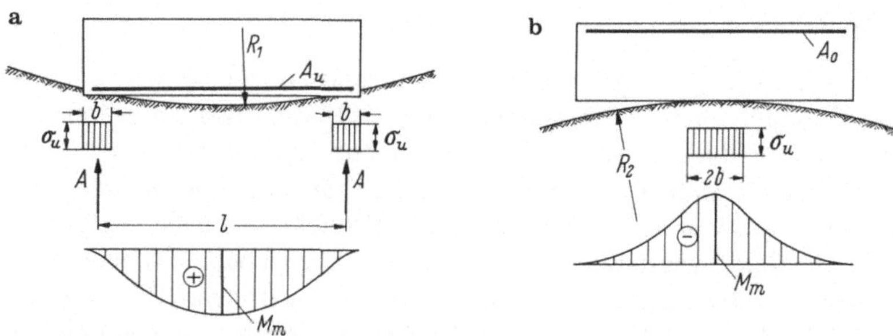

Abb. 3.6/3. Freilagen eines starren Bauwerks. **a** In einer Mulde; **b** auf einem Sattel

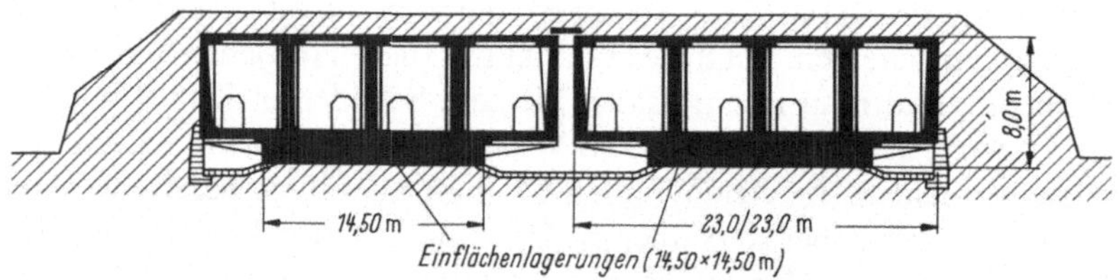

Abb. 3.6/4. Vollsicherung eines Bauwerks im Bergsenkungsgebiet. Beispiel: Steife Wasserbehälter auf Teilflächenlagerungen [66.1]

Folge. Die Abstützung an zwei diagonal gegenüberliegenden Ecken ruft Biegemomente in beiden Achsrichtungen sowie Torsionsmomente hervor.

Die wechselnden Momente werden vermindert, wenn man die Sohlfläche so klein hält, wie es die Bodenpressung gestattet (Abb. 3.6/4). Allerdings wächst damit unter Umständen die Gefahr der Schiefstellung. Nach diesen Gesichtspunkten wurden z.B. Wasserbecken und schwere Maschinenfundamente konstruiert und berechnet. Die Kosten dieser Vollsicherung sind naturgemäß infolge der großen Momente mit wechselndem Vorzeichen sehr hoch.

Wesentlich klarer wird ein Baukörper bei Dreipunktlagerung beansprucht. Man wird dann außerdem neben den Lagern Sockel für hydraulische Pressen vorsehen, mit deren Hilfe jener beim Eintreten der Setzungen laufend waagrecht ausgerichtet werden kann. Die Lager müssen sich entsprechend verschieben und verdrehen können (Kugelkalotten- oder Elastomerlager, IB, 7.3). Zweckmäßigerweise wird man die Fundamente durch Zerrbalken verbinden, wenn söhlige Bewegungen zu erwarten sind, um die waagrechten Verschiebungen der Lager zu begrenzen (Abb. 3.6/5).

Auch hohe Schornsteine sind gegen Schiefstellen sehr empfindlich. In Senkungsgebieten hat man deshalb oberhalb des Fundamentes Kammern für Druckwasserpressen angeordnet, um den Schaft während des Durchgangs einer Senkungswelle gerade richten zu können (Abb. 3.6/6). Es ist zweckmäßig, die Pressen auf den gesamten Umfang zu verteilen und in Gruppen so zu schalten, daß auch hier eine Dreipunktlagerung entsteht. Während des Hubvorgangs sind die Stellringe der Pressen ständig nachzudrehen, denn die kleinste Undichtigkeit hätte wegen

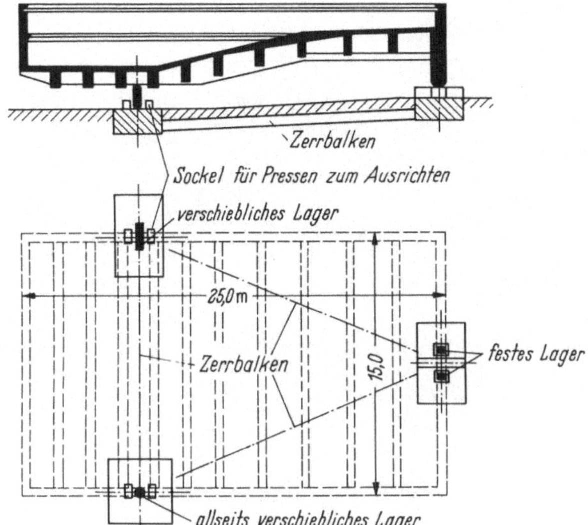

Abb. 3.6/5. Dreipunktlagerung eines Schwimmbeckens mit hydraulischer Vorrichtung zum Justieren

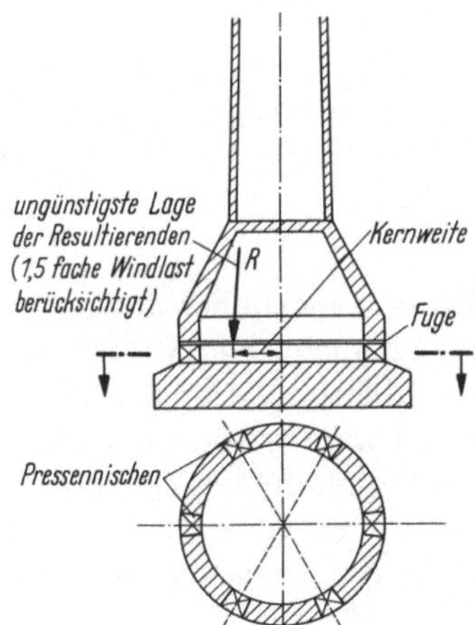

Abb. 3.6/6. Nachstellbarer Schornstein (120 m hoch) mit Spreizung des Unterteils, um in der unbewehrten Aufstandsfuge die nötige Kernweite zu erzielen (vgl. Abb. 3.1/15b). Bei 6 (n) Pressen werden jeweils 2 (n/3) hydraulisch gekoppelt

des nachlassenden Drucks eine Katastrophe zur Folge! Nach dem Richten wird die Fuge wieder mit Mörtel ausgefüllt. Dabei ist das Anhaften des Mörtels an einer Fugenfläche zu verhindern, damit der Hubvorgang wiederholt werden kann. Da die Aufstandsfuge naturgemäß unbewehrt bleiben muß, ist das untere Ende des Schaftes so zu verbreitern, daß die Resultierende aus Eigengewicht und Windlast mit genügender Kippsicherheit innerhalb des Kerns des Aufstandsrings bleibt. Abbildung 3.6/7 zeigt ein langes, durchlaufendes Brückenbauwerk [67], unter dem fortschreitend ein Flöz abgebaut werden, also eine Senkungswelle durchlaufen soll. Man hat in die Pfeiler hydraulische Hubvorrichtungen eingebaut. Wenn eins der Fundamente sich um einen bestimmten, für den Überbau gerade noch erträglichen

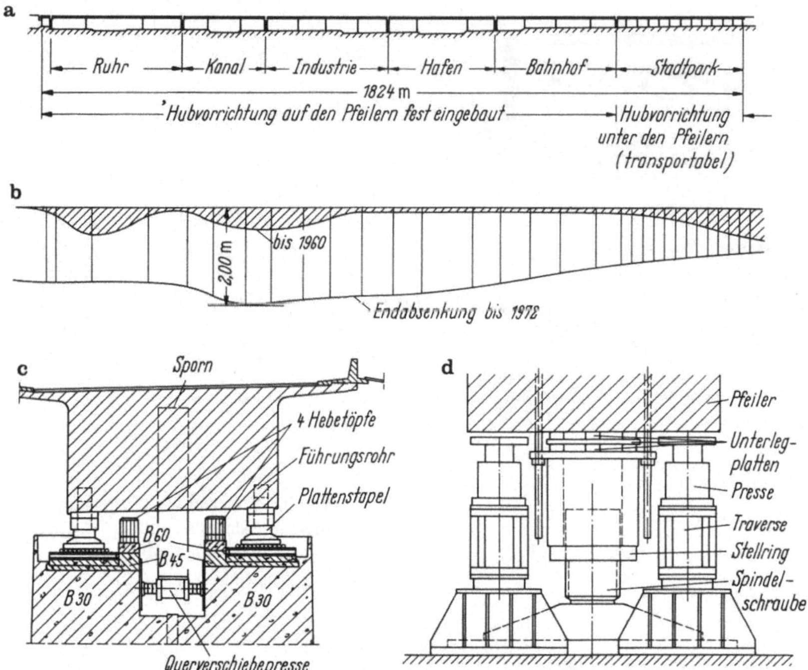

Abb. 3.6/7. Mehrfeldrige, durchlaufende Straßenbrücke mit Hubvorrichtung an jedem Pfeiler [67]. **a** Längsschnitt; **b** Absenkung durch Bergbau (Voraussage des Markscheiders); **c** Querschnitt über einem Pfeiler mit stationärer Korrekturvorrichtung; **d** Pfeilerfuß mit transportabler Hubvorrichtung und Spindelschraube zum Fixieren

Betrag senkt oder verschiebt, wird dieser mittels der Pressen angehoben und durch Zwischenlegen von Futterplatten in die richtige Lage gebracht. Die Stützen der Rampenbrücke stehen auf Spindelschrauben, die mit Hilfe einer transportablen hydraulischen Hubvorrichtung entlastet und nachgestellt werden können. Es läßt sich bei empfindlichen Bauwerken in einem Senkungsgebiet mitunter nicht vermeiden, ihnen wie einer Maschine eine „Gebrauchsanweisung" beizugeben. An und für sich ist ja die Wartungsfreiheit ein besonderer Vorteil der Massivbauten, von Zustandskontrollen abgesehen.

In den meisten Fällen kann man sich mit einer *Teilsicherung* begnügen, bei der nur die Wirkungen söhliger Bewegungen (Zerrungen und Pressungen) berücksichtigt, Senkungen jedoch in Kauf genommen werden. In diesem Falle ist das Bauwerk möglichst „weich" zu konstruieren (Hallen, Stockwerkrahmen) und durch breite Fugen in kurze Abschnitte (15 bis 20 m) zu zerlegen. Die Gefahr liegt hauptsächlich darin, daß sich die Entfernungen zwischen den Stützen ändern. Man verbindet daher die Fundamente durch „Zerrbalken", die ein Gleiten der jeweils geringer belasteten Fundamente erzwingen (Abb. 3.6/8a). Die Zerrbalken haben die Reibungskraft

$$R = \mu G (\mu = \tan\phi; \quad \text{für}\ \phi = 35°: \quad \mu \approx \tfrac{2}{3}),$$

sowohl Zug wie Druck, aufzunehmen. Bei eingeschütteten Fundamenten tritt

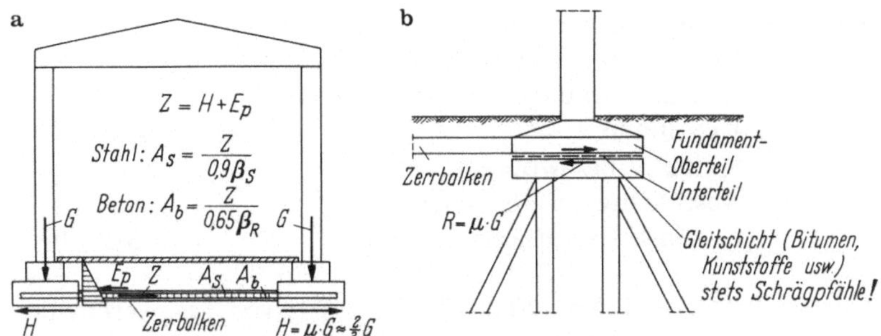

Abb. 3.6/8. Teilsicherung der Fundamente einer Halle durch Zerrbalken nur gegen die Folgen söhliger Bewegungen. **a** Bei Flachgründungen; **b** bei Pfahlgründungen: Gleitschicht zwischen Fundamentunter- und -oberteil zur Verminderung der Reibungskräfte auf die Pfähle

hierzu noch der Erdwiderstand, den man allerdings durch eine Schicht von lockerer Asche oder durch eine Schutzwand rund um den Grundkörper herabsetzen kann.

Da es sich um eine einmalige, vorübergehende, langsame Belastung handelt, können höhere Spannungen angesetzt werden [66.1]. Zur Aufnahme der Zugkraft läßt man in der Bewehrung etwa 90% der Streckgrenze β_S zu. Der Betonquerschnitt wird für die gleich große Druckkraft bemessen, wobei man etwa 2/3 β_R zulassen darf. Da die Zerrbalken meist im Boden liegen, ist ein Ausknicken nicht zu befürchten.

Beim Bau von Wohnhäusern pflegt man sich ebenfalls mit einer Zerrbewehrung in den Wandbanketten zu begnügen, ordnet aber Fugen in kurzen Abständen (10 bis 15 m) an.

Die Auflagertiefen von Fertigbalken und -platten müssen in Senkungsgebieten gegenüber den üblichen Mindestwerten auf etwa das Doppelte vergrößert werden. Mauerwerkbauten sind gegen Setzungsmulden verhältnismäßig unempfindlich. Das ist vermutlich auf die vielen Öffnungen sowie auf Kriecherscheinungen in Boden und Mauerwerk zurückzuführen [68].

Wenn auf Pfählen gegründete Fundamente durch Zerrbalken verbunden sind, können die Pfähle durch söhlige Bewegungen des Bodens beschädigt werden. Man unterteilt daher die Pfahlkopfplatten durch eine Gleitfuge, die mit einer geeigneten dauerplastischen Masse auf Bitumen- oder Kunststoffbasis ausgefüllt wird, und verbindet nur die Oberteile durch Zerrbalken (Abb. 3.6/8b). Über die Reibungszahlen, die bis auf 0,1 herabgehen sollen, geben die Hersteller der Gleitmittel Auskunft. Man darf aber nicht vergessen, das Bauwerk durch ein oder zwei zentral gelegene kräftige Pfahlfundamente *ohne* Gleitfugen am Wandern zu hindern. Gesammelt sind die baulichen Maßnahmen in (69 u.34) dargestellt.

3.7 Provisorische Abstützungen

Wie die Einrüstung auf die Tragwerke zurückwirkt und was man von ihr fordern muß, wurde bereits in den vorhergehenden Bänden behandelt und zwar für:

Ortbetonbalken:	Anforderungen an die Rüstung	IB, S.180
	Wirkung der Elastizität der Rüstung	IIA, S.74
Fertigbalken:	Langzeitwirkung von nachträglicher Kontinuität	IB, S.102
	Stabilität bei Montage	IB, S.187
	Abstützung bei Montage	IIA, S.91
Bögen:	Gewölbe-Expansionsverfahren	IIA, S.25; 29

Ausgehend von der Tatsache, daß rd. 90% aller Einstürze von Tragwerken im Bauzustand zu verzeichnen sind, wird auf die Wechselwirkung von Belastung und Stützung während des Herstellens anhand von Beispielen nochmals eingegangen. Obgleich die Rüstung meist nur kurze Zeit zu dienen hat, muß sie mit gleicher Sorgfalt konstruiert und ausgeführt werden wie das Bauwerk selbst! „Großzügigkeit" wäre Sparen am falschen Ort und könnte sich bitter rächen! Die Problematik wird in [70] erörtert, Verbesserung in [71] vorgeschlagen. Ausführlich werden „Gerüste" von Nather im B. Kal. 1985 II, S.905, u.1990 II, S.599 behandelt.

3.7.1 Abstützungen bei Ortbetonbauweise

Die sehr schlanken Pfosten von stählernen Rohrgerüsten und ihre meist exzentrisch angeschlossenen Verband-Stäbe sind stets eingehend statisch auf Stabilität und Festigkeit auch für Teilbelastung zu untersuchen sowie genau zeichnerisch darzustellen. Nach der Montage sind alle Schrauben, die den Reibungsschluß der Schellen-Verbindungen herstellen, mittels Drehmomentschlüssel zu kontrollieren. Schlanke Profil-oder Fachwerkrüstträger müssen ausreichend gegen Umkanten als Ganzes oder Auskippen im Feld gesichert werden, wobei mögliche Anfangsschieflagen zu berücksichtigen sind.

Die Verbände von Holzgerüsten für größere Lasten sind mit den Ständern nicht nur zu verbolzen, sondern man muß an den Knoten außerdem Stahldübel einlegen, um die Steifigkeit zu erhöhen. Auch hohe, freistehende Bewehrungskörbe sind sorgfältig abzustützen. Ein schwerer Unglücksfall soll hier erwähnt werden.

Um die Stützen eines aufgelösten, rahmenartigen Widerlagers mittels Gleitschalung zu betonieren, wurde die 14 m hohe, rd. 70 kN schwere Bewehrung einer Stütze aus zahlreichen Stäben von 26 mm Durchmesser vorab aufgestellt (Abb. 3.7/1). Das nur zimmermannsmäßig gefertigte, leichte Arbeitsgerüst vermochte die große Last nicht zu stabilisieren, so daß die Bewehrung umstürzte und mehrere Menschen unter sich begrub. Das Konstruktionsbüro hätte genaue Angaben für ein standsicheres Gerüst oder für eine in sich steife Ausbildung der Bewehrung durch angeschweißte Vergitterung machen müssen. Die Baustellenleitung ist mit einer solchen ungewöhnlichen Aufgabe überfordert.

Die Bankette für Gerüste müssen unter mäßiger Beanspruchung des Bodens sorgfältig gegründet werden, auch wenn sie nur kurzzeitig belastet werden. Ein geringes Nachgeben eines Stützenfußes kann die Nachbarstiele zusätzlich so belasten, daß deren Stabilität gefährdet oder die Bruchlast überschritten wird. Viele Gerüstunfälle sind nur durch solche Kräfteumlagerungen zu erklären.

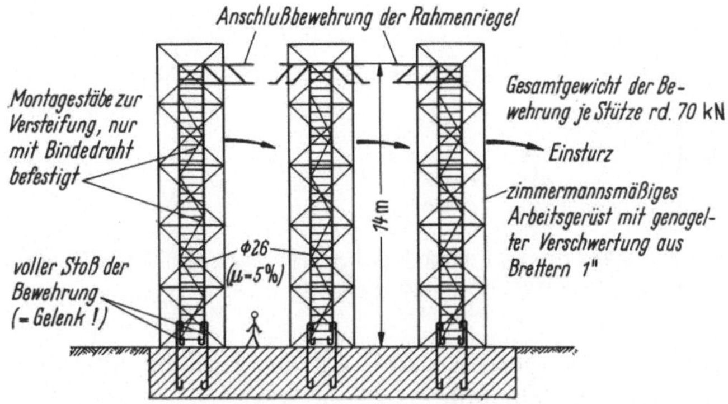

Abb. 3.7/1. Einsturz einer 14 m hohen, schweren, freistehenden Rahmenbewehrung infolge zimmermannsmäßig ungenügender seitlicher Abstützung

Auch im Zuge des Betoniervorgangs können durch Teilbelastung von Lehrgerüsten unsymmetrische Verformungen auftreten, die über die Verbände Druckstäbe verbiegen oder Fußpunkte verschieben und so die Tragfähigkeit herabsetzen. Diese Möglichkeit ist besonders bei freitragenden Bogenrüstungen (Abb. 3.7/2a) und bei Fächergerüsten auf Spindelschrauben zu bedenken. Letztere sind im herausgedrehten Zustand sehr kippgefährdet; deshalb sollten sie nur mit gerade so viel freiem Gewinde eingebaut werden, wie zum Absenken nötig ist (Abb. 3.7/2b).

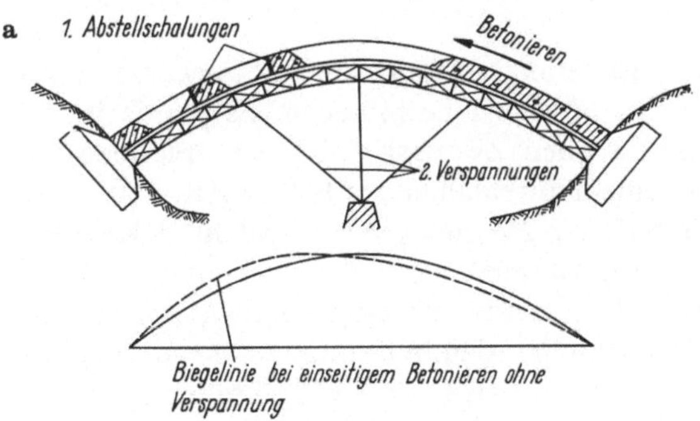

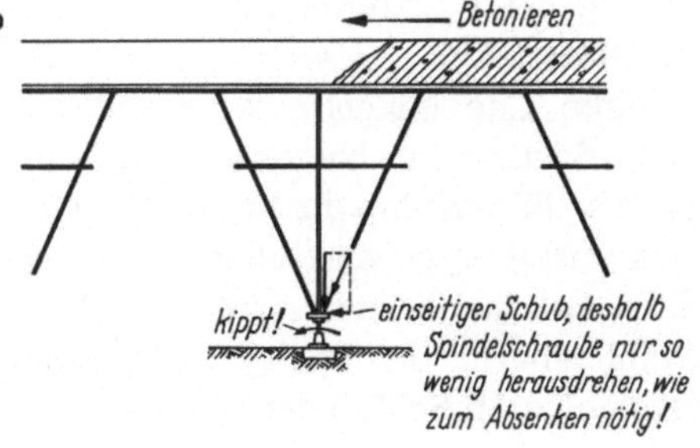

Abb. 3.7/2. Gefährdung von Lehrgerüsten durch Teilbelastung. **a** Freitragende Holzrüstung für Bogen; Ausbiegungen geben zusätzliche Beanspruchungen und gefährden Stabilität (IIA, Abb. 2.1/7) Abhilfen: 1. abschnittweise betonieren, 2. Verspannung des Bogens mit vorgespannten Stahlseilen; **b** Fächergerüst übt seitlichen Schub aus

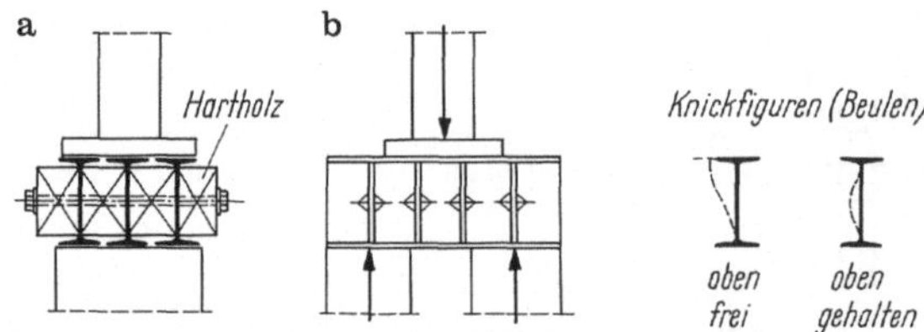

Abb. 3.7/3. Ausweichen kurzer, hoher I-Abfangträger durch Knicken des Steges. Abhilfen: **a** Eingepaßte Futter aus Hartholz mit Bolzenschrauben; **b** eingeschweißte Querstege

Verschiedene Einstürze von Lehrgerüsten sind auf das seitliche Ausweichen kurzer, gedrungener Stahlträger zurückzuführen, deren Stege bekanntlich an den Stellen, wo große Kräfte eingetragen werden, nicht knicksicher sind und deshalb durch eingeschweißte Lamellen oder Futter gegen Ausweichen verstärkt werden müssen (Abb. 3.7/3).

Die zu erwartenden Verformungen der Gerüste unter deren Nutzlast müssen stets zahlenmäßig überschlagen werden, denn sie bestimmen zusammen mit den späteren Verformungen des Tragwerks das notwendige Überhöhungsmaß (IB, S.180). Ein Sicherheitszuschlag, der sich aus der Streuung der Rechnungsgrundlagen (Elastizitäts- und Kriechmaß sowie Zustand II) ergibt, muß noch hinzugefügt werden, damit ein Durchhängen auf jeden Fall vermieden wird, wofür schon das bloße Auge sehr empfindlich ist.

Bei größeren Bauwerken ist zu verfolgen, wie sich das Verformen der Rüstung mit zunehmendem Belasten auf das Tragwerk auswirkt (II A, S.74). Der Betoniervorgang ist so einzurichten, daß der junge Beton nicht wesentlich beansprucht wird.

Man strebt mitunter an, den Spannungszustand eines Tragwerks durch Stützenverschiebungen in bestimmtem Sinne zu beeinflussen. Es wurde bereits darauf hingewiesen, daß solche „künstlichen Zwangskräfte", hervorgerufen z.B. durch Absenkung einer Stütze unter einem durchlaufenden Balken (IB, S.104) oder durch Expansion eines Bogenscheitels (IIA, S.25), zum größten Teil durch Kriechen wieder verschwinden. „Natürliche Zwangskräfte" (statisch unbestimmte Zusatzkräfte), die durch eine Belastung entstehen, werden dagegen durch Kriechen nicht beeinflußt, wenn man von der kriechbehindernden Wirkung der Bewehrung absieht. Der Unterschied zwischen diesen beiden Arten von Zwangskräften ist aus der Form der Belastungsglieder in den Gleichungen zur Ermittlung der Überzähligen zu erkennen (IB, S. 104) und wurde in IB, S.9 diskutiert.

Wie die nachträglich veränderte Stützung eines Spannbetontragwerks sich auswirkt, zeigt das Beispiel eines Zweifeldrahmens Abb. 3.7/4.

Dessen Riegel soll zunächst mit drehbaren Endauflagern vorgespannt und dann durch Vermörteln der Anker mit den Stützen für Nutzlast monolithisch verbunden werden. Man kann das Spannglied so führen, daß die Verdrehung δ_{az} in a infolge der Spannkraft Z und der ständigen Last $g\ \delta_{ag}$ gleich Null ist. Dazu bietet sich die „formtreue Vorspannung" (IB, S.79) an, die allerdings relativ viel Stahl erfordert (Abb. 3.7/4a1). Wenn man zur Stahlersparnis den Stich f des Spanngliedes vergrößert, so daß $Zf' > M_{gm}$ wird, entsteht nach Schluß der Gelenke infolge

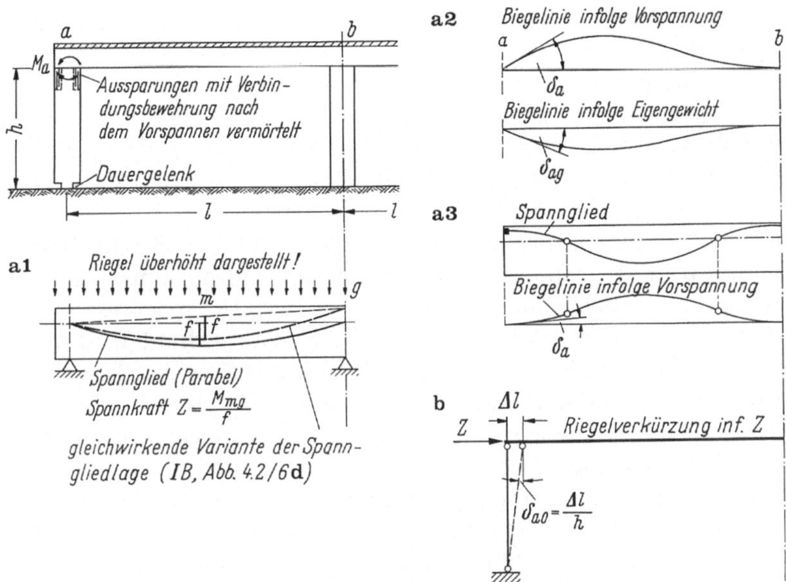

Abb. 3.7/4. Beispiel für das Verändern der Stützung eines symmetrischen Balkens über zwei Felder. Nach dem Vorspannen wird er durch Vermörteln der Verbindungsbewehrung für Nutzlast in einen Rahmenriegel verwandelt

Kriechens etwa 80% des Momentes $M_a = (\delta_{az} - \delta_{ag})/\delta_{aa}(\delta_{aa}$ Verdrehung Riegel gegen Stütze für $M_a = 1)$, Abb. 3.7/4a2 und IB, S.105. Eine bessere Möglichkeit zeigt Abb. 3.7/4a3, bei der durch eine andere Form des Spanngliedes $\delta_{az} - \delta_{ag} = 0$ gemacht werden kann, mithin auf Dauer $M_a = 0$ ist. Die Riegelverkürzung durch die Längskraft Z (Abb. 3.7/4b) führt infolge Kriechens zu einem weiteren Eckmoment von etwa 0,8 M_a = 0,8 δ_{a0}/δ_{aa}, was jedoch von untergeordneter Bedeutung ist.

3.7.2 Abstützungen bei Fertigteilbauweise

Stahlbeton-Fertigteile werden in Formen hergestellt und ändern ihre Form nicht. Bei vorgespannten Trägern erhält jedoch der Beton der Unterseite zunächst eine Druckvorspannung von σ_{bu}, die später durch Eigen- und Nutzlast auf etwa Null abgebaut wird. Solche Balken krümmen sich daher beim Eintragen der Spannkraft nach oben. Wenn man beispielswise $\sigma_{bu} = 10\,\text{N/mm}^2$ und $\sigma_{b0} = 0$ annimmt, so beträgt die Krümmung $1/r = (\sigma_{bu} - \sigma_{b0})/Ed = (10 - 0)/(30000d) \simeq 1/3000d$ und der Stich $f = l^2/8r$ oder $f/d = (l/d)^2/24000$, mithin

für l/d = 20	15	10	5
f/d = 1,67	0,94	0,42	0,10% .

Ein Deckenbalken mit $l/d = 15$ und $d = 25$ cm wird sich daher um 0,25 cm, also kaum merkbar, aufbiegen. Bei einem Brückenbalken mit $l/d = 20$ und $d = 125$ cm beträgt dieses Maß aber schon 1,75% · 125 ≃ 2 cm! Das bedeutet, daß er sich nur an den Enden auf dem Werkboden abstützt und sein Gewicht dort konzentriert, was zum Abplatzen der Kanten führen wird. In IB, Abb. 4.2/14 sind die nötigen Maßnahmen dargestellt, um diesen Schaden zu vermeiden.

Beim Lagern and Transport ist die Eigenlast wirksam, und man muß genau vorschreiben, wie die Teile dabei zu stützen sind. Auch ist zu berücksichtigen, daß sich die anfänglichen elastichen Verformungen durch das Kriechen des Betons mit der Zeit irreversibel auf das 2 bis 3fache vergrößern können.

Balken mit schmalem Querschnitt (z.B. Dachbinder) können sich seitlich verbiegen und dadurch beim Transport oder am Kran hängend auskippen. Dieses Phänomen und die nötigen Gegenmaßnahmen sind in IB, S.187 beschrieben.

Wenn ein Spannbetonbalken versehentlich auf die Seite gedreht wird, aber noch durchgehend aufliegt, so ist die Wirkung der Eigenlast in der Tragebene ausgeschaltet (Abb. 3.7/5). Dadurch entstehen in der vorübergehend gezogenen Druckzone meist klaffende Risse, die sich allerdings bei vorsichtigem Aufrichten in die normale Lage wieder schließen. Der Balken ist dann noch voll brauchbar. Diese Risse lassen aber auch die Druckspannungen im Untergurt erheblich anwachsen, wodurch die Betonfestigkeit unter Umständen überschritten werden kann. Bei längerem Flachliegen kriecht der Untergurt sehr stark, so daß sich die Risse laufend erweitern (IA, Abb. 1.3/7e). Diese verschwinden dann aber beim Aufrichten nicht mehr. Spannbetonbalken müssen deshalb für alle Fälle eine schlaffe oder vorgespannte „Transportbewehrung" in der rißgefährdeten Zone erhalten, die für den „Zugkeil" (Summe der Zugspannungen) zu bemessen ist und bis zur Streckgrenze beansprucht werden darf.

Auch die zusätzlichen negativen Momente, die in Halbmontagebalken (IIA, S.80) vor der Ergänzung durch Ortbeton infolge einer Zwischenabstützung entstehen, sind zu beachten; bei serienmäßig hergestellten Deckenbalken sind sie in der „Zulassung" bereits berücksichtigt. Man soll stets darauf achten, daß provisorische Stützen nur schwach aufgekeilt werden.

Bei der Montage von Fertigteilen ist eine Punktberührung am Auflager kaum zu vermeiden, da sich Betonflächen praktisch nicht völlig eben und parallel herstellen lassen. Auch bei mäßigen Lasten kann der Beton dann leicht absplittern oder aufspalten. Es ist daher vorgeschrieben (DIN 1045 (88) 19.5.4) die Druckkraft durch ein Mörtelbett zu verteilen. Man kann hierzu auch andere deformierbare

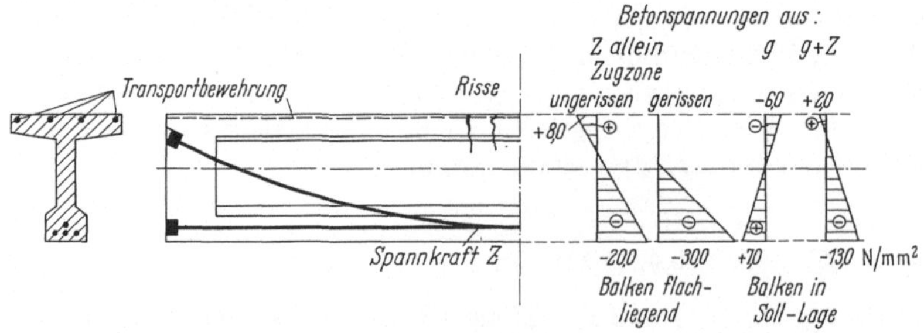

Abb. 3.7/5. Schäden an einem Spannbetonbalken durch Umkanten während des Transports (Ausschalten des Eigengewichts, vgl. IB, Abb. 4.3/19)

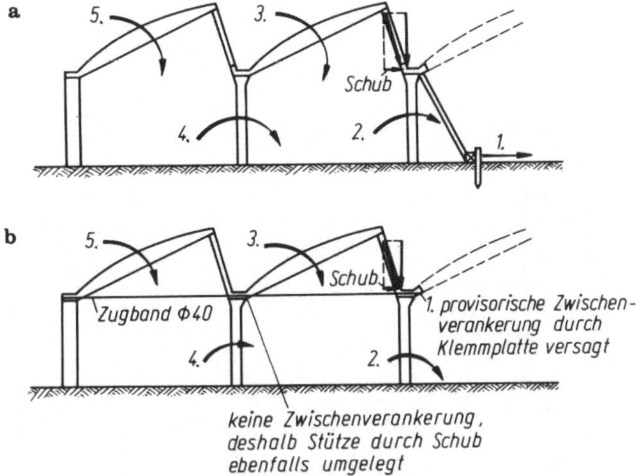

Abb. 3.7/6. Einstürze von Shed-Hallen beim Bau in Abschnitten. **a** Provisorische Schrägstützen haben versagt, da sie unten nicht genügend gesichert waren; **b** provisorische Zwischenverankerung des Zugbandes hat versagt

Zwischenlagen, z.B. Weichfaserplatten, verwenden. Falls keine Forderungen des Brandschutzes entgegenstehen, können auch Kunststoffe gewählt werden, IB, S.305 und [16].

Gefährliche Zwischenzustände können bei schlanken Fertigbalken entstehen, wenn die endgültige waagrechte Sicherung gegen Umkanten oder Auskippen noch nicht eingebaut ist (Abschn. 4.4). Es ist dann nötig, einen provisorischen Verband aus Holz oder eine Verspannung mit Rundstahl anzubringen, bis die Pfetten oder die als Scheibe ausgebildete Dachplatte (IIA, Abb. 3/46) die endgültige Sicherung übernehmen.

Bei Stützen ist stets zu untersuchen, ob die im Bauzustand vorhandenen Teillasten nicht ungünstiger wirken als die Vollbelastung im Endzustand. Zum Beispiel ist schon mehr als eine Shed-Halle eingestürzt, weil bei abschnittweiser Ausführung die Innenstützen gar nicht oder nur ungenügend seitlich abgestützt waren (Abb. 3.7/6).

3.7.3 Abstützungen bei Abbruch- und Umbauten

Bei Abbruch- und Umbauarbeiten an bestehenden Gebäuden ergeben sich mitunter Gefahrenzustände, die sorgfältig bedacht und durch eine zuverlässige provisorische Abstützung beseitigt werden müssen. Ausführliches über die Sicherung alter Bauwerke liest man bei [72]. Da die Festigkeit der Baustoffe und der Weg, den die Kräfte nehmen, bei alten Bauten mitunter nicht zu durchschauen sind, muß stets mit großer Vorsicht vorgegangen werden. Als warnende Beispiele sollen zwei ernste Unfälle erwähnt werden, die leider Menschenleben forderten.

In dem einen Falle hielt man eine 35 cm dicke, 150 Jahre alte Giebelwand für massiv, während sich nach dem Einsturz herausstellte, daß sie aus zwei einzelnen

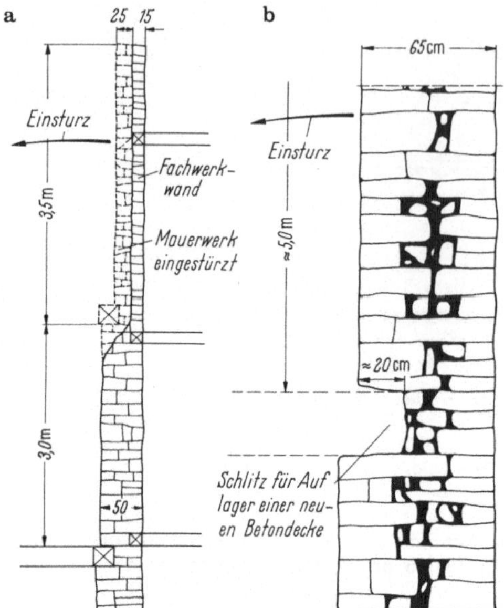

Abb. 3.7/7. Zwei Einstürze alter, durch Teilabbruch freigestellter Außenwände während Umbauarbeiten. **a** Die Giebelwand, die für massiv gehalten wurde, bestand aus zwei einzelnen Mauern. Abstützung fehlte; **b** die Längswand wurde zur Auflagerung einer neuen Kellerdecke durchgehend eingeschlitzt

Mauern bestand, die zu verschiedenen Zeiten gebaut worden waren (Abb. 3.7/7a). Man hätte durch eingehende Untersuchungen leicht die Natur der Wand erkennen und eine Sicherung anbringen können, ehe Decken und Innenwände des Gebäudes entfernt wurden. Während dieser Arbeiten stürzte die eine Hälfte der Wand ein, als sie, kaum 25 cm dick, auf 3,5 m Höhe frei stand.

Im zweiten Fall hat man ohne jede Sicherung eine 5 m hohe, 65 cm dicke Wand auf 20 m Länge durchgehend etwa 20 cm tief eingeschlitzt, um eine neue Decke aufzulagern (Abb. 3.7/7b). Das vor etwa 150 Jahren mit sehr schlechtem Mörtel ausgeführte Bruchsteinmauerwerk hat diese Schwächung nicht vertragen, so daß die Wand in ihrer ganzen Länge umfiel und drei Arbeiter unter sich begrub. Wenn man schon die kunsthistorisch wertvolle Fassade erhalten wollte, hätte man sie während des Umbaues seitlich abstützen müssen und als Deckenauflager nur einzelne Schlitze einstemmen dürfen.

Historisches Mauerwerk auch mit geringer Festigkeit kann gefahrlos durch Unterfangen mit form treu Vorgespannten Balken gesichert, ja sogar angehoben werden, wie in IB, S. 86 beschrieben.

4 Stabilität der Tragwerke (Theorie II. Ordnung)

Verformungen als Ursache von Veränderungen der Schnittgrößen

4.1 Überblick über die Theorie II. Ordnung

4.1.1 Grundsätzliches, Begriffe

Im allgemeinen ist es genügend genau, die Schnittgrößen und Beanspruchungen eines Tragwerks für das unverformte Tragwerk zu ermitteln, weil die Verformungen gegenüber den Hebelarmen der Lasten und Stützkräfte vernachlässigbar klein sind; es lohnt sich beispielsweise nicht, die Änderung der Stützweite Δl eines Trägers infolge seiner Durchbiegung f bei den Momenten zu berücksichtigen (Abb. 4.1/1a). Dieses Vorgehen hat den großen Vorteil, daß die Gleichgewichtsbedingungen linear bleiben (*Theorie I. Ordnung*). Es ist neben der Linearität des Stoffgesetzes und der kinematischen Bedingungen eine Voraussetzung dafür, daß das ganze Problem der Schnittkraftermittlung linear bleibt („lineare Elastizitätstheorie“) und das Superpositionsgesetz gilt.

Bei schlanken Druckgliedern und Seilkonstruktionen ist die Vernachlässigung der Verformungen bei der Schnittkraftermittlung allerdings nicht berechtigt; so erzeugt im Beispiel Abb. 4.1/1b die Druckkraft P zusammen mit der Ausbiegung f des Druckstabes ein zusätzliches Moment $\Delta M = P \cdot f$, das in der Größenordnung des Momentes $M^{\mathrm{I}} = P \cdot e$ aus Theorie I. Ordnung sein kann und deshalb bei der Schnittgrößenberechnung berücksichtigt werden muß:

$$M = M^{\mathrm{I}} + \Delta M = Pe + Pf = P(e + f). \tag{4.1}$$

Das Moment M als Produkt von Last und Hebelarm wächst in diesem Falle nicht mehr proportional zur Last P, sondern stärker an, weil auch der Hebelarm $e + f$ mit der Last P zunimmt. Da also die Tragwerksverformungen auf die Schnittkräfte zurückwirken, gestalten sich alle Untersuchungen erheblich schwieriger als bei der Theorie I. Ordnung. Die Berechnung der Schnittgrößen am verformten System wird *Theorie II. Ordnung* oder *Verformungstheorie*, manchmal auch *Stabilitätstheorie* genannt.

Die *Stabilitätstheorie* im engeren Sinne ist ein wichtiges Teilgebiet der Theorie II. Ordnung. Sie behandelt die kritischen Lasten und zugehörigen Biegeformen von Traggliedern, die dadurch unbrauchbar werden, daß sie quer zur Beanspruchungsrichtung mit großen Verformungen ausweichen, ohne daß dabei die Last gesteigert werden kann. Das bekannteste Beispiel dafür ist das *Knicken* zentrisch belasteter Stützen (Abb. 4.1/2a). Es kommt dann zustande, wenn der Stab bei einer angenom-

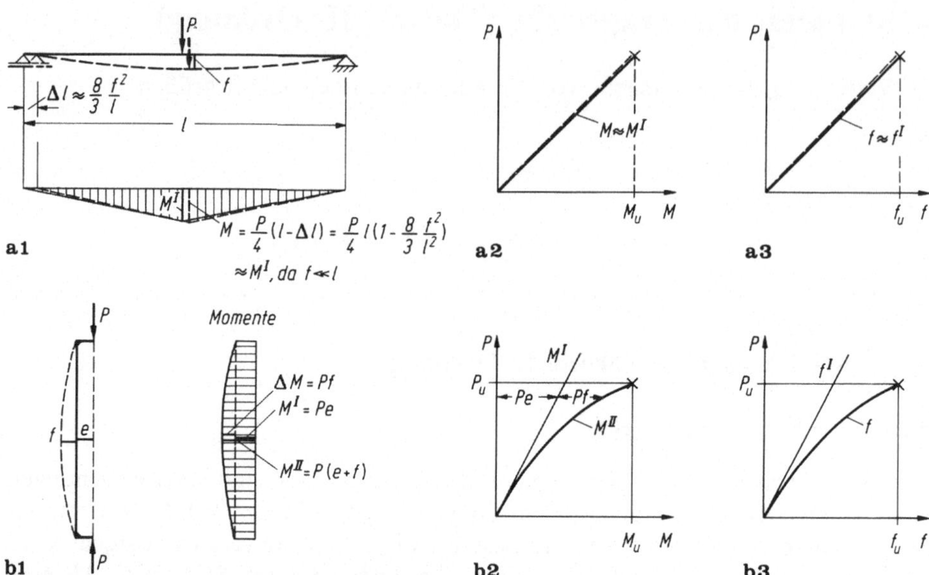

Abb. 4.1/1. Festigkeitsprobleme. Berücksichtigung der Verformungen bei der Schnittgrößenermittlung **a** bei Balken nicht nötig; **b** bei Stützen nötig; **a1** und **b1** System und Momente; **a2** und **b2** linearer bzw. nichtlinearer Zusammenhang zwischen Last und Maximalmoment; **a3** und **b3** Zusammenhang zwischen Last und Durchbiegung für linear-elastisches Stoffgesetz

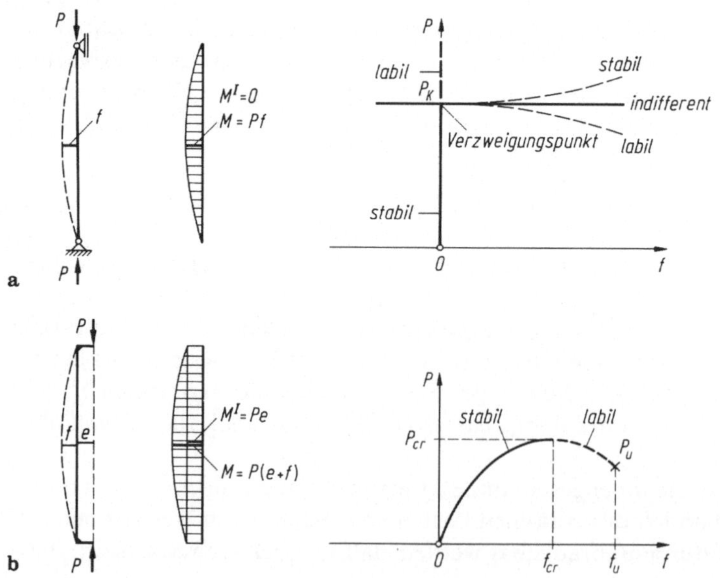

Abb. 4.1/2. Verschiedene Arten von Stabilitätsproblemen. **a** Stabilitätsproblem mit Gleichgewichtsverzweigung (zentrische Last); **b** Stabilitätsproblem ohne Gleichgewichtsverzweigung (exzentrische Last, nichtlineares Stoffgesetz, große Schlankheit)

menen, beliebig kleinen Ausbiegung f aus seiner Last P so große Momente $M = P \cdot f$ erhält, daß seine Biegesteifigkeit eine weitere Ausbiegung nicht verhindern kann. Bis zu dieser „Knicklast" $P = P_K$ bleibt die Ausbiegung f theoretisch gleich Null, sie wächst dann aber, wie wir noch zeigen werden, schlagartig auf große Werte an.

Dieses klassische Problem, das Euler schon im Jahre 1744 löste, ist ein typisches Beispiel für ein „*Stabilitätsproblem mit Gleichgewichtsverzweigung*" oder „*Verzweigungsproblem*". Der Name rührt daher, daß das Last-Verformungsdiagramm sich bei der *Knicklast* P_K (= *Verzweigungslast*) in mehrere Äste verzweigt (Abb. 4.1/2a). Bei $P = P_K$ gibt es außer der unverformten Lage $f = 0$ weitere Gleichgewichtslagen mit Ausbiegungen nach links oder rechts. Es hängt hauptsächlich vom Stoffgesetz ab, ob diese Gleichgewichtslagen *stabil*, *labil* oder *indifferent* sind. Für Massivbauten hat diese Unterscheidung aber keine Bedeutung, weil die relativ großen Verformungen unter Verzweigungslasten in keinem Fall hingenommen werden können.

Betrachten wir realistische Tragwerke aus Stahlbeton oder Spannbeton, dann müssen wir zunächst feststellen, daß reine Verzweigungsprobleme gar nicht auftreten können, weil die Tragwerke immer mit *Imperfektionen* behaftet sind: Abweichungen der Querschnittsmaße, der Lasteinleitung und der Stabachse von der idealen Form (geometrische Imperfektionen); Ungleichmäßigkeiten der Betoneigenschaften und der Bewehrung im Querschnitt (strukturelle Imperfektionen); rechnerisch nicht erfaßte Zwänge und Eigenspannungen (statische Imperfektionen). Diese Imperfektionen führen auch ohne die meistens ebenfalls vorhandenen planmäßigen Lastausmitten dazu, daß das Druckglied sich von Anfang an in eine Richtung ausbiegt. Mit zunehmender Last nehmen dann die Ausbiegungen und Momente entsprechend der Theorie II. Ordnung zu, bis die Tragfähigkeit des höchst beanspruchten Querschnitts unter der gemeinsamen Wirkung von $M = M_u$ und $N = -P_u$ erschöpft ist (Abb. 4.1/1b). Dies wird dann im Gegensatz zu den Stabilitätsproblemen als *Festigkeitsproblem* (manchmal auch als *Spannungsproblem* oder *Verformungsproblem*) bezeichnet.

Bei sehr schlanken Stützen ($\lambda \gtrsim 100$) und dünnen Schalen aus Stahlbeton kann wegen des nichtlinearen Stoffgesetzes die Last-Verformungskurve auch den in Abb. 4.1/2b dargestellten Verlauf haben. Nach einem Maximum P_{cr} fällt die Last mit zunehmender Verformung allmählich ab, ohne daß dabei die Festigkeit erschöpft wird. Schließlich wachsen aber mit der Ausbiegung auch die Momente so weit an, daß bei einer Last $P_u < P_{cr}$ der Bruch eintritt. Es gibt also theoretisch zu allen Lasten zwischen P_u und P_{cr} zwei verschieden große Auslenkungen f, für die beide Gleichgewicht möglich ist. Der abfallende, labile Ast $f > f_{cr}$ braucht uns aber nicht zu kümmern, weil ja P_{cr} ertragen wird. Das maßgebende Versagenskriterium ist nicht die Festigkeit, sondern wie bei den Stabilitätsproblemen die zunehmende Verformung bei nicht zunehmender Last. Man bezeichnet diesen Fall deshalb als „*Stabilitätsproblem ohne Gleichgewichtsverzweigung*".

In Abb. 4.1/3 ist der typische Verlauf der Schnittgrößen im $M - N$-Interaktionsdiagramm dargestellt, das ja die Tragfähigkeit eines auf Biegung und Längkraft beanspruchten Stahlbetonstabes begrenzt. Nach Theorie I. Ordnung wachsen M und $N = -P$ solange proportional zueinander an, bis auf der Grenzli-

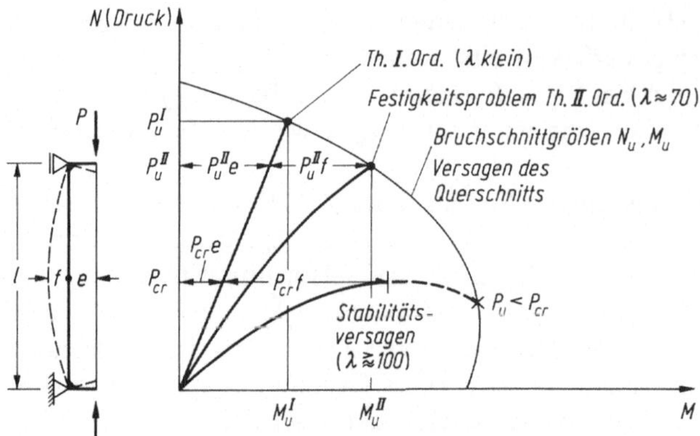

Abb. 4.1/3. Festigkeitsprobleme und Stabilitätsproblem ohne Gleichgewichtsverzweigung im Interaktionsdiagramm (nach Kordina). Stäbe mit gleicher Ausmitte e, aber unterschiedlicher Schlankheit $\lambda = l/i$

nie bei P_u^{I}, M_u^{I} der Bruch eintritt. Nach der Theorie II. Ordnung verlaufen die $M - N$-Kurven gekrümmt, und zwar entweder stetig steigend bis zum Bruch (Festigkeitsproblem, Traglast P_u^{II}) oder mit einem Maximum P_{cr} innerhalb der Grenzlinie (Stabilitätsproblem ohne Gleichgewichtsverzweigung).

Aus obigen Ausführungen sollte nicht gefolgert werden, daß die Verzweigungslasten ohne praktische Bedeutung seien. Sie stellen immer einen oberen Grenzwert der Tragfähigkeit dar. Wir werden außerdem sehen, daß die Berechnung der Schnittgrößen nach Theorie II. Ordnung eng mit den Verzweigungslasten verknüpft ist, und daß diese bei der Lösung von Spannungsproblemen sehr nützlich sind.

Beispielsweise werden beim *Ersatzstabverfahren* kompliziertere Tragwerke auf einen einfachen Stab mit beidseits gelenkiger Lagerung zurückgeführt, indem die Länge („*Knicklänge*“) dieses Ersatzstabes so gewählt wird, daß er bei gleichem Querschnitt die gleiche Verzweigungslast wie das wirkliche Tragwerk aufweist (Abschn. 4.1.4.2). Die Knicklänge s_K entspricht bei konstanter Stabsteifigkeit dem Abstand der Wendepunkte in der Knickbiegelinie (Abb. 4.1/4). Die Knicklänge $s_K = 2h$ des an einem Ende eingespannten, am anderen Ende freien Stabes (Euler-Fall 1) erhält man durch Spiegelung der Biegelinie an der Einspannstelle. Wenn die Einspannung elastisch verdrehbar ist, liegt der Scheitel der (verlängerten) Biegelinie jenseits der Einspannstelle, und die wirksame Knicklänge wird größer als bei starrer Einspannung (Abb. 4.1/4b und d, vgl. auch Abschn. 4.2.1). In der Literatur finden sich Formeln und Diagramme der Knicklängen auch für kompliziertere Randbedingungen und für viele Rahmensysteme [2; 4; 26.1].

Aus der Knicklänge und den Querschnittsabmessungen wird als dimensionsloses Maß für die Knickempfindlichkeit eines Stabes seine *Schlankheit* abgeleitet:

$$\lambda = \frac{s_K}{i} \text{ mit } i = \sqrt{I/A} \text{ (Trägheitsradius)} . \tag{4.2}$$

Entsprechend den beiden Hauptträgheitsachsen des Querschnitts gibt es auch zwei Schlankheiten λ_x und λ_y.

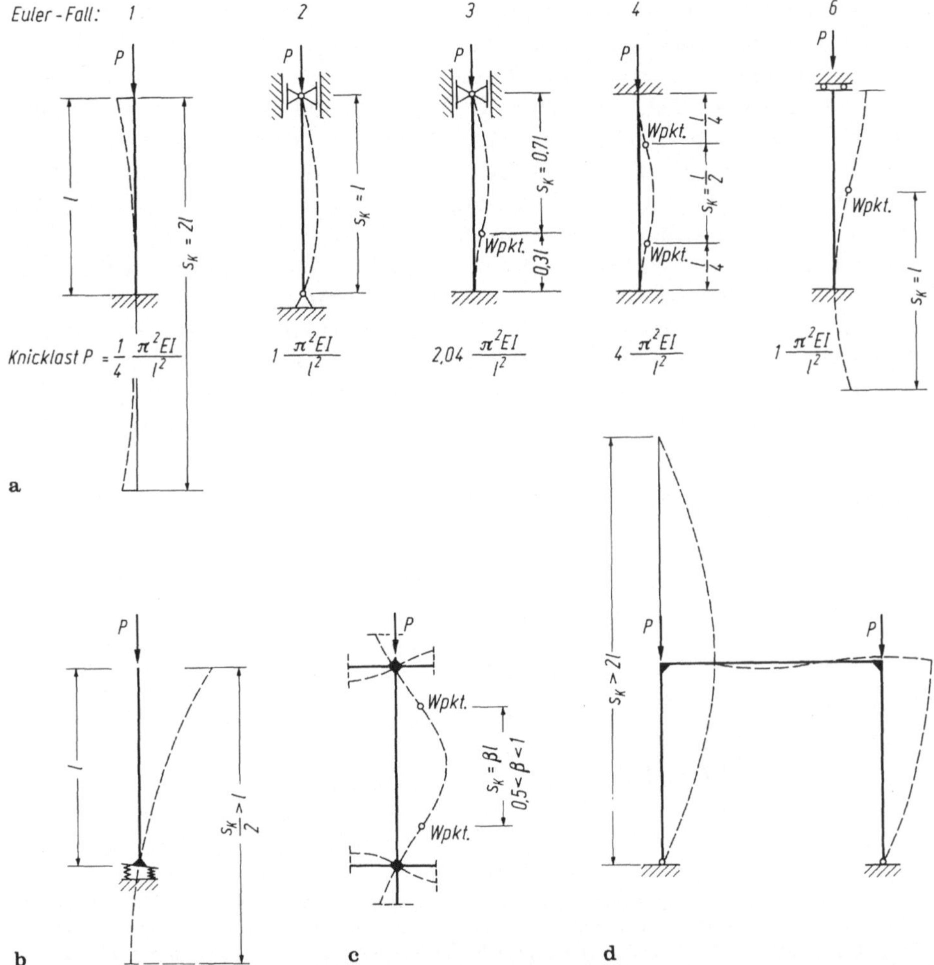

Abb. 4.1/4. Wirksame Knicklängen s_K einfacher Systeme. **a** Euler-Fälle 1 bis 4 und 6 (seitverschiebliche Einspannung); **b** einseitige elastische Einspannung; **c** beidseitige elastische Einspannung eines Stabes im unverschieblichen Tragwerk; **d** verschieblicher Zweigelenkrahmen

Nicht immer kann das Ausweichen von Stahlbetonstäben in Richtung der beiden Hauptachsen unabhängig voneinander untersucht werden (s. Abschn. 4.1.6). Schlanke Stäbe mit profiliertem Querschnitt und geringer Torsionssteifigkeit verdrehen sich auch um die Stablängsachse („*Biegedrillknicken*", s. Abschn. 4.4.5).

Unter *Durchschlagen* versteht man den Übergang aus einer Gleichgewichtslage in eine andere mit geringerer potentieller Energie. Es ist mit endlich großen Verformungen verbunden, wobei die Ausgangslage auch bereits ein durch Instabilität entstandener verformter Zustand sein kann. Es spielt vor allem bei Schalen eine Rolle (Abschn. 4.7), kommt aber auch bei anderen Tragwerken vor (Abschn. 4.2.6).

Das Tragverhalten von Druckgliedern läßt sich sehr anschaulich an einem Modell verfolgen, bei dem Längskraftaufnahme und Biegewiderstand getrennt sind [6; 3.1] (Abb. 4.1/5): Neben dem zu untersuchenden Stab wird eine Kette von Gelenkstäben angeordnet, welche die Kraft P trägt und durch starre Pendel mit dem biegesteifen Stab verbunden ist (Abb. 4.1/5b). Bei einer Ausbiegung werden durch die Umlenkungen der Gelenkkette *aktive* Kräfte H' auf den Stab ausgeübt. Der Stab selbst erhält keine Längskraft, sondern nur Biegung und setzt der Verformung *passive* Kräfte H entgegen (Abb. 4.1/5c).

Wir unterstellen zunächst linear-elastisches Verhalten. Dann lassen sich zu jeder gegebenen Biegelinie bestimmte Widerstandskräfte H errechnen, die unabhängig von der Längskraft P sind ($H = \text{const}$), während die aktiven Umlenkkräfte H' proportional zur Last P anwachsen (Abb. 4.1/5d). Die angenommene Ausbiegung ist nur dann möglich, wenn die aktiven und passiven Kräfte gerade im Gleichgewicht stehen ($H' = H$). Die zugehörige Last P ist die Verzweigungslast P_K. Bei zentrischer Belastung hat die Größe der angenommenen Auslenkung f keinen Einfluß, da sowohl H' als auch H proportional zu ihr sind. Bei exzentrischer Belastung P (Abb. 4.1/6) ist dagegen die aktive Kraft H' näherungsweise zu

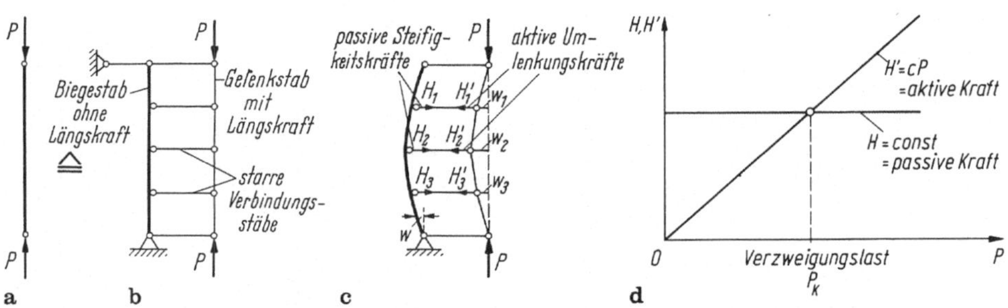

Abb. 4.1/5. Modell zur Veranschaulichung des Gleichgewichts zwischen aktiven Kräften (Umlenkkräften) und passiven Kräften (Biegewiderstand) beim Verzweigungsproblem. **a** Gegebenes Tragwerk; **b** Modell, unverformt; **c** Modell mit angenommener Verformung f; **d** aktive und passive Kräfte für eine angenommene Ausbiegung $f = \text{const}$; es wird die Last gesucht, für die Gleichgewicht möglich ist (Stabilitätsproblem)

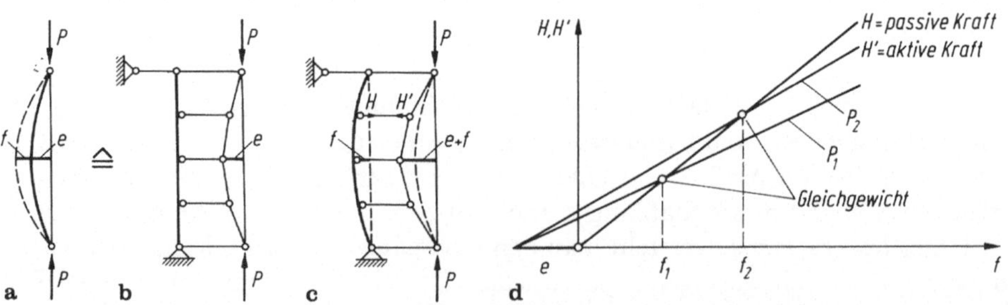

Abb. 4.1/6. Modell zur Veranschaulichung des Gleichgewichts zwischen aktiven Kräften H' (Umlenkkräften) und passiven Kräften H (Biegewiderstand) beim Verformungsproblem. **a** Gegebenes Tragwerk; **b** Modell, unverformt; **c** Modell im verformten Zustand; **d** aktive und passive Kräfte in Abhängigkeit von der Ausbiegung f. Es wird die Ausbiegung f gesucht, für die Gleichgewicht möglich ist

$e + f$ proportional, während die passive Kraft H zur Auslenkung f direkt proportional ist. Es stellt sich für eine bestimmte Last P_1 diejenige Ausbiegung f_1 ein, bei der gerade $H = H'$ ist (Abb. 4.1/6d).

Alles was vorstehend am Knickstab erläutert wurde, gilt sinngemäß auch für andere druckbeanspruchte Bauteile, deren Stabilitätsfälle nur andere Namen tragen: Das seitliche Ausweichen der Druckzone von Balken wird als *Kippen* bezeichnet (Abschn. 4.4), bei Scheiben und Schalen spricht man vom *Beulen* (Abschn. 4.6 und 4.7).

Der Vollständigkeit wegen sei erwähnt, daß Stabilitätsprobleme auch bei zugbeanspruchten Bauteilen auftreten können. Wie man sich an einem einfachen Modell überzeugen kann, weicht der Zuggurt des unterspannten Balkens in Abb. 4.1/7a seitlich aus, wenn die Seilverankerungen am Balken (im durchgebogenen Zustand) höher als die obere Abstützung des Pendelstabes liegen. Die statische Erklärung hierfür liefert – wie immer – die Betrachtung des Gleichgewichts im verformten Zustand: Die Umlenkkräfte in der schief gestellten Seilebene haben eine Querkomponente Q in bezug auf die Pendelachse (Abb. 4.1/7b).

Hier ist nicht der Platz, um solche Mischtragwerke ausführlicher zu behandeln, ebenso wenig wie Hängebrücken, abgespannte Maste oder andere Seiltragwerke, bei denen die Schnittgrößen ebenfalls nur im Zusammenhang mit den Verformungen zu berechnen sind [2.1; 7].

Der unterspannte Balken dient uns aber noch zur Erläuterung des Begriffs *richtungstreue Lasten*. Wenn wir seinen Zuggurt dadurch stabilisieren, daß wir die Mittelstütze in den Überbau einspannen, dann können wir die Druckstrebe als elastisch eingespannten Knickstab betrachten, der durch die Umlenkkraft $U \approx D$ der Unterspannung belastet ist. Diese Umlenkkraft ändert aber beim Ausknicken der Stütze ihre Richtung („nicht richtungstreue Last"), wobei die Richtungsänderung in diesem Falle günstig wirkt (vgl. Abschn. 4.2.6).

Wir unterstellen bei den folgenden Untersuchungen im allgemeinen richtungstreue Lasten, da die wesentlichen Lasten unserer Tragwerke als Gewichtslasten ihre Richtung ja nicht ändern. Bei einer Lasteinleitung über kurze Pendelstäbe oder Pendellager muß aber die Richtungsänderung der Last beim Ausknicken unbedingt berücksichtigt werden (Abschn. 4.2.6).

Eine bei Betonstäben immer zutreffende Voraussetzung für die Schnittkraftermittlung ist die Annahme *kleiner Verformungen* im Vergleich zu den Knicklängen.

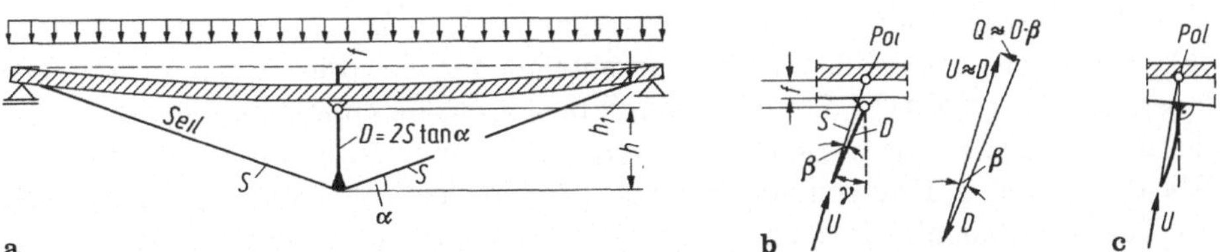

Abb. 4.1/7. „Ausknicken" des Zuggurtes einer unterspannten Platte. **a** Verformtes Tragwerk im Längsschnitt; **b** Querschnitt mit Kräften an der Pendelstütze in der verformten Lage; **c** nicht richtungstreue Umlenkkräfte an der eingespannten Mittelstütze (vgl. auch Abb. 4.2/9)

Diese Annahme berechtigt zur üblichen Vereinfachung des mathematisch exakten Ausdrucks für die Krümmung:

$$\kappa = \frac{w''}{(1 + w'^2)^{3/2}} \approx w''; \quad w = \text{Biegelinie}. \tag{4.3}$$

Bei großen Verformungen, wie sie in Seiltragwerken vorkommen, ist diese Vereinfachung nicht berechtigt. Man bezeichnet die genauere Theorie dann mitunter als *Theorie III. Ordnung*. Auch beim Beulen von Stahlbetonschalen ist die Theorie kleiner Verformungen unzureichend (vgl. Abschn. 4.7.1).

Im Gegensatz zu den Momenten werden die Längskräfte durch die Verformungen im allgemeinen nur unwesentlich geändert, so daß man für die Längskräfte den Einfluß der Theorie II. Ordnung vernachlässigen kann. Selbstverständlich müssen aber Verbände, die ihre Längskräfte zu erheblichem Teil aus den Verbiegungen der stabilisierten Druckglieder erhalten, auch dafür bemessen werden.

4.1.2 Klassische Berechnungsverfahren für linear-elastisches Stoffgesetz

Hier sollen an einfachen Beispielen die Berechnungsmethoden erläutert werden, welche in den späteren Abschnitten verwendet werden. Dabei werden sich auch schon die wesentlichen Eigenheiten der Theorie II. Ordnung offenbaren. Da es uns weniger auf die (oft fragwürdige) Genauigkeit der Ergebnisse als vielmehr auf das Erkennen der Gesetzmäßigkeiten ankommt, bevorzugen wir grundsätzlich Näherungsverfahren, die durchsichtig sind und keine besonderen mathematischen Kenntnisse voraussetzen; auch wenn es für dasselbe Problem „exakte" oder genauere Lösungsmethoden gibt. Letztere werden insoweit erläutert, als sie zum mechanischen Verständnis des Tragverhaltens beitragen, und im übrigen wird auf die umfangreiche Literatur verwiesen [1; 2; 4; 5; 7].

Als Einführung in die Stabilitätstheorie für elastische Tragwerke sind die klassischen Lehrbücher über Mechanik oder Statik geeignet, z.B. diejenigen von Stüssi [1.2], Timoshenko [1.1], Hirschfeld [1.3]. Eine Übersicht gibt Stabilini in [5.1] und Dimitrov in [15]. Ausführlichere Angaben findet man bei Kollbrunner/Meister [2.3], Timoshenko [2.4], L'Hermite [2.5], Chen/Atsuta [9] und in den Taschenbüchern [4]. Umfassend stellt dieses Gebiet Bürgermeister [2.6] dar. Das Buch von Pflüger [2.2] gibt eine vorzügliche Übersicht der Methoden der Theorie II. Ordnung und eine Sammlung von Ergebnissen für Stäbe und Flächentragwerke. Die vollständigste Sammlung von Lösungen nach Theorie II. Ordnung befindet sich in dem umfangreichen Buch von Petersen [2.1]. In diesem neueren Standardwerk sind auch viele Fälle durch Kurventafeln für die praktische Anwendung aufbereitet. Die DIN 4114, Stahlbau-Stabilitätsfälle (Knickung, Kippung, Beulung) und die neuen, z. Zt. als Entwürfe vorliegenden Stabilitätsnormen für Stahlbauten DIN 18800, Teil 2 (Knicken von Stäben und Stabwerken), Teil 3 (Plattenbeulen) und Teil 4 (Schalenbeulen) enthalten viele Formeln und Anweisungen für die praktische Anwendung.

Alle diese Werke sind in erster Linie auf den Stahlbau zugeschnitten, dessen Bauglieder ja im allgemeinen viel schlanker als diejenigen aus Stahlbeton sind, so daß dort die Schnittkräfte häufiger und vielfältiger durch die Verformungen beeinflußt werden. Die Ergebnisse für den elastischen Zustand sind aber auch für den Baustoff Beton brauchbar. Wenn jedoch die Beanspruchungen in den Bereichen liegen, bei denen sich die Querschnitte inhomogen oder plastisch verhalten, sind die für den Stahl gewonnenen Erkenntnisse nur mit Vorsicht auf den Stahlbeton zu übertragen (vgl. Abschn. 4.1.3 bis 4.1.5).

4.1.2.1 Differentialgleichungsmethoden

Die in der Theorie I. Ordnung verwendete Differentialgleichung der elastischen Linie

$$(EIw'')'' = p(x) \tag{4.4}$$

beschreibt bekanntlich das Gleichgewicht zwischen der Querbelastung $p(x)$ eines jeden Stabelements und dessen innerem Widerstand p_i gegen eine Verschiebung quer zur Stabachse (vgl. auch Abb. 4.1/5):

$$p_i = -\frac{\mathrm{d}Q}{\mathrm{d}x} = -\frac{\mathrm{d}^2 M}{\mathrm{d}x^2} = \frac{\mathrm{d}^2(EI\kappa)}{\mathrm{d}x^2} = (EIw'')''. \tag{4.5}$$

Um den Einfluß der Verformungen zu berücksichtigen (Theorie II. Ordnung), muß die quer zur Stabachse wirkende Umlenkkraft p_N (entsprechend H' in Abb. 4.1/5c)

$$p_N = -\frac{N}{\rho} = Nw'' = -Pw'' \tag{4.6}$$

in die Gleichgewichtsbedingung (4.4) eingefügt werden (Abb. 4.1/8):

$$(EIw'')'' - Nw'' = p(x)\,. \tag{4.7}$$

Dabei ist N als Druckkraft negativ einzusetzen.

Eine geschlossene Lösung dieser Differentialgleichung ist nur für Sonderfälle möglich [1; 2; 4]. Die Lösungen der *homogenen Differentialgleichung* ohne Lastglied $p(x)$,

$$(EIw'')'' - Nw = 0\,, \tag{4.8}$$

welche die Randbedingungen erfüllen, liefern die Knicklasten (Verzweigungslasten). Die zugehörigen Biegelinien (Knickbiegelinien) werden als *Eigenfunktionen*

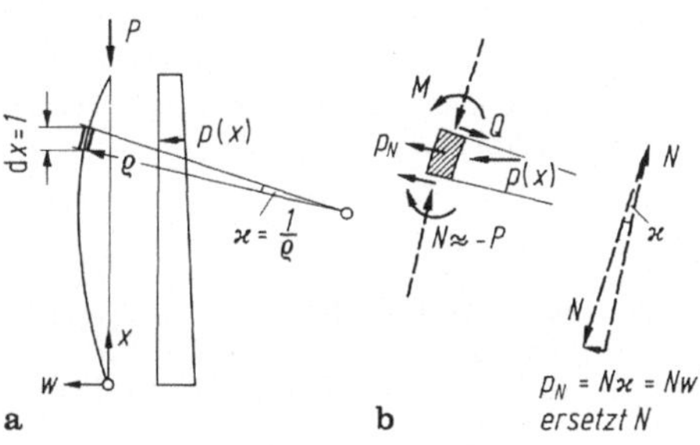

Abb. 4.1/8. Kräfte an einem Stabelement quer zur Stabachse. **a** Übersicht; **b** Stabelement und Kräfteplan für die Umlenkkraft p_N

bezeichnet. Beispiele für Eigenfunktionen sind

$$w = w_{0n} \sin \frac{n\pi x}{l} \qquad n = 1, 2, \ldots \tag{4.9}$$

für den beidseits gelenkig gelagerten Stab mit konstanter Biegesteifigkeit EI längs der Stabachse (Abb. 4.1/9). Dabei ist w_{0n} ein beliebiger Proportionalitätsfaktor. Führen wir diesen Ansatz in die Differentialgleichung (4.7) ein, dann kürzt sich die Sinusfunktion heraus und es bleibt die Bedingung übrig

$$P = P_{Kn} = \frac{n^2 \pi^2 EI}{l^2}. \tag{4.10}$$

Wir überzeugen uns noch davon, daß auch die Randbedingungen befriedigt werden: Sowohl die Durchbiegungen w als auch die Momente $M = -EI\,w''$ sind an den Stabenden $x = 0$ und $x = 1$ gleich Null.

Für $n = 1$ liefert (4.10) die bekannte Euler-Last[1] als ersten Eigenwert der Differentialgleichung:

$$P_E = \frac{\pi^2 EI}{l^2}. \tag{4.11a}$$

Die zugehörige Knickspannung σ_E, bei der ein mittig beanspruchter Euler-Stab ausknickt, beträgt

$$\sigma_E = \frac{P_E}{A} = \frac{\pi^2 EI}{l^2 A} = \frac{\pi^2 E i^2}{l^2} = \frac{\pi^2 E}{\lambda^2}. \tag{4.11b}$$

Die höheren Eigenwerte $n = 2, 3, \ldots$, die sich für die Knickbiegelinie mit mehreren „Knoten“ ergeben (Abb. 4.1/9), haben keine praktische Bedeutung, weil das Tragwerk bereits beim Erreichen des ersten Eigenwerts zerstört wird.

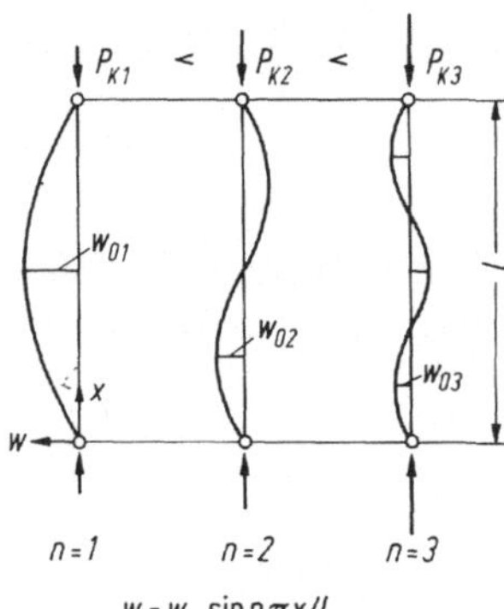

Abb. 4.1/9. Einige Eigenfunktionen (Knickbiegelinien) für den Standardstab (Euler-Fall 2, Abb. 4.1/4a)

[1] Benannt nach dem Mathematiker Leonhard Euler, der bereits im 18. Jahrhundert die gesamte Stabbiegelehre einschließlich des Knickens behandelt hat. Allerdings konnte er die Stabsteifigkeit noch nicht in einen geometrischen Faktor (I) und einen stofflichen Faktor (E) trennen, da die lineare Spannungsverteilung noch nicht bekannt war.

Die Knicklasten schlanker, elastischer Stützen aus Stahl oder Holz (nicht Stahlbeton) lassen sich auch ohne Kenntnis der Einzelwerte E und I in einem einfachen Biegeversuch, z.B. auf der Baustelle, ermitteln: Der Knickstab wird an seinen Enden als Balken gelagert und in der Mitte mit der Last P quer zu seiner Achse belastet. Aus seiner Durchbiegung $f = Pl^3/48\,EI$ unter der Last gewinnt man $EI = Pl^3/48f$ und damit die Knicklast $P_K = \pi^2 EI/l^2 \approx Pl/5f$.

Bei Druckgliedern mit Querlast (inhomogene Differentialgleichung mit $p(x) \neq 0$) oder einer Lastausmitte am Rand (inhomogene statische Randbedingungen) gibt es für die (lineare) Differentialgleichung nach der Befriedigung der Randbedingungen nur eine eindeutige Lösungsfunktion $w(x)$. Diese stellt die Biegelinie nach Theorie II. Ordnung für die gegebenen Lasten dar.

Bei komplizierten Randbedingungen oder unregelmäßiger Belastung ist es nicht möglich, in dieser Weise Lösungen zu finden. Man benutzt dann Näherungsverfahren, die von einer angenäherten Biegelinie ausgehen.

Bevor wir uns damit beschäftigen, wollen wir noch eine andere Form der Differentialgleichung ableiten, die gerade für Näherungsverfahren eine bessere Ausgangsbasis bildet. Hierzu integrieren wir die Differentialgleichung (4.7) zweimal (N sei konstant), und erhalten so aus der Gleichgewichtsbedingung für das Stabelement eine Gleichgewichtsbedingung für die Momente an jeder beliebigen Schnittstelle x des Stabes:

$$EIw'' - Nw = \iint p(x)\,\mathrm{d}x\,\mathrm{d}x \tag{4.12}$$

oder mit $M = -EI\,w''$ und $N = -P$ (Abb. 4.1/10):

$$M = Pw + M_p(x) + C_1 x + C_2. \tag{4.13}$$

Dabei ist $M_p(x)$ das Moment aus der Querlast $p(x)$ für beliebige Randbedingungen, z.B. in einem statisch bestimmten Grundsystem. Die Integrationskonstanten C_1 und C_2 ermöglichen die Anpassung der Momente an die Randbedingungen.

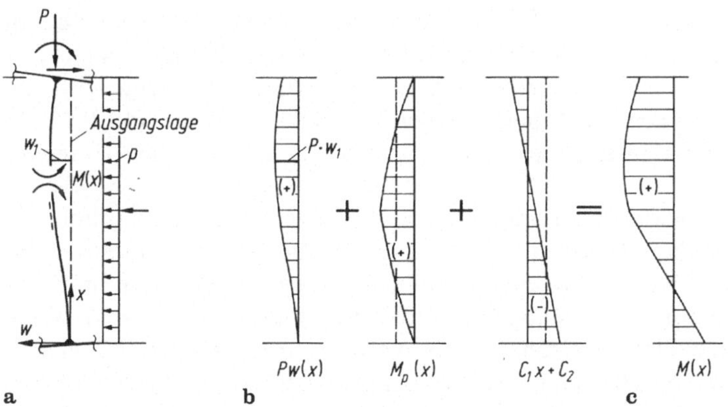

Abb. 4.1/10. Momentengleichgewicht an Stabteilen (Ritter-Schnitt) bei statisch unbestimmter Lagerung. **a** Tragwerksausschnitt (verformt) und Belastung; **b** zugehörige Momentenanteile gemäß (4.13) für das Grundsystem mit Gelenken an den Stabenden; die gestrichelten Bezugslinien gelten für das Grundsystem mit beidseitiger Einspannung; **c** Gesamtmomente nach Theorie II. Ordnung

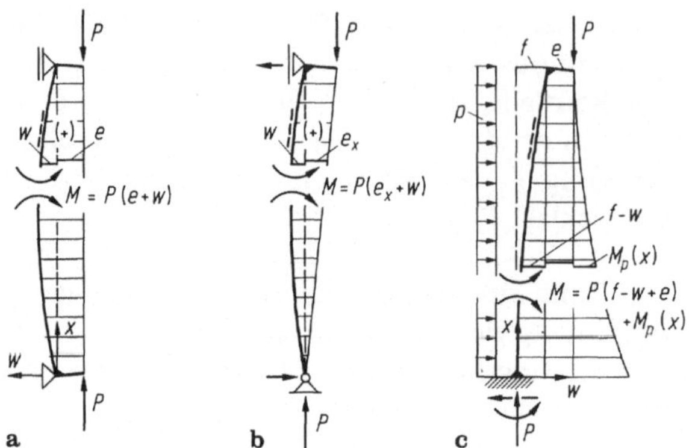

Abb. 4.1/11. Momentengleichgewicht an Stabteilen (Ritter-Schnitt) von statisch bestimmt gelagerten Stäben. **a** Standardstab mit konstanter Lastansmitte; **b** und **c** Stäbe mit veränderlicher Lastansmitte

M kann als inneres (widerstehendes) Moment M_i, und die anderen Terme von (4.13) können als äußere (Last-) Momente M_a gedeutet werden.

Beispielsweise ergibt sich aus (4.13) bei dem statisch bestimmt gelagerten Stab in Abb. 4.1/11a mit den Randbedingungen $w(0) = w(l) = 0$ und $M(0) = M(l) = P \cdot e$ die auch am Tragwerk direkt ablesbare Gleichgewichtsbedingung $M_i = M_a$:

$$M = -EI\,w'' = P(e + w)\,. \tag{4.14}$$

4.1.2.2 Gleichgewichtsmethoden

Anstatt diejenige Biegelinie zu bestimmen, die das Gleichgewicht und die Randbedingungen an jeder Stelle des Stabes exakt erfüllt, kann man eine Lösungsfunktion $w(x)$ suchen, welche die Differentialgleichung und Randbedingungen nur stellenweise oder im Mittel befriedigt. Dazu nimmt man eine Biegelinie an, die noch einen oder mehrere freie Parameter enthält, und bestimmt diese Parameter so, daß an ausgewählten Stellen, z.B. in der Stabmitte, die Differentialgleichung des Knickstabes befriedigt wird (Kollokationsverfahren). Die Differentialgleichung wird am zweckmäßigsten in der Form des Momentengleichgewichts verwendet (4.12), (4.13), (4.14); denn diese zweimal integrierte Form ist weniger fehlerempfindlich (Integrieren glättet).

Um brauchbare Ergebnisse zu erhalten, soll die angenommene Biegelinie zumindest die geometrischen Randbedingungen (Verschiebung und Verdrehung der Stabenden) erfüllen. Bei den statischen Randbedingungen ist das Randmoment ($EI\,w''$) für die Genauigkeit wichtiger als die Randquerkraft ($EI\,w'''$). Gute Näherungen der Knickbiegelinie erhält man aus fiktiven Querlasten, die gleichmäßig verteilt oder als Einzellasten im Bereich der größten Ausbiegungen angesetzt werden (Abb. 4.1/12). Die so für das wirkliche System nach Theorie I. Ordnung berechneten Biegelinien erfüllen automatisch alle Randbedingungen (unschädliche Ausnahme: Randquerkraft bei konzentrierter Querlast am Stabende von seitverschieblichen Systemen).

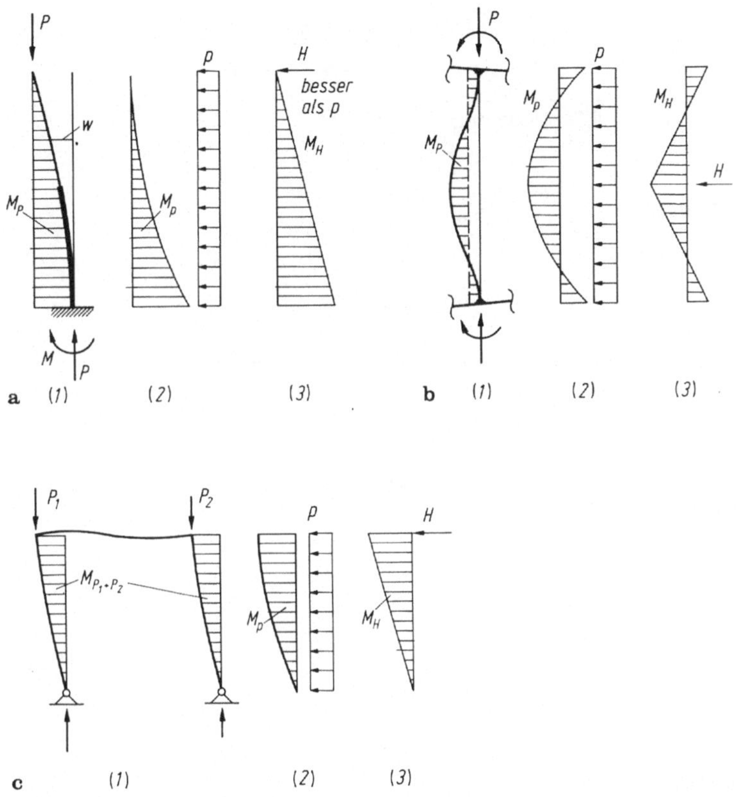

Abb. 4.1/12. Fiktive Querbelastung p oder H zur Ermittlung von Biegelinien, die als Näherung der Knickbiegelinie dienen. **a** Kragram mit veränderlichem Querschnitt, (1) Knickbiegelinie und zugehörige Momentenlinie, (2) fiktive Last p und zugehörige Momentenlinie, (3) fiktive Last H und zugehörige Momentelinie; **b** Stiel eines unverschieblichen Rahmens, **c** verschieblicher Zweigelenkrahmen

Eine Entscheidungshilfe für die Art und den Ort der zweckmäßigen fiktiven Querlast liefert die Betrachtung der Momentenlinien. Je besser diese mit dem wirklichen Verlauf der Knickbiegelinie übereinstimmt, desto besser ist die damit berechnete Knicklast. Deshalb liefert beispielsweise die Einzellast H am Kopf der Kragstütze ein besseres Ergebnis als die Gleichlast p (Abb. 4.1/12a).

Bei schwer abzuschätzenden Knickbiegelinien, z.B. solchen mit Gegenkrümmungen, kann man auch Biegelinien mit mehreren freien Parametern annehmen und diese Parameter aus einer entsprechenden Anzahl von Gleichgewichtsbedingungen für mehrere Stabquerschnitte ermitteln.

Wir erläutern die Gleichgewichtsmethode am beidseits gelenkig gelagerten Euler-Stab. Das Momentengleichgewicht in Stabmitte verlangt (4.14)

$$M_m = -EI\,w'' = P_K \cdot f\,. \tag{4.15}$$

Als 1. *Näherung* der Knickbiegelinie verwenden wir eine Parabel 2. Ordnung, obgleich diese die Bedingungen an den gelenkig gelagerten Enden $M = -EI\,w'' =$

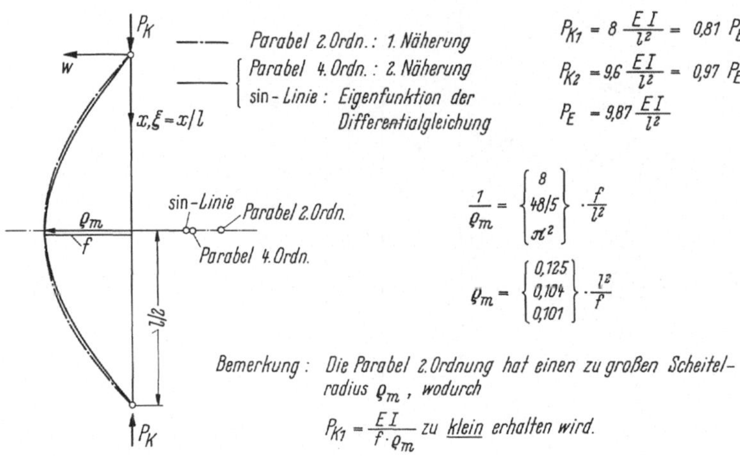

Abb. 4.1/13. Ansätze für die Knickbiegelinie eines Euler-Stabs zur Berechnung der Knicklast nach der Gleichgewichtsmethode (4.15)

0 nicht erfüllt (Abb. 4.1/13)

$$w = 4f\xi(1-\xi), \quad \xi = \frac{x}{l} \tag{4.16}$$

$$w'' = \frac{d^2w}{dx^2} = -\frac{8f}{l^2}. \tag{4.17}$$

Eingesetzt in (4.15) kürzt sich f heraus, und man erhält die Knicklast P_{K1} unabhängig von der angenommenen Ausbiegung

$$P_{K1} = \frac{EI}{f} \cdot \frac{8f}{l^2} = \frac{8EI}{l^2}. \tag{4.18}$$

Sie ist um fast 20% geringer als die richtige Euler-Last (4.11a), was aber für praktische Fälle durchaus im Streubereich der übrigen Rechenannahmen liegt (Lagerungsbedingungen, Steifigkeiten, Ausmitten).

Als 2. *Näherung* wird eine Parabel 4. Ordnung angesetzt, wie sie sich aus einer gleichmäßig verteilten Querlast p ergibt (Abb. 4.1/13, vgl. auch Abb. 4.1/14a),

$$w = \frac{16}{5} f(\xi - 2\xi^3 + \xi^4), \tag{4.19}$$

$$w'' = \frac{16}{5}\frac{f}{l^2}(-12\xi + 12\xi^2) = -\frac{48}{5}\frac{f}{l^2} \qquad \text{für } x = \frac{l}{2}. \tag{4.20}$$

Eingesetzt in (4.15):

$$P_{K2} = \frac{EI}{f}\frac{48}{5}\frac{f}{l^2} = 9{,}6\frac{EI}{l^2}. \tag{4.21}$$

Die Näherung weicht nur 3% von der Euler-Last ab ($\pi^2 = 9{,}87$). Dies ist darauf zurückzuführen, daß die angenommene Biegelinie alle Randbedingungen erfüllt und deshalb sehr gut mit der wirklichen Knickbiegelinie übereinstimmt. Zeichnerisch sind diese beiden Biegelinien deckungsgleich (Abb. 4.1/13).

Selbstverständlich führt als 3. *Ansatz* die richtige Biegelinie $w = f \sin \pi\xi$ zur Euler-Last $P_E = \pi^2 EI/l^2$.

Praktisch wird die Last P stets mit einer Exzentrizität e eingetragen, die zunächst an beiden Stabenden gleich groß angenommen wird (Abb. 4.1/2b). Die Gleichgewichtsbedingung liefert dann (4.14)

$$P(e + f) = M_m. \tag{4.22}$$

Um wieder M_m durch die Verformung ausdrücken zu können, wird näherungsweise eine Biegelinie benützt, die zur Knickbiegelinie für zentrische Last ($e = 0$) affin ist. Wir vergleichen nun die Momente M_m im gegebenen exzentrisch belasteten Stab mit denen eines gedachten zentrisch belasteten Stabes. Sie sind gleichgroß, wenn beide Stäbe die gleiche Auslenkung f haben, was im zentrisch belasteten Knickstab nur unter der Knicklast P_E möglich ist (4.15):

$$M_m = P_E f.$$

Damit können wir die rechte Seite in (4.22) ersetzen und erhalten

$$P(e + f) = P_E f,$$

$$\frac{f}{e} = \frac{1}{P_E/P - 1} = \frac{P/P_E}{1 - P/P_E} \qquad \frac{P}{P_E} = \frac{1}{1 + e/f}. \tag{4.23}$$

Die Gesamtexzentrizität $e + f$ der Last nach Theorie II. Ordnung erhält man daher aus der Exzentrizität e nach Theorie I. Ordnung mit dem Vergrößerungsfaktor

$$v = \frac{e + f}{e} = \frac{1}{1 - P/P_E} = \frac{1}{1 - P/P_K}. \tag{4.24}$$

Dieser liefert auch das Größtmoment M_m in der Mitte des Stabes aus dem Moment $M_0 = P \cdot e$ nach Theorie I. Ordnung in der Form

$$M_m = M_0\, v. \tag{4.25}$$

Am Ende von Abschnitt 4.1.2.4 wird das obige Ergebnis für den Vergrößerungsfaktor diskutiert. Dort werden auch entsprechend modifizierte Formeln für Druckstäbe abgeleitet, deren Biegelinienform von der Knickbiegelinie stärker abweicht.

Die Gleichung (4.22) $P(e + f) = M_m$ ist unabhängig vom Stoffgesetz. Das darauf aufbauende Näherungsverfahren läßt sich deshalb auch für Stahlbetonstützen mit teilweise gerissenem Querschnitt und realistischer Druckspannungsverteilung anwenden. Dabei ist die Verteilung der Krümmungen $\kappa = w''$ weniger völlig als diejenige beim Hookeschen Stoffgesetz, so daß die vorher verwendeten Näherungen der Knickbiegelinie „auf der sicheren Seite" liegen (s. auch Abb. 4.1/25). An die Stelle der Biegesteifigkeit EI tritt M_m/κ_m im maßgebenden Schnitt m (Beispiel in Abschn. 4.2.7).

Bei statisch unbestimmten Tragwerken wirkt die Steifigkeit durch die statisch unbestimmten Schnittgrößen in die Gleichgewichtsbedingung (4.22) hinein (Abschn. 4.2.5 und 4.3).

Für die praktische Anwendung der Gleichgewichtsmethode auf Stahlbetonstäbe benötigt man keine Gleichung der Biegelinie w. Im allgemeinen genügt es, daß der Verlauf der Biegelinie qualitativ bekannt ist, um aus dem Größtwert des Moments M_m (bzw. der zugehörigen Krümmung κ_m) eine genügend genaue Abschätzung der maßgebenden Ausbiegung f vorzunehmen; denn die Durchbiegung eines Stabes hängt nur wenig von der Momentenverteilung ab. Sie liegt beispielsweise beim beidseits gelenkig gelagerten Stab mit konstantem bzw. dreieckförmig verteiltem Moment zwischen

$$f = \frac{\kappa_m \cdot l^2}{8} \quad \text{und} \; f = \frac{\kappa_m \cdot l^2}{12}$$

und beträgt bei praktisch allen bauchigen Momentenverteilungen (Parabeln 2. oder 4. Ordnung), Sinusform u.ä. (vgl. IB, S.87)

$$f = \frac{\kappa_m \cdot l^2}{10}.$$

Gerade diese Verteilungen entstehen auch nach der Theorie II. Ordnung aus den Stabausbiegungen.

In Abb. 4.1/14 sind für einige typische Fälle von Krümmungsverteilungen und für verschiedene Lagerungsbedingungen die Ausbiegungen in dieser Weise angegeben. Zum besseren Verständnis ist über der jeweiligen Krümmungsverteilung auch die Belastung angegeben, die bei linear-elastischem Verhalten zu den betreffenden Krümmungen führt. Da bei Stahlbetonquerschnitten wegen des nichtlinearen Materialverhaltens die Krümmungsverteilungen weniger völlig als die Momentenverteilungen sind, liegt die proportionale Zuordnung von M und κ bezüglich der Ausbiegungen und Knicklasten auf der sicheren Seite (vgl. Abschn. 4.1.4.2). Aus den gleichen Gründen lohnt sich auch eine Berechnung mit der „genauen" Knickbiegelinie für lineare Stoffgesetze nicht.

4.1.2.3 Energiemethoden

Ausgehend vom Prinzip der virtuellen Verrückungen sind leistungsfähige Näherungsverfahren entwickelt worden, mit denen Stabilitäts- und Verformungsprobleme gelöst werden können. Sie bedienen sich der Variationsrechnung und sind wegen der rein formalen mathematischen Umformungen leider wenig anschaulich und mitunter physikalisch nur schwer deutbar [18]. Obwohl das Prinzip der virtuellen Verrückungen ja unabhängig vom Stoffgesetz und auch für endlich große Verformungen gilt, sind diesbezüglich bei den Energiemethoden meistens einschränkende Bedingungen zu beachten. Insbesondere gilt der häufig gebrauchte Arbeitssatz nur bei linear-elastischem Stoffgesetz. Wegen dieser Einschränkungen und des mathematischen Aufwandes für die Energiemethoden beschränken wir uns in diesem Abschnitt auf eine vereinfachte Darstellung weniger Verfahren und auf sehr einfache Beispiele. Umfassendere Abhandlungen finden sich beispielsweise in [2.1; 2.2; 2.4], kurze und leicht verständliche in [1.1; 2.3]. Eine kritische Betrachtung verschiedener Prinzipien enthält [18].

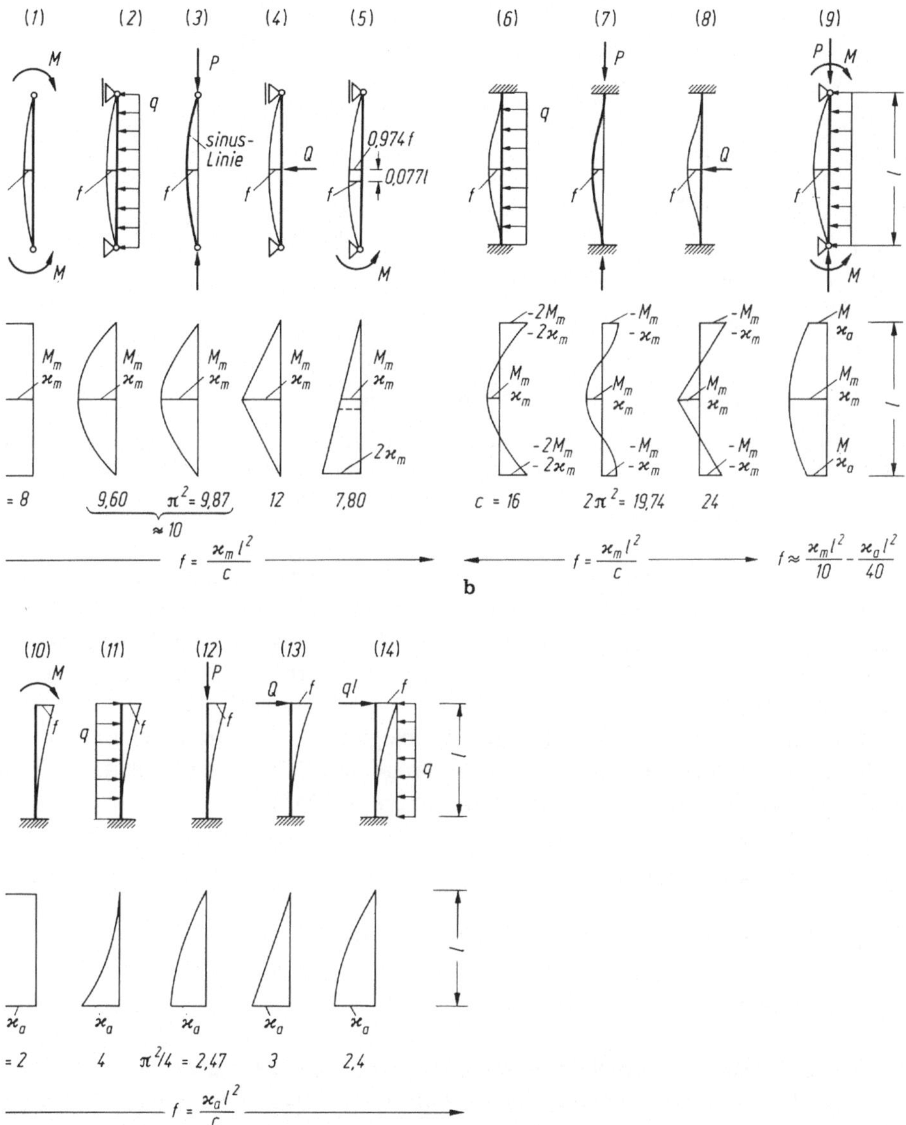

b. 4.1/14. Abschätzung der Durchbiegung an Hand von Sonderfällen. Oben ist jeweils das System, e Belastung und die Biegelinienform dargestellt, darunter ist die zugehörige Momenten- und ümmungsverteilung bei konstanter Biegesteifigkeit gezeigt, sowie die zu dieser Krümmungsverteig gehörige größte Durchbiegung f. **a** Beidseits unverschieblich gelagerte Stäbe ohne Einspannung der benden; **b** beidseits unverschieblich gelagerte Stäbe mit Endeinspannung; **c** Stäbe mit einem freien bende

Es läßt sich nachweisen, daß die Arbeitsansätze mit genäherten Biegelinien here Knicklasten liefern als mit der richtigen Biegelinie. Daher ist etwas Vorsicht ɔoten. Außerdem führen die Ansätze nicht immer auf den kleinsten Eigenwert ;l. 4.1.1).

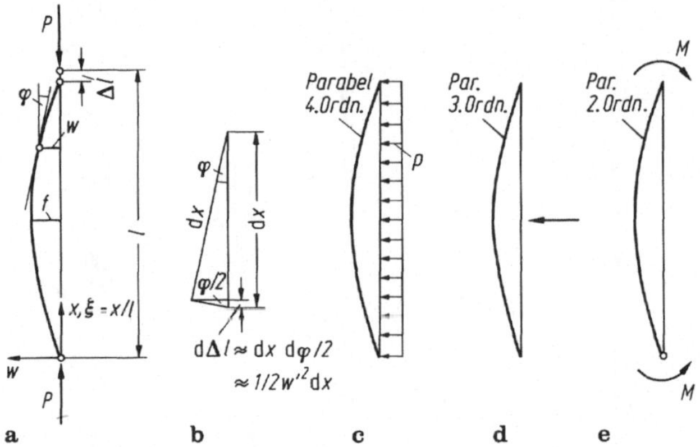

Abb. 4.1/15. Näherungsberechnung der Knicklast eines Euler-Stabs nach der Energiemethode. **a** Virtuelle Auslenkung aus der geraden Lage; **b** Stützenelement zur Berechnung der Lastsenkung Δl; **c** bis **e** Verschiedene Biegelinien als Näherungen für die Knickbiegelinie

Betrachten wir als Beispiel wieder den Euler-Stab, der mit der Last P belastet ist (Abb. 4.1/15a): Um festzustellen, ob der Stab unter dieser Last ausknickt, erteilen wir ihm eine kleine Ausbiegung w und prüfen durch Vergleich der dabei geleisteten inneren und äußeren Arbeiten, ob Gleichgewicht herrscht (Prinzip der virtuellen Verrückungen).

Die Last P verschiebt sich bei der Ausbiegung aus der geraden Lage um Δl, wobei dieser Unterschied zwischen Bogenlänge und Sehnenlänge aus der Neigung w' der Biegelinie berechnet werden kann (Abb. 4.1/15b)

$$\Delta l = \frac{1}{2}\int_0^l w'^2 \mathrm{d}x \,. \tag{4.26}$$

P leistet bei der Verschiebung die äußere Arbeit

$$A_a = P\,\Delta l = \frac{P}{2}\int_0^l w'^2\,\mathrm{d}x \,. \tag{4.27}$$

Während P bei der virtuellen Verrückung seine Größe beibehält, wachsen die inneren Momente dabei (linear) von 0 auf ihren Größtwert M und leisten die innere Arbeit

$$A_i = \frac{1}{2}\int_0^l EI\,w''^2\,\mathrm{d}x \,. \tag{4.28}$$

Gleichgewicht bei der Ausbiegung herrscht, wenn $A_i = A_a$; die zugehörige Last ist die Knicklast P_K:

$$P_K = \frac{\int_0^l EI\,w''^2\,\mathrm{d}x}{\int_0^l w'^2\,\mathrm{d}x} \,. \tag{4.29}$$

Setzt man die richtige Knickbiegelinie $w = f \sin \pi x/l$ in (4.29) ein, dann ergibt sich natürlich wieder die Euler-Last $P_E = \pi^2 EI/l^2$.

Bei komplizierten Fällen muß man von einer Näherung der Knickbiegelinie ausgehen, die man sich z.B. dadurch beschafft, daß man eine Querlast auf das Tragwerk ansetzt (Abb. 4.1/12 u. 14). Dieses Vorgehen hat den Vorteil, daß die Randbedingungen automatisch erfüllt sind; denn zumindest die „natürlichen" oder geometrischen Randbedingungen (Verschiebung, Verdrehung) müssen von dem Näherungsansatz befriedigt werden.

Eine gleichförmige Horizontallast p liefert in unserem Beispiel als Biegelinie eine Parabel 4. Ordnung (Abb. 4.1/15c)

$$w = \frac{16}{5} f(\xi - 2\xi^3 + 4\xi^4), \qquad \xi = \frac{x}{l}, \tag{4.30}$$

und (4.29) ergibt dafür den sehr guten Näherungswert der Knicklast

$$P_K = 9{,}88 \frac{EI}{l^2} = 1{,}001\, P_E .$$

Auch mit der Biegelinie für eine Horizontalkraft in Stabmitte (zwei zu $x = l/2$ symmetrische Parabeln 3. Ordnung, Abb. 4.1/15d)

$$w = f(3\xi - 4\xi^3) \quad \text{für} \quad \xi \leq 0{,}5 \tag{4.31}$$

wird P_K noch auf etwa 1% genau erhalten:

$$P_K = 10 \frac{EI}{l^2},$$

Wir gehen noch einen weiteren Schritt in der Genauigkeit zurück und nehmen als Biegelinie eine quadratische Parabel an (s. Abb. 4.1/15e):

$$w = 4 f \xi (1 - \xi) . \tag{4.32}$$

Sie erfüllt zwar noch die geometrischen Randbedingungen $w(0) = w(l) = 0$, Verletzt aber mit ihren Endmomenten die statischen Randbedingungen reichlich grob und liefert die Knicklast $P_K = 12\; EI/l^2$ wie bei der Gleichgewichtsmethode (Abschn. 4.1.2.2) um etwa 20% zu groß.

Mit derselben Biegelinie läßt sich aber ein wesentlich besseres Ergebnis erzielen, wenn statt (4.28) folgende Formulierung für die innere Arbeit verwendet wird:

$$A_i = \frac{1}{2} \int_0^l \frac{M^2}{EI} \mathrm{d}x . \tag{4.33}$$

Formal entsteht diese Beziehung aus (4.28), indem dort $w'' = -M/EI$ eingesetzt wird. Der wesentliche Kunstgriff liegt nun darin, daß die Momente nicht aus den Krümmungen der angenommenen Biegelinie, sondern aus dem Gleichgewicht mit der äußeren Last P bestimmt werden. Bei dem gegebenen statisch bestimmten System ist dies sehr einfach, $M = P \cdot w$, und führt zu

$$A_i = \frac{P^2}{2} \int_0^l \frac{w^2}{EI} \mathrm{d}x . \tag{4.34}$$

Die Gleichsetzung dieses Ausdrucks mit der äußeren Arbeit A_a (aus 4.27) liefert für das Beispiel mit parabolischer Biegelinie

$$\frac{P_K^2}{2EI}\frac{8}{15}f^2 l = \frac{P_K}{2}\frac{16f^2}{3\;l}, \text{ also}$$

$$P_K = 10\,EI/l^2 = 1{,}01\,P_E.$$

Entsprechende, aber praktisch bedeutungslose Genauigkeitssteigerungen ergeben sich für die vorher behandelten Biegelinien aus Querlasten. Die größere Genauigkeit bei diesem Vorgehen ist damit zu erklären, daß die angenommene Biegelinie weniger von der wirklichen abweicht, als dies bei den zweiten Ableitungen in (4.28) der Fall ist.

In der Literatur finden sich weitere Modifikationen der Gleichungen, von denen aber manche (Vorsicht!) wie (4.34) nicht allgemein gelten. Beispielsweise läßt sich bei unverschieblichen Stabenden, aber nicht bei einem Stab mit freiem Ende, die Gl. (4.27) durch partielle Integration in die folgende überführen:

$$A_a = \frac{P}{2}\int_0^l w'^2\,\mathrm{d}x = \frac{P}{2}\left[ww'\Big|_0^l - \int_0^l ww''\,\mathrm{d}x\right],$$

$$A_a = -\frac{P}{2}\int_0^l ww''\,\mathrm{d}x = \frac{P}{2}\int_0^l w\frac{M}{EI}\mathrm{d}x. \tag{4.35}$$

Allgemeiner ist das *Ritzsche Verfahren*, bei dem die angenommene Biegelinie aus mehreren „Koordinatenfunktionen" w_n zusammengesetzt wird, die jeweils mit Gewichtsfaktoren a_n multipliziert sind:

$$w = w_1 a_1 + w_2 a_2 + \cdots \tag{4.36}$$

Aus dem Prinzip, daß sich die potentielle Energie

$$\Pi = \int_0^l \left(\frac{EI}{2}w''^2 - \frac{P}{2}w'^2 - qw\right)\mathrm{d}w \tag{4.37}$$

bei einer kleinen Variation der Biegelinie nicht ändert, wenn das Tragwerk im Gleichgewicht ist, folgt

$$\frac{\partial \Pi}{\partial a_n} = 0. \tag{4.38}$$

Man erkennt in (4.37) die Terme für die Formänderungsarbeit (4.28) und die Lastsenkungsarbeit (4.27). Zusätzlich ist die äußere Arbeit einer eventuellen Querbelastung q berücksichtigt.

Das Potential Π enthält nach Einsetzen der w aus (4.36) quadratische Ausdrücke der a_n, so daß sich bei der Differentiation entsprechend (4.38) ein lineares Gleichungssystem für die a_n ergibt. Bei einem Tragwerk mit Störlast q ist das Gleichungssystem inhomogen und nach den a_n eindeutig auflösbar, womit die im Rahmen des Ansatzes bestmögliche Biegelinie gefunden ist. Bei Verzweigungsproblemen ergibt sich ein homogenes Gleichungssystem, dessen Determinate verschwinden muß und damit eine Gleichung für die Verzweigungslasten liefert.

Etwas Vorsicht ist bei allen Berechnungsverfahren geboten, die nur *eine* der vielen möglichen Gleichgewichtslagen liefern. Im allgemeinen ist dies zwar diejenige mit der geringsten Traglast, es kann aber ausnahmsweise auch eine instabile Gleichgewichtslage sein. Davor hat Zweiling eindringlich gewarnt [18]. Diese Warnung gilt vor allem für die Anwendung der weniger anschaulichen Energiemethoden, aber auch für die Gleichgewichtsmethode (Abschn. 4.1.2.2) und das Iterationsverfahren (Abschn. 4.1.2.4). Ein krasses Beispiel mag dies veranschaulichen:

Ein verschieblicher Rahmen mit senkrechten Lasten kann, solange die angenommene Biegelinie und die Störlasten symmetrisch sind, rechnerisch nicht seitlich ausweichen, obwohl dieses im allgemeinen maßgebend ist.

Es empfiehlt sich also bei unübersichtlichen Fällen, mehrere Knickformen zu untersuchen, oder Störlasten anzubringen, die eine unregelmäßige Verformung hervorrufen. Nur wenn die Ansatzfunktion eine Komponente der maßgebenden Eigenfunktion enthält, kann daraus der niedrigste Eigenwert bzw. die niedrigste Traglast abgeleitet werden.

4.1.2.4 Iterationsverfahren von Engeßer-Vianello

Das erstmals von Engeßer im Jahre 1893 beschriebene, aber unter dem Namen von Vianello bekannt gewordene Verfahren ist zunächst für die Berechnung von Verzweigunglasten erdacht worden, es eignet sich aber auch vorzüglich für die Schnittgrößenermittlung nach Theorie II. Ordnung in realistischen Tragwerken mit wechselnden Abmessungen und verschiedenartigsten Lasten. Das Iterationsverfahren konvergiert gut, solange $P \lesssim P_K/3$.

Wir erläutern das Verfahren wieder am Standardstab mit konstanter Lastexzentrizität e (Abb. 4.1/16a):

1. Schritt: $M_0 = P \cdot e$ const, daraus (vgl. Abb. 4.1/14a):

$$f_0 = \frac{M_0 l^2}{8EI} = \frac{P e l^2}{8EI}. \tag{4.39a}$$

2. Schritt: Die Vergrößerung des Hebelarmes e um f_0 erzeugt zusätzliche Momente mit parabolischem Verlauf und dem Wert $M_1 = P \cdot f_0$ in der Mitte; daraus entsteht:

$$f_1 = \frac{M_1 l^2}{9{,}6\,EI} = f_0 \frac{P l^2}{9{,}6\,EI} \approx f_0 \frac{P}{P_E}, \tag{4.39b}$$

wobei die Näherung weniger als 3% vom exakten Wert abweicht. Wiederum eilt die Ausbiegung dem Moment voraus, so daß kein Gleichgewicht herrscht.

3. Schritt: $M_2 = P \cdot f_1$ (Verlauf nach Parabel 4. Ordnung), daraus:

$$f_2 = \frac{M_2 l^2}{9{,}84\,EI} = f_1 \frac{P l^2}{9{,}84\,EI} \approx f_1 \frac{P}{P_E} \approx f_0 \left(\frac{P}{P_E}\right)^2. \tag{4.39c}$$

Der Quotient der Durchbiegungen bzw. der Momente aus zwei aufeinanderfolgen-

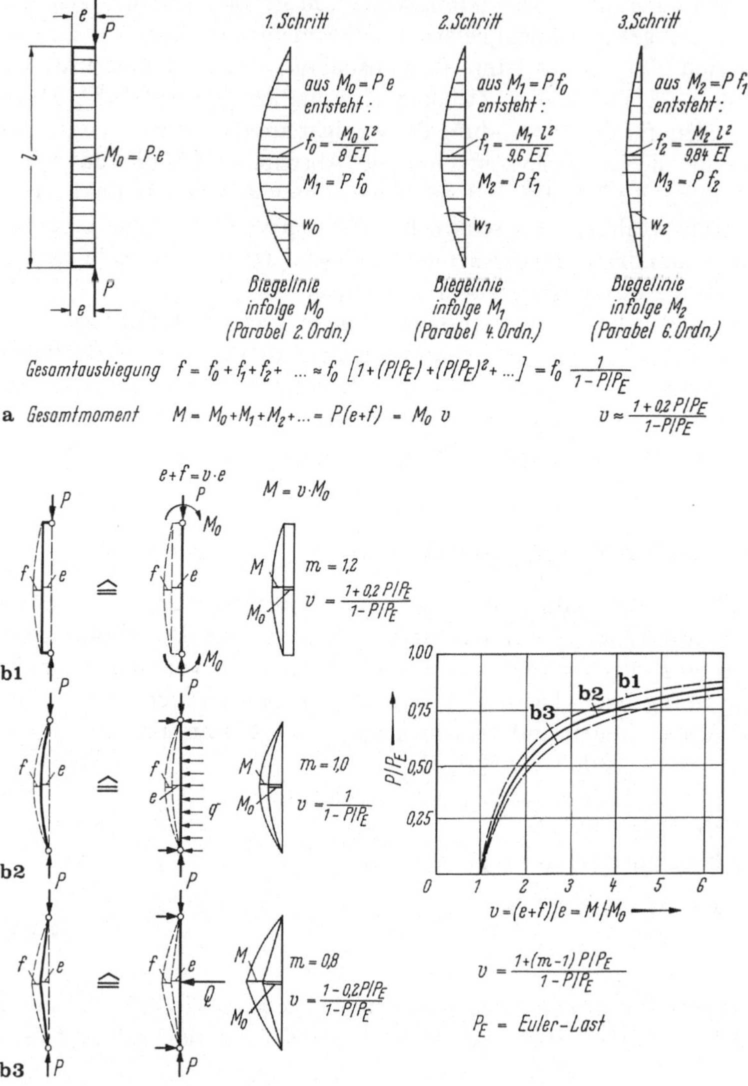

Abb. 4.1/16. Iterative Ermittlung der Biegelinie. **a** Stab mit konstanter Anfangsexzentrizität; schrittweise Berechnung der Ausbiegung und Momente. **b** Vergrößerungsfaktoren v bei **b1** konstanter Anfangsexzentrizität oder konstantem Moment; **b2** konstanter Anfangskrümmung oder gleichmäßig verteilter Querlast; **b3** Knick in der Stabachse oder Querlast in der Mitte

den Schritten nähert sich immer mehr dem konstanten Wert

$$\frac{M_{n+1}}{M_n} = \frac{f_n}{f_{n-1}} = \frac{P}{P_E} \tag{4.40}$$

und liefert so nebenbei noch die Verzweigungslast

$$P_E = P \frac{f_{n-1}}{f_n} = P \frac{M_n}{M_{n+1}} \qquad n = 2, 3, \ldots \tag{4.41}$$

Die Gesamtdurchbiegung ergibt sich aus der Summation der Anteile f_i zu

$$f = f_0 + f_1 + f_2 + \dots \approx f_0\left[1 + \left(\frac{P}{P_E}\right) + \left(\frac{P}{P_E}\right)^2 + \dots\right]. \tag{4.42}$$

Die Summe dieser geometrischen Reihe beträgt unter der Voraussetzung $P/P_E < 1$

$$f = f_0 \frac{1}{1 - P/P_E}. \tag{4.43}$$

Um das größte Moment $M_m = P(e + f) = M_0 \cdot v$ ausrechnen zu können, suchen wir den Vergrößerungsfaktor $v = (e + f)/e$. Aus (4.39a) folgt

$$f_0 = \frac{P}{P_E} em, \tag{4.44}$$

wobei $m = \pi^2/8 \approx 1{,}2$ durch die Abweichung der M_0-Biegelinie gegenüber der Knickbiegelinie bestimmt ist. Wenn (4.44) und (4.43) eingesetzt werden, erhält man den Vergrößerungsfaktor

$$v = \frac{M_m}{M_0} = \frac{e + f}{e} = \frac{1 + (m - 1) P/P_E}{1 - P/P_E}. \tag{4.45a}$$

Für konstante Anfangsexzentrizität ist also mit $m \approx 1{,}2$ (Abb. 4.1/16b1):

$$v = \frac{1 + 0{,}2\, P/P_E}{1 - P/P_E}. \tag{4.45b}$$

Für eine gleichförmig verteilte Querlast q (Abb. 4.1/16 b2) ergibt sich im 1. Schritt

$$M_0 = \frac{q\, l^2}{8} \quad \text{und} \quad f_0 = \frac{M_0\, l^2}{9{,}6\, EI} \approx \frac{M_0}{P_E}.$$

Da die Biegelinie infolge M_0 (Parabel 2. Ordnung) und die folgenden Biegelinien (Parabeln 4., 6., ... Ordnung) angenähert affin sind, ist $m = 1$, und die Iteration ergibt den bereits in Abschn. 4.1.2.2 abgeleiteten Vergrößerungsfaktor (4.24)

$$v = \frac{M}{M_0} = \frac{1}{1 - P/P_E}. \tag{4.45c}$$

Genau die gleiche Lösung bekommen wir für einen parabolisch gekrümmten Stab mit dem Stich e, da bei diesem die Querbelastung q durch die Umlenkung der Längskraft P ausgeübt wird: $q = 8\, P\, e/l^2$. Als Moment nach Theorie I. Ordnung ist $M_0 = Pe$ anzusetzen.

Für eine einzelne Querlast Q in der Mitte (Abb. 4.1/16b3) ist im 1. Schritt $M_0 = Q\, l/4$ und $f_0 = M_0\, l^2/(EI)$, somit $m = \pi^2/12 \approx 0{,}8$. Damit ergibt sich

$$v = \frac{M_m}{M_0} = \frac{1 - 0{,}2\, P/P_E}{1 - P/P_E}. \tag{4.45d}$$

Diese Lösung ist identisch mit derjenigen für einen in der Mitte geknickten Stab mit dem Stich e, da bei diesem die Querbelastung Q durch die Umlenkung der Längskraft P erzeugt wird: $Q = 4P \cdot e/l$.

Wir gewinnen hieraus folgende wichtige Erkenntnisse:

a) Der Vergrößerungsfaktor der Momente M_0 nimmt (nichtlinear) mit P/P_E zu, also wächst die Beanspruchung $M = v \cdot e \cdot P$ stärker an als die Last P. Wenn sich die Last der Knicklast nähert, wächst der Vergrößerungsfaktor schnell auf sehr große Werte an.
b) Das Verhältnis P/P_E zeigt also die Empfinolichkeit eines Stabes gegenüber stets vorhandenen Imperfektionen und Momenten aus Querlasten.
c) Wegen der überproportionalen Zunahme der Beanspruchungen mit der Last sind die Vergrößerungsfaktoren unter γ-fachen Lasten wesentlich größer als unter Gebrauchslasten. Sie müssen also für die mit dem Sicherheitsbeiwert beaufschlagten Lasten berechnet werden.
d) Bereits aus der Ausbiegung f_l beim zweiten Iterationsschritt kann man auf die (ideal elastische) Knicklast P_E des Stabes ohne „Störung" schließen (4.39b). Das Verhältnis der Ausbiegungen ist ein Maß für die „Knicksicherheit", das allerdings nicht mit der wirklichen Tragsicherheit verwechselt werden darf (vgl. Abschn. 4.1.3 und 4.1.4)

$$v_K = \frac{P_E}{P} = \frac{f_0}{f_1}. \tag{4.46}$$

e) Ist die Momentenfläche M_0 aus einer „Störung" (Exzentrizität, Querbelastung) fülliger/magerer als die Knickbiegelinie, so ist der Vergrößerungsfaktor (4.45) $v = M/M_0$ des Störungsmoments M_0 in der Mitte größer/kleiner als $1/(1 - P/P_E)$ (Abb. 4.1/16b).
f) Da die ungewollte Ausmitte sowie das nichtlineare Baustoffverhalten und die Baustoffestigkeiten die aufnehmbare Last P auf einen Bruchteil der idealen Knicklast P_E beschränken (Abschn. 4.1.4), ist der relative Einfluß der nichtaffinen Biegelinie auf den Vergrößerungsfaktor höchstens 0,2 P/P_E, also einige Prozent, und deshalb praktisch vernachlässigbar.

Auch für die Anwendung des sehr allgemeinen und unempfindlichen Iterationsverfahrens gelten die Schlußbemerkungen in Abschn. 4.1.2.3: Nur wenn die Ausgangsbiegelinie eine Komponente der maßgebenden Eigenfunktion enthält, konvergiert das Verfahren gegen den maßgebenden Wert.

Die beim Iterationsverfahren benötigten Biegelinien können mit allen aus der Baustatik geläufigen Verfahren berechnet werden, beispielsweise als Seillinie für die als Belastung aufgefaßten Krümmungen $\kappa = M/EI$ oder mittels „w-Gewichten" [1.3].

Im allgemeinen sind die Biegelinien der einzelnen Iterationsschritte affin zueinander, so daß man einfacher nur die maßgebenden Ordinaten f_n mit dem Arbeitssatz berechnet. Man bringt also an der Stelle von f_n die virtuelle Last $\bar{1}$ an und berechnet dafür die Momente $\bar{M}$, wobei unter Ausnutzung des Reduktionssatzes die statische Unbestimmtheit des wirklichen Tragwerks durch beliebig einzuführende Gelenke oder Verschieblichkeiten beseitigt werden kann. Mit den Krümmungen $\kappa_0 = M_0/(EI)$ aus dem „Störungsmoment" M_0 bzw. $\kappa_n = M_n/(EI)$

aus dem Moment $M_n = P \cdot w_{n-1}$ im n-ten Iterationsschritt erhält man dann die gesuchten Durchbiegungen

$$f_n = \int_0^l \kappa_n \bar{M} \, \mathrm{d}x \qquad n = 0, 1, 2 \ldots \tag{4.47}$$

Die Integration wird zweckmäßigerweise mit der Simpson-Regel für eine geradzahlige Unterteilung der Stablängen in gleichlange Intervalle oder (einfacher) mit der Trapezregel durchgeführt (s. Beispiel in Abschn. 4.2.7).

Während im vorstehenden Beispiel mit elastischem Stoffgesetz in den einzelnen Iterationsschritten immer nur die zusätzlichen Momente und Durchbiegungen aus dem vorhergehenden Schritt ermittelt und am Schluß zusammengefaßt wurden, müssen bei nichtlinearem Stoffgesetz in jedem Iterationsschritt die Gesamtmomente und Gesamtverformungen aus allen vorhergehenden Schritten zusammen betrachtet werden [12]. Aus M_0 folgt f_0 wie zuvor, aber f_1 ergibt sich aus $M_1 = P(e + f_0)$, statt aus Pf_0; f_2 entsteht aus $P(e + f_1)$, usw. (Zahlenbeispiel in Abschn. 4.2.7).

Die Ausbiegungen f_n und die Momente M_n konvergieren dann (wenn überhaupt) gegen die endgültigen Werte statt gegen Null. Eine Berechnung der Knicklast aus dem Verhältnis zweier Ausbiegungen nach (4.41) ist bei nichtlinearem Stoffgesetz nicht möglich. Kleiner werdende Unterschiede zwischen einzelnen Iterationsschritten sind auch kein zuverlässiges Zeichen für eine Konvergenz, weil beispielsweise beim Erreichen der Fließgrenze die Verformungen schnell zunehmen.

4.1.2.5 Superpositionsgesetze für die Theorie II. Ordnung

Da die Beanspruchungen nach der Theorie II. Ordnung überlinear mit den Lasten zunehmen, gilt das lineare Superpositionsgesetz zunächst nicht. Bei linear-elastischem Stoffgesetz kann man die Verformungen und Schnittgrößen aber trotzdem aus denen der Einzelbelastungszustände zusammensetzen, wenn dabei jedesmal die Normalkraft berücksichtigt wird.

Die Abb. 4.1/17 zeigt das Vorgehen. Der Stab sei gleichzeitig durch die Druckkraft N, durch eine Querlast q und Endmomente M_a, M_b belastet (Abb. 4.1/17a). Außerdem weise er noch eine sinusförmige Vorkrümmung auf. Mit den fertigen Formeln für die Einzelbelastungszustände (Abb. 4.1/17b bis d), die sich in der Fachliteratur finden [2], können die Gesamtverformungen und Momente durch einfache Addition berechnet werden. Als Normalkraft ist dabei jeweils die insgesamt wirkende Last anzusetzen, die aber natürlich nicht mehrfach ertragen wird.

Wollte man dieses Prinzip auch bei nichtlinearem Stoffgesetz anwenden, so müßte man alle Einzelbelastungszustände mit denjenigen Sekantensteifigkeiten berechnen, die sich unter den zunächst unbekannten endgültigen Schnittgrößen einstellen.

Auch zur Berechnung von Verzweigungslasten gibt es eine Kombinationsregel: Wirken gleichzeitig mehrere Arten von Lasten g, p, P oder andere, die jede für sich allein bei der Last g_{K1}, p_{K1}, P_{K1} zur Instabilität des Tragwerks führen würden, dann ist nach der *Formel von Dunkerley* eine auf der sicheren Seite liegende

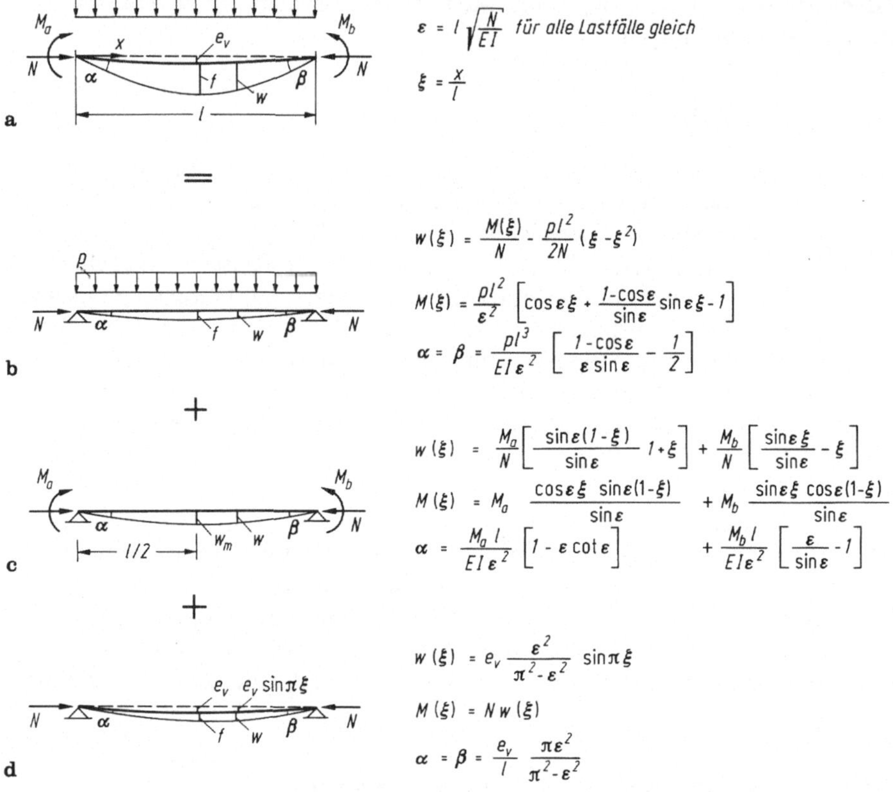

Abb. 4.1/17. Superpositionsgesetz für Theorie II. Ordnung (nur bei linear-elastischem Material). **a** Gegebenes Tragwerk mit verschiedenen gleichzeitig wirkenden Lasten und einer Vorkrümmung; **b** bis **d** zu superponierende Einzelbelastungszustände

Abschätzung der Verzweigungslast für die kombinierte Beanspruchung (Lastkombination g_K, p_K, P_K) möglich [2.2]:

$$\frac{g_K}{g_{K1}} + \frac{p_K}{p_{K1}} + \frac{P_K}{P_{K1}} \geq 1\,. \tag{4.48}$$

Diese Beziehung gilt auch, wenn die genannten Lasten zu verschiedenartigen Instabilitäten führen, z.B. Knicken nach zwei Richtungen, Kippen und Knicken. Vorausgesetzt wird linear-elastisches Verhalten des Tragwerks.

Erwähnt sei auch noch die *Formel von Southwell*

$$P_K > P_{K1} + P_{K2} + \ldots\,, \tag{4.49}$$

womit die kritische Last P_K eines aus Teilsteifigkeiten zusammengesetzten elastischen Tragwerks durch die Summe der kritischen Lasten P_{K1}, P_{K2} .. dieser Teilsysteme zur sicheren Seite hin abgeschätzt werden kann [2.2].

4.1.3 Berücksichtigung nichtlinearer Stoffgesetze

Die bisherigen Überlegungen und Berechnungen setzen das linear-elastische Spannungs-Dehnungsgesetz von Hooke voraus. Im Gebrauchszustand läßt sich damit das Verhalten von Stahlbetonbauteilen, insbesondere der uns hier beschäftigenden Druckglieder gut erfassen. Bei größeren Lasten reißen aber auch druckbeanspruchte Bauteile wegen der stets vorhandenen Biegung einseitig auf, und bei der Annäherung an den Bruchzustand verformt sich zumindest der Beton, meistens auch der Bewehrungsstahl (Fließen) nicht mehr spannungsproportional. Deshalb sind auch die Elementgesetze ($M - N - \kappa$-Beziehungen) nicht mehr linear.

Zu der geometrischen Nichtlinearität aus den nichtlinearen Gleichgewichtsbedingungen tritt als weitere Schwierigkeit für die Schnittkraftermittlung die Nichtlinearität der Stoffgesetze hinzu, wobei letztere sehr viel unregelmäßiger und entsprechend schwieriger zu erfassen ist. Kein Wunder, daß Theorie und Praxis sich an die schöne Theorie mit linearem Stoffgesetz klammern und, wenn irgend möglich, die Besonderheiten der Stoffgesetze durch Ersatzwerte (z.B. für EI) oder andere Kunstgriffe mit der gewohnten Theorie erfassen. Dies ist ein bewährtes ingenieurmäßiges Vorgehen. Es hat überdies den Vorteil, daß die Zusammenhänge übersichtlich bleiben, was für sich allein schon einen wesentlichen Beitrag zur Sicherheit der so bemessenen Bauteile darstellt.

Selbstverständlich kann man heute mit Computerprogrammen die stoffliche und die geometrische Nichtlinearität genauer berücksichtigen – letztere verursacht dabei kaum Mehraufwand –, aber diese Berechnungen sind immer noch recht aufwendig, und die Handhabung der nichtlinearen Programme erfordert spezielle Kenntnisse. Außerdem sind andere, mehr überschlägliche Berechnungsverfahren für die Vorbemessung und eine unabhängige Prüfung der Computerergebnisse nötig. Die nichtlinearen Programme rechnen nämlich nur *nach*, wenn vorher Abmessungen und zweckmäßige Bewehrung gewählt oder irgendwie ermittelt sind.

Um die Frage nach geeigneten Ersatzsteifigkeiten ef EI für nichtlineare Stoffgesetze zu beantworten, knüpfen wir an die Darstellung des Gleichgewichts von äußeren und inneren Kräften in Abb. 4.1/6 an, ersetzen aber die äußeren und

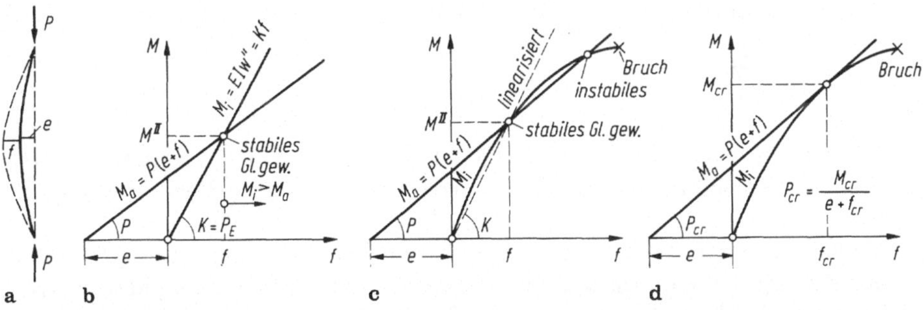

Abb. 4.1/18. Gleichgewicht zwischen Lastmoment M_a und innerem Moment M_i. **a** System; **b** M_a und M_i für lineares Stoffgesetz; **c** M_a und M_i für nichtlineares Stoffgesetz bei einem Verformungsproblem (P gegeben, f und M gesucht); **d** M_a und M_i für nichtlineares Stoffgesetz bei einem Stabilitätsproblem ohne Gleichgewichtsverzweigung (f_{cr} und P_{cr} gesucht)

inneren Kräfte H' bzw. H durch die äußeren und inneren Momente M_a bzw. M_i an der Stelle der größten Ausbiegung (Abb. 4.1/18). Bei linearem Stoffgesetz ergibt sich praktisch das gleiche Bild (vgl. Abb. 4.1/6d und 4.1/18b), bei nichtlinearem $M - \kappa$-Verhalten wird dagegen der $M - f$-Verlauf gekrümmt sein (Abb. 4.1/18c). Gleichgewicht ist wieder nur bei der Ausbiegung f möglich, wo sich die beiden Linien schneiden ($M_a = M_i$).

Um diesen Schnittpunkt mit einem linearisierten Last-Verformungsgesetz $M_i = K \cdot f$ ($K = \text{const}$) zu bestimmen, müßte man den Sekantenmodul $K = M^{\text{II}}/f$ wählen, der sich aus der Neigung der Verbindungslinie von M^{II} zum Nullpunkt ergibt (bei linearem Elementgesetz $M = EI\kappa$ wäre $K = \pi^2 EI/l^2 = P_E$).

Was für $M - f$ festgestellt, gilt entsprechend auch für das $M - \kappa$-Gesetz der einzelnen Stabelemente, wobei deren Steifigkeitswerte ef $EI = M/\kappa$ wegen der unterschiedlichen Beanspruchungen M von Element zu Element verschieden sind. Man behilft sich aber oft mit einem konservativ abgeschätzten Steifigkeitsmodul *ef* EI, der für die ganze Stablänge konstant angenommen wird. Das kann der Sekantenmodul im höchst belasteten Stabelement oder ein irgendwie gemittelter Wert sein, der bei linear-elastischer Rechnung die (annähernd) richtige Durchbiegung f liefert. Dabei hängt ef EI von der Höhe der Normalkraft- und Biegebeanspruchung ab.

Für die Berechnung von Verzweigungslasten ist es dagegen zweckmäßiger, mit dem Tangentenmodul der $M - \kappa$-Linie zu arbeiten; denn im Gleichgewichtszustand bei der Knicklast P_K gilt nicht nur $M_a = M_i$, sondern auch

$$\frac{\mathrm{d}M_a}{\mathrm{d}f} = \frac{\mathrm{d}M_i}{\mathrm{d}f}, \tag{4.50}$$

weil definitionsgemäß auch für nahe benachbarte Ausbiegungen Gleichgewicht herrscht (Auslenkungen sind ohne Änderung der Last möglich, Abschn. 4.1.1).

Das gleiche gilt auch für die kritische Last P_{cr} beim Stabilitätsproblem ohne Gleichgewichtsverzweigung (vgl. Abb. 4.1/2). Im $M - f$-Diagramm findet man daher f_{cr} und das zugehörige Moment M_{cr}, indem man die M_a-Gerade so neigt, daß die M_i-Kurve gerade berührt wird (Abb. 4.1/18d). Da die Zunahme von $M_a = P(e + f)$ mit f streng linear ist ($\mathrm{d}M_a/\mathrm{d}f = P$), ergibt sich für $P = P_{cr}$ aus (4.50) oder aus Abb. 4.1/18d

$$P_{cr} = \frac{\mathrm{d}M_i}{\mathrm{d}f}.$$

Die kritische Last beim Stabilitätsproblem (mit und ohne Gleichgewichtsverzweigung) hängt also von der Tangentialsteifigkeit $\mathrm{d}M/\mathrm{d}f$ des Last-Verformungsgesetzes ab.

Ähnliche Überlegungen haben Engeßer schon im Jahr 1889 dazu geführt, für die Berechnung der Knicklasten den Tangentenmodul $T(\sigma)$ vorzuschlagen (Abb. 4.1/19a). Aus der Vorstellung heraus, daß beim Ausknicken nur die stärker gedrückte Seite zusätzlich belastet, die schwächer gedrückte aber entlastet wird, haben später Engeßer und Kármán unabhängig voneinander diesen Ansatz dadurch verbessern wollen, daß sie für den entlasteten Querschnittbereich den

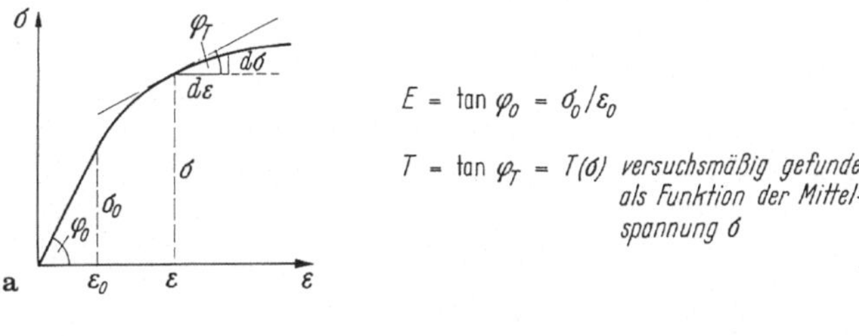

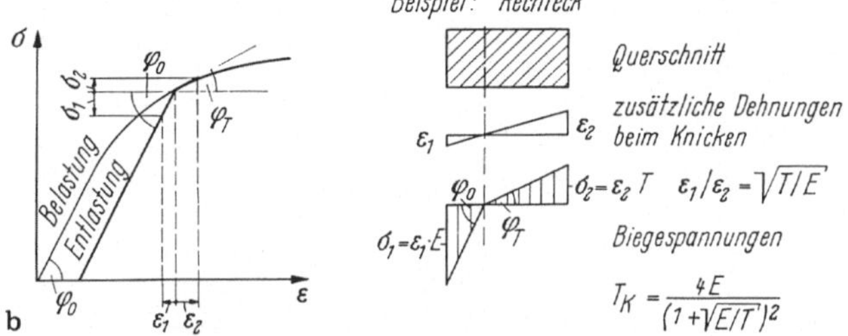

Abb. 4.1/19. Knickmoduln bei nichtlinearem Stoffgesetz. **a** Reiner Tangentenmodul T statt E (Engeßer); **b** Knickmodul T_K statt E (Engeßer-Kármán)

normalen E-Modul ansetzten (Abb. 4.1/19b). Damit ergibt sich für den Gesamtquerschnitt ein repräsentativer Knickmodul T_K, der unter dem Namen *Engeßer-Kármán-Knickmodul* bekannt und allgemein anerkannt wurde [2; 4]. Versuche zeigten jedoch, daß die Knicklasten mit dem reinen Tangentenmodul meistens viel besser als mit T_K erklärt werden, so daß man wieder zum Tangentenmodul zurückgekehrt ist.

Bei der geschilderten Entwicklung hatte man hauptsächlich das Verhalten von Stahlstützen im Auge. Wenn wir an eine etwas ausmittig gedrückte Stahlbetonstütze im Zustand II denken, ist sofort einzusehen, daß sowohl die Druckzone als auch der Stahl in der Zugzone während des seitlichen Ausweichens stetig zunehmend beansprucht werden und nur die in der Nähe der Nullinie gelegenen, gering beanspruchten und für den Biegewiderstand wenig wirksamen Bereiche entlastet werden.

Die Tragfähigkeit eines schlanken, exzentrisch gedrückten Stabs läßt sich nach Ligtenberg [5.2] roh abschätzen, wenn man für die Beziehung zwischen dem Moment in Stabmitte M_m und der Stabkrümmung $\kappa_m = 1/\rho_m$ ein elastisch-plastisches Gesetz annimmt, wie es für plastizitätstheoretische Untersuchungen gerne verwandt wird (Abb. 4.1/20b). Weiterhin wird vereinfachend angenommen, daß das aufnehmbare Grenzmoment unabhängig von der gleichzeitig wirkenden Längskraft gleich dem Grenzmoment M_u bei reiner Biegung ist. Diese Annahme ist, wie ein Blick auf die M-N-Interaktionsdiagramme für die Regelbemessung zeigt [3.2; DAfStb-Heft 220], für kleine Normalkräfte $P/N_u < 0{,}3$ auf der sicheren Seite (Abb. 4.1/20c). Einen entsprechend großen Abstand von der zentrischen Traglast N_u

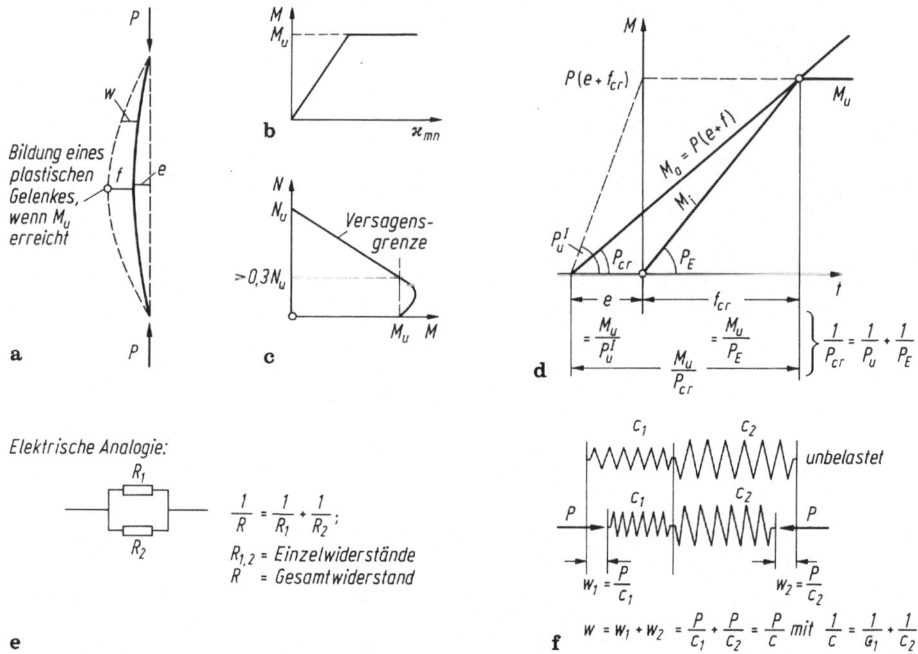

Abb. 4.1/20. Untersuchung eines Druckstabs mit elastisch-plastischem Verformungsgesetz für die Stabelemente. **a** System; **b** vereinfachte Momenten-Krümmungsbeziehung (Einfluß der Normalkraft auf M_u vernachlässigt); **c** Typisches Interaktionsdiagramm für Stahlbetonstab. **d** Gleichgewicht zwischen äußerem und innerem Moment; **e** elektrische Analogie; **f** mechanische Analogie: Federkonstante c für hintereinander geschaltete Federn

müssen vor allem schlanke Stützen einhalten, um auch die unvermeidlichen Momente aufnehmen zu können.

Unter diesen Voraussetzungen läßt sich bei gegebener Lastausmitte e die Traglast P_u^{I} der Stütze nach Theorie I. Ordnung so ausdrücken:

$$P_u^{\mathrm{I}} = \frac{M_u}{e}. \tag{4.51}$$

Nach Theorie II. Ordnung kann allerdings nur eine geringere, von f abhängige Last aufgenommen werden:

$$P_{cr} = \frac{M_u}{e+f}. \tag{4.52}$$

Da bis zum Erreichen des Bruchmoments ($M \leq M_u$) linear-elastisches Verhalten angenommen wurde, gilt auch der elastische Vergrößerungsfaktor (4.24) bis zum Bruch:

$$v = \frac{e+f}{e} = \frac{1}{1 - P_{cr}/P_E}.$$

Aus den drei Gleichungen ergibt sich

$$\frac{1}{P_{cr}} = \frac{1}{P_u^{\mathrm{I}}} + \frac{1}{P_E}. \tag{4.53}$$

Diese Beziehung ist analog zu derjenigen für den elektrischen Widerstand bei der Parallelschaltung von Widerständen (Abb. 4.1/20e) oder zur Federkonstanten bei der Hintereinanderschaltung zweier Federn (Abb. 4.1/20f). Die kritische Last P_{cr} nach Theorie II. Ordnung ist stets kleiner als die „elastische Knicklast" P_E und selbstverständlich auch kleiner als die Traglast P_u^{I} nach Theorie I. Ordnung. Der Einfluß der Lastausmitte kommt im ersten Glied der rechten Seite zur Geltung, da $P_u^{\mathrm{I}} = M_u/e$. Für sehr kleine Werte von e nähert sich P_{cr} der Verzweigungslast P_E.

Man kann (4.53) auch unmittelbar aus dem $M - f$-Diagramm ablesen (Abb. 4.1/20d). Dort sind die Neigungen der verschiedenen Linien ein anschauliches Maß für die zugehörigen Lasten. Das Diagramm zeigt auch, daß bei dem angenommenen bilinearen Elementgezetz stets durch das Erreichen von M_u die kritische Last bestimmt und kein vorheriges Stabilitätsversagen möglich ist.

Um die Bruchgefahr besser abzuschätzen, muß man die Wirkung der Längskraft P auf das aufnehmbare Bruchmoment M_u berücksichtigen. Dann ist aber die Gleichgewichtsbedingung (4.52)

$$M_u = M_{cr}, \qquad M_{cr} = P_{cr}(e + f)$$

nicht mehr explizit auflösbar. Sowohl f als auch M_u sind Funktionen der Biegelinie. Wir wollen als Biegelinie w des Stabes eine sinus-Linie voraussetzen:

$$w = f \sin \pi \frac{x}{l}.$$

Dann ist in Stabmitte die Krümmung

$$\kappa_m \approx - w'' = f \frac{\pi^2}{l^2}.$$

Der geometrische Wert für f ist also eine lineare Funktion der Krümmung (vgl. Abb. 4.1/14a)

$$f_g = \frac{l^2}{\pi^2} \kappa_m. \tag{4.54}$$

Den statischen Wert für $e + f$ aus (4.52)

$$e + f_{st} = \frac{M}{P}$$

kann man ebenfalls in Abhängigkeit von der Stabkrümmung

$$\kappa_m = \frac{\varepsilon_s - \varepsilon_b}{h} \quad (\varepsilon \text{ bei Druck negativ}) \tag{4.55}$$

darstellen (Abb. 4.1/21). Wir verwenden dazu die Arbeitslinie des Betons $\sigma(\varepsilon)$ nach DIN 1045. Für einen symmetrisch bewehrten Rechteckquerschnitt aus Stahlbeton im Zustand II gilt:

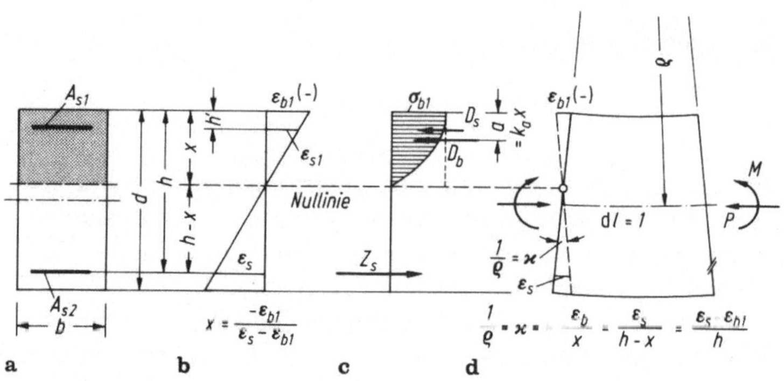

Abb. 4.1/21. Bezeichnungen für Rechteckquerschnitt. **a** Querschnitt; **b** Dehnungen; **c** Spannungen; **d** Krümmung (Stabelement mit Länge $dl = 1$)

Betondruckkraft mit Betonrandspannung σ_{b1}, Höhe x und Völligkeitsgrad α der Druckzone:

$$D_b = \alpha\, x\, \sigma_{b1}, \tag{4.56a}$$

Stahlzugkraft:

$$Z_s = A_s \varepsilon_s E_s \leq A_s \beta_S, \tag{4.56b}$$

Stahldruckkraft bei symmetrischer Bewehrung:

$$D_s = A_{s1} \varepsilon_{s1} E_s \leq A_{s1} \beta_S, \tag{4.56c}$$

äußere Längskraft (Druckkraft):

$$P = D_b + D_s - Z_s, \tag{4.57}$$

Moment um die Mittellinie mit Randabstand $k_a x$ der Resultierenden D_b:

$$M = D_b\left(\frac{d}{2} - k_a x\right) + (Z + D_s)\left(h - \frac{d}{2}\right). \tag{4.58}$$

Da sich die Stabkrümmung nicht explizit aus Moment und Längskraft errechnen läßt, muß man von bestimmten Querschnittsverformungen ausgehen, wobei Ebenbleiben der Querschnitte angenommen wird. Man hat also zwei Bestimmungsstücke, z.B. die Krümmung und die Nullinienlage, zu variieren und kann aus den so festgelegten Betonstauchungen und Stahldehnungen die Größe der Spannungsresultierenden P und ihren Abstand $e + f_{st}$ von der Querschnittsmitte berechnen.

Auf diesen Grundlagen aufbauend zeigt Abb. 4.1/22 die Ausbiegung eines Stabes mittlerer Schlankheit bei Laststeigerung. Es sind nur Gleichgewichtslagen eingezeichnet. Wir gewinnen daraus folgende Erkenntnisse:

1. Bei zentrischer Belastung (Kurve $e/d = 0$) kann ein Stab mittlerer Schlankheit bis zur „Engeßer-Last“

$$P_K = \frac{\pi^2\, TI}{s_K^2} \tag{4.59}$$

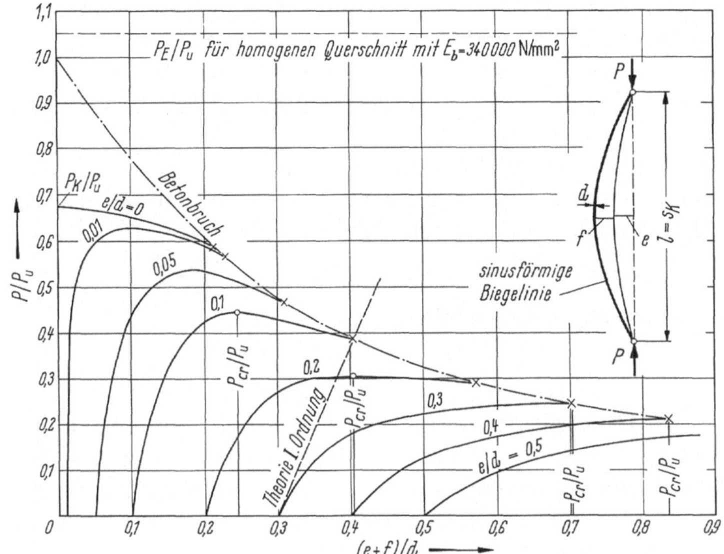

Abb. 4.1/22. Zusammenhang zwischen Last P, Anfangsexzentrizität e und Ausbiegung f einer schlanken Stahlbetonstütze ($s_K = 30\ d$, $\lambda = 104$). Annahmen: Rechteckquerschnitt mit beidseitiger Bewehrung $\mu = \mu' = 0{,}77\%$ von A_b, $h = 0{,}93\ d$. Beton: B35, Spannungs-Dehnungslinie nach DIN 1045 (Parabel-Rechteck-Diagramm), Rechenfestigkeit $\beta_R = 23$ N/mm², Mitwirkung in der Zugzone vernachlässigt. Stahl: Streckgrenze 420 N/mm². Bezugsgröße: $P_u = \beta_R A_b + \beta_S(A_s + A_s')$ (Gesamttragkraft ohne Knickgefahr)

beansprucht werden. Er kann diese Last aber – im Gegensatz zum Euler-Stab (vgl. Abb. 4.1/2a) – bei einer Ausbiegung nicht aufrechterhalten (labiles Gleichgewicht).

2. Bei geringer Anfangsexzentrizität e erreicht P mit wachsender Ausbiegung einen Scheitelwert P_{cr}, in dem das Gleichgewicht labil wird. Bei weiterer Auslenkung nimmt P allmählich ab, bis schließlich durch die vermehrte Biegung der Bruch des Stabes eintritt. Diese Bruchlast ist also etwas kleiner als die kritische Last P_{cr}.
3. Bei großer Anfangsexzentrizität wächst P mit der Auslenkung bis zum Bruch des Stabes an. Es gibt also keine labilen Gleichgewichtszustände wie bei kleinen Exzentrizitäten oder mittiger Belastung.
4. Die kritische Last geht mit wachsender Anfangsexzentrizität e stark zurück. Im Beispiel beträgt sie bei $e = k$ (Kernweite) nur noch etwa die Hälfte der Engeßer-Last P_K.
5. Die Ermittlung der Knicklast für einen homogenen Querschnitt (Euler-Last) mit dem Elastizitätsmodul nach DIN 1045 führt zu einer erheblichen Überschätzung der Tragfähigkeit. Sie kann höchstens die Empfindlichkeit eines Stabes für Momente nach Theorie II. Ordnung anzeigen oder als Bezugswert dienen.

Das Verhalten von Stahlbetonstützen im nichtlinearen Verformungsbereich hat zunächst Habel für Lasten mit und ohne Exzentrizität sehr eingehend dargestellt [16]. Später haben vor allem Kordina und Quast dieses Gebiet bearbeitet [17; 20.3; 21.2; 21.3] und recht praktische Normen vorgeschlagen (vgl. Abschn. 4.1.4) [10; 11]. Einige weitere wichtige Beiträge hierzu in der deutschen Fachliteratur sind unter [8] aufgeführt.

Wie ein Stab sich verhält, wenn die Last an beiden Enden verschiedene Exzentrizitäten e besitzt, wird in [22] untersucht. Bei der Annahme gleicher Exzentrizitäten befindet man sich stets auf der sicheren Seite.

4.1.4 Regeln für den Knicksicherheitsnachweis

4.1.4.1 Übersicht

In DIN 1045, 17.4 wird für Druckglieder zusätzlich zur Bemessung für die Schnittgrößen am unverformten System ein Nachweis der Tragfähigkeit unter Berücksichtigung der Stabauslenkung verlangt (siehe auch [87]). Der Nachweis kann entweder nach Theorie II. Ordnung durch eine Berechnung der Schnittgrößen im wirklichen, verformten Tragwerk erbracht werden oder – sehr praktisch aber nicht in allen Fällen anwendbar – durch die Bemessung für die Schnittgrößen aus Theorie I. Ordnung plus einem Zusatzmoment $\Delta M = N \cdot f$ aus der Stabauslenkung. Für f gibt die Norm fertige Formeln in Abhängigkeit von der Schlankheit des „Ersatzstabes" an. Grundlage für beide Nachweisverfahren ist die Ermittlung der Verformungen mit nichtlinearen Stoffgesetzen unter Vernachlässigung der Betonzugfestigkeit – wie bei der Bemessung – und die Annahme einer ungewollten Ausmitte e_v der Last oder einer entsprechenden Vorverformung des Druckgliedes.

Im DAfStb-Heft 220, Kap. 4 und in allen Betonkalendern [10] sind die Nachweisverfahren ausführlich beschrieben und weitere Hilfsmittel zur Vereinfachung bereitgestellt. In den folgenden Kapiteln wird ein Überblick darüber gegeben.

Entsprechend DIN 1045, 17.4 kann man folgende Fälle unterscheiden:

a) Druckglieder mit vernachlässigbar geringen Zusatzbeanspruchungen aus den Stabauslenkungen (s. hierzu Abschn. 4.1.4.3).
b) Druckglieder mit mäßiger Schlankheit ($\lambda < 70$) und gleichbleibendem Querschnitt. Diese können mit dem f-Verfahren bemessen werden (Abschn. 4.1.4.4).
c) Druckglieder mit großer Schlankheit ($\lambda > 70$) oder unregelmäßiger Geometrie müssen nach der Theorie II. Ordnung berechnet werden (Abschn. 4.1.4.5).
d) Schlankheiten $\lambda > 200$ sind unzulässig.

4.1.4.2 Ersatzstab und Schlankheit

Der Ersatzstab ist ein an beiden Enden gelenkig gelagerter Druckstab (Euler-Fall 2) mit dem gleichen Querschnitt und der gleichen Verzweigungslast P_K wie der zu untersuchende Stab des Tragwerks:

$$P_K = \frac{\pi^2 EI}{s_k^2}. \tag{4.60}$$

Seine Länge (Knicklänge s_K) ergibt sich in der Regel als Abstand der Wendepunkte der Knickfigur. Der Ersatzstab erhält im Idealfall das gleiche Zusatzmoment $\Delta M = N \cdot f$ aus den Verformungen wie der wirkliche Stab. In praxis wird die Länge des Ersatzstabes für linear elastisches Materialverhalten berechnet oder abgeschätzt. Bei verschieblichen Systemen (Abschn. 4.3) sollte aber nach Heft 220, 4.3 der unterschiedliche Abfall der Biegesteifigkeiten von Stielen und Riegeln durch eine 30% ige Abminderung der elastischen Riegelsteifigkeit wenigstens näherungsweise berücksichtigt werden.

In Heft 220 findet man auch die in Abb. 4.1/4 wiedergegebenen Knicklängenbeiwerte, Diagramme für einseitig elastisch eingespannte Stützen und Nomogramme für die Ersatzlänge der Stiele von regelmäßigen Rahmen. Das Ersatzstabverfahren kann zwar bei unregelmäßigen oder mehrgeschossigen, verschieblichen Rahmen mit erheblichen Fehlern verbunden sein, es genügt aber für eine Vordimensionierung, auf welcher ein genauerer Nachweis nach Theorie II. Ordnung aufbaut.

Aus der Länge des Ersatzstabes s_K wird als Eingangsparameter für die Knickbemessung die Schlankheit λ ermittelt, wobei der Einfachheit halber wiederum vom elastischen, ungerissenen und unbewehrten Betonstab ausgegangen wird (4.2):

$$\lambda = s_k/i; \quad i = \sqrt{I_b/A_b}.$$

4.1.4.3 Druckglieder mit vernachlässigbaren Zusatzmomenten

Auf einen Knicknachweis kann nach DIN 1045, 17.4.1 verzichtet werden, wenn

$\lambda < 20$ — berechnet mit s_K = Geschoßhöhe;

$\lambda < 45$ — berechnet für beidseits eingespannte Innenstützen in ausgesteiften Geschoßbauten. Das heißt beispielsweise, daß solche Stützen mit rechteckigem Querschnitt ($i = 0{,}289\ d$) nur in dem seltenen Fall für Knicken nachgewiesen werden müssen, wo die kleinere Querschnittsabmessung d weniger als 1/13 der Geschoßhöhe beträgt ($\lambda = s_K/0{,}289\ \mathrm{d} = 45$). In Heft 220, 4.1.6 wird diese Regelung aber in Abhängigkeit von der Momentenverteilung im Stiel modifiziert zu

$\lambda < 45\text{–}25\ M_1/M_2$ — (M_1, M_2 = Stabendmomente, $|M_2| > |M_1|$); denn bei S-förmiger Verbiegung des Stiels durch die Endmomente ($M_1/M_2 < 0$) erhöht sich die Schlankheitsgrenze, weil die Knickverformungen rückdrehende Momente in den Rahmenknoten wecken, und bei gleichsinnig auslenkenden Endmomenten ($M_1/M_2 > 0$) entstehen evtl. kritische Zusatzmomente im mittleren Stielbereich.

$e/d \geq 3{,}50$ — für $\lambda \leq 70$,

$e/d \geq 3{,}50\ \lambda/70$ — für $\lambda > 70$.

In diesen Fällen dominiert die Biegung aus Theorie I. Ordnung so stark gegenüber den Längskräften, daß deren Zusatzmomente vernachlässigbar sind.

4.1.4.4 Das f-Verfahren für mäßige Schlankheit

Bei gleichbleibendem Querschnitt und $\lambda \leq 70$ darf nach DIN 1045, 17.4.3 der Einfluß der ungewollten Ausmitte e_v und der Stabauslenkungen (Theorie II. Ordnung) durch eine zusätzliche Ausmitte f der Normalkraft erfaßt werden. Diese Ausmitte hängt vom Betrag der bezogenen Exzentrizität $e/d = M/Nd$ der Normalkraft im unverformten System und von der Schlankheit $\lambda = s_K/i$ ab:

$$f = d\frac{\lambda - 20}{100}\sqrt{0{,}1 + e/d} \qquad \text{für} \qquad e/d < 0{,}3$$

$$f = d\frac{\lambda - 20}{160} \qquad \text{für } 0{,}3 \leq e/d < 2{,}5 \tag{4.61}$$

$$f = d\frac{\lambda - 20}{160}(3{,}5 - e/d) \qquad \text{für } 2{,}5 \leq e/d < 3{,}5.$$

Der Druckstab ist im mittleren Drittel der Knicklänge für die Schnittgrößen N und $M = N \cdot e$ des unverformten Tragwerks (aus Theorie I. Ordnung) zuzüglich $\Delta M = N \cdot f$ (aus Theorie II. Ordnung) zu bemessen, insgesamt also für N und

$$M + \Delta M = N(e + f). \tag{4.62}$$

Die maßgebende Exzentrizität e ist dabei ebenfalls im mittleren Drittel der Knicklänge zu suchen. Bei unverschieblichen Rahmen empfiehlt Heft 220, 4.1.8:

$$e = \frac{0{,}65 M_2 + 0{,}35 M_1}{N} \qquad \text{für beidseitig elastisch eingespannte Stiele mit den Einspannungsmomenten } M_1 \text{ und } M_2\text{, bzw.} \tag{4.63}$$

$$e = 0{,}6\frac{M_2}{N} \qquad \text{für Stiele mit einem gelenkig gelagerten Ende.}$$

Bei verschieblichen Rahmen liegen die Rahmenknoten immer im mittleren Drittel der Knicklänge (für Stiele mit hohen Querlasten darf das Näherungsverfahren nicht angewendet werden); sie sind deshalb für die Bemessung der Stiele maßgebend. Bei ausgesteiften Rahmen sind die Stielenden im allgemeinen nur für Schnittgrößen nach Theorie I. Ordnung zu bemessen, während die mittleren Bereiche der Stiele auch Zusatzmomente ΔM erhalten.

Da das f-Verfahren vom gleichbleibenden Querschnitt ausgeht, muß die für den maßgebenden Querschnitt ermittelte Bewehrung innerhalb der Ersatzlänge annähernd unverändert durchlaufen. Diese Forderung im DAfStbHeft 220, 4.1.8 wäre eigentlich noch über die Ersatzlänge hinaus auszuweiten, wenn man bedenkt, daß auch Steifigkeitsabminderungen außerhalb der betrachteten Ersatzlänge ja diese Ersatzlänge und damit die Knickgefahr vergrößern. Andererseits enthalten die Knickvorschriften auch versteckte Reserven, insbesondere durch die Vernachlässigung des Betons auf Zug.

4.1.4.5 Nachweis nach Theorie II. Ordnung

Wenn die Voraussetzungen für die beschriebenen Näherungsverfahren nicht erfüllt sind, insbesondere für große Schlankheiten $\lambda > 70$, ist nachzuweisen, daß ein stabiler Gleichgewichtszustand unter 1,75 fachen Lasten möglich ist (Theorie II. Ordnung). Dabei sind die Stabauslenkungen zu berücksichtigen (DIN 1045, 17.4.4), ebenso eine als *ungewollte Ausmitte* bezeichnete Vorverformung des unbelasteten Systems mit dem Größtwert (DIN 1045, 17.4.6)

$$e_v = s_K/300 \,. \tag{4.64}$$

Die Vorverformung ist affin zur Knickfigur zu denken, kann aber durch geradlinige Näherungen vereinfacht oder durch eine zusätzliche konstante Lastausmitte e_v ersetzt werden (Abb. 4.1/23). Bei Sonderbauten über 50 m Höhe sind Abminderungen von e_v zulässig.

Bei seitverschieblichen und lotrechten aussteifenden Traggliedern dürfen nach DIN 1045, 17.4.6 bzw. 15.8.2.3 vereinfacht ungewollte Schiefstellungen angenommen werden (s. Abschn. 4.3.1).

Die Berechnung nach Theorie II. Ordnung ist mit wirklichkeitsnahen, also nichtlinearen Stoffgesetzen durchzuführen, wozu Heft 220, 4.3.2 vereinfachte Rechengrundlagen und Tafeln bereit stellt:

Wenn die Schlankheit nach dem Ersatzstabverfahren (Abschn. 4.1.4.2) ermittelt werden kann, bieten die *Nomogramme* in Heft 220, 4.3.3 die Möglichkeit, die erforderliche Bewehrung für rechteckige und kreisförmige Querschnitte unmittelbar aus den Schnittgrößen des unverformten Systems abzulesen. Die Nomogramme ergänzen damit die vereinfachten Nachweisverfahren im Bereich $\lambda > 70$ mit im allgemeinen hinreichender Genauigkeit (s. Einschränkungen im Erläuterungstext zu den Nomogrammen). Die ungewollte Ausmitte ist in den Nomogrammen eingearbeitet, die Verformungen aus Kriechen müssen allerdings durch eine zusätzliche Lastausmitte e_K berücksichtigt werden (s. 4.1.5).

Für die Berechnung *unregelmäßiger Systeme* empfiehlt Heft 220, 4.3.2.2 die Vereinfachung der Momenten-Krümmungs-Beziehung durch eine Ersatzgerade (Abb. 4.1/24a). Als Stützstellen werden dabei die für Zustand II berechneten Momente und Krümmungen bei 0,5 M_u und beim Fließen der Zugbewehrung

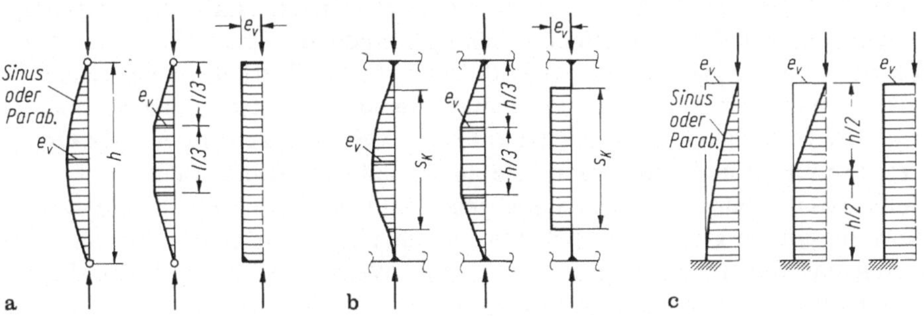

Abb. 4.1/23. Annahmen über den Verlauf der ungewollten Ausmitte für **a** beidseits gelenkig gelagerten Stab, **b** beidseits elastisch eingespannten Stab, **c** Kragstütze, s. [3.2; 11]

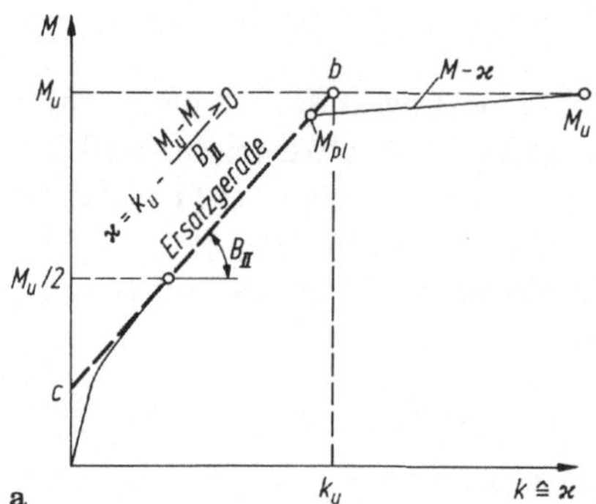

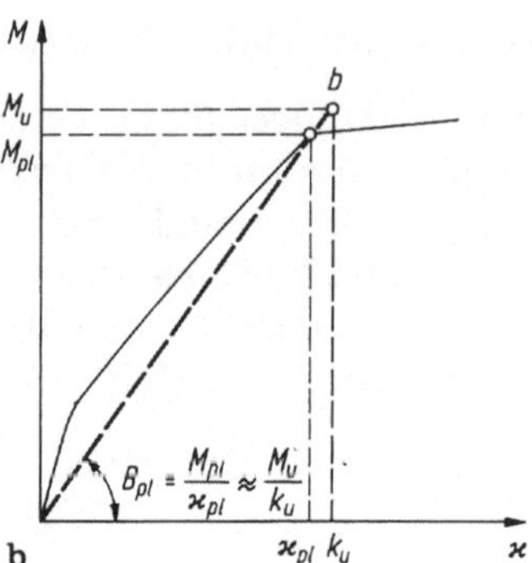

Abb. 4.1/24. Vereinfachte Momenten-Krümmungs-Beziehungen. **a** Ersatzgerade nach DAfStb-Heft 220; **b** linearisierte Beziehung $M = B_{pl}K$

(bzw. der Druckbewehrung) gewählt. Die $M - \kappa$-Geraden können über diesen Bereich hinaus bis $\kappa = 0$ und bis $M = M_u$ extrapoliert werden, ohne daß deswegen die Genauigkeit wesentlich leidet. Damit ergibt sich für alle möglichen Momentenbeanspruchungen eines Druckstabes eine konstante „Ersatz-Biegesteifigkeit" (Tangentialsteifigkeit)

$$B_{II} = \frac{dM}{d\kappa}.$$

Selbstverständlich hängt B_{II} von dem Querschnitt des Druckglieds, von seiner (über die ganze Länge konstanten) Bewehrung und seiner Normalkraft ab, aber B_{II} ist jeweils für die ganze Länge eines Druckstabes konstant. Die Werte B_{II} von Rechteck- und Kreisquerschnitten sind (zusammen mit $M = M_u/1{,}75$ und der extrapolierten Krümmung k_u) im Heft 220, 4.3.3 vertafelt. Änderungen der Normalkraft wirken sich auf B_{II} nur wenig aus.

Wenn man davon ausgeht, daß die zum Knicken führenden Verformungen erst auftreten, nachdem durch andere Beanspruchungen bereits Momente über dem Punkt c die Ersatzgeraden (Abb. 4.1/24a) vorhanden sind, dann müßte man eigentlich die zum Knicken führenden Verformungen nach Theorie II. Ordnung mit der Tangentialsteifigkeit B_{II} berechnen; Kordina verlangt dies für seitverschiebliche Rahmen [10], die ja auch Momente aufweisen, welche nicht zum seitlichen Ausweichen beitragen. Mit den Ersatzsteifigkeiten B_{II} können dann ganze Stahlbetontragwerke unter Berücksichtigung des nichtlinearen Baustoffverhaltens wie elastische Tragwerke nach der Theorie II. Ordnung untersucht werden, indem einfach B_{II} statt der Biegesteifigkeit EI angesetzt wird: $M = B_{II} \cdot \kappa$. Damit ist man bezüglich der Verformungen und Zusatzmomente immer auf der sicheren Seite.

Andererseits können in einem Stabelement mit nichtlinearem Elementgesetz die Verformungsanteile grundsätzlich nicht mehr einzelnen Lastfällen zugeordnet werden, weil das Superpositionsgesetz nicht gilt. Wenn alle maßgebenden Lasten zusammen betrachtet werden, wie es bei Theorie II. Ordnung mit nichtlinearem Stoffgesetz nötig ist, dann läßt sich die Momentenbeanspruchung eines Elements immer mit der Sekantensteifigkeit ausdrücken, wobei B_{pl} (für $M < M_{pl}$) wegen der

Krümmung der $M-\kappa$-Linie einen unteren Grenzwert für diese Steifigkeit darstellt:

$$M < B_{pl}\kappa \qquad \text{mit}\, B_{pl} = \frac{M_{pl}}{\kappa_{pl}}. \tag{4.65}$$

Im allgemeinen liefern zu weich angenommene Elementgesetze zu große Ausbiegungen, so daß auch die Berechnung nach Theorie II. Ordnung mit der Biegesteifigkeit B_{pl} statt EI konservative Ergebnisse liefert (Abb. 4.1/24b). Statt B_{pl} kann auch M_u/k_u aus Heft 220 verwendet werden.

Für einfache Systeme zeigt Heft 220, 4.3.2.3 noch ein Näherungsverfahren, mit dem die Zusatzverformungen v^{II} aus Theorie II. Ordnung mit der Ersatzgeraden aus linearen Gleichungen berechnet werden. Das Verfahren wird an dem Beispiel in Abb. 4.1/25 erläutert:

Die maximale Ausbiegung f nach Theorie II. Ordnung ergibt sich näherungsweise zu

$$f = \kappa_b^{\text{I}}\frac{l^2}{8} + (\kappa_a^{\text{II}} - \kappa_b^{\text{I}})\frac{l^2}{10} = \frac{l^2}{40}(\kappa_b^{\text{I}} + 4\kappa_a^{\text{II}}) \mathrel{\hat{=}} v^{\text{II}} \text{ in Heft 220.} \tag{4.66}$$

Dabei sind die Krümmungen zwischen den Stabenden parabolisch verteilt angenommen. Diese Annahme ist nicht immer berechtigt, wie eine genauere Zuordnung von M und κ entsprechend einer realistischen $M-\kappa$-Linie offenbart. Beispielsweise können sich wesentlich „spitzere" Krümmungsverteilungen als die parabolischen ergeben, die dann durch entsprechend modifizierte Faktoren (z.B. $l^2/12$ bei etwa dreieckiger Verteilung) berücksichtigt werden können.

Mit der $M-\kappa$-Beziehung in Abb. 4.1/24a ergibt sich f aus (4.66) als lineare Funktion des noch unbekannten Maximalmoments M_a^{II} (Abb. 4.1/25c). Durch

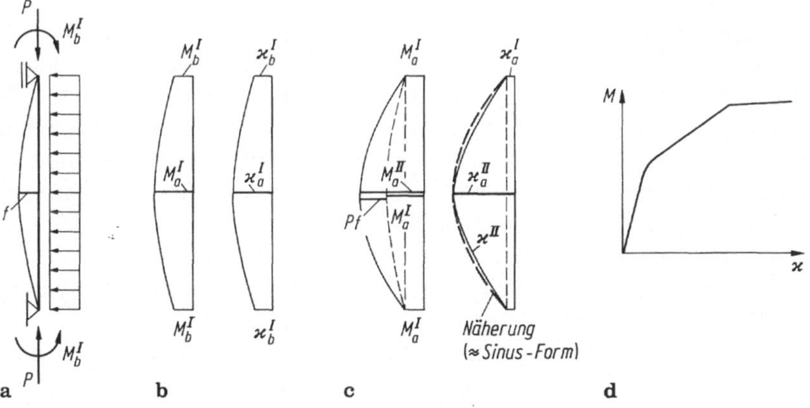

Abb. 4.1/25. Überschlägliche Ermittlung der Verformung aus Theorie II. Ordnung. **a** System mit Belastung und Biegelinie; **b** Momente und Krümmungen nach Theorie I. Ordnung; **c** Gesamtmoment und zugehörige Krümmungen nach Theorie II. Ordnung (Ursache für die Auslenkung f) sowie auf der sicheren Seite liegende Annahme für die Krümmungen nach Theorie II. Ordnung (gestrichelt); **d** zugrundeliegende Momenten-Krümmungs-Beziehung

Einsetzen dieser Funktion in die Gleichgewichtsbedingung

$$M_a^{II} = M_a^{I} + Pf \tag{4.67}$$

erhält man schließlich eine ebenfalls lineare Bestimmungsgleichung für das gesuchte Maximalmoment M_a^{II} nach Theorie II. Ordnung (s. auch Zahlenbeispiel e in Abschn. 4.2.7.).

Das beschriebene Verfahren vereinfacht sich etwas, wenn man unterstellt, daß im höchst beanspruchten Querschnitt a die (bekannte) Krümmung κ_u ausgenutzt wird: $\kappa_a^{II} = \kappa_u$. Dann läßt sich die Ausbiegung f aus (4.66) und der $M - \kappa$-Beziehung zahlenmäßig ausrechnen, und damit das gesuchte Maximalmoment M_a^{II} nach (4.67).

Selbstverständlich müssen die Druckglieder auch für die Momente nach Theorie II. Ordnung bemessen werden, die Bewehrung darf aber nicht geringer gewählt werden, als bei den $M - \kappa$-Linien unterstellt wurde.

Eine noch weitergehende, auf der sicheren Seite liegende Vereinfachung bringt die Annahme, daß im Druckglied überall die Grenzkrümmung κ_u vorhanden ist, die ohnehin bei der Bemessung nicht überschritten werden darf. Für diese konstante Krümmung können die Ausbiegungen leicht berechnet werden. Im obigen Beispiel ist dann $f = \kappa_u l^2/8$ und das Maximalmoment wieder $M^{II} = M^{I} - Nf$.

Die größtmögliche Grenzkrümmung nach DIN 1045 beträgt $8{,}5‰/h$ (h = Nutzhöhe), wenn $\varepsilon_{bu} = 3{,}5‰$ und $\varepsilon_{su} = 5‰$ gleichzeitig ausgenutzt werden. Bei Druckgliedern mit Knickgefahr lohnt es sich aber nicht, ε_s über die Fließgrenze hinaus auszunutzen; denn der Zuwachs an aufnehmbarem Moment durch eine Steigerung der Stahldehnung von $\varepsilon_s = \varepsilon_S = \beta_S/E_s = 500/210000 = 2{,}38‰$ (für BSt 500) auf $\varepsilon_{su} = 5‰$ beträgt nur wenige Prozent, während dabei die Verformungen und damit die Momente nach Theorie II. Ordnung relativ viel zunehmen. Man kann daher für die Berechnung der Verformungen von

$$\max \kappa = \frac{\varepsilon_S + |\varepsilon_{bu}|}{h} = \frac{2{,}38 + 3{,}5}{1000\,h} = 5{,}9‰/h \tag{4.68}$$

ausgehen. Die Annahme konstanter Maximalkrümmung im ganzen Stab liegt so weit auf der sicheren Seite, daß man dafür den geringen Unterschied zwischen dem zugehörigen plastischen Moment und dem Bruchmoment M_u entsprechend DIN 1045 vernachlässigen kann. Das Verfahren hat neben seiner Einfachheit noch den großen Vorteil, daß keine Vorbemessung der Bewehrung erfolgen muß. Besonders bei komplizierten Tragwerken wird empfohlen, mit diesem Verfahren zu beginnen und nur bei erheblichen Zusatzmomenten aus Theorie II. Ordnung die Krümmungsverteilung genauer zu erfassen.

In Abschn. 4.2.7 werden die verschiedenen Näherungsverfahren zahlenmäßig vorgeführt und mit einer „exakten" Berechnung verglichen.

Für symmetrisch bewehrte Stützen mit Rechteckquerschnitt enthält [14] Traglastdiagramme.

4.1.5 Berücksichtigung des Kriechens

Bei Dauerbelastung werden die elastischen Betonstauchungen ε_{el} mit der Zeit durch das Kriechen um ε_k vergrößert, so daß bei Biegung die Krümmung und damit die Knickgefahr vermehrt wird. Dagegen macht sich das Kriechen bei gerader Stabachse und zentrischer Belastung nur in einer Verkürzung des Stabs bemerkbar. Der Stab könnte in diesem Fall auch nach lang dauernder zentrischer Last nur elastisch ausknicken, wenn die Last weiter gesteigert wird. Die Verzweigungslast P_K bliebe dann ungeändert. Da jedoch immer eine Anfangsstörung e_0 vorhanden ist, wird die Ausbiegung unter Dauerlast durch Kriechen laufend vergrößert und damit die Beanspruchung des Stabs unter Umständen wesentlich erhöht.

Wir sind es von Berechnungen nach Theorie I. Ordnung gewöhnt, daß das Kriechen mit der Zeit abklingt und die Kriechverformungen einem Endwert zustreben, der niemals größer sein kann als φ-mal die elastischen Verformungen. Bei sehr schlanken Stützen kann das anders sein, weil die Kriechverformungen ihrerseits die kriecherzeugenden Momente erhöhen und damit weitere Kriechverformungen und sogar zusätzliche elastische (!) Stabauslenkungen wecken.

Dischinger hat als erster mit stark vereinfachenden Annahmen (homogener, ideal elastischer Baustoff; spannungsproportionales Kriechen) diese Ausbiegungen ermittelt [21.1]. Langzeitversuche an schlanken Stahlbetonstützen [21.2] haben die von Dischinger abgeleiteten Gesetzmäßigkeiten im wesentlichen bestätigt. Seine Gleichungen bilden auch die Grundlage der Normbemessung (ehemals DIN 4224, DAfStb-Heft 220), wobei zur Anpassung an realistische Stoffgesetze des Stahlbetons einige Modifikationen vorgenommen wurden. Diese sind im DAfStb-Heft 250 [21.3] kurz und gut dargestellt. Einige der dort nur zitierten Gleichungen von Dischinger wollen wir hier ableiten, um eine bessere Einsicht in die grundlegenden Zusammenhänge zu gewinnen. Wir verwenden wieder den Standardstab (Abb. 4.1/26). Die Ausbiegung f_0 vor Kriechbeginn übernehmen wir aus (4.23):

$$f_0 = e_0 \frac{P_\varphi / P_E}{1 - P_\varphi / P_E} = \frac{e_0}{\nu - 1} \qquad \text{mit} \quad \nu = P_E / P_\varphi . \tag{4.69}$$

Nach Kriechen setzt sich die Exzentrizität der kriecherzeugenden Längskraft P_φ aus folgenden Anteilen zusammen:

e_0 = Lastexzentrizität aus ungewollter Ausmitte und Querlasten,

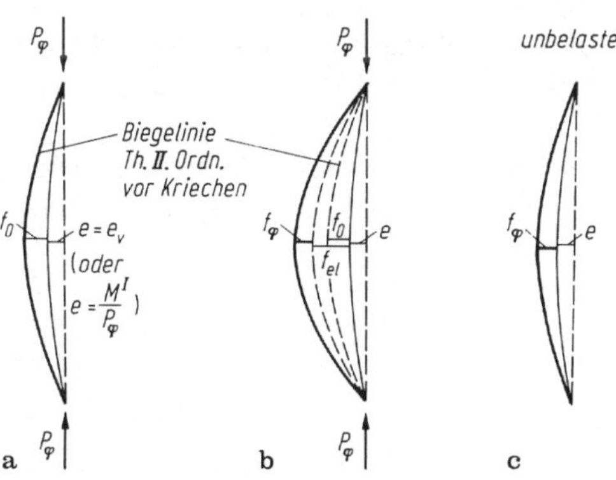

Abb. 4.1/26. Zusätzliche Ausbiegung einer Stütze aus Kriechen. **a** Stab mit Vorkrümmung e_0 oder Momenten M_0 aus Querlast ($e_0 = M_0/P$) und Ausbiegung f vor dem Kriechen; **b** belasteter Zustand nach dem Kriechen; **c** entlasteter Zustand nach dem Kriechen

$f_{el} = f_0 + \Delta f_{el}$ = gesamte elastische Ausbiegung, bestehend aus der anfänglichen Auslenkung f_0 und der zusätzlichen elastischen Auslenkung Δf_{el} aus Kriechen,

f_φ = plastische Auslenkung infolge Kriechens, geht bei Entlastung nicht zurück.

Nach der Gleichgewichtsmethode (Abschn. 4.1.2.2) gilt

$$M_a = P_\varphi (e_0 + f) ,$$

$$M_i = \kappa_{el} EI = \frac{\pi^2 f_{el}}{l^2} EI \text{ (sinus-förmige Biegelinie).}$$

Infolge eines kleinen Kriechzuwachses $d\varphi$ nimmt die Ausbiegung f zu um

$$df = df_{el} + df_\varphi = df_{el} + f_{el} d\varphi, \tag{4.70}$$

da alle Kriechdehnungen zu den elastischen proportional angenommen werden ($d\varepsilon_\varphi = \varepsilon_{el} d\varphi$). Aus df entsteht das zusätzliche Moment

$$dM = P_\varphi \cdot df \text{ (Gleichgewicht)} \tag{4.71}$$

mit der zugehörigen Ausbiegung (Abb. 4.1/14a)

$$df_{el} = \frac{l^2}{\pi^2 EI} dM = \frac{dM}{P_E} = \frac{P_\varphi df}{P_E} = \frac{P_\varphi}{P_E}(df_{el} + f_{el} d\varphi). \tag{4.72}$$

Umgeordnet ergibt sich die Differentialgleichung

$$\frac{df_{el}}{f_{el}} = \frac{P_\varphi / P_E}{1 - P_\varphi / P_E} d\varphi = \frac{d\varphi}{\nu - 1}, \tag{4.73}$$

deren beiden Seiten sich leicht integrieren lassen zur Lösung

$$\ln f_{el} = \frac{\varphi}{\nu - 1} + C$$

$$\text{oder } f_{el} = C e^{\frac{\varphi}{\nu - 1}}, \text{ wobei } C = f_0 = \frac{e_0}{\nu - 1}. \tag{4.74}$$

Dabei ist die Integrationskonstante C aus der Anfangsbedingung $f_{el}(\varphi = 0) = f_0$ berechnet. Die elastischen Verformungen nehmen also durch das Kriechen nach einer e-Funktion zu.

Mit der Gleichgewichtsmethode können wir nun die Gesamtexzentrizität leicht bestimmen:

$$M_a = P_\varphi (e_0 + f) \tag{4.75}$$

$$M_i = EI\, \kappa_{el} = EI \frac{\pi^2}{l^2} f_{el} = P_E f_{el} . \tag{4.76}$$

Aus $M_a = M_i$ folgt nach Einsetzen von (4.69) und (4.74) der Vergrößerungsfaktor der Momente gegenüber Theorie I. Ordnung

$$v = \frac{e_0 + f}{e_0} = \frac{\nu}{\nu - 1} e^{\frac{\varphi}{\nu - 1}} = \frac{1}{1 - P_\varphi / P_E} e^{\frac{(P_\varphi / P_E)}{1 - P_\varphi / P_E}} \tag{4.77}$$

und aus (4.24) die Gesamtausbiegung $f = (v - 1) e_0$.

Der irreversible plastische Anteil der Verformungen läßt sich aus $f_\varphi = f - f_{el}$ ableiten:

$$f_\varphi = e_0 (e^{\frac{\varphi}{\nu - 1}} - 1). \tag{4.78}$$

Im DAfStb-Heft 220, Abschn. 4.2.2, ist für die Berechnung der bleibenden Ausbiegung f_φ aus Kriechen (dort mit e_K bezeichnet), der Exponent gegenüber (4.78) mit dem Faktor 0,8 vermindert:

$$e_K = (e_\varphi + e_v)(2{,}718^{\frac{0{,}8\varphi}{\nu - 1}} - 1). \tag{4.79}$$

Für die Biegesteifigkeit EI zur Berechnung von $\nu = P_E/P$ wird in Heft 220 ein effektiver Wert angegeben:

$$\text{ef } EI = (0{,}6 + 20 \text{ tot } \mu)\, EI_b . \tag{4.80}$$

Damit werden näherungsweise – manchmal sehr zur sicheren Seite hin – folgende Einflüsse berücksichtigt: Nicht zur Biegelinie affiner Verlauf der Momente aus Theorie I. Ordnung, veränderliche Biegesteifigkeit im Zustand II, Kriech- und Schwindbehinderung durch die Bewehrung.

Die Abb. 4.1/27 zeigt den so berechneten Verlauf der Verformungen für ein Beispiel $P_\varphi/P_E = 1/5$. Man erkennt darin die beträchtliche Erhöhung der Vorverformung e_v um f_φ durch das Kriechen. In entsprechender Weise vergrößern sich auch eventuelle Störmomente aus Lastexzentrizitäten oder aus Querlasten. Sie bilden dann die Grundlage für die übliche Berechnung nach Theorie II. Ordnung mit γ-fachen Lasten.

So große P_φ/P_E wie im obigen Beispiel kommen allerdings beim Nachweis praktisch kaum vor, weil es üblich ist, die kriecherzeugenden Dauerlasten P_φ im Gebrauchszustand zu berechnen, also ohne Sicherzeitszuschlag, und weil die Mo-

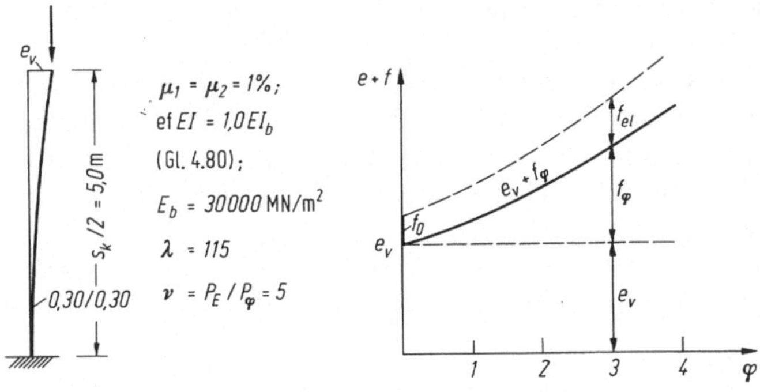

Abb. 4.1/27. Beispiel für die Vergrößerung der Anfangsausbiegung e_v einer Kragstütze um f_φ durch das Kriechen. f_{el} = zugehörige elastische Verbiegung nach Theorie II. Ordnung

mente aus der ungewollten Ausmitte e_v keine hohe Ausnutzung der Stütze für Normalkraft zulassen. Man sollte sich aber bewußt sein, daß schlanke Stützen wegen des Kriechens sehr empfindlich auf Abweichungen von den Rechenannahmen reagieren können, beispielsweise auf überschätzte Steifigkeiten, unterschätzte Dauerlasten oder zu geringe Kriechzahlen; natürlich wirken sich auch Fehler in der Knicklänge und Anfangsexzentrizität aus. Nicht berücksichtigt ist außerdem die überlineare Zunahme des Kriechens unter hohen Beanspruchungen in Schwachzonen des Tragwerks oder bei länger wirkenden Überlastungen, weil man unterstellt, daß das Versagen durch eine so kurzzeitige Lasterhöhung ausgelöst wird, daß dabei für das Kriechen keine Zeit bleibt.

Praktisch spielen die Kriechverformungen nur bei den seltenen sehr schlanken Druckgliedern mit $\lambda > 70$ und bei seitverschieblichen Tragwerken eine wesentliche Rolle, und auch nur dann, wenn die Anfangsexzentrizität der Last $e/d > 2$ ist; denn bei geringen und mittleren Schlankheiten ist die Knicklast P_E sehr viel größer als die Bruchlast unter zentrischer Last P_u und diese ihrerseits mindestens um den Sicherheitsfaktor γ größer als die kriecherzeugende Last P_φ, also $v = P_E/P_\varphi \gg 1$ und damit $f_\varphi \approx 0$ (4.78). Bei großen Lastausmitten $e/d > 2$ sorgen die Momente dafür, daß nur relativ geringe Normalkräfte aufgenommen werden können, also $v \gg 1$.

Selbstverständlich kann man die Stabauslenkung auch über eine abschnittsweise Berechnung der Stabkrümmungen "genauer" ermitteln. Ob dies in Anbetracht der streuenden Eingangswerte und der Empfindlichkeit schlanker Druckglieder sinnvoll ist, mag bezweifelt werden, wenn es nur darum geht, Material zu sparen. Billiger und besser ist meistens eine Aussteifung so knickgefährdeter Druckglieder, die ja fast nur in seitverschieblichen Systemen vorkommen. Für diese verlangt das Heft 220 bereits ab $\lambda = 45$ eine Berücksichtigung der Kriechverformungen bei den Schnittgrößen.

Andere Wirkungen des Kriechens wie die Umlagerung von Schnittgrößen in statisch unbestimmten Systemen kann man bei der Berechnung nach Theorie II. Ordnung im allgemeinen vernachlässigen. Sie spielen nur bei Systemänderungen (nachträglich hergestellte Kontinuität), großen Zwangsverformungen (Setzungen) und Tragwerken mit stark unterschiedlich kriechenden Bauelementen (Fertigteile/Ortbeton; Verbundquerschnitte) eine Rolle. Es sei daran erinnert, daß Tragwerke aus gleichmäßig kriechendem Material ihre statisch unbestimmten Last-Schnittgrößen beim Kriechen nicht ändern (IB, S.8).

Wenn die Einflüsse des Kriechens auf die Schnittgrößen im Tragwerk nicht groß sind, kann man das Kriechen bei der Berechnung ganzer Systeme näherungsweise dadurch berücksichtigen, daß man E durch einen reduzierten Formänderungsmodul $E/(1 - \psi\varphi)$ ersetzt [21.4]. Dabei berücksichtigt $\psi < 1$ die Kriechbehinderung durch die Bewehrung [21.5].

In [10] wird vorgeschlagen, bei komplizierten Systemen die Vergrößerung der Auslenkungen durch Kriechen vereinfacht durch einen Faktor

$$c_K = 1 + M_k/\text{tot } M$$

zu berücksichtigen, wobei $M_K/\text{tot } M$ das Verhältnis des kriecherzeugenden Momentes zum planmäßigen Gesamtmoment nach Theorie I. Ordnung darstellt.

Die Druckbewehrung hat auf die Kriechverformungen einen sehr wesentlichen, günstigen Einfluß [21.6].

4.1.6 Knicken nach zwei Richtungen

Die Bestimmungen darüber in DIN 1045, 17.4.8 sind in der Ausgabe Juli 1988 der Norm neugefaßt worden und werden in jedem Betonkalender erläutert [10]. Grundsätzlich ist ein Knicksicherheitsnachweis für schiefe Biegung zu führen, wobei in beiden Achsrichtungen auch ungewollte Ausmitten entsprechend (4.64) zu berücksichtigen sind.

Getrennte Nachweise für die Achsrichtungen sind nur noch unter bestimmten Voraussetzungen zulässig, z.B. bei sehr unterschiedlichen planmäßigen Ausmitten in Druckgliedern mit Rechteckquerschnitt (Abb. 4.1/28a). Neu ist auch die Bestimmung, daß beim Nachweis für Knicken um die schwache Achse eines Rechteckquerschnitts dessen rechnerische Breite zu reduzieren ist, wenn aus der Biegung um die andere Achse unter Gebrauchslasten Zug entsteht (Abb. 4.1./28b).

Für Druckglieder mit großer Schlankheit gibt Rafla [20.1] ein Näherungsverfahren an, das auch in [10] erläutert ist. Weitere Hinweise und Versuchsbeschreibungen zum Knicken in zwei Richtungen finden sich in [20].

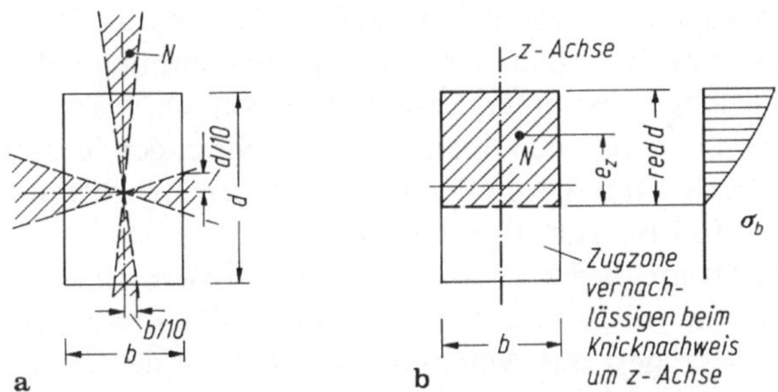

Abb. 4.1/28. Knicken nach zwei Richtungen. **a** Unabhängige Untersuchung des Knickens in beiden Achsrichtungen, wenn N im schraffierten Bereich liegt; **b** wegen der Ausmitte e_z reduzierter Querschnitt (schraffiert) für das Knicken um die z-Achse

4.1.7 Vorgespannte Druckglieder

Unterstellen wir zunächst einmal linear elastisches Verhalten der Baustoffe, dann läßt sich die Frage, wie sich die Knicklast eines Druckstabes durch eine zentrische Vorspannkraft V ändert, leicht beantworten, wenn man die Wirkungen der Vorspannkraft in einer gedachten, verformten Lage betrachtet (Bild 4.1/29):

Durch die zusätzliche Druckkraft V im Beton entstehen destabilisierende Umlenkkräfte, ebenso wie aus der eigentlichen Last, aber diesen Umlenkkräften $u_b = V/r$ stehen gleich große stabilisierende Umlenkkräfte $-u_V = -V/r$ aus der Umlenkung des Spanngliedes entgegen. Die Vorspannung vermindert also nicht die (elastische) Knicklast P_K, vorausgesetzt, daß das Spannglied in Kontakt mit dem Beton liegt.

Diese Voraussetzung ist bei Vorspannung mit Verbund gegeben, auch im Bauzustand vor dem Verpressen der Hüllrohre, wenn gekrümmte Spannglieder sich beim Spannen an die Hüllrohrwandung anlegen. Bei Spanngliedern, die außerhalb des Betonquerschnitts geführt werden, ist eine gegenseitige Abstützung der Umlenkkräfte des Betons und des Spannglieds nur an den Verbindungsstellen beider Komponenten möglich, und dazwischen kann der Betonstab unter der zusätzlichen Druckkraft V unbehindert ausknicken. Die Spannkraft ist dann bei der Stabilitätsuntersuchung zur Druckkraft aus Lasten hinzuzufügen. Zwischenabstützungen vermindern aber die Knicklänge für die Druckkraft aus der Vorspannung.

Was oben für den geraden Druckstab erklärt wurde, gilt ebenso für gekrümmte Stäbe, für das Kippen von Balken oder das Beulen von Flächentragwerken.

Bei ausmittiger Vorspannung müssen natürlich die Stabauslenkungen infolge der Vorspannung – wie eine Vorverformung – beim Knicknachweis für die Lasten berücksichtigt werden. Dazu gehören auch die Verformungen aus Kriechen.

Eine weitere wichtige Einschränkung der etwas zu pauschalen Feststellung "Vorspannung hat keinen Einfluß auf die Stabilität" ergibt sich aus dem nichtlinearen Werkstoffverhalten. Der Betonquerschnitt der zentrisch vorgespannten Stütze in Abb. 4.1/29 wird mit einer zusätzlichen Druckkraft aus der Vorspannung eine geringere effektive Biegesteifigkeit aufweisen (geringere Neigung der $\sigma_b - \varepsilon_b$-Linie) und eine geringere Last ertragen als einer ohne die zusätzliche Druckkraft. Die Kraft im Spannglied (= Druckkraft im Beton) aus der Anfangsvorspannung geht zwar mit der Verkürzung des Druckgliedes unter Lasten stark zurück, sie verschwindet aber nicht ganz; denn von den üblichen Spannstahlvordehnungen in der Größenordnung 3 bis 5‰ bleibt auch nach Abzug der normgemäßen Bruchstauchung $\varepsilon_{bu} = 2‰$ ein beträchtlicher Teil bis zum Bruch übrig.

So gesehen wäre es unsinnig, Druckglieder vorzuspannen. Trotzdem ist eine mäßige Vorspannung von Stützen in vielen Fällen – auch im Hinblick auf das Knicken – zweckmäßig; denn sie verzögert das Aufreißen des Querschnitts beim

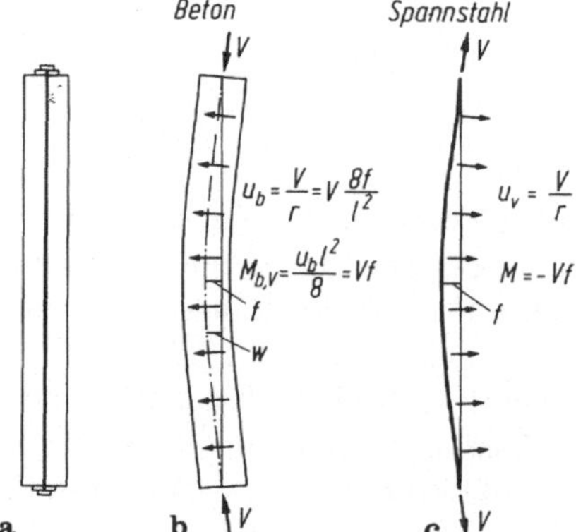

Abb. 4.1/29. Vorspannung (mit Verbund) verursacht keine Zusatzmomente nach Theorie II. Ordnung. **a** Bauteil; **b** Umlenkkräfte aus Vorspannung im Beton bei einer virtuellen Auslenkung w mit parabolischem Verlauf; **c** Umlenkkräfte des Spannglieds

Ausbiegen und erhöht dadurch die effektive Biegesteifigkeit für das Knicken [24]. Außerdem ist sie günstig für Beanspruchungen beim Transport und bei der Montage von schlanken Fertigteilen. Bei Faltwerken und Schalen werden durch (geeignete) Vorspannung die Verformungen aus Eigengewicht vermindert und die Steifigkeiten gezogener Bereiche vergrößert, womit dann auch die Voraussetzungen für die übliche elastische Berechnung der Schnittgrößen und Verformungen einigermaßen zutreffen (vgl. Abschn. 4.7).

4.2 Druckstäbe

Dieser Abschnitt behandelt vorwiegend statisch bestimmt gelagerte Stäbe. Freistehende Stützen, Brücken, Pfeiler, Schornsteine und schlanke Türme sind wegen ihrer relativ großen Knicklängen und Vertikallasten besonders anfällig für Zusatzmomente aus den Ausbiegungen. Deren Berechnung wird aber durch die statisch bestimmte Lagerung sehr erleichtert.

Wir benutzen die einfachen, aber praktisch wichtigen Systeme in diesem Kapitel nicht nur als Anwendungsbeispiele für die Grundlagen aus Abschn. 4.1, sondern auch für weitere grundsätzliche Problemlösungen, die durch die Überschriften der Abschnitte 4.2.1 bis 4.2.6 gekennzeichnet sind und sinngemäß auf statisch unbestimmte Systeme übertragen werden können. Druckstäbe mit statisch unbestimmter Lagerung kommen hauptsächlich als Rahmenstiele vor und werden deshalb auch in Abschn. 4.3 (Rahmen) betrachtet.

4.2.1 Freistehende Druckstäbe mit elastischer Einspannung

Frei auskragende Druckglieder haben schon bei starrer Einspannung wirksame Knicklängen, die doppelt so groß sind wie beim beidseits gelenkig gelagerten Standardstab (Abb. 4.1/4). Da in der Regel auch die Einspannung elastisch nachgibt, liegt der Scheitel der Biegelinie jenseits der Einspannstelle, und die wirksame Knicklänge wird noch größer (Abb 4.1/4b und 4.2/1a) [2.1, 23; 28; 46].

a) Berechnung der Knicklast und Knicklänge mit der Gleichgewichtsmethode

Nach der Gleichgewichtsmethode (Abschn. 4.1.2.2) ergibt sich mit der genäherten Biegelinie in Abb 4.2/1b

$$f = \frac{M_0 l^2}{3EI} + M_0 \varphi_1 l = \frac{M_0 l^2}{3EI} k_1 \text{ mit } k_1 = 1 + \frac{3EI}{l} \varphi_1 \tag{4.81}$$

$$P_K = \frac{M_0}{f} = \frac{3EI}{k_1 l^2}. \tag{4.82}$$

Dabei ist φ_1 die Verdrehung der elastischen Einspannung durch das Einspannmoment $M = 1$. Oft wird die Steifigkeit der elastischen Einspannung mit der Drehfederkonstante c erfaßt

$$c = \frac{1}{\varphi_1}. \tag{4.83}$$

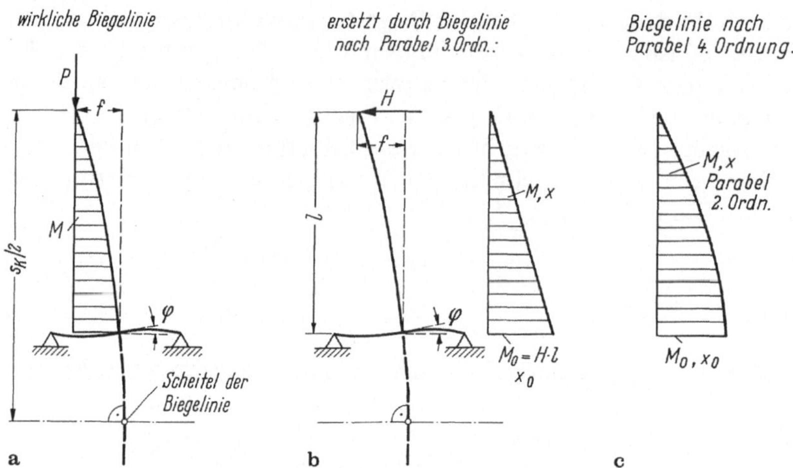

Abb. 4.2/1. Elastisch eingespannter Knickstab mit freiem Ende. **a** Wirkliche Belastung, Biegelinie und Momente; **b** Belastung und Momente für genäherte Biegelinie; **c** völligere Momentenlinie für bessere Näherung

Sie kann für einen rechteckigen Gründungskörper aus dem Bettungsmodul C oder dem Steifemodul E_s des Bodens berechnet werden, wobei im allgemeinen von kurzzeitiger Belastung ausgegangen werden darf [10, Abschn. 6.5.2]:

$$\frac{1}{\varphi_1} = c = CI_F \qquad \text{bzw. } c = \frac{4E_s I_F}{\sqrt{A_F}} \tag{4.83a}$$

mit A_F, I_F = Grundfläche bzw. Trägheitsmoment des Fundaments.

Im Grenzfall starrer Einspannung ($\varphi_1 = 0, k_1 = 1$) wird mit (4.82) die Knicklast um 21% überschätzt,

$$P_K = \frac{3EI}{l^2} \qquad \text{statt } P_{E1} = \frac{2{,}47\,EI}{l^2} \qquad \text{(Euler-Fall 1)},$$

während für den starren Stab ($EI = \infty$) die richtige Knicklast herauskommt:

$$P_{K\varphi} = \frac{1}{\varphi_1 l} = \frac{c}{l}. \tag{4.84}$$

Das wird verständlich, wenn man die Verläufe der Momentenlinien für die wirkliche Ausbiegung und die genäherte Biegelinie miteinander vergleicht.

Viel bessere Näherungen erhält man mit gekrümmten Momentenverteilungen, z.B. parabolischer oder sinusförmiger Verteilung nach Abb. 4.2/1c entsprechend Abb. 4.1.19c, Fall (14) bzw. (12). Beide Annahmen liegen „auf der sicheren Seite", weil die angenommenen Momentenverteilungen völliger sind als die aus der wirklichen Knickbiegelinie. In obigen Formeln ist dann der Faktor 3 aus der Durchbiegungsberechnung durch 2,4 bzw. $\pi^2/4 = 2{,}47$ zu ersetzen, und dies ergibt im letzteren Fall

$$P_K \geq \frac{\pi^2 EI}{4l^2 k_1} = \frac{P_{E1}}{k_1} \qquad \text{mit } k_1 = 1 + \frac{\pi^2 EI}{4l}\varphi_1 = 1 + \frac{P_{E1}}{P_{K\varphi}}, \tag{4.85}$$

wobei wieder P_{E1} die Knicklast bei starrer Einspannung (Euler-Fall 1) und $P_{K\varphi}$ die Knicklast des elastisch eingespannten starren Stabes bedeuten. Die Gleichung (4.85) läßt sich auch in folgender Form darstellen (vgl. Analogie in Abb. 4.1/20):

$$\frac{1}{P_K} \leq \frac{1}{P_{E1}} + \frac{1}{P_{K\varphi}} \quad \text{oder} \quad P_K \geq \frac{1}{1/P_{E1} + 1/P_{K\varphi}}. \tag{4.85a}$$

Aus der Gleichsetzung der so ermittelten Knicklast mit $P_K = \pi^2 EI/s_K^2$ erhält man die Näherung der Knicklänge

$$s_K \lessapprox 2l\sqrt{k_1} = 2l\sqrt{1 + P_{E1}/P_{K\varphi}}. \tag{4.86}$$

Der genaue Wert $s_K = \pi l/\varepsilon$ läßt sich aus folgender Bedingung iterativ bestimmen [2.1]:

$$\tan\varepsilon = \frac{\vartheta}{\varepsilon} \quad \text{mit} \quad \vartheta = \frac{cl}{EI}. \tag{4.87}$$

Wir untersuchen nun auf verschiedene Arten eine im Baugrund elastisch eingespannte Stütze (Federkonstante $1/\varphi_1 = M/\varphi$) mit exzentrischer Last (Abb. 4.2/2).

b) Berechnung des Vergrößerungsfaktors nach der Gleichgewichtsmethode

Wir berechnen die Durchbiegungsanteile aus dem konstanten Moment $P \cdot e$ genau und diejenigen aus den Momenten $P \cdot w$ näherungsweise, so als ob letztere parabolisch verteilt wären (vgl. Abb. 4.1/14c):

$$f = Pf\frac{l^2}{2{,}4EI} + Pe\frac{l^2}{2EI} + P(e+f)\varphi_1 l$$

$$\approx \frac{P}{P_{E1}}\left[f + 1{,}2e + (e+f)\frac{P}{P_{K\varphi}}\right].$$

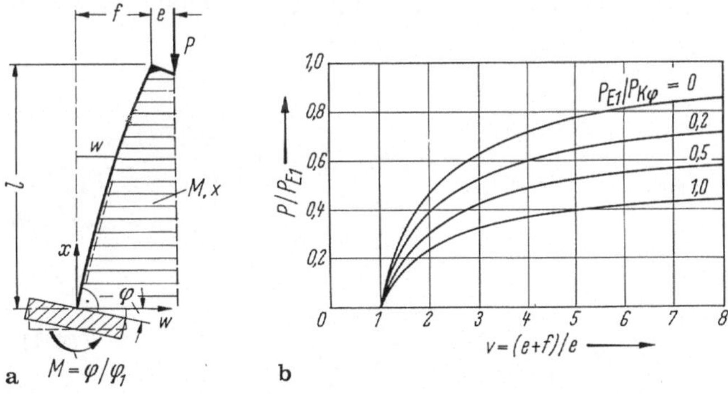

Abb. 4.2/2. Im Baugrund elastisch eingespannte Stütze. **a** System und Ausbiegung; **b** Abhängigkeit des Vergrößerungsfaktors von der Last

Aus dieser impliziten Bedingung für die Kopfauslenkung läßt sich nach Division durch e der Vergrößerungsfaktor der Ausbiegung und des Einspannmomentes explizit ableiten:

$$v = \frac{e+f}{e} \approx \frac{1 + 0{,}2\, P/P_{E1}}{1 - P/P_{E1} - P/P_{K\varphi}} \tag{4.88}$$

$$M^{II} = v\, Pe. \tag{4.89}$$

Für $v \to \infty$ liefert (4.88) die Knickbedingung (4.85a).

c) Berechnung der Knicklast und des Vergrößerungsfaktors mit angenäherter Biegeline nach Abschn. 4.1.2.1

Ansatz (Parabel 4. Ordnung):

$$w = a_0 + a_1 x + a_2 x^2 + a_3 x^3 + a_4 x^4.$$

Randbedingungen:

$$w(0) = 0: \qquad a_0 = 0;$$

$$w'(0) = \varphi = -\varphi_1 \cdot M = \varphi_1 \cdot P(e+f): \qquad a_1 = \varphi_1 P(e+f);$$

$$w''(0) = -\frac{M}{EI} = \frac{P(e+f)}{EI}: \qquad a_2 = \frac{P(e+f)}{2EI};$$

$$w'''(0) = -\frac{Q}{EI} = -\frac{P\varphi}{EI} = -\frac{Pw'(0)}{EI}: \qquad a_3 = -\frac{\varphi_1 P^2(e+f)}{6EI};$$

$$w''(l) = \frac{Pe}{EI}: \qquad a_4 = \frac{P[\varphi_1 Pl(e+f) - f]}{12EI\, l^2};$$

$$w(l) = f: \qquad \frac{e+f}{e} = \frac{1 + \dfrac{P l^2}{12EI}}{1 - \dfrac{5P l^2}{12EI} - \varphi_1 l P\left(1 - \dfrac{P l^2}{12EI}\right)}.$$

Setzt man wieder $2{,}4EI/l^2 \approx P_{EI}$, dann wird der Unterschied zu (4.88) und (4.85a) sichtbar:

Vergrößerungsfaktor:

$$v = \frac{e+f}{e} = \frac{1 + 0{,}2P/P_{E1}}{1 - P/P_{E1} - (1 - 0{,}2P/P_{E1}) \cdot P/P_{K\varphi}} \lessapprox \frac{1 + 0{,}2P/P_{E1}}{1 - P/P_{E1} - P/P_{K\varphi}}. \tag{4.90}$$

Knicklast ($v \to \infty$):

$$P_K = \frac{1}{1/P_{E1} + (1 - 0{,}2P_K/P_{E1})/P_{K\varphi}} \gtrapprox \frac{1}{1/P_{E1} + 1/P_{K\varphi}}. \tag{4.91}$$

Die vorherigen Lösungen liegen also „auf der sicheren Seite“ im Vergleich zu den zuletzt berechneten, genaueren Ergebnissen.

d) Berechnung mit nichtlinearen Materialeigenschaften

Verschiedene Verfahren hierzu werden im Abschn. 4.2.7 in einem Zahlenbeispiel vorgeführt.

4.2.2 Zusammenhang zwischen Knicken und Eigenfrequenz

In Abschn. 4.2.1 wurde die Knicklast $P_{K\varphi} = c/l$ (4.84) des elastisch eingespannten starren Stabs abgeleitet. Als weiteres Beispiel für eine solche elastische Einspannung ist in Abb. 4.2/3 die Drehsteifigkeit eines gabelgelagerten Balkens gewählt.

Es ist nun sehr aufschlußreich, an diesem einfachen Modell (Abb. 4.2/3a) den Zusammenhang der Stabilität mit der Eigenschwingung des gleichen Systems zu zeigen. Wenn wir zunächst den Stab um 90° drehen und den starren Kragarm, der die an seinem Ende konzentrierte Masse $m = P/g$ trägt, um die waagrechte Lage schwingen lassen (Abb. 4.2/3b), erzeugt das Gewicht P ein konstantes Moment $P \cdot l$, das aber bei der Berechnung der Schwingung herausfällt. Beim Nulldurchgang beträgt die kinetische Energie

$$\text{kin}\, E = \frac{mv^2}{2} = \frac{1}{2} m\omega^2 r^2, \tag{4.92}$$

da die Geschwindigkeit dann $v = \omega \cdot r$ ist ($r = l \cdot \varphi$ = größte Auslenkung, ω = Winkelgeschwindigkeit). Die potentielle Energie bei größter Auslenkung ist

$$\text{pot}\, E = \frac{M\varphi}{2} = \frac{c\varphi^2}{2} = \frac{cr^2}{2l^2}. \tag{4.93}$$

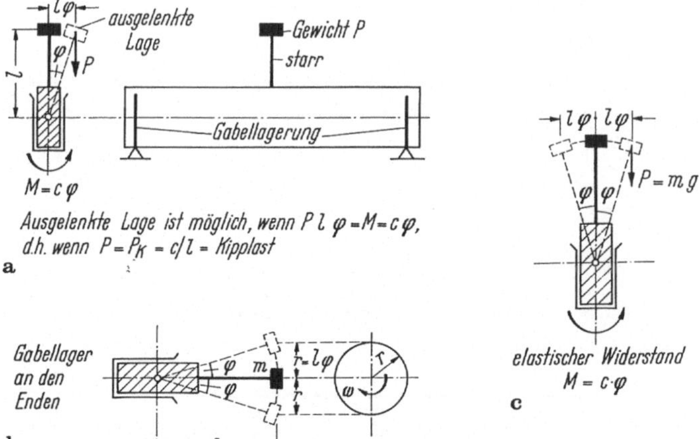

Abb. 4.2/3. Zusammenhang zwischen Stabilität und Eigenschwingung. **a** Elastische Einspannung eines senkrechten Kragträgers; **b** Eigenschwingung desselben Tragwerks in waagrechter Lage zur Ausschaltung der Normalkraft im Kragträger (sinus-Schwingung als Projektion einer gleichförmigen Kreisbewegung); **c** langsamere Eigenschwingung desselben Tragwerks in senkrechter Lage mit Wirkung der Normalkraft aus P

Nach dem Energieerhaltungssatz sind beide Energieinhalte gleich groß, woraus die Eigenkreisfrequenz folgt:

$$\omega_1 = \frac{1}{l}\sqrt{\frac{c}{m}}. \tag{4.94}$$

Nun richten wir den Stab wieder in die senkrechte Lage (Abb. 4.2/3c) und haben dann zu berücksichtigen, daß dem elastischen Rückfederungsmoment $c \cdot \varphi$ das Moment des Gewichts $P \cdot l \cdot \varphi$ entgegenwirkt; bei der potentiellen Energie ist $c' = c - P \cdot l$ statt c zu setzen. Dann wird

$$\omega_2 = \frac{1}{l}\sqrt{\frac{c'}{m}} = \frac{1}{l}\sqrt{\frac{c - Pl}{m}}. \tag{4.95}$$

Man sieht, daß die Winkelgeschwindigkeit ω durch die Schwerkraftwirkung vermindert wird und ganz verschwindet, wenn $c = P \cdot l$, d.h. nach (4.84), wenn $P = P_K$ gleich der Kipplast ist. Die Federung vermag die Last dann bei einer Auslenkung nicht mehr zurückzudrehen.

Die gleiche Erscheinung gibt es bei einem gleichmäßig mit der Masse μ belegten Kragbalken (Abb. 4.2/4a), der in waagrechter Lage die Grundeigenfrequenz

$$\omega_1 = \frac{1{,}875^2}{l^2}\sqrt{\frac{EI}{\mu}} \tag{4.96}$$

besitzt [19]. In senkrechter Lage (Abb. 4.2/4b) wird diese durch die Wirkung der Schwerkraft vermindert auf

$$\omega_2 = \omega_1\sqrt{1 - g/g_K} \tag{4.97}$$

und wird gleich Null, wenn g gleich der Ausweichlast $g_K = 7{,}84\,EI/l^3$ ist (siehe unten).

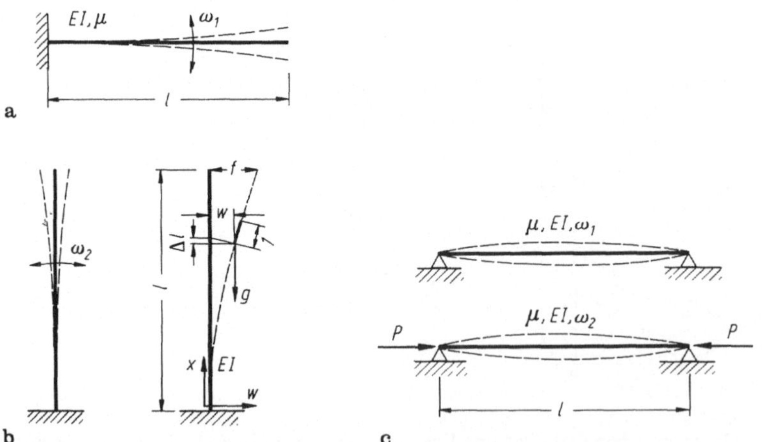

Abb. 4.2/4. Eigenschwingung von Stäben mit Längskraftbeanspruchung. **a** Kragarm waagrecht ohne Längskraft; **b** derselbe Kragarm senkrecht mit Längskraft aus Eigenlast g; **c** Balken unter Eigenlast, ohne bzw. mit Längskraft P

Ebenso wird die Grundschwingung eines Balkens

$$\omega_1 = \frac{\pi^2}{l^2}\sqrt{\frac{EI}{\mu}} = \frac{\pi}{l}\sqrt{\frac{P_E}{\mu}} \tag{4.98}$$

durch eine Längsdruckkraft P herabgesetzt auf

$$\omega_2 = \omega_1\sqrt{1 - \frac{P}{P_E}} = \frac{\pi}{l}\sqrt{\frac{P_E - P}{\mu}}, \tag{4.99}$$

(Abb. 4.2/4c), denn die nach außen gerichteten Umlenkkräfte dieser Druckkraft wirken den Federungskräften aus der Biegesteifigkeit entgegen. Wenn die Knicklast erreicht ist, wird die Eigenfrequenz gleich null. Erfahrene Zimmerleute kennen diese Erscheinung gut. Ihnen ist der Klang eines freien Holzes beim Anschlagen mit dem Hammer wohlbekannt, so daß sie bei eingebauten Gerüststützen den Belastungsgrad aus dem Tieferwerden dieses Tones abschätzen können. Eine Stütze, die zu tief „brummt", ist durch Überlastung gefährdet.

Wir zeigen zum Abschluß dieses Exkurses in die Schwingungslehre noch die Ableitung von Näherungen der Knicklast g_K und der Eigenkreisfrequenz ω (4.97) für den senkrechten Kragarm unter Eigenlast g (Abb. 4.2/4b). Als Ansatz für die Biegelinie wird eine Parabel 3. Ordnung gewählt, welche die wichtigsten Randbedingungen erfüllt:

$$w = f\left(\frac{3}{2}\frac{x^2}{l^2} - \frac{1}{2}\frac{x^3}{l^3}\right) \qquad w(0) = 0 \qquad w(l) = f$$

$$w' = \frac{f}{l}\left(3\frac{x}{l} - \frac{3}{2}\frac{x^2}{l^2}\right) \qquad w'(0) = 0$$

$$w'' = \frac{f}{l^2}\left(3 - 3\frac{x}{l}\right) \qquad M(l) = -EIw''(l) = 0.$$

a) Berechnung der Knicklast g_K (vgl. Abschn. 4.1.2.1)

Inneres Moment: $M_i = -EIw'' = -3EIf/l^2$ für $x = 0$.

Äußeres Moment: $M_a = -\int_0^l gw\,\mathrm{d}x = -\frac{3}{8}gfl$ für $x = 0$.

$$M_i = M_a\colon \qquad \frac{3EIf}{l^2} = \frac{3gfl}{8}, \text{ wenn } g = g_K;$$

$$g_K = \frac{8EI}{l^3}\left(\text{genauer Wert: } \frac{7{,}84EI}{l^3}\right). \tag{4.100}$$

b) Berechnung der Eigenkreisfrequenz ω unter Berücksichtigung der Eigenlast g

Lastsenkung an der Stelle x (4.26):

$$\Delta l = \frac{1}{2}\int_0^x w'^2\,\mathrm{d}x_1 = \frac{f^2}{2l}\left(3\frac{x^3}{l^3} - \frac{9}{4}\frac{x^4}{l^4} + \frac{9}{20}\frac{x^5}{l^5}\right),$$

Lastsenkungsarbeit: $A_a = \int_0^l g \cdot \Delta l \cdot dx = \frac{3}{16} g f^2,$

Formänderungsarbeit: $A_i = \frac{1}{2} \int_0^l \frac{M^2}{EI} dx = \frac{1}{2} \int_0^l EI w''^2 dx = \frac{3}{2} \frac{EI f^2}{l^3}$

Potentielle Energie bei größter Ausbiegung:

$$\text{pot} E = A_i - A_a = \frac{3}{2} \frac{EI f^2}{l^3} \left(1 - \frac{g l^3}{8EI}\right) = \frac{3}{2} \frac{EI f^2}{l^3} \left(1 - \frac{g}{g_K}\right)$$

Kinetische Energie beim Nulldurchgang:

$$\text{kin} E = \frac{\mu}{2} \int_0^l v^2 dx = \frac{\omega^2 \mu}{2} \int_0^l y^2 dx = \frac{33}{280} \mu f^2 l \omega^2$$

$$\text{pot} E = \text{kin} E: \omega^2 = \frac{140}{11} \frac{EI}{\mu l^4} \left(1 - \frac{g}{g_K}\right);$$

$$\omega = \frac{1{,}89^2}{l^2} \sqrt{\frac{EI}{\mu}\left(1 - \frac{g}{g_K}\right)} \quad \text{(genaue Lösung enthält 1,875 statt 1,89)} \tag{4.101}$$

Sonderfall: Stab horizontal; q leistet keine Arbeit vgl. (4.96):

$$\omega_1 = \frac{1{,}89^2}{l^2} \sqrt{\frac{EI}{\mu}}.$$

Die Verweigerungslasten und Eigenschwingungen vieler weiterer Systeme werden z.B. in [29] behandelt.

4.2.3 Druckstäbe mit verformungsabhängigen Lasten; Knicken infolge von Zwang

Man muß sich stets vor Augen halten, daß die innere Verbiegungsarbeit des Stabes durch die Verschiebung der äußeren Kraft in Richtung dieser Kraft aufgebracht werden muß. Bisher haben wir stillschweigend vorausgesetzt, daß die Last von der Verformung des Stabes unabhängig ist. Wenn jedoch die Last durch die Verschiebung geändert wird, verläuft der Knickvorgang anders.

Um z.B. die Wirkung der Elastizität einer Prüfvorrichtung auf den Knickvorgang zu beurteilen (Abb. 4.2/5), gehen wir von dem Ergebnis der vereinfachten Theorie aus, daß die Knicklast P_E von der Größe der Auslenkung unabhängig ist. Wenn man gerade die Knicklast P_E erreicht, kann der Stab sich noch nicht ausbiegen, da hierbei die Last infolge der Federung sofort unter P_E zurückgehen würde. Erst wenn die Last durch eine Verschiebung Δl weiterhin Arbeit leistet, können wir eine Ausbiegung f erzielen. Sie ergibt sich geometrisch aus $\Delta l \approx 8f^2/3l$ zu

$$f \approx 0{,}6 \sqrt{l \cdot \Delta l}. \tag{4.102}$$

In gleicher Weise wirkt sich die Elastizität von Spanngliedern aus, die mit dem

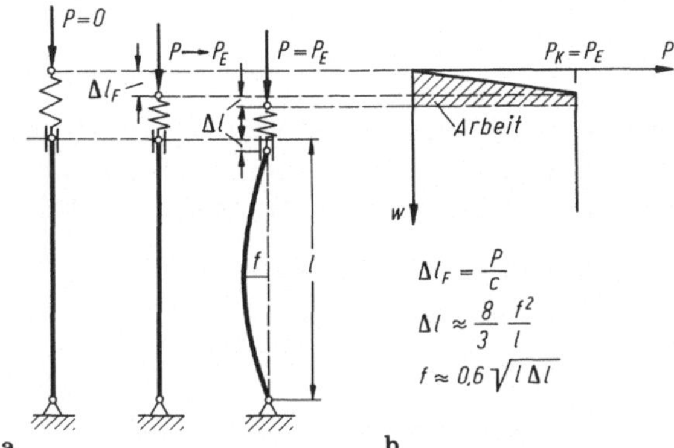

Abb. 4.2/5. Allmähliches „Ausknikken" eines zentrisch gedrückten Stabs in einer elastischen Prüfvorrichtung mit der Federsteifigkeit $c = P/\Delta l_F$. **a** Belastungszustände und zugehörige Verformungen von Feder und Stab; **b** zugehöriges Last-Verformungsdiagramm

Druckstab nur an den Enden Verbunden sind. Wir könnten die Spannglieder bis zur Knicklast P_E gegen den Betonstab anspannen, ohne daß der Stab ausknickt. Erst bei weiterem Spannen mit $Z = P_E$ kann der Stab sich verbiegen. Dabei muß die Spannkraft die Arbeit leisten, die zur Verbiegung des Betonstabes nötig ist.

Haben die Spannglieder auf der ganzen Länge mit dem Stab Kontakt, so ist auch bei einer Spannkraft $Z > P_E$ ein Ausknicken nicht zu befürchten (vgl. Abschn. 4.1.7). Bei einer Verkrümmung der Spannglieder zusammen mit dem Druckstab würden nämlich sofort stabilisierende Umlenkkräfte geweckt, die denen der Druckkraft in gleicher Größe entgegenwirken.

Wenn ein Stab zwischen festen Widerlagern (z.B. eine Betonstraßendecke) um T Grad erwärmt wird (Abb. 4.2/6a), entsteht eine Stauchung $\varepsilon_T = \alpha_T T$ und daraus

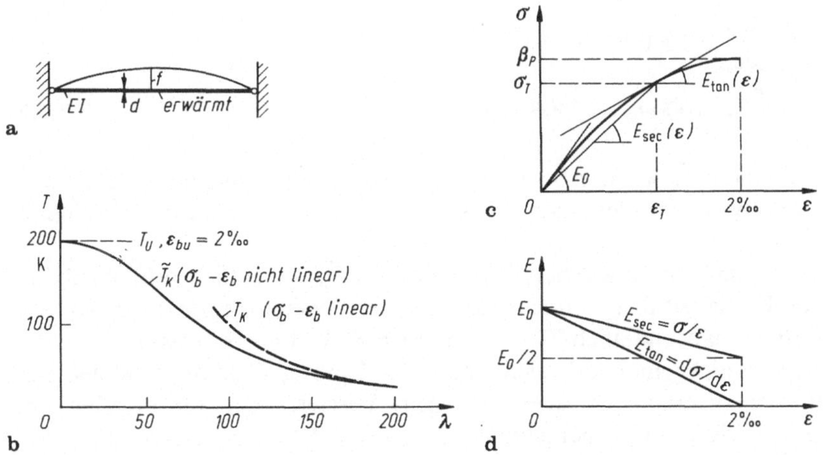

Abb. 4.2/6. Knicken infolge Temperaturdehnung bei starren Widerlagern (elastischer Bereich). **a** System; **b** kritische Temperatur T_K bzw. $\tilde{T}_K$, bei der das Ausknicken beginnt; **c** Arbeitslinie des Betons mit dehnungsabhängigem Sekantenmodul E_{sec} und Tangentenmodul E_{tan}; **d** zugehöriger Verlauf des Sekanten- und Tangentenmoduls, Grundlage für die Berechnung von $\tilde{T}_K$

die Längsspannung

$$\sigma_T = \varepsilon_T E = \alpha_T T E. \tag{4.103}$$

Wir fragen nun, unter welcher Temperaturerhöhung der eingezwängte Stab ausknickt. Linear-elastisches Verhalten vorausgesetzt, knickt er frühestens aus, wenn die Temperaturspannung $\sigma_T = \alpha_T \cdot T \cdot E$ die Knickspannung σ_E erreicht, wobei

$$\sigma_E = \frac{\varepsilon_{bu}}{\alpha_T} = \frac{2 \cdot 10^{-3}}{10^{-5}} = 200K.$$

Der dazu nötige kritische Temperaturanstieg

$$T_K = \frac{\pi^2}{\alpha_T \lambda^2} \tag{4.104}$$

ist unabhängig vom E-Modul des Baustoffs! In Abb. 4.2/6b ist für das übliche $\alpha_T = 10^{-5}$ des Betons die Abhängigkeit $T_K(\lambda)$ dargestellt.

Betrachten wir das nichtlineare Stoffgesetz des Betons, dann können wir mit diesem Ergebnis allerdings nicht ganz zufrieden sein; denn beim Ausknicken sollte vorsichtshalber der Tangentenmodul $E_{\tan}$ in die Euler-Formel eingesetzt werden (Abschn. 4.1.3), während die Temperaturspannungen σ_T zum Sekantenmodul E_{sek} proportional sind. Also knickt der Stab aus bei

$$\sigma_T = \alpha_T \tilde{T}_K E_{\text{sek}} = \frac{\pi^2 E_{\tan}}{\lambda^2}, \tag{4.105}$$

$$\tilde{T}_K = \frac{\pi^2}{\alpha_T \lambda^2} \cdot \frac{E_{\tan}}{E_{\text{sek}}} = T_k \frac{E_{\tan}}{E_{\text{sek}}}. \tag{4.106}$$

Nehmen wir eine parabolische $\sigma_b - \varepsilon_b$-Verteilung an wie in Abb. 4.2/6c ($\sigma_b = 1000\, \beta_P\, \varepsilon - 250000\, \beta_P$), dann ergeben sich die beiden Moduln (Abb. 4.2/6d)

$$E_{\tan} = \frac{d\sigma_b}{d\varepsilon} = 1000\, \beta_P - 500000\, \beta_P \tag{4.107a}$$

$$E_{\text{sek}} = \frac{\sigma_b}{\varepsilon} = 1000\, \beta_P - 250000\, \beta_P \tag{4.107b}$$

und aus (4.106) dann $\tilde{T}_K$ wie in Abb. 4.2/6b dargestellt. Die Knicktemperaturen $\tilde{T}_K$ sind geringer als bei linear-elastischem Stoffgesetz, vor allem bei mittleren Schlankheiten.

Andererseits sind die möglichen Temperaturen $\tilde{T}_K$ wesentlich größer, als der Vergleich von Festigkeit β_P und linear-elastisch berechneten Temperaturspannungen (nach 4.103) ergäbe, nämlich $T_u = \beta_P/(\alpha_T E) \approx 80$ K. Der Grenzwert $\tilde{T}_u$ für das Versagen ohne Knickgefahr läßt sich ohne den Umweg über Spannungen und Festigkeiten viel zuverlässiger direkt aus dem Vergleich der auftretenden und aufnehmbaren Verformungen berechnen. Aus $\varepsilon_T = \alpha_T E = \varepsilon_{bu} = 2‰$ folgt

$$\tilde{T}_u = \frac{\varepsilon_{bu}}{\alpha_T} = \frac{2 \cdot 10^{-3}}{10^{-5}} = 200 \text{ K}. \tag{4.108}$$

Solche Temperaturen kommen bei einer Straßendecke sicherlich nicht vor. In

Wirklichkeit verträgt der Beton zumeist noch erheblich größere Stauchungen, vor allem wenn diese allmählich aufgebracht werden (Kriechen). Auch beim Erreichen der Knicktemperaturen T_K oder $\tilde{T}_K$ versagt das Druckglied noch nicht (vgl. Abb. 4.2/5). Ehe sich eine Knickwelle mit dem Stich f ausbilden kann, muß sich der Stab zusätzlich um $\Delta l = 8f/(3l^2)$ verlängern, was eine weitere Temperaturerhöhung um ΔT voraussetzt. Mit $\Delta l = \alpha_T \cdot T \cdot l$ ergibt sich

$$\Delta T = \frac{\Delta l}{\alpha_T l} = \frac{8}{3\alpha_T}\left(\frac{f}{l}\right)^2, \tag{4.109}$$

für $f/l = 1/100$ also beispielsweise $\Delta T = 27$ K. Die Ausbiegung f ist allerdings durch das aufnehmbare Bruchmoment M_u begrenzt: $f \leq M_u/N$. Wenn wir für f die Kernweite k einsetzen, erhalten wir für den Beginn der Rißgefahr beim Rechteckquerschnitt ($k = d/6 = i/\sqrt{3}$, lineares Stoffgesetz):

$$T'_K = T_K + \Delta T = \frac{\pi^2}{\alpha_T \lambda^2} + \frac{8i^2}{9\alpha_T l^2} = 1{,}09\ T_K.$$

Bisher wurden stabilisierende Querlasten nicht berücksichtigt. Bei einer Fahrbahnplatte wirkt aber das Eigengewicht dem Abheben von der Unterlage entgegen. Führen wir das Eigengewichtsmoment $M_g = gl^2/8$ in die Gleichgewichtsbedingung $M_i = M_a$ ein, so erhalten wir für die Stabmitte (Abb. 4.2/7a)

$$M_m = -EI\kappa = Nf - M_g. \tag{4.110}$$

Dabei sind M_m, M_g und $N \cdot f$ jeweils positiv definiert. Wenn die Biegelinie affin zur Knickbiegelinie des Euler-Stabes angenommen wird, gilt wieder $-EI\kappa = P_E \cdot f$, und damit liefert (4.110) formal folgende, zunächst verblüffende Knicklast:

$$N_K = P_E + \frac{M_g}{f} = \infty \quad \text{für } f = 0.$$

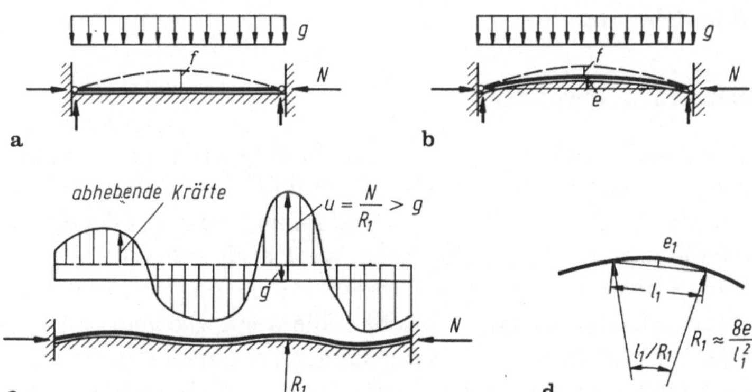

Abb. 4.2/7. Knicken eines einseitig aufliegenden Druckgliedes (z.B. einer Fahrbahnplatte) mit stabilisierender Querlast (Eigengewicht g). **a** Druckglied ohne Lastausmitte; **b** Druckglied mit Lastausmitte e proportional zur Knickbiegelinie; **c** Kräfte auf die Fahrbahnplatte mit unregelmäßigen Imperfektionen; **d** Krümmung berechnet aus der lokalen Ausmitte e_1 in der Länge l_1

Knicken ist demnach theoretisch gar nicht möglich, solange keine anderen Wirkungen die Platte anheben (z.B. Imperfektionen oder die Rückfederung des Bodens). Es genügen also kleinste Haltekräfte, um einen exakt geraden und mittig belasteten Stab für beliebige Druckkräfte gegen Ausknicken zu stabilisieren!

Realistisch betrachtet hat aber jeder Stab ungewollte Ausmitten. Nehmen wir wieder deren Verlauf und die Knickbiegelinie proportional zu dem Momentenverlauf M_g der stabilisierenden Last an, dann ist ein Abheben nur zu befürchten, wenn das Störmoment $N \cdot e$ größer als das stabilisierende Eigengewichtsmoment $gl^2/8$ ist (Abb. 4.2/7b):

$$N_K > \frac{gl^2}{8e}. \tag{4.111}$$

Dabei ist der Biegewiderstand des Stabes nur durch das Größer-Zeichen berücksichtigt.

Nehmen wir realistischere Verläufe der ungewollten Ausmitte e an, z.B. lokale Unebenheiten in einer beliebig langen Fahrbahnplatte (Abb. 4.2/7c), dann verhilft die Betrachtung der Umlenkkräfte zu einer auf der sicheren Seite liegenden Abschätzung. Solange die aufwärts gerichteten Umlenkkräfte N/R kleiner sind als das entgegengerichtete Eigengewicht g, kann sich die Platte nicht von der Unterlage abheben. Messen wir den lokalen Krümmungsradius $R_1 = l^2/8e_1$ durch den (Parabel)-Stich e_1 in einer nicht zu großen Sehnenlänge l_1 (Abb. 4.2/7d), dann ergibt sich, vgl. auch (4.111):

$$N_K > gR = \frac{gl_1^2}{8e_1}. \tag{4.112}$$

Ein praktisches Beispiel zeigt aber, daß das Eigengewicht bei lokalen Ausmitten nicht viel hilft: Für $e = 1$ cm Stich in einer Sehnenlänge 2 m ergibt sich die durch Eigengewicht stabilisierte Längsspannung einer Betonfahrbahn (Breite b, Dicke d, spez. Gewicht γ) zu $\sigma = N/(bd) = gl_1^2/(8e_1bd) = \gamma l_1^2/8e_1 = 0{,}025 \cdot 2{,}0^2/(8 \cdot 0{,}01) =$ $1{,}25\ \mathrm{MN/m^2}$. Das entspricht einer Temperaturerhöhung um nur 4 bis 5 K bei völlig behinderter Längsdehnung.

4.2.4 Stäbe mit veränderlichem Querschnitt

Druckstäbe mit abschnittsweise oder stetig veränderlichem Querschnitt kommen u. a. als Kranbahnstützen, konische Rahmenstiele, Pfeiler und Türme häufig vor. In der Literatur gibt es für viele Fälle fertige Formeln und Diagramme, aus denen die Knicklasten oder Knicklängen für linear-elastische Werkstoffe schnell ermittelt sind [2; 26.2; 26.3]. Für Stahlbetonstäbe haben diese jedoch nur beschränkten Wert, weil das Ersatzstabverfahren gerade für solche Fälle wenig geeignet ist [27].

Andererseits bringen veränderliche Betonabmessungen bei ohnehin nichtlinearen $M - \kappa$-Beziehungen keine grundsätzliche Erschwernis in die Berechnung der Verformungen. Geht man von den zulässigen Grenzkrümmungen κ_{gr} oder den plastischen Krümmungen κ_{pl} in den höchstbeanspruchten Querschnitten aus, dann kann eine einhüllende Kurve oder Gerade für den Verlauf der Krümmungen mittels weniger untersuchter Schnitte festgelegt werden.

Die Berechnung der Durchbiegung aus den Krümmungen ist ein rein geometrisches Problem und völlig unabhängig davon, ob die Krümmungen aus einer linearen oder nichtlinearen Berechnung ermittelt sind. Sie kann mit Hilfe des Arbeitssatzes (Last $\bar{1}$ in Richtung der gesuchten Durchbiegung) oder des Mohrschen Verfahrens (Momente aus den Krümmungen im Ersatzträger) oder mit Hilfe der Überschlagsformeln in Abb. 4.1/14 erfolgen (vgl. Beispiel in Abschn. 4.2.7).

Stahlbetonstäbe bzw. Türme mit veränderlichem Querschnitt oder gestaffelter Bewehrung werden z.B. in [12; 13; 23] behandelt.

4.2.5 Beidseits elastisch eingespannte Stäbe (Rahmenstiele)

Beim beidseits elastisch eingespannten Stab, z.B. dem Rahmenstiel gemäß Abb. 4.2/8a, geht das statisch unbestimmte Einspannmoment M_a in die Gleichgewichtsbedingung für den halben Stab ein, vgl. auch (4.15):

$$P_K f = M_m + M_a, \tag{4.113}$$

wobei $M_m + M_a = M_0$ als das statische bestimmte Moment interpretiert werden kann. Die Gleichgewichtsbedingung $P_K = M_0/f$ ist dann dieselbe wie für den beidseits gelenkig gelagerten Stab, die Durchbiegung f ist aber anders. Nimmt man als Biegelinie näherungsweise eine Sinuslinie an und bezeichnet wieder die Verdrehung der Einspannung aus dem Moment $M = 1$ mit φ_1 (vgl. Abschn. 4.2.1), dann gilt

$$\delta_{10} = -\frac{M_0 \cdot h}{\pi EI_S} \qquad \delta_{11} = \frac{h}{2EI_S} + \varphi_1 = \frac{h}{2EI_S} k,$$

wobei $k = 1 + \dfrac{2EI_S}{h} \varphi_1$ vom Einspanngrad abhängt. (4.114)

$$X_1 = -\frac{\delta_{10}}{\delta_{11}} = \frac{2}{\pi k} M_0$$

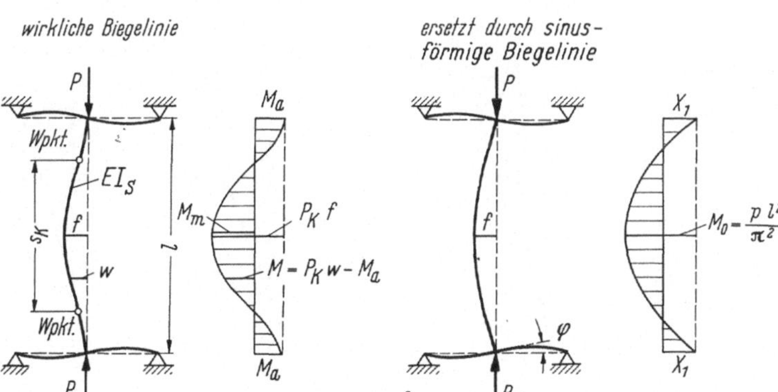

Abb. 4.2/8. Beidseits elastisch eingespannter Rahmenstiel. **a** Wirkliche Knickbiegelinie und zugehörige Momente; **b** genäherte Knickbiegelinie und zugehörige Momente

$$f = \frac{M_0 h^2}{\pi^2 EI_S} - \frac{X_1 h^2}{8EI_S} = \frac{M_0}{P_E}\left(1 - \frac{\pi}{4k}\right) \quad \text{mit } P_E = \frac{\pi^2 EI_S}{h^2}$$

$$P_K = \frac{M_0}{f} = \frac{P_E}{1 - \pi/4k} = \frac{\pi^2 EI_S}{s_K^2} \tag{4.115}$$

$$s_K = h\sqrt{1 - \pi/4k}. \tag{4.116}$$

Die Grenzfälle zeigen wieder die Fehler der Näherung auf:
- gelenkige Lagerung ($\varphi_1 = \infty$, $k = \infty$): $P_K = P_E$ (richtig),
- starre Einspannung ($\varphi_1 = 0$, $k = 1$): $P_K = 4{,}66 P_E$ statt $4P_E$.

Der Fehler liegt also zwischen 0 und + 16%, und zwar zur unsicheren Seite hin.

Die Einspanngrade in Rahmensystemen werden in Abschn. 4.3.5 behandelt.

Um den Vergrößerungsfaktor $v = (e + f)/e$ für einen Stab mit etwa sinusförmiger Anfangsexzentrizität e oder mit entsprechenden Momenten aus verteilter Querlast zu berechnen, müssen wir (4.113) ersetzen durch

$$P(e + f) = M_m + M_a = M_0 \tag{4.117}$$

und erhalten dann in bekannter Weise wieder (4.24)

$$v = \frac{e + f}{e} = \frac{1}{1 - P|P_K} \quad \text{mit } P_K \text{ aus (4.115)} \tag{4.118}$$

4.2.6 Nicht richtungstreue Lasten

Wir greifen in Abb. 4.2/9 nochmals das in Abb. 4.1./7c dargestellte Problem auf und berechnen für eine angenommene Biegelinie des Druckstabes näherungsweise den Einfluß der Verformungen auf die Schnittgrößen. Aus der zum Pol gerichteten Umlenkkraft P der Seile entstehen die in Abb. 4.2/9b eng schraffierten Momente

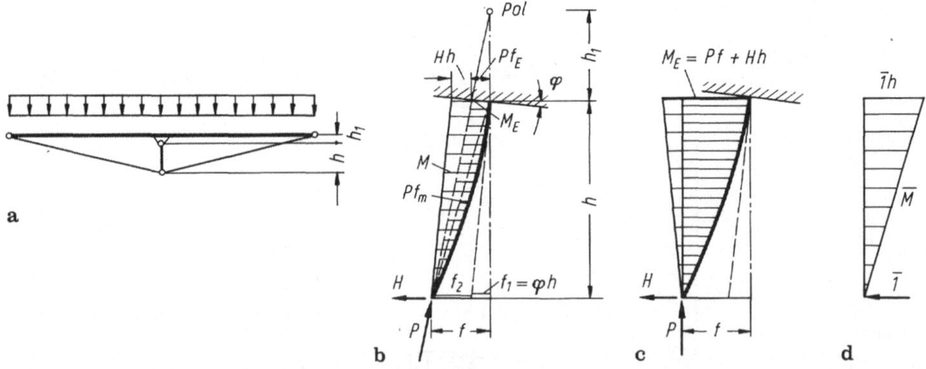

Abb. 4.2/9. Nicht richtungstreue Belastung der Mittelstütze eines unterspannten Balkens (vgl. Abb. 4.1/7). **a** System in Längsrichtung; **b** Ausbiegungen und Momentenverlauf in der Mittelstütze; **c** Momentenverlauf bei richtungstreuer Belastung zum Vergleich; **d** Momente $\bar{M}$ für die Berechnung der Ausbiegung mit dem Arbeitssatz

nach Theorie II. Ordnung. Diese sind deutlich geringer und anders verteilt als die entsprechenden Momente aus einer gleich großen, aber richtungstreuen, senkrechten Last (Abb. 4.2/9c).

Außer der Umlenkkraft P setzen wir auch noch eine Horizontalkraft H an, um die Windwirkung auf die Stütze und die Seile zu berücksichtigen. Sie bewirkt die im Bild gröber schraffierten Momente nach Theorie I. Ordnung.

Die Momentenfläche wird für die Berechnung der Durchbiegungen aufgeteilt in ein Dreieck mit dem Einspannmoment

$$M_E = Pf_E + Hh = P(\alpha f + e),$$

wobei $e = h \cdot H/P, \qquad f_E = \alpha f, \qquad \alpha = \frac{h_1}{h + h_1},$

und einen sinusförmigen Bauch mit der Mittelordinate $M_2 = Pf_m = Pf_2/\pi$. Die Koppelung der Momente mit $\bar{M}$ (Abb. 4.1/9d) liefert die Ausbiegung f_2:

$$f_2 = \frac{M_E h^2}{3EI} + \frac{Pf_2}{\pi} \cdot \frac{h^2}{\pi EI},$$

$$f_2 = \frac{M_E}{P_0(1 - P/P_E)} \quad \text{mit } P_E = \frac{\pi^2 EI}{h^2} \quad \text{und } P_0 = \frac{3EI}{h^2} = 0{,}30\, P_E.$$

Hinzu kommt der Anteil f_1 aus der Verdrehung der Einspannung (vgl. Abschn. 4.2.1):

$$f_1 = M_E \varphi_1 h = \frac{M_E}{P_{K\varphi}} \quad \text{mit} \quad P_{k\varphi} = \frac{1}{\varphi_1 h},$$

$$f = f_1 + f_2 = M_E \left(\frac{1}{P_{k\varphi}} + \frac{1}{P_0(1 - P/P_E)} \right).$$

Wenn $M_E = P(\alpha f + e)$ eingesetzt wird, ergibt sich die Gesamtauslenkung des Stützenfußes zu

$$f = e \frac{\dfrac{P}{P_{K\varphi}} + \dfrac{P}{P_0(1 - P/P_E)}}{1 - \alpha\left(\dfrac{P}{P_{K\varphi}} + \dfrac{P}{P_0(1 - P/P_E)} \right)}. \tag{4.119a}$$

Wir leiten aus (4.119a) zunächst die Knicklasten für einige Sonderfälle ab, um die Genauigkeit der Näherungsformel beurteilen zu können. Außer für die Trivialfälle $P_{K\varphi} = 0$ und $EI = 0$ geht $f \to \infty$, wenn $P = P_E$ (Euler-Fall 2) und wenn

$$\frac{P}{P_{K\varphi}} + \frac{P}{P_0(1 - P/P_E)} = \frac{1}{\alpha},$$

$$\text{d.h. } P_K = \frac{1}{\alpha\left(\dfrac{1}{P_{K\varphi}} + \dfrac{1}{0{,}30 P_E(1 - P/P_E)} \right)}. \tag{4.120}$$

Für den Sonderfall des drehsteif eingespannten ($P_{K\varphi} = \infty$) und richtungstreu belasteten Kragarms ($\alpha = 1$) liefert diese Gleichung die Knicklast $P_K = 2{,}30\, EI/h^2$ um 7% zu niedrig. Die Knicklast des richtungstreu belasteten starren Kragarms mit elastischer Einspannung ergibt sich richtig zu $P_K = P_{K\varphi} = 1/(\varphi_1 h)$. Auch in allen Fällen nicht richtungstreuer Belastung mit Polabstand $h_1 = 0$, also $\alpha = 0$, liefert (4.120) die richtige Knicklast, nämlich die Euler-Last $P_K = P_E$ (Euler-Fall 2), nachdem man α auf die linke Gleichungsseite gebracht hat. Die Näherung ist also gerade im praktisch wichtigen Bereich kleiner Polabstände sehr genau und im übrigen auf der sicheren Seite. Genaue Lösungen und Näherungen für große Polabstände enthält [7].

Mit (4.120) für die Knicklast läßt sich die Ausbiegung f (4.119a) auch in der folgenden einfacheren Form schreiben:

$$f = e\frac{P/P_k}{\alpha(1 - P/P_k)}. \tag{4.119b}$$

Daraus können mit den vorherigen Gleichungen nacheinander auch alle anderen interessierenden Größen, z.B. M_E, f_1, f_2, M_2, das Moment in der Stabmitte $M_m = M_E/2 + M_2$ und die zugehörigen Vergrößerungsfaktoren berechnet werden.

Beispielsweise ergibt sich der Vergrößerungsfaktor des Einspannmoments M_E wieder wie gewohnt (4.24) zu

$$v = \frac{M_E}{Hh} = \frac{P(\alpha f + e)}{Pe} = \frac{1}{1 - P/P_k}.$$

In gleicher Weise können die Knicklasten und Vergrößerungsfaktoren für Pylone von Schrägseilbrücken oder Hängebrücken abgeschätzt werden (Abb. 4.2/10a). Dabei wird man die gewählte Form der Biegelinie an die speziellen Verhältnisse anpassen. Beispielsweise können im unteren Teil eines Brückenpylons die Momente ihr Vorzeichen wechseln. Der Momentenverlauf hängt auch davon ab, ob

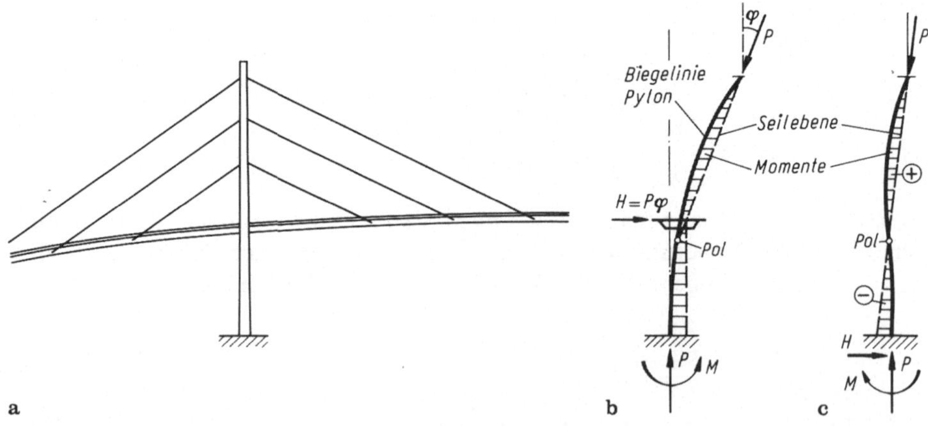

Abb. 4.2/10. Nicht richtungstreue Belastung des Pylons einer Schrägseilbrücke durch Gewichtslasten. **a** Ansicht; **b** Ausbiegung des Pylons und Momente aus den Kräften der Randseile; Fahrbahnträger am Pylon horizontal abgestützt; **c** wie vorher, jedoch Fahrbahnträger am Pylon nicht abgestützt

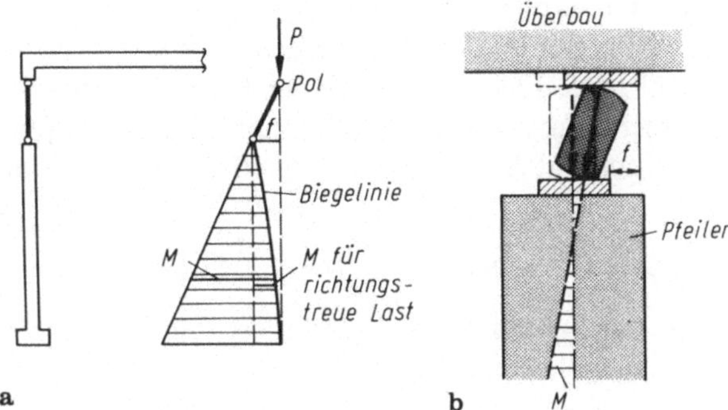

Abb. 4.2/11. Ungünstig wirkende nicht richtungstreue Belastungen. **a** Stütze mit aufgestelzten Pendelstäben; **b** Brückenpfeiler mit Pendellager

die Fahrbahn sich am Pylon (horizontal) abstützt oder ob die quer gerichteten Horizontalkomponenten der Seilkräfte im Fahrbahnträger zu anderen Pfeilern oder den Widerlagern abgeleitet werden (Abb. 4.2/10b und c).

Bei den bisher behandelten Druckgliedern in Hängewerken wirkte sich die fehlende Richtungstreue der Last günstig aus und kann deshalb auch vernachlässigt werden, wenn dies wirtschaftlich vertretbar ist. Bei kurzen, aufgeständerten Pendeln, z.B. Stahlstützen in einem Lichtband, ist es umgekehrt. Der Pol der Last beim Ausknicken liegt dann in Lastrichtung gesehen *vor* dem Lastangriff, und die Momente werden nach Theorie II. Ordnung erheblich größer als bei richtungstreuer Last (Abb. 4.2/11a).

Bei einem Pendellager nach Abb. 4.2/11b ändert sich sowohl die Lastrichtung als auch der Lastangriffspunkt beim Ausknicken. Stützen mit Rollenlagern behandelt Ziess [25].

4.2.7 Zahlenbeispiel unter Berücksichtigung der nichtlinearen Stoffgesetze

Das Tragwerk nach Abb. 4.2/12 a wird mit dem System gemäß Abb. 4.2/12b berechnet. Die *Systemhöhe h* muß mindestens um die halbe Stützendicke ins Fundament hinein vergrößert werden, weil im Fundamentknoten auch noch erhebliche Verformungen auftreten (z.B. durch Schlupf der Einspannbewehrung) und weil der Drehpunkt der elastischen Einspannung noch tiefer in Höhe der Fundamentunterkante liegt:

$$h > 6{,}3 + 0{,}5/2 \approx 6{,}6\ \mathrm{m},$$

Die *Drehfederkonstante* zur Berücksichtigung der Bodenelastizität wird mit dem Steifemodul $E_S = 50\ \mathrm{MN/m^2}$ für mitteldichten Sandboden nach (4.83a) abgeschätzt:

$$c = \frac{4E_S I_F}{\sqrt{A_F}} = \frac{4 \cdot 50 \cdot 2{,}0^4/12}{\sqrt{2{,}0^2}} = 133\ \mathrm{MNm}.$$

Die *Knicklänge* oder zumindest eine grobe Näherung dieser Größe wird bei normgemäßer Bemessung für die Berechnung der ungewollten Ausmitte benötigt (Abschn. 4.1.4.2). Sie darf nach DIN 1045, 17.4.2 „mit Hilfe der Elastizitätstheorie" ermittelt werden, womit eine Berechnung nach Zustand I mit dem Betonquerschnitt gemeint ist. Für B 25 ergibt sich mit $E = E_b$ nach DIN 1045, Tabelle 11 die Biegesteifigkeit der Stütze

$$EI = 30.000 \cdot 0{,}35 \cdot 0{,}50^3/12 = 109\ \mathrm{MNm}^2.$$

Mit P_{E1} (Abb. 4.1/4), Gl. (4.84) und (4.85a) ergeben sich damit die folgenden (nicht realistischen) Knicklasten (Verzweigungslasten):

$$P_{E1} = \frac{\pi^2 EI}{4h^2} = \frac{\pi^2 \cdot 109}{4 \cdot 6{,}6^2} = 6{,}17\ \mathrm{MN}\ \text{für starre Einspannung,}$$

$$P_{K\varphi} = \frac{c}{h} = \frac{133}{6{,}6} = 20{,}15\ \mathrm{MN}\ \text{für starre Stütze,}$$

$$P_K \geq \frac{1}{1/6{,}17 + 1/20{,}15} = 4{,}72\ \mathrm{MN}\ \text{für elastisch eingespannte Stütze}$$

und aus (4.86) die Knicklänge

$$s_K \lesssim 2h\sqrt{1 + P_{E1}/P_{K\varphi}}, = 2 \cdot 6{,}6\sqrt{1 + 6{,}17/20{,}15} = 2 \cdot 6{,}6 \cdot 1{,}14 = 15{,}1\mathrm{m}.$$

Genauer erhält man s_K aus DAfStb-Heft 220 [11] (Bild 4.3.6) oder aus (4.87), ausgehend von $\varepsilon = 1$ in drei bis vier Iterationsschritten:

$$\vartheta = c\,h/EI = 133 \cdot 6{,}6/109 = 8{,}05;$$

$$\varepsilon = \arctan 8{,}05/\varepsilon = 1{,}44\ \ldots\ 1{,}39\ \ldots\ 140;$$

$$\underline{\underline{s_K}} = \pi h/\varepsilon = \pi \cdot 6{,}6/1{,}40 = \underline{\underline{14{,}82\ \mathrm{m}.}}$$

Schlankheit: $\lambda = s_K/i = 14{,}82/(0{,}289 \cdot 0{,}50) = 103 > 70$, d.h. die Stütze ist als „Druckglied mit großer Schlankheit" nach DIN 1045, 17.4.4 zu behandeln.

Ungewollte Ausmitte (DIN 1045, 17.4.6): $e_v = s_K/300 = 0{,}050$ m

Planmäßige Ausmitte der Last im rechnerischen Bruchzustand:
Aus der Exzentrizität der Last P:

$$e_P = 0{,}10\ \mathrm{m},\ \text{konstant über ganze Stabhöhe.}$$

Aus der Horizontalkraft zusätzlich, im rechnerischen Einspannquerschnitt:

$$e_H = \frac{\gamma H h}{\gamma p} = \frac{1{,}75 \cdot 18 \cdot 6{,}6}{1{,}75 \cdot 400} = 0{,}297\ \mathrm{m},$$

zusammen: $e = 0{,}10 + 0{,}297 = 0{,}397$ m;

$$\frac{e}{d} = \frac{0{,}397}{0{,}50} < 2,\ \text{also sind nach DIN 1045, 17.4.7 auch Kriechverformungen}$$

zu berücksichtigen:

Abschätzung der Kriechverformungen:
Nach DAfStb-Heft 220 (s. auch Abschn. 4.1.5) setzen wir die kriecherzeugenden Dauerlasten ($P_\varphi = 0{,}4$ MN; $H_\varphi = 0$) ohne Sicherheitsbeiwert an:

$$e_\varphi = e_P = 0{,}10 \text{ m}.$$

Geschätzter Bewehrungsgrad $\mu_{01} = \mu_{02} \geq 1\%$; tot $\mu = 2\%$.

$$\text{ef } EI = (0{,}6 + 20\mu)EI_b = (0{,}6 + 20 \cdot 0{,}02) \cdot 109 = 109 \text{ MNm}^2;$$

$$P_{E1} = \pi^2 \frac{\text{ef } EI}{s_K^2} = 4{,}90 \text{ MN};$$

$$v = \frac{P_{E1}}{P_\varphi} = \frac{4{,}90}{0{,}4} = 12{,}25;$$

Kriechzahl $\varphi = 2{,}0$; $\alpha = \frac{0{,}8\varphi}{v-1} = \frac{0{,}8 \cdot 2{,}0}{12{,}25 - 1} = 0{,}1422;$

$$e_K = (e_\varphi + e_v)(2{,}718^\alpha - 1) = (0{,}10 + 0{,}05)(2{,}718^{0{,}1422} - 1) = 0{,}023 \text{ m}.$$

Damit sind alle Lastausmitten für die eigentliche Berechnung nach Theorie II. Ordnung bekannt:

$$e_{ges} = e + e_v + e_K = 0{,}397 + 0{,}050 + 0{,}023 = 0{,}47 \text{ m}.$$

Wir zeigen nachfolgend verschiedene alternative Berechnungsverfahren.

a) Ersatzstabverfahren

Bemessung mit Nomogramm aus DAfStb-Heft 220; dort sind der Sicherheitsbeiwert und die ungewollte Ausmitte e_v bereits eingearbeitet:

$$N = -P = -400 \text{ kN};$$

$$M = P(e + e_K) = 400\,(0{,}397 + 0{,}023) = 400 \cdot 0{,}420 = 168 \text{ kNm};$$

$$n = \frac{N}{A_b \beta_R} = \frac{-0{,}400}{0{,}35 \cdot 0{,}5 \cdot 17{,}5} = -0{,}130;$$

$$m = \frac{M}{A_b d \beta_R} = \frac{0{,}168}{0{,}35 \cdot 0{,}5^2 \cdot 17{,}5} = 0{,}110;$$

$$\frac{s_K}{d} = \frac{14{,}82}{0{,}5} = 29{,}6; \quad \frac{e}{d} = \frac{0{,}420}{0{,}500} = 0{,}84.$$

Aus den Tafeln 4.9a und 4.10a in Heft 220 (nach Interpolation für $d_1/d = 0{,}055/0{,}50 = 0{,}11$);

$$\text{tot } \omega \approx 0{,}70;$$

$$\text{tot } A_s = \text{tot } \omega \cdot A_b \frac{\beta_R}{\beta_S} = 0{,}70 \cdot 35 \cdot 50/28{,}6 = 42{,}8 \text{ cm}^2;$$

$$A_{s1} = A_{s2} = 42{,}8/2 = \underline{\underline{21{,}4 \text{ cm}^2}} \text{ durchgehend über ganze Höhe.}$$

b) Berechnung mit Grenzkrümmung

$$\max \kappa \leq \frac{\varepsilon_{bu} + \varepsilon_S}{d - d_1} = \frac{(3{,}5 + 2{,}4)‰}{0{,}5 - 0{,}055} = 13{,}3‰/\mathrm{m} \text{ (Abschn. 4.1.4.5)},$$

sehr konservativ über die ganze Stützenhöhe konstant angenommen, ergibt den Anteil der Kopfauslenkung aus der Stützenverbiegung

$$f_{St} = \frac{\max \kappa \cdot h^2}{2} = \frac{13{,}3 \cdot 10^{-3} \cdot 6{,}6^2}{2} = 0{,}29 \text{ m}.$$

Hinzu kommt die Kopfauslenkung aus der elastischen Einspannung, die zunächst zu $f_c < 0{,}03$ m angenommen wird. Das Einspannmoment nach Theorie II. Ordnung beträgt dann höchstens

$$\gamma \cdot M = (e_{ges} + f_{St} + f_c)\gamma P = (0{,}47 + 0{,}29 + 0{,}03) \cdot 1{,}75 \cdot 400 = \underline{\underline{553 \text{ kNm}}}$$

Die Kontrolle von $f_c = \varphi h = \gamma M h/c = 0{,}553 \cdot 6{,}6/133 = 0{,}027 \lesssim 0{,}03$ m zeigt, daß die Annahme konservativ war.

Nach der Regelbemessung ist für das berechnete Moment und die zugehörige Normalkraft $\underline{\underline{A_{s1} = A_{s2} = 22{,}0 \text{ cm}^2}}$ erforderlich, also kaum mehr, als nach der vorherigen Berechnung mit den Nomogrammen. Außerdem kann bei dieser Vorgehensweise die Bewehrung entsprechend den Momenten abgestuft werden.

c) Berechnung mit der Krümmung beim Fließbeginn des Stahls

Eine bessere Abschätzung als mit der Grenzkrümmung nach Abschn. b) erhält man mit der Krümmung κ_{pl} des gegebenen Druckstabes beim Fließbeginn des Stahls auf der Zugseite. Dazu muß aber erst die Bewehrung festgelegt werden.

Wir schätzen aufgrund von b) erf $A_{s1} = A_{s2} \lesssim 20 \text{ cm}^2$ entsprechend tot $\omega = 2A_{s1}\beta_S/A_b\beta_R = 0{,}65$ und interpolieren für $n = -0{,}13$ zwischen Tafel 4.9b und 4.10b in Heft 220 [11] $1000\, k_u/d = 5{,}55$, also

$$k_u = \frac{5{,}55 \cdot 10^{-3}}{0{,}5} = 11{,}1‰/\mathrm{m}.$$

Gemäß der Definition von k_u in Heft 220 (Abb. 4.1/24a) ist $\kappa_{p1} < k_u$. Zum Vergleich: Ein $M - \kappa$-Programm liefert

$$\kappa_{pl} = 10{,}66\,‰/\mathrm{m}, \quad M_{pl} = 475 \text{ kNm}.$$

Mit k_u ergibt sich analog zur Vorgehensweise in b)

$$f < \frac{11{,}1 \cdot 10^{-3} \cdot 6{,}6}{2} + f_c = 0{,}242 + 0{,}027 = 0{,}269 \text{ m};$$

$$\gamma \cdot \max M < (0{,}47 + 0{,}269) \cdot 1{,}75 \cdot 400 = 517 \text{ kNm},$$

$$\underline{\underline{\text{erf } A_{s1} = A_{s2} < 20{,}2 \text{ cm}^2}} \approx 20{,}0 \text{ cm}^2.$$

Man kann alternativ das plastische Moment M_{pl} und die zugehörige Krümmung κ_{pl} auch noch „von Hand“ mit erträglichem Aufwand berechnen (Abb. 4.1/21): Ausgehend von $\varepsilon_s = \beta_S/E_s = 500/210000 = 2{,}38‰$ und einer angenommenen

:anddehnung $\varepsilon_{b1} = -2‰$ (Druck) ergibt sich sukzessive

$$x = \frac{-\varepsilon_{b1}}{\varepsilon_s - \varepsilon_{b1}}(d - d_1) = \frac{2‰}{2{,}38‰ + 2‰}(50 - 5{,}5) = 20{,}3\ \text{cm},$$

$$Z_{s2} = A_{s1} \cdot \beta_S = 20{,}0 \cdot 10^{-4} \cdot 500 = 1{,}00\ \text{MN},$$

$$\varepsilon_{s1} = \frac{x - d_1}{x}\varepsilon_{b1} = \frac{20{,}3 - 5{,}5}{20{,}3} 2‰ = 1{,}46‰,$$

$$D_s = \varepsilon_{s1} \cdot E_s \cdot A_{s1} = 1{,}46 \cdot 210 \cdot 20 \cdot 10^{-4} = 0{,}61\ \text{MN},$$

$$D_b = \alpha b x \beta_R = \tfrac{2}{3} \cdot 0{,}35 \cdot 0{,}203 \cdot 17{,}5 = 0{,}83\ \text{MN}.$$

ındererseits gilt (Gleichgewicht):

$$\text{erf}\ D_b = N - D_s + Z_s = 0{,}700 - 0{,}61 + 1{,}00 = 1{,}09\ \text{MN} > \text{vorh}\ D_b,$$

lso muß die Druckzone vergrößert werden.

Wir probieren es nun in gleicher Weise mit $\varepsilon_{b1} = 2{,}5‰$, was einen zu großen Vert der Druckkraft liefert, und schließlich mit $\varepsilon_b = 2{,}4‰$:

$$x = 22{,}3\ \text{cm};\ \varepsilon_{s1} = 1{,}81‰;\ Z_{s1} = 1{,}00\ \text{MN};\ D_s = 0{,}760;\ D_b = 0{,}983\ \text{MN}.$$

$$\text{erf}\ D_b = N - D_s + Z_s = 0{,}700 - 0{,}760 + 1{,}00 = 0{,}94\ \text{MN} \lesssim 0{,}983\ \text{MN}.$$

)abei ist D_b mit einem Völligkeitsbeiwert der Druckspannungen $\alpha = 0{,}72$ berechet, der z.B. aus Bild 7.12 in [3.2, Bd I] entnommen oder auch geschätzt werden ann (zwischen $\alpha = 2/3$ für $\varepsilon_{b1} = 2‰$ und $\alpha = 0{,}81$ für $\varepsilon_{bu} = 3{,}5‰$).

Der zugehörige Schwerpunktsabstand a/x der Betondruckspannungen vom)ruckrand hängt nur sehr wenig von ε_{b1} ab ($a/x = 0{,}375$ bis $0{,}41$ für $\varepsilon_{b1} = 2{,}0$ bis ,5‰), so daß die Berechnung von M_{pl} relativ unempfindlich ist gegenüber Ungeauigkeiten der Annahmen, unter der Voraussetzung, daß erf D_b aus der Gleichewichtsbedingung $\Sigma N = 0$ (nicht das ungenaue $D_b = \alpha b x \beta_R$) in die Gleichge-/ichtsbedingung (4.58) eingesetzt wird:

$$M_{pl} = \text{erf}\ D_b z_b + (Z_{s2} + D_s)(h - d/2).$$

n unserem Beispiel erhält man mit $a/x = 0{,}386$ [3.2]:

$$z_b = d/2 - a = 25 - 0{,}386 \cdot 22{,}3 = 16{,}4\ \text{cm};$$

$$\underline{\underline{M_{pl}}} = 0{,}94 \cdot 0{,}164 + (1{,}00 + 0{,}76)0{,}195 = \underline{\underline{0{,}497\ \text{MNm}}}.$$

)as plastische Moment ist also, wie erwartet, etwas geringer als das Bruchmoment M_u aus der Regelbemessung und auch geringer als das vorher ermittelte Moment us Theorie II. Ordnung. Der Unterschied beträgt aber nur 4 % und wird durch die ngünstige Annahme über die Krümmungsverteilung kompensiert.

$$\kappa_{pl} = \frac{\varepsilon_{b1} + \varepsilon_S}{d - d_1} = \frac{2{,}4‰ + 2{,}38‰}{0{,}445} \doteq 10{,}74\ ‰/\text{m} < 11{,}1\ ‰/\text{m}.$$

) *Berechnung mit $\kappa = M/B_{pl}$*

)ie vorherigen Abschätzungen der Momente nach Theorie II. Ordnung können och zugeschärft werden, wenn die Ausbiegung f aus einer Krümmungsverteilung proportional zu den Momenten ermittelt wird. Unter der Voraussetzung, daß die Bewehrung nicht abgestuft wird, gilt (Abb. 4.1/24 b)

$$\kappa(M) < \frac{\kappa_{pl}}{M_{pl}} M = \frac{M}{B_{pl}} \text{ mit } B_{pl} = \frac{M_{pl}}{\kappa_{pl}};$$

d.h. mittels der Biegesteifigkeit B_{pl} kann aus den Momenten nach Theorie II. Ordnung wie für ein elastisches System ein oberer Grenzwert f der Durchbiegung berechnet werden:

$$f \leq \gamma \left[\frac{\max M \cdot h}{c} + \frac{M_p \cdot h^2}{2B_{pl}} + \frac{M_H \cdot h^2}{3B_{pl}} + \frac{\Delta M \cdot h^2}{2{,}4 B_{pl}} \right].$$

Dabei bezeichnet $M_P = P \cdot e$ den über die ganze Stützenhöhe konstanten Momentenanteil, M_H den linear verlaufenden Anteil aus H and ΔM den restlichen Anteil aus ungewollter Ausmitte, Kriechen und Ausbiegung, wobei ΔM zur sicheren Seite hin als parabolisch verlaufend abgeschätzt wird (vgl. Abb. 4.1/14c):

$$f \leq \frac{\gamma \cdot \max M}{c} h + \frac{\gamma \cdot P \cdot h^2}{B_{pl}} \left(\frac{e_P}{2} + \frac{e_H}{3} + \frac{e_v + e_{K+f}}{2{,}4} \right).$$

Mit $\max M \leq M_{pl} = 0{,}497$ MNm und $\kappa_{pl} = 10{,}74$ ‰/m aus *d*) ergibt sich beispielsweise $B_{pl} = 46{,}3$ MNm^2,

$$f \leq \frac{0{,}497 \cdot 6{,}6}{133} + \frac{1{,}75 \cdot 0{,}400 \cdot 6{,}6^2}{46{,}3} \left(\frac{0{,}10}{2} + \frac{0{,}297}{3} + \frac{0{,}05 + 0{,}023 + f}{2{,}4} \right),$$

also $f \leq 0{,}197$ m, und mit $e_{ges} = 0{,}47$ m:

$$\underline{\underline{\gamma \cdot \max M}} \leq (0{,}47 + 0{,}197) \cdot 1{,}75 \cdot 400 = \underline{\underline{467 \text{ kNm}}} < M_{pl} = 497 \text{ kNm}.$$

Der gewählte Querschnitt $A_{s1} = A_{s2} = 20$ cm^2 ist also gut ausreichend. Es ist ohne die Neuberechnung der Momente aber nicht zulässig, ihn zu reduzieren. Eine Wiederholung dieser Berechnung für $\underline{\underline{A_{s1} = A_{s2} = 18{,}7 \text{ cm}^2}}$ ermöglicht gerade noch Gleichgewicht.

e) Berechnung mit Näherung nach Bild 4.3.13 *des DAfStb-Heftes* 220

Die Näherungsformel in Heft 220, Bild 4.3.13, für die Kopfausbiegung v^{II} lautet

$$v^{II} = \frac{h^2}{10} (4k_a^{II} - k_a^{I} + 2k_b^{I}), \tag{4.121}$$

wobei k_a^{II} die Krümmung im Einspannquerschnitt für das Moment M_a^{II} nach Theorie II. Ordnung bedeutet und k_a^I, k_b^I die Krümmungen nach Zustand I für die Momente M_a^I bzw. M_b^I (vgl. Abb. 4.2/12). Es sei angemerkt, daß die Anteile aus $(k_a^I - k_b^I)$ in obiger Formel abgerundet sind.

Zusammen mit der Auslenkung aus der elastischen Einspannung gilt

$$f = v^{II} + \frac{M_a^{II}}{c} h,$$

$$M_a^{II} = M_a^I + Pf = M_a^I + P\left(v^{II} + \frac{M_a^{II}}{c} h \right). \tag{4.122}$$

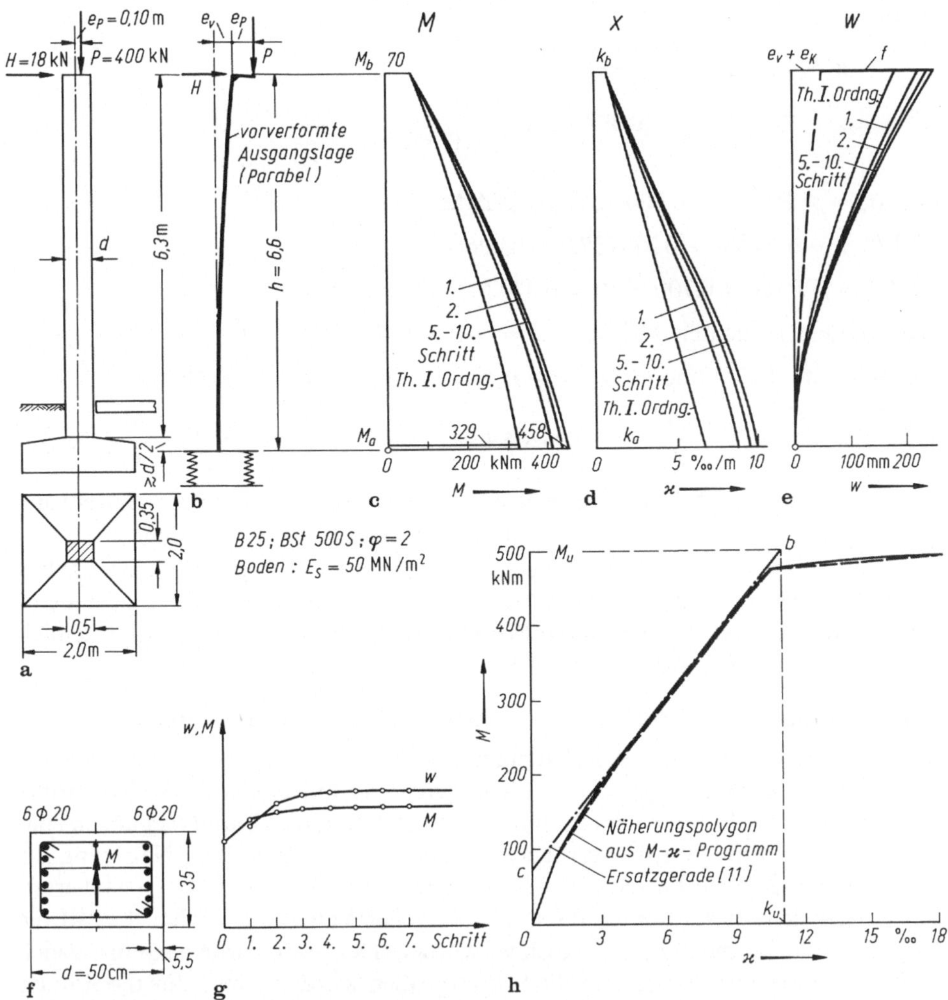

Abb. 4.2/12. Elastisch eingespannte Stahlbetonstütze. **a** Abmessungen und Lasten; **b** System für die Schnittgrößenermittlung; **c** Momente; **d** Krümmungen; **e** Durchbiegungen; **f** Bewehrung; **g** Konvergenz des Iterationsverfahrens

Wir wählen als Bewehrung $2 \times 6\,\phi 20$ mm $= 2 \times 18{,}8$ cm^2, interpolieren aus den Tafeln 4.9 b und 4.10 b in Heft 220 die Werte

$$M_u = 0{,}498 \text{ MNm},$$

$$k_u = 11{,}1 \text{ ‰/m},$$

$$B_{II} = 37{,}9 \text{ MNm}^2$$

und erhalten damit folgende Abhängigkeit der Krümmung vom Moment (Gl. 4.3.4

in Heft 200):

$$k(M) = k_u - \frac{M_u - |M|}{B_{II}} \geq 0$$

$$= 0{,}0111 - \frac{0{,}498 - M}{37{,}9} = -0{,}00204 + \frac{M}{37{,}9}.$$

Für $M_a^I = \gamma \cdot P \cdot e_{ges} = 0{,}700 \cdot 0{,}47 = 0{,}329$ MNm

wird $k_a^I = -0{,}00204 + 0{,}329/37{,}9 = 0{,}00664$,

für $M_b^I = \gamma \cdot P \cdot e_P = 0{,}700 \cdot 0{,}10 = 0{,}070$ MNm wird $k_b^I = 0$,

und mit dem gesuchten M_a^{II} wird $k_a^{II} = -0{,}00204 + M_a^{II}/37{,}9$.

Eingesetzt in (4.121) und (4.122) ergibt sich die Bestimmungsgleichung

$$M_a^{II} = 0{,}329 + 0{,}700 \left\{ \frac{6{,}6^2}{10} [4(-0{,}00204 + M_a^{II}/37{,}9) - 0{,}00664 + 0] + \frac{M_a^{II}}{133} \cdot 6{,}6 \right\},$$

$M_a^{II} = 0{,}441$ MNm $< M_u = 0{,}498$ MNm; die gewählte Bewehrung $\underline{\underline{2 \times 18{,}8\ \text{cm}^2}}$ ist also ausreichend, sie darf aber nicht abgestuft werden.

Eine Wiederholung der Berechnung für $A_{s1} = A_{s2} = 17{,}4\ \text{cm}^2$ liefert $M_a^{II} = 0{,}454$ MNm $\approx M_u = 0{,}459$ MNm. Die erforderliche Bewehrung ist demnach geringer als bei der genaueren Berechnung nach *f*). Dies liegt hauptsächlich daran, daß $M_u > M_{pl}$ ausgenutzt wird (vgl. Abb. 4.1/24).

f) Berechnung mit realistischer $M - \kappa$-Linie nach dem Iterationsverfahren

Aufgrund der vorherigen Abschätzungen wird $A_{s1} = A_{s2} = 18{,}8\ \text{cm}^2$ gewählt (je 6 Ø20). Die zugehörige $M - \kappa$-Linie, berechnet mit einem EDV-Programm, und eine polygonale Approximation für die Berechnung der Durchbiegungen sind in Abb. 4.2/12h als plot wiedergegeben. Außerdem ist als weitere Näherung die „Ersatz-Gerade" nach DAfStb-Heft 220 eingetragen. Für beide $M - \kappa$-Näherungen ist mit dem Iterationsverfahren von Engeßer-Vianello (Abschn. 4.1.2.4) die Biegelinie und Momentenlinie berechnet worden. Der Stab wurde dazu in 5 gleich große Abschnitte unterteilt, und die Schnittgrößen wurden jeweils für die Ränder bzw. Mitten der Stababschnitte berechnet. Die folgende Tabelle zeigt die Entwicklung der Gesamtauslenkungen $w = e_v + e_K + f$ und der Gesamtmomente im Laufe der Iteration:

	Th. I. Ordn.			1. Schritt			2. Schritt			3. Schritt		≥ 7. Schritt	
x/h	$e_v + e_K$ mm	M kNm	κ ‰/m	w	M	κ	w	M	κ	w	M	w	M
1,0	73,0	70,0	0,79	193,0	70,0	0,79	234,7	70,0	0,79	249,4	70,0	257,4	70,0
0,8	46,7	130,0	1,93	131,6	154,6	2,45	161,0	163,2	2,62	171,3	166,2	177,0	167,9
0,6	26,3	185,9	3,10	79,3	232,8	4,21	97,4	249,3	4,64	103,7	255,2	107,1	258,4
0,4	11,7	237,7	4,33	38,2	303,1	6,07	46,9	326,2	6,67	49,9	334,4	51,6	338,8
0,2	2,9	285,4	5,60	10,6	364,0	7,68	12,9	391,6	8,40	13,7	401,5	14,1	406,6
0	0	329,0	6,75	0	413,0	8,97	0	442,2	9,74	0	452,5	0	$\underline{\underline{458{,}1}}$

Man sieht, daß die Momente ab dem 3. Iterationsschritt schon auf 1% genau sind (vgl. auch Abb. 4.2/12 g).

Eine Berechnung mit feinerer Unterteilung des Stabes in 10 statt 5 Abschnitte lieferte dieselben Ergebnisse mit weniger als 0,1% Abweichung; sie lohnt sich also nicht, wenn, wie es hier der Fall ist, die Integration mit der Trapezregel durchgeführt wird, und erst recht nicht, wenn die Simpson-Regel verwendet wird.

Die Berechnung mit der Ersatzgeraden nach Heft 220 ergab 1% Abweichung bei den Gesamtmomenten. Diese Approximation der $M-\kappa$-Kurve ist für eine elementweise nichtlineare Berechnung wirklich empfehlenswert, wobei statt des Stützpunktes (M_u, k_u) aus Heft 220 auch (M_{pl}, κ_{pl}) gewählt werden kann.

Als geringste Bewehrung, mit der gerade noch Gleichgewicht möglich ist, ergibt die EDV-Berechnung $\underline{\underline{\text{erf } A_s = 2 \times 18{,}3 \text{ cm}^2}}$.

g) Folgerungen und weitere Vergleiche

Am schnellsten führt die Berechnung mit den Nomogrammen im DAfStb-Heft 220 zu einer sicheren Bemessung nach Theorie II. Ordnung (erf $A_{s1} = 21{,}4 \text{ cm}^2$). Fast gleich schnell (auch bei unregelmäßigen Querschnitten oder Lasten anwendbar) liefert die Methode mit der Grenzkrümmung sichere Ergebnisse ($A_{s1} = 22 \text{ cm}^2$).

Alle anderen Verfahren erfordern vorab die Festlegung der Bewehrung und müssen deshalb unter Umständen mehrmals durchlaufen werden. Dabei führt das Näherungsverfahren mit der $M-\kappa$-Geraden nach Heft 220 am schnellsten und mit einer Bewehrung an der untersten Grenze zum Ziel.

Bei unregelmäßigen oder nicht vertafelten Querschnitten ist die Berechnung des plastischen Moments und der zugehörigen Krümmung im höchstbeanspruchten Querschnitt zwar aufwendig, ermöglicht aber eine merkliche Stahleinsparung gegenüber den zuerst genannten Berechnungsverfahren, besonders dann, wenn auch die κ-Verteilung näherungsweise proportional zur M-Verteilung berücksichtigt wird (im Beispiel ergab sich erf $A_{s1} = 20{,}2 \text{ cm}^2$ bzw. $18{,}7 \text{ cm}^2$).

Die elementweise Berechnung mit einer $M-\kappa$-Linie ist am aufwendigsten (wenn kein EDV-Programm vorhanden), aber auch am allgemeinsten und mindert den Stahlbedarf nicht mehr nennenswert (erf $A_{s1} \approx 18{,}3 \text{ cm}^2$).

Der *Vergrößerungsfaktor* v der Momente bezogen auf das Moment $M^1 = P(e + e_v + e_K)$ aus Theorie I. Ordnung beträgt hier $v = 458/329 = 1{,}39$. Er ist wegen des nichtlinearen Baustoffverhaltens deutlich größer als bei einer (normwidrigen) Abschätzung mit der Zustand-I-Steifigkeit $E_b I_b$ nach (4.24):

$$v_{el} = \frac{1}{1 - P/P_k} = \frac{1}{1 - 0{,}70/4{,}72} = 1{,}17 < v = 1{,}39.$$

Zum Schluß berechnen wir noch die Bewehrung, die sich aus der *Näherungsformel von Lightenbert* ergibt (4.53). Mit $P_{cr} = \gamma \cdot P = 0{,}70$ MN und der anfänglich berechneten Knicklast $P_K = 4{,}72$ MN gilt

$$\frac{1}{P_u^{\mathrm{I}}} = \frac{1}{P_{cr}} - \frac{1}{P_K} = \frac{1}{0{,}70} - \frac{1}{4{,}72}, \text{ also } P_u^{\mathrm{I}} = 0{,}822 \text{ MN}.$$

Daraus ergibt sich nach (4.51) ein erforderliches Bruchmoment des Querschnitts ohne Längskraft

$$M_u^I = P_u^I e_{ges} = 0{,}822 \cdot 0{,}47 = \underline{\underline{0{,}386\ \text{MNm}}}$$

und aus der Standardbemessung die Bewehrung $\underline{\underline{A_{s1} = A_{s2} = 19{,}9\ \text{cm}^2}} > 18{,}3\ \text{cm}^2$. Diese kurze Berechnung liefert hier zwar ein auf der sicheren Seite liegendes, recht brauchbares Ergebnis, kann aber nur für eine Vorbemessung, nicht für den endgültigen Nachweis verwendet werden, da die zugrundeliegenden Annahmen beim Stahlbeton nicht ganz zutreffen.

4.3 Rahmen

4.3.1 Erforderliche Nachweise

Bei Rahmen unterscheidet man zwei grundsätzlich unterschiedliche Formen des Stabilitätsversagens: Das seitliche Ausweichen des Gesamtsystems und das Ausknicken einzelner Stützen oder Stützenzüge (Abb. 4.3/1). Die beiden Versagensarten beeinflussen sich gegenseitig nur wenig (Abschn. 4.3.3 und 4.3.5) und können deshalb auch näherungsweise unabhängig voneinander untersucht werden.

Bei unverschieblichen Rahmen ist es üblich, die Stützen für eine Knicklänge gleich der Geschoßhöhe nach Abschn. 4.1.4 zu bemessen.

Für die Untersuchung der Einzelstützen werden die Regelungen der DIN 1045, 17.4.6 über die ungewollte Ausmitte $e_v = s_K/300$ sinngemäß wie bei Einzelstützen angewendet (s. Abschn. 4.1.4.5). Bei seitverschieblichen Tragwerken darf nach DIN 1045, 17.4.6 vereinfacht eine ungewollte Schiefstellung α_v der Stützen angenommen werden

$$\alpha_v = 1/200 \text{ bei mehrgeschossigen Tragwerken bzw.}$$
$$\alpha_v = 1/150 \text{ bei eingeschossigen Tragwerken.} \qquad (4.123)$$

Statt mit der Schiefstellung α_v rechnet man einfacher an dem System ohne Schiefstellung mit Horizontalkräften $H = V\alpha_v$ in Höhe der Knoten (Abb. 4.3/2).

Wenn ein Rahmen durch wesentlich steifere Bauteile, z.B. Wände oder Kerne (vgl. IIA, 4.3.2), seitlich gehalten ist, darf er als unverschiebliches Tragwerk berechnet werden. Bei großer Nachgiebigkeit der aussteifenden Bauteile sind aber die Formenänderungen bei der Ermittlung der Schnittgrößen zu berücksichtigen, und für die aussteifenden Bauteile ist ein Knicksicherheitsnachweis zu führen.

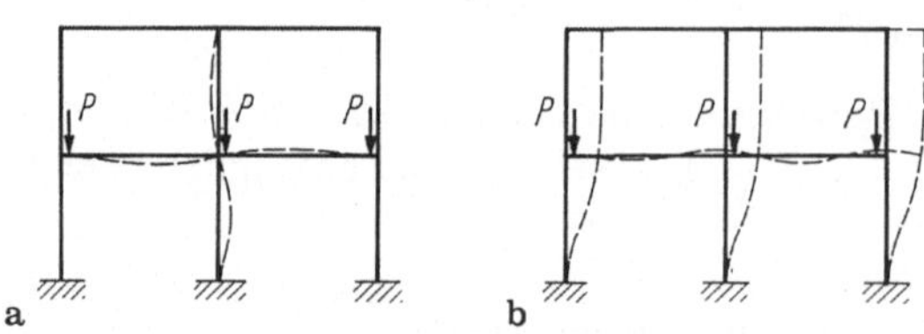

Abb. 4.3/1. Stabilitätsfälle bei einem Rahmen. **a** Knicksicherheit eines Stiels ist geringer als Ausweichsicherheit des Rahmens; **b** Knicksicherheit der Stiele ist höher als Ausweichsicherheit des Rahmens

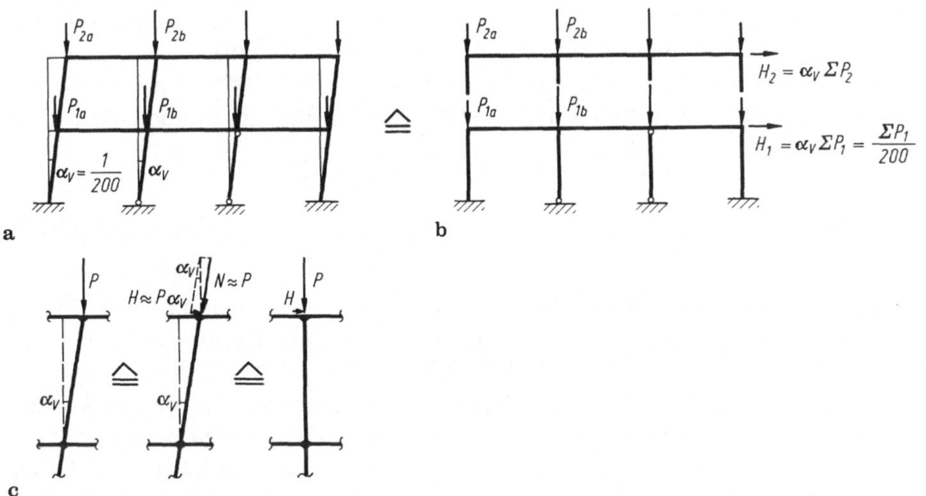

Abb. 4.3/2. Vereinfachte Annahme der Vorverformung beim Nachweis von Rahmen gegen seitliches Ausweichen. **a** Schiefstellung aller Stiele um α_v; **b** Ersatz der Schiefstellung durch Horizontalkräfte $H = \alpha_v \cdot \Sigma P$; **c** Ausschnitt: Varianten der Geometrie und Belastung mit gleichen Schnittgrößen N, M, Q

Nach DIN 1045, 15.8.1 kann dieser Nachweis entfallen, wenn [30]

$$\alpha = h\sqrt{\frac{N}{E_b I}} < 0{,}6 \text{ (bzw. } < 0{,}2 + 0{,}1\,n \text{ für } n < 4 \text{ Stockwerke).} \qquad (4.124)$$

Dabei bedeutet h die Gebäudehöhe über der Einspannung, N die Summe aller lotrechten Lasten (im Gebrauchszustand) und $E_b I$ die Biegesteifigkeit aller lotrechten aussteifenden Bauteile. Auf Literatur mit entsprechenden verallgemeinerten Kriterien für Tragwerke, die sich auch um eine lotrechte Achse verdrehen können, wurde bereits in Bd. IIA auf S.235 verwiesen.

Schreibt man (4.124) in der Form

$$\gamma \cdot N \leq \frac{1{,}75 \cdot 0{,}6^2\,EI}{h^2}$$

und vergleicht N mit der Knicklast $N_K = g_K \cdot h = 7{,}84\,EI/h^2$ des gleichmäßig mit Masse belegten Kragarms (4.100), dann ergibt sich $\gamma \cdot N \approx 0{,}08\,N_K$, also ein Vergrößerungsfaktor (4.24) $v \approx 1/(1 - 0{,}08) = 1{,}09$. Der wirkliche Vergrößerungsfaktor kann aber trotz Einhalten der Bedingung (4.124) wesentlich über der üblichen Nachweisgrenze $v = 1{,}10$ liegen, wenn die aussteifenden Bauteile aufreißen ($I < I_b$) oder wenn sie durch Normalkräfte hoch ausgenutzt sind ($E < E_b$). Ungünstig wirken auch vernachlässigte Nachgiebigkeiten der Einspannung der aussteifenden Bauteile (Abschn. 4.2.1) und in den oberen Stockwerken konzentrierte Lasten. In Beispiel 7.2 im Betonkalender [10] ergibt sich eine Zunahme der

Momente um den Faktor $v = 1{,}53$, obwohl die Gl. (4.124) erfüllt ist. Man sollte mit (4.124) aus den genannten Gründen äußerst kritisch umgehen!

Für die Bemessung aussteifender Bauteile ist nach DIN 1045, 15.8.2.3 von einer Schiefstellung der aussteifenden und auszusteifenden Bauteile um den Winkel φ_2 auszugehen (Abb. IIA4/40),

$$\varphi_2 = \pm \frac{1}{100\sqrt{h}}, \tag{4.125}$$

wobei h die Gebäudehöhe (in m) über der Einspannebene bedeutet (Abschn. 4.3.1). Auch die Wirkung dieser Schiefstellung wird zweckmäßigerweise durch Horizontalkräfte $H = P \cdot \varphi_2$ ersetzt (vgl. Abb. 4.3/2 und Bd. IIA, S.235).

Grundsätzlich gilt auch für den Nachweis der Stabilität des Gesamtsystems gegen seitliches Ausweichen, daß die nichtlinearen Stoffgesetze zu berücksichtigen sind (Abschn. 4.1.3 und 4.1.4). Wegen der Komplexität einer solchen Berechnung ist man aber zu Vereinfachungen gezwungen. Bei mehrfeldrigen, mehrgeschossigen Rahmen geht man davon aus, daß jeder Stab über seine ganze Länge eine konstante Biegesteifigkeit B_{II} aufweist und rechnet damit linear-elastisch.

Diese Vereinfachung ist berechtigt, weil durch das Zusammenwirken vieler einzelner Elemente eine Mittelbildung und damit ein Fehlerausgleich stattfindet. Die für den Vergrößerungsfaktor maßgebenden Auslenkungen entstehen ohnehin durch zweimalige Integration der lokalen Dehnungen bzw. Beanspruchungen, und Integrieren glättet bekanntlich. Im Gegensatz zur sprichwörtlichen Kette, deren schwächstes Glied die Tragfähigkeit bestimmt, sind bei der Seitenstabilität eines Tragwerks lokale Fehlstellen oder Überlastungen ohne wesentliche Auswirkung, und es kommt auf das mittlere Verhalten aller Einzelteile an. Man könnte deshalb abweichend von DIN 1045, 17.4.4 auch die Mitwirkung des Betons auf Zug bei der Berechnung der Verformungen berücksichtigen, wie dies beispielsweise in der DIN 1056 für Schornsteine erlaubt ist.

Der Nachweis gegen seitliches Ausweichen ist mit $\gamma = 1{,}75$fachen Lasten zu führen (DIN 1045, 12.4.9). Er darf nach DIN 1045 auch mit dem Ersatzstabverfahren erbracht werden (vgl. Abschn. 4.1.4.2). Davon raten wir jedoch in Übereinstimmung mit vielen anderen Autoren ab, wenn es sich nicht um sehr regelmäßige Rahmen mit gleichmäßiger Belastung der Stiele handelt; denn die linear-elastische Ermittlung der Knicklängen als Abstand der Wendepunkte der Knickbiegelinie ist oftmals sehr fragwürdig und auch aufwendig [27; 32]. Außerdem sagen die Einzelnachweise der Stiele für die von ihnen getragenen Lasten wenig aus über die Gesamtstabilität des Tragwerks, dessen Stiele sich durch Horizontalkräfte in den Riegeln gegenseitig aushelfen können (vgl. Abb. 4.3/6 b).

Auf den rechnerischen Nachweis der einspannenden Bauteile für die Aufnahme der Momente aus Theorie II. Ordnung verzichtet DIN 1045, 17.4.5 bei hinreichend ausgesteiften Systemen. Dabei geht man aber davon aus, daß die Rahmenecken durch entsprechende Bewehrungsführung biegesteif ausgebildet sind. Bei verschieblichen Tragwerken sind dagegen die anschließenden einspannenden Bauteile (Riegel, Fundamente) auch für die Zusatzbeanspruchungen zu bemessen. Das gilt auch für die Einspannung in die Gründung.

4.3.2 Schnittgrößenberechnung nach Theorie II. Ordnung mit dem Kraftgrößen- oder Verformungsgrößen-Verfahren

Realistische, geometrisch und stofflich nichtlineare Berechnungen sind nur auf iterativem Wege mit der FE-Methode möglich, aber für die Praxis noch viel zu aufwendig [33]. Wir beschränken uns hier auf einige Hinweise zur Modifikation gängiger linearer Berechnungsverfahren, so daß damit geometrisch nichtlineare Probleme (Theorie II. Ordnung) für lineares Baustoffverhalten berechnet werden können.

Eine wesentliche Vereinfachung der Berechnung ist dadurch möglich, daß die Längskräfte der Stäbe nur wenig von den Schnittgrößenänderungen aus Theorie II. Ordnung beeinflußt werden. Deshalb können die Längskräfte z.B. aus einer Berechnung nach Theorie I. Ordnung ermittelt und dann als bekannt und unveränderlich vorausgesetzt werden. Damit werden die Stabkennzahlen ε berechnet, die ein Maß für die Ausnutzung des Stabes durch seine Längskraft N in bezug auf die Euler-Last $N_E = \pi^2 EI/l^2$ darstellen:

$$\varepsilon = \pi\sqrt{\frac{N}{N_E}} = l\sqrt{\frac{N}{EI}}. \tag{4.126}$$

In Abhängigkeit von ε können nun die Schnittgrößen und Verformungen eines Stabes aus den gegebenen Lasten und aus statisch unbestimmten Randmomenten oder Randverformungen nach Theorie II. Ordnung angegeben werden. Die Abb. 4.3/3 zeigt einige häufige Beispiele dafür, viele weitere finden sich in der Literatur [2; 4; 31]. Durch geeignete Superposition solcher Beanspruchungszustände ergibt sich der wirkliche Zustand. Die wirkliche Normalkraft muß dabei in jedem Teilzustand angesetzt werden (vgl. Abschn. 4.1.2.5).

Beim Kraftgrößen-Verfahren werden mittels der Verträglichkeitsbedingungen in den Knoten die statisch unbestimmten Momente ermittelt. An die Stelle der Randverdrehungen δ_{ik} beim Kraftgrößenverfahren nach Theorie I. Ordnung treten die Verdrehungen α und β der verschiedenen Belastungszustände (Abb. 4.3/3a).

Bei den Verformungsgrößen-Verfahren werden mittels der Gleichgewichtsbedingungen die unbestimmten Knotenverdrehungen und Knotenverschiebungen bzw. die Stabverschwenkungen berechnet. Die Einspannmomente M_{ab} und M_{ba} der Abb. 4.3/3b ersetzen dabei die Starreinspannmomente nach Theorie I. Ordnung.

Während die Verformungsgrößen-Verfahren bei beliebigen Tragwerken verwendbar sind, eignet sich das Kraftgrößenverfahren nur für unverschiebliche Systeme, bei denen ausschließlich Momente als statisch unbestimmte Größen verwendet werden.

Auch die obigen Berechnungsverfahren wird man nicht ohne Computerunterstützung anwenden. Ein relativ einfach zu handhabendes Verfahren hat Fey in [34] beschrieben.

Um das charakteristische Verhalten der Rahmen zu studieren, wenden wir in den nachfolgenden Beispielen einfache „Handverfahren“ auf Ausschnitte von Rahmen an.

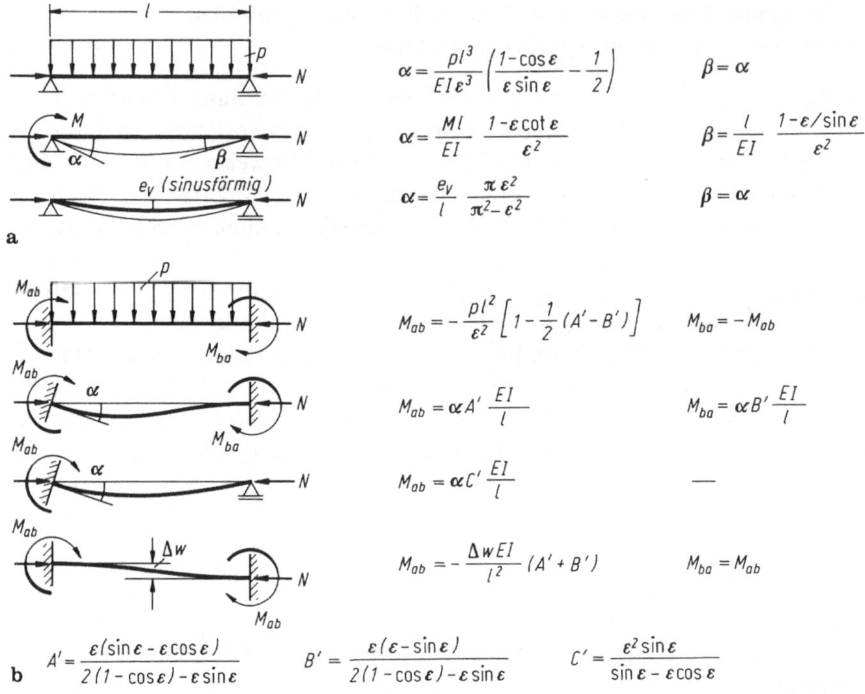

Abb. 4.3/3. Enddrehwinkel bzw. Endmomente von Stäben mit Längskraft für **a** Kraftgrößenverfahren, **b** Verformungsgrößenverfahren

4.3.3 Verschiebliche Rahmen

Die Stabilität von seitverschieblichen Rahmen setzt das Gleichgewicht zwischen den Auslenkkräften und den Widerstandskräften des *gesamten* Tragwerkes voraus. Die Kräfte entstehen durch die Verbiegung der Stützenzüge und Riegel beim seitlichen Ausweichen des Rahmens und durch ungewollte Schiefstellungen der Stützen. Dabei sind die Abweichungen w_2 der Biegelinie von der Geraden zwischen den Stabknoten (Abb. 4.3/4a) von untergeordneter Bedeutung. Wichtiger sind die Ausbiegungen w_1 und die zugehörigen Biegemomente M_1 in den Stützen und Riegeln, die durch die Verschiebung δ der Knoten hervorgerufen werden.

Diese Zusammenhänge lassen sich sehr gut mit dem in Abschn. 4.1.1 vorgeführten Verfahren der Trennung von Angriff und Widerstand erfassen [6] (Abb. 4.3/4b und c). Es ermöglicht eine einfache, übersichtliche Abschätzung der Stabilität von Rahmen im elastischen Zustand. Die Stützenlasten werden einem Gelenkwerk aus geraden Stäben zugewiesen, das in den Knoten mit dem biegesteifen Rahmentragwerk gekoppelt ist. Bei einem Ausweichen des Rahmens stellen sich die Gelenkstützen schräg und üben waagrechte aktive Kräfte H' auf den Rahmen aus. Der um das gleiche Maß verschobene Rahmen leistet hiergegen Widerstand. Die Stabilität ist gewahrt, solange die passiven Kräfte H größer als die aktiven H' sind. Die Gleichheit beider ergibt das Stabilitätskriterium für die Stützenlasten.

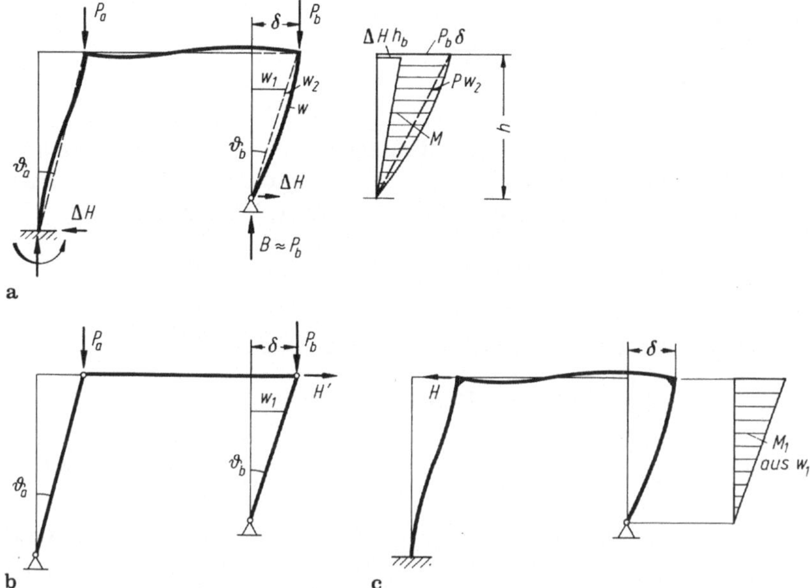

Abb. 4.3/4. Trennung von Lasten und Widerstand in einem seitverschieblichen Rahmen. **a** Gegebenes Tragwerk im verformten Zustand und zugehörige Momente im Stiel 2 (schraffiert); **b** das Gelenkwerk übernimmt die Lasten und erzeugt auslenkende Kräfte H'; **c** der biegesteife Rahmen widersetzt sich der Auslenkung mit der Horizontalkraft $H = H'$

Die aktive Horizontalkraft des Gelenkwerks ergibt sich als Summe der Abtriebskräfte *aller* Stützen, auch derjenigen, die für sich betrachtet nicht knickgefährdet sind:

$$H' = \sum_{(i)} P_i \vartheta_i = \sum P_i \frac{\delta}{h_i}. \tag{4.127}$$

Dabei bezeichnet $\vartheta_i = \delta / h_i$ die Verschwenkung der Stütze i (Höhe h_i) infolge der Auslenkung δ.

Der Widerstand H des Rahmens gegen eine waagrechte Verschiebung seines Riegels kann nach der Theorie I. Ordnung mit den üblichen statischen Verfahren berechnet werden (s.auch IIA, 4.3.2). Wir unterstellen zunächst linear-elastisches Verhalten. Wenn der Rahmen unter der Horizontalkraft $H = 1$ sich um δ_1 verschiebt, dann ist $H = \delta / \delta_1$ der Widerstand gegen die Auslenkung δ. Bezeichnet man außerdem den waagrechten Widerstand des Rahmens gegen eine Verschiebung $\delta = 1$ mit H_1, dann gilt

$$H = \frac{\delta}{\delta_1} = H_1 \delta. \tag{4.128}$$

Aus $H' = H$ ergibt sich die Ausweichlast (Knicklast) ΣP_i wiederum unabhängig von der angenommenen Auslenkung δ:

$$\Sigma P_i / h_i = 1/\delta_1 = H_1, \tag{4.129}$$

also, falls alle Stiele gleich hoch sind ($h_i = h$),

$$P_k = \Sigma P_i = H_1 h = \frac{h}{\delta_1}. \tag{4.130}$$

Wir bleiben der Übersichtlichkeit wegen bei Rahmen mit gleich hohen Stützen und untersuchen die Folgen einer anfänglichen Schrägstellung mit dem Betrag $\delta_0 = \alpha h$ am oberen Ende (Verformungsproblem). Die aktive Kraft beträgt nun

$$H' = \Sigma P_i \frac{\delta_0 + \delta}{h},$$

und die Gleichsetzung mit der passiven Kraft $H = H_1 \delta$ liefert

$$\Sigma P_i(\delta_0 + \delta) = H_1 h \delta, \text{ oder mit } H_1 h = P_K \text{ (4.130):}$$

$$\delta = \delta_0 \frac{\Sigma P_i}{P_K - \Sigma P_i}. \tag{4.131}$$

Die gesamte Auslenkung des Riegels beträgt $\delta + \delta_0 = \delta_0 v$, wobei der Vergrößerungsfaktor

$$v = \frac{\delta + \delta_0}{\delta_0} = \frac{1}{1 - \Sigma P_i / P_K} \tag{4.132}$$

der Gl. (4.24) entspricht. Im gleichen Verhältnis werden die Kräfte $H' = H$ gegenüber denen aus Theorie I. Ordnung vermehrt, und entsprechend wachsen auch die Beanspruchungen des Rahmens mit dem Vergrößerungsfaktor v an. Derselbe Vergrößerungsfaktor ergibt sich, wenn die Anfangsauslenkung δ_0 durch eine äußere Horizontallast (z.B. Windlast) H_0 hervorgerufen wird. Auch in diesem Falle sind die Momente aus H_0 mit v zu multiplizieren, wenn gleichzeitig die Last P wirkt.

Wir erkennen hieraus ein Verhalten, das dem des Knickstabes entspricht:

a) Bei zentrischer Belastung tritt bis zum Erreichen von $\Sigma P_i = P_K$ keine Ausbiegung ein.
b) Mit Erreichen von P_K sind zwei Gleichgewichtslagen möglich: die unverformte und die verformte; P_K ist also eine erste Verzweigungslast.
c) Die Ausbiegung beim Ausknicken bleibt unbestimmt, wenn man die aktive Kraft als lineare Funktion der Ausbiegung ansetzt. Das Gleichgewicht ist daher indifferent.
d) Erteilen wir der Laststütze eine kleine „Störung" (Anfangsneigung δ_0/h), so haben wir vom Beginn der Belastung an eine Auslenkung $\delta = v\delta_0$, die nichtlinear um so rascher anwächst, je weicher der Rahmen ist (Verformungsproblem).
e) Die notwendige Kraft zur Stabilisierung ist bei senkrechten Stützen theoretisch gleich null. Praktisch ist jedoch immer eine Störung vorhanden. Die dann notwendige Stabilisierungskraft ist um so kleiner, je steifer der Rahmen ist. Allgemein läßt ein steifer Knickverband durch seine geringen Deformationen gar nicht erst größere Stabilisierungskräfte für den ausgesteiften Rahmen notwendig werden. Man wird also Verbände immer möglichst steif ausbilden.

f) der Vergrößerungsfaktor v einer Anfangsauslenkung δ_0 kann im Gebrauchszustand maximal 2,33 werden, da man die Gebrauchslast ΣP auf höchstens $P_K/\gamma = \Sigma P_i/1{,}75$ beschränkt. Rechnet man realistischer mit nichtlinearem Materialverhalten im Versagenszustand, so ergibt sich v im Gebrauchszustand wesentlich geringer.

Die Trennung von Angriff und Widerstand in dem gewählten Modell ermöglicht die Rückführung des Problems auf die gewöhnliche Rahmenstatik nach Theorie I. Ordnung und macht diese Betrachtung besonders einfach. Bei nichtlinearem Stoffgesetz müssen aber die Steifigkeiten oder $M-\kappa$-Beziehungen – abweichend von dem Modell in Abb. 4.3/4c – unter Berücksichtigung der (wirklichen) Stiellängskraft im jeweiligen Stiel verwendet werden. Selbstverständlich ist der Rahmen auch für diese Normalkräfte und die um v vergrößerten Momente und Querkräfte der Theorie I. Ordnung zu bemessen.

Außerdem ist sicherzustellen, daß die einzelnen Stützen nicht durch die bisher vernachlässigten Zusatzmomente Pw_2 aus der Verbiegung der Stiele (Abweichung von der geraden Stabachse zwischen den Knoten) überbeansprucht werden. Diese können im Bereich zwischen den Knoten maßgebend werden (Abschn. 4.3.5). Ganz offensichtlich ist dies bei der Pendelstütze in Abb. 4.3/2: Sie ist unabhängig von der Stabilität des Gesamtsystems knickgefährdet und als Euler-Stab, vorschriftsmäßig mit Imperfektion, zu bemessen.

Die Vernachlässigung der Pw_2 kann die Ausweichlast etwas verfälschen. Wir untersuchen dies am Beispiel des linear-elastischen Rahmens in Abb. 4.3/5. Dort entstehen außer den „Querkraftmomenten“ M_1 aus der Horizontalkraft $H' = \Sigma P_i \delta/h_i$ auch „Längskraftmomente“ M_2 aus den Momenten $M_2^0 = Pw_2$ in dem belasteten Stiel. Im unbelasteten Stiel ($N = 0$) wirken keine Momente M_2^0. Die M_2 unterscheiden sich von den M_2^0, weil der Rahmenriegel die Knotenverdrehungen des Stiels infolge M_2^0 behindert (Rahmenwirkung). Wir vernachlässigen zunächst die M_2.

Für den Zweigelenkrahmen ist infolge $H = 1$

$$\delta_1 = \frac{h^2(l' + 2h')}{12EI_c} \text{ mit } h' = h\frac{I_c}{I_S},\ l' = l\frac{I_c}{I_R}.$$

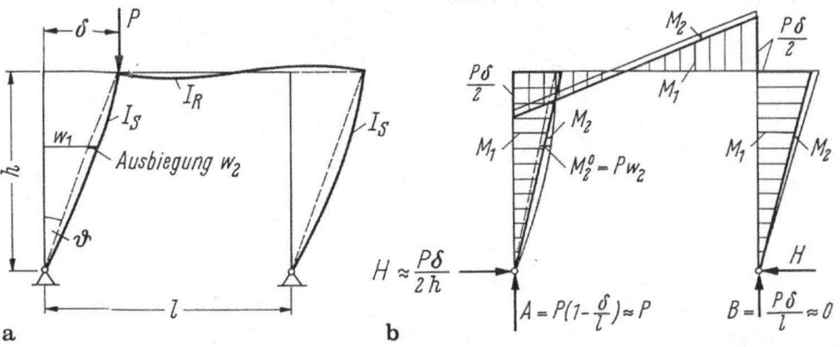

Abb. 4.3/5. Ausweichvorgang eines Zweigelenkrahmens **a** Verformungsbild; **b** Momente M_1 aus w_1 und M_2 aus w_2. Letztere sind bei verschieblichen Systemen von untergeordneter Bedeutung

Die Verzweigungslast beträgt (4.130)

$$P_{K1} + P_{K2} = \frac{h}{\delta_1} = \frac{6EI_S}{h^2(1 + l'/2h')}. \tag{4.133}$$

Bei sehr steifem Riegel geht $l' \to 0$ und

$$P_{K1} + P_{K2} = \frac{6EI_S}{h^2}.$$

Man benutzt mitunter den Begriff der „wirksamen Knicklänge" (Ersatzlänge s_K; Abschn, 4.1.4.2) auch für verschiebliche Rahmen [32.1] (Abb. 4.3/6). Aus den vorstehenden Gleichungen erkennt man aber, daß die Knicklast und damit die Ersatzlänge eines Rahmenstiels gar nicht eindeutig zu bestimmen ist, sondern von

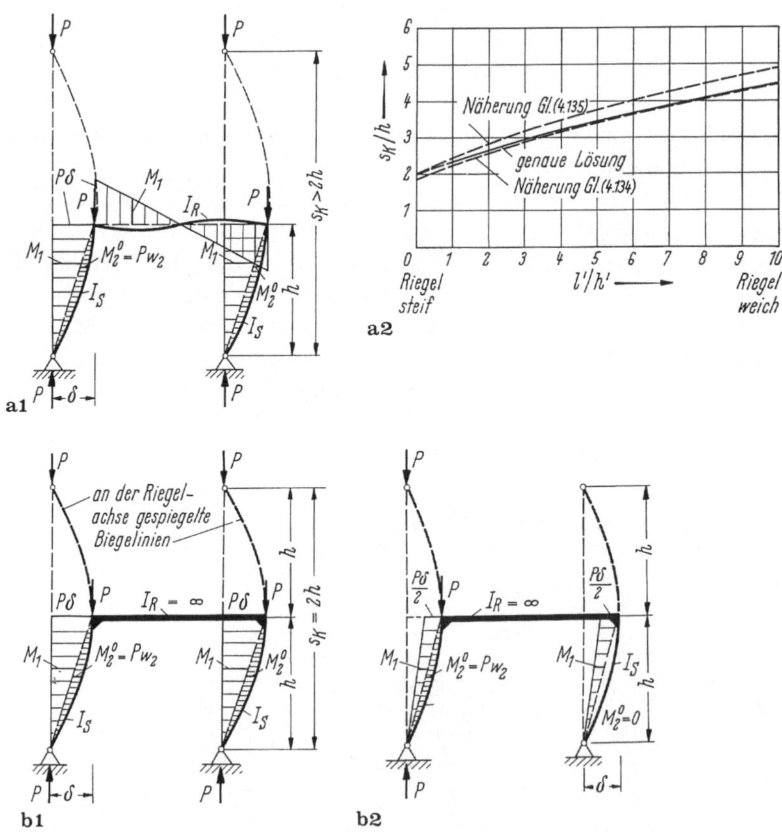

Abb. 4.3/6. Knicklasten und „wirksame Knicklängen" s_K bei symmetrischen Zweigelenkrahmen. Der Einfluß der M_2^0 wird vernachlässigt. **a** Rahmen mit elastischem Riegel, beide Stiele mit P belastet; **a1** Verformungsbild und Momente; **a2** Abhängigkeit der wirksamen Knicklänge s_K vom Steifigkeitsverhältnis; **b** Rahmen mit sehr steifem Riegel: $l' = 0$ (Riegelmomente nicht gezeichnet); **b1** beide Stiele mit gleicher Last P: $P_K = 2{,}4\, EI_S/h^2$ (nach Korrektur); **b2** nur ein Stiel mit P belastet; $P_K = 4{,}8\, EI_S/h^2$ (nach Korrektur)

den Lasten der übrigen Stiele abhängt. Dies mahnt uns zur Vorsicht bei der Anwendung der Ersatzlängen in seitverschieblichen Rahmen, wie es bei manchen Bemessungsverfahren (s. Abschn. 4.1.4.2) vorgesehen ist.

Die Ersatzlängen sind nur bei sehr regelmäßigen Rahmen mit gleich belasteten Stielen sinnvoll (Abb. 4.3/6a). Unterstellen wir dementsprechend $P_{K1} = P_{K2}$, dann liefert der Vergleich zwischen Rahmen (4.133) und Ersatzstab (4.60)

$$P_{K1} = \frac{3EI_S}{h^2(1 + l'/2h')} = \frac{\pi^2 EI_S}{s_K^2},$$

$$s_K = 1{,}82\, h\sqrt{1 + l'/2h'}. \tag{4.134}$$

Im Grenzfall eines starren Riegels ($l' = 0$) ist hiernach $s_K = 1{,}82\, h$. Da die Rahmenknoten sich nicht verdrehen können, müßte sich genau $s_K = 2\, h$ ergeben (Abb. 4.3/6b). Die Differenz ist auf die vernachlässigten Längskraftmomente Pw_2 in den Stielen zurückzuführen. Es wird daher empfohlen, allgemein die „wirksamen Knicklängen" s_K um 10% zu vergrößern oder die Knicklasten um 20% zu vermindern, wenn bei ihrer Ermittlung nur die Momente aus der seitlichen Verschiebung des Rahmens berücksichtigt sind. Damit ergibt sich für den Zweigelenkrahmen

$$P_{K1} = \frac{2{,}4 EI_S}{h^2(1 + l'/2h')}$$

und

$$s_K = 2h\sqrt{1 + l'/2h'}. \tag{4.135}$$

Auch Palotás [35], der ein entsprechendes Näherungsverfahren für die Stabilitätsuntersuchung von Rahmen entwickelt hat, empfiehlt einen Korrekturfaktor von $\pi^2/12 \approx 0{,}8$ für die ermittelten Knicklasten.

Im anderen Grenzfall sehr steifer, gleich hoch belasteter Stiele ist die Ausweichlast des Zweigelenkrahmens nach (4.130) mit $\delta_1 = h^2 l/12EI_R$

$$P_{K1} = P_{K2} = \frac{6EI_R}{hl}.$$

Das ist ein genauer Wert, da die Stiele sich nicht verbiegen und in den Riegeln keine vernachlässigten Längskraftmomente vorhanden sind. Eine Korrektur ist daher nicht nötig. Die Definition einer „wirksamen Knicklänge" hat auch in diesem Fall keinen Sinn, da $I_S = \infty$ ist.

Bei den üblichen Rahmen verformen sich sowohl die Stiele als auch die Riegel. Die Korrektur der Knicklast wird also kleiner als 20%. Es wird jedoch vorgeschlagen, diesen Wert in allen Fällen beizubehalten, da durch andere Einflüsse viel größere Ungenauigkeiten entstehen (Abschn. 4.1.3 bis 4.1.5).

Bei einem Rahmen mit unten starr eingespannten Stielen, die beide mit P belastet sind, wird (Abb. 4.3/7a)

$$\delta_1 = \frac{h^2 h'}{12EI_c} \frac{3 + 2l'/h'}{6 + l'/h'},$$

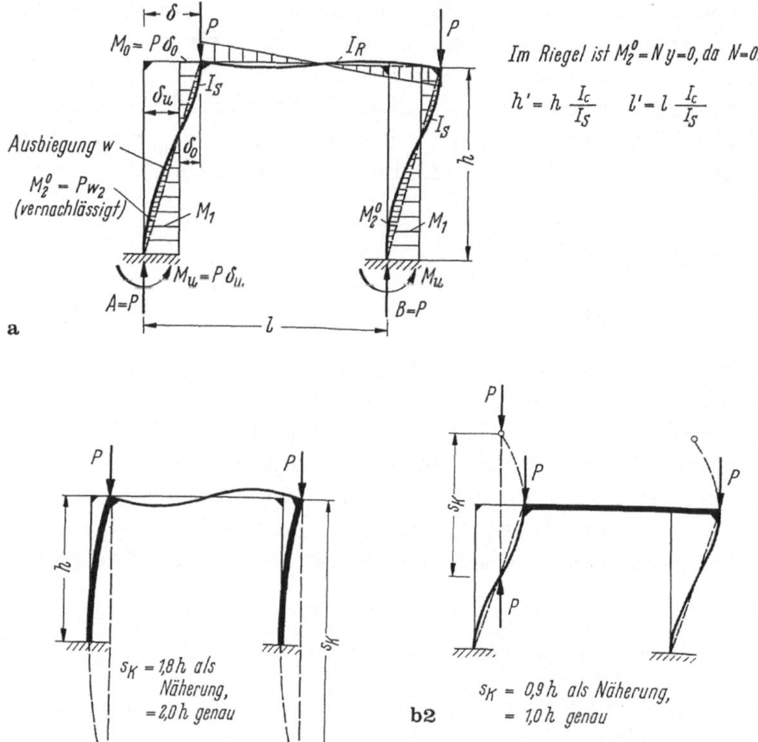

Abb. 4.3/7. Ausweichvorgang eines eingespannten Rahmens mit Belastung P beider Stiele. **a** Verformungsbild und Momente; **b** Grenzfälle: **b1** sehr steife Stiele ($h' \to 0$); **b2** sehr steifer Riegel ($l' \to 0$)

$$P_K = \frac{h}{2\delta_1} = \frac{6EI_S}{h^2}\,\frac{6 + l'/h'}{3 + 2l'/h'}. \tag{4.136}$$

Für die Grenzfälle der Steifigkeiten ist wieder eine Kontrolle der Genauigkeit möglich (Abb. 4.3/7b). Für sehr steife Stiele ($h' \to 0$) folgt

$$P_K = \frac{3EI_S}{h^2} = \frac{12EI_S}{(2h)^2} \quad \text{statt} \quad P_{E1} = \frac{\pi^2 EI_S}{(2h)^2},$$

für sehr steife Riegel ($l' \to 0$) folgt

$$P_K = \frac{12EI_S}{h^2} \quad \text{statt} \quad P_E = \frac{\pi^2 EI_S}{(2h)^2}.$$

Mit dem genannten Korrekturfaktor $\pi^2/12 \approx 0{,}8$ erhält man also in beiden Grenzfällen die exakten Knicklasten. Im ersten Fall ergibt sich die „wirksame Knicklänge" zu $s_K = 2h$, im zweiten Fall zu $s_K = h$.

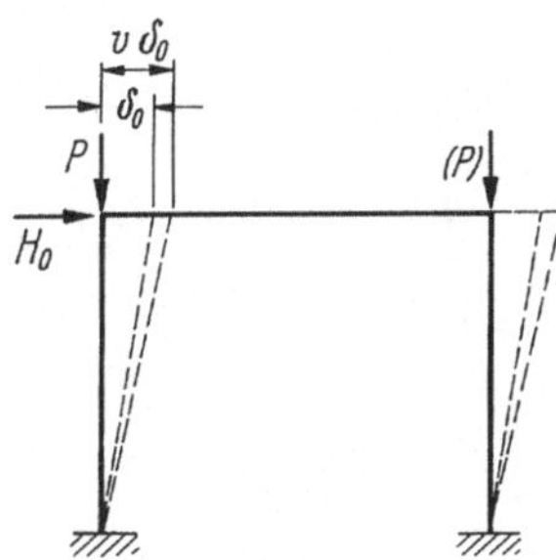

Abb. 4.3/8. Eingespannter Rahmen mit einer oder zwei Stiellasten und einer Horizontalkraft H_0, die eine Anfangsverschiebung des Stiels um δ_0 verursacht

Wenn der Rahmen zusätzlich eine unabhängige waagrechte Last H_0, z.B. aus Wind, aufzunehmen hat, die eine Verschiebung δ_0 des Riegels verursacht, so geht diese – wie schon früher gezeigt – in die Verformungsberechnung ein (Abb. 4.3/8). Die Verschiebung δ_0 wird vergrößert auf $\delta_0 \cdot v$, wobei $v = 1/(1 - P/P_K)$. Die Beanspruchungen des Rahmens sind daher für P und $H_0 \cdot v$ zu berechnen. Entsteht die Horizontalkraft jedoch aus einer Zwängung (z.B. Temperaturschub eines angrenzenden Bauteils), so sind sowohl Stabilität als auch Verformung nur für die senkrechten Lasten nachzuweisen, weil die Zwangskräfte beim Ausknicken zurückgehen.

Genauere elastizitäts-theoretische Untersuchungen von Rahmen aus Stahlbeton [36] lohnen sich eigentlich nicht, weil die Fehler durch die Vereinfachung des Stoffgesetzes größer sind als der Zugewinn an Genauigkeit, und weil heute leistungsfähige EDV-Programme für Berechnungen nach Theorie II. Ordnung mit nichtlinearen Stoffgesetzen zur Verfügung stehen.

Die Verzweigungslast für ein räumliches Tragsystem aus Stützen, die durch eine starre Dachscheibe miteinander gekoppelt sind, wird in [38] berechnet. Die Stabilität teilweise ausgesteifter, elastischer Tragwerke und unregelmäßiger Stützensysteme behandelt Rosman in [37].

4.3.4 Mehrstöckige verschiebliche Rahmen

Auch mehrstöckige Rahmen können mit der beschriebenen Näherungsmethode nach der Theorie II. Ordnung untersucht werden. Wir trennen wieder ein Gelenkwerk ab, das die senkrechten Lasten aufnimmt (Abb. 4.3/9). Es ist zur horizontalen Abstützung an jedem Riegel mit dem biegesteifen Stockwerkrahmen verbunden. Die aktiven Kräfte H' aus der Schrägstellung der Stützen des Gelenkwerkes stehen wiederum mit den passiven Widerstandskräften H des Rahmens im Gleichgewicht. Da jeder Riegel im Gelenkwerk sich unabhängig von den anderen verschieben kann, besitzt jedes Stockwerk einen Freiheitsgrad, und die Verformungsfigur kann nicht ohne weiteres angegeben werden. Jedes Stockwerk liefert aber auch genügend Bedingungen, die in einem Gleichungssystem zusammengefaßt das Problem eindeutig beschreiben.

Wir zeigen eine von vielen möglichen Vorgehensweisen am Beispiel eines dreigeschossigen Rahmens mit Riegelverschiebungen δ_{i0} aus Theorie I. Ordnung oder aus ungewollter Schiefstellung der Stützen (Abb. 4.3/9b). Für die Berechnung

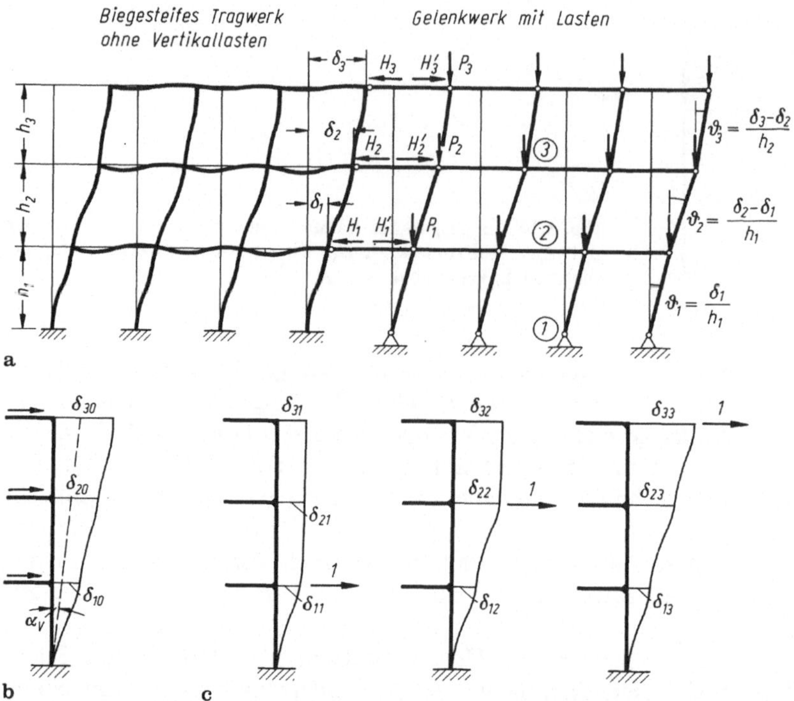

Abb. 4.3/9. Stabilitätsberechnung eines dreigeschossigen Rahmens. **a** Trennung von Lasten und Widerstand analog Abb. 4.3/4; **b** Auslenkungen und Stabverschwenkungen nach Theorie I. Ordnung; **c** Verformungen δ_{ik} aus Einheitslasten

der Stockwerkskräfte H_i' aus dem Gelenkwerk ist es zweckmäßig, die Stabverschwenkungen ϑ_i einzuführen:

$$\begin{aligned} H_3' &= \vartheta_3 \Sigma P_3 && = \vartheta_3 \Sigma P_3 \\ H_2' &= \vartheta_2 \Sigma P_2 + (\vartheta_2 - \vartheta_3) \Sigma P_3 && = \vartheta_2 \Sigma (P_2 + P_3) - \vartheta_3 \Sigma P_3 \\ H_1' &= \vartheta_1 \Sigma P_1 + (\vartheta_1 - \vartheta_2) \Sigma (P_2 - P_3) && \\ & && = \vartheta_1 \Sigma (P_1 + P_2 + P_3) - \vartheta_2 \Sigma (P_2 + P_3). \end{aligned} \tag{4.137}$$

Dabei erstreckt sich ΣP_i jeweils über alle Lasten des Geschosses i. Die ϑ_i werden nun so ermittelt, daß in jedem Geschoß die Horizontalverformung des Rahmens aus Theorie I. und II. Ordnung (Ausdruck zwischen den Gleichheitszeichen in Gl. 4.138) mit derjenigen des Gelenkwerks (rechte Seite von Gl. 4.138) übereinstimmt:

$$\begin{aligned} \delta_1 &= \delta_{10} + H_1 \delta_{11} + H_2 \delta_{12} + H_3 \delta_{13} = \vartheta_1 h_1 \\ \delta_2 &= \delta_{20} + H_1 \delta_{21} + H_2 \delta_{22} + H_3 \delta_{23} = \vartheta_1 h_1 + \vartheta_2 h_2 \\ \delta_3 &= \delta_{30} + H_1 \delta_{31} + H_2 \delta_{32} + H_3 \delta_{33} = \vartheta_1 h_1 + \vartheta_2 h_2 + \vartheta_3 h_3. \end{aligned} \tag{4.138}$$

Dabei bedeutet δ_{ik} die Auslenkung des Rahmens im Stockwerk i infolge einer Horizontalkraft $H_k = 1$ im Stockwerk k (Abb. 4.3/9c). Nachdem die $H_i' = H_i$ aus (4.137) in (4.138) eingesetzt sind, stehen 3 lineare Bestimmungsgleichungen für die drei unbekannten Stabverschwenkungen ϑ_i zur Verfügung. Deren Lösungen führen über (4.137) oder (4.138) zu den Beanspruchungen und Verformungen des Rahmens nach Theorie II. Ordnung. Die Vergrößerungsfaktoren $v_i = \delta_i/\delta_{i0}$ der verschiedenen Stockwerke sind unterschiedlich groß.

Die obigen Gleichungen können auch zur Ermittlung der Verzweigungslast verwendet werden, wenn die Riegelverschiebungen $\delta_{i0} = 0$ unterdrückt und die angesetzten Lasten mit einem Steigerungsfaktor γ multipliziert werden. Das Gleichungssystem wird homogen (keine Lastglieder) und liefert nur dann eine nichttriviale Lösung $\vartheta_i \neq 0$, wenn seine Determinante gleich Null ist. Diese Bedingung führt auf eine kubische Gleichung für den Lastfaktor γ, dessen niedrigster Wert die Ausweichlast festlegt. Im allgemeinen werden alle Lasten mit dem gleichen Faktor γ behaftet. Mann kann aber auch nur eine Stockwerk-Lastgruppe als variabel betrachten (Steigerung der Nutzlast) und die anderen als konstant ansehen (ständige Last).

Das beschriebene Näherungsverfahren führt die Ermittlung der Schnittgrößen von verschieblichen Rahmen nach Theorie II. Ordnung auf eine Berechnung nach Theorie I. Ordnung zurück und ermöglicht so beispielsweise die Verwendung eines gewöhnlichen, linearen Rahmenprogramms.

4.3.5 Zusammenwirken von Rahmen- und Stabverformungen

In Abschn. 4.3.3 wurde gezeigt, daß die „Stabverformungen" (Abweichungen w_2 der Biegelinie von der geraden Verbindungslinie der Knoten) die Ausweichlast um etwa 20% vermindern können. In diesem Abschnitt wollen wir der Frage nachgehen, wie sich die Steifigkeiten und Verformungen des Gesamttragwerks auf den Einzelstiel auswirken. Dafür werden wir verschiedene Möglichkeiten betrachten:

a) Unverschiebliche Knoten, unbelastete Riegel

Ein einzelner ausknickender Stiel ist an jedem Ende in die Riegel und den Stiel des angrenzenden Stockwerks elastisch eingespannt (Abb. 4.3/10a). Im Vergleich hierzu sind die Einspannverhältnisse offensichtlich ungünstiger, wenn ein ganzer Stützenzug ausknickt, weil dann allein die Riegel als elastische Einspannung wirken und deren Einspannmomente sich jeweils auf den oberen und unteren Stiel aufteilen (Abb. 4.3/10b). Noch ungünstiger ist eine Knickfigur, bei der benachbarte Stützenzüge gegensinnig ausweichen (Abb. 4.3/10c). In diesem Fall verdreht sich der Riegel am Knoten unter beidseitigen Endmomenten $M = 1$ um

$$\varphi_1 = \frac{l}{2EI_R} = \frac{l'}{2EI_c}, \tag{4.139}$$

während die Verdrehung bei starrer Einspannung der abliegenden Riegelenden nur halb so groß ist. Bei elastischer Einspannung oder gelenkiger Lagerung der abliegenden Enden liegt φ_1 zwischen diesen Grenzwerten. In jedem Fall ist die wirksame Knicklänge zwischen den Wendepunkten der Biegelinie kleiner als die

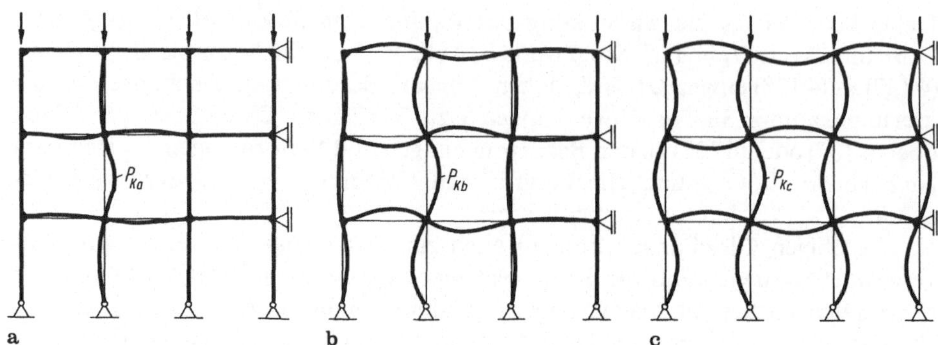

Abb. 4.3/10. Knickfiguren von regelmäßigen, unverschieblichen Rahmen **a** Ausknicken eines einzelnen Stiels in einem Stockwerk; **b** wechselseitiges Ausknicken eines ganzen Stützenzuges; **c** gegensinniges Ausknicken benachbarter Stützenzüge, $P_{Ka} > P_{Kb} > P_{Kc}$

Geschoßhöhe, und deshalb ist die Knicklast größer als bei beidseits gelenkiger Lagerung.

Man kann die Knicklast näherungsweise mit den Methoden des Abschn. 4.2.5 bestimmen, wenn man einen einzelnen Stiel mit seiner elastischen Einspannung herausschneidet und als Knickbiegelinie beispielsweise eine Sinusform annimmt. Bei Innenstützen mit elastischer Einspannung im Riegel auf beiden Seiten entsprechen die φ_1-Werte in Abb. 4.3/11d denen in Gl. (4.114). Im Fall gegensinnig ausknickender Stützenzüge erhält man so beispielsweise aus (4.114) und (4.115)

$$\varphi_1 = \varphi_1^{(3)} = \frac{l}{2EI_R}, \quad k^{(3)} = 1 + \frac{2EI_S}{h}\varphi_1 = 1 + \frac{l'}{h'},$$

$$P_K = \frac{P_E}{1 - \pi/4k} = P_E \frac{1 + h'/l'}{1 + 0{,}215\,h'/l'} > P_E$$

und entsprechend für andere Lagerungsfälle (vgl. Abb. 4.3/11 d)

$$P_K^{(1)} = P_E \frac{1 + 2h'/l'}{1 + 0{,}43\,h'/l'} \quad \text{bzw.}\ P_K^{(1)} = P_E \frac{1 + h'/l'}{1 + 0{,}215\,h'/l'}$$

$$P_K^{(2)} = P_E \frac{1 + 1{,}5\,h'/l'}{1 + 0{,}32\,h'/l'} \quad \text{bzw.}\ P_K^{(2)} = P_E \frac{1 + 0{,}75\,h'/l'}{1 + 0{,}16\,h'/l'}$$

$$P_K^{(3)} = P_E \frac{1 + h'/l'}{1 + 0{,}215\,h'/l'} \quad \text{bzw.}\ P_K^{(3)} = P_E \frac{1 + 0{,}5\,h'/l'}{1 + 0{,}107\,h'/l'}. \tag{4.140}$$

Die Gleichungen auf der rechten Seite gelten für Stützenzüge am Rand, wofür die doppelten φ_1-Werte aus Abb. 4.3/11d in (4.144) einzusetzen sind, weil die Einspannmomente beider Stützen auf nur einen Riegel wirken.

Der Vergrößerungsfaktor für die Verformungen und Momente aus verteilten Horizontallasten oder für eine entsprechende Anfangsimperfektion e beträgt nach

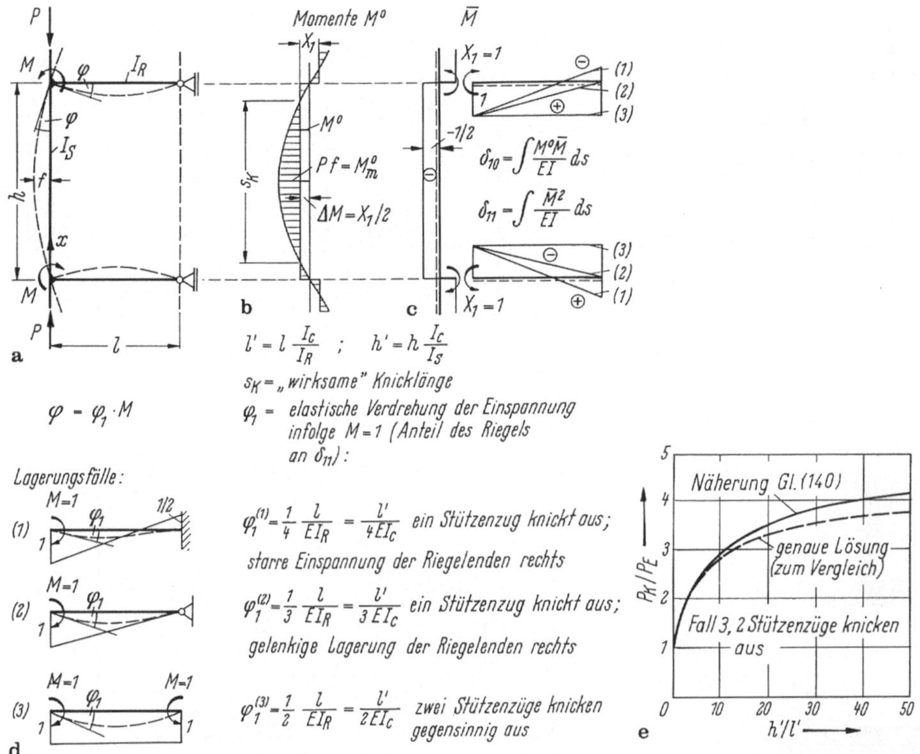

Abb. 4.3/11. Elastische Einspannung der Stützen in unbelastete Riegel bei unverschieblichen Knoten. Ausknicken eines oder zweier benachbarter Stützenzüge. **a** System (Ausschnitt) mit Biegelinie; **b** Stielmomente M_0 für gelenkige Lagerung und endgültige Momente (schraffiert) bei Einspannung in die Riegel; **c** statisch unbestimmte Momente aus den Riegeln; **d** Knotenverdrehungen; **e** Abhängigkeit der Knicklast vom Steifigkeitsverhältnis Riegel/Stiel für den Randstiel, Fall 3

(4.118) in allen Fällen wieder, (4.24),

$$v = \frac{e+f}{e} = \frac{M_{\text{II Ordn}}}{M_{\text{I.Ordn}}} = \frac{1}{1 - P/P_K}. \tag{4.141}$$

b) Unverschiebliche Knoten, gleichbleibende Belastung der Riegel

Wir untersuchen als Beispiel einen regelmäßigen Rahmen mit schachbrettartiger Belastung der Riegel (Abb. 4.3/12a). Die Momente und Verformungen werden mit dem antimetrisch belasteten Grundsystem in Abb. 4.3/12b bestimmt, wobei die Form der Biegelinie des Stiels zunächst offen bleibt und durch die Größen c_w für die Durchbiegung und c_φ für die Stabendverdrehung entsprechend Abb. 4.1/14a berücksichtigt wird. Für den konstanten Krümmungsanteil ist $c_w = 8$ und $c_\varphi = 2$. Für den Anteil proportional zur Ausbiegung w liegt c_w zwischen $\pi^2 = 9{,}87$ für die Sinusform und $c_w = 11{,}38$ für die Form der Knickbiegelinie beim beidseits eingespannten Stab. Die zugehörigen Werte c_φ liegen zwischen π und 4.

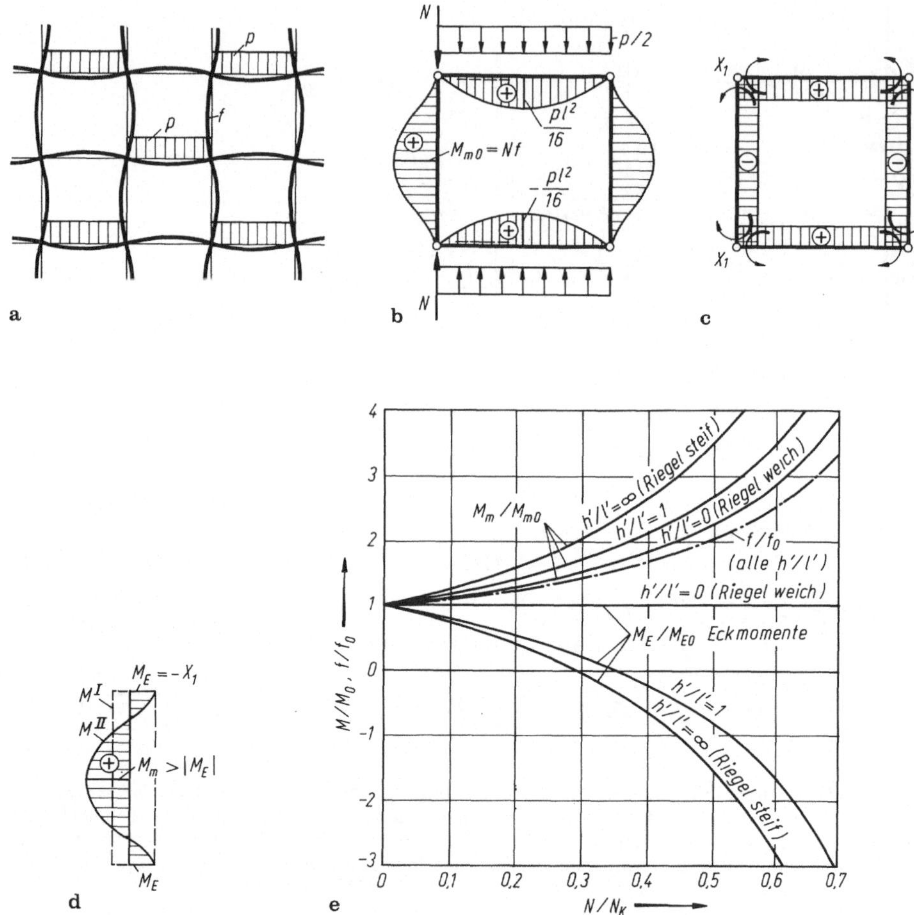

Abb. 4.3/12. Näherungsberechnung eines Rahmens mit Riegellasten **a** System und Belastung; **b** Grundsystem mit Lasten und zugehörigen Momenten; **c** Grundsystem mit statisch unbestimmten Stielendmomenten X_1; **d** endgültige Stielmomente; **e** Vergrößerungsfaktoren für die Stielauslenkung f und die Stielmomente M_m in Stielmitte bzw. M_E an der Einspannung

Zur besseren Übersichtlichkeit der etwas mühsamen, aber im Grunde sehr einfachen Berechnung werden außerdem folgende Bezeichnungen eingeführt:

$$M_{R0}=\frac{pl^2}{16} \qquad N_E=\frac{\pi^2 EI_S}{h^2}$$

$$\alpha_0=\frac{\pi^2}{4c_\varphi}\frac{h'}{l'+h'} \qquad \alpha_1=\frac{\pi}{c_w}-\alpha_0 \quad \alpha_2=\frac{\pi^2}{8}-\alpha_0\,. \tag{4.142}$$

Dabei können die α-Werte für ein gegebenes System praktisch als bekannte Konstanten betrachtet werden, weil sie nur wenig von der Form der Biegelinie abhängen (vgl. Abb. 4.1/14a).

Aus den Verformungen im Grundsystem

$$\delta_{10} = \frac{M_{R0} l}{3EI_R} - \frac{Nfh}{c_\varphi \mathrm{EI}_S} = \frac{1}{3EI_c}(M_{R0} l' - 3Nfh'/c_\varphi) \tag{4.143}$$

$$\delta_{11} = \frac{l}{2EI_R} + \frac{h}{2EI_S} = \frac{1}{2EI_c}(l' + h') \tag{4.144}$$

ergibt sich das statisch unbestimmte Stielendmoment $M_S = -X_1$ als Funktion von f:

$$M_S = -X_1 = \frac{\delta_{10}}{\delta_{11}} = \frac{2(M_{R0} l' - 3Nfh'/c_\varphi)}{3(l' + h')} \tag{4.145}$$

wobei

$$f = \frac{Nfh^2}{c_w EI_S} - X_1 \frac{h^2}{8EI_S}. \tag{4.146}$$

Aus diesen beiden Gleichungen erhält man nach einigen Umformungen die Gesamtausbiegung des Stiels

$$f = \frac{\pi^2}{12(1 + h'/l')} \cdot \frac{M_{R0}}{N_E(1 - \alpha_1 N/N_E)}. \tag{4.147}$$

Diese Formel liefert noch nebenbei die Knicklast $N = N_k$ für $f \to \infty$, also

$$N_K = \frac{N_E}{\alpha_1}. \tag{4.148}$$

In den beiden Grenzfällen sehr weicher Riegel ($h'/l' = 0$, sinusförmige Biegelinie) und sehr steifer Riegel ($l'/h' = 0$, Biegelinie bei starrer Einspannung) ist eine Kontrolle dieser Formel möglich. Sie liefert mit den oben genannten c-Werten in (4.142) die richtigen Knicklasten:

$$\alpha_1 = \pi^2/\pi^2 - 0 = 1, \text{ also } N_K = N_E$$

bzw.

$$\alpha_1 = \pi^2/11{,}38 - \pi^2/4^2 = 0{,}25, \text{ also } N_K = 4N_E.$$

Vergleichen wir die Gesamtausbiegung f aus (4.147) mit f_0 nach der Theorie I. Ordnung ($N = 0$), so ergibt sich wieder die vertraute Formel für den Vergrößerungsfaktor (4.141)

$$v = \frac{f}{f_0} = \frac{1}{1 - N/N_K}.$$

Nun interessiert noch die Entwicklung der Stielmomente M_E an der Einspannung und $M_m = P \cdot f - X_1$, in der Mitte. Wir beziehen diese auf das Stielmoment $M_{S0} = M_{m0}$ nach Theorie I. Ordnung, das ja im ganzen Stiel gleich groß ist, und erhalten aus (4.145) und (4.147) nach einigen trivialen Umformungen

$$\frac{M_S}{M_{S0}} = 1 - \frac{\alpha_0}{\alpha_1} \frac{N/N_K}{1 - N/N_K} \tag{4.149}$$

$$v_M = \frac{M_m}{M_{m0}} = \frac{N \cdot f - X_1}{M_{m0}} = 1 + \frac{\alpha_2}{\alpha_1} \frac{N/N_K}{1 - N/N_K}. \tag{4.150}$$

In Abb. 4.3/12e ist der Verlauf der Momente für 3 Steifigkeitsverhältnisse aufgetragen, wobei vereinfachend von einer sinusförmigen Biegelinie für alle Laststufen ausgegangen werden kann ($c_w = \pi^2$; $c_\varphi = \pi$; vgl. auch Abb. 4.3/11e), ausgenommen im Fall unendlich steifer Riegel ($h'/l' = 0$; $c_w = 11{,}38$; $c_y = 4$). Wir finden also unsere Vermutung bestätigt, daß das Einspannmoment des Stiels mit wachsender Normalkraft zunächst abnimmt, seine Richtung umkehrt und dann wieder anwächst, während die „Feldmomente“ des Stiels stetig in Richtung der Anfangsmomente zunehmen.

Wenn man die elastisch berechneten Einspann- und Mittenmomente formelmäßig miteinander vergleicht, (4.149) (4.150), kann man zeigen, daß letztere stets größer sind, eine Erkenntnis von der man auch in der Bemessungspraxis Gebrauch macht: Man erspart sich die Berechnung der Einspannmomente nach Theorie II. Ordnung und führt einfach die für den Durchbiegungsbauch der Stütze ermittelte Bewehrung über die ganze Länge durch. Oft sind an den Einspannungen aber die Momente nach Theorie I. Ordnung für die Bemessung der Stiele maßgebend.

Zusammenfassend ist festzustellen: Beim reinen Stabilitätsfall, gekennzeichnet durch das Fehlen von Anfangsmomenten, ist bis zum Erreichen der Verzweigungslasten nur eine geringe gegenseitige Beeinflussung der Rahmen- und Stabverformungen vorhanden. Daher können im allgemeinen die Ausweichlast des Rahmens und die Knicklasten der Einzelstäbe unabhängig voneinander berechnet werden (Abb. 4.3/1). Selbstverständlich ist der kleinere Wert der kritischen Last maßgebend.

c) Seitverschiebliche Rahmen

Die Rahmenknoten werden durch eine Horizontallast waagrecht um den Betrag δ_0 verschoben, wodurch in den Stützen Momente entstehen. Wenn wir nur eine einzelne Stütze als knickgefährdet ansehen, ist die Verschiebung δ_0 konstant, und wir haben wieder die Verformungsaufgabe einer elastisch eingespannten Stütze mit Anfangsmomenten vorliegen. Sie unterscheidet sich allerdings durch die Momentenverteilung im Stiel von dem vorherigen Fall. Weil die Momente im Stiel das Vorzeichen wechseln, sind die „Störungen“ geringer als bei konstantem Moment.

Es wäre aber falsch, aus der antimetrischen Momentenverteilung im Stiel und dem zugehörigen Wendepunkt der Biegelinie (Theorie I. Ordnung) eine rechnerische Knicklänge $s_K < h/2$ für den Einzelstab abzuleiten. Der Anteil der Anfangsmomente oder Imperfektionen an der Gesamtausbiegung nimmt, wie wir gesehen haben, mit der Annäherung an die Knicklast deutlich ab, und es stellt sich letztlich eine Biegelinie ein, die der Knickbiegelinie ohne Anfangsstörungen sehr ähnlich ist. Die Einzelstütze im seitverschieblichen Rahmen mit antimetrischer Momentenverteilung nach Theorie I. Ordnung und entsprechender Biegelinie geht plötzlich in eine andere Biegeform mit einseitiger Ausbiegung in der Mitte und niedrigerem Gesamtpotential über („Durchschlagproblem“, vgl. Abschn. 4.7.1), biegt sich also unter zunehmender Last in der Mitte aus (Abb. 4.3/13).

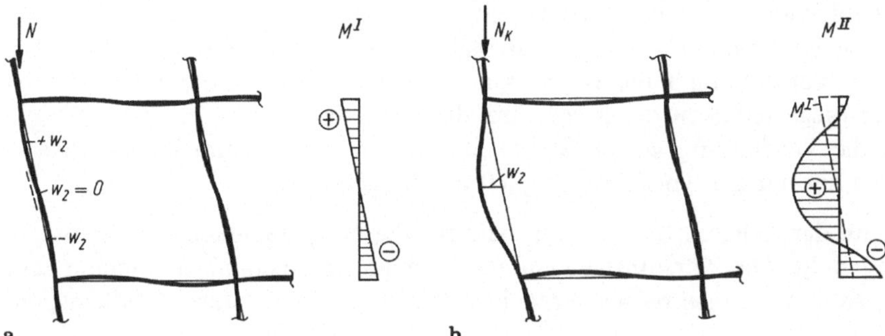

Abb. 4.3/13. Durchschlagen eines Rahmenstiels mit antimetrischer Anfangsstörung. **a** Momente und Biegelinie nach Theorie I. Ordnung; **b** Momente und Biegelinie nach dem Durchschlagen

Wir fassen das Ergebnis zusammen: Wir befinden uns auf der sicheren Seite, wenn wir die Knicksicherheit der Einzelstiele für gelenkige Lagerung der Stabenden nachweisen, also als „wirksame Knicklänge" die Stockwerkhöhe annehmen. Der Vergrößerungsfaktor für die Anfangsauslenkung eines Rahmenstiels ist wegen der Einspannung in die Riegel kleiner als beim exzentrisch belasteten Druckstab mit gelenkiger Lagerung der Stabenden.

Die Vergrößerung der Anfangsverformungen durch das Kriechen läßt sich auch bei Rahmen in der Weise berücksichtigen, wie es in Abschn. 4.1.5 für Einzelstäbe gezeigt wurde.

4.3.6 Ausweichen aus der Rahmenebene

Das Ausweichen von freistehenden Rahmen aus ihrer Ebene heraus wird meist näherungsweise getrennt von dem Verhalten in der Tragebene untersucht, obwohl eine Stütze auch schief zu den Hauptachsen ausweichen kann. Bei Stützen mit stark profilierten, offenen Querschnitten kann auch das Biegedrillknicken gefährlich werden (Abschn. 4.4.5).

Eine vollständige Berücksichtigung aller Steifigkeitseinflüsse ist schwierig und lohnt sich nicht. Beispielsweise setzt der Rahmen in Abb. 4.3/14 dem Ausweichen

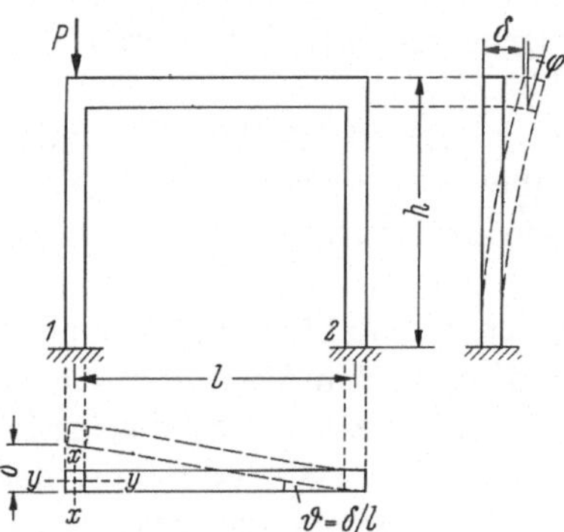

Abb. 4.3/14. Ausweichen eines Rahmens quer zu seiner Tragebene

des Stiels folgende Widerstände entgegen:

1. gegen die Verformung δ: die Biegesteifigkeit des Stiels 1 um die y-Achse,
2. gegen die Verdrehung ϑ: die Torsionssteifigkeit der Stiele 1 und 2 in Verbindung mit der Biegesteifigkeit des Riegels um die vertikale Achse,
3. gegen die Verdrehung φ: die Biegesteifigkeit des Stiels 2 um die y-Achse in Verbindung mit der Torsionssteifigkeit des Riegels.

Man ist auf der sicheren Seite, wenn man nur die Biegesteifigkeit des Stiels 1 in Rechnung stellt. Die Torsionswiderstände nehmen im Zustand II ohnehin sehr stark ab, so daß man sie besser vernachlässigt. Dann ist bei starrer Fußeinspannung:

$$P_K = \pi^2 EI_y/(2h)^2 .$$

Bei freistehenden, durchlaufenden Rahmen (z.B. Kranhochbahnen) braucht man in der Querrichtung also nur die Stabilität der einzelnen, unten eingespannten Stützen nachzuweisen. Selbstverständlich sind dabei auch die Beanspruchungen in der Rahmenlängsrichtung mit den Vergrößerungen nach Theorie II. Ordnung zu berücksichtigen (Knicken nach zwei Richtungen, Abschn. 4.1.6).

Die Stiele von parallelen Hallenbindern wird man möglichst durch Längsriegel verbinden. Diese Längsrahmen sind für die Lasten senkrecht zur Ebene der Binder (Wind) und für die Stabilisierungskräfte der Binder in der Längsrichtung zu bemessen. Ihre Steifigkeit beeinflußt maßgeblich die Gefahr des Ausweichens in dieser Richtung. Wir haben bereits festgestellt, daß die notwendigen Stabilisierungskräfte um so kleiner ausfallen, je größer die Steifigkeit der abstützenden Konstruktion ist. Bei kräftigen Längsrahmen wird man sich daher im allgemeinen die Anwendung der Theorie II. Ordnung sparen können.

4.4 Seitliches Ausweichen von Balken (Kippen)

4.4.1 Die Problematik

Senkrecht belastete Träger mit geringer Seitensteifigkeit können durch seitliches Ausweichen, verbunden mit einer Verdrehung der Querschnitte, instabil werden. Der Begriff Kippen für diese Art von Instabilität stammt von Prandtl, der 1899 erstmals darüber publizierte [40.1]. Gefährdet sind vor allem Fertigteilträger beim Transport und der Montage, bevor die endgültige Querversteifung durch Verbände oder die Dacheindeckung hergestellt ist (Abb. 4.4/1).

Das Kippen aufgehängter Fertigteilbalken ist bereits in IB, 4.6.4 behandelt worden. Dort wurde die Verdrillung des Trägers aber noch vernachlässigt. Dieser Einfluß, der bei drehsteif festgehaltenen Trägerenden für das Kippen wesentlich ist, soll nun berücksichtigt werden.

Es gibt allerdings für die Bemessung gegen Kippen von Stahlbetonbalken noch kein allgemein anerkanntes Verfahren. Die DIN 1045 enthält in Abschn. 21.1.1 die Forderung, „auf die Stabilität gegen Kippen und Beulen zu achten" aber keinerlei weitere Hilfen. Auch in den normativen DAfStb-Heften 220, 240, 300 kommt das Kippen nicht vor. Es gibt dagegen eine Fülle von Abhandlungen über das Kippen

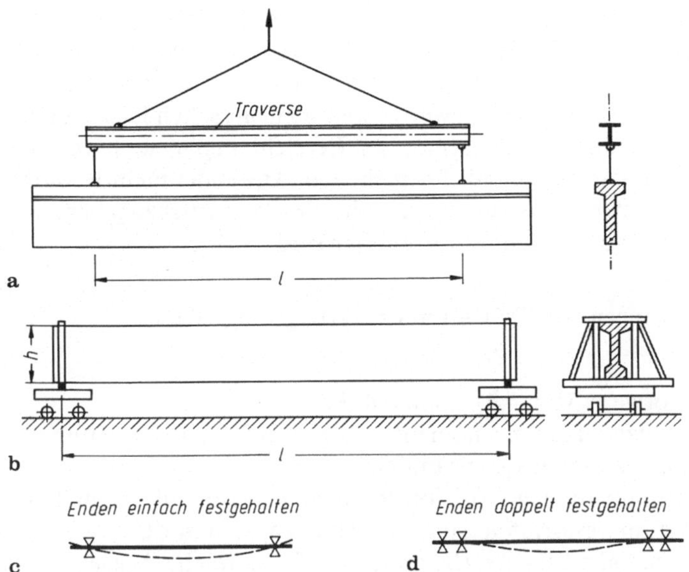

Abb. 4.4/1. Kippgefahr beim Transport großer Fertigteilträger. **a** Träger am Kran hängend; **b** Träger beim Verfahren; **c** waagrechte Ausbiegung bei Gabellagerung; **d** waagrechte Ausbiegung bei horizontaler Einspannung

vorwiegend für linear-elastisches Stoffgesetz oder die Anwendung auf Stahlträger [1; 2; 40; 41], und einige auf die Bemessung von Stahlbetonträgern zugeschnittene Verfahren, die in Abschn. 4.4.6 diskutiert werden.

Die Probleme bei der Bemessung gegen Kippen haben hauptsächlich folgende Ursachen [42; 47.1]:

- Eine Vielzahl von Parametern erschwert bereits die linear-elastische Berechnung: Neben der Verteilung der Last über die Balkenlänge spielt auch die Höhe des Lastangriffs über dem Schubmittelpunkt eine Rolle; beim Transport und der Montage treten unbekannte Trägheitskräfte und Seitenkräfte aus unplanmäßigen Einwirkungen auf; bei dachförmigen Binder ist die Querschnittshöhe veränderlich; Randträger haben mitunter unsymmetrische Querschnitte.
- Imperfektionen haben großen Einfluß auf die Kippstabilität. Herstellungsbedingt gibt es bereits stoffliche und geometrische Imperfektionen des Trägers, von denen die Querschnittsdrehung noch wichtiger als die seitliche Verkrümmung ist. Einseitige Erwärmung and ungleichmäßige Austrocknung tragen ebenfalls bei. Imperfektionen der Lagerung sind naturgemäß beim Transport auf Fahrzeugen oder am Kran hängend und nach dem Ablassen vor dem endgültigen Ausrichten größer und weniger leicht zu verhindern als bei einem in endgültiger Position hergestellten Bauteil.
- Die größten Probleme bereiten die nichtlinearen Baustoffeigenschaften des Betons, insbesondere die Rißbildung.

Wiederum bildet die linear-elastische Berechnung die Ausgangsbasis der meisten praktischen Bemessungsverfahren. Es ist deshalb zweckmäßig, daß wir uns im nächsten Abschnitt 4.4.2 mit einigen Grundlagen befassen. Das Verständnis der wichtigsten Grundlagen ist nötig, um die Anwendbarkeit eines Verfahrens bewerten zu können. Es sei an dieser Stelle auch vor der Anwendung rezeptartig angebotener, unübersichtlicher Formeln gewarnt, weil sie nicht selten falsch zitiert (Druckfehler, falsche oder fehlende Erklärung der Bezeichnungen) und weil die Vereinfachungen und Voraussetzungen für Formeln dem Anwender nicht bekannt sind. Sicherer und lehrreicher ist es immer, auf die Quelle zurückzugehen, wo eventuelle Druckfehler aus der Herleitung erkennbar sind.

4.4.2 Linear-elastisches Kippen von Trägern mit Gabellagerung oder Einspannung der Trägerenden

Einige Bezeichnungen vorweg (Abb. 4.4/2 und 4.4/3):

M, M_T	Biege- bzw. Torsionsmoment bezogen auf die Achsrichtungen des unverformten Querschnitts,
M_x, M_y, M_T	Biegemomente bzw. Torsionsmoment bezogen auf die Balkenachsen im verformten Zustand (Abb. 4.4/3c und d),
$B = EI_y$	Biegesteifigkeit für M_y (Biegung um die schwache Achse),
$D = GI_T$	Torsionssteifigkeit (ohne Wölbkräfte),
B_1, B_2	Biegesteifigkeit des Druck- bzw. Zuggurts bei Biegung um die schwache Achse (M_y),
W	Wölbsteifigkeit profilierter Querschnitte gegen Verdrehen,
$W = \dfrac{B_1 B_2}{B_1 + B_2} z^2$	Wölbsteifigkeit für einfach symmetrischen I-Querschnitt; z = Abstand der Flanschen,
S	Schwerpunkt,
M	Schubmittelpunkt (s. z.B. Abschn. Festigkeitslehre im Beton-kal.),
y	seitliche Ausbiegung (mit Imperfektion),
$\gamma = y' = \mathrm{d}y/\mathrm{d}x$,	$y'' = \kappa_y$ zugehörige Verdrehung bzw. Krümmung,
φ	Verdrehung des Querschnitts um die Balkenlängsachse,
$\varphi' = \mathrm{d}\varphi/\mathrm{d}x$	zugehörige Verdrillung je Längeneinheit (Verwindung),
α	Steifigkeitsverhältnisse, in unterschiedlicher Bedeutung gebraucht

Wir studieren zunächst an dem besonders einfachen Fall des *Einfeldbalkens mit rechteckigem Querschnitt und konstantem Moment M* (Abb. 4.4/3a) die grundlegenden Zusammenhänge. Der Balken ist an den Auflagern gegen Umkippen seitlich ausgesteift („Gabellagerung"), biegt sich aber beim Kippen zwischen den Auflagern seitlich um y aus und verdreht sich um φ um seine Längsachse. Wir suchen das Kippmoment M_K, das diese Verformungen ermöglicht.

Ein beliebiger Trägerquerschnitt mit der (kleinen) Horizontalneigung $\gamma = \mathrm{d}y/\mathrm{d}x = y'$ trägt das Biegemoment M aus der gegebenen Belastung durch ein Biegemoment M_B und ein Torsionsmoment M_T ab (Abb. 4.4/3b und c)

$$M_B = M \cos\gamma \approx M$$
$$M_T = M \sin\gamma \approx M\gamma = My'. \tag{4.151}$$

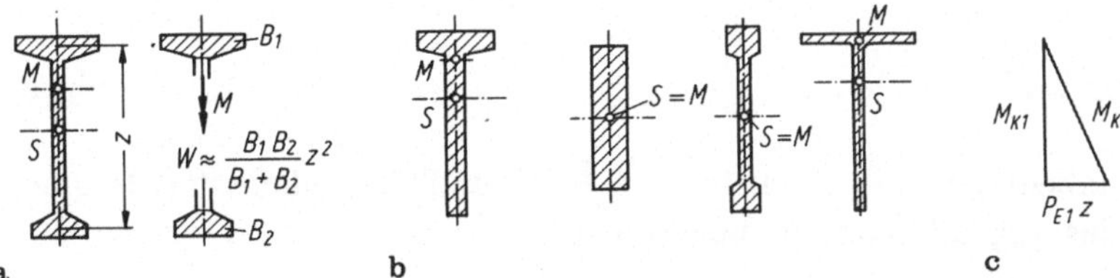

Abb. 4.4/2. Drehsteifigkeit von kippgefährdeten Trägerquerschnitten. **a** Einfach symmetrischer, stark profilierter I-Querschnitt mit Wölbsteifigkeit W; **b** Querschnitte mit vernachlässigbarer Wölbsteifigkeit; bei doppelt symmetrischen Querschnitten liegt der Schubmittelpunkt M im Schwerpunkt S, bei schlanken T- und L- Querschnitten (Stahlprofile) im Schnittpunkt der Querschnittsteile, aber nicht bei üblichen Plattenbalken aus Stahlbeton; **c** geometrische Addition der Kippmomente M_{K1} aus der Saint-Venantschen Torsionssteifigkeit und des Kippmomentes $P_{E1} \cdot z$ aus der Biegesteifigkeit der Flanschen bei doppelt symmetrischen I-Querschnitten

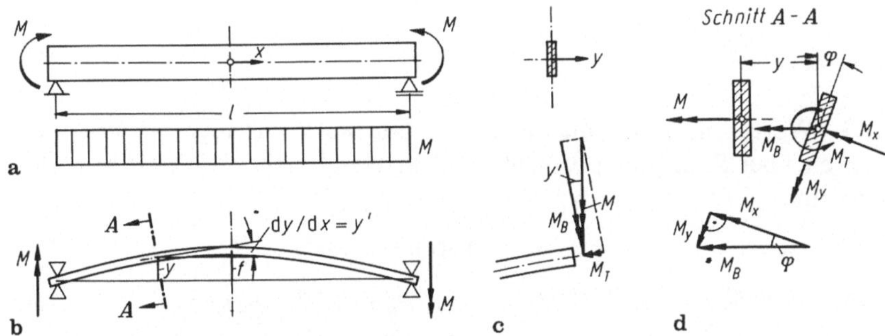

Abb. 4.4/3. Kippen eines Trägers mit konstantem Längsmoment, Schnittgrößen am verformten Träger. **a** Seitenansicht des Trägers mit Belastung und Verlauf der Gesamtmomente M; **b** Biegelinie im Grundriß bei Gabellagerung; **c** Grundrißdetail mit Zerlegung des Gesamtmoments M in ein Biegemoment M_B und ein Torsionsmoment M_T; **d** Querschnitt A-A vor und nach der Verformung, Zerlegung des Biegemoments M_B in die Momente M_x und M_y in Richtung der Hauptachsen des verdrehten Querschnitts

Das Biegemoment M_B mit horizontalem Vektor wird nun noch in die Momente M_x und M_y parallel zu den verdrehten Querschnittachsen zerlegt (Abb. 4.4/3d)

$$M_x = M_B \cos\varphi \approx M_B \approx M$$
$$M_y = M_B \sin\varphi \approx M_x\varphi \approx M\varphi. \tag{4.152}$$

Aus den Gleichgewichtsbedingungen (4.151), (4.152) und den konstitutiven Bedingungen

$$M_T = GI_T\varphi' = D\varphi' \tag{4.153}$$

$$M_y = -EI_y y'' = -By'' \tag{4.154}$$

ergibt sich nach einmaliger Differentiation der M_T die Differentialgleichung für die Verdrehungslinie φ des Trägers:

$$\varphi'' + \frac{M^2}{BD}\varphi = 0. \tag{4.155}$$

Der Ansatz

$$\varphi = \varphi_m \cos\frac{\pi x}{l}, \qquad \varphi'' = -\frac{\pi^2}{l^2}\varphi_m \cos\frac{\pi x}{l} \tag{4.156}$$

erfüllt die Randbedingungen $\varphi = 0$ für $x = \pm l/2$ und die Differentialgleichung (4.155), wenn das folgende Kippmoment auftritt:

$$M_{K1} = \frac{\pi\sqrt{BD}}{l}. \tag{4.157}$$

Diese Gleichung enthält den auch für alle anderen Kippfälle typischen Wurzelterm aus der Biegesteifigkeit um die schwache Achse und aus der Torsionssteifigkeit, und sie zeigt damit bereits wichtige Abhängigkeiten auf.

Für andere Lasten ergeben sich die maximalen Kippmomente aus derselben Formel, wenn π durch andere Beiwerte k_1 ersetzt wird:

$$\max M_{K1} = \frac{k_1\sqrt{BD}}{l}. \tag{4.158}$$

Man findet k_1-Werte, mitunter mit anderen Faktoren kombiniert, in fast allen Standardwerken über Stabilitätsprobleme und in Handbüchern [2; 41; 43]. Beispielsweise ist für

$$\text{Gleichlast} \qquad k_1 = 3{,}54 \qquad \text{also } q_K = 28{,}3\sqrt{BD}/l^3 \tag{4.159}$$

$$\text{mittige Einzellast} \qquad k_1 = 4{,}23 \qquad P_K = 16{,}9\sqrt{BD}/l^2. \tag{4.160}$$

Entsprechende k_1-Werte gibt es auch für andere Lagerungsbedingungen, z.B. für Einspannung der Balkenenden gegen Verdrehen um die schwache Achse (Abb. 4.4/1d):

$$M = \text{const} \qquad k_1 = 2\pi \qquad M_K = 2\pi\sqrt{BD}/l \tag{4.161}$$

$$\text{Gleichlast} \qquad k_1 = 6{,}19 \qquad q_K = 49{,}5\sqrt{BD}/l^3 \tag{4.162}$$

$$\text{mittige Einzellast} \qquad k_1 = 4{,}23 \qquad P_K = 1{,}9\sqrt{BD}/l^2, \tag{4.163}$$

für beidseitige Einspannung eines Balkens gegen Verdrehen um beide Achsen:

$$\text{Gleichlast} \qquad k_1 = 5{,}53 \qquad q_K = 132{,}7\sqrt{BD}/l^3 \tag{4.164}$$

und für den eingespannten Kragarm mit Einzellast am freien Ende:

$$k_1 = 4{,}01 \qquad P_K = 4{,}01\sqrt{BD}/l^2. \tag{4.165}$$

Bei stark *profilierten Trägern* leistet außer der Saint-Venantschen Torsionssteifigkeit $D = GI_T$ auch die Flanschbiegesteifigkeit Widerstand gegen die Verdrehung (Wölbwiderstand W). Die Differentialgleichung für φ wird dadurch von 4. Ordnung, und das kritische Moment vergrößert sich gegenüber (4.157) bzw. (4.158) um den Faktor $k_2 > 1$ auf

$$M_{K2} = k_2 M_{K1} = k_1 k_2 \sqrt{\frac{BD}{l}}, \tag{4.166}$$

wobei $k_2 \approx \sqrt{1 + \pi^2 \beta_1}$ (4.167)

$$\beta_1 = \frac{2B_1}{D}\left(\frac{z}{2l}\right)^2 = \frac{W}{Dl^2} \tag{4.168}$$

B_1 = Biegesteifigkeit des Druckflansches.

Der Faktor π^2 in (4.167) gilt eigentlich nur für konstantes Moment, er ändert sich bei Gleichlast oder mittiger Einzellast aber nur geringfügig auf 10 bzw. 10,2 [1.2; 43] und kann für Gabellagerung immer angewendet werden. Bei Einspannung sind allerdings andere Werte einzusetzen, z.B. $4\pi^2$ für konstantes Moment.

Setzt man für einen *doppelt symmetrischen Trägerquerschnitt* die Flanschbiegesteifigkeit in (4.168) mit $B_1 \approx B/2$ ein, dann kann man (4.166) auf folgende Form bringen:

$$M_{K2}^2 = \frac{\pi^2 BD}{l^2}\left(1 + \pi^2 \frac{B_1 z^2}{2Dl^2}\right) = M_{K1}^2 + \frac{\pi^4 B_1^2 z^2}{l^4}$$

$$M_{K2}^2 = M_{K1}^2 + (P_{E1} z)^2 . \tag{4.169}$$

Dabei ist $P_{E1} = \pi^2 B_1/l^2$ die Knicklast des Druckflansches. Wir erkennen daraus, daß sich das Kippmoment M_{K2} aus einem Anteil M_{K1} mit der Saint-Venantschen Torsionssteifigkeit und einem Anteil aus der Knicksteifigkeit des Druckflansches *geometrisch* zusammensetzt (Abb. 4.4/2c). Wenn einer dieser Anteile also nicht wenigstens 20% des anderen beträgt, trägt er zum gesamten Kippmoment weniger als 2% bei und kann vernachlässigt werden. Das ist meistens für den M_{K1}-Anteil bei Stahlprofilen und oft für den Wölbkraft-Anteil bei Stahlbetonprofilen der Fall. Bei Plattenbalkenquerschnitten ohne wesentliche Zuggurtverbreiterung ist der Wölbkraftanteil vernachlässigbar.

In den bisherigen Ableitungen ist vorausgesetzt, daß die Last im Schubmittelpunkt M des Balkens angreift [47.3]. Wenn die Last *auf die Oberseite* des Trägers wirkt, läßt sich die Kipplast zur sicheren Seite hin mit folgenden Abminderungsfaktoren abschätzen [43]:

Rechteckquerschnitt: $k_3 = 1 - 0{,}57\, d/l$ (d = Querschnittshöhe)

I – Querschnitt: $k_3 = 1 - 0{,}73\sqrt{B/D}\; z/l$ (z = Flanschabstand).

(4.170)

Man erkennt daraus, daß die Höhe des Lastangriffs (im Gegensatz zur Höhe der Trägeraufhängung, s. Abschn. 4.4.4) nur eine untergeordnete Rolle spielt.

Die *lotrechte Durchbiegung* des Balkens verursacht eine meist vernachlässigbare Vergrößerung der Kipplast, die aber leicht dadurch in den abgeleiteten Formeln berücksichtigt werden kann, daß B um den Faktor $I_x/(I_x - I_y)$ vergrößert wird [1.2].

In [2.1] sind zahlreiche Kurventafeln für die Kipplasten wichtiger Lastfälle angegeben.

Für *Satteldachbinder* wird auf [44] verwiesen. Abminderungsfaktoren der Kipplasten nach [44.2] sind auch in [43] angegeben.

Bei mehrfeldrigen Balken liegt man auf der sicheren Seite, wenn man jedes Feld für sich betrachtet.

4.4.3 Träger mit Imperfektionen

Es bereitet keine Schwierigkeiten, bei dem eingangs untersuchten Träger mit konstantem Moment auch Anfangsimperfektionen zu berücksichtigen, die affin zur Knickbiegelinie bzw. zur Verdrehung beim Knicken verlaufen (Abb. 4.4/3b):

$$y = y_e + y_f = (e + f)\cos\frac{\pi x}{l} \tag{4.171}$$

$$\varphi = \varphi_e + \varphi_f = (\bar{\varphi}_e + \bar{\varphi}_f)\cos\frac{\pi x}{l}. \tag{4.172}$$

Dabei bezeichne y und φ also jeweils die Summe aus der Vorverformung und der Lastverformung.

Aus der Gleichgewichtsbedingung (4.151) und der konstitutiven Bedingung $M_T = D\varphi'_f$, analog zu (4.153), aber ohne die Vorverformung φ_e ergibt sich

$$M_T = My'$$

$$\varphi'_f = \frac{M_T}{D} = \frac{My'}{D}, \qquad \varphi_f = \frac{M}{D}y.$$

Zusammen mit der Vorverformung verdreht sich der Träger um

$$\varphi = \varphi_e + \varphi_f = \varphi_e + \frac{M}{D}y$$

und erhält dadurch Querbiegemomente (4.152)

$$M_y = M\varphi = M\left(\frac{M}{D}y + \varphi_e\right), \quad \max M_y = \frac{M^2}{D}(e + f) + M\bar{\varphi}_e,$$

welche die Ausbiegung f in Balkenmitte bewirken:

$$f = \max M_y \frac{l^2}{\pi^2 B} = \frac{M^2 l^2}{\pi^2 BD}\left(e + f + \frac{D}{M}\bar{\varphi}_e\right).$$

Wir ersetzen noch $\pi\sqrt{BD}/l$ durch das Kippmoment M_K entsprechend (4.157) und erhalten die Gesamtauslenkung

$$f = \frac{e + D\bar{\varphi}_e/M}{M_K^2/M^2 - 1} \tag{4.173}$$

sowie den Vergrößerungsfaktor der seitlichen Ausbiegungen

$$v = \frac{e + f}{e} = \frac{1 + \alpha_\varphi}{1 - (M/M_k)^2}, \tag{4.174}$$

$$\text{wobei } \alpha_\varphi = \frac{\bar{\varphi}_e l}{\pi e}\sqrt{\frac{D}{B}}\frac{M}{M_k}. \tag{4.175}$$

Der Term α_φ berücksichtigt dabei den Einfluß der Vorverdrehung φ_e. Aber selbst wenn $\varphi_e = 0$, unterscheidet sich der Vergrößerungsfaktor für das Kippen von den für Knickstäbe abgeleiteten Formeln des Typs $v = 1/(1 - P/P_K)$ prinzipiell dadurch, daß nun das Verhältnis der vorhandenen Last zur Verzweigungslast im Quadrat steht. Die Vergrößerungsfaktoren wachsen also beim Kippen erst kurz vor Erreichen der Verzweigungslast stark an.

Um den Einfluß der Anfangsverdrehung φ_e des Querschnitts besser bewerten zu können, ersetzen wir in (4.175) $e\pi/l$ durch die Horizontalneigung $\gamma_e = \mathrm{d}y_e/\mathrm{d}x = e\pi/l$ am Auflager des unbelasteten Balkens:

$$\alpha_\varphi = \frac{\bar{\varphi}_e}{\bar{\gamma}_e} \sqrt{\frac{D}{B}} \frac{M}{M_k}. \tag{4.176}$$

Man wird davon ausgehen müssen, daß in der Praxis die viel weniger gut wahrnehmbare Querschnittsverdrehung $\bar{\varphi}_e$ deutlich größer ist als die horizontale Längsneigung $\bar{\gamma}_e$. Für einen schmalen, hohen Rechteckquerschnitt (Breite b, Höhe d) ist näherungsweise

$$\frac{D}{B} \approx \frac{G}{E} \frac{db^3/3}{db^3/12} \approx 0{,}4 \cdot 4 = 1{,}6\,. \tag{4.177}$$

Bei mittleren und großen Ausnutzungsgraden M/M_K ist also $\alpha_\varphi > 1$ zu erwarten, d.h. der Einfluß der Verdrehungsimperfektionen φ_e ist größer als derjenige der Ausbiegungsimperfektionen y_e (s. Abschn. 4.4.6).

Bei Trägern mit anderen Lasten, z.B. Gleichlast oder Einzellasten, unterscheiden sich die Vergrößerungsfaktoren für die Anfangsverformungen und die zugehörigen Schnittgrößen natürlich ein wenig von denen des Trägers mit konstantem Moment (vgl. Abschn. 4.1). Solange die wirkliche Größe der Imperfektionen aber nur grob geschätzt werden kann, ist die Anwendung von (4.174) und (4.175) für die Trägermitte sicherlich auch bei anderen Lasten genau genug.

4.4.4 Linear-elastisches Kippen aufgehängter oder elastisch gestützter Träger

Auch für aufgehängte Träger (Abb. 4.4/4) finden sich in der Literatur zahlreiche, oftmals recht verwickelte Lösungen [45], weil das Kippproblem durch die Verdrehmöglichkeit am Auflager noch komplizierter wird. Wir wollen hier mit einem Näherungsansatz für die Verdrehungslinie φ im Sinne von Abschn. 4.1.2.1 eine Lösung ableiten.

Um einen vernünftigen Ansatz zu wählen, und weil es dem Verständnis der Zusammenhänge dient, wird der Verlauf der wichtigsten Funktionen in Abb. 4.4/5 vorab für zwei Fälle qualitativ dargestellt: links der gabelgelagerte Träger aus Abschn. 4.4.2 mit konstantem Moment, rechts der in Höhe a über seiner Schwerlinie aufgehängte Träger aus Abb. 4.4/5 unter Eigengewicht.

Das linke Bild zeigt, wie sich für Gabellagerung aus einer cosinusförmigen Horizontalausbiegung y sukzessiv ein sinusförmiger Verlauf der Torsionsmomente M_T und daraus cosinusförmige Verläufe der Verdrehung φ, der Momente M_y, der Krümmung y'' und schließlich auch die Biegelinie y ergeben. Die Annahme dafür in

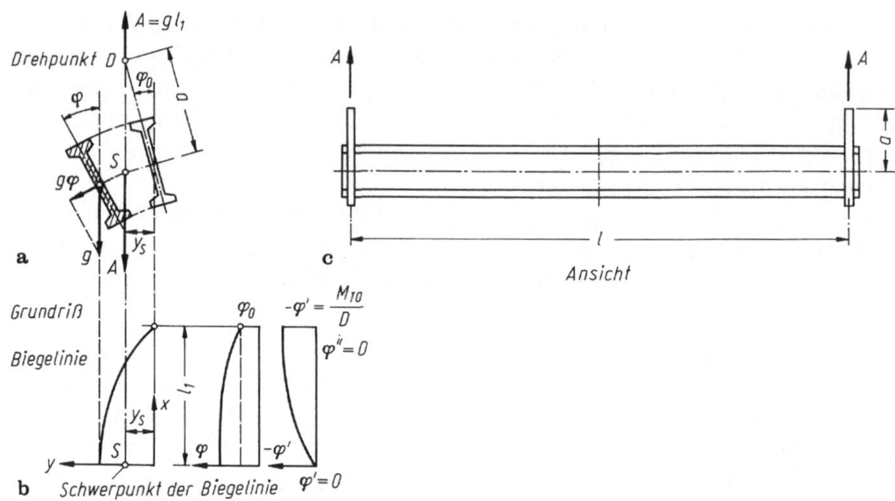

Abb. 4.4/4. Kippen eines aufgehängten Balkens unter Eigengewicht durch gleichzeitiges seitliches Verbiegen und Verdrillen (nicht maßstäblich). **a** Verformte Lage der Querschnitte am Auflager und in Balkenmitte; **b** Verformungen im Grundriß; **c** Ansicht

Abb. 4.4/5b stimmte also. Beim aufgehängten Träger (linkes Bild, gestrichelte Linie) führt die Auflagerverdrehung φ_0 zu einer etwas völligeren, der quadratischen Parabel ähnlicheren Biegelinie y, die ja bekanntlich als Momentenlinie der Belastung $\kappa = M_y/EI_y$ ermittelt werden kann (vgl. auch Abb. 4.1/14a).

Im rechten Teil der Abb. 4.4/5 ist die Momentenverteilung in der Vertikalebene anders. Für die Horizontalausbiegung y (Abb. 4.4/5b) versuchen wir es mangels besseren Wissens zunächst mit einer parabolischen Biegelinienform. Die zugehörige lineare y'-Verteilung führt in der Kombination mit der parabolischen M_x-Verteilung zu der in Abb. 4.4/5d gestrichelten Wellenform der Torsionsmomente aus M_x. Hierzu müssen aber noch die Anteile $\tilde{M}_T$ hinzugefügt werden, die dadurch entstehen, daß die Last des Trägers mit diesem seitlich auswandert. Beide Anteile zusammen ergeben wieder einen sehr ähnlichen M_T-Verlauf wie beim Träger im linken Bild, mit $\mathrm{d}M_T/\mathrm{d}x = 0$ an den Auflagern. Entsprechend verläuft auch die Verdrehung φ, die aber in Kombination mit M_x einen wesentlich „spitzeren" M_y-Verlauf zur Folge hat. Dies gilt besonders für Gabellagerung (Abb. 4.4/5f). Trotzdem wird die daraus ermittelte Biegelinie (Abb. 4.4/5g) nicht wesentlich von der angenommenen Parabelform (Abb. 4.4/5b) abweichen.

Aufgrund dieser Diskussion nehmen wir für den Verlauf der Verwindung $\varphi' = M_T/D$ des aufgehängten Trägers in Abb. 4.4/4 das einfachste Polynom an, welches bei $x = 0$ die Antimetriebedingung $\varphi' = 0$ und bei $x = l_1$ die Bedingung $\varphi'' = 0$ erfüllt (entsprechend $\mathrm{d}M_T/\mathrm{d}x = 0$, vgl. Abb. 4.4/5d):

$$\varphi' = k(\xi^3 - 3\xi) \qquad \xi = x/l_1 \qquad l_1 = l/2\,. \tag{4.178}$$

Aus der Randbedingung $\varphi' = M_{T0}/D$ für $\xi = -1$ folgt $k = M_{T0}/(2D)$, und die

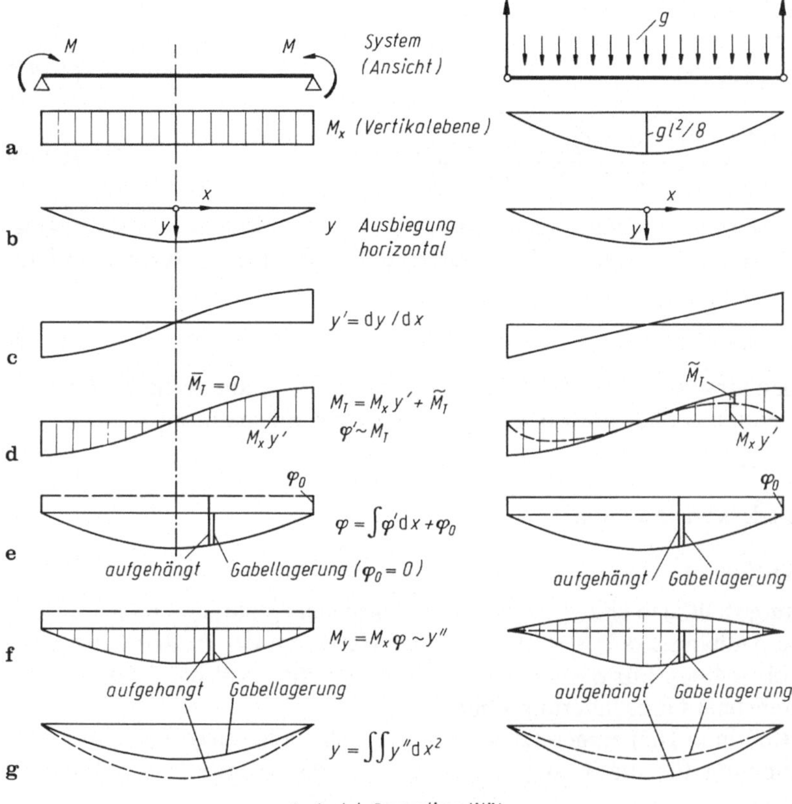

Abb. 4.4/5. Verlauf der Momente und Verformungen bei kippgefährdeten Trägern mit unterschiedlicher Belastung und Lagerung. **a** Momente in der Vertikalebene; **b** Biegelinie im Grundriß; **c** ihre Ableitung; **d** Torsionsmomente M_T und Verwindung φ' ermittelt aus **a, c** und dem Anteil $\widetilde{M}_T$ bezogen auf die unverformte Achse; **e** Verdrehung φ des Querschnitts um die Balkenlängsachse; **f** Biegemomente um die schwache Achse, ermittelt aus **a** und **e, g** Biegelinienverlauf aus **f** zu vergleichen mit **b**

Integration von φ' liefert die Verdrehungslinie

$$\varphi = \frac{M_{T0} l_1}{8D} (\xi^4 - 6\xi^2 + 5) + \varphi_0 , \tag{4.179}$$

wobei φ_0 die Auflagerverdrehung bezeichnet. Aus $M_y = M_x \cdot \varphi$ (4.152) und dem bekannten Verlauf der Biegemomente um die starke Trägerachse

$$M_x = \frac{g l_1^2}{2} (1 - \xi^2) \tag{4.180}$$

kann in drei einfachen, etwas mühsamen Integrationsschritten die waagrechte Ausbiegung y (Polynom 6. Ordnung) und der Schwerpunktabstand y_S bestimmt werden (Abb. 4.4/4b):

$$y = \frac{1}{B} \iint M_x \, \mathrm{d}x^2 \tag{4.181}$$

$$y_S = \frac{1}{l_1} \int_0^{l_1} y \, \mathrm{d}x = \frac{g l_1^5 M_{T0}}{14{,}3\, BD} + \frac{2 g_1 l_1^4}{15 B} \varphi_0 \, . \tag{4.182}$$

Dabei wurden die Integrationskonstanten aus den geometrischen Randbedingungen $y = 0$ für $x = \pm\, l_1$ bestimmt. Eine statische Randbedingung (Gleichgewicht, Abb. 4.4/4a) liefert

$$M_{T0} = g l_1 y_s = g l_1 a \varphi_0, \quad \text{da}\; y_s = a\varphi_0 \, . \tag{4.183}$$

Der Zusammenhang zwischen dem Torsionsmoment M_{T0} am Auflager und der Auflagerverdrehung φ_0 hat die Form einer elastischen Einspannung

$$M_{T0} = c\varphi_0 \tag{4.184}$$

mit der Drehfederkonstanten c:

$$c = g l_1 a \, . \tag{4.185}$$

Die Aufhängung stellt also eine *dreh-elastische Einspannung* dar, deren Charakteristik durch die Aufhängekraft $A = gl/2$ und den Hebelarm der Aufhängung a bestimmt ist (Abb. 4.4/4c). Für $a \to \infty$ wird $c = \infty$, d.h. die elastische Einspannung geht in die drehsteife Gabellagerung über.

Wenn (4.183) in (4.182) eingesetzt wird, kürzt sich φ_0 heraus, und man erhält folgende Bedingung für die Last $g = g_K$, bei der das Tragwerk instabil wird (Kippbedingung):

$$\frac{g_K^2 l_1^6}{14{,}3 BD} + \frac{2 g_k l_1^4}{15 Ba} = 1 \, . \tag{4.186}$$

Im Grenzfall drehsteifer Balken ($D \to \infty$) ergibt sich daraus die bereits in Bd. IB, S.188 abgeleitete Kipplast

$$g_{K0} = \frac{15}{2} \frac{Ba}{l_1^4} = \frac{120\, Ba}{l^4} \tag{4.187}$$

und im Grenzfall Gabellagerung ($a \to \infty$) ein um 6,8% zu hoher Wert

$$g_{K1} = \frac{\sqrt{14{,}3 BD}}{l_1^3} = \frac{30{,}3 \sqrt{BD}}{l^3} \, . \tag{4.188}$$

Mit diesen Grenzwerten läßt sich die Kippbedingung in folgender Form schreiben:

$$\frac{g_K}{g_{K0}} + \left(\frac{g_K}{g_{K1}}\right)^2 = 1 \tag{4.189}$$

oder

$$g_K = g_{K1} (\sqrt{1 + \gamma^2} - \gamma) \quad \text{mit} \quad \gamma = \frac{g_{K1}}{2 g_{K0}} \approx \frac{l}{8a} \sqrt{\frac{D}{B}} \, . \tag{4.190}$$

Diese Ableitung zeigt die Grundstruktur der Ergebnisse bei elastischer Einspannung (Aufhängung), andere Fälle finden sich in der Literatur [41.1; 2.1; 43; 45].

Die Deutung der Aufhängung als drehelastische Einspannung des Trägers legt es nahe, mit den dafür abgeleiteten Beziehungen auch andere drehelastische Lagerungen zu berücksichtigen, z.B die Nachgiebigkeit einer seitlichen Abstützung oder einer elastischen Unterlage. Es ist dann in (4.186) und (4.187) gemäß (4.185) $a = 2c/g_K l$ einsetzen, und man erhält als Kippbedingung

$$\frac{1}{g_K^2} = \frac{1}{g_{K0}^2} + \frac{1}{g_{K1}^2} \tag{4.191}$$

mit $g_{K0} = \sqrt{240\, Bc/l^5}$, c = Drehfederkonstante. (4.192)

Diese Darstellung ermöglicht es, statt der Näherung g_{K1} der Kipplast für Gabellagerung nach (4.188) den genaueren Wert nach (4.159) einzuführen. Damit ergibt sich als Kipplast bei drehelastischer Stützung mit der Federkonstanten c:

$$g_K = \frac{g_{K1}}{\sqrt{1 + \dfrac{3{,}34\, D}{cl}}}. \tag{4.193}$$

Wir wenden diese Lösung auf einen Balken an, der auf schlanken, unversteiften, aber knicksicheren Stützen ruht und somit an seinen Auflagern elastisch gehalten ist (Abb. 4.4/6). Die Einspannung in Längsrichtung wird als günstig wirkend vernachlässigt. Die Neigung des Stützenkopfes $\varphi_0 = y'$ für $x = h$ unter der Auflagerlast $G = gl/2$ und dem Torsions-Einspannmoment $M_{T0} = Gy_S$ berechnen wir mit Hilfe des Abschnitts 4.2.1c, indem wir dort $e = y_S$, $P = G$, $l = h$ und $EI = B_S$ einsetzen. Aus (4.184) $c = M_{T0}/\varphi_0$ ergibt sich damit als Drehfederkonstante der

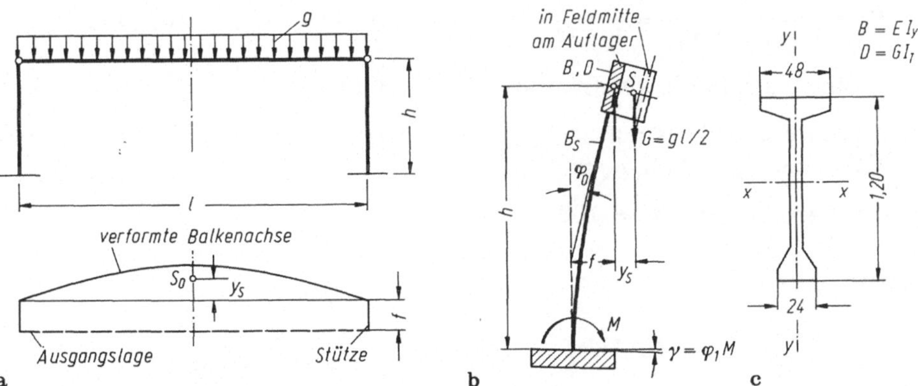

Abb. 4.4/6. Kippen eines Balkens auf elastisch eingespannten Stützen. **a** System in der Ansicht (oben) und Biegelinie im Grundriß (unten); **b** Verformungen quer zur Rahmenebene; **c** Querschnitt des Balkens (Beispiel)

Riegellagerung

$$c = \frac{3B_S}{\alpha h} \quad \text{mit } \alpha = 1 + v\left[2 + \frac{3\varphi_1 B_S}{h}\left(1 - \frac{h^2 G}{6B_S}\right)\right],$$

$$v = \frac{y_S + f}{y_S} = \frac{1 + 0{,}2\, G/P_{E1}}{1 - \beta G/P_{E1}}; \quad \beta \approx 1 + \varphi_1 h P_{E1}. \tag{4.194}$$

$$P_{E1} = \pi^2 EI_S/(2h)^2.$$

Beispiel (Abb. 4.4/6c): $l = 18{,}0\,\text{m}$; $I_y = 1{,}02 \cdot 10^{-3}\,\text{m}^4$; $I_T = 0{,}51 \cdot 10^{-3}\,\text{m}^4$; $E = 30000\,\text{MN/m}^2$; $G = 0{,}4\,E$,
$B = EI_y = 30{,}6\,\text{MN/m}^2$; $D = GI_T = 6{,}12\,\text{MNm}^2$.

a) Gabellagerung des Balkens (Auflagerquerschnitte nicht verdrehbar, $c = \infty$), (4.188) oder genauer (4.159):

$$g_{K1} = 28{,}3\sqrt{BD}/l^2 = 28{,}3\sqrt{30{,}6 \cdot 6{,}12}/18{,}0^3 = 0{,}0664\,\text{MN/m}.$$

$$\underline{\underline{G_{K1}}} = g_{K1}\, l/2 = \underline{\underline{0{,}60\,\text{MN}}}.$$

b) Knicklasten der Stütze (ohne M_{T0} aus dem Balken):

$b = 0{,}3$ m; $d = 0{,}5$ m; $h = 5{,}0$ m,
$I_S = db^3/12 = 1{,}12 \cdot 10^{-3}\,\text{m}^4$; $B_S = EI_S = 33{,}7\,\text{MNm}^2$,

Fundament 1,0/1,0 m; $I_F = 1{,}0^4/12 = 0{,}0833\,\text{m}^4$; $C = 100\,\text{MN/m}^3$,
$\varphi_1 = 1/(I_F C) = 0{,}12$ MNm (4.83a).

Starre Einspannung (Abb. 4.1/4a, Euler-Fall 1):
$\underline{\underline{P_{E1}}} = \pi^2 B_S/4h^2 = \pi^2 \cdot 33{,}7/(4 \cdot 5^2) = \underline{\underline{3{,}33\,\text{MN}}}$.

Starre Stütze auf elastischem Fundament (4.84):
$\underline{\underline{P_{K\varphi}}} = 1/(\varphi_1 h) = 1(0{,}12 \cdot 5{,}0) = \underline{\underline{1{,}67\,\text{MN.}}}$

Biegsame Stütze auf elastischem Fundament (4.85a):

$$\underline{\underline{P_K}} \geq \frac{1}{1/P_{E1} + 1/P_{K\varphi}} = \frac{1}{1/3{,}33 + 1/1{,}67} = \underline{\underline{1{,}11\,\text{MN}}} > G_{K1} = 0{,}60\,\text{MN};$$

genauer nach (4.87), iterativ gelöst: $P_K = 1{,}16$ MN.

c) Kippen des Balkens auf nachgiebigen Stützen; elastische Einspannung nach (4.194) mit G_K in MN, g_K in MN/m:

$$\beta \approx 1 + 0{,}12 \cdot 5{,}0 \cdot 3{,}33 = 3{,}00\,,$$

$$v \approx \frac{3{,}33 + 0{,}2\, G_K}{3{,}33 - 3{,}00\, G_K}$$

$$\alpha = 1 + v\left[2 + \frac{3 \cdot 0{,}12 \cdot 33{,}7}{5{,}0}\left(1 - \frac{5{,}0^2 G_K}{6 \cdot 33{,}7}\right)\right] = 1 + v[4{,}43 - 0{,}30 G_K]$$

$$c = \frac{3 \cdot 33{,}7}{\alpha \cdot 5{,}00} = \frac{20{,}2}{\alpha}\,\text{MNm}$$

$$\text{Gl. (4.193): } g_K = \frac{0{,}0664}{\sqrt{1 + 3{,}34 \cdot 6{,}12\alpha/(20{,}2 \cdot 18{,}0)}} = \frac{0{,}0664}{\sqrt{1 + 0{,}056\alpha}}.$$

Die iterative Lösung konvergiert in 3 Schritten vom Ausgangswert $G_K \approx G_{K1} = 0{,}6$ MN (für Gabellagerung) gegen

$\underline{\underline{G_K}} = g_K l/2 = \underline{\underline{0{,}49 \text{ MN/Stütze}}}$ entsprechend $g_K = 0{,}0543$ MN/m.

Durch die elastische Abstützung verringert sich die Kipplast gegenüber derjenigen bei Gabellagerung also von 66,4 kN/m auf 54,3 kN/m. Dabei sind die Imperfektionen und das nichtlineare Baustoffverhalten noch nicht berücksichtigt (s. Abschn. 4.4.3 und 4.4.6).

4.4.5 Torsionsknicken und Biegedrillknicken

Wenn zur Biegung des Balkens noch Längskräfte N hinzukommen, muß wie beim Knickstab der Momentenanteil $N \cdot y$ bei den Biegemomenten M_y berücksichtigt werden. Da dieses "Biegedrillknicken" im Stahlbetonbau – ganz im Gegensatz zum Stahlbau (Abb 4.4/7a) – kaum vorkommt, wird zunächst auf die umfangreiche Literatur verwiesen [1; 2; 41.1, 41.5; 41.7].

Erwähnt sei aber noch ein Sonderfall des Biegedrillknickens, das reine „Torsionsknicken" eines Druckstabes ohne Lastmomente. Es kann bei L-oder T-förmigen Querschnitten mit dünnen Flanschen und Stegen maßgebend werden. Der Druckstab kann dadurch instabil werden, daß die Querschnitte um den Schubmittelpunkt M drehen, ohne daß die Stabachse verbogen wird (Abb. 4.4/7b). Die Verzweigungslast beträgt [1.2]

$$P_T = \frac{DA}{I_p}, \tag{4.195}$$

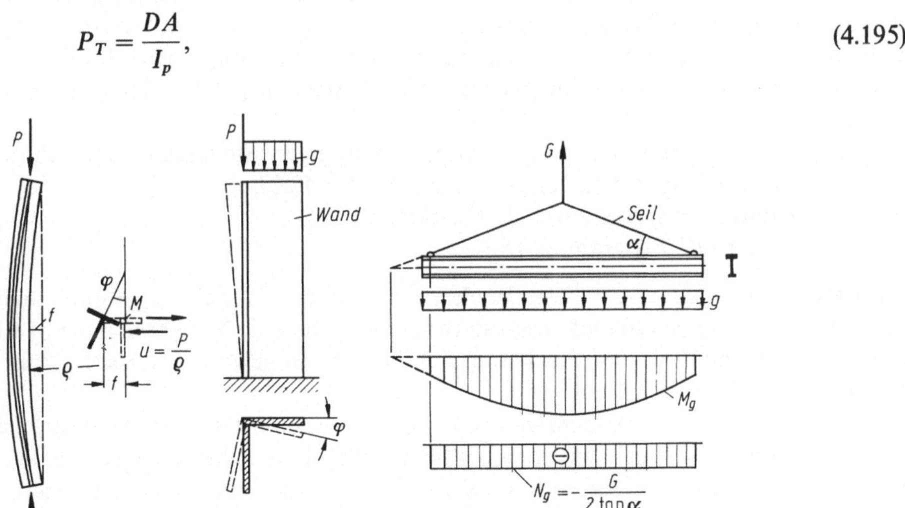

Abb. 4.4/7. Torsionsknicken und Biegedrillknicken. **a** Biegedrillknicken stark profilierter (Stahl)-Stäbe. Die Umlenkkraft $u = P/\rho$ im Schwerpunkt verursacht ein Drillmoment um den Schubmittelpunkt; **b** Torsionsknicken einer im Grundriß abgewinkelten Wand; **c** Biegedrillknicken eines aufgehängten Trägers mit Längskraft N aus dem schrägen Seilzug

wobei $D = GI_T$ = Drillsteifigkeit,
A = Querschnittsfläche,
$I_p = I_x + I_y$ = polares Trägheitsmoment.

Die Torsionsknicklast P_T ist unabhängig von der Stablänge oder Knicklänge des Stabes!

Mit Hilfe dieser Formel und derjenigen für Kipplasten können nach der Dunkerleyschen Formel (Abschn. 4.1.2.5) auf der sicheren Seite liegende Grenzwerte p_K, P_K für das Biegedrillknicken bestimmt werden: Für einen Träger oder Druckstab mit gleichen Endexzentrizitäten e der Längskraft P und einer zusätzlichen Querbelastung p in der steiferen Tragwerksebene gilt dann (4.48)

$$\frac{p_K}{p_{K1}} + \frac{P_K}{P_T} + \frac{P_K e}{M_{K1}} > 1 \,. \tag{4.196}$$

Dabei ist p_{K1} die Kipplast für p allein (4.159), P_T die Verzweigungslast für das Torsionsknicken (4.195) und M_{K1} das Kippmoment für konstantes Moment (4.157).

Wenn das Torsionsknicken bei höherer Last P_T erfolgt als das gewöhnliche Biegeknicken in Richtung der schwachen Stabachse (Knicklast P_{K1}), dann ist in vorstehender Gleichung P_T durch die Knicklast P_{K1} zu ersetzen.

Mit (4.196) kann beispielsweise auch die Wirkung der Längskraft bei Aufhängung eines Trägers an einem Seildreieck abgeschätzt werden (Abb. 4.4/7c) [43].

4.4.6 Berechnungsverfahren für Stahlbetonträger

Um die Besonderheiten des Werkstoffs Stahlbeton zu berücksichtigen, sind im wesentlichen folgende Wege beschritten worden [43]:

a) Begrenzung der Trägerschlankheit senkrecht zur Belastungsebene durch empirisch ermittelte Konstruktionsregeln, beispielsweise in [51.1] oder in Normen [53.1; 53.2],
b) Einführung reduzierter oder belastungsabhängiger Steifigkeitswerte in die linear-elastisch ermittelten Kippformeln [49; 51; 47.2],
c) Untersuchung des Druckgurts als Knickstab [50],
d) nichtlineare EDV-Programme [52].

Wir werden, der Zielsetzung dieses Buches entsprechend, nur einige gebräuchliche Verfahren der Gruppen b) und c) erläutern. Leider gehen die Verfahren nach b) alle vom ideal-geraden Stab aus und berücksichtigen die ungewollten Imperfektionen durch erhöhte Sicherheitsbeiwerte.

Bei dem *Verfahren von Stiglat* [48] wird die Kipplast für linear-elastisches Verhalten (Abschn 4.2) mit einem einheitlichen effektiven E-Modul E_f des ganzen Tragwerks berechnet. Dieser verhält sich zum E_b-Modul nach DIN 1045 wie

$$\frac{E_f}{E_b} = \frac{\sigma_T}{\sigma_b} \,. \tag{4.197}$$

Dabei ist σ_b die größte Betonrandspannung in der Druckzone unter dem kritischen Moment M_K, berechnet mit E_b, und σ_T ist die (wirkliche) Tragspannung eines

Eulerstabes. Dessen Schlankheit λ_v wird so ermittelt, daß er bei ideal-elastischem Verhalten die gleiche Knickspannung σ_b wie der gerade kippende Balken aufweist. Aus (4.11b), $\sigma_E = \sigma_b = \pi^2 E_b/\lambda_v^2$ folgt

$$\lambda_v = \pi \sqrt{E_b/\sigma_b}. \tag{4.198}$$

Zur Berechnung von σ_T bzw. E_f des Betonstabes mit der Schlankheit λ_v schlägt Stiglat vor, den Sekantenmodul E_{sek} einer gegebenen Betonarbeitslinie zu verwenden, bzw. den Tangentenmodul E_{tan} bei stark profilierten Querschnitten. In [43] sind dafür Tragspannungskurven σ_T als Funktion der Schlankheit angegeben. Wegen der Vereinfachungen und Vernachlässigung der Imperfektionen wird zugleich ein Sicherheitsbeiwert $\gamma = 2{,}5$ vorgeschlagen.

In [51.3, 47.1] wurde bereits darauf hingewiesen, daß dieses Verfahren bei stark profilierten Trägern unsichere Ergebnisse liefert. Dies haben auch die Vergleichsrechnungen [43] bestätigt. Der Grund dafür dürfte hauptsächlich in der Vernachlässigung der Rißbildung im Trägersteg und der Biegezugzone liegen.

Beim *Verfahren von Rafla* [49] wird der Sekantenmodul des Parabel-Rechteckdiagramms nach DIN 1045 und ein abgemindertes Trägheitsmoment I_y eingeführt, welches unter Berücksichtigung der Nullinienlage für die Momente M_x im kritischen Querschnitt abgeleitet wird. Auch hier können Vorverformungen nicht berücksichtigt werden. Das Verfahren liefert aber im allgemeinen sehr konservative Ergebnisse. Auch für dieses Verfahren ist der Sicherheitsbeiwert $\gamma = 2{,}5$ vorgesehen.

Weitere Berechnungsverfahren der Gruppe b) finden sich in [51].

Beim *Verfahren von Mann* [50] wird der Druckgurt (bei Plattenbalken die Platte) als Knickstab untersucht. Dabei werden auch Vorverformungen (seitliche Auslenkung und Querschnittsverdrehung) angesetzt. Die empfohlenen horizontalen Vorverformungen e des Druckgurts setzen sich aus einem Anteil der Lagerung $e_1 = z/100$ (z = innerer Hebelarm) und einem Anteil des Trägers von $e_2 = 1$ bis 3 cm zusammen. Als zugehörige Vorverfomungen des Untergurts wird $e_1 = 0$ bzw. $e_2 \leq 0$ vorgeschlagen.

Die stabilisierende Wirkung des Stegs und des Zuggurts wird durch ein erhöhtes Trägheitsmoment des Druckstabs berücksichtigt. Dafür sind Formeln angegeben.

Der Druckstab wird dann mit Traglastdiagrammen für Knickstäbe [50.1; 46.1] bemessen. Ein Korrekturwert $f > 1$ berücksichtigt unter Umständen, daß die Längsspannungen im Druckgurt des Balkens nicht überall gleich groß sind. Als Sicherheitsbeiwert ist $\gamma = 1{,}75$ ausreichend.

Nichtlineare EDV-Berechnungen sind sehr aufwendig [52] und erfordern bislang noch Großrechenanlagen; handliche Programme für PCs werden aber sicherlich kommen. In [52.1] sind Kipplasten von sechs typisierten Fertigteilträgern nichtlinear berechnet und vertafelt worden.

4.4.7 Kippstabilisierung durch Verbände

Sehr schlanke Balken benötigen zur Kippstabilisierung einen Verband in der Obergurtebene (Abb 4.4/8). Dieser wird um so geringer beansprucht, je steifer er ist

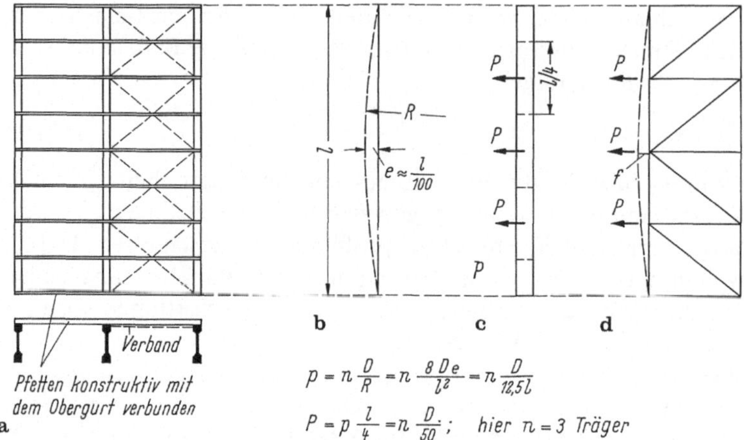

Abb. 4.4/8. Knickverband für die Obergurte mehrerer sehr schlanker Balken. **a** Anordnung eines Verbandes aus gekreuzten Diagonalen (z.B. aus Rundstahl mit Spannschlössern); **b** angenommene Abweichung des Obergurts von der Geraden; **c** Umlenkkräfte p der Obergurte; Voraussetzung; $f \ll e$; sonst ist ein Vergrößerungsfaktor $v = 1/(1 - nD/P_K)$ einzuführen; P_K = Ausweichlast des Verbandes als Ganzes; **d** Verformungen des Verbandes unter den Lasten P

und je weniger der Druckgurt von der Geraden abweicht. Wenn man den Verband bemessen will, muß man von einer möglichen Maßabweichung e des Druckgurts aus seiner Achse ausgehen und daraus Seitenkräfte p wie für einen Knickstab ableiten:

$$p = n\frac{D}{R} = n\frac{8De}{l^2}, \tag{4.199}$$

wobei D die Kraft des Druckgurts eines ausgesteiften Trägers und n die Trägeranzahl bedeutet.

Dann kann man im Sinne des in Abb. 4.1/6 verwendeten Modells den Verband die Rolle des stabilisierenden Biegestabes und die Druckgurte der Pfetten diejenige der destabilisierenden Gelenkkette spielen lassen. Die Seitenkräfte sind also wiederum mit einem Vergrößerungsfaktor v nach Gl. (4.174) zu multiplizieren, der die elastische Verformung f des Verbandes (einschl. derjenigen seiner Diagonalen) und die daraus entstehenden Umlenkkräfte berücksichtigt. Man wird dem Verband aber immer eine solche Steifigkeit geben, daß $f \ll e$ und damit $v \approx 1$ ist.

Man kann den Druckgurt eines Trägers beim Transport auch durch seitliche Spreizen in Verbindung mit horizontalen Abspannungen zu den Trägerenden sehr wirksam gegen Kippen aussteifen [42]. Durch die Spreizen in der Balkenmitte halbiert sich die Knicklänge des Druckgurts, der Druck im Gurt nimmt allerdings um die Vorspannkraft zu. Spreizen in den Drittelspunkten bringen keine weiteren Vorteile, wenn sie nicht fachwerkartig ausgekreuzt sind.

4.5 Bögen

4.5.1 Ausweichen in der Bogenebene

Bögen sind gewissermaßen gekrümmte Druckstäbe, bei denen die Mittelkraftlinie (Stützlinie) für ständige Lasten möglichst genau mit der Schwerlinie übereinstimmen soll. Bei ihnen besteht daher wie auch bei Druckstäben die Möglichkeit, daß sich eine Nachbarlage der Achse einstellt, wenn die Längskraft eine gewisse Größe (Knicklast) erreicht hat. Dann stehen die Momente aus der Exzentrizität der Stützlinie mit den inneren Momenten infolge der Verkrümmung im Gleichgewicht. Die Verzweigungslast kann naturgemäß nur durch ein Vergrößern der ständigen Last erreicht werden, da die Stützlinie sich ja nicht ändern soll. Sobald eine Verkehrslast eine Verlagerung der Stützlinie bewirkt, entstehen Störmomente wie beim Druckstab mit Querlast. Es liegt dann nicht mehr der reine Stabilitätsfall vor.

Gegenüber dem geraden Stab, bei dem ja eine Verschiebung der Stabenden in Längsrichtung möglich ist (vgl. Abb. 4.1/15), liegt nun ein grundsätzlicher Unterschied darin, daß sich wegen der Konstanz der Bogenlänge zwischen den starren Widerlagern keine einwellige Knickbiegelinie bilden kann (Abb. 4.5/1). Beim Dreigelenkbogen (Abb. 4.5/1a) können die Biegelinien der beiden Hälften mit einem Knick aneinander anschließen. Diese symmetrische Knickbiegelinie ist bei Bögen mit einem Pfeilverhältnis bis $f/l < 0{,}3$ maßgebend. Bei höheren Dreigelenkbogen bilden sich wie beim Zweigelenkbogen (Abb. 4.5/1b) vorwiegend antimetrische

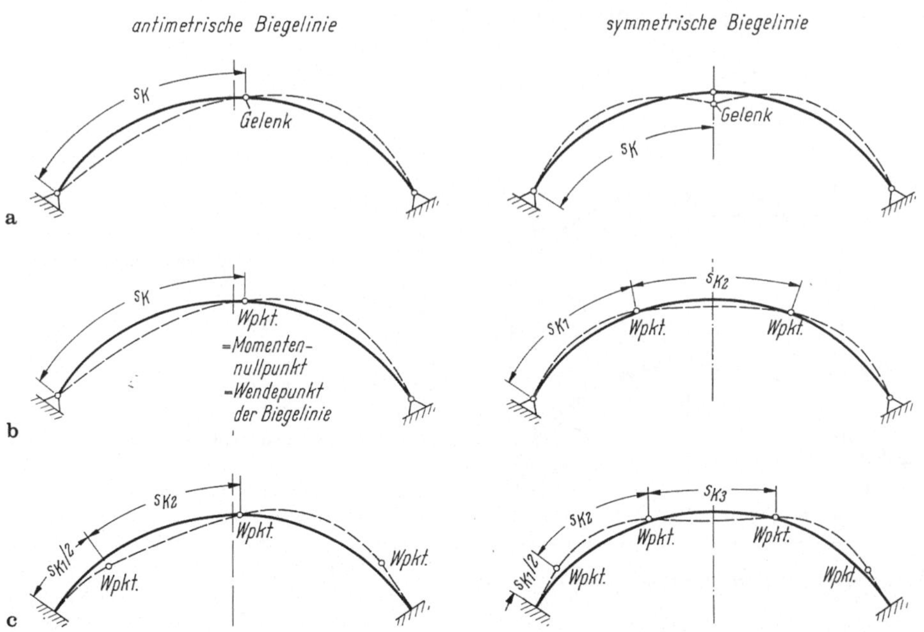

Abb. 4.5/1. Knicken von Bögen. Antimetrische und symmetrische Formen der Knickbiegelinien. **a** Dreigelenkbogen; **b** Zweigelenkbogen; **c** eingespannter Bogen

Biegelinien mit nur einem Wendepunkt, während beim Nullgelenkbogen (Abb. 4.5/1c) mindestens drei Wendepunkte auftreten. Da die Strecken einsinniger Krümmung zwischen zwei Wendepunkten ähnlich wie „Euler-Stäbe" mit Gelenklager wirken, haben Bögen wesentlich größere Knicklasten und können viel schlanker sein als gerade Druckstäbe. Eine ungleichmäßige Querbelastung wirkt sich daher wegen der geringen Biegesteifigkeit mitunter stark aus.

Da sich die Bogenachse durch Längskräfte und Schwinden verkürzt, entstehen bei eingespannten Stützlinienbögen, in geringerem Maße auch bei Zweigelenkbögen, Biegemomente (Abb. 4.5/2). Sie entsprechen Exzentrizitäten der Stützlinie, beanspruchen die Biegesteifigkeit schon vor dem Ausknicken und verbiegen die Bogenachse. Es gibt daher bei Bögen keine so scharf ausgeprägte Verzweigungslast wie bei geraden Druckstäben. Aus den Störungen läßt sich mittels der Theorie II. Ordnung die Zusatzbeanspruchung des Bogens ableiten. Man kann andererseits unter Vernachlässigung dieser Anfangsmomente die Knicklasten für Stützlinienbögen rechnerisch ableiten, indem man diese als „gekrümmte Druckstäbe" betrachtet [55]. Das Ersatzstabverfahren [56] führt auf die Untersuchung eines gelenkig gelagerten, geraden Stabes zurück, bei dem sich Störungen durch ausmittigen Lastangriff leicht verfolgen lassen.

Bei Belastungen, die von der Stützlinienlast abweichen (Eigengewicht + einseitige Verkehrslast) haben wir ähnliche Erscheinungen wie beim Druckstab mit Querlast. Wir betrachten als Beispiel den Zweigelenkbogen in Abb. 4.5/3 mit halbseitiger Gleichlast p. Bei beliebiger Bogenform ist zunächst der Horizontalschub H_p für das einfach statisch unbestimmte System zu ermitteln. Damit ist die Stützlinie, ihre Exzentrizität e_p zur Bogenachse und das zugehörige Moment nach Theorie I. Ordnung darstellbar (Abb. 4.5/3a1):

$$M_p = H_p e_p . \tag{4.200}$$

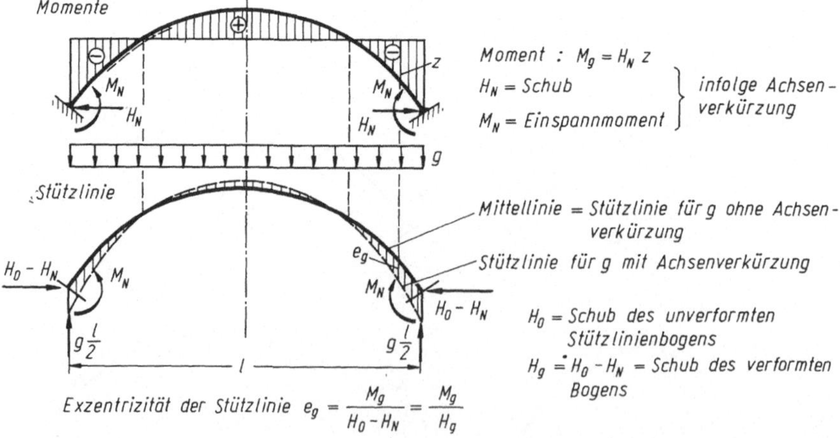

Abb. 4.5/2. Anfängliche Biegemomente beim eingespannten Stützlinienbogen infolge Bogenachsenverkürzung aus Eigengewicht und Schwinden. Die damit verbundenen Verformungen bewirken zusätzliche Schnittgrößen, die vom Kriechen nicht beeinflußt werden (Abschn. 4.1.5).

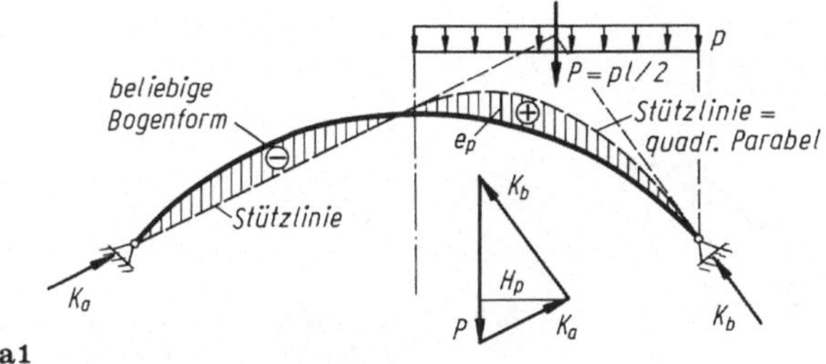

a1

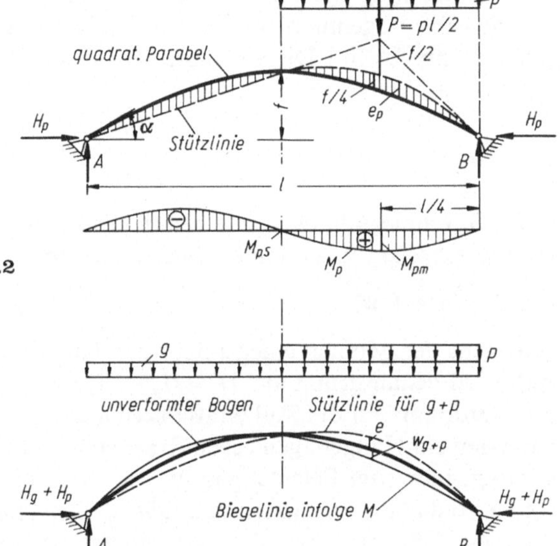

a2

b

Abb. 4.5/3. Biegemomente beim Zweigelenkbogen unter Eigengewicht g und halbseitiger Verkehrslast p, Momente aus der Verkürzung der Bogenachse (Abb. 4.5/2) vernachlässigt. **a** Theorie I. Ordnung: p allein wirkend; **a1** beliebige Bogenform; **a2** Sonderfall; Mittellinie des Bogens ist Stützlinie für Gleichlast g; **b** Theorie II. Ordnung: Verkehrslast und ständige Lasten zusammen

Im Sonderfall eines Parabelbogens verläuft die Stützlinie durch den Bogenscheitel und kann sofort gezeichnet werden (Abb. 4.5/3a2). Will man die Momente berechnen, dann empfiehlt sich die Zerlegung der Last p in einen symmetrischen Anteil $p/2$, der zur Gleichlast g proportional verläuft, und einen antimetrischen Anteil $\pm p/2$. Ersterer erzeugt:

Auflagerkräfte $\quad A = B = pl/4$

Horizontalschub $\quad H_p = A \cot \alpha = pl^2/(16f) \qquad (4.201)$

Momente $\quad M_p = 0$, da Mittellinie = Stützlinie.

Der antimetrische Anteil bewirkt keinen Horizontalschub, weil in der Symmetrieachse sowohl $H_p = 0$ als auch $M = 0$ sein müssen. Es entstehen Momente mit dem Größtwert

$$M_{pm} = \frac{p}{2}\frac{(l/2)^2}{8} = \frac{pl^2}{64}. \qquad (4.202)$$

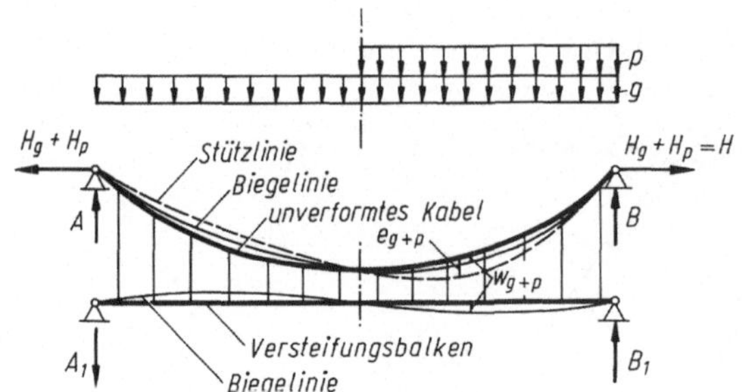

Abb. 4.5/4. Stützlinie und Verformungen für ein Hängewerk unter Eigengewicht g und halbseitiger Verkehrslast p

Für die Berechnung nach Theorie II. Ordnung müssen alle Lasten zusammen betrachtet werden. Anschaulich werden die Bogenmomente als Abweichung der Stützlinie von der Biegelinie dargestellt (Abb. 4.5/3b). Die Stützlinie hebt sich unter den unsymmetrischen Lastanteilen um

$$e = \frac{M_g + M_p}{H_g + H_p} \approx \frac{M_p}{H_g + H_p}, \tag{4.203}$$

während sich die Schwerlinie um die Durchbiegung $w_{g+p} = w$ senkt. Beide Ordinaten addieren sich also. Die Klaffung zwischen ihnen ergibt Biegemomente

$$M = (H_g + H_p)(e_{g+p} + w_{g+p}) = H(e + w)\,. \tag{4.204}$$

Der Anteil $M^{\text{II}} = H \cdot w$ stellt den Zuwachs der Momente gegenüber der Theorie I. Ordnung dar. Der Horizontalschub wird genau genug aus $H = H_g + H_p$ berechnet, weil der Einfluß der Theorie II. Ordnung auf die Stützkräfte gering ist.

Zum Vergleich wird dem Druckbogen ein Hängebogen gegenübergestellt (Abb. 4.5/4), bei dem die Durchbiegung infolge teilweiser Belastung in *gleicher* Richtung wie der Ausschlag e der Stützlinie geht, so daß die Ordinaten sich *subtrahieren* und die Zusatzmomente $M^{\text{II}} = H \cdot w$ des Hängebogens die Ausgangsmomente $M^{I} = H \cdot e$ der Theorie I. Ordnung vermindern:

$$M = (H_g + H_p)(e_{g+p} - w_{g+p}) = H(e - w)\,. \tag{4.205}$$

Wir berechnen nun überschläglich die Verformungen eines flachen Zweigelenkbogens nach dem Iterationsverfahren (Abschn. 4.1.2.4) mit vereinfachenden Annahmen (linear-elastisches Verhalten, Normalkraftverformungen vernachlässigt).

1. Schritt: Berechnung der Durchbiegungen $\pm\, w_{m0}$ in den Viertelspunkten des Bogens infolge der Momente M_0 mit dem Größtwert $M_{m0} = He_m \approx (pl^2)/64$ (Abb 4.5/5a). Für die Last $\bar{1}$ in Richtung der gesuchten Durchbiegung w_{m0} ergeben sich die Momente $\bar{M}$ in Abb. 4.5/5b. Nach dem Prinzip der virtuellen Arbeiten ist

$$w_{m0} = \int \frac{M_0}{EI} \bar{M} \, \mathrm{d}b \approx \frac{M_{m0}}{EI} \frac{l_1}{4} \frac{5b_1}{12} = \frac{M_{m0} l_1 b_1}{9{,}6EI} = e_m \frac{H}{H_k} \tag{4.206}$$

mit $l_1 = l/2$, b_1 = halbe Bogenlänge,

H = Normalkraft im Scheitel,

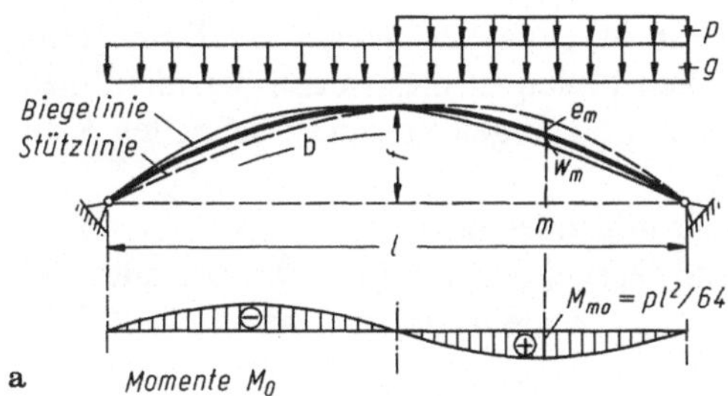

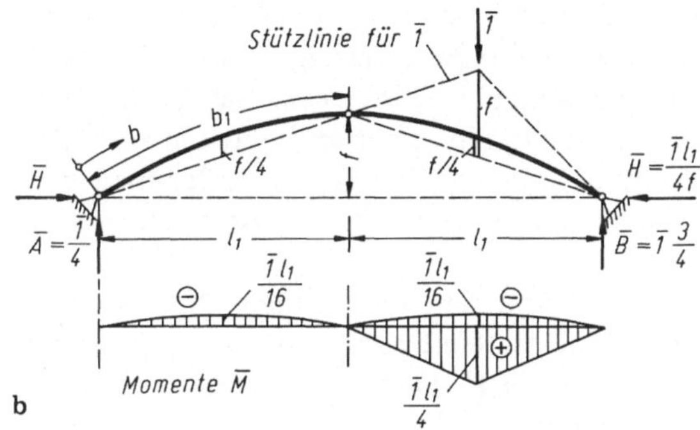

Abb. 4.5/5. Berechnung der Durchbiegung im Viertelspunkt eines Parabelbogens mittels Arbeitssatz. **a** System, Belastung und Momente nach Theorie I. Ordnung aus einseitiger Verkehrslast; **b** System, Belastung und Momente für die Last $\bar{1}$

$$H_K = \frac{9{,}6\,EI}{l_1 b_1} \quad \text{Knicklast bei mittiger Beanspruchung.} \tag{4.207}$$

Bei der Integration wurde ein symmetrischer Verlauf der M-Linien in Bezug auf den Bogenviertelspunkt unterstellt.

2. Schritt: Durch w_0 entstehen zusätzliche Momente M_1 mit etwa parabolischem Verlauf $M_1 = H \cdot w_0$ (im Viertelspunkt $M_{m1} = H \cdot w_{m1}$). Die Momente M_1 liefern die zusätzliche Auslenkung

$$w_{m1} \approx \frac{M_{m1} l_1 b_1}{9{,}6\,EI} = w_{m0} \frac{H}{H_K} = e_m \left(\frac{H}{H_K}\right)^2 \quad \text{usw.}$$

Gesamte Durchbiegung (vgl. Abschn. 4.1.2.4):

$$w = w_0 + w_1 + w_2 + \ldots = e_m \frac{H/H_K}{1 - H/H_K},$$

Vergrößerungsfaktor der Momente:

$$v = \frac{e + w}{e} = \frac{1}{1 - H/H_K}. \tag{4.208}$$

Wird die „Störung“ im Zweigelenkbogen durch eine Einzellast hervorgerufen, so sind die Biegelinien der einzelnen Iterationsstufen nicht mehr affin zueinander, da sich der Momentennullpunkt laufend verschiebt. Dann läßt sich auch die

Durchbiegung unter der Last nicht mehr in einfacher Weise als Potenzreihe darstellen und aufsummieren. In praktischen Fällen ist dies wegen der nichtlinearen Stoffgesetze aber ohnehin nicht möglich und wegen der meist schnellen Konvergenz des Verfahrens auch nicht nötig.

Aus den bisherigen Überlegungen geht folgendes hervor:

a) Die Wirkungen von Eigengewicht und Verkehrslast sind – wie bei allen Betrachtungen nach der Theorie II. Ordnung – gemeinsam zu ermitteln [1.2] oder nach Abschn. 4.1.2.5 zu überlagern.

b) Im ideal-elastischen Bogen wird die *Stabilität* durch die symmetrische Stützlinienlast (Eigengewicht zusammen mit entsprechend verteilter Verkehrslast) gefährdet, wenn diese bis zur Verzweigunglast gesteigert wird. Es bildet sich dabei zumeist eine antimetrische Knickbiegelinie aus. Sie kann durch diejenige Biegelinie angenähert werden, die infolge einer antimetrisch verteilten Last entsteht. Die Momentennullpunkte legen die Wendepunkte der Biegelinie und damit näherungsweise die Knicklängen fest (s. hierzu spätere Einschränkungen).

c) Einseitige Verkehrslasten und andere Störungen der mittigen Normalkraftbeanspruchung führen wie bei ausmittig belasteten Druckstäben zu zusätzlichen Momenten und Verformungen nach Theorie II. Ordnung. Bei deren Berechnung ist stets auch die Stützlinienlast zu berücksichtigen. Die zugehörige Biegelinie ähnelt der aus Verkehrslast alleine. Die Sicherheit ist gewährleistet, wenn unter Berücksichtigung der Verformungen die im Bogen aufnehmbaren Bruchschnittgrößen nicht überschritten werden (*Festigkeitsproblem*), und wenn keine Instabilität durch zunehmende Verformungen bei gleicher Last entstehen kann (Stabilitätsproblem ohne Gleichgewichtsverzweigung, Abschn. 4.1.1). Die Verformungen sind unter γ-facher Last zu berechnen.

d) Bei dem angewandten Iterationsverfahren und der verteilten, halbseitigen „Störlast“ p sind die Biegelinien für alle Iterationsschritte annähernd affin zueinander. Deshalb kann die Summe der auftretenden Glieder angegeben werden. Als Vergrößerungsfaktor ergibt sich wieder

$$v = \frac{1}{1 - H/H_K} \approx \frac{1}{1 - N/N_K}. \tag{209}$$

e) Wenn sich die Bogennormalkraft, repräsentiert durch den Bogenschub H, einem Grenzwert H_K (Knickkraft) nähert, wachsen die Deformationen eines ausmittig belasteten Bogens und entsprechend seine Beanspruchungen über alle Maßen an.

f) Die Knickkraft H_K des Bogens ist unabhängig von der Störlast. Sie ist bei flachen Zwei- und Dreigelenkbogen etwa gleich der Euler-Last eines geraden Stabes mit Gelenklagerung und einer wirksamen Knicklänge gleich der halben Bogenlänge. Sie kann aber (s. u) bei hohen und sehr flachen Bögen bis zu 25% kleiner werden.

g) Die Eigengewichtsmomente $M_g = H_g \cdot e_g$ sind meist sehr klein im Vergleich zu den Momenten aus einseitiger Verkehrslast; für Stützlinienbögen sind sie gleich null, wenn man von dem Beitrag aus der Verkürzung der Bogenachse absieht. Deshalb sind auch die Verformungen w_g klein gegenüber w_p aus einseitiger

Verkehrslast. Für einen Überschlag kann man genau genug setzen:

$$M_{g+p} = \underbrace{H_g e_g + H_p e_p}_{\text{aus Th.I.Ord.}} + \underbrace{(H_g + H_p) w_{g+p}}_{\text{II. Ordnung}} \approx H_p e_p + (H_g + H_p) w_p. \tag{4.210}$$

Wie bereits erwähnt, stimmt die Knicklänge nicht immer mit der Bogenlänge zwischen den Momentennullpunkten überein. Wir zeigen dies an einem kreisförmigen Bogen unter radialer Belastung p (Abb. 4.5/6), für den sich schnell eine Lösung mit der Differentialgleichungsmethode ableiten läßt (Abschn. 4.1.2.1) [1.1; 1.2].

Die Längskraft im Bogen ist überall gleich

$$N = pr.$$

Der Kreisbogen stellt die Stützlinie für die Last p dar, so daß nach Theorie I. Ordnung $M = 0$. Bei einer angenommenen (virtuellen) Radialausbiegung ist das Moment aus der Last

$$M_a = Nw = prw. \tag{4.211}$$

Die Änderung der Krümmung κ beim Verbiegen besteht zunächst wie beim geraden Balken aus einem Anteil $\kappa_1 = \mathrm{d}^2 w/\mathrm{d}s^2$ mit $\mathrm{d}s = r \cdot \mathrm{d}\varphi$. Hinzu kommt aber noch die Änderung der Krümmung κ_2, die aus der gleichmäßigen Radius-Aufweitung w beim kreisförmigen Träger entsteht:

$$\kappa_2 = \frac{1}{r} - \frac{1}{r+w} = \frac{w}{r(r+w)} \approx \frac{w}{r^2}, \; da\; w \ll r\,. \tag{4.212}$$

Damit wird das innere Moment

$$M_i = -EI(\kappa_1 + \kappa_2) = -EI\left(\frac{\mathrm{d}^2 w}{\mathrm{d}\varphi^2} + w\right), \tag{4.213}$$

und aus $M_i = M_a$ ergibt sich die Differentialgleichung der Biegelinie

$$\frac{\mathrm{d}^2 w}{\mathrm{d}\varphi^2} + k^2 w = 0 \quad \text{mit } k^2 = 1 + \frac{pr^3}{EI}. \tag{4.214}$$

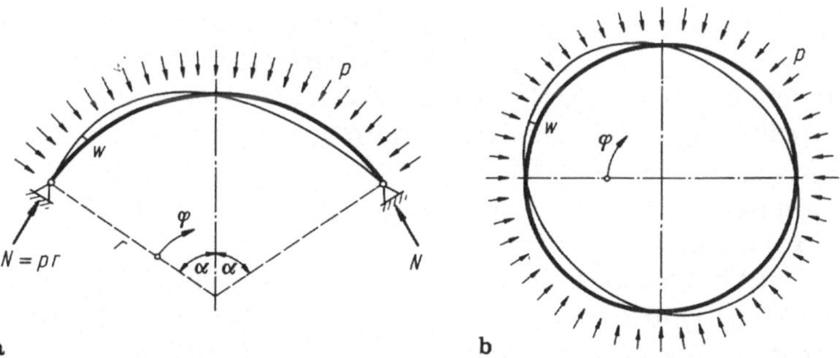

Abb. 4.5/6. Knickbiegelinien für den kreisförmigen Bogen unter Radiallast. **a** Zweigelenkbogen; **b** geschlossenes Rohr

Sie läßt sich mit dem Ansatz $w = A \sin k\varphi + B \cos k\varphi$ lösen, wobei die Randbedingung $w = 0$ für $\varphi = 0$ den Term $B \cos k\varphi$ verschwinden läßt und $w = 0$ für $\varphi = 2\alpha$ folgende Bedingung liefert:

$$k = \frac{n\pi}{2\alpha}, \quad n = 1, 2, 3, \ldots \tag{4.215}$$

Da eine halbwellige Knickbiegelinie ($n = 1$) wegen der konstanten Bogenlänge nicht möglich ist, ergibt sich die niedrigste Knicklast für $n = 2$ aus (4.214) und (4.215) zu

$$p_K r = N_K = \frac{EI}{r^2}\left(\frac{\pi^2}{\alpha^2} - 1\right). \tag{4.216}$$

Daraus berechnen wir die Knicklänge s_K des Eulerstabs mit gleicher Knicklast N_K und vergleichen sie mit der Bogenlänge $b_1 = \alpha r$ zwischen den Wendepunkten der Biegelinie:

$$N_K = \frac{EI}{r^2}\left(\frac{\pi^2}{\alpha^2} - 1\right) = \frac{\pi^2 EI}{s_K^2}$$

$$s_K = \frac{\pi r}{\sqrt{(\pi/\alpha)^2 - 1}} = \frac{b_1}{\sqrt{1 - (\alpha/\pi)^2}} > b_1 \,. \tag{4.217}$$

Die Knicklänge stimmt nur bei flachen Bogen $\alpha \ll \pi$ gut mit der erwarteten Länge überein; bei einem halbkreisförmigen Bogen ($\alpha = \pi/2$) ist $s_K = 1{,}15\, b_1$, und die Knicklast, (4.216),

$$p_K r = N_K = \frac{3EI}{r^2} \tag{4.218}$$

beträgt 75% des Wertes, der sich mit der Bogenlänge $b_1 = \pi r/2$ ergibt. Es zeigt sich wieder einmal, daß eine gewisse Vorsicht bei der Wahl der Ersatzstablänge angebracht ist!

Die Gleichung (4.218) für den Halbkreisbogen ist übrigens, wie die Betrachtung der berechneten Knickbiegelinie zeigt, zugleich auch die Lösung für das geschlossene Rohr unter Außendruck (Abb. 4.5/6b).

In der Literatur finden sich geschlossene Lösungen und Tafeln für die Knicklasten von Bogen für unterschiedliche Bogenformen (Kreis, Parabel, Kettenlinie), Lagerungsbedingungen (Nullgelenk, Mittelgelenk, Zweigelenk, Dreigelenkbogen), veränderliche Querschnitte (vom Kämpfer zum Scheitel zu- oder abnehmend), mit und ohne Berücksichtigung der Normalkraftverformungen und anderes mehr [2; 4] (in [2.1] viele weitere Hinweise). Die Normalkraftverformungen spielen vor allem bei sehr flachen Bogen eine nicht zu vernachlässigende Rolle (s. auch Abschn. (4.5.2). Der Bogen kann dann "durchschlagen".

Einfluß auf die Knicklast hat auch das unterschiedliche „Mitgehen" der Lasten: Beispielsweise bewirkt die Horizontalverschiebung beim antimetrischen Ausknikken eine Veränderung der Eigenlastverteilung in der Grundrißprojektion, und die Neigungsänderungen beim Ausknicken verändern die Richtung des Flüssigkeitsdrucks auf ein Gewölbe oder Rohr.

Symmetrische Störungen der Stützlinie haben auf die Knicklast für die meist maßgebende antimetrische Knickbiegelinie keinen wesentlichen Einfluß. Es kommt trotz der Störmomente und den entsprechend verlaufenden Ausbiegungen bei der Annäherung an die Knicklast für die antimetrische Biegelinie zu einem plötzlichen Ausweichen (Verzweigungsproblem), ähnlich wie bei einem Knickstab mit antimetrischer Vorkrümmung oder dem „*Zimmermann*-Stab" mit entgegengesetzten Exzentrizitäten der Last an den Stabenden [39]; denn die Biegelinie aus der Störung enthält keine Komponente der maßgebenden Eigenform für das Knicken.

In der DIN 1075 (Ausgabe 1985) sind für Bogenbrücken Knicklängenbeiwerte $\psi = s_K/l$ tabellarisch angegeben. Bezogen auf die Bogenlängen b liegen die damit ermittelten Knicklängen beim Zweigelenkbogen zwischen 0,5 b und 0,6 b. Der Nachweis ist für Bewehrungsgrade ges $\mu_0 > 0{,}8\%$ wie für Druckstäbe nach DIN 1045, 17.4 zu führen. Für geringere Bewehrungsgrade sind ein Näherungsverfahren und erhöhte Sicherheitsbeiwerte $\gamma > 1{,}75$ angegeben. Wenn der Nachweis am Ersatzstab durchgeführt wird, ist die größte Lastausmitte e im Viertelspunkt des Bogens zuzüglich der ungewollten Ausmitte e_v über die ganze Stablänge konstant anzusetzen. Vereinfachend darf als konstanter Ersatzquerschnitt der Bogenquerschnitt im Viertelspunkt angenommen werden.

Der Bogen wird durch die aufgeständerte oder abgehängte Fahrbahn versteift; denn die senkrechten Durchbiegungen eines Bogens werden durch senkrechte Ständer oder Hänger in fast gleicher Größe auf die Fahrbahnträger übertragen und wecken dort entsprechende Widerstände (Abb. 4.5/7). Für die Knickstabilisierung und die Aufnahme der Biegemomente aus einseitigen Lasten ist es deshalb fast

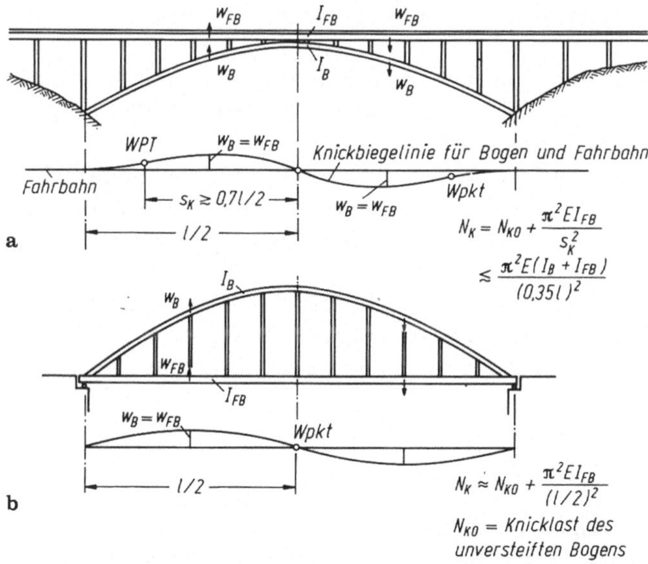

Abb. 4.5/7. Versteifung des Bogens durch den Fahrbahnträger. **a** Aufgeständerte Fahrbahn, feste Widerlager; **b** senkrecht abgehängte Fahrbahn, selbstverankerte Horizontalkräfte

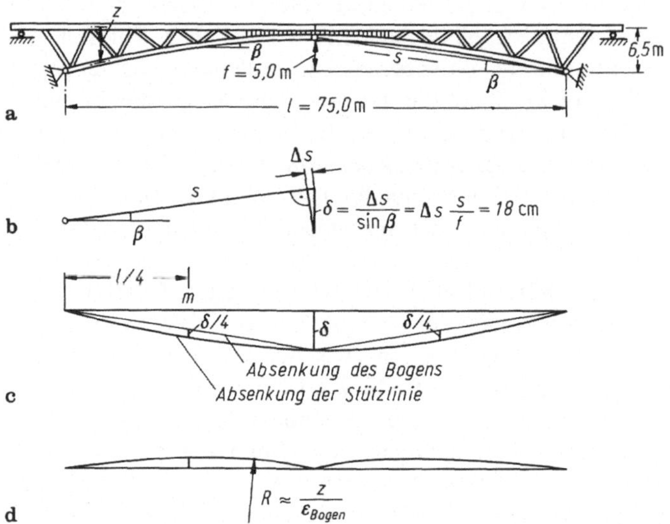

Abb. 4.5/8. Verformungen infolge von Kriechen und Schwinden bei einer sehr flachen Dreigelenkbogenbrücke mit steifem Fahrbahnträger und Stützlinienbogen (quadratische Parabel). **a** Tragwerk; **b** Scheitelsenkung aus der Verkürzung Δs der Bogensehne s; **c** Absenkung des Bogens und der Stützlinie; **d** Aufwölbung der Bogenhälften wegen nicht kriechendem Fahrbahnträger

gleichgültig, wie die nötige Biegesteifigkeit auf Bogen und Fahrbahnträger verteilt ist. Diese Tatsache ermöglicht äußerst schlanke Bögen in Verbindung mit einer relativ steifen Fahrbahn ebenso wie das umgekehrte Steifigkeitsverhältnis, wobei solche Konstruktionen im allgemeinen auch besser aussehen als gleich dicke Bogen und Fahrbahnträger.

Außer der Biegesteifigkeit durchlaufender Fahrbahnträger hat mitunter auch die Biegesteifigkeit kurzer Stützen über dem Scheitel einen versteifenden Einfluß, der sich aus einer Rahmenberechnung ergibt.

Schließlich kann noch die Dehnsteifigkeit eines aufgeständerten Fahrbahnträgers bei entsprechender Lagerung die Horizontalbewegung hoher Bögen im Scheitel verhindern und dadurch eine symmetrische Knickfigur mit höherer Knicklast erzwingen.

Eine perfekte Knickaussteifung wird durch fachwerkartig angeordnete Stützen oder gekreuzte schräge Hänger erreicht (vgl. Abb. 4.5/8). Bei Bögen mit Zugband geht die Tragwirkung dann nahtlos in diejenige eines Fachwerkträgers über.

4.5.2 Einfluß des Kriechens

Welchen Einfluß hat das Kriechen? Nach der Theorie I. Ordnung verändert sich der Anfangskräftezustand eines reinen Betonbogens unter ständiger Last nicht, obgleich sich die Deformationen vergrößern. Allerdings stört eine unsymmetrische und längs des Bogens wechselnde Bewehrung diesen Zustand, was dann ähnlich wie bei Balken verfolgt werden könnte [56.2]. Bei annähernd symmetrisch bewehrten Bögen ist dieser Einfluß gering. Die Verzweigungs-(Knick)-Last bleibt vom Kriechen unberührt.

Es hat sich allerdings gezeigt, daß bei extrem flachen Dreigelenkbogenbrücken der Scheitel durch Kriechverkürzung des Bogens erheblich absinkt, so daß die Längskräfte zunehmen (Abb. 4.5/8) [57].

Übrigens ist hierdurch der französische Ingenieur Freyssinet als erster bereits 1910 auf das Kriechen aufmerksam geworden. Man hat mitunter solche Kriechverformungen nach einiger Zeit durch Einbauteile oder Zwischenbauteile oder Zwischenbetonieren ausgeglichen, nachdem der Bogen mittels hydraulischer Pressen im Scheitel oder am Kämpfer angehoben wurde.

Wir zeigen einige Folgen des Kriechens am Beispiel der Dreigelenk-Bogenbrücke in Abb. 4.5/8:

Fahrbahnträger und Bogen sind hier durch eine fachwerkartige Vergitterung miteinander verbunden, so daß der Bogen gegen Knicken ausgesteift ist. Der flache Stützlinienbogen in Form einer quadratischen Parabel hat folgende Eigenschaften:
Pfeilverhältnis: $f/l = 5\text{ m}/75\text{ m} = 1/15$,
Scheitelradius: $R = l^2/(8f) = 140{,}6\text{ m}$,
Sehnenlänge des halben Bogens: $s = l/(2\cos\beta) = 37{,}8\text{ m}$,
Neigung im Viertelspunkt m: $\tan\beta = 2f/l = 0{,}133$; $\cos\beta = 0{,}991$; $\sin\beta = 0{,}132$,
$A_i = 0{,}80\text{ m}^2$ je m Breite, $E_b = 30000\text{ N/mm}^2$,
Schwindmaß $\varepsilon_S = 0{,}2\%$, Kriechzahl $\varphi = 1{,}8$, jeweils unter Berücksichtigung der Kriech- und Schwindbehinderung durch die Bewehrung.
Ständige Last $g = 40\text{ kN/m}^2$, Verkehrslast $p = 10\text{ kN/m}^2$,
Horizontalschub aus g vor Kriechen und Schwinden:
$H_0 = gl^2/8f = g \cdot R = 5624\text{ kN}$.
Bogenlängskraft im Viertelspunkt aus g: $N_m = H_0/\cos\beta = 5675\text{ kN}$.
Zugehörige Dehnung: $\varepsilon_{el} = N_m/(E_b A_i) = 5675/(30000 \cdot 0{,}8) = 0{,}236‰$,
Verkürzung einer Bogensehne:
- aus g, elastisch: $\Delta s_{el} = \varepsilon_{el} \cdot s = 8{,}9\text{ mm}$,
- aus Kriechen: $\Delta s_K = \Delta s_{el} \cdot \varphi = 16\text{ mm}$,
- aus Schwinden: $\Delta s_S = \varepsilon_S \cdot s = 0{,}2 \cdot 37{,}8 = 7{,}6\text{ mm}$.

Absenkung des Bogens:
Nimmt man eine zur ursprünglichen Bogenform geometrisch ähnliche Verformung der Bogenhälften an, wie sie aus zentrischem Druck und gleichmäßigem Schwinden entsteht, dann müssen sich die Bogenhälften um die Kämpfergelenke drehen. Dabei senken sich die Bogenordinaten vom Kämpfer aus linear zunehmend bis zum Scheitel um δ, (Abb. 4.5/8b und), und zwar
- elastisch: $\delta = \Delta s/\sin\beta = 67\text{ mm}$; diese Absenkung wird aber durch Überhöhung der Schalung ausgeglichen,
- aus Kriechen und Schwinden:
  $\delta = (\Delta s_K + \Delta s_S)/\sin\beta = (16 + 7{,}6)/0{,}132 = 179\text{ mm}$.

Mit der Senkung des Bogenscheitels senkt sich dort auch die Stützlinie um δ ab, da diese ja durch das Scheitelgelenk verlaufen muß. Der Bogenschub nimmt deshalb durch Kriechen und Schwinden im Verhältnis $h/(h-\delta)$ zu:

$$H_\infty = H_0 \frac{h}{h-\delta} = 1{,}037\, H_0 .$$

Die Differenz zwischen der parabelförmigen Stützlinienabsenkung und der linearen Absenkung der Bogenordinaten bewirkt Bogenmomente mit dem Maximalwert im Viertelspunkt (Abb. 4.5/8c)

$$M_m = H_\infty(0{,}75\delta - 0{,}5\delta) = H_\infty \delta/4 \quad \text{(unten Zug).} \tag{4.219}$$

Wegen der Zusammenwirkung des Bogens mit dem Überbau, der beim Kriechen des Bogens seine Länge beibehält, führt die Verkürzung des Bogens aber auch zu einer Verkrümmung des Fachwerkträgers als Ganzes,

$$\kappa = \frac{\varepsilon_S + \varphi \varepsilon_{el}}{z} = \frac{(0{,}2 + 1{,}8 \cdot 0{,}236) \cdot 10^{-3}}{z} = \frac{0{,}625 \cdot 10^{-3}}{z},$$

wobei z den (stark veränderlichen) Abstand der Fachwerkgurte bedeutet. Die daraus sich ergebende Aufwölbung im Viertelspunkt beträgt ganz grob abgeschätzt

$$\delta_\kappa = \kappa_m \frac{l_1^2}{8} = \frac{0{,}625 \cdot 37{,}5^2}{2{,}75 \cdot 8} = 40 \text{ mm}$$

und gleicht die oben berechneten Momente M_m weitgehend aus. Die Momente sind aber ohnehin von dem steifen Fachwerkträger leicht zu verkraften.

Wird die fachwerkartige Vergitterung durch eine senkrechte Aufständerung des Fahrbahnträgers ersetzt, dann müssen die berechneten Momente M_m aus der Scheitelsenkung (4.219) entsprechend den daraus entstehenden zusätzlichen elastischen und durch Kriechen verursachten Ausbiegungen erhöht werden. Da die hierfür ursächlichen Verformungen selbst nur allmählich mit dem Kriechen und Schwinden entstehen, sind die zusätzlichen Kriechausbiegungen um etwa 50% geringer als bei konstanter kriecherzeugender Beanspruchung. Bei der Berechnung der Bogenausbiegungen wird man außerdem die versteifende Wirkung des mit dem Bogen gekoppelten Fahrbahnträgers berücksichtigen.

Die Deformationen und Beanspruchungen infolge *unsymmetrischer Dauerlasten* sind immer mit Kriecheinfluß zu berechnen, wobei man wie beim Kriechen des geraden Druckstabes verfahren wird (Abschn. 4.1.5). Allerdings sind solche Lasten selten. Verkehrslasten wirken nur kurzzeitig, so daß sich hierbei keine großen Kriechverformungen einstellen, insbesondere keine einseitigen. Man berücksichtigt deshalb die Verkehrslasten beim Kriechen höchstens mit einem geringen Zuschlag bei den gleichmäßig verteilten Dauerlasten.

4.5.3 Ausweichen in Querrichtung

Bogenträger können sich ähnlich wie Balken (Abschn. 4.4) und Rahmen (Abschn. 4.3.6) zusätzlich aus ihrer Ebene heraus verformen. Die Bogenachse bildet dann eine Raumkurve, so daß die Querschnitte gebogen und verdrillt werden (Biegedrillknicken, Abschn. 4.4.5). Auch hierbei treten Umlenkungen der Druckkraft auf,

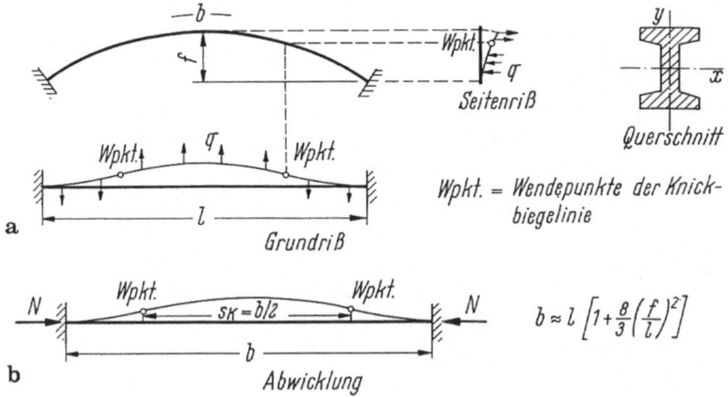

Abb. 4.5/9. Ausknicken eines eingespannten Bogens aus seiner Ebene. **a** Geometrie und Seitenkräfte q des Bogens infolge der Umlenkung der Druckkraft N; **b** Idealisierung des Bogens als gerader Druckstab mit konstanter Kraft N (Bogenkraft etwa im Viertelpunkt)

die waagrechte Seitenkräfte q normal zur Bogenebene zur Folge haben und zur Instabilität führen können (Abb. 4.5/9). Widerstand dagegen leisten die Biegesteifigkeit EI_y in Querrichtung und die Torsionssteifigkeit GI_T. Man pflegt die Knicksicherheit wie für einen geraden Druckstab zu untersuchen, wobei man die Torsionssteifigkeit der Bogenquerschnitte vernachlässigt.

Bei eingespannten Bögen ist eine symmetrische Knickbiegelinie zu erwarten, so daß die Knicklast unter Vernachlässigung der Torsionssteifigkeit mit $s_K = b/2$ zu

$$N_K \approx \frac{\pi^2 EI_y}{(b/2)^2} \tag{4.220}$$

abzuschätzen ist (Abb. 4.5/9). Dabei kann die Bogenlänge näherungsweise aus

$$b = l\left(1 + \frac{8f^2}{3l^2}\right) \tag{4.221}$$

berechnet werden (bei Bögen mit $f/l < 0{,}2$ ist der Fehler $< 1\%$).

Einzeln stehende Zweigelenkbögen sind nicht stabil, da die Gelenke einem Verdrehen aus der Bogenebene heraus nicht zuverlässig Widerstand leisten (Abb. 4.5/10a). Sind benachbarte Bogenträger durch Endquerträger rahmenartig verbunden (Abb. 4.5/10b), so beeinflußt deren Steifigkeit die wirksame Knicklänge stark. In der Tangentialebene des Rahmens am Querträger leistet dieser gegen Verdrehungen denselben Widerstand wie ein Träger mit dem Trägheitsmomente I_t

$$I_t = \frac{I_x I_y}{I_x \cos^2\varphi + I_y \sin^2\varphi}. \tag{4.222}$$

Diese Steifigkeit unterscheidet sich übrigens von derjenigen, die sich aus der Umrechnung mit dem Mohrschen Trägheitskreis ergibt, weil der Querträger aus der Tangentialebene ausweichen kann. Auch wenn eine Fahrbahntafel Verbiegungen des Auflagerträgers um die y-Achse völlig verhindert ($I_y \to \infty$), sind Endverdrehungen des Bogens in der Tangentialebene möglich, die sich mit $I_t = I_x/\sin^2\varphi$

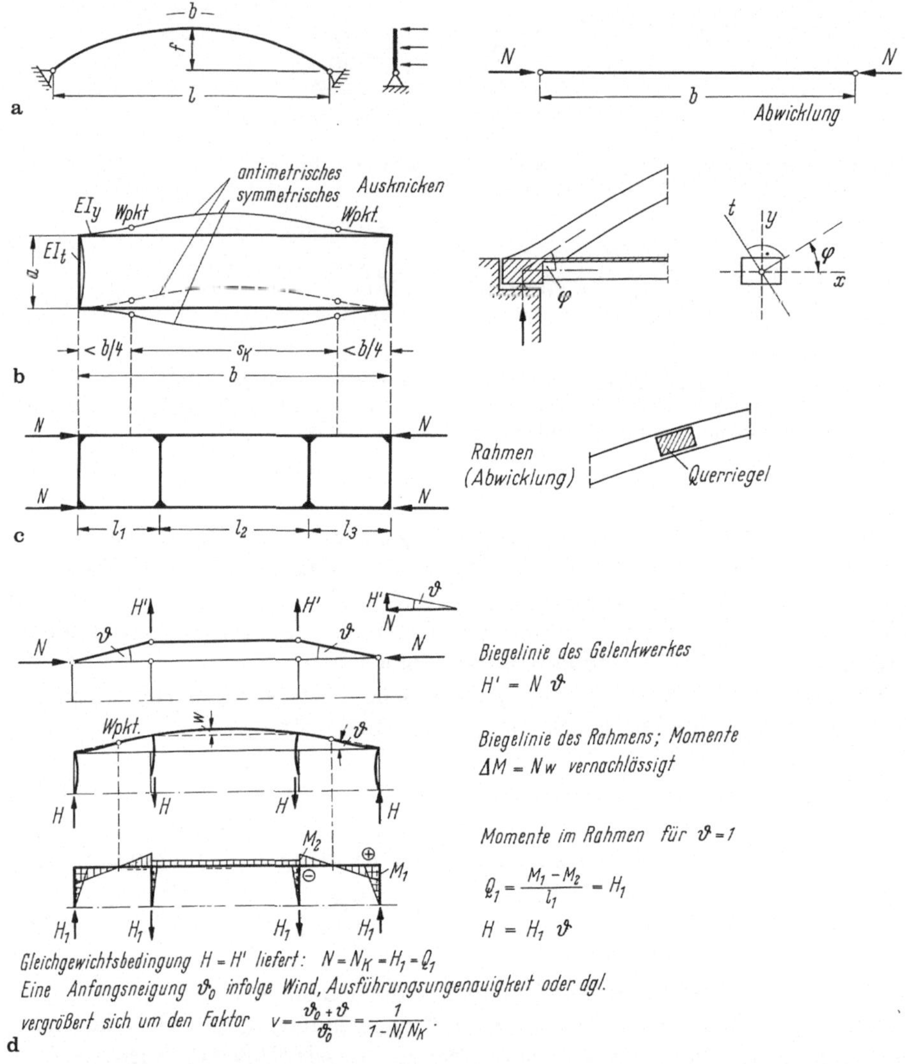

Abb. 4.5/10. Ausknicken von Zweigelenkbögen aus der Bogenebene. **a** Gelenklagerung einzelner Bogen ist nicht möglich; **b** Bogen allein durch Auflagerquerträger stabilisiert; **c** weitere Verminderung der Knickgefahr durch Querriegel; **d** Näherungsberechnung des Rahmensystems aus Bogen, Auflagerquerträgern und Querriegeln

(aus Gl. 4.222) in einer ebenen Rahmenberechnung näherungsweise erfassen lassen. Die mit I_t berechnete Knicklänge liegt zwischen $s_K = b$ für weiche und $s_K = b/2$ für sehr steife Querträger.

Die erforderliche Seitensteifigkeit I_y und damit die Querschnittsbreite des Bogens kann man herabsetzen, wenn man zwischen benachbarten Bögen einen fachwerk- oder rahmenartigen Verband anordnet (Abb. 4.5/10c). Die Knickgefahr

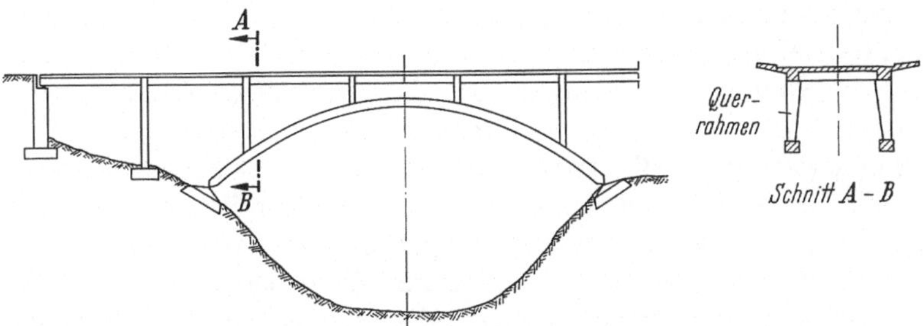

Abb. 4.5/11. Seitliche Versteifung von Bogenträgern mit aufgeständerter Fahrbahn (Fahrbahn an den Widerlagern horizontal gehalten) durch steife Querrahmen

und die Vergrößerungsfaktoren dieser Systeme lassen sich mit den Verfahren, die in Abschn. 4.3 beschrieben sind, beurteilen (Abb. 4.5/10d).

Für die Bemessung sind die Beanspruchungen des Verbandes durch Störbelastungen, z.B. Wind oder horizontale Umlenkkräfte des Druckgurts infolge von Ungenauigkeiten bei der Ausführung, und die Wirkung der Deformationen zu verfolgen. Bei steifen Fachwerkverbänden genügt stets der vereinfachte Nachweis mit dem Vergrößerungsfaktor; bei weichen, rahmenartigen Verbänden ist ein genauerer Nachweis nötig.

Querriegel oder Querverbände sind dort am wirksamsten, wo die Neigung der Knick-Biegelinie des Bogens am größten ist, also bei drehbarer Endlagerung an den Auflagern, bei elastisch eingespannten Enden in den Wendepunkten. Mit Rücksicht auf die Lichthöhe über der Fahrbahn müssen die Riegel oft weiter nach dem Scheitel zu verschoben werden. Riegel in der Mitte tragen nicht zur Ausweichsicherung bei.

Mitunter werden Bogenträger auch durch offene Querrahmen gegen die Fahrbahn stabilisiert. Das ist zweckmäßig bei oben liegender Fahrbahn (Abb. 4.5/11), aber sehr störend, wenn diese angehängt ist; denn die biegesteifen, verhältnismäßig breiten Pfosten beanspruchen in diesem Falle Verkehrsraum und wirken optisch beim Durchfahren der Brücke wie geschlossene Wände.

Nach einer alten, stark auf der sicheren Seite liegenden Regel dürfen die einzelnen U-förmigen Rahmen jeweils für eine Horizontalkraft von 1% der Bogenkraft bemessen werden. Auch hier gilt das Prinzip: je steifer der Verband, desto kleiner sind die Stabilisierungskräfte des Knickstabes und der Vergrößerungsfaktor v einer Störbelastung.

Zum Horizontalverband gehört auch die Fahrbahntafel, die an den Widerlagern horizontal gehalten sein muß und deren Horizontalausbiegungen aus Wind und aus den Stabilisierungskräften bei sehr schmalen, langen Brücken zu den Rahmenverformungen hinzugefügt werden müssen.

4.6 Scheiben

Tragende Wände aus Beton und Stahlbeton sind nach DIN 1045, 2.5.5 wie Stützen auf Knicken zu untersuchen. Dabei sind wirksame Knicklängen s_K anzusetzen.

Für Wände, die oben und unten gehalten sind, ist s_K gleich der Stockwerkshöhe h_s (bzw. 0,8 h_s bei beidseitiger biegesteifer Verbindung mit den Decken). Wenn eine Wand auch seitlich gehalten ist, verringert sich die Knicklänge abhängig vom Seitenverhältnis der Wand, wofür einfache Formeln angegeben sind.

Um die Wirkungsweise einer allseitigen, gelenkigen Lagerung kennenzulernen, verwenden wir wie bei Stäben und Rahmen wieder ein Modell, bei dem die Längskrafttragwirkung von der Biegesteifigkeit getrennt ist (Abb. 4.6/1a). Vor einer unbelasteten Scheibe steht – durch starre Pendel in den Knoten mit ihr verbunden – ein Netzwerk von gelenkig miteinander verbundenen Stäben. Wenn sich dieses aus seiner Ebene heraus verformt, werden die Umlenkkräfte der belasteten Stäbe von der Scheibe aufgenommen, die dann als umfangsgelagerte Platte wirkt.

Wir suchen zunächst die Verzweigungslast, nehmen also eine Ausbiegung der Scheibe an und fragen nach der zugehörigen senkrechten Last im Netzwerk, die das Gleichgewicht hält. Die Scheibe stützt sich wie eine Platte ab und muß sich daher in beiden Richtungen krümmen (Abb. 4.6/1b); man spricht deshalb von der *Beullast*. Für die Biegefläche wird eine doppelte sinus-Funktion benützt, die sich ja als Eigenfunktion bei der Stabknickung ergibt:

$$w = f \quad \sin\frac{\pi x}{h} \quad \sin\frac{\pi y}{b}. \tag{4.223}$$

Dieser Ansatz erfüllt an allen vier Rändern die Bedingungen $w = 0$ und $w'' = -M/EI = 0$. Die Scheibe ist nur in der x-Richtung mit p belastet, so daß allein die entsprechenden Stäbe aktive Umlenkkräfte q' abgeben. Diese sind

$$q' = \frac{p}{\rho_x} = -p\frac{\partial^2 w}{\partial x^2} = pf\frac{\pi^2}{h^2}\sin\frac{\pi x}{h}\sin\frac{\pi y}{b}. \tag{4.224}$$

Die q' verlaufen in beiden Richtungen sinus-förmig und haben in der Mitte die größte Ordinate

$$q'_m = pf\frac{\pi^2}{h^2}. \tag{4.225}$$

Die als Platte wirkende Scheibe leistet elastischen Widerstand q, den wir aus der Plattengleichung $\Delta\Delta w = q/K$ durch Differenzieren der angenommenen Biegefläche (4.223) leicht berechnen können:

$$q = K\Delta\Delta w = \frac{EI}{1-\mu^2}\left(\frac{\pi^2}{h^2} + \frac{\pi^2}{b^2}\right)^2 f \quad \sin\frac{\pi x}{h} \quad \sin\frac{\pi y}{b}, \tag{4.226}$$

wobei $\mu^2 \ll 1$ vernachlässigbar ist.

Da beim Ausbeulen $q = q'$, ergibt sich aus (4.224) und (4.226) mit $\alpha = h/b$ die Beullast

$$p_K = \pi^2\frac{EI}{h^2}(1+\alpha^2)^2 = p_E(1+\alpha^2)^2\,, \tag{4.227}$$

$$p_E = \pi^2\frac{EI}{h^2}$$

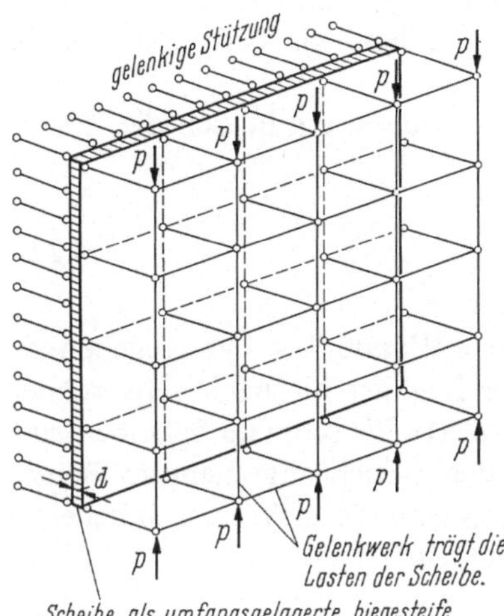

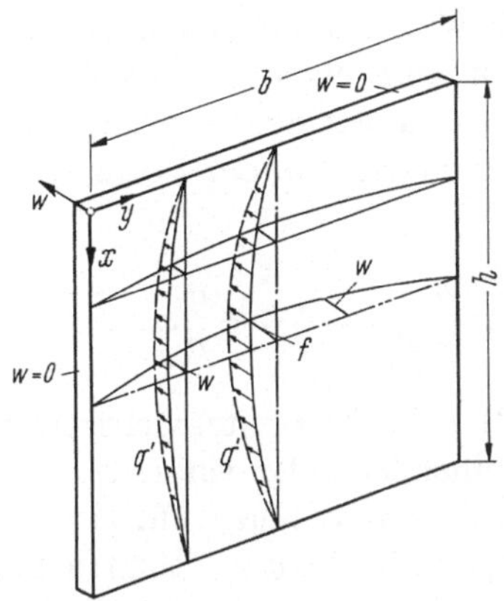

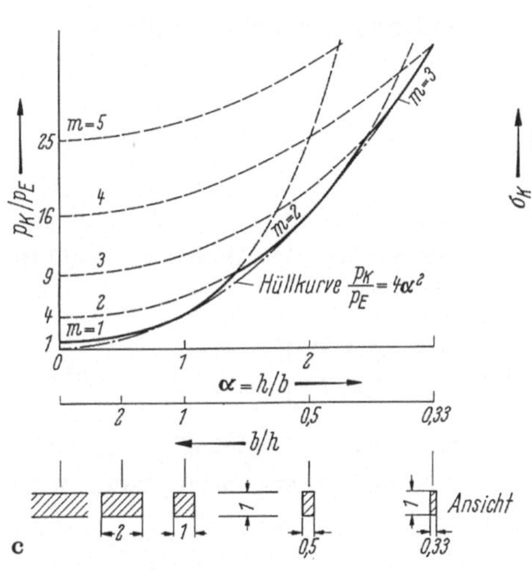

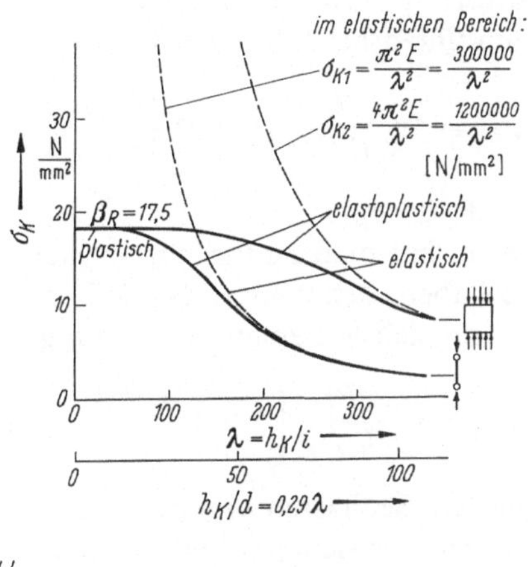

Abb. 4.6/1. Modell zur Untersuchung der Beullast von vierseitig gelagerten Scheiben, die in ihrer Ebene belastet sind: Trennung von Biegesteifigkeit und Längskraftwirkung (Abschn. 4.1.1). **a** System: Scheibe und Gelenkwerk (Netzwerk); **b** gedachte Biegefläche und Kraftwirkung; **c** Beullast p_K einer Scheibe in Abhängigkeit vom Abstand der Versteifungen; $p_E = \pi^2 EI/h^2$ = Knicklast der seitlich nicht gehaltenen Wand; **d** Vergleich der Knickspannungen σ_{K1} für den Druckstab (seitlich freie Wand) und σ_{K2} für die seitlich gehaltene Quadratscheibe aus B 25 (schematische Darstellung, vergl. Abb. 4.2/6b)

ist dabei die Knicklast ohne Stützung der Seitenränder (Euler-Last). Für eine sehr breite Scheibe wird $\alpha = h/b = 0$ und $p_K = p_E$.

Wir haben mit (4.227) sogar eine „exakte" Lösung abgeleitet; denn die Gleichsetzung $q = q'$ liefert an *jeder* Stelle x, y dieselbe Knickbedingung, weil wir die richtige Beulfläche für die Ableitung der Kräfte angesetzt haben. Andernfalls hätten wir nur eine Näherung ableiten können, indem wir beispielsweise die Bedingung $q = q'$ in der Scheibenmitte erfüllen.

Schreibt man (4.227) in der Form $p_K = \pi^2 EI/s_K^2$, dann ergibt sich die Ersatzlänge

$$s_K = \frac{h}{1+\alpha^2} \quad \text{mit } \alpha = \frac{h}{b}, \tag{4.228}$$

wie sie in DIN 1045 für (breite) vierseitig gehaltene Wände ($h \leq b$) angegeben ist.

Mit abnehmender Scheibenbreite würde die Beullast hiernach sehr schnell anwachsen (Abb. 4.6/1c, Kurve für $m = 1$). Die Werte für schmale Scheiben sind allerdings trügerisch, denn es können sich in der x-Richtung mehrere Beulen hintereinander bilden, wodurch sich die Knicklast vermindert. Wenn sich bei einer Scheibe z.B. mit $\alpha = h/b = 2$ nur *eine* Beule bildet, ist

$$p_{K1} = 25\pi^2 \frac{EI}{h^2}.$$

Nimmt man zwei Beulen an, so halbiert sich zwar die Knicklänge, aber die Seitenabstützung wird verhältnismäßig weniger wirksam. Das Beul-Rechteck wird wieder zum Quadrat, d. h. $\alpha_2 = 1$. Für diese quadratischen Felder ergibt sich

$$p_{K2} = 4\pi^2 \frac{EI}{(h/2)^2} = 16\pi^2 \frac{EI}{h^2},$$

also nur 2/3 von p_{K1}.

Allgemein hat man zu prüfen, ob nicht mehrere Beulen niedrigere Beullasten zur Folge haben, denn unser Modell setzt ja die Größe der Beule als bekannt voraus. Wenn sich m Beulen in Richtung x bilden, ist

$$p_{Km} = \pi^2 \frac{EI}{(h/m)^2}\left[1 + \left(\frac{\alpha}{m}\right)^2\right]^2 = p_E\, m^2 \left[1 + \left(\frac{\alpha}{m}\right)^2\right]^2. \tag{4.229}$$

Die geringsten Beullasten ergeben sich für $m \approx \alpha$, also für nahezu quadratische Beulfelder. Auf der sicheren Seite ist man, wenn in (4.229) $m = \alpha$ eingesetzt wird; man erhält dann die Hüllkurve (Abb. 4.6/1c),

$$p_K \geq 4\alpha^2 p_E = \frac{\pi^2 EI}{(b/2)^2}, \tag{4.230}$$

die auch der Ersatzlänge $s_K = b/2$ für (hohe) vierseitig gehaltene Scheiben ($h > b$) in DIN 1045 zugrunde liegt.

An dem beschriebenen Modell (Abb. 4.6/1a) läßt sich auch der allgemeine Fall der Verformung einer Scheibe mit einer anfänglichen Beule verfolgen. Die Platte ist bei beginnender Belastung p zunächst eben und spannungslos, und nur das Netzwerk mit der Beule e übt Kräfte q' mit der Größtordinate $q'_m = pe\pi^2/h^2$ aus. Der Beule haben wir wieder die sinus-Form gegeben. Die Platte wird sich mit von null an wachsendem Widerstand q so lange durchbiegen, bis Gleichgewicht mit den aktiven Kräften q' herrscht (Abb. 4.1/6d). Die Ausbiegung der Platte ist dann f, diejenige des Netzwerkes $e + f$, so daß $q'_m = p(e+f)\pi^2/h^2$ ist. Aus der Gleichsetzung $q'_m = q_m$ folgt

$$p(e+f)\frac{\pi^2}{h^2} = \pi^4 f \frac{EI}{h^4}(1+\alpha^2)^2 = \frac{\pi^2}{h^2} f p_K$$

mit p_K nach (4.227). Daraus ergibt sich $p(e+f) = p_K \cdot f$, und der Vergrößerungsfaktor v wird wie bei Stäben (4.24)

$$v = \frac{e+f}{e} = \frac{1}{1 - p/p_K}. \tag{4.231}$$

Eine andere häufige Belastung von Scheiben ist die reine Schubbeanspruchung $t = \tau d$, die dem Betrag nach gleich große, diagonal verlaufende Hauptkräfte $n_{\mathrm{I,II}} = \pm t$ erzeugt. Die Frage nach dem „Schubbeulen" läuft also auf das Druckbeulen in der 45°-Richtung hinaus, wobei dieses durch den quer dazu verlaufenden Hauptzug behindert wird. Als Modell wählen wir ein diagonal verlaufendes Stabnetz (Abb. 4.6/2). Da die beiden Hauptspannungen verschiedene Vorzeichen besitzen, kann sich nicht nur *eine* Beule bilden. In den diagonalen Achsen würden sich dabei die Umlenkkräfte gerade aufheben. Das Ausbeulen kann also nur durch Bildung von *mehreren* Falten rechtwinklig zur Druckrichtung zustande kommen. Die Krümmung in der Zugrichtung ist dabei gering. Eine Faltenanzahl > 1 bedeutet aber kürzere Knicklängen und Erhöhung der Beullast. Diese beträgt näherungsweise [2.6, Teil 2]:

$$t_K = t_{K0}\left(1 + \frac{0{,}75}{\alpha^2}\right), \tag{4.232}$$

wobei $\alpha = a/b$ mit b als der kürzeren Seite der Rechteckscheibe und

$$t_{K0} = 5{,}35\pi^2 \frac{EI}{b^2} \tag{4.233}$$

die Beullast des unendlich langen Streifens ist. Bei einer Quadratscheibe ist $\alpha = 1$

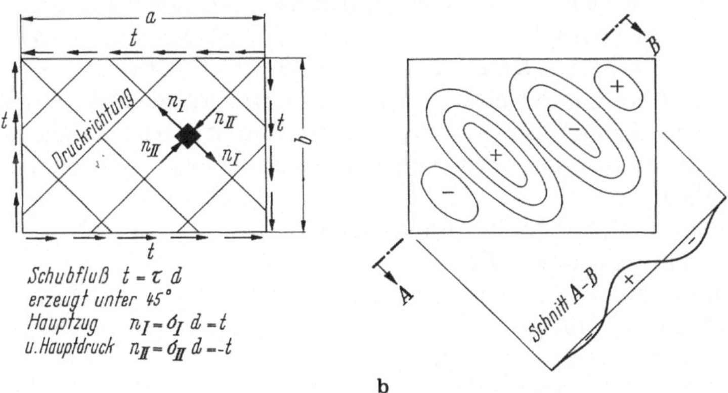

Abb. 4.6/2. Schubbeulen einer an den Rändern drehbar gelagerten Scheibe. **a** Beanspruchung; **b** Knickwellenbildung in Hauptdruckrichtung

und

$$t_K = 9{,}35\pi^2 \frac{EI}{b^2}. \tag{4.234}$$

Vergleicht man die zugehörige Hauptdruckkraft $n_{IIk} = t_K$ mit der Knicklast $p_K = 4\pi^2 EI/b^2$ des vierseitig gelagerten Streifens (4.230), so ist n_{IIK} etwa 2,3 mal so groß. Man sollte aber bedenken, daß die stabilisierende Hauptzugrichtung bei Stahlbetonscheiben oft nur wenig wirksam durch Bewehrung realisiert wird, wobei Richtungsabweichungen von 45° gegenüber der Hauptzugrichtung die Regel sind. Schlimmer noch, werden die Schubkräfte t und damit auch die beulenden Druckkräfte n_{II} für gleich steife Druck- und Zugrichtung ermittelt, obwohl die Richtungsabweichung der Bewehrung ein ganz anderes Tragverhalten erzwingt: Wie man an Fachwerkmodellen zeigen kann [3.2], ist beispielsweise im Steg eines Balkens mit 90°-Bügeln die schiefe Hauptdruckkraft n_{II} unter 45° doppelt so groß wie t, und bei den tatsächlich meist geringeren Druckstrebenneigungen ist sie noch größer. Trotzdem ist Schubbeulen im Stahlbetonbau kaum zu befürchten. In kritischen Fällen sollten die destabilisierenden Druckkräfte und die stabilisierenden Zugkräfte aus einem Stabwerkmodell abgeleitet werden [61].

Aus ähnlichen Gründen sollten die vorher abgeleiteten Beullasten und die Ersatzlänge der DIN 1045 nicht für unbewehrte Wände angewendet werden, wo die Biegesteifigkeit in der Querrichtung durch Rißbildung weitgehend verloren geht. Bei schlanken Wänden ist durch ausreichende Querbewehrung die zweiaxiale Tragwirkung zu sichern. Kordina/Quast [10] empfehlen dafür 50% der Längsbewehrung bei $h_K/d = 30$, abnehmend auf 20% bei $h_K/d = 15$.

Diese Einschränkungen zeigen, wie fragwürdig im Grunde die (einaxiale) Bemessung mit Ersatzlängen bei scheibenartigen Bauteilen ist, wenn isotropes, linear-elastisches Tragverhalten vorausgesetzt wird. Im Zweifelsfall sollte man die Steifigkeit in der schwächeren Tragrichtung in den Standsicherheitsnachweis einsetzen oder zumindest die Steifigkeiten der beiden Haupttragrichtungen grob abschätzen und mitteln.

Wie bei Stäben sind auch bei Scheiben die Beulformeln der Elastizitätstheorie für geringe Schlankheiten nicht zu gebrauchen, weil die Tragfähigkeit durch die Materialfestigkeit begrenzt wird. Die entsprechenden Schlankheiten liegen bei den Scheiben aber höher. Elastisches Knicken von Scheiben tritt erst bei sehr hohen Schlankheiten auf. In Abb. 4.6/1d sind für einen Knickstab und eine quadratische Scheibe die kritischen Spannungen aus der linear-elastischen Berechnung mit denjenigen verglichen, die sich aus einer Berechnung mit dem $\sigma_b - \varepsilon_b$-Diagramm der DIN 1045 ergeben.

Berechnungen von Stahlbetonwänden nach Theorie II. Ordnung mit nichtlinearem Stoffgesetz sind sehr aufwendig [60].

In mehraxial beanspruchten Bauteilen muß unter Umständen wegen Querzugbeanspruchung oder wegen Rißbildung die Betonfestigkeit gegenüber der üblichen Rechenfestigkeit reduziert werden [61, 62].

Selbstverständlich muß die Stützung der Scheibenränder steif und stark genug sein, um die Stabilisierungskräfte ohne große Verformungen aufzunehmen. Die DIN 1045, 25.5 enthält auch Konstruktionsregeln für diese aussteifenden Bauteile.

4.7 Beulen von Schalen

4.7.1 Grundsätzliches

Schalen sind der Beulgefahr einerseits stärker ausgesetzt als Bögen, da sie durch ihre Membranwirkung (IIA, 7.2) im wesentlichen biegungsfrei bleiben und deshalb im Verhältnis zu ihrem Krümmungsradius wesentlich dünner als Bögen ausgeführt werden können. Die Krümmung der Schalen hat jedoch andererserseits zur Folge, daß sich meistens mehrere Wellen in beiden Achsrichtungen bilden, wodurch die „wirksamen Knicklängen" kleiner werden. Trotzdem bestimmt häufig, besonders bei weitgespannten Hallendächern, das Beulen die erforderliche Dicke der Schale oder verlangt nach zusätzlichen Versteifungen.

Zwischen einfach und doppelt gekrümmten Schalen zeigt sich hierbei ein fundamentaler Unterschied. Manche Flächen – wie der Zylinder, der Kegel und das Hyperboloid – können ausbeulen, ohne daß sich ihre Mittelfläche dehnt („dehnungslose Verformungen", Bild 4.7/1a). Nur die geringe Biegesteifigkeit der Schale leistet dann der Verformung Widerstand. Bei doppelt gekrümmten Schalen mit positivem Gaußschem Krümmungsmaß (IIA, 7.1) ist dagegen ohne Dehnung der Mittelfläche keine Ausbiegung möglich (Bild 4.6/1b). Die Dehnsteifigkeit ist aber viel größer als die Biegesteifigkeit. Der geometrische Unterschied äußert sich in einer wesentlich größeren Beulsteifigkeit der Kuppeln. Ähnlich großen Widerstand weckt auch die Verbiegung eines Zylinders in Richtung der Mantellinien, also eine Verdrehung der Zylinderelemente um gekrümmte Drehlinien. In der Tat erweist sich die Zylinderschale gegenüber Axiallasten, die eine solche Verbiegung zum Ausbeulen benötigen, ähnlich beulsteif wie Kuppelschalen (Abschn. 4.7.2).

Eine erhebliche Schwierigkeit der rechnerischen Untersuchung besteht nun darin, daß Form und Größe der Beulen aus einer großen Vielfalt von Möglichkeiten gesucht werden müssen, ehe man die kritische Last angeben kann [65; 2.2; 2.4; 2.6]. Deshalb läßt sich die Verzweigungslast nicht wie bei Stäben oder Bögen

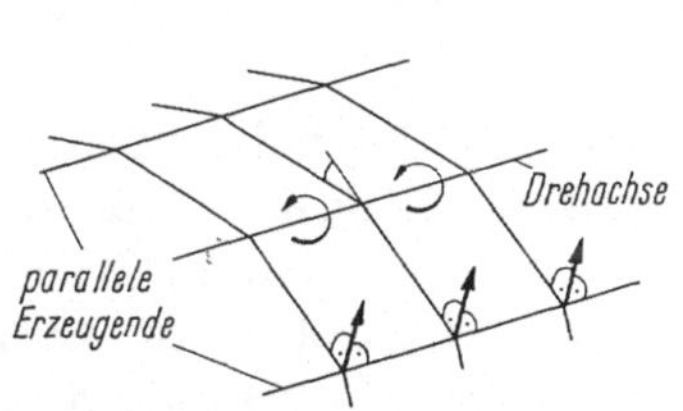

a

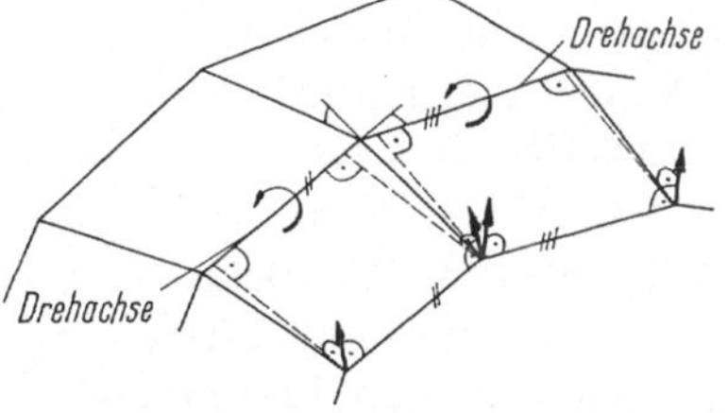

b

Abb. 4.7/1. Biegung und Dehnung der Mittelfläche bei **a** einfach gekrümmter Schale (Biegung um die geraden Erzeugenden), **b** doppelt gekrümmter Schale

aus den Anfangsverformungen infolge einer Störlast unter Anwendung der Theorie II. Ordnung ableiten.

Für eine Näherungsberechnung kann man mögliche Beulflächen annehmen, die sich schachbrettartig abwechselnd nach innen und außen bilden, und die Wellenzahl in beiden Achsrichtungen so bestimmen, daß sich die minimale Beullast ergibt. Solche Untersuchungen sind vor allem für geometrisch einfache Flächen wie Zylinder-, Kugel-, Kegel-, Katenoid- und Hyperschalen durchgeführt worden. Genauere theoretische und elektronische Berechnungen zeigen aber ebenso wie Versuche, daß sich mitunter ziemlich unerwartete Beulfiguren ausbilden können. Und noch schlimmer: Die in üblicher Weise für kleine Verformungen berechneten Beullasten nach der „klassischen linearen Beultheorie“ sind meistens viel höher als die wirklichen Versagenslasten.

Um dieses Problematik zu erklären, folgen wir sinngemäß einer Darstellung von Flügge in [65.1], dem es in hervorragender Weise gelungen ist, die mitunter schwierige Schalentheorie verständlich darzustellen: Wenn ein Druckstab sorgfältig ausgeführt und belastet wird, verhält er sich genau so, wie es die Theorie II. Ordnung voraussagt. Zunächst gibt es kaum Verformungen, und wenn die Last sich der theoretischen Knicklast P_E nähert, vergrößern sich die Ausbiegungen und Längsverformungen Δl mit zunehmender Geschwindigkeit, bis der Druckstab unter den zusätzlichen Biegemomenten bricht. Kleine Imperfektionen haben auf die kritische Last nur mäßigen Einfluß (Abb. 4.7/2a, vgl. auch Abb. 4.1/22).

Ganz im Gegensatz hierzu springt eine Zylinderschale unter Axiallast plötzlich in einen verformten Zustand über, und zwar schon unter einer Last, die nur ein Viertel der „klassischen“ Beullast betragen kann. Dabei treten große Verformungen auf. Die Annahme eines indifferenten Gleichgewichts bei kleinen virtuellen Verschiebungen, die bei der „klassischen“ (linearen) Stabilitätstheorie zur Ermittlung der Knicklasten verhalf, ist beim Schalenbeulen offensichtlich nicht genau genug.

Um der Realität näher zu kommen, muß man nichtlineare kinematische Bedingungen für große Verformungen einführen. Die entsprechende, nichtlineare Theorie ist sehr aufwendig, und Lösungen sind immer nur mit erheblichen Vereinfachungen oder für Sonderfälle gelungen. Erste Lösungen, welche die Wirklichkeit besser, aber immer noch nicht allgemein befriedigend erfaßten, stammen von Donnell und Karmán/Tsien [66].

Ein wesentliches Ergebnis dieser „klassischen nichtlinearen Stabilitätstheorie“ zeigen die Kurven in Abb. 4.7/2b. Wenn eine völlig perfekte Schale ($e = 0$) bis zur klassischen linearen Beullast P_{Klin} belastet wird, gibt es einen benachbarten Gleichgewichtszustand mit infinitesimal kleinen Ausbiegungen bei gleichem Δl. Aber schon bei wesentlich kleineren Lasten sind – anders als beim Druckstab, Abb. 4.7/2a – weitere Gleichgewichtszustände mit unterschiedlichen Verformungen möglich. Diese Gleichgewichtszustände setzen allerdings endliche Verformungen (Beulen) voraus. Es ist möglich, daß in diesen verformten Zuständen die potentielle Energie der Schale geringer ist als im nicht ausgebeultem Zustand. Die Stabilität der Schale im ungestörten Zustand ist dann so unsicher wie diejenige eines Bleistifts, der auf dem flachen Ende steht und schon bei der geringsten Störung eine Lage mit geringerem Potential einnimmt.

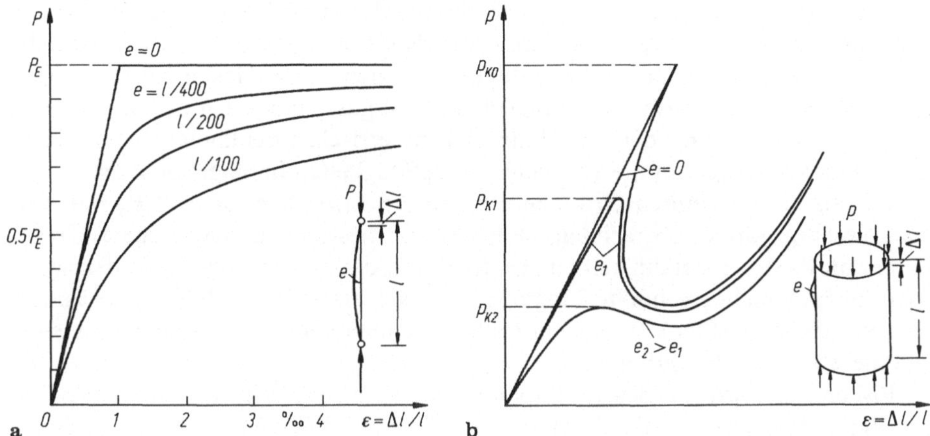

Abb. 4.7/2. Last-Verformungs-Diagramme für **a** Druckstab; **b** Zylinder unter Axiallast (e = Impferfektion)

Betrachtet man die Last-Verformungskurven realistischer Schalen mit unterschiedlichen Imperfektionen in Abb. 4.7/2b, dann wird verständlich, warum die beobachteten Beullasten P_{K1}, P_{K2} so stark von denen der linearen Theorie abweichen, und warum sie so empfindlich von kleinen Störungen der Schalengeometrie oder von Störmomenten abhängen.

Erklärlich wird auch, warum die Schale beim Erreichen der Beullast P_K plötzlich und mit großen Verformungen eine andere Gleichgewichtslage annimmt („durchschlägt") (Abb. 4.7/3a). Sogar in einem verformungsgesteuerten Versuch kann die Schalenlängskraft kurz nach dem Passieren des Hochpunktes P_K der Last plötzlich abfallen (Abb. 4.7/3b, kleine Imperfektion e_1), bei größeren Imperfektionen wird sie aber nur allmählich abnehmen und nach dem Durchlaufen des Tiefpunktes min P_K wieder zunehmen.

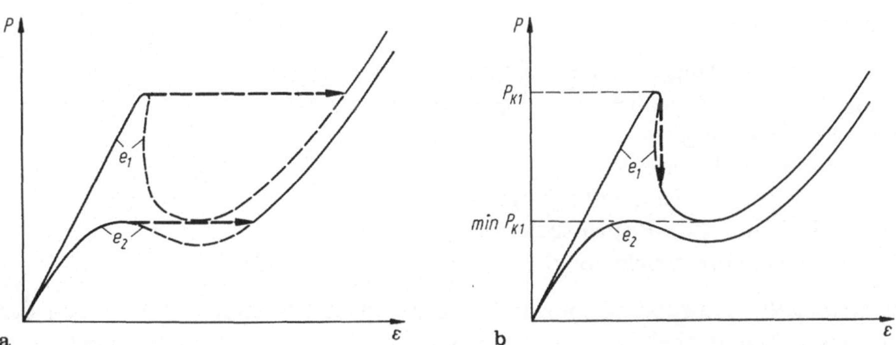

Abb. 4.7/3. Last-Verformungs-Verhalten von Schalen mit unterschiedlichen Imperfektionen e bei **a** allmählicher Steigerung der Last; **b** allmählicher Steigerung der Verformungen

Eine weitere Erschwernis für die Berechnung der kritischen Lasten von Schalen liegt darin, daß Beulfiguren in andere übergehen können, deren (linear ermittelte) Knicklast zwar höher, deren Tragfähigkeit bei den vorhandenen Verformungen aber niedriger ist, als die zur ursprünglichen Beulfigur gehörenden Lasten. In vielen Fällen ist man erst mit der Annahme unsymmetrischer Beulfiguren nach einem ersten Durchschlagen an die wirklichen Tragfähigkeiten herangekommen.

Da aus den genannten Gründen die „oberen kritischen Lasten" P_K nur sehr unzuverlässig vorauszuberechnen sind, ist man bestrebt, untere, sichere Grenzwerte min P_K der Tragfähigkeit zu ermitteln und der Bemessung zugrundezulegen oder die noch nicht erschöpfte Tragfähigkeit nach erster Beulenbildung auszunutzen (Nachbeulverhalten). In einigen Fällen hat man allerdings feststellen müssen, daß diese Werte sehr gering sind.

Bisher haben wir nur den Einfluß der „geometrischen" Nichtlinearität (Einfluß der Verformungen) auf die Stabilität von Schalen diskutiert. Bei Betonschalen kommt noch erschwerend der wichtige Einfluß der „physikalischen" Nichtlinearität (Rißbildung, Plastizieren, Kriechen) hinzu. Die Wechselwirkung dieser Einflüsse ist nur unzureichend erforscht.

Nichtlineare Stoffgesetze wurden in analytischen Arbeiten kaum verwendet, und es gibt zwar eine große Anzahl von Versuchen mit Schalenmodellen aus elastischem Material (Metall, Kunststoff), aber nur relativ wenige Versuche mit Beton- oder Mörtelmodellen [69; 79–81; Hinweise in 77; 80]. Neuerdings sind mit Computerunterstützung auch stofflich nichtlineare Beuluntersuchungen möglich [68; 77.2].

Zusammenfassend stellt Ramm fest [77.2], daß das Versagen von Betonschalen zwischen zwei Grenzfällen einzuordnen ist: Dem Stabilitätsproblem mit geringem Einfluß der Materialfestigkeit und dem Festigkeitsproblem mit geringem Einfluß der Verformungen auf die Tragfähigkeit. Das Stabilitätsversagen wird begünstigt durch

- Symmetrie der Geometrie und Belastung,
- globale Belastung,
- geringe Imperfektionen des Tragwerks,
- gleichmäßige Randbedingungen,
- reine Membrandruckspannungen, keine Biegung,
- keine Rißbildung.

Zum Festigkeitsversagen tendiert ein Tragwerk bei

- Unsymmetrie der Geometrie und Belastung,
- örtlicher Belastung,
- größeren Imperfektionen,
- Ungleichförmigen Randbedingungen,
- Biegung, Druck-Zug-Beanspruchungen,
- Rissen (Temperatur, Schwinden).

Der erste Fall (Beulen), bei dem die geometrischen Einflüsse das Versagen der Betonschale beherrschen, kommt selten vor und konnte auch in Versuchen nur sehr selten beobachtet werden [69.2; 81.1]. Er tritt nur bei dünnen, perfekten Membranschalen auf und kann mit den elastischen Beulformeln bei Ansatz des

Tangentenmoduls erfaßt werden. Dickere Membranschalen versagen durch Betondruckbruch. Die bei weitem häufigste Versagensart ist der Festigkeitsbruch unter Druck und Biegung, wobei letztere aus Randstörungen oder örtlichen Belastungen entsteht und durch Theorie II. Ordnung-Effekte nur wenig vergrößert wird.

Die vorstehenden Bemerkungen sollen die Zuverlässigkeit der Beulformeln relativieren und die immer noch recht unbefriedigende Lage bei der Bemessung gegen Beulen bewußt machen. Ein Indiz für die geringe Zuverlässigkeit von Beulnachweisen ist auch der ungewöhnlich hohe (Un-)Sicherheitsbeiwert $\gamma = 5$, den unsere DIN 1045 hierfür vorsieht. Dabei fehlt noch jeder Hinweis, auf welches der zahlreichen Berechnungsverfahren dieser Faktor anzuwenden ist. obwohl sich die verschiedenen theoretischen Lösungen für dasselbe Problem durchaus um den Faktor 4 voneinander unterscheiden können.

Der Ingenieur muß also letztlich den Sicherheitsbeiwert unter Würdigung der Unvollkommenheiten seiner Berechnungsansätze und der Ausführung im Einzelfall festlegen. Wertvolle Hilfe leisten ihm hierbei die Empfehlungen der IASS [67.1] und die Erläuterungen dazu [67.2]; s. auch [65.5] und [68.4]. Demnach werden die nach der linearen Theorie ermittelten Beullasten in 5 Schritten abgemindert, und zwar wegen Kriechen, Durchbiegungen und Imperfektionen, Rißbildung, nichtlinearem Betonverhalten und schließlich noch um einen Sicherheitsbeiwert. Die aus der linearen Theorie abgeleiteten klassischen Beullasten sind jedenfalls zu hoch, sie zeigen aber den Einfluß wichtiger Parameter. Wir werden deshalb im Abschn. 4.7.2. auch einige dieser Beulformeln angeben.

Eine gute Übersicht vermittelt [63]. Umfassend sind die Grundlagen, Berechnungsmethoden und Lösungen für Stabilitätsprobleme rotationssymmetrischer Schalen von Hampe in [64] behandelt. Dort finden sich auch Hinweise zur Berücksichtigung nichtlinearen Baustoffverhaltens. Meistens wird versucht, dies näherungsweise durch einen effektiven E-Modul zu berücksichtigen, der entweder gleich dem Tangentenmodul $E_{\tan}$ oder einem Mittelwert zwischen Tangenten- und Sekantenmodul $E_{\sec}$ entspricht, z.B. $\sqrt{E_{\tan} \cdot E_{\sec}}$ oder $0{,}25\,E_{\sec} + 0{,}75\,E_{\tan}$.

Die Kriechverformungen sind bei Membranschalen aus reinem Beton φ-mal so groß wie die elastischen. Dadurch werden – ähnlich wie bei Bogen (Abschn. 4.5) – die für die Bruchsicherheit maßgebenden Radien in ungünstigem Sinne geändert [69], was bei flachen Kuppeln mitunter zu berücksichtigen ist. Außerdem werden die Anfangsimperfektionen mit der Zeit größer, so daß sich die Beullasten verringern (Abb. 4.7/3)[70].

4.7.2 Beullasten einiger Schalentypen

Wir vernachlässigen bei den folgenden Formeln den geringen Einfluß der Querkontraktion $\mu^2 \ll 1$ und erinnern daran, daß die Formeln für linear elastisches Material entwickelt wurden.

4.7.2.1 Beullasten von Kreiszylinderschalen

a) Rotationssymmetrische Radiallast p. Abbildung 4.7/4a zeigt, daß der Schalenquerschnitt unter Radialdruck ovalisiert. Wenn die Aussteifungen der Quer-

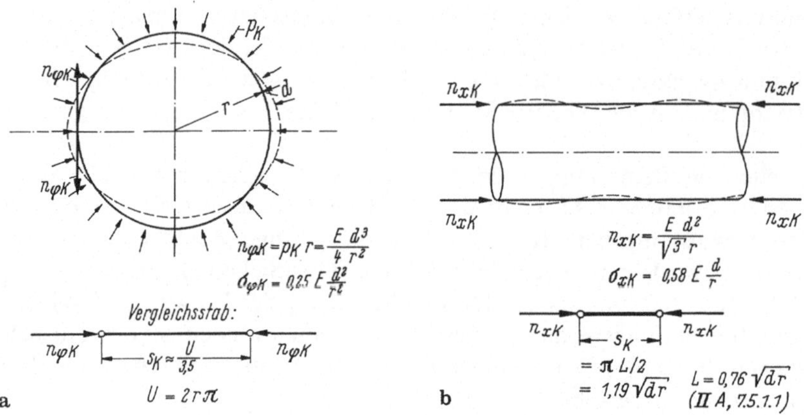

Abb. 4.7/4. Beullasten und -flächen einer Kreiszylinderschale ohne die Wirkung versteifender Binderscheiben. **a** unter Radiallast p_K wie ein Ring; **b** unter Längslast n_{xK} (Beulfläche mit umlaufenden Falten)

schnittsform (Binderscheiben) weit auseinander liegen, sind diese Verformungen ohne Dehnung der Schalenmittelfläche möglich, und es leistet nur die Biegesteifigkeit Widerstand gegen das Beulen. Lange Rohre beulen deshalb unter radialem Außendruck p_K bei derselben Spannungen wie Kreisringe (vgl. auch Abschn. 4.5.1):

$$\sigma_{\varphi K} = \frac{n_{\varphi K}}{d} = \frac{E}{4}\left(\frac{d}{r}\right)^2 \qquad p_K = \frac{n_{\varphi K}}{r} = \frac{E}{4}\left(\frac{d}{r}\right)^3 . \tag{4.235}$$

Dies ist ein unterer, sicherer Grenzwert für alle Kreiszylinderschalen unter Radialdruck. Aber selbst Aussteifungen in relativ großem Abstand setzen dieser Verformung bereits einen erheblichen Widerstand durch Membrankräfte entgegen, der die Beullasten vervielfacht [65.1]. Einen unteren Grenzwert dafür nach der „linearen Theorie“ (Abschn 4.7.1) liefert die Formel von Ebner [71; 2.1]:

$$p_K = 0{,}855\, E\, \frac{r}{l}\left(\frac{d}{r}\right)^{5/2} \quad \text{für } 1 < l/r < 10 \, . \tag{4.236}$$

b) Rotationssymmetrische Längslast n_x. Unter Längslast bilden sich Querwellen [72; 65], die eine Dehnung der Mittelfläche voraussetzen. Die Schale ist daher in Längsrichtung viel steifer und erträgt nach der „linearen Theorie“ (Abschn. 4.7.1) die Beulspannung

$$\sigma_{xK} = \frac{n_{xK}}{d} = \frac{E}{\sqrt{3}}\, \frac{d}{r} = 0{,}58\, E\, \frac{d}{r} \, . \tag{4.237}$$

Nach Kármán/Tsien und Michielsen [66.3; 73] bleibt unter Berücksichtigung der endlichen Verformungen allerdings nur noch etwa 1/3 davon übrig:

$$\sigma_{xK} = 0{,}194\, E\, \frac{d}{r} . \tag{4.238}$$

Viele weitere Untersuchungen führten auf noch geringere Nachbeul-Lasten min n_{xK} und teilweise auf andere Abhängigkeiten vom Verhältnis d/r [64].

Die Beulspannungen sind aber immer noch um die Größenordnung r/d größer als beim Beulen unter Radialdruck nach (4.235). Eine grobe Abschätzung zeigt, daß axiales Beulen bei Betonschalen praktisch unmöglich ist: Für einen Beton B 35 mit $E_b \approx 34000\ \mathrm{N/mm^2}$ (nach DIN 1045) und Abmessungsverhältnissen $d/r > 1/100$ ergeben sich aus (4.238) Beulspannungen $\sigma_{xK} > 0{,}194 \cdot 34000/100 = 66\ \mathrm{N/mm^2}$, die weit jenseits der Rechenfestigkeit liegen.

c) *Kombinationen von Radiallast und Längslast* kann man näherungsweise mit der Formel von Dunkerley [65.2] untersuchen (Abschn. 4.1.2.5):

$$\frac{p_K}{p_{K1}} + \frac{n_{xK}}{n_{xK1}} \geq 1 \,. \qquad (4.239)$$

Dabei bedeutet p_{K1} die Beullast für Radialdruck allein (4.235), (4.236) und n_{xK1} die Beullast für Längsbeanspruchung allein (4.237), (4.238).

d) *Zylinderschalen mit exzentrischer Längskraft* ertragen bis zu 40% höhere Spannungen, bevor sie ausbeulen [65.1; 66.1; 64] Damit kann man auch die Beulsicherheit bei ungleichförmiger Längsbeanspruchung, wie sie bei Tonnendächern vorliegt, abschätzen.

e) *Für kurze Zylinderschalen, Zylinderabschnitte und -streifen* wird auf die Literatur verwiesen, z.B. [65; 2.1; 2.2]. Viele weitere Hinweise, z.B. auf Arbeiten über den Einfluß von Vorverformungen, von unterschiedlichen Lagerungsbedingungen, von Versteifungen durch Randverstärkungen oder durch Rippen, von Plastizierungen und von anderen Besonderheiten findet man in dem bereits zitierten Buch von Hampe [64].

4.7.2.2 Beullasten von Kuppelschalen

Bei doppelt gekrümmten Schalen ist bereits die lineare Beultheorie für Kugelkuppeln mit konstantem Radius schwierig. Sie liefert als kritischen Wert für gleichförmigen Radialdruck

$$p_K = cE\left(\frac{d}{r}\right)^2 . \qquad (4.240)$$

Dies entspricht den zwei gleichen Hauptlängskräften $n_K = p_K \cdot r/2$ bzw. der Beulspannung

$$\sigma_K = \frac{n_K}{d} = c\,\frac{E}{2}\,\frac{d}{r} . \qquad (4.241)$$

Die gleiche Formel wird auch auf Schalen mit verschiedenen Hauptkrümmungsradien r_1 und r_2 übertragen, indem man r durch $\sqrt{r_1 r_2}$ ersetzt.

Der Wert c wurde zuerst von Zoelly [74; 65] mit $c = 2/\sqrt{3(1-\mu^2)} \approx 1{,}16$ angegeben. Damit ergibt sich dieselbe hohe Beulspannung $\sigma_K = 0{,}58\ Ed/r$ wie für den axial gedrückten Zylinder (4.237), also sehr viel größere Werte als für Zylinder unter Radialdruck. Man kann daher Kuppeln mit viel größeren Radien und geringerer Dicke ausführen, als dies bei Tonnenschalen möglich ist. Allerdings ist, wie in Abschn 4.7.1 begründet, die Beullast mit $c = 1{,}16$ wiederum wesentlich zu günstig beurteilt. Genauere theoretische Untersuchungen von Kármán, Tsien u.a. [66.2; 65] ergaben $c = 0{,}36$ bis 0,31. Es zeigte sich außerdem, daß der c-Wert eigentlich keine Konstante ist und bei dünnen Schalen ($d/r < 1/250$) noch geringere Werte annehmen kann. Bei flachen Kugelkalotten hängt c auch von der Größe und den Randbedingungen des betrachteten Schalenausschnitts ab [84].

Versuche an sehr genau gefertigten, kleinen eingespannten Kuppelmodellen aus Metall lieferten $c = 0{,}2$ bis 0,45 [75]. An einem Kunststoffmodell wurde etwa $c = 0{,}5$ gemessen [76.1], andere Versuche ergaben $c = 0{,}31$ [76.2]. Diese Ergebnisse sind aber auf Stahlbetonschalen nicht übertragbar, weil die nichtlinearen Materialeigenschaften und die Rißbildung des Betons nicht erfaßt wird.

Hinweise auf Versuche mit Stahlbetonschalen finden sich in [77; 80.1]. Die Versuchsschalen versagten meistens durch Betonbruch (Spannungsproblem) in der Nähe einer Lasteinleitung oder Abstützung. Nur in den Versuchen von Griggs ($r/d \approx 340$) [81.1] und Vandepitte/Ratme/Weimers ($r/d \approx 350$) [69.2] löste Beulen das Versagen aus.

Müller und Weidlich haben sechs Versuche an relativ großen Kugelkappen mit 8 m Grundrißdurchmesser und 1 m Stichhöhe durchgeführt [79]. Die Schalendicken waren unterschiedlich zwischen 2,5 und 3,8 cm. Obwohl die Schalen alle durch Biegebruch oder Betondruckbruch versagten, erreichten sie Bruchlasten bis zu 80% der theoretischen Beullast nach der nichtlinearen asymmetrischen Theorie [84] bzw. 90% der Beullast nahezu perfekter elastischer Modelle aus Aluminium [85]. Aus numerischen Vergleichsrechnungen schließen Müller/Weidlich [79.2], daß nur bei dünnen Schalen mit $d < r/330$ ein Stabilitätsversagen durch Zunahme der Verformungen möglich ist, während bei dickeren Schalen ($d > r/330$) ein Festigkeitsproblem vorliegt. Zur Berechnung der kritischen Last empfehlen sie den Faktor $c = 0{,}5$ in der Zoelly-Formel (4.240) und für dickere Kugelkappen einen weiteren Abminderungsfaktor α, also

$$p_K = 0{,}5\alpha E\left(\frac{d}{r}\right)^2, \quad \text{wobei } \alpha = \frac{r}{330d} \leq 1 .$$

Diese Angaben beziehen sich auf gleichförmig belastete, membrangerecht gelagerte Schalen ohne Randverstärkungen mit dem Öffnungswinkel $2\beta = 56°$. Eine geometrische Ungenauigkeit von $w_0 = 0{,}6\,d$ vermindert die Bruchlast um etwa die Hälfte.

Das Mörtelmodell einer flachen Translationskuppel [80.2] sowie die Verformungen einer ausgeführten, ebenfalls flachen Kuppel, die wegen zahlreicher Lichtöffnungen sehr inhomogen war [78], ließen auf $c = 0{,}05$ schließen! Bei diesem niedrigen Wert dürften Ausführungsungenauigkeiten der Form eine erhebliche Rolle gespielt haben. Er liegt wohl an der untersten Grenze und kann nicht verallgemeinert werden.

Selbstverständlich mindert eine örliche Last auf einer Kuppel deren Tragfähigkeit stark ab. Infolge der Anfangsdurchbiegung wird eine Beule präformiert, die sich gemäß den Ausführungen in Abschn 4.7.1 sehr stark auf die Beullast auswirkt und die Sicherheit gefährden kann.

4.7.2.3 Beullasten von Kegelschalen

Auch über die Stabilität von Kegelschalen gibt es eine umfangreiche Spezialliteratur, in welche [64] einführt (59 Quellenangaben); weitere Quellen finden sich in [86].

Im Grunde verhalten sich die Kegelschalen ähnlich wie die ebenfalls einfach gekrümmten Zylinderschalen. Beispielsweise ergibt sich nach der linearen Theorie für den in Mantellinienrichtung beanspruchten Kegel dieselbe Gleichung (4.237) wie für den Zylinder, wenn dort für r der Hauptkrümmungsradius des Kegels r_ϑ-entsprechend Gl (7) in IIA, S. 349 eingesetzt wird (Abb. 4.7/5a):

$$\sigma_{xK} = \frac{n_{xK}}{d} = \frac{E}{\sqrt{3}} \frac{d}{r_\vartheta} \quad \text{mit } r_\vartheta = a/\sin\varphi. \tag{4.242}$$

4.7.2.4 Beullasten von Hyparschalen

Über das Beulen von Schalen mit negativer Gaußscher Krümmung, z.B. „Hyparschalen" oder Hyperboloiden, wird erst seit den sechziger Jahren publiziert. Das Beulen von Rotationshyperboloiden hat aber seitdem durch die großen und äußerst schlanken Kühlturmschalen (IIA, 7.8.5) erhebliche praktische Bedeutung erlangt (Abb. 4.7/5b). Der spektakuläre Einsturz von 3 Kühlturmschalen (12,7 cm dick, 114 m hoch) in Ferrybridge, England, hat der Forschung auf diesem Gebiet naturgemäß einen kräftigen Impuls verliehen. Zahlreiche experimentelle, analytische und numerische Untersuchungen (EDV) haben aber noch nicht vermocht, einen ähnlich abgeklärten Wissensstand über das Beulverhalten dieser Schalen zu erreichen, wie bei den vorher besprochenen [64]. Dies liegt vor allem an den vielfältigen, teilweise ungeklärten Einflußparametern (Windlast, Imperfektionen, Einfluß von Randversteifungen, Rißbildung, dynamische Wirkungen). Folgende Tendenzen sind aber erkennbar:

Das Beulverhalten ähnelt demjenigen der Zylinderschalen; denn die Hyparschalen sind wegen der geraden Erzeugenden wie die Zylinder zu „dehnungslosen

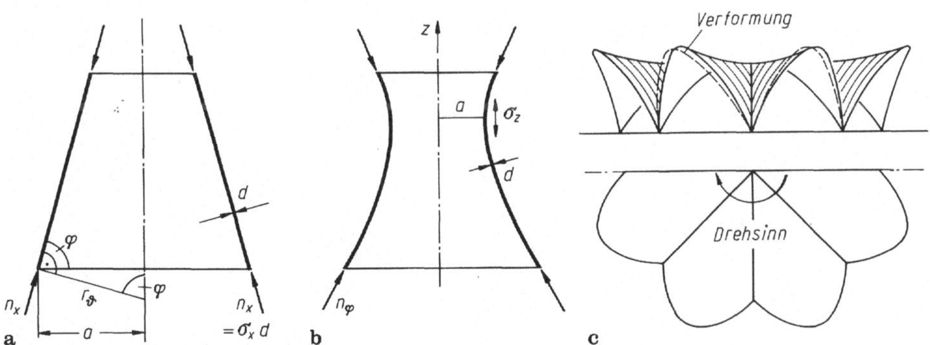

Abb. 4.7/5. Instabilität von Kegel- und Hyparschalen. **a** und **b** Kegelschale bzw. Rotationshyperboloid unter axialen Lasten; Bezeichnungen; **c** Hypar-Segmentschale

Verbiegungen“ fähig (IIA, 7.8.3). Näherungsweise kann man deren Beulformeln verwenden, muß aber die konstanten Faktoren modifizieren. Für axial gerichtete Lasten empfiehlt beispielsweise Kohli [82.1] Abminderungsfaktoren gegenüber der Beulspannung des Zylinders zwischen 0,43 und 0,96, abhängig von der Lagerung der Ränder. Krätzig hat aufgrund von Versuchen ebenfalls eine zu (4.237) und (4..238) verwandte Formel vorgeschlagen [82.2]:

$$\sigma_{\varphi K} = kE\frac{d}{a} \quad \text{mit } k = 0{,}079 \pm 0{,}009\,. \tag{4.243}$$

Unter Radiallasten, z.B. aus Wind, verhält sich das Hyperboloid dank der doppelten Krümmung günstiger als ein Zylinder gleichen Durchmessers. Mehrfach wurden aus Versuchen und aus analytischen Betrachtungen Formeln abgeleitet, in denen die Beullast p_K mit $(d/a)^{2,3}$ bzw. $(d/a)^{7/3}$ abnimmt [82] statt mit $(d/a)^3$ beim Zylinder. Ein Beispiel dafür ist

$$p_K = cE\left(\frac{d}{a}\right)^{2,3} \tag{4.244}$$

mit $c = 0{,}077 \pm 0{,}009$ von Krätzig/Harnach [82.2; 82.3]. Man fand aber auch andere Abhängigkeiten.

Bei Hyparschalendächern, deren Abstützung „dehnungslose“ Verbiegungen zuläßt oder nur wenig behindert, sind entsprechende Knickfiguren besonders kritisch. Beispielsweise hat sich eine aus 8 Hyparsegmenten zusammengesetzte, sehr dünne Versuchsschale wegen einer Herstellungsungenauigkeit im Laufe der Zeit zunehmend um ihre lotrechte Achse gedreht und drohte, in dieser Weise instabil zu werden [83] (Abb. 4.7/5c). Eine ähnliche Erscheinung wurde bei einem Kunstwerk mit Hyparflächen beobachtet.

Literaturverzeichnis

Häufig zitierte Literatur, zum Teil mit ihren Abkürzungen

a) Zeitschriften und Periodica

Abkürzung	Titel	Verlag
Beton	Beton – Herstellung und Verwendung	Betonverlag, Düsseldorf
BuSt.	Beton- und Stahlbetonbau	W. Ernst & Sohn, Berlin
BT.	Die Bautechnik	W. Ernst & Sohn, Berlin
BI.	Der Bauingenieur	Springer-Verlag, Berlin, Heidelberg, New York
Betonwerk- u. Fertigteiltechn. (Betonsteinztg.)	Betonwerk- und Fertigteiltechnik (früher: Betonsteinzeitung)	Bauverlag, Wiesbaden
	Zement—Kalk—Gips	Bauverlag, Wiesbaden
Betontech. Ber.	Betontechnische Berichte des Forschungsinstitutes der Zementindustrie Düsseldorf (jährlich)	Betonverlag, Düsseldorf
Kurzber. a.d. Bauforsch.	Kurzberichte aus der Bauforschung	Informationsverbundzentrum Raum u. Bau der Fraunhofer-Gesellschaft, Stuttgart
Baupl. u. Bautech.	Bauplanung und Bautechnik	VEB Verlag für Bauwesen, Berlin
Zem. u. Bet.	Zement und Beton	Zeitschrift des Österreichischen Betonvereins und des Vereins Österr. Zementfabriken, Wien
B. Kal.	Betonkalender (jährlich)	W. Ernst & Sohn, Berlin
M. Kal.	Mauerwerk-Kalender (jährlich)	W. Ernst & Sohn, Berlin
Mitt. IfBt.	Mitteilungsblatt des Institutes für Bautechnik, Berlin	W. Ernst & Sohn, Berlin
Zem. TB.	Zement-Taschenbuch des Vereins der Deutschen Zementwerke (zweijährlich)	Bauverlag, Wiesbaden
Bet.-St. i. d. Entw.	Betonstahl in der Entwicklung	Tor-Isteg Steel Corporation, Luxembourg
	Concrete	Cement and Concrete Association, London
J. ACI	Journal of the American Concrete Institute	American Concrete Institute, Detroit
	FIP Notes	Fédération Internationale de la Précontrainte, London

Abkürzung	Titel	Verlag
J. PCI	Journal of the Prestressed Concrete Institute	Prestressed Concrete Institute, Chicago
Struct. Eng.	Journal of Structural Engineering (ASCE)	American Society of Civil Engineers, New York
Ann. Inst. Tech. Bâtim. Trav. Publics	Annales de l'Institut Technique du Bâtiment et des Travaux Publics	Société d'Edition du Bâtiment et des Travaux Publics, Paris
	Cement	Verkoopasociatie Nederlands Cement BV, Amsterdam
CUR Rapp.	Stichting Commissie for uitföring van Research	Nederlandse Betonvereeniging, Zoetermeer
	Heron	Stevin-Laboratory, Department of Civil Engineering, University of Technology, Delft
	Schweizer Bauzeitung, seit 1979: Schweizer Ingenieur und Architekt.	Verlags AG Akad.-techn. Vereine, Zürich

b) Institutionen

Abkürzung	Name	Ort (Verwaltung)
DBV	Deutscher Betonverein	Wiesbaden
DAfStb	Deutscher Ausschuß für Stahlbeton Forschungshefte	Berlin W. Ernst & Sohn, Berlin
IfBt	Institut für Bautechnik	Berlin
IRB	Informationszentrum „Raum und Bau" der Fraunhofer-Gesellschaft. Es gibt laufend den „Informationsdienst Schrifttum Bauwesen" heraus und liefert auf Anfordern Zusammenstellungen für bestimmte Sondergebiete und Zeiträume [1/32]	Stuttgart
FBW	Forschungsgemeinschaft Bauen und Wohnen	Stuttgart
BMV	Bundesministerium für Verkehr	Bonn
PZWH	Portland-Zementwerke	Heidelberg
IVBH	Internationale Vereinigung für Brücken und Hochbau (französisch: AIPC, englisch: IABSE)	Zürich
CEB	Comité Euro-international du Béton	Paris
FIP	Fédération Internationale de la Précontrainte	London
RILEM	Réunion Internationale des Laboratoires d'Essai et de Recherche sur les Matériaux et les Constructions	
IASS	International Association for Shell and Spatial Structures	Madrid
VBI	Verband Beratender Ingenieure	Essen
VPI	Bundesvereinigung der Prüfingenieure für Baustatik	Berlin und Landesvereinigung der VPI, Stuttgart (BW.)

Literatur zu Kapitel 1

1 Heinle, E., Leonhardt, F.: Türme. Stuttgart: Deutsche Verlagsanstalt 1988
2 Leonhardt, F.: Der Bauingenieur und seine Aufgaben. Stuttgart: Deutsche Verlagsanstalt 1981
3 Hampe, E.: Flüssigkeitsbehälter, Band 1 und 2. Berlin: Verlag für Bauwesen 1979/1982 sowie [56], Kapitel 2
4 Hampe, E.: Silos, Band 1 und 2. Berlin: Verlag für Bauwesen 1987/(1990)
5 Gerwick, B.C.: Construction of offshore structures. New York: Wiley & Son 1986
6 Büttner, O., Hampe, E.: Bauwerk Tragwerk Tragstruktur, Band 1 und 2. Berlin: Ernst & Sohn 1977/1985
7 Pauser, A.: Entwicklungstendenzen im Hochbau. Zem. u. Bet. 3–4/834
8 Hampe, E.: Von der unsicheren Sicherheit zur sicheren Unsicherheit. BT. 1989
9 Ermittlung und Bewertung industrieller Risiken. Berlin: Springer 1984
10 Sicherheit von Betonbauten. Arbeitstagung in der Kongreßhalle Berlin 1973
11 Bohl, Th., Döbereiner, W., Keyserlingk, A.: Die Haftung der Ingenieure im Bauwesen. Braunschweig: Vieweg 1980
12 Marburger, P.: Technische Risiken aus rechtlicher Sicht. In: Ermittlung und Bewertung industrieller Risiken. Berlin: Springer 1984
13 Knoll, F.: Human error in the process – a research proposal. In: IASBE J. J-17/82, S. 35–50
14 Knoll, F.: Pursuing human errors. IASBE Final Report 11th Congress, Vienna, 1988
15 Müller, P. H.: Lexikon der Stochastik, Wahrscheinlichkeitsrechnung und mathematische Statistik. Berlin: Akademie 1975
16 Spaethe, G.: Die Sicherheit tragender Baukonstruktionen. Berlin: Verlag für Bauwesen 1987
17 Hampe, E., Müller, K.-H.: Deterministische und stochastische Methoden zur Berechnung seismisch erregter Bauwerke. Wissenschaftliche Zeitschrift Hochschule Archit. Bauwes. Weimar, 30 (1984) 5
18 CEB/FIP Mustervorschrift 1978. Sicherheit im Ingenierbau – Grundlagen für die Beurteilung. Institut für Bautechnik, Berlin, 1978
19 Forschungsbericht T 1816. In: Sicherheit im Ingenieurbau. Institut für Bautechnik, Berlin, 1978
20 Österreichische Norm B4040 – Vornorm Juni 1988
21 ISO/DIS 4866: Mechanical vibration and shock-measurement and evaluation of vibration effects on buildings – Guidelines for the use of basis standard methods. 1986
22 Hampe, E.: Interdisziplinäre Kooperationsnotwendigkeiten zur Erdbebenuntersuchung von Spezialbauwerken der Life-Lines. Baupl. u. Baut. 37 (1983) 308–312
23 Hampe, E., Fuzier, J. Ph.: Besonderheiten der Vorspannung bei Spezialbauwerken mit hohem Risikopotential, BuSt. 83 (1988) 33
24 Gesellschaft für Reaktorsicherheit: Deutsche Risikostudie. Düsseldorf: TüV Rheinland 1980
25 Hampe, E. et al.: Bauwerke unter seismischen Einwirkungen, Teil 1 und 2. Schriftenreihe des Instituts für Aus- und Weiterbildung im Bauwesen, Leipzig 1985
26 Cornell, C. A.: A first-order reliability theory for structural design: Study No. 3: Structural reliability and codified design. Univ. of Waterloo, Ontario, Canada 1969
27 Hasofer, A.M., Lind, N.C.: Exact an invariant second – moment code format. Eng. Mech./ASCE Vol. 100, EM 1, (1974) 111–121
28 Ditlevsen, O.: Generalized second moment reliability indek. Struct. Mech., Vol. 7, No. 4, (1979) 435–451
29 Bachmann, K., König, G.: Erprobung des Richtlinienentwurfes „Grundlagen für die Festlegung von Sicherheitsanforderungen für bauliche Anlagen“ am Beispiel der Neuauffassung der DIN 1056. Bauforschung 7 (1981)
30 König, G., Hosser, D., Schobbe, W.: Sicherheitsanforderungen für die Bemessung von baulichen Anlagen nach den Empfehlungen des NABau – Eine Erläuterung. BI. 57 (1982)
31 Eurocode Nr. 1: Gemeinsame einheitliche Regeln für verschiedene Bauweisen und Baustoffe. 1984
32 Miehlbradt, M., Wölfel, E.: CEB/FIB – Mustervorschrift für Tragwerke aus Stahlbeton und Spannbeton – Internationale Probe und Vergleichsrechnungen. BuSt. 6 (1980) 136–144
33 CEB: Securité des structures. Bulletin d'Information No. 127 und 128 vom Januar 1980 sowie – Seismic design of concrete structures, second draft. – Bull. d'Information No. 149, März 1982
34 ISO Standard 2394: General principles on reliability for structures – Second edition. 1986
35 „Breitschaft-Symposium“ Berlin (West), April 1989
36 Vrouwenvelder, A.C.W.M., Siemes, A.J.M.: Probabilistic calibration procedure for the derivation of partial safety factors for the Netherlands building codes.
37 Rosenblueth, E., Mendoza, E.: Reliability optimization in isostatic structures. ASCE, J. Engin. Mech. Div. (1971) 1625–1642
38 Stiller, M.: Western european countries. Commentary on structural standards, technical committee 20, ASCE – IABSE Intern. Conf. Preprints: Report Vol. III-20 (1972) 49–60

39 Despeyroux, J.: Commentary on structural standards for concrete structures. Commentary on structural standards, Technical Committee 20. ASCE – IABSE Intern. Conf. Preprints: Report Vol. III – 20, S. 7–28
40 Litzner, H.W.: Grundlagen der Bemessung nach Eurocode 2 – Vergleich m.7. DIN 1045 und DIN 4227. B. Kal. I 1990, S. 665–767

Literatur zu Kapitel 2

1 Eibl, J., Henseleit, O., Schlüter, F.: Baudynamik. B. Kal. 1988 II
2 Winkel, G.: Zur Berechnung des dynamischen Verhaltens von Tragwerkssystemen bei deterministischen und stochastischen Belastungseinflüssen. Technisch-wissenschaftliche Mitteilungen Nr. 74–5 des Instituts für Konstruktiven Ingenieurbau der Ruhruniversität Bochum, 1974
3 Huan, Lin, Y.: Temperature loads. ASCE – IABSE, Intern. Conf. Preprints, Report Vol. Ib-5, (1972) 77–99
4 Grube, H., Kern, E., Quittmann, H.: Instandhalten von Betonbauwerken. B. Kal. II 1990
5 Moosecker, W.: Zur Bemessung der Schubbewehrung von Stahlbetonbalken mit möglichst gleichmäßiger Zuverlässigkeit. Deutscher Ausschuß für Stahlbeton – Berlin (1979) 307
6 Moosecker, W.: Das Zuverlässigkeitsniveau bei der Schubbemessung bügelbewehrter Stahlbetonbalken. BI. 4 (1987) 147–152
7 Murzewski, I.: Sicherheit der Baukonstruktionen. Berlin: Verlag für Bauwesen, 1974
8 Probabilistic calibration procedure for the derivation of partial safety factors for the Netherlands building Codes. Hernon-Delft Vol. 32 (1987) Nr. 4, S. 9–25
9 Tichy, M., Vorlicek, M.: Statistical theory of concrete structures. Prague: Academy of Sciences (1972) 365 S.
10 Thielen, G.: Deterministische und stochastische Analyse des Tragverhaltens von Stahlbetonbauteilen unter Last- und Zwangsbeanspruchungen. Berichte zur Sicherheitstheorie derBauwerke, H. 10, München, 1975
11 Rempt, M., Zauft, D.: Beitrag zur probabilistischen Berechnung von Konstruktionselementen. Hochschule Architektur und Bauwesen Weimar, Bauingenieurwiss., Diss. A 1974
12 Mirza, A.S., Maceregor, I.: Variations in dimensions of reinforced concrete members. J. Structural Division, ASCE. – Vol. 150 Nr. ST4 (1979) 751–766
13 Maaß, B.: Statische Untersuchungen von geometrischen Abweichungen an ausgeführten Stahlbetonbauteilen, Teil II – Meßergebnisse geometrischer Abweichungen bei Stützen, Wänden, Balken und Decken. Ber. zur Zuverlässigkeitstheorie der Bauwerke, H. 28, München, 1978
14 Martens, P. (Hrsg.): Silo-Handbuch. Berlin: Ernst & Sohn, 1988
15 Reimbert, M.u.A.: Silos theory and practice. Tram. Tech. Publications, Schweiz, 1975
16 Safarian, S.S., Harris, E.C.: Design and Construction of Silos and Bunkers. New York: Van Nostrand Reinhold, 1985
17 Silos – Forschung und Praxis – Tagung 88. Universität Karlsruhe, 10./11. Oktober 1988
18 Steinman, D.: Mackic Bridge designed for complete aerodynamic stability. Civil Engineering, Mai 1956
19 Dunham, I.M.: Design live load in buildings. Proceedings ASCE, Apr. 1948
20 Mitchell, G.R., Woodgate, R.W.: Floor loads in office buildings, result of a survey. Building Research Station, IC. 74/69, 1969
21 Hasofer, A.M.: Statistical model for live floor loads. J. of the Structural Division, Oct. 1968
22 Horne, M.R.: The variation of mean floor load with area. Engineering Nr. 4448, Feb. 1951
23 Rosenblueth, E.: s. [37, Kap. 1]
24 Greene, W.E.: Load surves. Gravity load and temperature effects. Technical Committee 20, ASCE – IABSE Intern. Conf. Preprints, Reports Vol. Ib-5, 1972
25 Karman, Th.: Untersuchungen über die Nutzlasten von Decken bei Wohngebäuden. Österr. Ing. Z. April (1966) 119–123
26 Schweizer Norm SIA E 160: Einwirkungen auf Tragwerke. Januar 1985
27 Johnson, Sidney, M.: Dead, live and construction loads. Gravity load and temperature effects. Technical Committee 20, ASCE – IABSE Intern. Conf. Reprints, Reports Vol. Ib-5, 1972
28 Lungu, D.: Loads structures, the analysis of design values included in ten building. Conf. Research Symp. Faculty of Civil Engineering, Bucharest, Jan. 1971
29 Ghiocel, D., Lungu, D., Wind, snow and temperature effects on structures. (Englische Übersetzung von: Actiunea Vintului, Zapezii si Variatiilor de Temperatura in Constructii.) Bucuresti: Editura Technica 1972
30 International Conference on Planning and Design of Tall Buildings. Lehigh University, Bethlehem, Pennsylvania, August, 1972
31 CEB/FIP, Bull. d'Information, Nov. 1972, CEB, Juni 1970, Paris

32 Müller, K.E., Rackwitz, R.: Einige Überlegungen zur wirklichkeitsnahen Erfassung von Schneebelastung. – In: Sicherheit von Betonbauten. Beiträge zur Arbeitstagung, Berlin, Mai, 1973, Wiesbaden: Deutscher Betonverein E.V. (1973) 129–139

33 Siemens AG: Formel- und Tabellenbuch für Starkstromerzeugnisse. Berlin

34 Eichler, F., Arndt H.: Bauphysikalische Entwurfslehre, Bautechnischer Wärme- und Feuchtigkeitsschutz, Berlin: Verlag für Bauwesen (1983)

35 Proc. of the sec. Intern. Conf. on wind effects on buildings and structures. Ottawa 1967

36 Proc. of the third Intern. Conf. on wind effects on buildings and structures. Tokyo, 1971

37 Proc. of the Fourth Intern. Conf. on wind effects on buildings and structures. London, 1975

38 Gould, Ph.; Abu-Sitta; Salman, H.: Dynamic response of structures to wind and earthquake loading. London, Plymoth: Pentech Press 1980

39 Major, A.: Vibrations in buildings and industrial structures, dynamic in hydraulic structures and bridges. Dynamics in civil engineering Vol. 4, Budapest, Akademia Kiado, 1980

40 Ruscheweyh, H.: Dynamische Windeinwirkung an Bauwerken, Bd. 1. Grundlagen und Anwendungen und Bd. 2: Praktische Anwendungen. Wiesbaden und Berlin: Bauverlag, 1982

41 Davenport, A.G.: The spectrum of horizontal gustiness near the ground in high winds. Quart. J. Roy. Met. Soc. 87 (1961) 194

42 Scruton, C.: On the wind-excited oscillations of stacks, towers and masts. Symp. of Wind Effects on Building and Structures. Vol. II. NPL, Teddington, 1963, S. 798–852, Her Majesty's Stationary Office, 1965

43 Harris, R.: The nature of wind. CIRIA Seminar on Modern Design of Wind-Sensitive Structures. London 1970

44 Scalan, R.H., Sollenberger, N.J.: Pressure difference across the shell of a hyperbolic natural-draft cooling tower. Proc. of the 4th Intern. Conf. on Wind Effects on Building and Structures. S. 143–149, Cambridge: Cambridge Univ. Press 1977

45 Niemann, H.-J.: Turbulenzinduzierte Schalenschwingungen von Naturzugkühltürmen aus Stahlbeton. Aeroelastische Probleme außerhalb der Luft- und Raumfahrt. Mitt. Curt-Risch-Institut, TU Hannover, 1978

46 Niemann, H.-J.: Spektrale Analyse winderregter Schalenschwingungen von Naturzugkühltürmen. VDI-Ber. 419, Düsseldorf: VDI 1981

47 Abbu-Sitta, S.H., Hashish, M.G.: Dynamic wind stresses in hyperbolic cooling towers. J. Structural Division. Sept. 1973

48 Cohen, E.: USA structural standards for reinforced concrete. Commentary on Structural Standards ASCE. – IABSE Intern. Conf. Preprints: Reports Vol. III-20

49 Proc. of the 8th World Conf. on Earthquake Engineering. San Francisco 1984

50 Proc. of the 8th European Conf. on Earthquake Engineering, Lissabon, 1986

51 Davidovici, V.: Genie parasismique. Presses de L'École Nationale des Ponts et Chaussées, Paris, 1985

52 Clough, R.W., Penzin, J.: Dynamics of Structures. – New York, 1975

53 Rosenblueth, E.: Design of earthquake resistant structures. – London, 1980. – 295 S.

54 Housner, G.: Behaviour of structures during earthquakes. – J. of Engineering Mechanics Division 854 (1959) – S. 109–129

55 Despeyroux, J.: Prevention sismique et reglementations. La definition et la prise en comptedes risques sismiques. – Gauthier-Villar, 1982

56 Hampe, E.: Behälter. B. Kal. 1986

57 Hampe, E., Müller, K.-H.: Stochastische Untersuchung eines seismisch erregten Wasserturmes. – In: Baupl. u. Baut. 42 (1988) 271–277

58 Hampe, E., Müller, K.-H.: Stochastische Untersuchungen von seismisch erregten Turmbauwerken. BI. (1989)

59 1th–9th Intern. Conf. on Structural Mechanics in Reactor Technology (SMiRT). Vol. J

60 Riera, J.: On the analysis of structures subjected to aircraft impact forces. – In: Nucl. Eng. Des. 1968

61 Donea, J.: Advanced structural dynamics. London: Applied Science Publications 1980

62 Hampe, E., Walther, H.-J.: Tragverhalten von rotationssymmetrischen Schalentragwerken unter Impulseinwirkungen. Bauforschung-Baupraxis, H. 234. – Bauinformation – DDR, Berlin 1988

63 Müller, F.P.: Baudynamik. B. Kal. 1978, T. II

64 Schalk, M., Wölfel, H.: Response of equipment in nuclear power plants to aircraft crash. Nucl. Eng. Des. 38 (1976) 567–582

65 Block, K.: Der harte Querstoß – Impact – auf Balken aus Stahl, Holz und Stahlbeton. Diss. Universität Dortmund, 1983

66 Kamil, H., Kost, G., Sharpe, R.: An overview of major aspects of the aircraft impact problem Nucl. Engin Des. 46 1978 109–121

67 Schnellenbach, G., Stangenberg, F., Jeschke, G.: Reduction of aircraft impact induced vibrations due to the nonlinear behaviour of reinforced concrete. Transactions 6th SMiRT-Conf., Paris, 17. – 21. August 1981. – Vol. J. 9/8

68 RILEM – CEB – IABSE – IASS – Interassociation Symposium: Concrete structures under impact and impulsive loading. Proceedings Berlin 1982

69 s. [68]

70 s. [59]

71 Stevenson, J.D.: Current summary of international extreme load design requirements for nuclear power plant facilities. Nucl. Eng. Des. 60 (1980) 197–209

72 Shock and vibration handbook. New York: McGraw-Hill 1961

73 s. [63]

74 Henrych, J.: The dynamics of explosion and its use. Prague: Academia 1979

75 Bartknecht, W.: Explosionen. Berlin: Springer 1980

76 Drittler, K.: Technisch-physikalische Modelle für äußere Einwirkungen und Ableitung der Lastannahmen. IRS-Fachgespräch 1974: Schutz von Kernkraftwerken gegen äußere Einwirkungen – Flugzeugabsturz, Druckwellen, Erdbeben. – Köln 30., 31. Oktober 1974

77 Koch, C., Bölkemeier, V.: Phenomology of explosions of hydrocarbon-air-mixtures in the atmosphere. Nucl. Eng. Des. 41 (1977) 69–74

78 Deutsche Risikostudie Kernkraftwerke – Fachband 4: Einwirkungen von außen (einschließlich anlageninterner Brände). Gesellschaft für Reaktorsicherheit – Köln 1980

79 Jungclaus, D.: Basic ideas of a philosophy to protect nuclear plants against shock waves related to chemical reactions. Nucl. Eng. Des. 41 (1977) 75–89

80 Dietrich, R., Fürste, W.: Beanspruchung und Bemessung von Kernkraftwerksgebäuden bei den äußeren Einwirkungen Flugzeugabsturz und Druckwelle. Technische Mitteilungen Krupp, Forschungsberichte. – Band 31 (1973) 3 S. 99–111

81 Stangenberg, F.: Berechnung von Stahlbetonbauteilen bei Kernkraftwerken für extreme dynamische Beanspruchungen. – Konstr. Ingenieurbau Ber. 23 (1975) 83–90

82 Rausch, E.: Maschinenfundamente und andere dynamische Bauaufgaben. Berlin: VDI 1973

83 Schlaich, J.: Beitrag zur Frage der Wirkung von Windstößen auf Bauwerke. BI. 41 (1961) 102–106

84 Van der Hoven, I.: Power spectrum of horizontal wind speed in frequency range from 0,0007 to 900 cycles per hour. – J. Meterol. B. 14 (1957) 160–164

85 s. [22, Kap. 1]

86 s. [51]

87 Basic concepts for seismic codes (IAEE). Bull. d' Information, No. 149/Comite Euro-International du Beton, Paris 1982

88 International standard ISO 3010: Bases for design of structures – seismic actions on structures. International Organisations for Standardization, 1988

89 Entwurf von EUROCODE Nr. 8: Gemeinsame einheitliche Regeln für Bauwerke in Erdbebengebieten. Kommission der Europäischen Gemeinschaften, Brüssel – Luxemburg 1984

90 Seismic design of concrete structures (second draft of an appendix to the CEB-FIP model code). Bull. d'Information, No. 149/Comité Euro-International du Beton, Paris 1982

91 DIN 4149: Bauten in deutschen Erdbebengebieten

92 Règles de construction à appliquer dans les régions sujettes a seismic 1967

93 Jugoslavia standards for constructions (1964). Earthquake resistant regulations. A world list Tokyo (1984) 879–904

94 Earthquake resistant regulations for building structures in Japan. Earthquake resistant regulation. A world list Tokyo (1984) 449–565

95 Regles parasismiques algeriennes. Earthquake resistant regulations. A world list Tokyo (1984) 1–11

96 Uniform building code: Earthquake regulations. Earthquake resistant regulations. A world list Tokyo (1984) 815–835

97 Code of practice for general structural design and design loadings for buildings. New Zealand Standard NZS 4203, 1976

98 Klein, H.: Kenngrößen zur Beschreibung der Erdbebeneinwirkung. Technische Hochschule Darmstadt 1984, Dissertation

99 Ohsaki, Y.: Guideline for evaluation of basic design earthquake ground motions, adopted as appendix to regulatory guide for a seismic design of nuclear power reactor facilities. Japan 1979

100 Seed, B., Ugas, C., Lysmer, J. Site-dependent spectra for earthquake resistant design. Bull. Seismic Society 66 (1976)1 S. 221–243

101 Vanmarcke, E.H.: Representing earthquake ground motions for design. Proc. of the 7th WCEE, Istanbul (1981) 2/271–2/278

102 Wieck, J., Schneider, G.: Herdnahe Messungen der seismischen Bodenbeschleunigung in Südwestdeutschland. Mitt. Institut. f. Bautechnik, 10 (1972) 2. S. 33–37
103 Devilliers, C., Mohammadioun, B.: French methodology for determinating site adopted SMS. Proc. of the 6th SMIRT, Paris, 1981
104 Hampe, E., Schwarz, J.: Entwurfsspektren zur seismischen Auslegung von KKW unter der Berücksichtigung der Spezifik mitteleuropäischer Verhältnisse. Gerlands Beiträge Geophysik. – Leipzig 95 (1986) 4 S. 315–340
105 Korenev, B.G., Rabinovic, I.M. Baudynamik. – Berlin: VEB Verlag für Bauwesen 1980
106 Eibl, J., Block, K.: Zur Beanspruchung von Balken und Stützen bei hartem Stoß (Impact). BI. 56 (1981) 369–377
107 DIN 1311 Blatt 1 bis 3: Schwingungslehre
108 VDI-Richtlinie 2056: Maßstäbe für die Beurteilung mechanischer Schwingungen von Maschinen
109 Biggs, J.M.: Introduction to structural dynamics. New York: McGraw-Hill 1964
110 Safety series: 50-SG-9, 50-SG-D12, 50-SG-01, 50-C-S. IAEA Wien
111 Drittler, K., Gruner, P.: The force resulting from impact of fast-flying military aircraft upon a rigid wall. Nucl. Eng. Des. 37 (1976) 245–248
112 IABSE Colloquium Copenhagen 1983: Ship collision with bridges and offshore structures. Preliminary report
113 Sockel, H.: Aerodynamik der Bauwerke. – Braunschweig: Vieweg 1984
114 Schliephake, Chr.: Simulation von windkrafterregten Querschwingungen schlanker Bauwerke mit Hilfe autonomer Differenzialgleichungen. TU Diss. A Braunschweig 1985
115 Försching, H.: Grundlagen der Aeroelastisk. Berlin: Springer 1979
116 Nieser, H.: Belastung des Schornsteines durch Wind. HdT – Vortragsveröffentlichung. Essen: Vulkan-Verlag H. 420 (1980) 38–42
117 Panggabean, H.: Schwingungsverhalten von turmartigen Tragwerken unter aerodynamischer Belastung. – Beiträge zur Anwendung der Aeroelastik im Bauwesen, Lausanne; Innsbruck H. 10 1983
118 Reichmann, K.H.: Beurteilung der Sicherheit und Zuverlässigkeit turmartiger Bauwerke unter Windeinwirkungen. Beiträge zur Anwendung der Aeroelastik im Bauwesen, Lausanne; Innsbruck H. 19 (1984)
119 Davenport, A., Novak, M.: Vibration of structures induced by wind. Shock vibration. New York: McGraw-Hill (1988) Abschn. 29. – S. 17–39
120 Sachs, P.: Wind forces in engineering. – Oxford: Pergamon Press 1972
121 Scruton, C.: An introduction to wind effects on structures. Oxford Univ. Press 1981
122 Wenderoth, O.: Beitrag zur Untersuchung der Strouhalzahl hoher Bauwerke im natürlichen Wind bei sehr großen Reynoldszahlen. – TU. Karlsruhe, Diss. A 1979
123 Kolousek, V., u.a.: Wind effects on civil engineering structures. Prag: Academia 1983
124 Hölzel, G.: Ein Beitrag zum Problem winderregter Querschwingungen kreiszylindrischer Stäbe im unterkritischen Reynolds-Bereich. TU. Dresden, Diss. A 1968
125 Güldner, St.: Untersuchungen zu Problemen des Querschwingungsverhaltens von schlanken Baukörpern im Wind. TU. Dresden, Diss. A, 1975
126 Chen, Shoei-Sheng: Flow-induced vibration of circular cylindrical structures. Berlin: Springer 1987
127 Chen, Y.N.: 60 Jahre Forschung über die karmanischen Wirbelstraßen – Ein Rückblick. Schweizerische Bauzeitung H. 91 (1973) 1079–1096
128 Sarphakaya, T., Isaacson, M.: Mechanics of wave forces on offshore structures. New York: Van Nostrand Reinhold 1981
129 Langer, W.: Querschwingungen hoher schlanker Bauwerke mit kreisförmigem Querschnitt. – Mitt. Institut für Leichtbau und ökonomische Verwendung von Werkstoffen. H. 8 (1969) 184–197
130 Ruscheweyh, H.: Statische und dynamische Windkräfte an kreiszylindrischen Bauwerken – Messungen am Hamburger Fernmeldeturm. – Fosrschungsber. des Landes Nordrhein-Westfalen. Opladen: Westdeutscher Verlag 1977
131 Cheung, J., Melbourne, W.: Turbulence effects on some aerodynamic parameters of acircular cylinder at supercritical Reynoldsnumbers. J. wind engineering and industrial aerodynamics 1983, Sect. 14 S. 399–410
132 Koten, V.: A study of crosswind oscillation of chimneys. – Proc. fifth Intern. Conf. Fort Collins; Colorado (1979) 769–780
133 Melbourne, W., Cheung, J., Goddard, C.: Response to wind action of 265m Mount Isa stack. J. Structural Engin. (1983) Vol. 109, No. 11 S. 2561–2577
134 Farell, C.: Flow fixed circular cylinders. Proc. ASCE. J. Engin. Mech. Division (1981) Vol. 107, No. EM3 S. 565–588

135 Pröper, H.: Zur aerodynamischen Belastung großer Kühltürme. Technisch-wissenschaftliche Mitteilungen, SFB 151, Institut für konstruktiven Ingenieurbau Universität, Bochum, Mitt. Nr. 77–3 1977
136 Sollenberger, N.J., Scanlan, R.H., Billington, D.P.: Wind loading and response of cooling towers. J. of the Structural Division 106 (1980) 3 S. 601–621
137 Sanal, Z.: Dynamisches Tragverhalten und kinetische Stabilität windbeanspruchter Kühlturmschalen aus Stahlbeton unter Berücksichtigung temperaturebedingter Rißbildung. Technisch-wissenschaftliche Mitteilungen, SFB 151, Institut für konstruktiven Ingenieurbau, Universität Bochum, Mitt. Nr. 85–1, 1985
138 Krätzig, W.B., Sanal, Z.: Resonanzfaktoren zur Bemessung von Naturzugkühltürmen unter dynamischer Windbelastung. Wissenschaftliche Mitteilungen Universität Bochum, SFB 151, Ber. Nr. 3 1985
139 Brust, H., Baetke, F., Gräbeldinger, W.: Untersuchung der aerodynamischen Übertragungsfunktion für schlanke, kreiszylindrische Bauwerke im natürlichen Wind am Beispiel des Fernsehturmes München. Ber. Abschluß Koll. des Schwerpunktprogramms der DFG, Essen: Vulkan-Verlag 1981
140 Panggabean, H., Wittmann, F.H.: über die Abhängigkeit der Frequenzdichte des Windes von der Höhe, der mittleren Windgeschwindigkeit und der Bodenrauhigkeit. 2. Kolloquium über Industrieaerodynamik, FHS-Adden 1976
141 Schneider, F.X., Wittman, F.H., Panggabean, H.: Zusammenstellung der im Verlauf mehrerer Jahre am Münchner Fernsehturm durchgeführten Wind- und Schwingungsmessungen, Beiträge zur Anwendung der Aeroelastic im Bauwesen. Institut für Bauingenieurwesen II, T.U. München, H. 4, 1975
142 Müller, F., Charlier, H., Keßler, H.: Wind und Schwingungsmessungen am Sendeturm Hornisgrinde. Konstruktiver Ingenieurbau Berichte; Gebäude Aerodynamik, H. 35/36 (1981) 11–16
143 s. [2.117]
144 Charlier, H., Keßler, H.: Messungen der Windbeanspruchung eines turmartigen Bauwerks. Kongreßband der 3. Intern. Schornstein-Tagung München, 25., 26. 10. 1978, S. 140–146
145 Industrieschornsteine. 3 Internationale Schornstein-Tagung München, 25., 26. 10 1978
146 Petersen, C.: Tilgung der Querschwingungen zylindrischer Bauwerke durch mechanische Dämpfer. Neuere Erkenntnisse über Schwingungen von Bauwerken im Wind. Tagungsbericht 1975. H. 347 HDT, Essen: Vulkan-Verlag 1976
147 Ciesielski, R.: Schwingungen von Stahlbetonschornsteinen im aerodynamischen Schatten. Kongreßband der 3. Intern. Schornstein-Tagung München, 25./26. 10. 1978, S. 53–58
148 Timoshenko, S.P., Gere, J.M.: Theory of elastic stability. New York: McGraw-Hill 1961
149 Planning and design of tall buildings. Technical committee 7. Wind loading and wind effects. ASCE-IABSE Intern. Conf. Preprints: Reports Vol. Ib-7
150 Cermak, J.E. (Hrsg.): Wind engineering. Proc. Fifth Intern. Conf. Fort Collins, Colorado July 1979, New York: Pergamon Press 1980
151 Davenport, A.: Recent developments and trends: dynamic response-tall buildings and towers. Proc. Fifth Intern. Conf. Fort Collins, Colorado, 1979. – S. 655–658
152 Panggabean, H., Schueller, G.I.: Über die dynamische Analyse von Hochhäusern im Zeit- und Frequenzbereich. Beiträge zur Anwendung der Aeroelastik im Bauwesen, H. 9, 1978
153 Dalgliesh, W.A., Marshall, R.D.: Wind effects on tall buildings. ASCE-IABSE Intern. Conf. Preprints: Report Vl. Ib-7
154 Nieser, H.: Stresses of circular cylindrical reinforced concrete chimneys by wind. Kongreßband der 2. internationalen Schornsteintagung, Edinburgh 1976 S. 217–227
155 Pinfold, G.: Reinforced concrete chimneys and towers – a view point publication. London: Cement and Concrete Association 1975
156 Trätner, A.: Windwirkung auf schwingungsgefährdete Bauwerke. Bauforschung Baupraxis, Berlin 1980 H. 48
157 Korenev, B., Rabinovic, I.: Baudynamik-Handbuch. – Berlin Verlag für Bauwesen, 1980
158 Vickery, J., Clark, W.: Lift or crosswind response of tapered stacks. Proc. ASCE J. Structural Division, Jan. (1972) 1–19
159 Langer, W., Hölzel, G.: Richtlinie für die Berechnung und bauliche Durchbildung hoher schlanker Tragwerke unter winderregter Querschwingungsbeanspruchung. – Hrsg.: Rundfunk- und fernsehtechnisches Zentralamt der deutschen Post 1982
160 Wyatt, T., Pinfold, G., Eiskjaer, K.: The treatment of cross-wind excitation of chimneys proposed for the british standard draft for development for reinforced concrete chimneys. Kongreßband der 5. internationalen Schornsteintagung, Essen (1984) Paper 17
161 Novak, M.: Aeroelastik galloping of prismatik bodies. J. Engin. Mechanics Division (1969) Vol. 95, No. EM1, S. 115–142

162 Novak, M., Davenport, A.: Aeroelastic instability of prisms in turbulent flow. J. Engin. Mechanics Division (1970) Vol. 96, No. EM1. S. 17–39
163 Novak, M.: Galloping oscillations of prismatic-structures. J. Engin. Mechanics Divisin (1972) Vol. 98, No. EM1, S. 27–46
164 Novak, M., Tanaka, H.: Effect of turbulence on galloping instability. J. Engin. Mechanics Division (1974) Vol. 100, No. EM1, S. 27–47
165 Kwok, K., Melbourne, W.: Freestream turbulence effects on galloping. J. Engin. Mechanics Division (1980) Vol. 106, N. EM2, S. 273–286
166 Iwan, W.: Galloping oscillations of hysteretic structures. J. Engin. Mechanics Division (1973) Vol. 99, No. EM6, S. 1129–1146
167 Hirtz, H.: Bericht über den Stand der Arbeiten an Regeln zur Erfassung der Windwirkungen auf Bauwerke. Konstr. Ingenieurbau Ber. Gebäudeaerodynamik, H. 35/36 (1981) 159–173
168 Johns, D.J., Allwood, R.J.: Wind induced ovalling oscillation of circular cylindrical shell structures such as chimneys. Proc. of a Symp. on Wind Effects on Buildings and Structures, Loughborough (1968) Pap. 28, 17
169 Johns, D.J., Sharma, C.B.: On the mechanism of wind induced ovalling vibrations of thin circular cylindrical shells. Novdascher (ed.): Flow induced structural vibrations, JUTAM-JAHR Symp., Karlsruhe (1972) 650–662
170 Lanevilla, A., Parkinson, G.: Effects of the turbulence on the galloping of bluff cylinders. Proc. Third Intern. Conf. on Wind Effects on Buildings and Structures Tokyo (1971) 787–797
171 Wowzonek, M., Parkinson, G.: Combined effects of gallopings instability and vortex resonance. Proc. Fifth Intern. Conf. – Fort Collins, Colorado (1979) 673–684
172 Tanaka, Y.u.a.: The shear failure properties of R/C-short columns affected by bond in main bars: Proc. of the 8th ECEE, Lisabon (1986) 7. 4/33–40
173 Ristic, D.u.a.: Effects of variation of axial forces to hystertic earthquake response of R/C-structures. Proc. of the 8th ECEE, Lisabon (1986) 7. 4/49–56
174 Syrmakezis, C.A., Vratsanou, V.Y.: Influence of infill walls to R/C frames. Proc. of the 8th ECEE, Lisabon (1986) 6. 5/47–53
175 Bertero, V.V.u.a.: U.S. – Japan Cooperative Earthquake Research Program: Earthquake simulation test and associated studies of a 1/5th-scale model of a 7-storey R/C-test structure. Earthquake Engin. Research Centre, University of California, Berkeley, Report No. UCB/EERC-84/05. – 1984
176 Hampe, E., Frank, U., Goldbach, R.: Bauwerke unter seismischen Einwirkungen – T. 3. – Inst. für Aus- und Weiterbildung im Bauwesen (im Druck)
177 Frank, U., Goldbach, R.: Erfassung des dynamischen Tragverhaltens von Geschoßbauwerken unter seismischen Einwirkungen mit ausgewählten Ersatzsystemen. HAB Weimar, Fakultät Bauingenieurwesen. – Diss. A, 1988 S.
178 Wolf, J.P.: Dynamic soil – structure interaction. Englewood Cliffs. N.J.: Prentice Hall, 1985
179 Haupt, W.: Bodendynamik – Grundlagen und Anwendung. Braunschweig: Vieweg 1986
180 Müller, K.-H.: Beitrag zur stochastischen Analyse von seismisch erregten Bauwerken. HAB Weimar, Fakultät Bauingenierwesen Diss. A
181 Hampe, E., Pfefferkorn, G., Bohn, W., Schwarz, J.: Erdbebenuntersuchung von zylindrischen Silobauwerken nach der Response-Spektrum-Methode. Baupl. u. Bautech. 36 (1982) 8, S. 367–372
182 Hampe, E., Bohn, W., Schwarz, J.: Erdbebenberechnung von Silobauwerken mit der Time-History- und Response-Spektrum Methode. Technische Mechanik, Magdeburg 1982
183 Bohn, W., Schwarz, J.: Verhalten rotationssymmetrischer Spezialbauwerke unter seismischen Einwirkungen. Diss. A, HAB Weimar, 1984
184 Hampe, E.: Bemerkungen zum Tragverhalten von Behälterbauwerken unter extremen dynamischen Einwirkungen. BuSt. (1985) H. 5
185 Trans. 9th. Intern. Conf. on structural mechanics in reactor technology. Lausanne, 17.–21. August 1987 Rotterdam, Boston: A.A. Balkema 1987
186 König, G., Dargel, H.J.: A constitutive law for reinforced concrete with consideration to the effect of high strain rates. RILEM-CEB-IABSE-IASS-Interassociation Symp. Concrete structures under impact and impulsive loading, Proc. Berlin (1982) 67–82
187 Takeda, J., Tachikawa, H.; Fujimoto, K.: Mechanical properties of concrete and steel in reinforced concrete structures subjected to impact or impulsive loadings. RILEM-CEB-IABSE-IASS-Interassociation Symp. Concrete structures under impact and impulsive loading, Proc. Berlin (1982) 83–91
188 Millstein, L., Sabnis, G.M.: Concrete strength under impact loading. RILEM-CEB-IABSE-IASS-Interassociation Symp. Concrete structures under impact and impulsive loading, Proc. Berlin (1982) 101–111
189 Zielinski, A.J., Reinhardt, H.W.: Impact stress-strain behaviour of concrete in tension. RILEM-

CEB-IABSE-IASS-Interassociation symp. Concrete structures under impact and impulsive loading, Proc. Berlin (1982) 112–124

190 Vos, E., Reinhardt, H.W.: Influence of loading rate on bond in reinforced concrete. RILEM-CEB-IABSE-IASS-Interassociation Symp. Concrete structures under impact and impulsive loading, Proc. Berlin (1982) 170–181

191 Ammann, W., Mühlematter, M., Bachmann, H.: Stress-strain behaviour of non-prestressed and prestressed reinforcing steel. RILEM-CEB-IABSE-IASS-Interassociation Symp. Concrete structures under impact and impulsive loading, Proc. Berlin (1982) 146–156

192 Ammann, W., Mühlematter, M., Bachmann, H.: Reinforced and prestressed concrete beams under shock-loading conditions or sudden removal of support. RILEM-CEB-IABSE-IASS-Interassociation Symp: Concrete structures under impact and impulsive loading, Proc. Berlin (1982) 253–265

193 Takeda, J., Tachikawa, H., Fujimoto, K.: Fracture of reinforced concrete structural members and structures subjected to impact or explosion. RILEM-CEB-IABSE-IASS-Interassociation Symp. Concrete structures under impact and impulsive loading, Proc. Berlin (1982) 289–295

194 Hülsewig, M., Stilp, A., Pahl, H.: Behaviour of fiber reinforced concrete slabs under impact loading. RILEM-CEB-IABSE-IASS-Interassociation Symp. Concrete structures under impact and impulsive loading, Proc. Berlin (1982) 315–321

195 Crutzen, Y., Reynen, J., Villafane, E.: Concrete structure strength against soft missile impact. RILEM-CEB-IABSE-IASS-Interassociation symp. Concrete structures under impact and impulsive loading, Proc. Berlin (1982) 411–425

196 Zimmermann, Th., Rebora, B., Rodriguez, C.: Airplane impacts on reinforced concrete shells. RILEM-CEB-IABSE-IASS-interassociation symp. Concrete structures under impact and impulsive loading, Proc. Berlin (1982) 426–440

197 Wicks, S., Barnes, D., Garton, G.: Micro concrete model tests with heavy projectiles dropped from low heights. Trans. of the 9th. Intern. Conf. on structural mechanics in reactor technology, Vol. J: Extreme loading and response of reactor containments. – Lausanne, 17–21. August 1987, Rotterdam: A.A. Balkema (1987) 45–50

198 Fullard, K., Barr, P.: Development of design guidance for low velocity impacts on concrete. Trans. of the 9th. Intern. Conf. on structural mechanics in reactor technology, Vol. J: Extreme loading and response of reactor containments. – Lausanne, 17–21. August 1987, Rotterdam: A.A. Balkema 1987 57–66

199 Chauvel, D., L'Huby, Y., Martin, A.: Behaviour of a double reinforced concrete-wall under impact of a soft missile. Trans. of the 9th. Intern. Conf. on structural mechanics in reactor technolgy, Vol. J: Extreme loading and response of reactor containments. – Lausanne, 17–21. August 1987, Rotterdam: A.A. Balkema 1987 67–71

200 Sinclair, A.C.E., Fullard, K., Baker, D.: The impact resistance of concrete slabs under heavy dropped loads. Trans. of the 9th. Intern. Conf. structural mechanics in reactor technology, Vol. J: Extreme loading and response of reactor containments. –Lausanne, 17–21. August 1987, Rotterdam: A.A. Balkema 1987 73–78

201 Riera, J.D.: On scabbing and perforation of concrete structures hit by solid missiles. Trans. of the 9th. Intern. Conf. on structural mechanics in reactor technology, Vol. J: Extreme loading and response of reactor containments. –Lausanne, 17–21. August 1987, Rotterdam: A.A. Balkema 1987 87–92

202 Blaauwendraad, J., Van Os, P.J.: Design and analysis of circular concrete safety wall. RILEM-CEB-IABSE-IASS-Interassociation Symp.: Concrete structures under impact and impulsive loading, Proc. Berlin (1982) 565–581

203 Olin, J.: Design of reinforced concrete structures of air-raid shelters for shock load. RILEM-CEB-IABSE-IASS-Interassociation symp.: Concrete structures under impact and impulsive loading, Proc. Berlin (1982) 582–587

204 Goschy, B.: Design philosophy of R.C. building structures under impulsive loading. RILEM-CEB-IABSE-IASS-interassociation symp.: Concrete structures under impact and impulsive loading, Proc. Berlin (1982) 19–28

205 Rashid, Y.R., Dunham, R.S., Tang, H.T.: State-of-the-art review of concrete containment response to severe overpressurization. Transactions of the 9th. Intern. Conf. structural mechanics in reactor technology, Vol. J: Extreme loading and response of reactor containments. –Lausanne, 17–21. August 1987, Rotterdam: A.A. Balkema 1987 191–202

206 Eibl, J.; Schlüter, F.-H.: Local behaviour of thick reinforced concrete slabs under impact loading. Transactions of the 9th. Intern. Conf. on structural mechanics in reactor technology, Vol. J: Extreme loading and response of reactor containments. –Lausanne, 17–21. August 1987, Rotterdam: A.A. Balkema 1987 115–120

207 Zerna, W., Stangenberg, F.: On the shock behaviour of reinforced concrete structural systems.

RILEM-CEB-IABSE-IASS-Interassociation symp. Concrete structures under impact and impulsive loading, Proc. Berlin (1982) 131–144
208 Stangenberg, F.: Berechnung von Stahlbetonbauteilen für extreme dynamische Beanspruchungen: Flugzeugabsturz, Explosion, innere Störfälle. Kerntechnischer Ingenieurbau, Essen (1975) 82–90
209 Krutzik, N.J.: Analysis of aircraft impact problems. In. Donea, J.: Advanced structural dynamics. London: Applied Science Publishers
210 Mischke, J., Hilpert, H.J., Henkel, F.O.: Dynamische Analyse und Antwortspektren des Hauptprozeßgebäudes einer Wiederaufbereitungsanlage. B.T. 61 (1984) 7, S. 239–244 u. 61 (1984) 9, S. 317–319

Literatur zu Kapitel 3

1 Duddeck, H.: Die Ingenieuraufgabe, die Realität in ein Berechnungsmodell zu übersetzen. BT (1983) 225
2 Herzog, M.: Die Bemessungsregeln des Bauingenieurs zwischen Empirie und Theorie. BT (1982) 226
3 Kupfer, H.: Möglichkeiten und Grenzen des Spannbetons. Beton (1989) 151
4.1 Eibl, J.u.a.: Berechnung kastenförmiger Brückenwiderlager. Düsseldorf: Werner 1979
4.2 Baldauf, H., Timm, U.: Betonkonstruktionen im Tiefbau. Handbuch f. Stahlbetonbau. Berlin: Ernst & Sohn 1988
5 Rabich, R.: Statik der Platten, Scheiben, Schalen. Ingenieur-Taschenbuch Bauwesen, Bd.. 1. Leipzig: Teubner 1963
6 Grasser, E., Thielen, G.: Hilfsmittel zur Berechnung der Schnittgrößen und Formänderungen von Stabtragwerken. DAfStb 1972, H. 240
7 Schleeh, W.: Die Rechteckscheibe mit beliebiger Belastung der kurzen Ränder. BuSt (1961) 72
8.1 Smoltczyk, U. (Hrsg.): Grundbau-Taschenbuch. Teil 1: Grundlagen. Berlin: Ernst & Sohn 1980
8.2 Smoltczyk, U.: Berechnung von Bodenreaktionskräften. Ber. Nr. 4 VPI (Bund) 1979
8.3 Lang, H.-J., Huder. J.: Bodenmechanik und Grundbau. Berlin: Springer 1984
8.4 Gudehus, G.: Bodenmechanik. Stuttgart: Enke 1981
8.5 Kinze, W., Franke, D.: Grundbau. Berlin: VEB Verlag für Bauwesen 1988
8.6 Fuchs: Baugrund- und Erdstoffmechanik. Berlin: VEB Verlag für Bauwesen 1965
8.7 Kézdi, A.: Bodenmechanik, Bd. 1.u.2. Berlin: VEB Verlag für Bauwesen 1964
8.8 Terzaghi, K., Peck, R.B.: Die Bodenmechanik in der Baupraxis. Berlin: Springer 1954
8.9 Széchy, K.: Der Grundbau, Bd. 1: Untersuchung und Festigkeitslehre des Baugrundes. Wien: Springer 1963
8.10 Grasshoff, H., Siedek, P., Kubler, G.: Erd- und Grundbau, Teil 1: Eigenschaften und Belastbarkeit der Bodenarten. Düsseldorf: Werner 1982
9 Türke, H.: Statik im Erdbau. Berlin: Ernst & Sohn 1984
10 Weinhold, J.: Zur Frage der Untergrundsondierungen im Bauwesen mit der Wünschelrute. BT (1984) 432
11 Eissele, K.: Bauschäden durch mangelhafte Baugrunduntersuchungen. Ber. Nr. 38 VPI (BW) Freudenstadt 1972
12.1 Gudehus, G. u.a.: Grundbruchlast von Rechteckfundamenten auf einem geschichteten Boden. BI (1985) 29
12.2 Myslivec, A., Kysela, Z.: Die Tragfähigkeit von Gebäudefundamenten. Köln: Müller 1978
12.3 Gudehus, G.: Vereinfachte Ermittlung der Breite von planmäßig vorwiegend mittig vertikal belasteten Rechteckfundamenten. BI (1981) 327
13 Schroeder, H.: Standsicherheit von Fundamenten unter dem Einfluß der Frostwirkung des Baugrundes. Baupl.u. Bautech. (1981) 442
14 Borowicka, H.: Stand und Kritik der Theorie des elastischisotropen Halbraumes; Bodenmechanik II. Düsseldorf: VDI 1964
15 Altes, J.: Die Grenztiefe bei Setzungsberechnungen. BI (1976) 93
16 Atalla, M.: Kriterien für zulässige Setzungen. (Permissible settlement criteria). Bâtiment International (1975) 172
17.1 Széchy, K.: Foundation failures. Concrete Publ. Lim. London 1961
17.2 Széchy, K.: Beispiele von Gründungsfehlern. Baupl. u. Bautech. (1960) 74 u. 274
17.3 Logeais, L.: Pathologie des fondations. Ann. Inst. Tech. Bâtim. Trav. Publics, Paris April 1971. Ber. darüber BI. (1972) 30
18.1 Schäffner, H.-J.: Die Sohldruckverteilung bei Flächengründungen im Sand. Baupl. u. Bautech. (1982) 537
18.2 Leussink, H., Blinde, A., Abel, P.-G.: Versuche über die Sohldruckverteilung unter starren

Gründungskörpern auf kohäsionslosem Sand. Veröffentl. d.Inst. für Boden-u. Felsmech. TH Karlsruhe (1966) H. 22 u. 48

19 Schweikert, Sohldruckverteilung unter Streifenfundamenten; Einfluß der Reibung. Diss. Inst. für Bodenmech. Karlsruhe 1963

20 Muhs, Weiss: Flachgegründete Einzelfundamente mit geneigter und ausmittiger Last (Tragfähigkeit). Kurzber. a.d. Bauforsch. 11 (1971)

21 Herzog, M.: Tragfähigkeit und Setzung von Flachgründungen unter senkrechten Lasten (Beispiele). BT. (1980) 368

22 Kany, M., Gründer, J.: Gegenseitige Beeinflussung benachbarter Flächengründungen. Kurzber. a.d. Bauforsch. 8 (1978) 665 u. Landesgewerbeamt Nürnberg (1978) H. 78

23 Król, W.: Die Statik der Stahlbetonfundamente unter Berücksichtigung der Steifigkeit des Überbaues. Bauingenieur – Praxis H. 73. Berlin: Ernst & Sohn 1970

24 Neuber, H.: Setzungen von Bauwerken und ihre Vorhersage. Ber. a.d. Bauforsch. H. 19. Berlin: Ernst & Sohn 1961

25.1 Krauss, E.: Berechnung der Schiefstellung von Fundamenten. Ber. a.d. Inst. für Statik der TU Braunschweig (1978) Nr. 30, S. 17

25.2 Keintzel, E.: Fundamentverdrehungen. BuSt (1972) 235

25.3 Becker, G.: Praktische Berechnung elastischer Einspannung in starren Fundamentkörpern. BT. (1979) 145

25.4 Sherif, G.: Elastisch eingespannte Bauwerke. Berlin: Ernst & Sohn 1974

25.5 Worch, G.: Die Berechnung elastisch gelagerter Rahmen. Konstruktiver Ingenieurbau (Festschr. Hirschfeld) 286. Düsseldorf: Werner 1967

26 Klotz, H.: Neuartiges Randstreifenfundament. BI. (1985) 296

27 Stallbohm, H.: Biegebemessung quadratischer Einzelfundamente mit mittiger Last. BuSt. (1980) 218

28.1 Dieterle, H., Rostásy, F.: Tragverhalten quadratischer Einzelfundamente aus Stahlbeton (Biegung und Durchstanzen). DAfStb (1987) H. 387, Kap. 5

28.2 Dieterle, H., Schäfer, K.: Traglastversuch an einer großen Fundamentplatte ohne Schubbewehrung. Kurzber. a.d. Bauforsch. 3 (1982) 257

29.1 Gudehus, G.: Vereinfachte Ermittlung der Dicke von Flachfundamenten aus Stahlbeton. BI (1984) 337

29.2 Haker, W.: Grenzwinkel zur Verbreiterung unbewehrter Streifenfundamente. Baupl. u. Bautech. (1981) 89

29.3 Myslivec, A., Kysela, Z.: Die Tragfähigkeit von Gebäudefundamenten. Köln: R. Müller 1978

29.4 Claussen, H.: Gründungen aus vorgefertigten Betonbauteilen. Beton-u. Fertigteil-Jahrbuch (1987) 136

29.5 Robinson, J.R.: Semelles de fondation. In: Eléments constructivs spéciaux du béton armé. Paris: Ed. Eyrolles 1975

30.1 Varga, L., Kaliszky, S.: Gründung turmartiger Bauwerke. Düsseldorf: Bauverlag 1974

30.2 Schlaich, J.: Gründung hoher Stahlbetontürme. Vorber. IVBH Kongreß Tokyo 1976

30.3 Schlaich, J.: Vorspannen des Fundamentes für den Fußkegel des Funkturmes Stuttgart. BuSt (1971) 93

30.4 Dierks, K., Kurian, N.: Zum Verhalten von Kegelschalenfundamenten unter zentrischer und exzentrischer Belastung. BI (1981) 61

31 Amann, P., Breth, H.: Die Setzung von Hochhäusern und die Biegebeanspruchung von Gründungsplatten. BT (1977) 37

32 Kany, M.: Berechnung von Flächengründungen. Berlin: Ernst & Sohn 1974

33 Ohde, J.: Die Berechnung der Sohldruckverteilung unter Gründungskörpern. BI (1942) 99. u.122

34 Smoltczyk, U. (Hrsg.): Grundbau-Taschenbuch. Teil 2: Anwendungen. Berlin: Ernst & Sohn 1982

35.1 Beyer, K.: Die Statik im Stahlbetonbau, S. 140. Berlin: Springer 1956

35.2 Hahn, J.: Durchlaufträger, Rahmen, Platten und Balken auf elastischer Bettung. Berlin: Ernst & Sohn 1985

35.3 König, G., Sherif, G.: Erfassung der wirklichen Verhältnisse bei der Berechnung von Gründungsplatten. BI. (1975) 93

35.4 König, G., Sherif, G.: Platten und Balken auf nachgiebigem Baugrund. (Tabellen). Berlin: Springer 1975

35.5 Likar, O.: Balken veränderlicher Biegefestigkeit auf elastischer Bettung variabler Intensität. BI. (1977) 41

35.6 Wölfer, K.-H.: Elastisch gebettete Balken. (Bettungsmodulverfahren). Wiesbaden: Bauverlag 1978

35.7 Kärcher, K.: Berechnung elastisch gebetteter mit Streifenfundamenten gekoppelter Fundamentplatten. BuSt. (1978) 172

35.8 Netzel, D.: Zweckmäßige und wirtschaftliche Bemessung und konstruktive Ausbildung von Gründungsplatten. Kurzber. a.d. Bauforsch. 12 (1973) 229
35.9 Siemer, H., Welskopf, H.: Allgemeiner Reihenansatz für Einzellasten auf (elastisch gebetteten) Kreisringfundamenten. BT (1981) 186
36 Schultze, E.: Bettungszahl oder Steifezahl? Konstruktiver Ingenieurbau (Festschr. Hirschfeld) 269. Düsseldorf: Werner 1967
37.1 Netzel, D.: Zur Berechnung von Flächengründungen unter Berücksichtigung des Gesamtbauwerkes. Ber. Nr. 8 VPI (BW) (1983) 145
37.2 Netzel, D.: Beitrag zur wirklichkeitsnahen Berechnung und Bemessung einachsig ausgesteifter, schlanker Gründungsplatten. BT (1975) 209 u.387
37.3 Krauss, E.: Berechnung von Gründungsbalken und -platten, ausgesteift durch den Überbau. Ber. a.d. Inst. für Statik der TU Braunschweig 1978, Nr. 28
37.4 Hertwig, G.u.a.: Fundamente für Hochregallager. Baupl. u. Bautech. (1980) 531
37.5 Gossla, F.: Erweiterung des Steifemodulverfahrens unter Berücksichtigung der Bauwerksteifigkeit bei unterschiedlichem Aussteifungsverhalten. BT (1979) 14u. 52
37.6 Zhu, B., Zhau, M.: Die Wechselwirkung zwischen Bauwerk und Baugrund (beide elastisch, mittels Matrizenansatz). BT (1983) 80
38.1 Quade, J., Messtorff-Lebius, V.: Einflußflächen für Rechteckplatten auf elastisch-isotropem Halbraum. Bauforschung-Baupraxis H. 153 Bauinformation. Berlin: VEB Verlag Technik 1985
38.2 Grasshoff, H.: Einflußlinien für Flächengründungen. (Vergleich versch. Verfahren). Berlin: Ernst & Sohn 1978
38.3 Stiglat, K, Wippel, H.: Platten. Berlin: Ernst & Sohn 1983
38.4 Banaš, L.: Maximale Biegemomente in Platten aus Stahlbeton auf elastischer Bettung. BI (1977) 357
38.5 Dehne, E.: Flächengründungen. Wiesbaden: Bauverlag 1982
38.6 Bercea, G.: Anwendungsmöglichkeiten der Theorie der unendlich ausgedehnten Platte auf elastischer Bettung. BT (1985) 238u. 271; (1986) 413
38.7 Panak, J.: Elastisch gebettete Platten unter Flächen-und Einzellasten. (Behaviour and design of industrial slabs on grade). J. ACI (1975) 219
39.1 Bercea, G.: Die dünne Kreisplatte auf elastischer Bettung unter einer zentralen, kreisförmigen Gleichlast. BT (1983) 204
39.2 Schikora, K.: Berechnung beliebig belasteter Kreisplatten mit veränderlicher Steifigkeit auf elastischem Halbraum. BI (1978) 391
39.3 Berbalk, M.: Näherungsverfahren zur Berechnung der Kreisplatte veränderlicher Dicke auf elastisch-isotropem Halbraum. BT (1975) 263
39.4 Rauhaus, D.: Tabellen zur Berechnung der Kreisplatte auf elastischer Unterlage unter zentralsymmetrischer Belastung. BI (1977) 387
39.5 Eibl, J.: Kreisplatten auf elastischer Bettung bei nicht rotationssymmetrischer (antimetrischer) Belastung. Ingenieur-Archiv (1973) 1
40 Mittelmann, G.: Zur Anwendbarkeit der Westergaard-Formel. BT (1966) 380
41.1 Deninger, A.: Neue Möglichkeiten der Berechnung von Gründungsplatten durch Benützung elektronischer Rechengeräte. BT (1965) 342
41.2 Gründel, K.: Berechnung elasto-plastischer Probleme der Bodenmechanik mit F.E.M. Mitt. Inst. für konstr. Ing.-Bau Univ. Bochum Nr. 2, 1979
41.3 Breth, H., Rückel, H.: Beitrag zur Berechnung von Gründungsplatten. (mit FEM). BI. (1980) 325
41.4 Schäffner, H.-J.: Elastoplastische Berechnung von Flachgründungen (Balkenrostmodell). Baupl. u. Bautech. (1982) 67
41.5 Herzog. M.: Tragfähigkeit und Bemessung von Fundamentbalken und -platten (Fließgelenkansatz). BT (1983) 90
41.6 Herzog, M.: Die Tragfähigkeit von Platten auf nachgiebiger Unterlage (Fließgelenklinienansatz). BT (1983) 395
42.1 Weinhold, H.: Verpreßpfähle nach DIN 4128 (83) mit kleinem Durchmesser (bis 30 cm). Ber. Nr. 8 VPI (Bund) 1982/83
42.2 Frank, A., Kauer, H.: Anwendung von Verpreßpfählen mit kleinem Durchmesser im Hochbaubereich. BI (1979) 465
42.3 Vogt, H.: Kritische Betrachtung der Prüfrichtlinien für gekuppelte Pfähle. BuSt (1980) 108
42.4 Vogt, H.: Beitrag zur bauaufsichtlichen Behandlung langer Fertigbeton-Rammpfähle. BT. (1980) 381
42.5 Franke, E.: Neueste Entwicklungen von Ortbeton-und Schotterpfählen. Ber. Nr. 12 VPI (Bund) über Arbeitstagung Saarbrücken (1987) 109

43.1 Schmidt, B.: Die Berechnung biegebeanspruchter, elastisch gebetteter Pfähle nach F.E.M. BT (1985) 20 (Werte von C horizontal)
43.2 Özgen, E.: Beitrag zur Ermittlung der Steifigkeitswerte von elastisch eingespannten Pfählen. BI (1983) 175
43.3 Schmidt, H.-G.: Beitrag zur Berechnung von biegesteifen Pfählen für Brückenwiderlager. BT (1980) 276
43.4 Kempfert, H.-G.: Dimensionierung kurzer, horizontal belasteter Pfähle. BI (1989) 201
43.5 Boshinov, B.: Berechnung kurzer Pfähle bei Einwirkung von horizontalen Kräften und Biegemomenten. BT (1980) 377
43.6 Müller-Kirchenbauer, H., Linder, W.-R.: Untersuchungen zur seitlichen Beanspruchbarkeit von Pfählen. BT. (1977) 354u. 381
43.7 Rollberg, D.: Bestimmung des Bettungsmoduls horizontal belasteter Pfähle aus Sondierungen. BI (1982) 343
43.8 Werner, H.: Biegemomente elastisch eingespannter Pfähle. BuSt. (1969) 47; (1970) 39; (1977) 354u. 381
43.9 Mayer, L.: Aufnahme von Momenten von Horizontalkräften durch im Boden elastisch eingespannte Pfähle. BuSt. (1969) 47
43.10 Titze, E.: Über den seitlichen Bodenwiderstand bei Pfahlgründungen. Bauing. Prax. H. 77. Berlin: Ernst & Sohn 1977
43.11 Weinhold, H.: Großbohrpfähle. Ber. Nr. 38 VPI (BW) Freudenstadt 1972
44 Wittke, W.u.a.: Bemessung von horizontal belasteten Großbohrpfählen mit F.E.M. BI (1974) 219
45 Neumeuer, H.: Irrtümer beim Entwurf von Pfahlgründungen. BI (1963) 241
46 Theimer, O.-F.: Schäden an Stahlbetonsilos. Die Mühle (1963) 455
47.1 Herzog, M.: Elementare Erfassung der Gruppenwirkung von Bohrpfählen unter vertikalen Lasten. BI (1989) 209
47.2 Schmidt, B.: Die Berechnung von Pfahlrosten mit elastisch gebetteten Pfählen nach F.E.M. BT (1985) 419
47.3 Zettwitz, R.: Tragverhalten von bohrpfahlgestützten Gründungskonstruktionen. Baupl. u. Bautech. (1983) 418
47.4 Stanke, W.: Berechnung von Pfahlgründungen mit geneigten Betonpfählen und beliebiger Lagerung. BI (1979) 154
47.5 Schiel, F.: Statik der Pfahlwerke. Berlin: Springer 1970
47.6 Ollila, M.: Allgemeine Methode für die Berechnung von beliebigen Pfahlgruppen bei Annahme eines unendlich steifen Grundblockes. BT (1968) 299
47.7 Schultze, E.: 35 Jahre Spundwand- und Pfahlrostberechnung. BI (1966) 378
48 Simons, H.: Tragfähigkeit von Pfählen. VDI-Zeitschrift (1967) 345
49.1 Hettler, A.: Statistisch begründete Sicherheitsnachweise für Betonrammpfähle. BI (1988) 409
49.2 Feddersen, J.: Das „Hyperbelverfahren" zur Ermittlung der Bruchlasten von Pfählen. BT (1982) 27
49.3 Rollberg, D.: Zur Anwendung der Rammformeln. BT (1980) 337
49.4 Rollberg, D.: Zur Bestimmung der Pfahltragfähigkeit aus Sondierungen. BI (1985) 25
49.5 Stamm, J.: Die Beeinflussung der Spitzenpressung durch die Größe der Pfahlfußfläche. BT. (1983) 41
49.6 Franke, E.: Neue Erkenntnisse über den Spitzendruck von Pfählen in Sand. BT (1981) 80
49.7 Simons, H.: Dynamische Pfahltests. BI (1984) 189
49.8 Meek, J.: Dynamische Probebelastungen und eine neue Rammformel. BT (1986) 78
49.9 Sieffert, J.-G.: Beitrag zum Vibrationsverfahren unter hohen Frequenzen für das Einrütteln von Pfählen. BI (1984) 103
49.10 Vogt, H.: Die inneren Beanspruchungen eines Rammpfahles während des Rammens. BuSt (1980) 192
49.11 Baguelin, F.u.a.: La capacité portante des pieux. Ann. Inst. Tech. Bâtim. Trav. Publics, Paris, No. 330 (1975) 1
50.1 Rollberg, D.: Die Kraft- Setzungslinie von Pfählen. BI (1978) 309
50.2 Hettler, A.: Setzungen von vertikalen, axialbelasteten Pfahlgruppen in Sand. BI (1986) 417
51.1 Schmiedel, U.: Seitendruck auf Pfähle. BI (1984) 61
51.2 Steinfeld, K.: Fließdrücke auf Pfähle und Pfahlsysteme. Ber. Nr. 8 VPI (Bund) (1983) 83
51.3 Zorn, N.F., Reinhardt, H.-W.: Rißbildung in Rammpfählen aus Stahlbeton oder Spannbeton. BI (1985) 513
51.4 Dahms, J.: Über die Schlagfestigkeit von Beton für Rammpfähle. Beton techn. Berichte (1968) 49
52.1 Feda, J.: Zulässige Belastung von Großbohrpfählen (Vorschlag). BT (1986) 42
52.2 Priebe, H.: Bemessungstafeln für Großbohrpfähle. BT (1982) 276

52.3 Stamm. J.: Das Tragverhalten von vertikal belasteten Großbohrpfählen. BI (1980) 333 u. 473
52.4 Herzog, M.: Traglast und Setzung großer Bohrpfähle nach Versuchen. BI (1978) 289
52.5 Franke, E.: Großbohrpfähle. Vortr. Baugrundtagung d. Deutschen Ges. für Erd-u. Grundbau Hamburg, in Düsseldorf 1970
53 Feibicke, H.: Zur Gleitsicherheit flach gegründeter Bauwerke und Fundamente. Baupl. u. Bautech. (1986) 346
54 Neumeurer, H.: Erddruck und Erdwiderstand. Zusammenstellung bisheriger Ergebnisse von Versuchen. Hrsg. Deutsche Ges. für Erd-u. Grundbau, Hamburg. Berlin: Ernst & Sohn 1960
55 Weissenbach, A.: Beitrag zur Ermittlung des Erdwiderstandes. BI (1982) 161
56 Günther, H.: Erdruhedruck auf starre Wände. BI (1988) 421
57 Nendza, H.: Über die Tragfähigkeit von Zugpfählen mit Fußverbreiterung im Sandboden. Vortr. Baugrundtagung d. Deutschen Ges. für Erd-u. Grundbau, Hamburg, in München 1966
58.1 Schmidt, G.: Der Bruchmechanismus von Zugpfählen (mit Hinweis auf die Referate des Pfahlsymposiums in Darmstadt 1986). BT (1987) 206
58.2 Incecik, M.: Einsatz von Verpresspfählen für Verankerungen. BT (1986) 168
58.3 Hettler, A.: Theoretische und experimentelle Untersuchung vertikaler Zugpfähle im Sand. BI. (1984) 87
59.1 Franke, E., Heibaum, M.: Ein Beitrag zum Nachweis der Standsicherheit auf der tiefen Gleitfuge (für Verpreßanker). BI (1988) 391
59.2 Gudehus, G.: Zur Statik der Bodenverdübelung und der Bodenvernagelung. Ber. Nr. 10 VPI (Bund) 1985
59.3 Entwicklung der Bodenankertechnik. Österr. Betonverein 1985, H.3
59.4 Hettler, A.: Theoretische und experimentelle Untersuchung vertikaler Zugpfähle im Sand. BI (1984) 87
59.5 Stocker, M.: Die Entwicklung des Dauerankers. Fortschritte im konstruktiven Ingenieurbau. (Festschr. Rehm). Berlin: Ernst & Sohn 1984
59.6 Cornelius, V., Mehlhorn, G.: Tragfähigkeitsuntersuchungen im Verankerungsbereich von Verpressankern und Pfählen mit kleinem Durchmesser für den Anwendungsbereich im Lockergestein. Kurzber. a.d. Bauforsch. 3 (1983) 211
59.7 Jelinek, R., Ostermayer, H.: Verpressanker in Böden. BI (1976) 109
59.8 Feddersen, J.: Verpressanker in Lockergestein. BI (1974) 302
59.9 Krüger, P.-J.: Stressing and testing of ground anchors. FIP Notes Nr. 85 March 1980
59.10 Kramer, H., Rizkallah, V.: Verfahren zur Abschätzung der Tragfähigkeit von Verpressankern. BI (1979) S. 391. Hierzu wichtige Zuschrift von M. Herzog in BI (1980) 160
59.11 Werner, H.-U.: Das Tragverhalten von gruppenweise angeordneten Erdankern. BT (1975) 387
59.12 Finsterwalder, K., Herbst, Th.: Erd-und Felsanker. Festschr. 50 J. Dyckerhoff u. Widman. Karlsruhe: Braun 1973
60 Manns, W.u.a.: Einfluß aggressiver Wässer und Böden auf das Langzeitverhalten von Verpreßankern und Verpreßpfählen. Kurzber. a.d. Bauforsch. 125 (1988) 491
61 Lackner, E.: Verankerte Schleusensohlen. Konstruktiver Ingenieurbau. (Festschr. Hirschfeld). Düsseldorf: Werner 1967
62 Leonhardt, F.: Zum Stand der Kunst, Stahlbetontürme zu bauen. Beton (1967) 73
63 Walther, R.: Vorgespannte Felsanker. Schweiz. Bauztg. (1959) 773
64 Müller, L.: Der Felsbau. Bd. l. Stuttgart: Enke 1963
65.1 Placzek, D.: Über das Schwinden bindiger Böden als Ursache für Bauwerksschäden. BT (1983) 168
65.2 Heller, H.-J.: Bauwerksetzungen bei sandigem Untergrund infolge von Erschütterungen durch Bahnverkehr. Baupl. u. Bautech (1981) 56
65.3 Heller, H.-J.: Schrumpfsetzungen bei tonigem Baugrund durch den Einfluß von Bäumen. Baupl. u. Bautech. (1980) 307
65.4 Hellweg, H.; Rizkallah, V.: Ein Verfahren zur Abschätzung des Sackungsverhaltens bei gleichförmigen Feinsanden bei Bewässerung. Vortr. Baugrundtagung d. Deutschen Ges. für Erd-. u. Grundbau, Hamburg, in Mainz 1980
65.5 Henke, K.: Bauen am Hang. Baugrundtechnische Fragen. Ber. VPI (BW) 1976
65.6 Pieper, K.: Stützensenkungen bei Stahlbetonhochbauten. BT (1966) 415
66.1 Luetkens, O.: Bauen im Bergbaugebiet. Bauliche Maßnahmen zur Verhütung von Bergschäden. Berlin Springer 1957
66.2 Schmidbauer, J.: Verhütung von Bergschäden an Bauten. VDI-Zeitschrift (1965) 653
66.3 Walter, P.: Über das Bauen im Bergsenkungsgebiet und die in der Bauwerksohle bei Sattellage ausgelösten Zerrkräfte. Bau u. Bauind. (1962) 435
67 Wille, G.: Konstruktive Gestaltung der „Berliner Brücke“ in Duisburg als Beispiel eines Durch-

laufträgersystems im Bergsenkungsgebiet. Tech. Ber. d. Philipp Holzmann AG Frankfurt. M. März/Juni (1964) 4
68 Leussink, H.: Über die Gleichmäßigkeit von Bauwerkssetzungen. Vortr. Baugrundtagung d. Deutschen Ges. für Erd-u. Grundbau, Hamburg; in Stuttgart 1954
69 Ledwón, J.: Bauen in Bergschadengebieten. Berlin: Ernst & Sohn 1987
70.1 Scholz, U.: Lehrgerüsteinsturz mit Todesfolge. BI (1984) 86
70.2 Gollert, P.: Lehrgerüsteinstürze. BI (1975) 195
70.3 Probleme des Traggerüstbaues. Vortr. Lehrgerüsttagung 1975. VDI-Ber. Nr. 245
71 Scheer, J.: Erhöhung der Sicherheit von Traggerüsten durch Benutzung von Checklisten. BI (1982) 467
72.1 Pieper, K.: Sicherung historischer Bauten. Berlin: Ernst & Sohn 1983
72.2 Wenzel, F. (Hrsg.): Erhaltung historisch bedeutsamer Bauwerke. Berlin: Ernst & Sohn 1988

Literatur zu Kapitel 4

1.1 Timoshenko, S.P.: Strength of materials. Part II: Advanced theory and problems. New York, London: Van Nostran Reinhold, 1956
1.2 Stüssi, F.: Vorlesungen über Baustatik, Bd. 2. Stuttgart: Birkhäuser 1954
1.3 Hirschfeld, K.: Baustatik, 2. Aufl. Berlin: Springer, 1965
1.4 Föppl, A.u.L.: Drang und Zwang, Bd. 1, 2. Aufl. München: R. Oldenbourg, 1924
2.1 Petersen, C.: Statik und Stabilität der Baukonstruktionen. Braunschweig: Vieweg 1980
2.2 Pflüger, A.: Stabilitätsprobleme der Elastostatik, 2. Aufl. Berlin: Springer 1964
2.3 Kollbrunner, C.F., Meister, M.: Knicken. Theorie und Berechnung von Knickstäben; Knickvorschriften. 2. Aufl. Berlin: Springer 1961
2.4 Timoshenko, S.P., Gere, J.M.: Theory of elastic stability, 2. Aufl. New York: McGraw-Hill 1961
2.5 L'Hermite, R.: Flambage et stabilité. Vol. 1: Le flambage élastique des piéces droites. Vol. 2: Flambage élastoplastique des colonnes et systèmes de barres droites. Paris: Edition Eyrolles 1974, 1976. Buchbesprechungen in BuSt (1976), S. 79 und (1977), S. 235
2.6 Bürgermeister, G., Steup, H., Kretzschmar, H.: Stabilitätstheorie mit Erläuterungen zu den Knick- und Beulvorschriften, Berlin: Akademie-Verlag, Teil 1: 3. Aufl. 1966, Teil 2 1963
3.1 Franz, G.: Konstruktionslehre des Stahlbetons, Bd. 2. Berlin: Springer 1969
3.2 Leonhardt, F., Mönnig, E.: Vorlesungen über Massivbau, Teil 1, 3. Aufl. Berlin: Springer, 1984
3.3 Menn, C.: Stahlbetonbrücken. Wien: Springer 1986
4.1 Schleicher, F.: Stabilitätsfälle. Taschenbuch für Bauingenieure. Hrsg. F. Schleicher, Bd. 1, 2. Aufl. Berlin: Springer (1955) S. 964–1047
4.2 Rubin, H.; Vogel, U.: Baustatik ebener Stabwerke. Beitrag im Stahlbau Handbuch, Bd. 1, Köln: Stahlbau Verlags-GmbH, 1982
4.3 Beyer, R.: Kapitel Statik im Handbuch für die Anwendung von Stahl im Hochbau. Verein Deutscher Eisenhüttenleute (Hrsg.). Düsseldorf: Stahleisen (1985) 242–282
4.4 Günther, H.: Einige Formeln zur Berechnung von Ersatzstablängen für den Knicknachweis. BT (1973) 304–311
5.1 Stabilini, L.: Instabilitätsprobleme im Stahlbau. BI (1958) 213–220
5.2 Ligtenberg, F.K.: Stability and plastic design. Heron, English Edition Nr. 3 (1965) 1–28
6 Franz, G.: Der Knickvorgang. BI (1953) 54–57
7.1 Petersen, C.: Abgespannte Masten und Schornsteine – Statik und Dynamik. Bauing.-Prax. H. 76, 1970
7.2 Petersen, C.: Stabilitätsnachweis abgespannter Druckstäbe bei Verlust der Poltreue. BT (1989) 81–84
7.3 Mladenow, K.: Stabilität des gedrückten Stabes mit poltreuer Belastung. Stahlbau (1980) 181–186
8.1 Gaede, K.: Knicken von Stahlbetonstäben unter Kurz- und Langzeitbelastung. DAfSt H. 129 (1958)
8.2 Blaser, A.: Knicken von Stahlbetonstäben mit Rechteckquerschnitt unter Kurzzeitbelastung. Berechnung mit Hilfe von automatischen Digitalrechenanlagen. DAfSt H. 180 (1966)
8.3 Dimel, E.: Knicksicherheitsnachweis für ausmittig belastete Stahlbetondruckglieder. Vergleich verschiedener Näherungsverfahren und Vorschlag zu genauerem Nachweis. BuSt (1967) 68–74, 93–98
8.4 Schwarz, H., Rogenhofer, H.: Stabilitätsnachweise für Stahlbetontragwerke. BuSt 1969
8.5 Heunisch, M.: Zum Problem der Sicherheit von Stahlbetondruckgliedern unter Kurzzeitbelastung. Dissertation, TH Darmstadt 1975

8.6 Strathmann, L.: Vereinfachte Berechnung von Stahlbetontragwerken mit konstanter Biegesteifigkeit nach der Theorie II. Ordnung. BuSt. (1977) 229–231 Zuschrift BuSt. (1978) 156
8.7 Hesse, R.: Ein Beitrag zur näherungsweisen analytischen Berechnung der Traglast ausmittig beanspruchter Stahlbetondruckglieder. Dissertation, TH Darmstadt, 1970
8.8 Makovi, J.: Über den Einfluß der Hysteresis in der Arbeitslinie des Betons auf das Verformungs- und Tragverhalten exzentrisch belasteter Stahlbetondruckglieder. Dissertation, TH Darmstadt, 1969
8.9 Hees, G.: Beitrag zur Berechnung von Stahlbetontragwerken nach Theorie II. Ordnung. BuSt (1976) 89–92
9 Chen, W.F., Atsuta, T.: Theory of beam-columns (Theorie der biegeweichen Stützen). New York: MacGraw-Hill (ausführliche Inhaltsangabe in BT 1980, S. 210). Band 1: In-plane behaviour and design (Tragverhalten und Bemessung bei ebenen Problemen), 1976, Band 2: Space behaviour and design (Tragverhalten und Bemessung bei räumlichen Problemen), 1976
10 Kordina, K., Quast, U.: Bemessung von schlanken Bauteilen – Knicksicherheitsnachweis. BK (1989) Teil 1 (jährlich)
11 Kordina, K., Quast, U.: Bemessung von Beton- und Stahlbetonbauteilen. Nachweis der Knicksicherheit. DAfSt H. 220 (1979)
12 Wommelsdorff, O.: Stahlbetonabau – Bemessung und Konstruktion. Teil 2 Stützen und Sondergebiete des Stahlbetonbaues. Werner-Ingenieur-Texte 16, Werner-Verlag 1980
13.1 Lohse, G.: Stabilitätsberechnungen im Stahlbetonbau, 2. Aufl. Düsseldorf: Werner 1978
13.2 Lohse, G.: Beispiele für Stabilitätsberechnungen im Stahlbetonbau. Werner-Ingenieur-Texte 2. Aufl. Düsseldorf: Werner 1987
14 Kasparek, K.-H., Hailer, W.: Nachweis- und Bemessungsverfahren zum Stabilitätsnachweis nach der neuen DIN 1045. Düsseldorf: Werner 1973
15 Dimitrov, N.S.: Nichtlineare Baustatik. Forschungsberichte 2, Institut für Tragkonstruktionen und konstr. Entwerfen, Universität Stuttgart 1979
16.1 Habel, A.: Die Tragfähigkeit der mittig belasteten Stahlbetonsäulen. BuSt (1953) 153–160
16.2 Habel, A.: Die Tragfähigkeit der ausmittig gedrückten Stahlbetonsäulen. BuSt (1953) 182–190
16.3 Habel, A.: Knicken senkrecht zur Kraftebene. BuSt (1958) 197–202
17.1 Kordina, K.: Stabilitätsuntersuchungen an Beton- und Stahlbetonsäulen. Dissertation, TH München 1957
17.2 Kordina, K.: Die Bemessung knickgefährdeter Stahlbetonbauteile. Arbeitstagung München. Wiesbaden: Deutscher Beton-Verein (1959) 150–169
17.3 Kordina, K.: Knicksicherheitsnachweis ausmittig belasteter Druckglieder. BuSt (1964) 181–189
17.4 Kordina, K.: Die Grundlagen des Knicksicherheitsnachweises im Stahlbetonbau. Vorträge Betontag 1967. Wiesbaden: Deutscher Beton-Verein (1967) 245–274
17.5 Quast, U.: Traglastnachweis für Stahlbetonstützen nach der Theorie II. Ordnung mit Hilfe einer vereinfachten Moment-Krümmungs-Beziehung. BuSt (1970) 265–271
17.6 Quast, U.: Zum Stabilitätsnachweis freistehender Stahlbeton-Bauteile. BuSt (1984) 12–16
18 Zweiling, K.: Gleichgewicht und Stabilität. Berlin: VEB-Verlag Technik 1953
19 Hohenemser, K., Prager, W.: Dynamik der Stabwerke. Berlin: Springer 1933
20.1 Rafla, K.: Praktisches Verfahren zur Bemessung schlanker Stahlbetonstützen mit Rechteckquerschnitt bei schiefer Biegung mit Achsdruck. BI (1974) 429–436
20.2 Olsen, P.C., Quast, U.: Anwendungsgrenzen von vereinfachten Bemessungsverfahren für schlanke, zweiachsig ausmittig beanspruchte Stahlbetondruckglieder. DAfSt H. 322, 1982
20.3 Kordina, K., Rafla, K., Hjorth, O.: Traglast von Stahlbetondruckgliedern unter schiefer Biegung mit Achsdruck. DafStb H. 265, 1976
20.4 Warner, R.F.: Tragfähigkeit und Sicherheit von Stahlbetonstützen unter ein- und zweiachsig exzentrischer Kurzzeit- und Dauerbelastung. DAfSt H. 236, 1974
20.5 Habel, A.: Knickberechnung von Stahlbetonsäulen mit Rechteckquerschnitt bei zweiachsig ausmittiger Normalkraft. VDI-Z. 1962, H. 23
21.1 Dischinger, F.: Untersuchungen über die Knicksicherheit, die elastische Verformung und das Kriechen des Betons bei Bogenbrücken. BI. (1937), 487 ff, s. auch BI (1939) 53 ff
21.2 Kordina, K.: Langzeitversuche an Stahlbetonstützen. DAfSt H. 250, 1975
21.3 Kordina, K.; Warner, R.F.: Über den Einfluß des Kriechens auf die Ausbiegung schlanker Stahlbetonstützen. DAfStb H. 250, 1975
21.4 Fritz, B.: Verbundträger. Berechnungsverfahren für die Brückenbaupraxis. Berlin Springer 1961
21.5 Habel, A.: Praktische Berechnung der Kriechdurchbiegungen von Stahlbetonbalken. BT (1957) 64–66
21.6 Schäfer, H.: Ein Beitrag zum Einfluß der Kriechverformungen und der Spannungsrelaxation des Betons auf die Traglasten von Stahlbetondruckgliedern. Dissertation, TH Darmstadt 1970

22.1 Schwarz, H.: Einfluß von Randbedingungen, Querschnitt und Schnittkraftverlauf auf die Traglasten ausmittig belasteter Stahlbetondruckglieder. Vorträge Betontag 1967, Wiesbaden: Deutscher Beton-Verein (1967) 297–316
22.2 Schwarz, H., Kasparek, K.-H.: Ein Beitrag zur Klärung des Tragverhaltens exzentrisch beanspruchter Stahlbetonstützen. BI (1967), 84–90
22.3 Mehmel, A., Schwarz, H., Kasparek, K., Makovi, J.: Tragverhalten ausmittig beanspruchter Stahlbetondruckglieder. DAfSt H. 204, 1969
23 Habel, A.: Berechnung turmartiger Bauwerke nach der Verformungstheorie mit Berücksichtigung des Betonkriechens und der elastischen Einspannung im Baugrund. BT (1970) 73–76
24 Cederwall, K., Elfgren, L., Losberg, A.: Prestressed concrete columns under short-time and long-time loading. Chalmers University of Technology, Division of Concrete Structures Publication 70:3, Prag: FIP, 1970
25 Zies, K.-W.: Stabilität von Stützen mit Rollenlagern. BuSt (1970) 297
26.1 Zöphel, J.: Knicklängen von Zwei-Feld-Druckstäben. BT (1970) 233
26.2 Williams, W., Aston, G.: Exact or lower bound tapered column buckling loads. ASCE-J. Vol. 115, 1989 (Kurventafeln der Knicklasten von Stützen mit linear veränderlichem Querschnitt)
26.3 Eibl, J.: Knicklänge der Kragstütze mit sprunghaft veränderlichem Trägheitsmoment. BuSt (1968) 132–134
27 Quast, U. Ist die elasto-statisch ermittelte Knicklänge ein „vernünftiges Stabilitätsmaß“ für verschiebliche Stahlbetontragwerke? BuSt (1986) 236–240
28.1 Lachmann, H.: Der Einfluß von Fundamentverdrehungen auf die Stabilität („Labilitätszahl“) von Hochbauten. BuSt. (1983) 216–217
28.2 Luchner, H.: Stabilitätsberechnung hoher Brückenpfeiler am Beispiel der Siegtalbrücke Eiserfeld. BuSt. (1967) 32
28.3 Rosman, R.: Knicklasten von Hochbauten und Schnittkräfte nach der Theorie II. Ordnung unter Berücksichtigung der Verformung der Grundkörperunterlage. BuSt. (1974) 117
28.4 Smoltzcyk, U.: Über die kritische Höhe elastisch gebetteter Türme. BI (1972) 59–60
28.5 Schubert, L.: Berücksichtigung einer Fundamentverdrehung beim Stabilitätsnachweis ausgesteifter Stahlbetonskelettbauten. Bauplanung-Bautechnik (1987) 77
29 Goldenblat, I.I., Sisow, A.M.: Die Berechnung von Baukonstruktionen auf Stabilität und Schwingungen. Berlin: VEB Verlag Technik 1955
30.1 Beck, H., König, G.: Haltekräfte im Skelettbau. BuSt (1967) 7–15, 37–42
30.2 König, G., Liphardt, S.: Hochhäuser aus Stahlbeton. B. Kal. (1985) II, 675
31 Henke, P., Kiener, G.: Ein Verfahren zur Ermittlung von Stabendverformungen nach Theorie II. Ordnung bei beliebiger Belastung und Vorverformung. BI (1982) 269–274
32.1 Habel, A.: Die Knicklänge der Rahmenstiele aus Stahlbeton. BuSt 53 (1958) 273–275
32.2 Buchholz, E.: Knicklängen von eingespannten Stützen mehrstieliger Systeme. BT (1971) 352
32.3 Zöphel, J.: Knicklängenbeiwerte von Stielen unsymmetrischer Rechteckrahmen. BI (1972) 52 Korrektur in BI (1974) 327
32.4 Augustin, D.: Rahmenknickung bei elastischer Einspannung im Baugrund. BI (1961) 441–448
32.5 Habel, A.: Zur Knickberechnung der Stockwerkrahmen aus Stahlbeton. BuSt (1956) 155–159
33 Rogenhofer, H., Schwarz, H.: Traglastermittlung seitenverschieblicher Stockwerkrahmen aus Stahlbeton. BuSt (1972) 271.
34 Fey, T.: Vereinfachte Berechnung von Rahmensystemen des Stahlbetonbaus nach der Theorie 2. Ordnung. BI (1966) 231–238
35 Palotás, L.: Verfahren zur Stabilitätsuntersuchung von ecksteifen Stahlbetontragwerken.. IVBH-Abhandlungen Bd. 24 (1964) 143–158
36.1 Habel, A.: Knickberechnung freistehender Stahlbetonrahmen. BuSt (1959) 25–31
36.2 Habel, A.: Knickformeln für frei stehende Hallenrahmen. BuSt (1960) 225–230
37.1 Rosman, R.: Statik und Stabilität teilweise ausgesteifter Stützensysteme. BuSt (1976) 215
37.2 Rosman, R.: Stabilität im Grundriß unsymmetrischer Stützen- und Wandscheibensysteme. BT (1980) 21
38 Wostrack, D., Pahn, G.: Zur Lösung des räumlichen Stabilitätsproblems eingeschossiger Gebäude mit starrer Dachscheibe. Bauplanung-Bautechnik (1986) 260–264
39 Oxfort, J.: Zum Verzweigungspunkt des elastischen Gleichgewichts bei Rahmentragwerken mit Biege- und Druckbeanspruchung, berechnet nach der Formänderungsgrößenmethode. Der Stahlbau (1977) 129.
40.1 Prandtl, L.: Kipp-Erscheinungen – ein Fall von instabilem Gleichgewicht. Dissertation, Universität München 1899
41.1 Lebelle, P.: Stabilité élastique des poutres en béton précontraint a l'égard du déversement latéral. Annales de l'Institut Technique du Batiment et des Travaux Publics, Nr. 141 (1959) 779

41.2 Chwalla, E.: Uber die Kippstabilität querbelasteter Druckstäbe mit einfachsymmetrischem Querschnitt. Beiträge zur angewandten Mechanik (Federhofer-Girkmann-Festschrift), Wien 1950

41.3 Jeltsch, W.: Formelsammlung zum Kipp-Problem. Reihe „Betonstahl in Entwicklung", Tor-Isteg Steel-Corporation, Luxembourg, H. 59, 1975

41.4 Wlassow, W.S.: Dünnwandige elastische Stäbe. Berlin: VEB-Verlag 1964

41.5 Roik, K., Carl, H., Lindner, J.: Biegetorsionsprobleme gerader dünnwandiger Stäbe. Berlin: Ernst & Sohn 1972

41.6 Hansell, W., Winter, G.: Lateral stability of reinforced concrete beams. J. Am. Concr. Inst. Vol. 56 (1959) 193

41.7 Duy, W.: Drehknicken. Bauforschung-Baupraxis H. 134, 1984

42 Paschen, H.: Das Bauen mit Beton-, Stahlbeton und Spannbetonfertigteilen. Kap. 4.2. Betonkal. 1982, Teil II, S. 630

43 Deneke, O., Holz, K., Litzner, H.-U.: Übersicht über praktische Verfahren zum Nachweis der Kippsicherheit schlanker Stahlbetonträger. BuSt. (1985) 238, 274, 299

44.1 Mucha, A.: Kippen gabelgelagerter Träger von linear veränderlicher Höhe. BT (1973) 278–286

44.2 Rafla, K.: Näherungsverfahren zur Berechnung der Kipplasten von Trägern mit in Längsrichtung beliebig veränderlichem Querschnitt. BT (1975) 269

44.3 Hildenbrand, P.: Die Kippstabilität auf Biegung beanspruchter einfach- oder doppelt-symmetrischer, eingespannter oder gabelgelagerter Träger mit linear veränderlicher Querschnittshöhe. Diss. Universität Stuttgart 1970

44.4 Mehlhorn, G., Röder, F.-K.: Abschlußbericht zum Forschungsvorhaben „Grundlagen zur rechnerischen Beurteilung der Kippstabilität von satteldachförmigen Stahlbeton- und Spannbetonträgern mit einfach-symmetrischen Querschnitten". Darmstadt 1977

45.1 Barbré, R.: Der Einfluß elastischer Einspannungen und Querstützungen auf die Kippstabilität. BI (1952) 268–271

45.2 Bölcskei, E.: Die Stabilität des an zwei Punkten aufgehängten geraden Balkens. Acta Tech. Acad. Sci. Hung. Vol. VIII (1953)

45.3 Johansson, B.: Lateral stability of I-beams during lifting. Bulletin Nr. 84 of the Division of Building Statics and Structural Engineering. The Royal Institute of Technology, Stockholm 1970

45.4 Klang, H.: Einfluß der Elastizität der Aufhängevorrichtungen auf die Kippstabilität des an zwei Punkten aufgehängten Trägers. BuSt (1965) 271 und BuSt (1966) 167 (Berichtigung)

45.5 Petterson, O.: Lateral buckling problems in hoisting und erection of slender beams. Nordisk Betong, 4 (1960) 231

46.1 Kasparek, K.-H., Hailer, W.: Nachweis und Bemessungsverfahren zum Stabilitätsnachweis nach DIN 1045. Düsseldorf: Werner 1970

47.1 Mehlhorn, G.: Über die Kippstabilität von Stahlbeton- und Spannbetonträgern. Berichte der Bundesvereinigung der Prüfingenieure für Baustatik, H. 7, 1981

47.2 Mehlhorn, G.: Näherungsverfahren zur Abschätzung der Kippstabilität vorgespannter Träger. BuSt (1974) 7

47.3 Mehlhorn, G., Schwarz, P.: Ein Beitrag zur Bestimmung der Lage des Schubmittelpunktes. BI (1971) 6

48.1 Stiglat, K.: Näherungsberechnung der kritischen Kipplasten von Stahlbetonbalken. BT (1971) 98

48.2 Stiglat, K.: Die Kippsicherheit von Beton- und Stahlbetonbalken. Vortrag auf der Tagung der Bundesvereinigung der Prüfingenieure für Baustatik, Freudenstadt, 1971

49.1 Rafla, K.: Näherungsweise Berechnung der kritischen Kipplasten von Stahlbetonbalken. BuSt (1969) 183

49.2 Rafla, K.: Hilfsdiagramme zur Vereinfachung der Kippuntersuchung von Stahlbetonbalken. BuSt (1973) 43

49.3 Rafla, K.: Vereinfachter Kippnachweis profilierter Stahlbetonbinder. BT (1973) 150–156

50.1 Mann, W.: Kippnachweis und Kippaussteifung von schlanken Stahlbeton- und Spannbetonträgern. BuSt (1976) 37

50.2 Mann, W.: Anwendung des vereinfachten Kippnachweises auf T-Profile aus Stahlbeton. BuSt (1985) 235–237

51.1 Streit, W., Mang, R.: Überschlägiger Kippsicherheitsnachweis für Stahlbeton- und Spannbetonbinder (mit in Längsrichtung konstantem Querschnitt). BI (1984) 433–439

51.2 Jeltsch, W.: Ein einfaches Näherungsverfahren zum Nachweis der Kippsicherheit von Stahl-, Stahlbeton- und Spannbetonträgern. Dissertation, TH Graz 1971

51.3 Mehlhorn, G.: Näherungsverfahren zur Abschätzung der Kippstabilität vorgespannter Träger. BuSt (1974) 7–12

51.4 Hansen, E.: Kipplast von Stahlbetonbalken – Vereinfachter Nachweis. BT (1971) 344–346

51.5 Beck, H.: Das Bauen mit Beton- und Stahlbetonfertigteilen. B. Kal. 1967, Bd. II
51.6 Frenzel, D., Rafla, K.: Kippversuche an zwei schlanken Spannbetonträgern. BuSt (1976) 42.–47, s. auch [47.1]. Zuschrift BuSt (1977) 287
52.1 Röder, F.-K., Mehlhorn, G.: Kippstabilität ausgewählter Spannbeton- und Stahlbetonträger. Abschlußbericht des vom Hauptverband der Deutschen Bauindustrie geförderten Forschungsvorhabens, Darmstadt 1981
52.2 Röder, F.-K., Berechnung von Stahlbeton- und Spannbetonträgern nach Theorie II. Ordnung. Diss., Darmstadt 1982
52.3 Kraus, D., Kreuzinger, H.: Beitrag zur Kippuntersuchung und zur Theorie II. Ordnung von Trägern mit Berücksichtigung der Vorspannung. Mitteilungen aus dem Institut für Bauingenieurwesen I. Techn., Universität München, H. 14, 1983
52.4 Rosemeier, G.-E., Helbig, S.: EDV- Programm zur Kippuntersuchung von Stahlbeton- und Spannbetonträgern. BuSt (1988) 327–330
53.1 British Standards Institution: Code of practice CP 110: The structural use of concrete. Part 1 (1972) Abschn. 3.1.3
53.2 ACI Standard: Building code requirements for reinforced concrete (ACI 318–83) Abschn. 10.4
53.3 DDR-Standard TGL 33405/01: Betonbau – Nachweis der Trag- und Nutzungsfähigkeit. Ausgabe Okt. 1980
55 Dischinger, F.: Untersuchungen über die Knicksicherheit, die elastische Verformung und das Kriechen des Betons bei Bogenbrücken. BI (1937) 487–520, 539–552, 595–621
56.1 Habel, A.: Näherungsberechnung der Knicksicherheit von Bogenträgern aus Stahlbeton oder Beton mit dem Ersatzstabverfahren. BT (1962) 313–317
56.2 Habel, A.: Praktischer Stabilitätsnachweis für Bogenträger mit Berücksichtigung des Betonkriechens. BuSt (1967) 192–194
57 Freyssinet, E.: Souvenirs. BuSt (1950) 26–31
60 Wiegand, E.: Ein Beitrag zur Beulstabilität von Stahlbetonwänden. Diss. Darmstadt 1970
61 Schlaich, J., Schäfer, K.: Konstruieren im Stahlbetonbau. B. Kal. 1989, II, S. 563
62 Schäfer, K., Schelling, G., Kuchler, T.: Druck- und Querzug in bewehrten Betonelementen, DAfStb. H. 408, 1990
63 Popov, E.P., Medwadowski, S.J.: Concrete shell buckling. ACI Publ. SP-67, 1981
64 Hampe, E.: Stabilität rotationssymmetrischer Flächentragwerke. Berlin: Ernst & Sohn 1983
65.1 Flügge, W.: Stresses in shells, 2. Aufl. Berlin: Springer 1973
65.2 Girkmann, K.: Flächentragwerke, 6. Aufl. Wien: Springer 1963
65.3 Szmodits, K.: Statik der modernen Schalenkonstruktionen. Düsseldorf: Werner 1966
65.4 Kollár, L.: Schalenkonstruktionen. B.Kal. II (1984) 515
65.5 Kollár, L., Dulácska, E.: Schalenbeulung. Düsseldorf: Werner, Budapest: Akadémiai Kiadó 1975
66.1 Donnell, L.H.: A new theory for the buckling of thin cylinders under axial compression and bending. Trans. Am. Soc. Mech. Eng. 56 (1934) 795
66.2 v. Kármán, T., Tsien, H.S.: The buckling of spherical shells by external pressure. J. Aeronaut. Sci. 7 (1939) 43–50
66.3 v. Kármán, T., Tsien, H.S.: The buckling of thin cylindrical shells under axial compression. J. Aeronaut. Sci. 9 (1942) 373
67.1 IASS: Recommendations for reinforced concrete shells and folded plates. Working group nr. 5 of IASS, Madrid 1979, s. auch [67.2]
67.2 Dulácska, E.: Explanation of the chapter on stability of the IASS-recommendations for reinforced concrete shells and folded plates and a proposal to its improvement. IASS-Bull. Nr. 77, Vol. 22–3 (1981) 3
68.1 Scordelis, A.C.: Analysis of thin shell roofs. Proc., IASS Symposium on Spatial Roof Structures, Dortmund 1984, IASS-Bulletin 87 (1985) 5–19
68.2 Gould, P.L., Krätzig, W.B., Mungan, I., Wittek, U. (eds.): Natural draught cooling towers. Proc., 2. Int. Symp. Bochum 1984 Berlin: Springer 1984
68.3 Zerna, W., Mungan, I., Winter, M.: Das nichtlineare Tragverhalten der Kühlturmschalen unter Wind. BI (1986) 149
68.4 Dulácska, E.: Buckling of reinforced concrete shells. J. Structural Div. (Proc. ASCE 107) ST 12 (1981) 2381–2401
68.5 Almannai, A., Basar, Y., Mungan, I.: Beuluntersuchungen an Rotationsschalen – Theorie und Versuch. BI (1979) 205–211
68.6 Dayaratnam, P., Gerstle, K.H.: Buckling of hyperbolic paraboloids. Proc. World Conference on Shell Structures, San Francisco. Washington: National Academy of Sciences (1964) 289–296
69.1 Kordina, K.: The influence of creep on the buckling load of shallow cylindrical shells. Preliminary test. Proc. of the IASS-Symposium on Non-Classical Shell Problems, Warschau. North-Holland Publ. u. Polish Scientific Publ. (1964) 602–608

69.2 Vandepitte, D., Rathe, J., Weymeis, G.: Experimental investigation into the buckling and creep buckling of shallow spherical caps subjected to uniform radial pressure. Proc. IASS-World Congress on Shells and Spatial Structures, Madrid (1979) 427

70 Grigorian, G.S.: On strength and stability of flexible shells and thinwalled bars in creep. Proc. of the IASS-Symposium on Non-Classical Shell Problems, Warschau. North-Holland Publ. u. Polish Scientific Publ. (1964) 602–608

71 Ebner, H.: Theoretische und experimentelle Untersuchung über das Einbeulen zylindrischer Tanks durch Unterdruck. Stahlbau (1952) 153

72 Pflüger, A.: Zur praktischen Berechnung der axial gedrückten Kreiszylinderschale. Stahlbau (1963) 161–165

73 Michielsen, H.F.: The behaviour of the cylindrical shells after buckling under axial compression. J. Aeronaut. Sci. 15 (1948) 738

74 Zoelly, R.: Über ein Knickungsproblem an der Kugelschale. Diss. ETH Zürich (1915)

75.1 Klöppel, K., Jungbluth, O.: Beitrag zum Durchschlagungsproblem dünnwandiger Kugelschalen (Versuche und Bemessungsformeln). Stahlbau (1953) 121–130

75.2 Schmidt, H.: Ergebnisse von Beulversuchen mit doppelt gekrümmten Schalenmodellen aus Aluminium. Proc. IASS-Symposium on Shell Research, Delft, North-Holland Publ. (1961) 159–178

76.1 Mehmel, A.: Einige Ergebnisse einer modellstatischen Stabilitätsuntersuchung der Kuppel der Festhalle der Farbwerke Hoechst AG. BI (1963) 106–108

76.2 Teepe, W.: Beitrag zur Entwicklung des Stahlbeton-Schalenbaues. Habilitationsschrift TH Karlsruhe 1966

77.1 Billington, D.P., Harris, H.G.: Test methods for concrete shell buckling. ACI, special publication on concrete shell buckling (1981) 187–231

77.2 Ramm, E.: Ultimate load and stability analysis of reinforced concrete shells. In: Computational mechanics of concrete structures. IABSE Colloquium, Delft (1987) 145–159

78 Csonka, P.: Die Verformung und nachträgliche Verstärkung einer kuppelartigen Schale in Ungarn. BT (1958) 69–72

79.1 Weidlich, Ch.: Stabilitätsuntersuchungen an flachen Kuppelschalen aus Stahlbeton. 10. Forschungskoll. des DAfSt, Karlsruhe, März 1979

79.2 Müller, F.P., Weidlich, Ch.: Stabilitätsuntersuchungen an flachen Kugelschalen aus Stahlbeton. Flächentragwerke im konstruktiven Ingenieurbau. Beiträge zum Berichtskoll. des Schwerpunktprogramms der DFG, Stuttgart 1980

80.1 Kolleger, J., Mehlhorn, G.: Traglastversuch an einer frei geformten Stahlbetonschale. Forschungsber. Nr. 7 aus dem Fachgebiet Massivbau der Gesamthochschule Kassel 1989

80.2 Schubiger, E.: Die Schalenkuppel in vorgespanntem Beton der Kirche Felix und Regula in Zürich. Schweiz. Bauztg. 68 (1950) 223–228

81.1 Griggs, P.H.: Buckling of reinforced concrete shells. J. Engin. Mechanics Division, ASCE, 1971

81.2 Distefano, J.N., Torregiani, C.: A simplified method to evaluate critical loads of hyperbolic paraboloidal shells. Proc., IASS-Symp. Shell Structures in Engineering Practice, Budapest 1965

82.1 Kohli, J.: Beitrag zum axialsymmetrischen Ausbeulen einer einschaligen Hyperboloidschale. Diss. TU Karlsruhe 1968

82.2 Krätzig, W.B.: Statische und dynamische Stabilität der Kühlturmschale. HdT–Vortragsveröffentlichungen, Essen (1968) 180

82.3 Harnach, R., Krätzig, W.B.: On the influence of severe windconditions on cooling towers of extreme capacity. Techn.-wiss. Mitteilungen Inst. f. Konstrukt. Ingenieurbau, Ruhr-Universität Bochum, Nr. 75–5, 1975

82.4 Der, T.J., Fidler, R.: A model study of the buckling behaviour of hyperbolic shells. Proc. Inst. Civ. Engin., London 41 (1968) 9, S. 105–118

82.5 Ewing, D.J.F.: The buckling and vibration of cooling tower shells – Part 1 u. 2. Laboratory report no. RD/LR 1763 and 1764, Central Electricity Research Laboratories, Leatherhead, England 1971

82.6 Haymann, B., Chilver, A.H.: The effect of structural degeneracy on the stability of cooling towers. Univ. of. Leicester-Rep. 71–17 (1971)

82.7 Walther, J., Wölfel, R.: Beitrag zum Stabilitätsverhalten hyperbolischer Kühlturmschalen unter Windbelastung. Diss. Hochschule f. Architektur u. Bauwesen, Weimar 1976

83 Schlaich, J., Menz, W.: The application of glass fibre reinforced concrete for shell structures. IASS-Symposium, Universität Oulu, Finnland 1980

84.1 Weinitschke, H.J.: On asymmetric buckling of shallow spherical shells. J. Math. and Phys. (1965) 141–163

84.2 Huang, N.C.: Unsymmetrical buckling of thin shallow spherical shells. J. Appl. Mech. (1964) 447–457

85 Krenzke, M.A., Kiernan, T.J.: Elastic stability of near-perfect shallow spherical shells. AIAA J. (1963) 2855–2857

86 Rajasekaran, S., Weimar, K.: Buckling analysis of segmented conical concrete shell roof. J. Struct. Engin. Vol. 115, No. 6, 1989

87.1 Comité Euro-International du Béton: CEB-FIP Model Code 1990. First Draft. Chapters 6–14. Bulletin D'Information Nr. 196. Secrétariat Permanent, Lausanne, 1990

87.2 Comité Euro-International du Béton: CEB design manual on buckling. Bulletin D'Information Nr. 123. Secrétariat Permanent, Paris, 1977.

87.3 Commission of the European Communities: Eurocode No. 2. Design of Concrete Structures. Part 1. 1989

Sachverzeichnis